20 世纪物理学

(第 1 卷)

〔美〕Laurie M Brown　Abraham Pais
〔英〕Brian Pippard 爵士　编

刘寄星　主译

科 学 出 版 社
北 京

图字：01-2011-1443

内 容 简 介

20 世纪是物理学的世纪，物理学在 20 世纪取得了突破性的进展，改变了世界以及世界和人们对世界的认识. 本书是由英国物理学会、美国物理学会组织发起，由各个领域的知名学者(有很多是相关领域的奠基者、诺贝尔奖获得者)执笔撰写，系统总结 20 世纪物理学进展的宏篇巨著，其内容涵盖了物理学各个分支学科和相关的应用领域. 全书共分 3 卷 27 章，最后一章为 3 位物理学大家对 20 世纪物理学的综合思考和对新世纪物理学的展望.

本书可供物理学科研工作者、教师、物理学相关专业的研究生、高年级本科生，以及对物理学感兴趣的人员使用.

图书在版编目（CIP）数据

20 世纪物理学(第 1 卷)/(美)布朗(Brown, L.M.)等编；刘寄星等译. —北京：科学出版社, 2014

书名原文：Twentieth century physics

ISBN 978-7-03-039670-9

Ⅰ. ①2… Ⅱ. ①布… ②刘… Ⅲ. ①物理学史–世界–20 世纪 Ⅳ. ①O4–091

中国版本图书馆 CIP 数据核字 (2014) 第 018519 号

责任编辑：钱 俊 鲁永芳／责任校对：韩 杨

责任印制：赵 博／封面设计：耕者设计

科学出版社出版

北京东黄城根北街 16 号

邮政编码：100717

http://www.sciencep.com

三河市春园印刷有限公司印刷

科学出版社发行 各地新华书店经销

*

2014 年 2 月第 一 版 开本：720 × 1000 1/16

2025 年 2 月第七次印刷 印张：35 1/4

字数：678 000

定价：148.00 元

(如有印装质量问题，我社负责调换)

编辑及撰稿人名单

编辑兼撰稿人

Brian Pippard 爵士
英国剑桥大学卡文迪什实验室前卡文迪什教授 (Cavendish Laboratory, University of Cambridge, Cambridge CB3 0HE, UK)

Abraham Pais
美国纽约洛克菲勒大学 (Rockefeller University 1230 York Avenue, New York 10021-6399, USA),
丹麦哥本哈根大学尼尔斯玻尔研究所 (Niels Bohr Institute, University of Copenhagen, Blegdamsvej 17, DK-2100 Copenhagen, Denmark)

Laurie M Brown
美国西北大学物理学与天文学荣誉退休教授 (Northwestern University, 2145 Sheridan Road, Evanston, Illinois 60208-3122, USA)

撰稿人

Helmut Rechenberg
德国慕尼黑马克斯–普朗克物理研究所, 维尔纳–海森堡研究所 (Max-Planck-Institut, Werner-Heisenberg-Institut, Föhringer Ring 6, 80805München, Germany)

John Stachel
美国波士顿大学物理系 (Department of Physics, Boston University, 590 Commonwealth Avenue, Boston, Massachusetts 02215, USA)

William Cochran
英国爱丁堡大学物理与天文系 (Department of Physics and Astronomy, James Clerk Maxwell Building, University of Edinburgh, Mayfield Road, Edingburgh EH9 3JZ, UK)

Cyril Domb
以色列巴依兰大学高等技术研究所 (Jack and Pearl Resnick Institute of Advanced Technology, Bar-Ilan University, Ramat-Gan, Israel)

Max Dresden
美国斯坦福直线加速器中心 (Stanford Linear Accelerator Center, PO Box 4349, Stanford, California 94309, USA)

Val L Fitch
美国普林斯顿大学约瑟夫 · 亨利物理实验室 (Joseph Henry Laboratories of Physics, Princeton University, Princeton, New Jersey 08544, USA)

Jonathan L Rosner
美国芝加哥大学恩里科 · 费米研究所 (The Enrico Fermi Institute, University of Chicago, 5640 South Ellis Avenue, Chicago, Illinois 60637-1433, USA)

James Lighthill 爵士
英国伦敦大学学院数学系 (Department of Mathematics, University College London, Gower Street, London WC1E 6BT, UK)

Athony J Leggett
美国伊利诺伊大学物理系 (Department of Physics, University of Illinois at Urbana-Champaign, 1110 W Green Street, Urbana, Illinois 61801, USA)

Roger A Cowley
英国牛津大学克拉林顿实验室 (Clarendon Laboratory, University of Oxford, Parks Road, Oxford OX1 3PU, UK)

Ugo Fano
美国芝加哥大学詹姆斯 · 弗朗克研究所 (James Franck Institute, University of Chicago, 5640 South Ellis Avenue, Chicago, Illinois 60637-1433, USA)

Kenneth W H Stevens
英国诺丁汉大学物理系 (Department of Physics, University of Nottingham, Nottingham NG7 2RD, UK)

David M Brink
英国牛津大学理论物理系 (Department of Theoretical Physics, University of Oxford, 1 Keble Road, Oxford OX1 3NP, UK)

Arlie Bailey
原任职于英国国家物理实验室电气科学部 (Division of Electrical Science, National Physics Laboratory, Teddington TW11 0LW, UK)(个人通信地址：Foxgloves, New Valley Roard, Milford-on-see, Lymington, Hampshire SO41 0SA, UK)

Robert G W Brown
英国诺丁汉大学电气电子工程系 (Department of Electrical and Electronic Engineering, University of Nottingham, Nottingham NG7 2RD, UK)(个人通信地址：Sharp Laboratories of Europe Ltd,Edmund Halley Road, Oxford Science Park, Oxford OX4 4GA, UK)

E Roy Pike
英国伦敦国王学院物理系 (Department of Physics, King's College London, The Strand, London WC2R 2LS, and DRA, St Andrews Road, Malvern WR14 3PS, UK)

Robert W Cahn
英国剑桥大学材料科学与冶金系 (Department of Material Sciences and Metallurgy, University of Cambridge, Pembroke Street, Cambridge CB2 3QZ, UK)

Tom Mulvey
英国阿斯顿大学电子工程与应用物理系 (Department of Electronic Engineering and Applied Physics, Aston University, Birmingham B4 7ET, UK)

Pierre Gilles de Gennes
法国物理与应用化学高等学校 (Ecole Supérieure de Physique et de Chimie Industrielles,10 rue Vauquelin, 75231 Paris Cedex 05, France)

Richard F Post
美国罗伦斯 · 利弗莫尔国家实验室 (PO Box 808, Lawrence Livermore National Laboratory, Livermore, California 94550, USA)

Malcolm S Longair
英国剑桥大学卡文迪什实验室 (Cavendish Laboratory, University of Cambridge, Cambridge CB3 0HE, UK)

Mitchell J Feigenbaum
美国洛克菲勒大学物理系 (Department of Physics, Rockefeller University, 1230 York Avenue, New York 10021-6399 , USA)

John R Millard
英国阿伯丁大学生物医学物理与生物工程系前医学物理教授 (Department of Bio-Medical Physics and Bio-Engineering, University of Aberdeen, Aberdeen AB9 2ZD, UK)(个人通信地址：121 Anderson Drive, Aberdeen AB2 6BG, UK)

Stephen G Brush
美国马里兰大学物理科学与技术研究所 (Institute for Physical Science and technology, University of Maryland, College Park, Maryland 20742-2431, USA)

C Stewart Gillmor
美国威斯利大学历史系 (Department of History, Wesleyan University, Middletown, Connecticut 06459-0002, USA)

Philip Anderson
美国普林斯顿大学约瑟夫 · 亨利物理实验室 (Joseph Henry Laboratories of Physics, Princeton University, Princeton, New Jersey 08544, USA)

Steven Weinberg
美国得克萨斯大学物理系 (Department of Physics, University of Texas at Austin, Austin, Texas 78712-1081, USA)

John Ziman
英国布里斯托大学物理学荣誉退休教授 (University of Bristol, Bristol BS8 1TL, UK)(个人通信地址：27 Little London Green, Oakley, Aylesbury HP18 9QL, UK)

译校者名单

第 1 卷

第 1 章：刘寄星译，秦克诚校
第 2 章：秦克诚译，刘寄星校
第 3 章：丁亦兵译，朱重远、秦克诚校
第 4 章：邹振隆译，张承民、秦克诚校
第 5 章：姜焕清译，宁平治、秦克诚校
第 6 章：麦振洪译，吴自勤、刘寄星校
第 7 章：郑伟谋译，刘寄星校
第 8 章：郑伟谋译，刘寄星校

第 2 卷

第 9 章：丁亦兵译，朱重远校
第 10 章：朱自强译，李宗瑞校
第 11 章：陶宏杰译，阎守胜、秦克诚校
第 12 章：常凯译，夏建白校
第 13 章：龙桂鲁、杜春光译校
第 14 章：赖武彦译，郑庆祺校
第 15 章：姜焕清译，宁平治、秦克诚校
第 16 章：沈乃澂译，刘寄星校

第 3 卷

第 17 章：阎守胜译，郭卫校
第 18 章：宋菲君、张玉佩、李曼译，聂玉昕校
第 19 章：白海洋、汪卫华译校
第 20 章：孙志斌、陈佳圭译校
第 21 章：刘寄星译，涂展春校
第 22 章：王龙译，刘寄星校
第 23 章：邹振隆译，蒋世仰校
第 24 章：曹则贤译，刘寄星校

第 25 章：喀蔚波译，秦克诚校
第 26 章：张健译，马麦宁校
第 27 章：曹则贤译，刘寄星校

刘寄星　中国科学院理论物理研究所
秦克诚　北京大学物理学院
丁亦兵　中国科学院大学
朱重远　中国科学院理论物理研究所
邹振隆　中国科学院国家天文台
张承民　中国科学院国家天文台
蒋世仰　中国科学院国家天文台
姜焕清　中国科学院高能物理研究所
宁平治　南开大学物理系
麦振洪　中国科学院物理研究所
吴自勤　中国科学技术大学物理系
郑伟谋　中国科学院理论物理研究所
朱自强　北京航空航天大学流体力学研究所
李宗瑞　北京航空航天大学自动化科学与电气工程学院
陶宏杰　中国科学院物理研究所
常　凯　中国科学院半导体研究所
龙桂鲁　清华大学物理系
杜春光　清华大学物理系
赖武彦　中国科学院物理研究所
郑庆祺　中国科学院固体物理研究所
沈乃澂　中国计量科学研究院
阎守胜　北京大学物理学院
郭　卫　北京大学物理学院
宋菲君　大恒新纪元科技股份有限公司
张玉佩　浙江省计量科学研究院
李　曼　大恒新纪元科技股份有限公司
聂玉昕　中国科学院物理研究所
白海洋　中国科学院物理研究所
汪卫华　中国科学院物理研究所
陈佳圭　中国科学院物理研究所
涂展春　北京师范大学物理系

王　龙　中国科学院物理研究所
曹则贤　中国科学院物理研究所
孙志斌　中国科学院空间中心
喀蔚波　北京大学医学部物理教研室
张　健　中国科学院大学
马麦宁　中国科学院大学

原 书 序 言

我们有足够的理由赞美物理学在 20 世纪取得的成就. 1900 年到来之际, 由 Newton、Maxwell、Helmholtz、Lorentz 以及许多其他人的思想奠基的辉煌的经典物理学大厦似乎已近乎完美; 然而经典物理学的这一高度发展状态显现出了某些结构上的瑕疵, 结果证明这些瑕疵远非看起来那样肤浅. 在世纪转折前后几年的实验和理论发现直接导致了改变物理学家基本观念的革命: 原子结构、量子理论和相对论. 但是必须强调, 此前的经典成就并未被抛弃, 它们最终被视为更为一般的概念的特殊情况, 因此现代物理学家仍然必须对经典动力学和电磁学保有正确的理解. 除去最为先进的高技术之外, 把相对论和量子力学掺和到大多数技术应用中毫无必要; 除去极少数例外情况, 经典物理对日常发生的事件和使用的装置都能做出有效的描述.

尽管如此, 朝本质上属于 20 世纪创造的近代物理学的转换极大地扩展了物理科学的范畴. 在近代物理学的框架内, 不仅原子及原子核的结构乃至原子核的组成部分的结构, 而且处于大小尺度的另一端的整个宇宙, 均已变得可以观察、讨论并使研究者能做出有根据的想象. 量子力学阐明了原子的结构并且在它被建立之后的一两年内即表明, 至少在原则上它可以解释化学键的来源.

20 世纪 50 年代, 用晶体学方法对几个最简单的蛋白质和 DNA 双螺旋结构的阐明改变了对生物学机理的研究. 这当然完全不是说化学和生物学是物理学的分支学科, 化学家和生物学家在处理他们那些极为复杂的材料方面有自己独特的方法. 物理学家单独处理这些问题时, 完全没法与化学家和生物学家相匹敌. 但物理学家只要确信其他学科只是运用物理学思想阐明自己的发现, 而不是注入迄今未知的自然规律从而毁掉自己领域的研究, 他们仍然可以在这个方向上继续自己的探索.

从一开始我们就意识到, 我们编辑的这几卷书只是撰写这部历史的第一步. 在当前阶段这部历史的撰写不能仅仅留给专业的科学史专家, 我们期望的是本书可以激励他们在以后承担这个任务. 书写这部历史的第一步, 是由物理学家们指出哪些是他们自认为的本领域中最重要的发展, 并且尽可能地剥离掉那些不仅在外行人看来而且即使从事物理学研究的同行们看来也非常困难的复杂问题, 使得大家都明白物理学是如何发展的. 我们希望给学习物理学的学生们 (也包括教师们和其他领域的专业人士) 讲述一个展现这部历史中某些事件的故事, 这个故事将使他们受到鼓舞而不是使他们感到无所适从. 即使我们最后离达到这个目标仍有一些距离, 我们至少给严肃的科学史专家们提供了一个研究这段近代史的起始点. 事实上, 对近代物理学某些领域的历史已有相当深入研究, 但这三卷书将清楚地表明, 对近代物理学历史的研究还仅仅是开始. 我们这样说, 绝无低估已有成就之意.

20 世纪初还有一些顶尖的物理学家能保持与各个活跃的物理学研究方向接触, 现在已没有人能做到这一点了. 这不仅仅是因为现在已完成的研究工作比过去多得多, 而且因为在不同领域工作的研究者们, 除了他们学生时期所学的东西之外, 已很少有共同的东西了. 基本粒子物理理论和技术近来已很少有能向固体物理转换的内容, 而由超导研究的进展曾激发起来对基本粒子物理的重大贡献, 也已经过去好几十年. 除去要求各位专家们撰写他们所从事领域的内容并希望他们能指出与其他领域的联系之外, 我们别无选择. 书中以页边旁注方式给出的交叉引用汇集了一些领域间的联系, 它们有助于表明某些领域发展的具体思想所涉及的其他领域.

无论如何, 这套书仍不可避免地会存在遗漏, 我们谨向那些发现他们喜好的观点或他们自己的重要贡献被忽略了的读者致歉. 尤其遗憾的是, 我们找不到一个作者来讲述电子线路系统如何由无线电通信开始, 通过雷达和电子计算机, 直到其技术威力支配了实验设计、数学分析及计算的发展史. 今天去参观任何一个物理实验室都会使人惊叹, 如果没有发明晶体管, 还有哪些研究可能进行或值得开展? 这仅是技术发展与物理学研究密不可分的一个事例, 但也许是最惊人的事例, 这段历史完全值得与物理思想发展的历史并行研究.

我们也意识到, 我们对物理学的社会作用没有给予足够的注意. 例如, 物理学发展在战争中的应用以及由军事项目积累起来的对物理学发展的利益 (抑或可能的危害) 等许多问题需要认真研究. 我们还忽略了科学资助政策 (特别是 “大科学” 的资助政策)、研究者之间、实验室之间和国与国之间的科学成果的交流以及其他一些主题. 对于科学哲学与物理学的关系我们仅给予了极少注意, 其实二者关系极大. 我们并非认为这些问题不重要, 与此相反, 阐述这些论题需要远比这几卷书大得多的篇幅, 我们希望这些论题以更为完整的方式得以处理. 也许我们的工作可以为这种努力提供有用的背景.

我们在这几卷书里所采取的低调描述, 可能会引起一些普通读者以及活跃的物理学家们的惊奇: 因为前者已经习惯了新闻记者式的夸张, 后者则对诸多研究论文和快讯中常见的对自己结果首创性吹嘘的现象感到无奈. 如果任何人有资格使用那种高调语气, 一定是那些为自己所撰写的工作付出一生并亲自做出杰出贡献的人. 他们是真正懂得何谓杰出的. 正如那些与 Einstein 或 Heisenberg 或 Feynman(以及其他物理学的英杰) 交谈过的人绝不会不分青红皂白地滥施夸奖一样, 我们的科学英杰们都不会做出夸大的宣称. 当他们最终突然认识到真理时也许会感到激动不已, 一些人在向他人解释自己的发现时甚至会略显炫耀, 但他们都知道所有这些早已在那里等待着被发现. 他们通常并不是从无到有的革命性的创造者, 而是像他们的先辈一样, 先在一件纺织品上发现瑕疵, 然后找到如何去修补这些瑕疵的方法,并为这件纺织品重新展现的美丽所陶醉.

谈到整套书的安排组织, 指出以下几点或许是有益的. 第 1 卷主要涵盖了 20 世纪前半期的材料, 该卷的各章大部分由物理学兼物理学史专家撰写, 也就是说, 这些作者以前曾撰写过有关物理学及其历史的著作. 第 2 卷和第 3 卷则含有更强的专业味道, 主要处理 20 世纪后半期的较重要主题. 20 世纪的一些伟大物理学家的照片和传略散见于全书的各章中. 这些物理学家并不是按代表排名前 50 之类的标准去刻意选择的, 而是要求每位作者在自己所撰写的领域内挑选几个做出最突出成就的学者的结果. 通过这种方法, 我们向读者奉献了一个具有多样性的现代物理缔造者们的样本. 近代物理学的历史告诉我们, 这些学者以及难以计数的其他一些人, 尽管并非个个聪明绝顶, 但却都具有天才并献身于他们所从事的、他们认为无比重要的事业. 这是一个值得大书特书的故事, 如果这一套书的讲解能鼓励他人更好地来讲这个故事, 我们的目的就算达到了.

Laurie M Brown
Abraham Pais
Brian Pippard 爵士

全书所含传略目录

① 原文传主出生年有误. —— 译者注

Michelson A A	美国人	1852~1931	第 1 章
Minkowski H	德国人	1864~1909	第 4 章
Mott N F	英国人	1905~1996	第 17 章
Nernst W H	德国人	1864~1940	第 7 章
Neville F H	英国人	1847~1915	第 19 章
Onsager L	挪威人	1903~1976	第 7 章
Planck M	德国人	1858~1947	第 3 章
Prandtl L	德国人	1875~1953	第 10 章
Prigogine I	俄国人	1917~2003	第 8 章
Rosenbluth M N	美国人	1927~2003	第 22 章
Rutherford E	新西兰人	1871~1937	第 1 章
Schawlow A L	美国人	1921~1999	第 18 章
Schrödinger E	奥地利人	1887~1961	第 3 章
Seitz F	美国人	1911~2008	第 19 章
Shockley W B	美国人	1910~1990	第 17 章
Stratton S W	美国人	1861~1936	第 16 章
Strutt J W (Rayleigh 男爵三世)	英国人	1842~1919	第 1 章
Taylor G I	英国人	1886~1975	第 10 章
Townes C H	美国人	1915 年出生	第 18 章
Uhlenbeck G E	荷兰人	1900~1988	第 8 章
Van Vleck J H	美国人	1899~1980	第 14 章
von Laue M	德国人	1879~1960	第 6 章
Wegener A L	德国人	1880~1930	第 26 章
Weiss P E	法国人	1865~1940	第 14 章
Wilson K G	美国人	1936 年出生	第 7 章
Wilson R R	美国人	1914~2000	第 9 章
汤川秀树 (Yukawa H)	日本人	1907~1981	第 5 章

目　录

第 1 卷

第 2 卷

第 3 卷

第 1 章　1900 年的物理学

Brian Pippard

要得到对 1900 年的物理学世界的一个恰如其分的看法, 最好是将 20 世纪期间物理学研究增长情况画成一张图. 到 1903 年已创刊达 5 年的《科学文摘》(*Science Abstracts*), 其内容涵盖了物理学和电气工程, 是一个现成的数据信息源, 因为这个刊物的摘要条目源自从《物理年鉴》(*Annalen der Physik*) 到《汽车时代》(*Horseless Age*) 等范围很广的期刊, 并按顺序编号. 因而图 1.1 示出的每年发表文章总数 (开头几年中去掉了电工方面的文章) 是物理研究活跃程度的一个相当可靠的量度. 两次世界大战的影响在图中明显可见, 但最为有趣的一点是 60 年代伴随着西方世界大学教育扩张和日本作为一个主要大国出现而发生的文章总数的爆炸式增长. 大多数现在仍然活跃在研究中的物理学家是 1960 年后进入专业的, 他们没有此前时期的亲身经历, 那时与任何一位研究者的专业兴趣有关的文章数目都不是很大, 所以能够密切跟踪, 而且那时所有的主要物理学家似乎都相互认识. 如果说在每年发表 10000 篇文章时情况尚且如此, 更何况在文章发表量小于每年 2000 篇的 20 世纪早年. 1895 年到 1939 年期间物理学经历了伟大的革命, 这个时期见证了 X 射线和 X 射线晶体学、放射性、量子理论、原子核 (及其裂变)、相对论、热离子学和无线电通信等的发现, 然而报道这场革命的文章总数仅为 120000 篇, 远小于 1990 年一年发表的文章数.

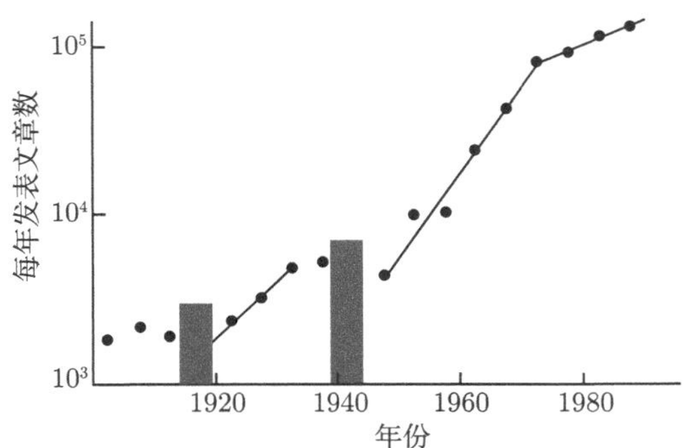

图 1.1　20 世纪期间每年发表的物理学文章数目

图中每一点代表 5 年内的平均数, 如 1900~1905, 1905~1910 等. 加阴影部分是爆发两次世界大战的年代. 图中直线表示年发表量近似指数增长 (因纵坐标是对数坐标) 的年代, 在这些年代里年发表数加倍所需时间分别为: 两次大战之间为 9 年, 1945~1980 年为 6 年, 此后为 21 年

1900~1990 年, 年发表文章数目增加了 100 倍, 每年发表的文章上署名的作者数目增加了 140 倍. 由近年来大科学的文章盛行的多作者联名推断, 这两个数字之间的差别似乎应该更大. 但是, 如果说一篇文章可能代表一大组研究者的成就 (如一篇 4 页的文章上有 430 人署名) 的话[1], 同样也有一个人的名字在同一年出现在 50 篇以上文章上的事情[2], 由于这两个重复数的相互抵消, 收窄了两个数据间的差距. 上述两个现象都是比较晚才出现的; 但即使是现在, 大多数文章依然是由单一作者或最多两个作者撰写, 而且只有少数作者每年发表文章的数目多于一篇或两篇. Kelvin 勋爵 67 年间发表 661 篇文章并获得 70 项专利的记录看来不大可能被打破[3]. 如果说, 在从前那种比较宽松的气氛中, 对发现的优先权也像现在一样被重视, 那么这种优先权通常是用体面的方式取得而非得益于媒体的炒作. 事实上, 那时的新闻界除了对某些能吸引公众注意力的事情, 比如氩气的发现或有大人物参加的情况有所报道外, 通常对物理学家以及其他科学工作者的晦涩的活动是不关

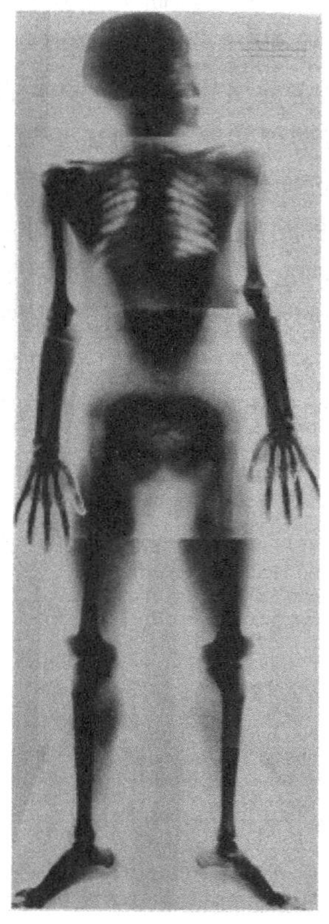

图 1.2　这个合成 X 射线照片是 L. Zehnder 在 1897 年 Röntgen 发现 X 射线不到两年时得到的. 这张照片至少包括了三个对象, 而且从现代标准看, 曝光时间 (头部为一小时) 长得令人不能接受

心的. 例如, 1851 年, Foucault 摆 (Foucault 本人及其天文学同事都没有对这个摆赋予很深的意义) 曾经被甚至像《伦敦新闻画报》(*Illustrated London News*) 这样的刊物大量报道, 这个刊物关心的是政治事件和社会时尚, 而不是对学者有兴趣. 引起这场报道的原因只不过是法国总统想要参观一场壮观的公开演示. 通常, 只有发生一次日蚀或一场自然灾害, 才会使这个刊物的注意力转向那些题材, 物理学家对这些题材合适地表述的看法, 可以对公众教育做出贡献①. 不幸的是, 就这次对 Foucault 摆的报道而言, 由于对所报道内容的相互矛盾和通常是无知的解释, 它所带来的危害很可能大于得到的好处. 1895 年 Röntgen 关于 X 射线的发现避免了相似的混淆, 因为虽然射线的本质当时即使对专家而言也还是一个谜, 但它能透过活体组织揭示骨骼 (图 1.2) 的惊人威力给发布轰动性新闻提供了极好的机会. 除去这些零散的令人兴奋的事件之外, 物理学家依然在封闭的圈子里工作. 他们既没有被选为严肃小说的角色, 而且除了在 J. Verne 和 H. G. Wells 的小说中之外, 也没有播下任何科学幻想的种子.

1.1 科学家社团

几乎在每个城市都能找到当地的致力于自我提高的学术社团, 科学和艺术的爱好者们在这些学术社团中聚会, 讨论自己的观察结果并从听取来访者的讲演中获得新思想. 到 1900 年, 德、法、英三国每国已有 100 个以上这样的学术社团, 意大利、俄国、荷兰和美国则各有约 30 个社团, 其他地方较少[4]. 成立于 1781 年的曼彻斯特文学和哲学学会的会员是首先听到 J. Dalton 和 J. P. Joule 讲述其思想的人; 成立更早 (1743) 的美国哲学学会则将 B. Franklin 列名在创始人名单上. 然而, 随着物理学研究进一步与直接观察拉开距离, 物理学家们在这些聚会上露面没有那么频繁了. 不过大英皇家科学协会 (Royal Institution of Great Britain, 不是皇家学会 (Royal Society)) 的情况则不是这样, 这个协会既是公众普及教育机构又是杰出研究中心的双重作用值得特别一述. 其创立者 B. Thompson 爵士 (即 Rumford 伯爵) 创立协会的初衷是寻求科学对公众福利的应用, 但他的继任者 H. Davy 爵士及最著名的 M. Faraday, 在毫不含糊地执行这项任务时也开展了庞大而多样的化学和物理学基础研究计划. 同时他们主持了不定期的报告会和定期的星期五晚间演讲会, 他们演讲的精湛技巧吸引了伦敦最有影响的男女们来了解最新的科学新闻; 而且每到圣诞节, 这些家庭的儿童们会蜂拥而至来听适于少年听众的讲座. 正是在

① 这个刊物在 1900 年几乎每个月都充斥着对南非战争的报道, 排除了任何科学题材, 直到该年 6 月 16 日 A. Wilson 博士开始发表每周专稿 "科学漫记". 他的头两篇文章涉及唯灵论, 然后转到神奇婴儿、比目鱼的发育、再谈唯灵论、获得性特征的遗传 (为此他援引了决定性证据) 等等, 除开博物学的陈年轶闻外, 没有任何有意义的科学内容.

1897 年的一次星期五讲座上, J. J. Thomson 以他精湛的讲演风格, 宣布他发现了电子, 并给某些听众留下以为自己是一场骗局的牺牲者的感觉[6].

L. Oken 开创了一种不同的传播科学的方法, 在 A. V. Humboldt 的鼓励下, 他在 1822 年组建了德国自然科学家与医师协会 (Gesellschaft Deutscher Naturforscher und Ärzte). 这个协会通常每年在不同的城市集会一次[7]. 他的这种想法于 1831 年被英国科学促进会 (爱开玩笑的人称之为 "英国笨驴"(British Ass)) 采纳, 它每年的年会有上千人参加, 其印刷精美的会议录报道深入, 至今依然. 正是在它 1860 年的牛津年会上, T. H. Huxley 与 S. Wilberforce 主教就列为会议议程之首的 Darwin 的进化论展开了一场有关科学和教义信仰的激烈交锋. 到 1900 年, 该协会的各个分部都有了各自当年的年度主席, 这些主席的致辞得到热切的注意并全文刊登在《自然》和其他科学期刊上. 物理分部的当年主席 J. Larmor 爵士的致辞对以太理论作了长篇综述, 综述赞扬了 Maxwell、Hertz、Heaviside 和 Poynting 简化以太理论表述的成就[8]. 他还赞扬了 Schuster、Crookes 和 J. J. Thomson 关于气体放电的工作, Röntgen 的发现对这些工作具有重要价值; 并且 —— 这真是对报告人及听众耐心的一种考验 —— 他又把话题转到热力学向化学过程的扩展, 并对热力学是否也可以包括生命物质公开提出了自己的怀疑. 当他讲到统计力学及难以相信能量均分定理的普遍适用性时, 所有与会者肯定觉得他们支付的会议费缴得物有所值. 在 Larmor 任主席前后担任物理分部主席的人不像他那样雄心勃勃, 但他们肯定认为自己是在向一群相当专业化的听众发表演讲. 他们无意向尚未进入物理学圈子的人推荐物理学研究.

在大多数西方国家, 类似的事件现在已经成为知识界的定期嘉年华会, 他们提供给科学爱好者的营养由科学期刊当然还有书籍来补充. Faraday 的《蜡烛的化学史》(1861)、C. V. Boys 的《肥皂泡及形成它们的力》(1890) 和 E. A. Abbott 的《扁平国》(1884) 是英语世界里诚心实意普及科学的优秀范例[9]. 在期刊中, 创刊于 1845 年, 每周出版一期的关于 "艺术、科学和机械的带插图的期刊"《科学美国人》(*Scientific American*) 理应占据最骄人的位置. 这本期刊尽管偏重于技术和科学的实际应用, 但总会留出一定篇幅刊载纯科学最新工作的简要报道, 而且在每年年初的一期还会给出上一年新发现的总结. 诚然, 这些有关物理学的报道有些简略, 但是读者在 1900 年上半年在一大堆的琐事中还是会知道: Boys 的辐射计可以探测到 15 英里处的一支蜡烛和通过望远镜探测到由织女星 (天琴座 α) 和牧夫座 α 星发出的辐射; Curie 夫人测量了镭的原子量 (实际是镭当量), 是镭的辐射而非钋的辐射受到磁场的影响; Pupin 采用有感加载大大改善了电话电缆的性能; Rowland 找到了地磁场的来源 (实际上他并未找到) 以及 L. Ferdinand 大公在 Przemysl①看

① Przemysl, 波兰的第二古城, 1900 年该城属奥匈帝国. —— 译者注

到了紫色的彩虹. 所有能在美国观察到的日蚀, 事先都会有引人注目的讨论, 刊载专家给业余观察者提出的注意事项和报告内容的建议, 蚀后则刊载附有照片的过程描述和有根有据的分析.

创刊于 1869 年的《自然》(*Nature*) 杂志迅速获得有影响的地位, 其原因至少部分应归功于其创刊编辑 Norman Lockyer 爵士的杰出才能, 他是首批天体物理学家之一, 人们关于他有个说法, 说他总是爱把《自然》的编辑与大自然的作者 (Author of Nature, 即造物主) 混淆起来.《自然》的科学知识水平明显比《科学美国人》高, 不过它仍包含许多为博物学家、天文爱好者和天气观察者感兴趣的内容, 并且在其刊登的书评中, 肯下功夫对所评书籍进行批评和指正. 对于专家, 刊物为他们提供了广阔领域的权威概述, 物理学家肯定没有理由抱怨自己受到忽视; 相反, Lockyer 明显地偏向于物理学. 在刊物的通信栏上, 刊载对早先发表的文章和综述所引起问题的讨论以及一些较为零碎的想法和观察. 在 1900 年, 刊物尚未成为发布新研究结果的载体. 在这方面, 如同在大多数科学事务上一样, 德国引领着潮流. 1899 年创刊的《物理学杂志》(*Physikalische Zeitschrift*) 除了刊登专业刊物发表的文章的即时信息和内容摘要之外, 从一开始就刊登描述作者完稿前一分钟的研究结果的来信.《自然》直到 1919 年 R. Gregory 爵士接手编务后才开始这样做, 而美国的《物理学评论》(*Physical Review*) 则要等到 1929 年才开始发表短信 (在宣布这项新举措时, 刊物编辑表示作者可以期望他的来信在下一期刊物上登出, 亦即在两周内刊出).

法国的《科学评论》(*Revue Scientifique*, 创刊于 1884 年) 杂志对待业余科学家的态度介乎《科学美国人》和《自然》之间. 这份刊物每周出版一期, 每期除刊登在法国科学院宣读的文章或其他刊物发表的文章的概要外, 还刊载一两篇扩充篇幅的的半科普文章. 美国的《科学》(*Science*) 杂志 (1883~1889 年出刊, 1895 年再度创刊) 起的作用与法国的《科学评论》相似, 但其内容更侧重于自然历史和科普, 且解释过于随意, 比如 Abner Dean of Angeles 为纪念 Bret Harte 的诗篇《诚实的詹姆斯的朴素语言》(1870 年) 的 10 页 "玄学" 颂歌[10] 以及对魂魄显示和亚历山大大帝相继的灵魂转世的解释等. 这本刊物对物理学相当不重视, 1900 年间竟然没有显著地提到放射性. 该刊关于美国科学会议的报道给人留下的印象是, 美国的研究努力不如 J.J.Thomson 的实验或欧洲在 Zeeman 效应方面工作那样有进取心, 这两项工作都在该刊发表的附有详尽文献的长篇文章中得到很好的描述. 认为美国科学落后的想法形成了当时频繁举行的教育讨论中的一股持续暗流, 并在一篇描述及赞扬 1887 年在柏林夏洛滕堡建立的德国帝国物理技术研究所 (Physikalish Technische Reichsanstalt) 杰出成就的文章[11] 中公开表露出来, 下面我们还会讲到这点.

无可怀疑, 德国的物理学如同几乎所有其他学科一样, 当时在世界上领先. 德国的大学和研究者受到德国人民的尊重, 他们的科学刊物在世界各地被热心地仿效, 他们设立了大量的地区性协会以满足业余爱好者的需要, 但业余爱好者似乎没有得到我们前面提到的别的国家业余爱好者能享受到的那种期刊服务. 这是因为 1899 年创刊的德国《物理学杂志》一开始就是面向专业物理学家的, 而且这个刊物一直被精心经营. 1799 年创刊的德国《物理和化学年鉴》(*Annalen der Physik und Chemie*) 在 1900 年 Drude 接替 Wiedemann 担任主编后, 删去了刊物名称中的 "化学"(其实 Wiedemann 1877 年接手刊物后就不再刊登化学文章了), 成为当时的首要物理学杂志, 它所包含的优秀论文数目, 远多于法国的《化学与物理年鉴》(*Annales de chimie et de physique*, 创刊于 1789 年)、英国《哲学杂志》(*Philosophical Magazine*, 创刊于 1798 年)、英国《皇家学会会刊》(*Proceedings of Royal Society*, 创刊于 1856 年), 或其《哲学汇刊》(*Philosophical Transactions*, 创刊于 1665 年). 此外, 在通过短篇摘要来系统地传播用外语写出的研究工作方面, 德国也远比其他地区先进. 1845 年德国《物理学进展》(*Fortschritte der Physik*) 创刊, 1877 年 Wiedemann 创立了摘要双周增刊《物理学年鉴副刊》(*Beiblatter zu der Annalen der Physik*). 英语世界的物理学家要到 1897 年才等到《科学文摘》(*Science Abstracts*) 创刊.

在结束关于 1900 年前后科学知识传播的简单介绍之前, 有一件事情值得一提, 那就是虽然 1860 年在 Karlsruhe 举行了第一次国际科研工作者大会[12], 但在随后的 50 年里这类活动却极为稀少. 1911 年 Walther Nernst 曾说服 Ernst Solvay 资助 24 位最有影响的物理学家开了一次会, 希望能对前十年的新物理学引起的混乱多少理出一些头绪, 这次会议确也有所成效[13]. 直到第二次世界大战之后, 举办科学大会和暑期学校才发展成科学的一种生活方式. 在此之前的交流方式是在学术团体的定期集会中宣读和讨论文章、同事之间的交谈以及大量书信往来[14] (这一方式直到近来才因传真和电子邮件的兴起而弃置不用), 这些书信往来会锤炼出各种想法, 直到通信者之间达成科学进步特有的共识.

1.2 物理学家的培养

在深入了解一个早期物理学家的职业生涯之前, 我们应当再次想到当时这类人才的稀缺. 与现在相比, 当时未到上大学年龄仍在中学读书的学生人数在总人口中所占比例要小得多, 而且这些人中许多人很快就被雇用, 没有接受进一步的教育. 当时并不存在现在许多国家 (美国除外) 都视为当然的对学生的政府资助, 因而能够得到上大学好处的人大多限于富裕家庭的子女. 即使在直到 19 世纪还以所有人都能平等地受教育自傲的德国, 向大学输送学生的也是有钱的中、上阶级家庭. 1890 年前后普鲁士各大学的 12000 多名大学生中, 至多只有 170 名是工人阶级家庭的儿子[15]. 除美国外很少有妇女接受高等教育, 即使在美国, 受高等教育的妇女也是极少数, 而且其中几乎没有人能进入研究生院.

欧洲中小学的课程内容大多沿袭传统的人文模式, 即只有古典语言、历史、现代语言、数学等课程, 在较晚时才允许列入少量科学课程, 这是对人们普遍认为的科学对于一个工业社会有重要作用的信念做出的不情愿的响应. 德国的中小学校从儿童年纪很小时开始, 就把博物学作为儿童教育的重要部分, 利用实地考察和在教室里展示制好的标本鼓励孩子们仔细观察[16]. 大约在学生 15 岁时, 开始设物理课, 以力学为中心内容, 也包括热学、光学、声学、电学和磁学. 物理课每周 3 小时, 与之对照, 化学课两小时, 数学课为 5 小时①. 初看起来这种学时安排似乎颇为慷慨, 但据那时的一位观察者哥伦比亚大学教授 J. Russell 的看法, 当时分配给科学课程的考试题目所占比例很少, 这是此类课程不受重视的证据, 他还引用了一位德国教师的话: "如果别的课程能够及格, 那么只有出现奇迹才能阻止科学课上最差的学生升级."[17] 在学生很少有机会亲手操作仪器设备的情况下, 较好的物理教师会在课堂上调整好仪器并鼓励学生讨论预期实验会得出的结果, 这是只有得到大量捐赠的学校才开得起, 而且只有少数人选修的实习课的一种令人羡慕的替代方式. 在英国, 向劳动阶层传授实用科学知识的努力于 19 世纪前半叶取得过断断续续的成功[18], 但只是在公学②介入后其势头才得以增强. J. M. Wilson 是推动中学科学教育的卓有成效的先驱者, 他先在 Rugby 公学 (1860)、后在 Clifton 学院从事科学教育. Clifton 学院推进科学教育的成就肯定是独一无二的, 这个学院有 6 个科学教师和 1 个实验助手后来成了皇家学会会员 (Fellow of Royal Society)[20]. 在一代人的时间里, 英国中学的科学教育发生了巨大的变化: 从 1864 年公学委员会报告说: "在英格兰学校的高年级中, 自然科学事实上被排除了"[21], 到 1900 年哈罗公学 (Harrow School) 的 A. Vassall 写道: "私立学校的科学教育直到最近才开始具有合理的规模, 但这些课程远比预备学校 (招收 14 岁以下的男孩的学校) 所要求的更为先进"[22]. 类似的发展在美国可能晚了几年, 但进展足够迅速, 以致 E. H. Hall 于 1902 年写道: "总体说来, 美国最好的中学在尝试通过部分地让学生自己做实验而进行物理学教学方面, 似乎没有多少或完全没有可向法国、德国或英国相应学校学的. 因为法国显然根本没有想到过采取这种方法, 德国从来没有严肃地考虑过这样做, 英国则沿着这条路线并没有比我们在美国走得更远, 如果说她确实和我们走得一样远的话."[23]Hall 是 Hall 效应的发现者, 他当时是哈佛大学的物理学教授, 他的教育思想值得记取.

在学院和大学中, 传统课程和在中学一样占统治地位, 但是被放大和增强以包括医学、法律和宗教等职业训练. 对于那些想要成为中学教师的人或者一位悠闲绅

① 这些数据为普鲁士实业中学 (Real Gymnasium) 的典型课时, 这类中学的课程比起强调古典语言的普通中学 (Gymnasium), 更倾向于实用技艺. 写于 1899 年的文献 [16] 提供了德国中学系统的更详尽的信息.

② 英国独立的中等学校, 由私人资助和管理, 交费住宿, 培养准备进一步深造的学生. —— 译者注

士的通识教育而言, 没有比数学、哲学和古典语言、文学更好的课程了. 但是, 到 1900 年, 一些别的学科如语言和科学课程实行了现代化, 虽然不同国家的程度不同. 这是一个不容易透彻分析的问题. 学生人数、正式授课学时数、财政支持等方面的统计数据[24] 固然是阐述这个问题的良好开端, 但这些数据却很少能告诉你学校的科学课程是如何教授的以及它们受到多高的评价 (如我们前面谈到德国学校时看到的那样). 课程按指定的教科书讲授的习惯是相当新近的事情, 知道早已去世的某一教授推荐那些书籍作为他讲授的课程的参考书, 可能只不过表明他自称期望自己所教班级要达到何种实际上不可能达到的学习标准而已. 即使考试试卷 (如果还能找到的话) 也会产生严重的误导, 如果不知道这些试卷要求的究竟是刻板地复述讲课笔记, 还是真正测试独立思考. 考虑到这些困难, 我不奢望在此给出一个对物理学高等教育成长的比较性的说明, 而是集中注意一个例子：剑桥大学, 因为我对这所学府有足够的了解, 可以避免在论述中出现严重失误. 对于我们来说, 这样做的独特优点是, 剑桥大学的学生培养模式具有紧密的环环相扣的教学环节体系以保证学生取得学位, 因而容易获取有关的详细信息. 本来德国的培养模式也许是阐述这个问题的一个更好的选择[25], 在那里, 如果一个年青人被某一教授的教学所吸引, 在通常都会延长的学习期限内, 他可以随意改换导师. 学生一旦被录取入学, 在他选择进行博士学位答辩的公开口试之前, 可以自由地按自己的爱好学习[26]. 如果说, (至少对物理学家而言) 柏林大学是首要的大学, 但德国还有许多其他杰出的大学, 每所大学有自己不成文的规矩, 这使得难以描绘出一幅德国培养模式的统一图像.

英国正好相反, 剑桥大学长期以来一直在数学和物理学方面领先：按照所担任职位很容易判定为物理学家的 1900 年的 36 位皇家学会会员中, 18 位毕业于剑桥大学, 4 位毕业于伦敦大学, 3 位毕业于牛津大学, 5 位毕业于苏格兰的大学, 3 位毕业于爱尔兰的大学. 来自剑桥大学的全部 18 位会员都毕业于数学系[27]. 怀有学术抱负的学生如果成功通过学术成绩笔试, 即可获得入学许可和财务资助, 在校学习 3 年后, 再次通过笔试获得学位. 学生的考试试卷和成功通过考试者的名单均可在大学图书馆找到[28], 图书馆也保存有所授课程的时刻表 (但必须记住, 由于每周都会受到导师 (tutor) 的个别关注, 要求一个认真的学生广泛阅读各种教科书和原始论文, 并做许多习题). 有了这些信息, 就容易重构出一位有才能的男青年① 的受教育过程. 而且, 学校也尽可能地调查了每个毕业生后来的职业履历并将调查结果出版[29]. 由这些材料勾画出来的普遍图像除了适用于英国外, 也可能适用于其他国家.

一个对物理学感兴趣的学生在他第三学年结束举行毕业考试时, 可以在自然科

① 大学不接收妇女入学. 虽然允许她们听课并参加考试, 但她们只能得到学位“称号”而非证书, 几乎没有妇女学习物理.

学考试或数学考试二者中任选其一. 自然科学荣誉毕业考试 (The Natural Science Tripos①) 是较后才创立的, 它把几种科学学科归并在一起, 而数学荣誉毕业考试 (The Mathematics Tripos) 则是古老的, 它比英国国内任何其他大学课程的声誉更高. 在所有荣誉毕业考试中, 成功通过考试者被分为三个等级, 唯有数学荣誉考试, 除了分等级之外, 还要按考试分数排序. 第一等级的数学家称为荣誉考试优胜者 (Wrangler), 荣誉考试的头名优胜者 (Senior Wrangler) 实际上得到了可以进入任何职业的保证, 那些挑选留在剑桥辅导下一代的荣誉考试头名优胜者则可以得到丰厚的薪酬. 作为科学教育先驱的中学校长, J. M. Wilson 就是 1859 年的荣誉考试头名优胜者. 几位英国数学物理学界声名显赫的人物也是荣誉考试头名优胜者, Rayleigh 爵士便是其中之一, 不过 W. Thomson (Kelvin 爵士), J. C. Maxwell 与 J. J. Thomson 则全是荣誉考试第二名优胜者, 许多后来取得杰出成就的学者则在荣誉考试优胜者中的名次更靠后些. 成为荣誉考试优胜者的愿望把全国的聪明中学生吸引到剑桥, 他们之中许多人在中学最后一年刻苦练习以攻克困难的入学考试试卷[28], 这对于此后三年那种无休止的磨炼, 倒是一个不坏的预备阶段. 即使是最出色的学生也要经受这种磨炼, 以获得成功所必需的解题速度和技能. 经过这种磨炼而没有把自己的想象力磨掉的学生, 由此便具备了令人生畏的从事纯粹或应用数学研究的技能. 从大量发表的文章中表现出来的作者们使用数学物理特殊函数和标准分析技术的纯熟程度来判断, 其他国家的学生必定也曾做过相应的刻苦训练.

另一方面, 自然科学荣誉考试则以其丰富的实际知识内容和在考试中对数学技能的最低要求而将内容集中在实验科学上. 读者绝不要以为这两种荣誉考试只不过是通向物理学职业的两条随便选一条就行的途径, 因为我们马上就将看到, 通过数学的途径仍然是当时学生最优先的选择. 自然科学学位入学考试需要回答一些现在十七八岁年龄的好学生认为相当初等的问题, 比如如何测量热膨胀、如何形成一条单纯的光谱线或如何建造一架望远镜, 以及解答一些力学和流体静力学习题等, 与此相反, 要在数学学位入学考试中有好的表现, 他就得更加艰苦努力了. 以下面列出的两类考试的力学题目为例, 可以清楚看出这点.

1898 年物理学学位入学考试试题

一位乘坐沿水平直线轨道运动的火车旅行的乘客, 想要确认他所乘坐的列车是否在作 (1) 匀速, (2) 匀加速运动. 试描述他可以用何种办法得到这种知识: (a) 通过观察里程标杆, (b) 只通过观察车厢内的物体. 在每种情况下, 试叙述他怎样得到 (如果能够得到的话) 速度和加速度的数值.

1899 年数学学位入学考试试题

由给定点以给定方式抛射一个抛射物, 试确定该物体任一瞬间的位置和运动方

① Tripos 是专门属于剑桥大学的用于学士学位考试的一个古词. 人们相信这个词起源于古代辩论会上辩论者所坐的凳子, 后来这个词转义, 特指辩论者本人, 仅到 20 世纪才用于指考试.

向. 两个抛射体在一个竖直平面内运动, h、k 分别是在某一时间间隔开始和结束时两物体分开的距离, 在这一时间间隔内两物体之间的连线转了角度 θ. 试证明二物体之间的最短距离为

$$hk\sin\theta/\sqrt{h^2+k^2-2hk\sin\theta}.$$

可以看出, 第二个题目, 和同类型的别的题目一样, 有着人为编造的痕迹, 表现出数学家常常把力学问题看成是培养数学演算技巧的载体的倾向. 这种态度在数学家教授热力学中延续了好几十年, 在他们看来, 讲授热力学常常只是作为训练学生提高用 Jacobi 行列式进行变量替换的熟练程度的一种手段[31].

让我们快速跨过学生在校的头三年, 来到这一时刻: 他们要结束学业了, 是否会选择再留校一年进入物理学专业接受专业训练呢? 在每年的自然科学荣誉考试中得到一级优胜者称号的 40 名左右优等生中, 很少有五名以上选择继续留校学习, 而在选择继续学习的人中至多有一两个人选择物理专业. O. Richardson 是做出这种选择的人之一, 他于 1928 年因在热离子发射方面的工作获得诺贝尔物理学奖. 数学荣誉考试优胜者的人数更少, 1900 年为 16 位, 其中有 5 位选择了继续留校学习一年 (还有一位女士也选择留校一年, 她是考试得分达到荣誉考试优胜者水平, 但因生错性别而未获此称号的两位妇女之一), 虽然他们之中最后没有人以物理学为职业.

那么这些 “智力完人” 究竟干什么去了呢? 由于他们之中大部分人后来的职业是已知的[29], 答案可以由表1.1 给出. 我们不必为学习医学的学生人数之多而惊奇, 也不必为这些人为何占自然科学荣誉考试三等优胜者中的多数而纳闷, 因为他们之中的许多人在其职业正式开始之前, 不过是在磨洋工和享受生活: 继医院实习之后, 再实习为人之父. 倒是教师的人数之多和他们所得学位的等级之高值得重视, 它标志了当时与今天的区别, 也是当时许多中学特别是那些热心拥抱科学并欢迎第一流毕业生为师资的公学之所以具有极好科学教育的原因. 对于从事高等教育和科

表 1.1　1900 年自然科学荣誉考试优等毕业生的职业选择 (第一部分)

职业	头等	二等	三等
医学	11	20	25
中学教育	9	6	5
高等教育与研究	7	0	0
殖民地行政官员	4	2	1
工程	2	2	3
其他	2	10	4
未知	5	3	1
总数	40	43	39

学研究的职业而言, 具有第一等学位几乎是必需的要求①. 这一点对数学毕业生也同样适用, 尽管 1900 年的 16 名数学荣誉考试优胜者只有两人 (其中之一英年早逝) 后来成为教授, 但他们是数学教授而非物理学教授; 6 人成为中学教师. 当时占统治地位的观念 (不仅在英国) 依然是 I. Todhunter 30 年前明确表述过的一个信念, 即科学研究是稀有天才们才能从事的职业, 不应当鼓励青年人认为自己有同样的天赋而存在非分之想[32].

我们再看一下那些选择了物理专业的少数毕业生 (包括参加数学荣誉考试或自然科学荣誉考试二者在内) 所接受的教育. 第四年结束时的考试显示了在学位入学考试时就很明显的差别如何反映在弥漫于大学生活几乎各处的一分为二中的. 物理学在科学中很独特, 它是由两种观点培育出来的, 有着数学外表的那种我们可称之为**自然哲学**, 而在实验室里培育的我们称之为**实验物理学**, 这两者有时相互猜忌地远离, 有时又为了一个共同的追求而汇集到一起. 当然二者的细微区别是可以勾画出来的, 但是在这里用不着过多的离题讨论, 只要指出这两种专业训练方法的不寻常的差别有其历史原因, 两者都能得出优异的结果就够了. 再次比较一下考试试题, 就能得出有必要说明的几乎一切.

1900 年数学荣誉考试试题 (第二部分)

一个带电粒子以匀速 w 沿直线穿过以太运动, 求它所产生的稳恒电场和磁场. 假定方程 $\mathrm{d}^2\phi/\mathrm{d}t^2 = V^2\nabla^2\phi$ 的泊松解的形式为

$$\phi = \frac{\mathrm{d}}{\mathrm{d}t}(w_1) + (tw_2)$$

(其中 ϕ 为 t 时刻在 P 点的值, w_1 为当 $t=0$ 时在以 P 为球心半径为 Vt 的球面上 ϕ 的平均值, w_2 为当 $t=0$ 时 $\mathrm{d}\phi/\mathrm{d}t$ 在同一球面上的平均值), 试证明: 在 O 点突然停止一个带电小球, 其对 P 点的影响是产生一个强度为 $ew\sin\theta/2ar$ 的磁力窄脉冲, 此处 e 是球上的电荷, a 是小球半径, r 是 OP 距离, θ 是 OP 与稳恒速度 w 之间的夹角; w 与光速 V 之比的平方可以忽略不计. 并解释所得结果.

1900 年自然科学荣誉考试试题, 第二部分 (物理学)

气体在两个白金电极间发生放电, 逐渐将气体压强从大气压减小直至放电停止, 请对所看到的现象作一个一般的说明. 描述支持放电过程始终伴随有电解效应的观点的各种实验.

从以上事例也许会轻易推断 (许多数学家确实这样推断), 实验物理学家只不过比一个受过良好训练的技术助手略强一点, 他们的任务是负责测量并向理论家提供实验事实, 他们并不需要太精确的物理知识. 考虑到当时的历史环境, 这种观点也许可以原谅, 因为它的两个超级反例 Faraday 和 Rutherford, 一位早已去世, 另

① 表中的 7 位选择高等教育和科学研究为职业的第一等毕业生的职业分别为植物学 (2), 动物学 (2), 地质学 (2) 医学 (1); 其中 3 位成为皇家学会会员.

一位刚要显示但还未显示他的威力. 人们没有认识到, 当时最紧迫的需要是开辟新领域 (这个任务是实验家可以大显身手的), 反而以为, 应当是如何去解决在试图构建一个与已知电磁学定律相洽的逻辑上协调的力学宇宙时出现的一系列失败引起的各种佯谬. 无论如何, 许多年长的数学物理学家, 或者本人有机会进行重要的实验研究 (Rayleigh, Kelvin), 或者还记得已故三杰 (Helmholtz, Hertz, Maxwell) 都是集理论与实验能力于一身的能人, 他们只能通过 J. J. Thomson 从数学荣誉考试第二名优胜者到一个实验物理学家的转变来认识到: 物理学的成功靠的是才智和想象力而不是双手的灵巧性.

用不着说, 实验物理学家自己当然不接受这种评价, 尤其是在德国, 德国从 18 世纪起就设立了物理学讲席, 这个讲席的教授所教的东西你说是什么都可以, 但肯定不是理论物理[33]. 随着 19 世纪末理论物理被公认为一门单独学科兴起, 那些已评上的 (常规) 物理教授们心怀嫉妒地捍卫着自己的位置, 以免被具有理论倾向的贪婪的编外 (非常规) 教授占据. 另一方面, 在剑桥大学, 对理论物理学的追求是从数学教授中兴起的, 正是在他们的鼓动下, 于 1871 年建立了实验物理系, 但得到授权教授实验物理的头三位卡文迪许教授 (Maxwell, Rayleigh, J. J. Thomson) 都是他们同科出身的人中的数学荣誉考试优胜者[34], 如果不是这样的话, 这些数学教授恐怕就不会容忍在物理学荣誉考试中出现比上面引述的考题中表露的极小的数学内容更多的数学[35].

当时, 通过不同的途径在德国、英国和美国树立了一种物理教学传统, 要让学生们在实验室花费大量时间[36]. 有人曾对德国的一个物理学派即东普鲁士哥尼斯堡① F. Neumann 创立的学派做过详细的研究[37]. 从 1826 年至 1876 年, Neumann 多年讲授几乎所有可以有精密的数学表述的各个物理学分支, 他的学生中有少数人从事实验研究. 在现代读者看来, Neumann 课程的基本精神是极端拘谨的. 他将极大的注意力放在系统误差和随机误差上, 他的逻辑是, 如果没有在严格、可理解的容忍度范围内证明理论结果与实验观察相符, 就不能认为理论是可靠的. 他的这种处理物理问题方式, 显然与 Faraday 的方式根本对立, 对激发新思想极端不利. 但是人们绝不应低估这个培养了 Kirchhoff 和 Voigt (他二人又把火炬传递到 Planck 和 Drude 手中) 的学派. 总体而言, 严肃的德国学派 (也许它们不像 Neumann 学派那样枯燥) 培养了大量极有竞争力的实验工作者和足够多的富有天才的物理学家, 这些足以驳斥对其教育方法的批评②. 法国则不同, 据 M. Collery (法国巴黎大学的一位杰出而博学的动物学教授) 回忆, 即使在 1916 年, 声望很高的巴黎高工开设的科学课程仍 "是完全理论的和以死记硬背为主的; 每当回想起那些用来唯一地判断

① 即今天俄罗斯的加里宁格勒. —— 译者注

② Cahan 认为[30], 对测量的重视也许是为了对抗德国独有的自然哲学 (Naturphilosophie), 这种哲学从 20 世纪早年的科学后退, 与近代的 "整体论" 妄想不无相似.

学生优劣的千篇一律的问题, 人们忍不住要称之为 "鹦鹉学舌似的课程"[38]. 不过有一点应当补充, 即使是在巴黎大学, 1869 年受聘的教授 Jamin 建立起了法国第一个既用于教学也从事研究的实验室[39].

有过很大影响的最早的实用物理学教科书是哥廷根大学的精密测量鼓吹者 F. Kohlrausch 所写的[40]. 该书出版于 1870 年, 之后曾经多次再版. 1873 年该书的第一个英译本出版, 对误差理论作透彻陈述的导言是这样开头的: "物理量的数值受到误差的影响 ······". 然后接着描述涉及训练学生熟练掌握实验设备及学会所有可能技术的大量不同的实验. 这本书没有建议开设实习课以帮助学生理解物理思想. 提出这一观点的是哈佛大学的 J. Trowbridge 和 E. Hall. 在他们二人之前, 天体物理学家 E. C. Pickering 出版了第一本美国实用物理学教科书[42], 他这本书的论述方式大体上仿效 Kohlrausch 的书, 但没有那么严格. 一件小趣事是他在书里介绍了如何用图表表示实验结果, 由此可猜测, 当时坐标纸尚未作为商品出售. 1887 年 T. C. Mendehall 觉得有必要写文章[43] 解释何为绘图坐标纸, 甚至到 1902 年 Hall 讨论中学的实验室教学时, 都没有提到用绘图表示实验结果. 把每一个实验固定安置在专用实验台上让学生轮流做的方案, 是 Pickering 在麻省理工学院设计出来的. 这种节约使用实验仪器和助手的方式后来被广泛地照搬, 就像对 Gauss 误差理论的强调一样, 虽然大多数教师并不完全理解 Gauss 误差理论, 它却已成为一种宗教式的信条, 并且出于虔诚的不理解而强使人们习以为常地对它顶礼膜拜. Trowbridge 和 Hall 推荐的关于物理实验的更宽松的涵义, 也许在中学推行很久之后才被大学接受.

1.3 从事研究的物理学家

德国宽松的学术结构允许一个学生由正常学习转入有指导的研究, 在他参加博士学位考试之前不设置任何障碍, 这也为来自他国的大学毕业生在最杰出的教授指导下从事研究工作开了方便之门. 学习德语绝不是无事忙, 它使人得以接触研究中不可或缺的以德语发表重要结果的原始论文. 德国把大学当作是新学术的发起者而不仅仅是古老智慧的守护者和阐释者, 在这方面德国也引领着世界其他各国. C. Jungnickel 和 R. McCormmach[33] 对于有组织的研究这个概念 19 世纪在德国的发展作了极好的记述, 那个时候其他国家的大多数大学教授的时间还完全忙于教学. 应当强调, 大多数教授并没有怀疑过教学是他们固有的职责. 例如, 在英国的许多大学里, 一年级大学生的课程应当由最资深的教授讲授被认为是天经地义的事; 一直到 20 世纪相当长的时期里, 如果教学和研究发生冲突, 占统治地位的观点依然是教学优先. 然而研究的诱惑毕竟是难以抗拒的, 到了 1900 年, 别的国家, 尤其是美国, 纷纷转向德国模式. Kevels[44] 对物理学研究在美国的兴起做了全面的描述.

在这一点上提供少量数字证据也许是有帮助的. 在编撰《科学传记辞典》[45] 时, 编委会的著名科学史专家们曾绞尽脑汁竭力避免有损绝大多数小型传记辞典的不适当的国籍偏见. 尽管这些专家全是美国人, 但是没有证据表明他们以靠不住的学术成就偏袒美国科学家将之选入科学明星名单. 那么好, 如果我们从辞典的名单中挑出那些 1900 年在世并且年纪足够大, 大到使他们开始做出了成名的研究贡献的那些物理学家, 便可以得到一幅不同国家对物理学的影响的粗略图画. 符合以上条件的物理学家总共 197 人, 其中 67 人属于我们统称为德语集团①的国家: 德国人 52 名, 荷兰人 7 名, 奥匈帝国人 6 名, 再加两名瑞士人. 接下来依序排列, 分别为英国 35 人, 法国 34 人, 美国 27 人, 俄国 9 人, 意大利 7 人, 瑞典 5 人, 以及其他 8 个国家 13 人. 领头的四个国家和地区拥有当时世界一流物理学家的 83%.

使人略感惊奇的是, 直到当时还没有什么研究传统的美国是以德国为楷模的. 虽然有几所美国大学在 1880 年前后创设了博士培养计划 (J. W. Gibbs 是在 1863 年从耶鲁大学取得博士学位的), 但列在上述名单的 27 人中, 有 10 人在德国留学获得学位 (仅柏林大学一个学校就有 5 人), 只有 5 人在本国获得博士学位; 其余的 12 人没有博士学位, 一些人靠在工业部门工作达到学术顶峰, 一些人因早已具有学术职位而不需要更高的学位. 当时美国国内一年只授予大约 15 个物理学博士学位[46].

反之, 英国的 35 位物理学家中只有两人去德国获得博士学位, 而且其中之一的 A. Schuster 是在德国出生并接受中学教育的, 后来才在英国进了曼彻斯特的欧文斯学院. 对他们这种看似进取心不强的最有效的唯一解释是, 英国具有杰出的剑桥大学数学传统和后来的卡文迪许实验室, 以及在各个学院可以得到的助教席位. 这种助教席位有免费的住房和伙食、适当的工资, 教学负担不重, 不至于妨碍研究, 并且有很好的机会在一定时间内在数目不断增加的某一大学里得到教授席位. 它为未婚的毕业生提供了非常可行的替代到外国深造三或四年的另一条道路; 而且这种助教席位还常常作为对荣誉考试中表现优异者的奖励, 因此它的功能实际上是一种研究生奖励金而不是 (现在那种) 博士后奖励金. 英国的 35 名物理学家中, 有 14 位是走这条道路得以提升的. 英国当时没有德国那样的博士学位, 也没有现在的哲学博士学位 (PhD), 但在大学毕业几年后可通过提交已发表的研究工作获得科学博士 (Doctor of Science) 头衔; 那时同现在一样, 要求这些工作具有高标准的原创性.

类似地, 法国当时没有与哲学博士相当的学位, 也没有为取得学术职位要求的资格考试, 但与英国一样可得到更高一级的博士学位. 1870~1871 年普法战争之后, 到德国学习对法国人失去了吸引力, 巴黎成了吸引其他大学有抱负的毕业生的磁

① 当时德国与奥地利之间学术职位很容易交换; 德国与荷兰之间人员流动较少但相互交流很容易. 荷兰物理学家数目虽然较少, 但他们之中的 H. A. Lorentz, H. K. Onnes, J. D. van der Waals 和 P. Zeeman 有很大的影响. 这个例子警示我们不要把一个国家物理学家的数量多少看得太重.

石. 中央政府的控制妨碍着大胆进取的研究, 老式教学大纲无助于科学发展. 特别是, 法国纯粹数学的强大传统对理论物理学充满敌意. 法国科学在 1840 年至 1900 年逐步衰落这一普遍接受的看法并不公允, 但物理学似乎真是这样, 因为这一时段法国在这个领域中除了气象学和光学仪器之外很难找到任何突出的研究工作.

Hendrik Antoon Lorentz
(荷兰人, 1853~1928)

Lorentz 是他那个时代最受尊敬的理论物理学家之一. 他的“电子论”借助带电粒子穿过以太 (带电粒子相互作用的介质) 的运动对电磁和物质现象给出了全面解释. 光由电荷的振动产生, 磁场的效应 (Lorentz 力) 会导致光谱线的 Zeeman 分裂. 他和 Fitzgerald 各自独立地提出了对 Heaviside 所作的运动很快的带电粒子前方的场的力线缩短的分析的推广, Lorentz 给出了这一缩短的数学表示式. 在以太从物理学中被清除之后, 他的变换方程在相对论中仍然留存下来. 他主持了 1911 年以缓和经典物理学和量子物理学间紧张关系为宗旨的第一届 Solvay 会议, 但他本人从未与新思想和解. 以礼貌谦逊著称的他一直将相对论当作杰出而又美丽的引发灵感的源泉而加以介绍, 希望相对论最终能和他比任何人都理解得更透彻的经典思想相调和.

1.4 对研究工作的资助

计算机时代到来之前, 一个理论物理学家的需求不过是办公室、铅笔和纸张、好的想法, 以及一间供他和学生开展讨论的会议室而已. 实验家需要的更多些, 一间实验室和实验设备在 1900 年有时往往会耗尽他的预算, 虽然用不高的代价依然可以做出好工作来. 像化学物理学和气体中的导电等较新的研究课题也许可以用标准的测量装置和一点吹玻璃技术与其他的车间工艺开展研究. 这种因陋就简的研究是一个新生领域在其由于发现新现象所引起的兴奋尚未转变为系统测量之前的特征, 它常在那些认为这是取得快速进展而不必忍受挫折煎熬的理想方法的人士中唤起浓浓的怀旧情感. 化学光谱学研究的高潮是 1860 年前后, 在 Kirchhoff 解释了 Fraunhofer 吸收谱线和发射谱线的互补性及 Bunsen 和 Crookes 开始利用元素的光谱发现新元素之后兴起的, 起初这对任何人都是开放的, 只要有一台简单的棱镜光谱仪和一盏 Bunsen 灯就可以开展这方面的研究. 由于发现更高的色散能给出新现象, 尤其是在 Zeeman 于 1896 年发现谱线的磁致展宽后[48] (很快就分辨出谱线是分裂为多条谱线), 棱镜便让位给平面衍射光栅, 然后 (对少数幸运者而言) 再让位给一种 Rowland 刻线凹面光栅 (1882)[49]. 然而用简单的光谱仪, 特别是补充以便宜的 Fabry-Perot 干涉仪 (1897) 或精巧但昂贵的 Lummer-Gehrcke 干涉仪 (1902) 之后, 在精细结构分析方面仍然做出了许多有价值的工作[50]. 纯学术研究和应用研究两方面对提供这些必要设备乃至范围更大的灵敏和 (或) 精密电学仪器的要求, 大大促进了科学仪器公司的成长, 也激发了科学家们追求最新、最好和不仅因性能优良而赏心, 而且因制作的精美而悦目的设备的贪得无厌的要求.

从这个时期开始, 响起了要求国家给予科学更大财政支持的呼声①, 这种呼声随着进入 20 世纪的脚步声而回荡和放大. 仅仅拥有使捐赠者因留下一座纪念碑而感到满意的壮丽实验室是不够的, 但运行费用和更新使用寿命不长的设备所需经费的要求却感动不了慈善家的钱袋. 按照 Caullery 的说法, 也许只有在美国 "富有阶级对大学有实在的兴趣, 在那里, 建造和装备一座实验室要比为这个实验室物色一位一流的主任更容易"[53]. 他完全有理由感到羡慕, 因为受国家资助的法国大学没有在世界各地纷纷涌现的大型实验室. 牛津大学的克拉伦登 (Clareden) 实验室 (1872) 和剑桥大学的卡文迪什 (Cavendish) 实验室 (1874) 完全没有得到国家支持, 而且后者的设备大多是实验室建成时由其捐赠人德文郡公爵提供的, 难以得到更新和替换的费用. 在柏林, Helmholtz 的威望足以使他说服德国文化部为他修建一个漂亮的研究所, 但他很快就意识到仪器设备需求得同步跟进的问题. 1883 年 6 月和 1884 年 3 月, 他联合 Siemens 和其他人共同发起请愿[54], 指出 "维持一个皇家研究机构在从事研究同时也承担制定并检验力学和物理测量标准的相关职能, 必能给德国带来利益." 他们这里为研究所设定的第二项任务, 显然是在仿效法国的榜样, 法国 1875 年在巴黎郊区的塞夫勒 (Severes) 建立国际度量衡局以 "发展新的米制标准, 保存国际原器, 并进行为保证世界范围内标准一致所需的比较". 由于这一创新举动, 米制单位先是在科学界然后以越来越大的程度在公共生活中占了主导地位. **[另见 16.1 节]**

然而, Helmholtz 及其同事心里怀抱的是更远大的目标. "别的国家, 特别是英国, 享有他们的科学家的出色研究和发现带来的巨大的科学威望. 之所以如此, 是因为这些科学家有幸拥有巨额私人财产和科学精神并将之奉献给科学研究. 对科学研究而言, 这二者都是不可或缺的."②这些请愿者们在请愿书上声明, 自己的祖国缺乏这样的条件. 他们的请愿取得了成功, 1887 年创立了帝国物理技术研究所, 并

① Rutherford: "我们没有钱, 所以我们只能思考."[51]; Cornford 对剑桥大学的嘲讽式评论 (1908)[52]: 我们碰见了那些洞穴人 (即科学家们), 他们 "是些危险的人, 因为他们知道他们要的是什么; 那就是, 所有流到那里的钱"

② 例如 H. Cavendish (1731~1810), J. P. Joule (1818~1889) 和 J. W. Strutt (即 Rayleigh 勋爵)(1842~1919). 他们之中也许还应当加上 Michael Faraday (1791~1867), 他虽然没有私人财产, 但却将他的一生奉献给了皇家研究所的研究工作. 非物理学家中 Charles Darwin 是一个杰出的榜样.

由 Helmholtz 担任第一任所长, 这个研究所的成功于 1899 年激起三个英国实验室在贸易局的牵线下联合组成位于特丁顿 (Teddington) 的国家物理实验室①. 几乎同时 (1901), 美国国家标准局在华盛顿特区成立[58]. 这三个机构全都开始研究工作, 制定并颁布迫切需要的各种可靠的测量标准, 特别是电学测量标准. Gauss 和 Weber 提出的基于用两根带电导线间的力定义电流单位的绝对电磁单位制, 如果没有可用绝对单位校准的可重现的电压标准 (标准电池) 和电阻标准 (标准欧姆), 是没有实际用途的. 这些标准对于工业和法律, 以及对于纯粹科学, 都至为重要. 有了它才能保证, 不同制造商生产的部件相互兼容, 有关钱币价值的争端在法庭上得到解决, 物理学的基本思想能够由不同实验室得到的结果结合在一起来检验. 在 Rayleigh 勋爵主持卡文迪什实验室的 5 年时间里 (1879～1884), 他的首要实验研究就是有关建立电学量的标准[59]. 从 Carhart 文章[11] 所列的 1900 年研究进展目录判断, 沿着这一路线的工作占了德国帝国物理技术研究所的大量时间.

John William Strutt, 第三代 Rayleigh 男爵
(英国人, 1842～1919)

J. W. Strutt (第三代 Rayleigh 男爵) 享有经营家庭庄园所得的私产, 这使他得以在位于英格兰埃塞克斯郡特尔灵村的乡间住所把自己一生大部分时间奉献给理论和实验物理学研究. 他所著的《声的理论》一书是关于振动和波的经典著作, 至今依然是数学技巧的宝贵参考文献. 他一生在物理学的多个领域, 特别是电磁学、流体力学和光学领域发表了 450 篇论文. 在实验方面, 他与 Sidgwick 夫人合作建立了可靠的电学量标准, 他确定了氮和氧的相对密度, 由此揭示的很小的差异导致他与 W. Ramsey 合作发现了氩气, 这些都足以判定他的实验技能. 到 1900 年, 他已继 Kelvin 之后成为英国物理学界最有威望的人.

在开展测量标准研究的同时, Helmholtz 凭借自己的威望, 保证了柏林大学与帝国研究所之间的密切联系, 使大量研究工作在一些世界最优秀的物理学家指导下进行. 这些工作中包括了对黑体辐射的长期研究, 它后来导致 Planck 提出有名的 Planck 公式及对谐振子进行量子化的建议. 鉴于这项工作本身的重要性以及它提供了一个显示当时实验研究状况的机会, 值得在下一节里比较详细地讨论.

① 巴黎大学的 H. Pellat 教授曾向 1900 年在巴黎召开的物理学大会提交报告称赞这些创举并敦促法国仿效, 但收效甚微[57]. 在他看来, 自从大学承担这些职能后, 美国已处于优势地位.

1.5 黑体辐射

Kirchhoff 对吸收光谱和发射光谱的互补性质的解释, 只不过是他对均匀加热空腔中辐射的特性与腔壁的本性无关这个更基本的认识的一个推论; 如果不是这样, 通过让辐射从一个空腔传到另一个温度略高的空腔, 就会违反热力学第二定律. 这就清楚地表明, 辐射的能量密度以及能量在不同波长上的分布, 必定完全由腔壁的温度确定. 一个物理现象如此干脆地与实物的非本质性质无关, 这必须只有从物理世界的基本性质来解释, 因此值得实验家和理论家特别关注. Klein 和 Kuhn 已经对这个理论是如何发展起来的做了全面论述[60], 我们这里将集中讨论问题的实验方面.

如果能够找到理想黑体, 那就不必直接研究腔体辐射, 这是因为 Kirchhoff 的分析证明二者发出的辐射具有同样性质. 虽然许多早期实验是在受到适当包盖的金属条或金属丝上做的, 但因怀疑这些材料是否真的具有完全吸收性质, 特别是在远红外波段是否完全吸收, 使 Wien 和 Lummer 提议[61](1895) 采用用电加热的柱形炉来研究黑体辐射, 他们在柱形炉上开一个小孔, 使辐射可由炉内射出而不严重干扰炉内状态. 设计这样一个加热炉使得其表面温度均匀, 这只是必要的相对简单的准备性工作; 而主要的任务则是温度的测量, 因为已知的实现开氏温标的唯一办法是使用气体温度计, 在几乎白热化的温度下进行这种测量绝非易事. 然而, 物理学界具有悠久的传统, 将气体测温术向越来越高的温度拓展. Holborn 和 Wien[62] 采用陶瓷测温包将铂–铂铑合金热电偶校准到 1700 K, 将之嵌入炉体用以测温.

测量红外辐射的一个很窄波段内的辐射强度需要具有高灵敏度的探测器, 这方面的先驱性工作是美国人 S.P.Langley 做出的[63], 他是一位天文学家, 后来热衷于飞行机器. 他开发了将一片极薄的金属 (先为铁, 后为铂) 箔条熏黑用以吸收辐射的辐射热测定器. 将这种辐射热测定器作为 Wheatstone 电桥的一个臂, 在电桥中接入当时最灵敏的电流计, 只要这个薄条的温度升高 10^{-5} 度即可产生可测量的电阻变化 (相应的电阻变化为千万分之三). 这是一个令人印象深刻的结果, 特别是考虑到所用的 Thomson 动磁式电流计[64] 极易受到振动和周围地磁场涨落的干扰. Langley 本人曾将其辐射热测定器置于 13 英寸望远镜焦点处, 测量月亮的像上各点热量输出的变化, 用这个办法演示了辐射热测定器惊人的灵敏度①.

Paschen[67] 改装了 Langley 的辐射热测定器和他测定远红外区内折射率的手段, 用来进行一项细心的研究, 它是 Lummer 和 Pringsheim 对黑体辐射能量谱分布

① 前面提到的 Boys 的辐射计[65] 中有一个用一根熔凝的石英细丝悬挂在磁场中的微小的温差电路, 因此它实质上是一个将电压源装在线圈里而无需引线的 d'Arsonval[66] 圈动电流计. 事实上, Boys 后来承认, d'Arsonval 在 1886 年曾展出过相似的仪器. **[另见 1.1 节]**

的测量[68] 的另一个实质性的准备工作. 他们用一块氟石 (CaF_2) 棱镜将从炉子上一个小孔射出的辐射分光, 用辐射热测定器扫描其辐射强度. 但为了解释所得结果, 必须非常精确地了解氟石的色散本领, 即其折射系数如何随波长变化, 或用更实际的话说, 棱镜产生的最小偏向角在光谱范围内有多大变化. 这正是 Paschen 的贡献. 棱镜本身是用一台 Rowland 凹面光栅 (这台光栅 Langley 以前曾用过) 校准到波长最长到 9.5μm 的衍射波, 这已达到氟石对之透明的波长极限. 如果光源是辐射波长范围很宽的电弧灯, 则会形成许多重叠的光谱. 在最长的衍射波长为 λ_0 的某个选定的角度上, 也会出现 λ_0 的整数分之一的波长 λ_0/n. 在被一狭缝选择后, 这些波射入棱镜, 被棱镜折射到不同方向发生色散构成一个由离散的光线构成的扇形. 现在可以测量每条光线的最小偏向角, 在偏向角与波长的函数关系图上得出一组点. 在不同的衍射角上进行测量, 就可以增补这些点, 画出一条光滑的色散曲线. 值得指出的是, 因为在红外区色散很小, 所以要求狭缝很窄. 可以接收到的能量很小, 需要用到辐射热测定器的全部灵敏度.

在帝国物理技术研究所同时进行的这些和其他测量很好地显示了精确测量对基础科学的支持. 在这种情形下, 交上好运的 Planck 正好在同时进行导出黑体辐射理论公式的工作, 他和实验家的密切合作很快就得出了理论和实验之间惊人的一致[68]. 把这件事看作近代物理诞生的时刻是很吸引人的, 但事实是, 在得出 Planck 公式之后至少十年里, 这个公式不过被人们当作一个有趣的经验结果但其意义并不明确[69]. 只有 Einstein 在 1905~1907 年清楚地看出 Planck 的量子对基础物理学的重要意义, 而他的这一洞见也需要若干年后才被人们所知和承认.

1.6 实验设备

用于黑体辐射研究的光谱学设备表明了 1900 年技术光学的先进状态. 打从望远镜在几个世纪之前发明的时候起, 各国政府对它的兴趣就极大地推动了它的发展, 天文学因此成为意外的受益者. 对光学玻璃质量 (特别是其均匀度) 的改进, 使建造更大的折射望远镜成为可能, 其巅峰是 1897 年在美国威斯康星州耶尔克斯天文台 (Yerkes Observatory) 竖立起了孔径为 40 英寸的大折射望远镜. 在 Foucault 于 1858 年引入化学镀银玻璃之前, 反射镜由铜锡合金制成, 令人头疼的是这种合金易于生锈. Rosse 伯爵 1848 年建在爱尔兰比尔城堡一直使用到 1878 年的 72 英寸反射望远镜, 在 1912 年美国加州威尔逊山的 100 英寸望远镜建成之前, 曾经是当时世界上最大的反射望远镜. 大多数天文台甚至那些非常有名的天文台, 看来都能用小得多的设备开展他们的研究, 在 20 世纪早期运转的十几个天文台所用的望远镜的典型口径为 10 英寸或 12 英寸[70]. 建造更大的望远镜远远超出了大学乃至国家天文台的预算, 只能依赖富有的业余爱好者的慷慨捐赠.

需要指出, 业余爱好者在天文学中始终扮演着引人注目的角色. 19 世纪许多有私人观测手段的英国妇女热心于用自己的望远镜进行系统的天文观察. 创建于 1881 年的英国利物浦天文学协会是极少数一开始就允许妇女加入的物理科学协会之一. 这个协会绝不是一个地方性的协会, 连巴西皇帝都曾是其会员[71].

在核物理、相对论与量子力学出现之前, 除了牛顿力学和万有引力理论的数学发展外, 物理学与天文学的主要的、也许是唯一的交接点是吸收光谱研究, 它是太阳和恒星大气中存在的元素的标记. 1868 年在太阳大气中发现前所未知的元素氦 (图 1.3), 1895 年辨认出它与从一种铀矿石富钇复铀矿抽取出的气体为同一元素, 这成为长篇的重要发现大事记中最著名的一段故事[72]. 从最初的时刻开始的光谱学的历史, 已被 Kayser 全面撰写在他综述元素光谱的多卷本著作的第一卷中[73]. 虽然到 1900 年已经积累了极为大量的波长信息, 但人们知道的规律极少, 其中氢原子光谱的 Balmer 公式是最常提到的, 但即使是这个公式, 在当时也完全得不到合理的解释. Rydberg 差一点在 Balmer 之前得出这个公式, 大约在 1890 年, 他提出了这个公式的一种推广形式, 这一推广公式可以相当好地用于几种别的元素, 并且是 Ritz 组合定则 (1908) 的萌芽[74]. 然而, 除此之外, 在气象学家对它感兴趣之前, 光谱学仍主要是化学中的一种特征辨认工具.

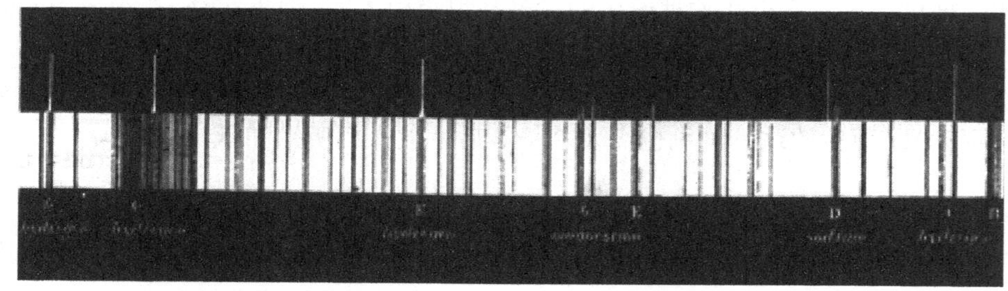

图 1.3　Lockyer (Janssen 也独立地做了这个实验) 将太阳边缘的像聚焦到分光摄谱仪的输入狭缝上, 因此光谱的下半部分是明亮的光球层生成的, 而光谱的上半部分则由色球层生成. 这一景象肉眼只能在日全食时看到, 但由于此时光集中在几条尖锐的谱线上, 两种谱可以同时拍下来. 这些谱线表现为色球层的发射谱线和光球层的吸收 (Fraunhofer) 谱线. 一个例外是紧靠钠双线 (在光谱右端以 D 标出) 左边的亮线. 像氢的光谱线一样, 它是由某种在色球层中比 Mg 和 Na 等较重元素上升得更高的元素发射出来的. 这导致 Lockyer 和 Frankland 提出在太阳中有一种尚未知的轻元素存在, 他们将之命名为氦. 光谱左端氢的 G 谱线的波长为 434 nm, 光谱右端氢的 C 谱线波长为 656 nm

光谱学的最高精度水平是由美国的 Rowland 和 Michelson 及法国气象学家 Fabry、Perot 和 Benoît 等人达到的. Rowland 的大凹面反射光栅取得成功的关键在于他打磨螺纹的工艺大大优于以前所达到的任何工艺[75]. 首次有可能以不超过百万分之一的误差来比较波长. 这一发明给法国光学仪器制造者 Benoît 及其同事们留下了极为深刻的印象, 激励他们在干涉测量术中作出了独特的进展. 这些进展包括精确分数法[76], 靠这种方法他们得以避免在一个长的 Fabry-Perot 标准器上数波长个数. 然后他们比较一系列标准具的间隔, 系列中每一个标准具的长度为前一个的二倍, 直至最大的一个可以与标准米直接对比. 用这种方法他们在测量几个选出波长时达到了 8 位数的精度. 此前 Michelson 也将他的干涉仪用于同一目的, 表明他使用的白光条纹也同样精巧. 这台仪器原来是为探测地球穿过以太的运动而设计的, 在他手里变成了引人注目的万能装置, 他曾在自己的两本小书《光波及其应用》(1903) 和《光学研究》(1927) 中颇为得意地介绍了这台装置[77]. 人们有趣地注意到, 在头一本书里他把以太漂移实验 (Michelson-Morley 实验) 作为负面结果而草草处理, 认为其首要功绩仅在于启发他设计了他的干涉仪.

天文望远镜、Michelson 干涉仪及 Fabry-Perot 干涉仪还不是仅有的在 1900 年前已接近最佳设计水平的光学仪器. 浸油显微镜的物镜也达到了衍射给出的分辨率极限, 而且通过 Rayleigh 和 Abbe 等人的工作得到了关于光学仪器分辨率的普遍理论, 尽管还需对相衬显微镜和其他变型进行深入探讨. Drude 的教科书[78] 出色地总结了当时光学知识的水平. 他这本书还是首批阐述 Maxwell 的光的电磁理论的光学教科书之一; 大多数其他作者仅满足于弹性固体理论或简单的一个很一般的波动理论.

Drude 写道:“如果本书能够使读者强烈地认识到光学并不是物理学中一个老迈和过时的分支, 我的目的就达到了.” 从 100 年之后的观点来看, 光学确实并未过时, 不过它确实已经成熟到几乎没有其他的实验物理学分支可以与之比拟的程度. 以电学测量为例①, 上面我们曾提到过很不稳定的动磁式电流计的使用, 在几年之内它就被 d'Arsonval 型电流计取代, 在这种电流计中, 电流在悬浮于永久磁铁的强磁场中的轻线圈中流过, 周围磁场的涨落不再重要. 随着永磁材料的进展, 可以制出比较便宜的小型仪器. 曾经在一段时间内起过重要作用的像限静电计和金箔静电计, 和动磁式电流计一起成了博物馆的藏品, 对于它们从实验室的消失, 很少有人感到遗憾. 同样的话也许更适用于由于热离子学的兴起而被淘汰的一种仪器 —— 机械示波器[80], 无论它原来设计得如何精美, 但不论在速度上还是在灵敏度上都无法与当时刚刚出现的阴极射线示波器匹敌. F. Braun 制出的第一台这样的仪器 (1897 年) 用电子束在 y 方向的磁偏转, 加上一个自转的平面镜, 以显示信号沿 x 轴的时间演化[81]. Braun 还在 1874 年发现了硫化铅的整流作用[82], 不过在有效的固体整流器出现之前, 热离子二极管已经在使用了 (1905)[83]. 在此之前, 实际上在 20 世

① 很不容易找到这段时间里仪器制造商的产品目录, 但剑桥 Whipple 博物馆的图解收藏目录[79] 相当彻底地涵盖了这个领域. 一本有价值的通用参考文献是《应用物理学词典》[64], 其中对这里提到的大部分仪器和别的仪器有详尽的说明.

纪上半叶的大部分时间里, 电解质电池组一直是标准的稳恒电流源. Trowbridge[84] 曾在他哈佛大学的实验室里安装了由 20000 个电池组成的电池组, 给出稳恒的 40 kV 电压以激发 X 射线管, 他报告说, 这是一项重大改进, 在此之前, 大多数实验工作者的唯一高压电源是感应线圈的间歇脉冲提供的.

气体放电研究, 特别是低压放电时发射的阴极射线, 是一个成果特别丰富的领域, X 射线、电子和阴极射线示波器是这一领域的三大收获. 实验似乎曾表明[85], 阴极射线可以被磁场偏转, 但是不被电场偏转. 这是一种广为传播的错误见解的起因, 也刚好解释了 Braun 为何在他的示波器中用磁偏转. 麻烦的根源在于当时真空技术很原始, 使用的机械泵 (通常用手工操作) 达不到很低的气压, 而 Sprengel 和 Toepler 的玻璃水银泵[86] 操作起来既慢又繁琐, 特别是如果不耐心操作, 水银柱在气压最低时极易灾难性地冲入玻璃器皿的封口端. 而且当时人们也没有充分认识到未经烘烤的玻璃仪器会大量释放出气体, 以至于即使让抽气泵连续抽气, 也达不到很低的气压. 于是, 被阴极射线电离的残余气体就消除了加在两个极板之间原本用来使阴极射线电偏转的电场. 只是在封闭的管中放电许多天将足够多的残余气体从管壁驱除后, J. J. Thomson 才能达到和维持住一个好的真空[87]. 此后他很快就认识到电子的存在.

低温下释放气体的问题不太严重, 所以没有给 Dewar 带来麻烦. 他为气体液化实验设计的双层壁真空瓶于 1893 年首次在皇家科学学会展出[88]. 他在封闭夹层之前巧妙地利用水银蒸气驱赶掉夹层空间的空气, 而当液化气体倾入时水银蒸气便凝结成一层高反射膜, 使辐射热大大减小. 他用来液化氢气的更为复杂的容器是德国为他制造的, 因此别人也可以得到. 认识到让液体保持冷的器皿也可以用来保持热这个道理的机会留给了德国人 R. Burger, 他于 1904 年得到了热水瓶的专利[89].

1883 年氧气和氮气首次无可争议地被液化. Pictet 和 Cailletet(1877) 独立地在空气中产生了雾滴, 但未能收集到任何液体. 几年之后波兰克拉科夫的物理学家 Von Wroblewski 和 Olszewski 做到了这点[90]. 到 19 世纪末, 再生液化器和 Linde 与其他人发明的精馏塔已为工业用途提供液氮和液氧, 为科学研究提供液态空气[91]. 化学家很快发现液态空气冷却的除水器胜过其他任何干燥剂, 而且不会污染物品. 同时 Dewar[92] 开发了在一个封闭容器中使用由外部的液态空气冷却的椰壳碳黑吸收残余气体产生真正过硬的真空的办法. 唯有氦气抵抗吸收, 于是可以采用通过椰壳碳黑去掉其他气体的办法制备氦气. 用这种办法处理巴西的独居石 (磷铈镧矿) 矿砂吸留的气体, 提供了一些氦气, 足够对其基本性质开展初步研究. 在 1898 年成功将氢液化 (20 K 以下) 及 1899 年将其固化 (12 K 以下) 之后, 氦气的最终液化已成功在望, 1908 年 K. Onnes 最后得到成功, 几乎同时认识到可以从天然气中大量制备氦气[72].

单单背诵制备越来越冷的液化气体的重要日期, 而不理解对各种气体的 $P-$

$V-T$ 关系作专门研究 (它是设计液化实验的基础) 的重要性, 会对实现气体液化的努力给出一幅错误图像. 在 1869 年 T. Andrew 首次演示了二氧化碳的临界点后, 紧接着 van der Waals 提出了非理想气体的状态方程, 这个方程对非理想气体的研究给予了强烈推动, 并且是以简洁形式表示数据的框架. 根据这个方程, 一种气体的反转温度大约是气体临界温度的 7 倍, 所谓反转温度指的是高于这一温度时焦–汤效应 (气体穿过喷嘴膨胀) 将提高而不是降低气体的温度, 而临界温度则是当温度低于此温度时要将气体加压液化必须将气体冷却. 尽管这个数字并不可靠, 但是它激励了人们在不太高的压强下进行测量以确定反转温度, 从而预先知道要使再生 Joule-Thomson 冷却有效需不需要以及需要什么样的预冷却. 此外, 当然它还给出了要达到液化需要预冷到什么程度的估计值. 19 世纪的后 25 年, 人们为测定多种不同气体的等温 $P-V$ 曲线付出了大量努力, 其中法国的 Regnault 和 Amagat 及荷兰的 K. Onnes 属于最具有坚持精神的敬业者之列. **[又见 7.5.2 节]**

作为实验进展的最后一个也许并不很重要的例子, 应当提到 C.V. Boys 对细石英丝的开发[93]. 他对自己如何用弩弓将熔融石英抽成直径小于 10^{-5} 英寸的几乎看不见的细丝的描述, 很值得一读. 他发现这种细丝坚强如钢, 用它代替动磁式电流计中的丝线后, 在扭转时完全没有丝线那种使人伤透脑筋的随机飘移. Boys 的辐射计[65] 和他对 Newton 引力常数的经典测定[94] 都源于这一技术创新. 熔融石英的更广泛应用要晚一些, 是从 Shenstone[95]1901 年将玻璃化石英器皿引入化学仪器开始的.

1.7 物理世界的图景

回顾 20 世纪的肇始, 物理学家往往只看到一场革命的初始骚动, 这场革命横扫了建立在 Newton 力学和 Maxwell 电磁理论基础上的稳固的经典思想体系. 然而, 如我们刚刚描述的那样, 对实验发展的审视却立即表明, 这个貌似古老的物理学中有多少是前四分之一个世纪或甚至是 19 世纪 90 年代的产物. 欧洲大陆对 Maxwell 在他 1873 年的伟大 (但很难读) 的著作中全面表述的理论的怀疑, 直到 1888 年才被 Hertz 的电磁波演示[96] 消除, 从此开始了一场谁能把电磁波信号发射和接收距离搞得更远的竞赛 (1895 年 Rutherford, 1/2 英里[97]; Marconi, 1.5 英里; 1901 年 Marconi, 跨大西洋[98]). 因此, 当 1901 年 Mendehall 悼念 Rowland 时说[99]: "他生活在一个几乎无与伦比的智力活跃时代, 他的工作是在令我们长久羡慕和惊叹的那个世纪的后四分之一时期完成的" 时, 我们不应该觉得惊奇. 就在同时, Oliver Lodge[100] 在他为 G. Fitzgerald 写的一篇挽歌式的悼词中曾表示过片刻的怀疑, 但是马上收回: "19 世纪的后半叶是一个伟大的时代 …… 不过这个时代似乎结束了. 但是不, 它还留下了几位人物和几个尚待证实的发现". Michelson 的名言 "我们今后的发现只能在小数点后面 6 位数上去找”[101], 有时被人们脱离上下文引用, 来暗示他相信物理学已经终结. 的确, 他相信物理学的基本定律已经可靠地建立了, 但他仍希望这些基本定律会进一步完善, 而且他援引发现海王星和氩气的例子说明, 对微小的反常的细心观察会获得激动人心的新结果. 在下面这段话里, 他呼应 Maxwell 的看法[102]: “我可以从每个科学分支举出一些例子, 表明细心测量所付出的劳动最后怎样得到新研究领域的发现和新科学思想的发展的回报.” 我们并不缺乏离我们更近的例子, 如广义相对论的检验和量子电动力学的检验 (通过 Lamb 位移和电子的 g 因子) 等, 但不可否认的是, 伴随着像放射性这样的引人注目的新效应而来的物理学的最大进展所召唤的, 是与 Michelson 很不相同的天才. 我们必须留意发现像 Faraday 这样的人才①, 以寻找与 Rutherford 同等级的天才人物. 虽然如此, Lodge 的一个时代 “终结” 的感觉并不完全是空穴来风, Badash 对这一点曾相当详细地讨论过[103]. 例如, 引起自 Fresnel 以来各式各样假想的以太模型的推测性理论, 以及与此反其道而行之的德国科学家追随 Gauss 和 Weber 用超距作用理论解释电磁学的最新发现的企图, 在人们偏爱更简单的理论结构的情形下大部分都被扬弃了, Lorentz 的电子论[104] 是这种新理论结构的明白无误的引领者. [**又见 26.7 节**]

但是, 在深入讨论物理学理论的状态之前, 有一个普遍观点值得强调, 那就是物理学所包含的论题是足够紧密地相互联系的, 它允许一位主要是理论物理学家的学者在不同时间对技术应用和基础性思考都作出贡献, 有时也允许他沉迷在认真的实验工作中, Kelvin、Helmholtz, 以及后来的 Einstein 都是明显的例子. Rayleigh 可能是避开基础问题的唯一的杰出物理学家. 直到量子力学出现, 才使那些热衷于理解真实物质性质的物理学家和另一些在亚原子世界之谜引领下将实验和理论推向越来越小的物体和越来越高能量的物理学家之间开始出现隔阂. 虽然 19 世纪 90 年代的黑体辐射研究在推动物理测量取得重要进展 (用光学高温计测量甚高温) 的同时也是导致量子发现的重要的一步, 然而现在已没有人会期望夸克和量子色动力学会与固体物理学家、化学家和生物学家现实的兴趣有关系了. 那些总体上满足于 60 年前即已达到正则形式的量子力学思想的人们是 Rayleigh 的精神传人, 只不过 Rayleigh 当时信奉的准则是经典力学准则.

原子 (或分子) 和以太是 19 世纪后几十年物理学家全神贯注的两个未解决的问题. 尽管化学结合定律和气体动理论 (或称气体运动论) 在当时就给原子的存在提供了现在看来是无可辩驳的证据, 但仍然有怀疑者, 特别是 E. Mach[105] 和 W. Ostward[106], 这些人的学术威望使人们不能忽视他们的观点. 少数人, 著名的如气体动理论的伟大先驱 L. Boltzmann, 可能因这些人的敌对态度而沮丧[107], 但大多

① Faraday 没有任何学位, 完全自学成才, 充满探索新现象的热情. —— 译者注

数人或者勇敢地回击 (如 Planck)[108], 或者将这些攻击当作是对某些原子论者过于自信的过激反应而不予理会 (如 Poynting)[109]. 在几年之内, 对 Brown 运动的定量研究和 X 射线衍射的发现就把胜利交给了原子论者, 因此我们在这里就大可不必费力去进一步分析 Mach 的那些很有影响的实证主义观点了, 尽管某些教条式地鼓吹他们的哲学确定性的近代物理学家很乐意研究这些观点. 后面我们还必须回到 Ostward, 这是因为他与主流思想的其他冲突. 在原子问题上可以认为他是最后一位把原子当作 “最多不过是有用的虚构” 的化学家. 然而, 他最后还是皈依了正统[110].

Ludwig Eduard Boltzmann
(奥地利人, 1844~1906)

Boltzmann 证明了利用热力学可以推导出关于温度为 T 的黑体辐射总功率正比于 T^4 的 Stefan 经验公式. 他极为赞赏 Maxwell 富于想象力的见解, 并采用其先驱性的统计思想, 以描述分子速度分布随时间变化的 Boltzmann 方程为中心, 建立了系统的气体理论. 这一理论的各种引理或推论, 如 H 定理、分布函数、能量均分定律等均与他的名字相联系, 他首先给出熵为无序程度的解释并定量地定义了熵. 他与企图将原子等尚未观察到的实体从物理学中排除的 Mach 和其他有影响的科学哲学家进行了激烈的论战.

虽然大家都相信原子是物质的基本构成单位, 原子论者们对于原子实际上究竟是什么的看法远不统一. W. K. Clifford[111] 的看法受光谱复杂性影响, 他认为原子具有精巧的内部结构, 而部分来自古希腊人但更多地来自 18 世纪数学家 Boscovich 的方便而不确定的模型, 则认为原子是按照某种 (也许是复杂的) 力学定律相互作用的不可再分割的具有质量的点, 两种观点形成鲜明的对比. 后一种模型是气体动理论的一个很好的出发点, 被 Maxwell 有力地用来分析扩散、黏滞性和辐射检测计的力, 虽然在他别的著作中他似乎和 Kelvin 及其他许多英国物理学家一起, 倾向于相信原子本身并非实体而不过是以太中的涡旋或其他奇异性的表现[112]. 相反, Lorentz 及其学派设想物质与传递作用力的媒质以太共存. 单独带正电荷或带负电荷的 “电子” 是基本的物质粒子, 他们可以穿过以太自由运动而不扰动以太. Whittaker 对这个具有复杂物理思想的时代作了非常全面的历史总结[104].

为了解决光穿过运动的透明介质透射引起的问题曾做过各种努力, Lorentz 理论是这些努力的巅峰. 而这些问题本身又是由最早的以太模型 (如 Fresnel 和 Green 把以太想象为弹性固体的模型) 遇到的困难引发的. 这类模型中永远令人头疼的是, 纵波也像横波一样有可能存在, 甚至到 1895 年发现 X 射线时, 还有一些人包括 Röntgen[113] 本人在内, 欢呼这是好不容易才发现的难以捉摸的纵向振动. 但是人们已经知道, 横波以非正入射方式打到到两种介质的界面上发生部分反射和部分透射时, 也会激发出这样的纵向振动; 可是并没有这种现象的证据, 理论也给不出光在界面上的反射系数的定量正确的说明. 无论如何, 要表述界面上的边界条件, 必须先有一个介电媒质理论, 例如, 以太是均匀地渗透到一切媒质中, 还是它在电介质与自由空间中有不同的密度? 讨论运动媒质时迫切需要回答这个问题, 因为它决定了运动时以太被拖曳的程度. 在检验这个问题的 Fizeau 实验中, 安排穿过有水流过的同一路程的两束光在干涉仪中发生干涉, 一束光沿快速运动的水流方向, 另一束光的方向相反. 反转水流的方向引起的干涉条纹的移动, 被解释成当折射系数为 μ 的物体以速度 v 运动时, 以太相对于物体以速率 v/μ^2 穿过物体漂移. 初看之下这似乎推翻了 Lorentz 关于以太对物体的通过毫不敏感的观点, 但是从 Lorentz 理论到 Fizeau 实验这中间有许多进展. 特别是, Michelson-Morley 实验没有观察到预期的地球相对于以太的运动. Lorentz 和 Fitzgerald 各自独立地接受了这个挑战, 两人都指出[114], 如果在以速率 v 穿过以太运动时一切物体的长度都缩短到 $\sqrt{1-v^2/c^2}$ 倍, Michelson-Morley 实验确实会给出零结果. 这个引人注目的提议并非向壁虚构, 而是一项计算的推广, 这项计算从 Maxwell 理论出发证明, 一个运动的带电导体球产生的电场和磁场图样在高速下受到纵向压缩, 需要将球体相应地变形为长短轴比为 $\sqrt{1-v^2/c^2}$ 的椭球. Lorentz 电子模型与 Fitzgerald-Lorentz 缩短结合起来后, 对所有关于运动媒质光学的实验结果给出了自洽的解释.

Albert Abraham Michelson
(美国人, 1852~1931)

Michelson 出生于波兰, 孩童时代随家迁居美国, 他一生从事光学实验. 他用 50 多年的时间完善了确定光速的 Foucault 方法, 他去世后发表的最后一次测量结果仅在后来才被二战中发展起来的雷达超过. 他为探测以太漂移 (即有名的 Michelson-Morley 实验) 而发明的干涉仪被证实是一种多用途的仪器, 他曾使用这一仪器直接测量波长以校准标准米尺, 以图用光谱标准替代之, 并且用它来研究谱线宽度及谱线多重性. 他还用一台不同的仪器, 恒星干涉仪, 首次测量出恒星参宿 4 的角宽度 (0.047 秒弧度).

用现代的眼光看 Lorentz 理论, 人们会对他为何非要与以太纠缠不休感到奇怪,因为以太的功能无非就是为电磁效应按照 Maxwell 方程传播提供一种媒质和一个固定坐标架而已. 确实, 为了便于使用方程及不再出现那些讨厌的问题, 以太从此便被愉快地抛弃了. 然而, 这种现代观点在 19 世纪是完全不能接受的, 那时的物理学界仍然满怀希望想要找到宇宙的一个完全前后一贯的力学模型, 种种不可思议的概念如超距作用被统统从这个模型中驱赶出去, 在这个模型中, 一切效应都有局域的原因 —— 例如, 电磁力是被一种介质从一点传递到邻近点的, 而介质的力学属性是可以界定和完全搞清楚的. Maxwell 理论的巨大成功之一是, 从这个理论可以推出, 一个电荷和电流系统拥有的能量可以认为是以电场贡献的 $\frac{1}{2}\boldsymbol{E}\cdot\boldsymbol{D}$ 和磁场贡献的 $\frac{1}{2}\boldsymbol{H}\cdot\boldsymbol{B}$ 的能量密度分布在整个空间. 此外, Poynting 矢量 $\boldsymbol{E}\times\boldsymbol{H}$ 描述能量在空间中的流动, 这倾向于证实这样一种看法: 能量是与实物很相像的某种东西, 每个以太体积元由于其胁变状态具有可以定量表示的一定数量的能量, 能量是守恒的, 因之可在其运动和变换时跟踪. 诚然, Poynting 本人[115] 对像以太及其能量这样的理论结构实在性的教条式信仰是心怀警惕的, 更早一些, Salisbury 勋爵[116] (最后一批对科学怀有强烈的个人兴趣的政治家之一) 曾经说过: “在超过两代人的时间里, ‘**以太**’ 这个词的主要功能, 如果不说是唯一功能的话, 曾经是为 ‘**振荡**’ 这个动词提供一个主语.” 然而, 直到 1905 年 Einstein 的相对论开始赢得年轻一代人的心并把以太丢到废料堆之前, 以太的存在必须算作大多数物理学家的中心信条. 许多老一辈物理学家, 包括 Larmor 在内, 从来没有改变他们对以太的耿耿忠心, 这成为 Planck 在他的《科学自传》[117] 中提及当年反对 Mach 和 Ostward 的论战时写下的一段名言的一个新例证, 这段名言说: “新的科学真理并不是通过说服它的反对者并使他们理解新理论, 而是由于它的反对者逐渐死去, 新的一代成长起来并熟悉它而取得胜利的”. 以太顽固地拖着那些渴求一个客观的、可理解的世界的人们的的后腿不让他们向前, 以至迟至 1919 年 Einstein 还在强调抛弃以太并非必要, 而 Dirac(他太年轻, 还算不上旧时代的遗老) 1955 年还希望以完全量子化的形式复活以太[118]. 但是在公开与形而上学决裂的环境中成长起来的大多数人, 则满足于将自己的行为法则隐藏在数学方程之中而不去追求以太曾经一度允诺提供的更深刻的意义. 这种脱离哲学的飞跃, 可以声称曾得到 Karl Pearson[119] 的支持, Pearson 在他的《科学的规范》(*Grammar of Science*) (写于 1892 年的一本阐述当时科学思想风气的书) 中写道: “我觉得 Hertz 的实验并没有从逻辑上证明了以太的**感性**存在, 但是通过表明有比迄今为止实验所证实的更广泛的感性经验可以用以太描述, 极大地增加了以太这个科学**概念**的适用性”. Lorentz 本人在 1922 年的一次讲演中, 对于把 Einstein 的狭义相对论和广义相对论当作已被接受的真理在讲述上相当谨慎, 仅在末尾允许自己作了一个表示遗憾的优雅注解: “至于以太 (我再一次提到它), 虽然它的概念有一定的好处, 但是必须承认, 如果 Einstein 仍然坚持它, 他肯定就不会将他的理论给予我们了, 因此我们非常感谢他没有因循老路."[120]

导致 Planck 发表这段尖刻评论的与 Ostward 的论争提供了又一个例子, 表明 19 世纪末由于新思想的大量涌现而引起的知识混乱. 尽管热力学的基础早在 19 世纪 40 年代和 50 年代已经奠定, 并且在 1876~1878 年被 J. Willard Gibbs 以超级的透彻性和想象力应用于化学过程和其他多相系统, 但仍给 Helm、Ostward 及其唯能论学派追随者们[121] 宣称物理过程几乎完全由所涉及的能量变换决定留下了可能性. 这种不顾热力学第二定律的严格限制而将热力学第一定律神化的做法是一场短命的闹剧, 但却激怒了如 Planck 那样的那些将熵看作解决许多问题的线索的科学家. 在 Planck 看来, 热力学的这个富有启发性的真理压倒了其他一切概念, 甚至分子动理论. 因为虽然 Boltzmann[122] 在他的 H 定理①中提供了对熵增加定律的优美证明, 在 Planck 眼里那只不过是这个定律的一个特例而已, 因为这个定律是超越任何具体模型的, 甚至也超越种种原子论理论, 这些理论仍然被认为是很有道理的假说而不是确立的信条. 事后来看, 我们能够理解 Planck 立场的实力, 因为 Boltzmann 的气体理论当然是建立在 Newton 力学基础上的, 熵增加定律则在量子世界也同样成立. 而作为一切孤立系统将会变得越来越无序这个基本倾向的严格表述, 熵定律甚至比量子力学规则具有更深厚的普适性.

在应用原子论来解释物质性质方面, 气体理论远远走在前面. 但是在气体比热问题上遇到了严重困难. 比率 $\gamma = C_p/C_v$ 应当由分子具有的自由度数目确定, 对于水银蒸气、氩气和氖气这些单原子气体, γ 为 5/3(氩气和氖气的结果令 Boltzmann 特别满意)[123]. 但是, 分子气体从 Clausius 和 Maxwell 时期以来就一直使人感到为难, 因为其表观自由度数几乎总是小于人们预期的每个原子 3 个自由度这个数目, 而且实际上经常为分数; 用分子内部运动似乎给不出合理的解释. 只有动理论的反对者们, 其中包括 Kelvin[124], 对这种不一致感到高兴. 后来认识到必须对振动模式量子化, 才澄清了大多数问题.

当我们转而试图用原子论解释除热性质之外物质的其他性质时, 为什么要优先考虑气体就清楚了. 在 1910 年版的《不列颠百科全书》的 "**电传导**" 词条下, 对金属的测量只有 9 行字, 没有理论; 对液体也同样是 9 行, 着重点是电解质传导的离

① 任意时刻单位体积气体中速度分量处于速度空间体积元 $dv_x dv_y dv_z$ 内的分子数目由 $f(v_x, v_y, v_z) dv_x dv_y dv_z$ 给出, 其中 $f(v_x, v_y, v_z)$ 称为速度分布函数. Boltzmann 定义 H 为 $\int f \ln f dv_x dv_y dv_z$, 并且证明, 随着分子速度因碰撞而改变, H 总是减小. 对应于热平衡状态的分布函数具有使 H 呈极小的形式, 其实就是 Maxwell 速度分布函数. H 和熵之间存在明显的相似. 这个证明引发一个问题, 这个问题一直在地下轰鸣, 偶尔也浮上表面, 那就是, 严格按照力学定律, H 是既可以增加也可以减小的. Boltzmann 的分子混沌性假设足以消除 H 增加的可能性, 因而这是一个任意附加的额外的假设. Boltzmann 和 Planck 都清楚地认识到由此带来的两个问题: 时间箭头的指向由什么决定? 熵增加定律究竟是绝对的还是仅仅在统计意义上正确? 就这两个问题已被现代宇宙学、信息论或现实常识解决的程度而言, 它们更应该是属于本世纪的问题. 不过, 它们至今依然没有完全解决. **[又见 8.1.2 节]**

子理论; 而对于气体, 则用了 52 行之多, 对涉及迁移率和离子复合的观察和计算作了累赘的介绍. 另一方面, 在 44 行的词条 "**晶体学**" 中, 详细描述了晶体对称性的分类及不同的结晶习性, 而根本没有提支配它的可能的原子结构. 如果认为这一版《大英百科全书》(它有非常杰出的撰稿人队伍) 可以反映 20 世纪初年物理学的状态的话, 结论只能是, 在本节讲过的题目之外, 经验数据的汇集大大超出了对这些数据的理论解释. 一般而言, Newton 力学和电磁学完成了不需要过于复杂分析就能做到的的大部分工作. 但是要理解丰富的光谱信息和物质性质, 则必须等待超越 1900 年的预见的新思想的出现. Mendenhall 和 Lodge 在赞美现今被视为创立经典物理学的那些成就上做得很好, 后者关于一个正在改变的秩序的直觉, 尽管有些勉强, 也足够响亮地说出来了; 不应该责备他们 (以及其他任何人) 没有在那样早的时候就认识到正在向物理世界袭来的变革之巨大.

1.8 现代物理学的萌芽

在一个很短的时期里, 作出了四项发现, 这四项发现后来证明不仅对物理学而且对整个人类都具有极为重大的意义. 它们是: X 射线 (1895)、Zeeman 效应、放射性 (1896) 和电子 (1897). 四项发现中, Röntgen 发现 X 射线对大众的想象力和科学具有最直接的影响. J. J. Thomson 在他的回忆录[125] 中讲述了他如何把一套仪器安装起来立即就开始探寻 X 射线对气体导电率有什么影响. 这是他研究的转折点, 因为他第一次不用让气体通过笨重的高压放电装置就可使之电离. 从这种可以控制的电离出发他开展了对离子的系统研究, 在这样产生的紧张研究中, 如上所述, 他测量了电场和磁场对阴极射线束的偏转 (X 射线对产生阴极射线事实上并不必要). Thomson 并非首先估算阴极射线中粒子的荷质比 e/m 的人 ——Wiechert 与 Kaufman 曾得出过相似的结果, Lorentz 从 Zeeman 对光谱线的磁场展宽也得到过, 但是他是第一个有勇气公开提出这个荷质比之值很大暗示了一种质量非常小的带电粒子的人; 而且当然, 认识到电子是物质的普适结构成分是理解电离过程和复合过程的重要一步, 这些过程是 Thomson 和他的学生们及其他地方的许多别的人, 在此后多年的研究对象. 直到今天, 这些过程还在提出问题, 还在训练那些学习电离等离子体的现代学生.

1896 年发现放射性是 Röntgen 的工作的直接后果. Becquerel 曾猜想 X 射线可能是某种荧光, 他将荧光盐经太阳光照射后用黑纸包起来置于照像底板上, 二者之间放了一个铜箔十字. 在多次试验失败后他采用荧光铀盐作实验, 终于得到了十字的像. 在不久后的一次重复实验中, 因太阳昏暗, 他将铀盐和照像底板装在柜子里, 几天后对底板显影, 却得到一个曝光异常强的像. 在这次走运的巧合之后, 对放射性的研究进展很快, 到 1900 年就识别出 α 射线、β 射线和 γ 射线, 并且 "射气

(emanation)"(镭) 的发现指出了一条衰变链的可能性.

这些发现及导致这些发现或与之有关的许多事件, Pais 都在他的《内界》(*Inward Bound*) 一书中作了全面而有趣的描述, 在本书的下一章里他给出了更简要的叙述. 更早一些时候, 在 1887 年, Hertz 发现了光电效应, J.J.Thomson 在 1899 年将之解释为在光的影响下的电子发射, 但是直到 1905 年 Einsein 提出光量子理论, 才认识到它对基础物理学的重要意义. 一个技术价值大于理论意义的实验发现是后来称做热离子发射的现象[126]. 人们早就知道, 将一个热的物体放在一个孤立带电体附近, 会引起快速放电, Elster 和 Geitel 在 1880 年对此做了系统研究. 在 Thomson 发现电子和 Owen Richardson 的示范性实验 (1903)[127] 之后, 人们明白了这是一种类似于电子从热金属中 "沸腾" 跑出来的现象. Ambrose Fleming[83] 在 1904 年申报整流管 (二极管) 专利时说明了其中备有的热离子发射类别, 同时他提出将整流管用作从火花发送机发射出的信号的检测器; 在 Lee de Forest 于 1906 年发明三极管[128] 后的几年内, 紧接着出现了他的多级放大器和振荡器这些电子技术的先驱性产品, 电子技术将要改变这个世界, 附带着一步一步带来物理学测量技术的变革

随着这些发现, 物理学研究的黄金时代开始了.

(刘寄星译, 秦克诚校)

参 考 文 献

[1] Aldeva B et a1. 1990 The L3 collaboration Phys. Lett. 236 109

[2] Hale A 1990 Physics Abstracts pp A433, A1770 (Author index)

[3] Thompson S P 1910 Life of Lord Kelvin (London: Macmillan) p 1223

[4] Tedder H R 1910 Encyclopaedia Britannica vol 25, 11th edn (New York Encyclopaedia Britannica Inc.) p 309

[5] Caroe G M 1985 The Royal Institution (London: Murray)
Thomas J M 1991 Michael Faraday and The Royal Institution (Bristol: Hilger)

[6] Thomson J. J. 1936 Recollections and Reflections (London: Bell) p 341

[7] Owen R. 1910 Encyclopaedia Britannica vol 20, 11th edn (New York Encyclopaedia Britannica Inc.) p 56

[8] Larmor J 1900 Report of the 70th meeting of the BAAS (London: Murray) p 613

[9] Faraday M 1865 The Chemical History of a Candle (London: Griffin)
Boys C V 1890 Soap Bubbles and the Forces that Mould Them (London: SPCK)
Abbott E A 1884 Flatland (London: Seeley)

[10] Dean A 1900 Science 11 763

[11] Carhart H S 1900 Science 12 697
[12] Nye M J 1984 The Question of the Atom (Los Angeles, CA: Tomash) p 5
[13] Mehra J 1975 The Solvay Conferences on Physics (Dordrecht: Reidel)
[14] 参见如 Wilson D B (ed) 1990 The Correspondence between Sir George Gabriel Stokes and Sir William Thomson (Cambridge: Cambridge University Press)
[15] Paulsen F (Thilly F and Elwang W W 译) 1906 The German Universities and University Study (London: Longmans) p 127
[16] Russell J E 1899 German High Schools (New York Longmans) p 335
[17] Russell J E 1899 German High Schools (New York: Longmans) p 349
[18] Layton D 1973 Science for the People (London: Allen and Unwin)
[19] Layton D 1973 Science for the People (London: Allen and Unwin) p 73
[20] Christie 0. F. 1935 A History of Clifton College, 1860-1934 (Bristol: Arrowsmith) p 207
[21] Winstanley D A 1947 Later Victorian Cambridge (Cambridge: Cambridge University Press) p 190
[22] Smith A and Hall E H 1902 The Teaching of Chemistry and Physics in the Secondary School (New York: Longmans) p 361
[23] Smith A and Hall E H 1902 The Teaching of Chemistry and Physics in the Secondary School (New York: Longmans) p 370
[24] Forman P, Heilbron J L and Weart S 1975 Historical Studies in the Physical Sciences 5
[25] Thompson S P 1897 Light, Visible and Invisible (London: Machillan) p 262
[26] Mulligen J B 1910 Encyclopaedia Britannica vol 27, 11th edn (New York: Encyclopeadia Britannica Inc.) p 748
Paulsen F (Thilly F and Elwang W W 译) 1906 The German Universities and University Study (London: Longmans) p 306
[27] Royal Society of London 1900 Year-Book (London: Harrison)
[28] 考试试卷每年由剑桥大学出版社出版, 考试成绩则发表在《剑桥大学报告 (Cambridge University Report)》中
[29] Venn J A 1940 Alumni Cantabrigienses part 2 (Cambridge: Cambridge University Press)
[30] Cahan D 1985 Historical Studies in the Physical Sciences 15(2) 1
[31] 参见例如: Margenau H and Murphy G M, 1943 The Mathematics of Physics and Chemistry (New York, Van Nostrand) Chapt.1
[32] Todhunter I 1873 The Conflict of Studies (London: Macmillan) p13
[33] Jungnickel C and McCormmach R 1986 Intellectual Mastery of Nature vol 1 (Chicago: Chicago University Press) ch 1
[34] Crowther J G 1974 The Cavendish Laboratory 1874-1974 (London: Macmillan) p 10

[35] Wilson D B 1982 Historical Studies in the Physical Sciences 12 325
[36] Cajori P 1899 A History of Physics (New York: Macmillan) p 286
[37] Olesko K M 1991 Physics as a Calling (Ithaca, NY: Comell University Press)
[38] Caullery M (translation Woods J H and Russell E) 1922 Universities and Scientific Life in the United States (Cambridge, MA: Harvard University Press) p 247
[39] paul H W 1985 From Knowledge to Power (Cambridge: Cambridge University Press)
[40] Kohlrausch F W G 1870 Leifoden der Praktischen Physik (Leipzig: Teubner) (该书第二版英译本: Wallen T H and Procter H R 1873 An Introduction to Physical Measurements (London: Churchill))
[41] Smith A and Hall E H 1902 The Teaching of Chemistry and Physics in the Secondaru School (New York: Longmans) p 270
[42] Pickering E C 1874-6 Elements of Physical Manipulation (London: Macmillan)
[43] Mendnhall T C 1887 Science 9 240
[44] Kevles D J 1978 The Physicists (New York: Knopf) ch 1-5
[45] Gillispie C C (ed) 1970 Dictionary of Scientific Biography (New York: Scribner)
[46] Caullery M (translation Woods J H and Russell E) 1992 Universities and Scientific Life in the United States (Cambridge, MA: Harvard University Press) p 97; 又见 Kevles D J 1978 The Physicists (New York: Knopf) ch 1-5
[47] Fox R and Weisz G (ed) 1988 The Organization of Science and Technology in France 1808-1914 (Cambridge: Cambridge University Press)
[48] Zeeman P 1913 Researches in Magneto-optics (London: Macmillan) p 25
[49] Rowland H A 1883 Am. J. Sci. 26 87
[50] Steel W H 1967 Interferometry (Cambridge: Cambridge University Press) pp 116, 201
[51] Mackay A L 1991 A Dictionary of Scientific Quototions (Bristol: Hilger) p 214
[52] Cornford F M 1908 Microcosmographia Academica (Cambridge: Bowes and Bowes)
[53] Cuallery M (translation Woods J H and Russell E) 1922 Unioersities and Scientific Life in the United States (Cambridge, MA: Harvard University Press) p 164
[54] Carhart H S 1900 Science 12 697
Cahan D 1992 Meister der Messung (Weinheim: VCH)
[55] Terrien J et al 1975 Le Bureau International des Poids et Mesures 1875-1975 (Sèvres: BIPM)
[56] Pyatt E 1983 The National Physical Laboratory (Bristol: Hilger)
[57] Pellat H 1900 Rapports Présentés au Congrès International de Physique vol 1 (Paris: Gauthier-Villars) p 101
[58] Kevles D J 1978 The Physicists (New York: Knopf) p 66
[59] Strutt R J S (Fourth Baron Rayleigh) 1924 John William Strutt, third Baron Rayleigh (London: Arnold) ch 7

[60] Klein M J 1962 Archive for History of Exact Sciences 1459; see also Kuhn T S 1978 Black-body Theory and the Quantum Discontinuity 1894-1912 (New York: Oxford University Press)
[61] Wien W and Lummer O R 1895 Ann. Phys., Lpz 56 451
[62] Holborn L and Wien W 1892 Ann. Phys., Lpz 47 107
[63] Langley S P 1881 Am. J. Sci. 21 187; 1886 Ann. Chim. Physique 9 433
[64] Glazebrook R (ed) 1922 A Dictionary of Applied Physics vol 2 (London: Macmillan) p 368
[65] Boys C V 1889 Phil. Trans. R. Soc. A 180 159
[66] Gray A 1921 Absolute Measurements in Electricity and Magnetism London: Macmillan p 412
[67] Paschen F 1894 Ann. Phys., Lpz 53 301
[68] Jungnickel C and McCormmach R 1986 Intellectual Mastery of Nature Vol 2 Chicago: Chicago University Press p 259
[69] 参见如 Callendar H J : 1910 Encyclopaedia Britannica vol 13, 11th edn (New York: Encyclopeadia Britannica Inc.) p 156
[70] Dreyer J L E 1910 Encyclopeadia Britannica vol 19, 11th edn (New York: Encyclopeadia Britannica Inc.) p 953
[71] Chapman A 1994 Yearbook of Astronomy (London: Sidgwick and Jackson) p 159
[72] Keesom W H 1942 Helium (Amsterdam: Elsevier) p 1
[73] Kayser H 1900 Handbuch der Spectroscopie vol 1 (Leipzig: Hirzel)
[74] Gillispie C C (ed) 1970 Dictionary of Scientific Biography (New York: Scribner)(see entries for Balmer, Rydberg and Ritz)
[75] Rowland H A 1902 Physical Papers (Baltimore, MD: Johns Hopkins) p 485
[76] Francon M 1966 Optical Interferometry (New York: Academic) p 260
[77] Michelson A A 1903 Light Wawes and their Uses (Chicago: Chicago University Press); 1927 Studies in Optics (Chiago: Chicago University Press)
[78] Drude P 1900 Lehrbuch der Optik (Leipzig: Hirzel) (translation Mann C R and Millikan R A 1902 The Theory of Optics (London: Longmans))
[79] Lyal K 1991 Electrical and Magnetic Instruments (Cambridge: Whipple Museum)
[80] Duddell W D B 1897 The Electrician 39 636
[81] Braun F 1897 Ann. Phys., Lpz 60 552
[82] Braun F 1874 Ann. Phys., Lpz 102 550
[83] Fleming J A 1905 Proc. R. Soc. A 74 476
[84] Trowbridge J 1900 Am. J. Sci. 9 439
[85] Whittaker E 1951 A History of the Theories of Aether and Electricity vol 1 (London: Nelson) p 350
[86] Travers M W 1901 The experimental Study of Gases (London: Macmillan) ch 2

[87] Thomson J J 1936 Recollections and Reflections (London: Bell) p 334

[88] Dewar J 1894 Proc. R. Inst. 14 1

[89] Burger R 1904 British Patent 4421

[90] von Wroblewski S and Olszewski K 1883 Ann. Phys., Lpz 20 243

[91] Ruhemann M and B 1937 Low Temperature Physics (Cambridge: Cambridge University Press) ch 2

[92] Dewar J 1905 Proc. R. Inst. 18 177

[93] Boys C V 1887 Phil. Mag. 23 489

[94] Boys C B 1895 Phil. Trans. R. Soc. A 186 1

[95] Shenstone W A 1901 Proc. R. Inst. 16 525

[96] Whittaker E 1951 A History of the Theories of Aether and Electricity vol 1 (London: Nelson) p 322

[97] Wilson D 1983 Rutherford (London: Hodder and Stoughton) p 89

[98] Gillispie C C (ed) 1970 Dictionary of Scientific Biography vol 9 (New York: Scribner) p 98

[99] Mendenhall T C 1902 Physical Papers of H A Rowland (Baltimore, MD: Johns Hopkins) p 1

[100] Lodge O J 1901 The Electrician 46 701

[101] Michelson A A 1903 Light Waves and their Uses (Chicago: Chicago University Press) p 24; 又见 Hiebert E N 1990 Fin de Siecle and its Legacy (ed) Teich M and Porter R (Cambridge: Cambridge University Press) p 235

[102] Maxwell J C 1890 Scientific Papers vol 2 (Cambridge: Cambridge University Press) p 244

[103] Badash L 1972 Isis 63 48

[104] Whittaker E 1951 A History of the Theories of Aether and Electricity vol 1 (London: Nelson) ch 13

[105] Brush S G 1976 The Kind of Motion We Call Heat vol 1 (Amsterdam: North-Holland) ch 8

[106] Nye M J 1984 The Question of the Atom (Los Angeles, CA: Tomash) p 337

[107] Brush S G 1976 The Kind of Motion We Call Heat vol 1 (Amsterdam: North-Holland) p 293

[108] Heilbron J L 1986 The Dilemmas of an Upright Man (Berkeley, CA: University of California Press) p 44

[109] Poynting J H 1920 Collected Scientific Papers (Cambridge: Cambridge University Press) p 607

[110] Brush S G 1976 The Kind of Motion We Call Heat vol 1 (Amsterdam: North-Holland) p 299

[111] Clifford W K 1879. Lectures and Essays vol 1 (London: Macmillan)

[112] Brush S G 1976 The Kind of Motion We Call Heat vol 1 (Amsterdam: north-Holland) p 92

[113] Pais A 1986 Inward Bound (Oxford: Clarendon) p 41

[114] Fitzgerald G F 1889 Science 13 390
Whittaker E 1951 A History of the Theories of Aether and Electricity vol 1 (London: Nelson) p 404; see also Brush S G 1967 Isis 58 230

[115] Poynting J H 1920 Collected Scientific Papers (Cambridge: Cambridge University Press) p 606

[116] Salisbury Marquis of 1894 Nature 50 341

[117] Planck M 1950 Scientific Autobiagraphy (London: Williams and Norgate) p 33

[118] Kragh H 1990 Dirac (Cambridge: Cambridge University Press) p 200

[119] Pearson K 1892 The Grammar of Science (London: Scott) p 214

[120] Lorentz H A 1927 Problems of Modern Physics (Boston, MA: Ginn) p 221

[121] Brush S G 1976 The Kind of Motion We Call Heat vol 1 (Amsterdam: North-Holland) p 61 及其他页

[122] Boltzmann L (Brush S G 译) 1964 Lectures on Gas Theory (Berkeley, CA: University of Califomia Press) p 49

[123] Boltzmann L (Brush S G 译) 1964 Lectures on Gas Theory (Berkeley, CA: University of Califomia Press) p 216

[124] Smith C and Wise M N 1989 Energy and Empire (Cambridge: Cambridge University Press) p 428

[125] Thomson J J 1936 Recollections and Reflections (London: Bell) p 325

[126] Richardson O W 1921 The Emission of Electricity from Hot Bodies (London: Londmans) ch 1

[127] Richardson O W 1903 Phil. Trans. R. Soc. A 201 497

[128] Gillispie C C (ed) 1970 Dictionary of Scientific Biography vol 4 (New York: Scribner) p 6

第 2 章　引进原子和原子核

Abraham Pais

第一部分　原子

2.1　前　　言

1913 年, Jean Perrin 在他精彩的《原子》(*Les Atomes*)[1] 一书里写道: 原子论已奏响了凯歌. 它的对手 —— 不久前还为数不少 —— 最后被征服了, 现在一个接一个放弃了他们长期以来既在理又的确很有力的疑虑. “La théorie atomique a triumphé. Nombreux encore naguère, ses asversaies enfin conquis renouncent l'un après l'autre aux défiances qui longtemps furent légitimes et sans doute utiles”.

Perrin 洋溢的热情是可以理解的, 也是有道理的. 1905 年 Einstein 关于 Brown 运动的分子理论推动了他和他的学派去进行精巧的实验, 他们的工作表明, Einstein 理论中关于 Avogadro 常数 (其大小此前已从别的一些论据得知) 的公式, 给出了它的一个合理的实验值, 从而证实了该理论的分子–原子基础.

但是, 对 Perrin 得意洋洋的话 “众多的反对者最后被征服了” 还需要推敲、思量. 事实情况是, 当 19 世纪行将结束时, 原子和分子的真实存在已经得到广泛的接受, 虽然仍有一些小股的抵抗势力. 探究一下许多科学家是如何及为何得到对物质的不连续结构的一些早期 (因而有限) 的了解的, 看来是本章的一个合适的开场.

原子 (atom) 一词来自希腊文 $\acute{\alpha}$ (一个否定意义的前缀) 和 $\tau\acute{\varepsilon}\mu\varepsilon\iota\nu$(分割), 意为 “不可分割的东西”. 据我所知, 它首先出现在公元前五世纪希腊哲学家的著作中. 德谟克利特 (Democritus, 公元前 5 世纪晚期) 教导说原子是物质的最小部分, 虽然在他看来它们不一定很微小. 物理学家、内科医生和政治家恩培多克勒 (Empedocles, 公元前 490~430) 主张, 有四种不会毁灭和不会变化的元素, 火、气、水和土, 被两股神圣的力量爱和憎不断地结合在一起, 又不断地分开. 没有什么新东西生成, 也不能生成什么新东西. 唯一能发生的变化是元素和元素并置中配比的变化. 伊壁鸠鲁 (Epicurus, 公元前 341~270) 认为, 原子不能用物理手段分成更小的部分, 但它们仍有结构. 他的意见直到公元 19 世纪仍得到许多杰出科学家的支持. 罗马诗人卢克莱修 (Lucretius, 公元前 98~55) 雄辩地为下述理论辩护: 原子的数量有无穷多, 但是种类是有限的, 它们和虚空一起, 是构成我们的物理世界的唯一永恒和不变的实体. 今天的科学家不会不注意到, 在这些思想家的猜想中, 回响着一些非常现代化的声音.

相反的立场, 即物质是无限可分和连续的, 同样在早期有其杰出的支持者, 最著名的是阿那克萨哥拉斯 (Anaxagoras, 公元前约 500～ 公元前约428) 和亚里士多德 (Aristotle, 公元前384～ 公元前322). 后者的赫赫盛名掩盖了其原子论者的主张, 直至 17 世纪. 即使到了那么晚的时候, 笛卡儿 (Rene Descartes, 1596～1650) 还说: 不可能存在任何原子或物质的具有不可分割的本性的部分, 因为虽然上帝将一个粒子造成如此之小, 使得他创造的任何生物都没有能力分裂它, 他却不会剥夺他自己这样做的能力[2].

从古希腊哲学家进行猜测的时代到 19 世纪初, 即 1808 年英国化学家和物理学家 John Dalton (1766～1844) 开始出版他的《化学哲学新体系》之间的这一段时期, 对物质的基本结构的理解变化很少. 当然, Dalton 也有一些杰出的先驱者, 最著名的是 Antoine-Laurent Lavoisier (1743～1794). 但是他的定量理论一下子可以解释或预言这么多的事实, 因此他不愧是近代化学的奠基者. Dalton 在其著作的随后一卷 (1810) 里这样表述这门最年轻的科学的基本原理:

> 我必须承认, 可以正当地称之为基本要素 (elementary principles) 的东西数目颇多, 这些东西绝对不能被我们可以控制的任何力量从这一种变成另一种. 但是, 我们应该用一切手段尽可能地减少这种东西或要素的数目; 毕竟, 我们可能不会知道什么元素是绝对不可分解的, 什么元素只是难以分解, 因为我们尚不知道分解它们的正确方法. 我们已经看到, 必须把同一种类的一切原子, 不论是简单原子还是复合原子, 想象成形状、重量, 以及其他每种性质都是一样的.

近代的元素命名法, 即以其拉丁文 (有时是希腊文) 名称的头一个或两个字母为元素符号, 是瑞典化学家 J. J. Berzelius (1779～1848) 创立的, 他也引进了用数字下标显示一个分子中每种元素原子个数的记号.

注意 Dalton 的复合原子就是我们今天所说的分子. 在 19 世纪的大部分时间里, 关于这些术语存在着极大的混淆, 这个人说的分子是那个人说的原子. 对使用共同语言的要求逐渐增长, 但进展很慢. 50 年后, 在有史以来头一次国际科学会议 ——1860 年的 Karlsruhe 国际化学家大会① 上, 会议的指导委员会仍然认为有必要把下述问题列入议程作为有待讨论的首要问题: “是否应当对**分子**和**原子**这两个术语加以区别, 使分子代表物体的能够进入化学反应并且在物理性质方面可以彼此相比较的最小粒子, 而原子则是分子中包含的物质的最小粒子? ”[3]. 比问题本身更有趣的是这一事实: 即使到 1860 年, 对这个问题还没有达成共识.

① 会议于 1860 年 9 月 3～5 日举行. 有 127 位化学家参加, 参加者来自奥地利、比利时、法国、德国、英国、意大利、墨西哥、波兰、俄国、西班牙、瑞典和瑞士.

对于理解 19 世纪的科学, 特别说明问题的是 A. Kekulé (1829~1896) 在 Karlsruhe 大会所致的开幕词中讨论的题目. “(他) 谈到物理分子与化学分子之间的差异, 以及它们与原子之间的区别. 他说, 物理分子指的是问题中的气体、液体或固体的分子. 化学分子是物体进入或离开一个化学反应的最小粒子. 它们并不是不可分割的. 原子是不能进一步分割的粒子”[3]. S. Cannizzaro (1826~1910) 在 Kekulé宣读文章之后的讨论中评论说, 物理分子与化学分子之间的区别没有任何实验基础, 因此是不必要的. 可惜大家对他的评论没有给予更多的注意, 否则物理学和化学二者都将由此得益. 的确, 也许 19 世纪关于原子和分子的争论的最值得注意的事实是, 化学家和物理学家在谈到这个问题时, 虽然并没有彼此忽略对方, 但在很大的程度上是出于相互误解. 这并不是说在化学家之间存在着一个共识, 物理学家之间存在着另一个共识, 而是说在每个阵营中有许多常常是强烈分歧的意见, 这些意见不必在此详细列举. 只要举几个说明问题的例子并特别注意中心议题就够了. 在化学家之间争论的主要点是, 原子究竟是真实的客体呢, 还是只不过是写出化学规则和定律以帮助记忆的工具. 而物理学家的争论则主要是围绕气体动理论, 特别是围绕热力学第二定律的意义.

1811 年 A. Avogadro (1776~1856) 提出假说：在固定的温度和压强下, 同样体积的气体含有数目相同的分子. Dalton 不接受这个假说, 这提供了化学家与物理学家之间的分歧的一个早期例证. Dalton 的立场并不是个别人在短时期内所持的立场. 根据大家的说法, Karlsruhe 会议的高潮是 Cannizzaro 的讲演, 讲话人仍然必须在这个讲话中强调 Avogadro 原理对于化学思考的重要性. 这次会议并没有立即就成功地使化学家意见接近一致. 但是, Mendeleev(1834~1907) 在 30 年后回忆起这次会议时说：“Avogadro 定律通过这次会议获得了更广泛的发展, 并且此后不久就征服了一切头脑.”[4]

在接受 Avogadro 定律上的不情愿态度, 清楚地显示出对分子实在性的广泛存在的阻力. 作为这种态度的一个进一步的例证, 我来引述 A. Williamson (1824~1904) 的一些揭露性的话, 他本人是一个坚定的原子论者. 他 1869 年在伦敦化学学会的会长致辞中说：“有时会发生这样的事：一些有很高权威地位的化学家在公开提到原子论时, 好像这是他们并不需要的某种东西, 有它不多, 没它不少, 并不以使用它为荣. 他们似乎是把它看成某种远离一般化学事实的东西, 如果完全抛弃这种东西, 科学将因此而得益 …… 一方面, 一切化学家都用原子论 …… 而另一方面, 不少人用不信任的目光看待它, 有些人甚至带着明显的厌恶. 如果原子论真的像他们以为的那样不确定和不必要, 那么就把它的毛病明白地摆出来进行考察. 如果还能诊治的话, 治好它的缺点, 否则, 如果它的毛病真的像贬它的人的挖苦话那样无可救药, 那样严重, 就放弃这个理论, 用某个别的理论代替它.”[5]

作为对 19 世纪化学的最后一个评论, 应当说到在这一时期发现的与物质的原子性有关的另一规律. W. Prout (1785~1850) 是伦敦的一位开业的医生, 他对化学很感兴趣. 他在 1815 年写的一篇匿名文章中宣称, 他已证明, 各种原子的比重可以表示为一个基本单位的整数倍. 在次年写的一篇也是匿名出版的对前文的补遗[6]中, 他注意到这个基本单位可以认定为氢的比重. "我们几乎可以认为古人的**本原物质** (πρώτη ὕλη, primary matter) 在氢里实现了." 不过 Prout 并不把他的假说看成是原子的实在性的一个暗示. "它 (原子论) 在我心目中的模样, 与我以为的林奈 (Linné) 分类系统在今日大多数植物学家心目中的模样非常相像; 也就是说, 它是一种常规手段, 对许多目标来说非常方便, 但是它并不代表自然."[7]

总的说来, 分子实在性在物理学中遇到的早期阻力比在化学中少. 这并不奇怪. 就在化学家们还在争论, 对于大多数目的而言, 是能够把分子和原子当成真实的还是仅把它们当作写出定律的工具之时, 物理学家已经能够用分子和原子做一些事情了. 让我们举出几个物理学家的看法.

气体是由分立的粒子构成的见解至少可以回溯到 18 世纪. D. Bernoulli (1700~1782) 可能是第一个提出气体压强是由气体的粒子与气体容器器壁的碰撞引起的. 19 世纪的气体动理论大师都是原子论者 —— 按定义就该如此, 你也许会说. 在 R. Clausius (1822~1888) 1857 年题为 "论我们称为热的那种运动"[8] 的论文中, 他把固体、液体和气体之间的区别与分子运动的不同形式联系起来. 1873 年, Maxwell (1831~1879) 说道: "虽然在时间流程中天上曾经发生过而且还将发生灾难, 虽然旧的体系可能解体了, 新体系从它们的废墟上演化出来, 但是建造这些体系 (地球和整个太阳系) 的分子 (即原子!)—— 物质宇宙的基石 —— 则不会破损, 保持原样. 它们在今天仍像它们被创造出来时那样 —— 数量、大小和重量都完美无损 ······"[9].

Boltzmann (1844~1906) 说话没有这么斩钉截铁, 事实上他有时说话有些保留, 但是如果他不相信物质的粒子结构, 他不太可能推演出他的热力学第二定律理论. 他的断言, 即熵几乎永远增加 (而不是永远增加), 对于那些不相信分子实在的人是难以下咽的. Planck (1858~1947) 当时是一个直言无忌的怀疑论者, 他清楚地看到了这一点. 1883 年他写道: "第二定律的彻底的贯彻 (Planck 的意思就是熵增加是一条绝对定律)······ 是与有限个原子的假设不相容的. 可以预期, 在理论进一步发展的过程中, 这两个假设之间将展开一场战斗, 这场战斗将使其中之一灭亡"[10]. Ostwald (1853~1932) 加入了这场战斗, 他 1895 年在德国自然科学家与医生协会的一次会议上发表讲话说: "一切自然现象最终可以归结为力学现象的主张甚至不能当作一个有用的工作假说: 它根本就是错的. 这个错误被下述事实最清楚地揭露. 一切力学方程式都有这样的性质, 它们认可时间量的符号反转. 这就是说, 在理论上, 纯力学过程在时间中能够同样好地向前和向后发展. 因此, 在一个纯力学世界中, 就不可能有像我们的世界中的 '以前' 和 '以后': 一棵树可以变成一棵树苗再变成一粒种子, 蝴蝶变回毛毛虫, 老人又变回孩子. 力学的学说并不给出这些事何以不发生的解释, 也不能给出, 因为力学方程的基本性质就是这样. 于是, 自然现象的实际不可逆性就证明了不能用力学方程描述的过程的存在; 凭着这个, 就给出了对科学唯物论的判决"[11].

这些就是 Boltzmann(他也出席了这次会议) 不得不面对的嘈杂的声音. 我们很幸运, 有一份关于随后的讨论的目击报告, 这份报告是参加这次会议的一位年轻物理学家写的, 他就是 A. Sommerfeld (1868~1951). "关于**唯能论**的论文是来自德累斯顿的 G. Helm (1851~1923) 宣读的; 站在他后面的是 Ostward, 而隐藏在他们两人后面的是 E. Mach(1838~1916) 的哲学, Mach 没有出席会议. 反对阵营的主将是 Boltzmann, 其副手是 F. Klein. 不论从外部看还是从内部看, Boltzmann 与 Ostward 之间的这场战斗就像是公牛与身段柔软的斗牛士之间的一场战斗. 不过, 这一次却是公牛赢了斗牛士, 尽管后者的出招很有技巧. Boltzmann 的论据占了上风. 我们这些当时很年轻的数学家们, 都站在 Boltzmann 一边; 在我们看来, 那是很明显的: 单从一个能量方程, 甚至连单个粒子的运动方程也推导不出来, 更不用说有多个自由度的系统了 ……"[12]. 至于 Mach 的立场, 他是反对原子论的, 不过比 Ostward 要克制得多. 他说: "分子和原子只是物理学家自创的可以改变的、省事的工具, 要在分子和原子中看到现象后面的实在, 这同物理科学是不相称的 …… 原子必将继续作为一种工具而存在 …… 就和数学中的函数一样"[13].

在这些 19 世纪末的学究气的谈话之前很久, 事实上, 在热力学诸定律得到公式表述之前很久, 就已有人试图从理论上估计分子的大小. 早在 1816 年, T. Young (1773~1829) 就提到过 "水的粒子的直径或相互距离在千分之二到千分之十英寸之间"[14]. 1866 年, J. Loschmidt (1821~1895) 计算了空气分子的直径, 得到的结论是 "在原子和分子领域, 合适的长度测量尺度是百万分之一毫米"[15]. 四年后, Kelvin (1824~1907) 认为 "气体由运动的分子组成是一件已经确立的科学事实", 得出 "气体分子的直径不能小于 2×10^{-9}cm". Maxwell 1873 年说 "氢分子的直径大约是 6×10^{-8}cm[16]. 同一年, J. D. van der Waals (1837~1923) 在他的博士学位论文[17] 中报告了类似的结果. 1890 年前, 这些分子大小数值及其他人所得到的数值的分布范围大为变窄. 对直到 19 世纪 80 年代后期的分子大小数值的一篇评述将氢分子和空气分子的半径置于 1 到 2×10^{-8}cm 之间[18], 这个范围非常合理. 有些前面刚说过的物理学家用的方法能够让他们也定出 Avogadro 常数, 即每摩尔中的分子数. 例如, Loschmidt 1866 年的计算意味着 [15] $N \approx 0.5\times10^{23}$, 而 Maxwell 得到[16] $N \approx 4\times10^{23}$. 现代的最佳值[19] 为

$$N \approx 6.02 \times 10^{23}$$

到 19 世纪末, 用各种方法确定的 N 值的分布大约在 10^{22} 到 10^{24} 的范围, 鉴于所

用模型和方法的粗糙 —— 所有在这个题目上工作的人都强调了这一点, 这个结果是令人钦佩的. 我感到遗憾, 不便在这里谈论这些文章里包含的有时有些晦涩但常常是精彩的物理学, 作者们在这些文章里出征的是一个未曾探测过的疆域.

迄今为止, 我所强调的是物理学家与化学家之间在评估原子实在性方面的差异. 现在我要讲述 19 世纪这两群学者所一致同意的两点. 很有趣的是, 到 20 世纪将会清楚看到, 他们在这两个问题上的共同意见都是错的.

第一点. 直到 19 世纪的最后几年, 大部分 (如果不是全部) 相信原子实在性的科学家都同意 Maxwell 的观点, 认为这些粒子是不会破损的. “它们是 …… 唯一的物质性的物件, 仍然存在于它们开始形成时同样的精确状态.” Maxwell 在他的《**热学理论**》中写道, 这本书包含了他的原子学说的最精细的描述[20]. 的确, 这些物理学家中间有许多人 (包括 Maxwell 本人) 相信, 为了解释原子光谱, 原子内部必须有某种东西活动. 因此, 虽然需要有一幅原子是有内部结构的物体的图像, 这并不意味着 (虽然看来似乎是) 可以使原子分开. 但是, 1899 年, J. J. Thomson (1856~1940) 在他发现电子两年后, 宣布原子已被分裂了. “电化 (即电离) 实质上就是原子的分裂, 原子质量的一部分获得了自由, 从原来的原子上挣脱下来”[21]. 那时已经越来越清楚, 放射性现象 (首次发现于 1896 年) 也需要用可分的原子来解释. M. Curie 在 1900 年写道: “从化学观点来看原子是不可分的, 可是在这里 (放射性元素的) 原子却是可分的”, 她还说, 用亚原子粒子的排斥来解释放射性 “严重地削弱了化学的基本原理”[22]. (后面我还要回到 Thomson 和 Curie 夫妇的工作).

于是, 在 19 世纪和 20 世纪之交, 那些既相信原子存在又相信原子不可分割的古典原子论者受到两面夹击. 一方面, 有一个人数急速减少的保守的少数派, 由有影响的 Ostward 和 Mach 领导, 他们根本不相信原子的存在. 而与之同时, 另一派人如 J. J. Thomson (图 2.1)、Curie 夫妇和 Rutherford 正在冉冉升起, 他们都相信原子的实在性, 他们都清楚 (虽然并不总是毫不犹豫地, 像 M. Curie 的情况中那样) 化学并不是粒子物理学的最后一章. 对于他们, 古代关于原子的猜想已经变成现实, 古老的炼金术 (元素嬗变) 之梦已成为不可避免.

图 2.1　J. J. Thomson 在实验室工作

第二点. 如果有一个问题物理学家和化学家 (不论是不是原子论者) 的意见是一致的, 那就是原子 (如果它们终归存在的话) 太小了, 是看不见的. 对这种看法, 也许没有谁比 van der Waals 1873 年在他的博士学位论文的结束语中表述得更淋漓尽致了, 他在那里表示, 他希望他的工作能够有助于使下述时刻离我们更近, 这时我们会暂时忘却行星的运动和星球的美妙音乐, 而去赞美这些看不见的粒子的轨道编织成的纤细和精巧的网[17].

最终, 在 20 世纪 50 年代用场离子显微镜直接生成了原子的像[23].

我用回顾物质的另一不连续属性即电荷的原子性来结束这个开场白, 人们得知电荷的原子性不会早于 19 世纪.

将电流描述为分立的电荷的流动, 这样的描述首见于 19 世纪 40 年代. 在此之前, 这类理论猜测首先是受 Faraday (1791~1867) 1833 年对电解研究的影响. 正如一段时间后 Maxwell 在他的电磁学专著中说的: “在一切电现象中, 电解看来是最有可能向我们提供一幅电流本性的真实图像的, 因为我们发现普通物质流和电流构成了同一现象的各个部分”[24].

用今天的术语, Farady 电解定律可以表述如下. 1 克原子单价离子沉积在阳极上的电量是一个普适常数, 叫做 Farady(F), 由下式给出:

$$F = Ne$$

其中 N 仍是 Avogadro 数, e 是电子的电荷.

“虽然我们一点也不知道原子到底是什么”, Faraday 在总结他对电解的考察时写道, “但是我们还是形成某种小粒子的概念, 它就代表我们心目中的原子. ……有大量的事实表明我们下面的想法是正确的: 物质的原子以某种方式得到或拥有电力, 它们的最引人注意的性质都是从这里来的, 其中包括化学亲和力”[25]. 这句话似乎像是表明他相信原子的实在性, 是个原子论者; 它肯定表明了对原子内的力的早期看法. 但是 Faraday 在原子的实在性这个问题上的立场并不是那么毫不含糊的. “我必须承认, 我得小心翼翼地对待**原子**这个术语; 因为虽然说起原子来很容易, 要对它们的本性形成一个清晰的概念却很困难, 特别是在考虑复合物体时”[26]. 这才是真实的 Faraday, 精湛的实验家, 他只接受在实验基础上不得不相信的东西.

Maxwell 在这些争端上的立场提供了另一个警示, 别相信 19 世纪的科学家要么属于原子论阵营要么属于反原子论阵营这种过于简单的二分法. 当然 Maxwell 相信原子是实在的. 而且他还相信, 原子并不仅仅是一个小刚球, 它必须有某种结构. 他在 1875 年的一次讲演[7] 中说: “光谱仪告诉我们, 某些分子 (我们的原子) 可以作许多种不同的振动. 因此它们一定是相当复杂的系统, 自变量的数目远多于六个 (刚体的特征自由度)……” 但是他也相信, 有结构的原子是不可摧毁的, 这前面已经说过[28].

Maxwell 关于原子不可摧毁和损坏的偏见, 在电解问题上必然将他引上左右为难的窘境. 一方面, 他乐于承认电解表明 "最自然的电量单位的存在"[29], 但另一方面, 他要求对这个单位的普适性作**动态**的理解. 但是, 这只有把离子看成一个破损的原子 (或一个原子加上原子碎片) 才有可能. 因此他**不得不**对电的原子性作出重大保留: "如果我们 …… 假定电解质中的离子分子实际上带有某一定量的电量, 正的或者负的, 从而电解质流只是一种对流流动, 那我们就会发现这个吸引人的假设把我们带到一个非常困难的境地 …… 分子的电化 …… 虽然说来容易, 要构想它却不那么容易"[29].

无论如何, 电的原子性的近代观点赢得了一批鼓吹者, 其中影响最大的是 H. Helmholtz (1824~1894), 他在他 1881 年的 Faraday 讲演中说: "Faraday 定律最令人惊奇的结论也许是这一点: 如果我们接受基本物质是由原子组成的假说, 我们便不可避免会得出结论, 电 (正电和负电) 也分成确定的基元部分, 它们的行为就好像是电的原子"[30]—— 这句话解释了为什么在随后的年份里在德文文献中把 e 这个量有时称为 "Helmholtz 基元量子"(das Helmholtzsche Elementarquantum)[31].

最后, 爱尔兰物理学家 G. J. Stoney (1826~1911) 1874 年在英国科学促进协会的一次会议上报告了对 e 的估值, 这是这种估值的第一次. 他根据 Faraday 定律和当时能得到的 F 和 N 的最佳数据, 得到 $e = 3\times10^{-11}$esu(静电单位), 比准确值小了 ~20 倍, 不过, 作为第一次早期尝试, 这个结果也算不错了[32].

迄今所讲的故事的寓意是, 即使在 20 世纪之前的时期, 我们也辨识出了许多一直存活到后来的结果和猜想. 同时也看到, 即使某些最伟大的科学家也曾陷入迷惑 —— 他们本来就该这样.

2.2 转变的 10 年: 1895~1905

1905 年 3 月, Rutherford (1871~1937) 在耶鲁大学开了 Silliman 讲座. 他选择放射性蜕变为题, 以如下的话开始他的第一次讲演: "最近的十年是物理科学的一个很有成果的时期, 最惊人的和最重要的发现迅速地一个接着一个 …… 这一发现的进展是如此快速, 即使是那些直接参与探索的人, 也难以一下子就充分掌握所发现的事实的意义. 在科学史上, 这样的进展速度罕见其匹, 如果不是绝对没有的话."

Rutherford 的讲演的内容[33] 清楚地表明了他心里想到的主要事实: X 射线、阴极射线、Zeeman 效应、α、β 和 γ 放射性以及原子的实在性和可损毁性. 但是, 讲演中没有讲到 Rutherford 本人引入的每种放射性物质都有自己的特征寿命这个谜. 他也没有触及 Planck 在 1900 年发现的量子理论. 当然, 他不可能提到 Einstein 关于光量子假说的论文, 因为这篇文章是在他在纽海文 (耶鲁大学所在地) 发表讲演的那个月 17 号才完成的. 他也不可能把 Einstein 的狭义相对论列入他所回顾的十年进展中, 因为这一工作的完成是在三个月之后. 因此, 1895~1905 十年间作出新发现的速度, 甚至比伟大的 Rutherford 所看到的还要快. 下面的时间表显示了这十年里一件事接着一件事发生的速度.

1895 年　11 月 8 日, W. Röntgen (1845~1923) 发现 X 射线. 他对此是如此吃惊, 以致他对她妻子说, 当人们把它搞清楚了之后, 他们会说 "Der Röntgen ist woul verrückt geworden"(Röntgen 也许是疯了)[34]. 由于这一发现, Röntgen 于 1901 年获得历史上首次诺贝尔物理学奖.

1896 年　A. H. Becquerel (1852~1908) 观察到他所称的 "铀射线", 这是开辟了后来叫做放射性的新领域的第一个现象. W. Wien (1864~1928) 发表了他关于黑体辐射的指数定律, 这是历史上由人写出的第一条量子定律. 10 月 31 日, P. Zeeman (1865~1934) 发表关于磁场对光谱线的影响的第一篇论文.

1897 年　J. J. Thomson 等人测定了阴极射线粒子的 e/m. 第一次谈到比氢原子轻的粒子 (图 2.2).

1898 年　Rutherford 发现有两种放射性射线: α 射线和 β 射线.

1899 年　J. J. Thomson 测量了自由电子的电荷, 并认识到在电离过程中原子被撕裂.

1900 年　P. Villard (1860~1934) 发现 γ 射线. 首次测定放射性衰变的一个半衰期. Planck 发现量子理论.

1905 年　3 月, Einstein 提出光量子假设. 6 月, 发表他的第一篇关于狭义相对论的论文.

图 2.2　Thomson 发现电子所用的真空管

显然, 对于进入物理学的能干的年轻人, 这是一个不可思议的神妙时期. Rutherford 是一个极好的例子. 他是新西兰人, 24 岁时开始进入剑桥的卡文迪什实验室,大约在 Röntgen 发现 X 射线之前一个月. 他于 1896 年研究 X 射线, 1898 年开始他硕果累累的终生研究放射性的工作[35].

大家不禁要问: 为什么在这么短的时间里会发现这么多的新东西? 这个问题不容易回答. 但是, 很显然, 仪器制造进展的积累起了关键作用. 下面是其中的一些.

(1) 更高的电压. 更高的电压是 H. Rühmkoff (1803~1874) 改进感应线圈的工作带来的成果, 这一工作开始于 19 世纪 50 年代. 这种线圈曾为以下科学家服务: 1860 年为 G. Kirchoff (1824~1887) 和 Robert Bunsen (1811~1899) 的火花光谱分析工作; 1886~1888 年为 H. Hertz (1857~1894) 证明电磁波存在的工作和发现光电效应的工作; Röntgen 发现 X 射线的工作; G. Marconi (1874~1937) 不用电线传送电报信号的工作; Zeeman 发现 Zeeman 效应的工作; 以及 J.J.Thomson 测定电子的 e/m 的工作. 在 19、20 世纪交替前, 已可得到 100000 V 量级的电压.

(2) 改进的真空. 19 世纪 50 年代, 达到了改进的真空, 这时 J. Geissler (1815~1879) 开始发展现在名为 Geissler 管的器具, 不久就能达到并保持 0.1 mm 汞柱的气压. 各种改良的 Geissler 管对 Röntgen 和 J.J.Thomson 的发现起着重要的作用.

(3) 早期的平行板电离室. 平行板电离室最早是 19 世纪 90 年代在剑桥发展起来的. Rutherford 和 Curie 夫妇把它们用于最早的放射性定量测量.

(4) 凹面光谱光栅. 凹面光谱光栅于 19 世纪 80 年代由 H. Rowland (1848~1901) 在 J. Hopkins 大学开始发展. 它们的分辨本领使 Zeeman 的发现成为可能.

(5) 云室. 云室的发展是 C. T. R. Wilson (1869~1959) 于 1895 年在剑桥开始的. 这种仪器使 J.J.Thomson 得以测量电子的电荷.

上面列举的大量新发现之所以成为可能, 并不只是依靠新的技术. 也得发展理论概念. Rutherford 用一个例子总结了这些想法:

> "铀 (这种元素本身是 1789 年发现的) 的放射性性质本可以在也许一个世纪之前 (即在 19 世纪的头几年) 就偶然发现了, 因为这只需要将一种铀化合物放在一台金箔验电器的带电板上 …… (铀的) 引起放电的性质不会不被注意到, 如果把铀放在带电的验电器附近. 而由此就不难推出, 铀发出一种辐射, 它能够穿透对普通的光不透明的金属. 进展到这一步也许便停住了, 因为那个时候关于电和物质之间的联系的知识太贫乏, 使得像这样的一种孤立性质不能吸引很多的注意. …… 如果这个发现哪怕是在 (1896 年) 之前十年得到, 事情的进展一定会慢得多并且更加小心翼翼."

谈到 "之前十年" 时, Rutherfold 在这里心里想的显然是电离室的发明.

下面我一件一件介绍在这转变的十年里作出的惊人发现的详情.

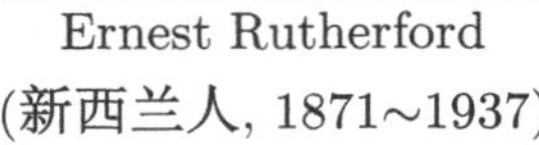

Ernest Rutherford

(新西兰人, 1871～1937)

Rutherford 在他的出生地接受早期教育, 然后来到剑桥 (1895), 在这里他参加了 J. J. Thomson 对气体电离的研究工作. 1898 年他在担任加拿大蒙特利尔麦基尔大学的教授时, 发表了《α 射线与 β 射线的区别》一文 (1899), 测定了第一个放射性半衰期 (1900), 发展了蜕变理论 (1902), 并发现了 α 粒子散射 (1906). 1906 年他荣获诺贝尔化学奖. 1907～1919 年他担任曼切斯特大学教授时, 发现了原子的有核模型. Rutherford 在 1914 年被册封为骑士. 他是监督英国科学界的战争努力的发明与研究局的成员 (1915); 几年后 (1919) 他首次发现核嬗变. 从 1919 年直到他 1937 年天不假年逝世, 他一直是卡文迪什实验室主任.

1931 年他被封为纳尔逊的 Rutherford 男爵 (Baron Rutherford of Nelson). 1937 年 10 月 25 日, 他的骨灰被安置在西敏寺, 他的家庭成员, 一位王室代表, 几个英国内阁成员和科学界, 工业界领袖人物在场.

Rutherford 本人不只是 20 世纪最伟大的实验家, 他还创造了一个学派, 这个学派培育了多名诺贝尔奖得主. Rutherford 的主要传记作者 A. Eve 曾这样写到他: “人们问道 —— 这个人像什么? 他真的像一个农夫吗? 他讲话带什么口音? 他相信不朽吗? 这些东西并不重要. 这里有一位国王在开辟他通向未知世界的道路. 谁在意他的皇冠是用什么做的, 或者他的靴子是什么光泽呢? ”

2.3　放射性: 1896～1905

Becquerel 发现的 “铀射线” 开启了对放射性的研究. 这种铀射线究竟是什么? 从我们现在的知识可知, 他原先看到的是 β 射线的效应; 它们不是来自铀, 而是来自第一代子产物钍 234. 他不知道他的射线只不过是三种不同的放射性辐射之一; 也不知道这些辐射的产生要经过一个母体–子体–第三代等等这样一个序列过程; 更不知道 β 射线是当时还未发现的电子. 事实上他甚至不知道放射性过程是从原子核发出的, 发现这一点已是 15 年之后了. 的确, 核现象的首次观察是在认识到每个原子里有一个原子核之前.

我们将会清楚看到, 理论物理学家在放射性最早期的发展中并没有起过值得一提的作用, 这既因为对放射性的描述性方面并不特别需要理论物理学家, 也因为更深层的问题在当时是太难了. 相反, 早期进展主要是一小群杰出的实验物理学家做出的. 我们来看看他们在忙些什么.

我将从 Marie Sklodowska (1867~1934) 和 Pierre Curie (1859~1906) 开始 (图 2.3). Marie 是华沙一个物理教师的女儿, 1891 年到巴黎在索尔本 (Sorbonne) 的巴黎大学学习物理学. 她在1894年认识了Pierre; 下一年他们结婚了. Pierre 当时已经有扎实的工作履历, 他在压电性、晶体的对称性和磁学等方面已经做了重要的工作.

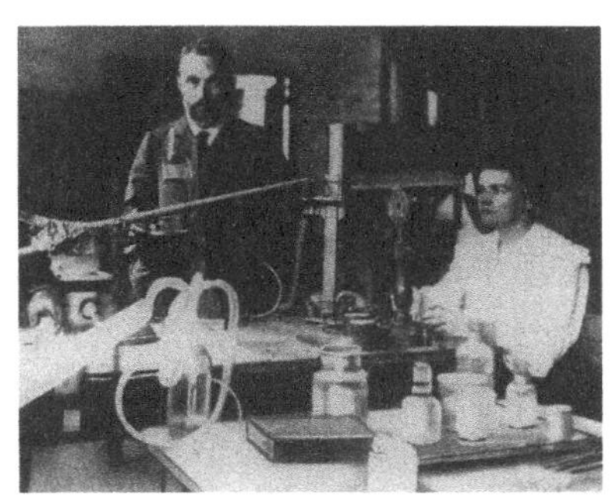

图 2.3 Marie 和 Pierre 在他们的实验室里

当 Marie 听说 Becquerel 的工作时, 她和她丈夫进行了讨论: "研究这种现象似乎对我们很有吸引力. …… 我决定承担对它的研究. …… 为了超越 Becquerel 所达到的结果 (他的结果迄今全是定性的), 必须使用精密的定量方法."[37]. 她是我们将在这一章遇到的几个人中的第一个, 这些人使用按现在的标准只能称为原始的工具得出了重大的结果, Marie 所用的工具是一台上面说过的那种电离室, 它的平行金属板之间的电位差为不太大的 100V, 和一台灵敏的静电计.

她在她的第一篇论文 (1898)[38] 中报道了她的发现: 钍也是放射性的, 这一点 G. Schmidt (1865~1949) 前不久也发现了, 不过 Marie 不知道; 还有含铀的两种矿物沥青铀矿和辉铜矿 "比铀本身的放射性更强. 这件事很值得注意, 它使我们相信, 这些矿物含有一种元素, 它比铀的放射性更强". 凭着这一猜测, 年轻的 Marie 引进了一个重要的创新: 将放射性性质用来作为发现新物质的一个征兆.

Pierre 这时加入了他妻子的研究工作. 三个月后, 他们在沥青铀矿中证认出一种新元素: 钋. 再五个月后 (1898 年 12 月), 他们和 G. Bémont (1857~1932) 一起分离出镭. 在这篇文章里[40] 引用了她这一年早些时候的工作: "作者之一 (MC[38]) 曾表明放射性是原子的一种性质". 这是历史上首次公开将放射性与单个原子联系起来.

1898 年在 Curie 夫妇的事业中是一个英雄的年头. 我在这里借用 Rutherford 在 1902 年写的一段献辞来向他们道别: "我必须保持进取, 因为在我的跑道上总是有人. 这条道上的最佳起跑运动员是巴黎的 Becquerel 和 Curie 夫妇."[41]. 这段话把我引向 Rutherford 本人.

我已经说过 Rutherford 发现了 α 射线和 β 射线. 这是从吸收实验得出的结果, 吸收实验判明了一种射线 (α 射线) 容易被吸收, 而另一种射线 (β 射线) 的穿透力则强得多. 但是这些射线究竟是什么?

一共花了十年才确认 α 射线是二次电离的氦原子组成的. 注意, 氦在地球上的存在只是在 1895 年才确定, 比发现 α 射线早不了太久, 那时 Ramsay 爵士 (S. W. Ramsay, 1852~1916) 非常意外地发现[42], 氦出现在一种含铀的矿物中. "当 Ramsay 和 Soddy 对镭释放的气体作了一番考察并发现氦是镭的一个衰变产物时, 对氦的物理性质和化学性质的考察还没有完成"[43]. 因为氦出现在几种含铀和含钍的矿物中, α 射线和氦之间有某种联系现在看来是有道理的, 但是还不肯定.

由于 α 射线在电场和磁场中好像是不弯曲, 有一段时间认为它是中性的, 但是 Rutherford 在 1903 年最终证明, 它们在强磁场中的确偏转, 并且带正电荷[44]. 其次, 对于钍发射的 α 粒子与镭发射的 α 粒子的荷质比 e/m 是否相同也发生了疑问. "在这个重要问题上还需要进一步的实验证据", Rutherford 迟至 1905 年还这么说[45]. 但很快就弄清楚了, e/m 值是唯一的, 在 1905 年晚些时候, 就肯定地宣称 α 粒子是在它们被推出镭原子的那一刻" 带电的[46].

要定出 α 粒子的电荷的真实值还需要更多的时间. 1905 年的局势如下[47]: "假设 α 粒子所带的电荷与氢原子所带电荷相同, 则 α 粒子的质量是氢原子质量的大约两倍". 因此他们正在接近正确的 e/m 值.

各种实验导致 1908 年的总结文章《α 粒子的本性》[47], 这篇文章是 Rutherford 和 H. Geiger (1882~1945) 合写的, 他们在文中宣称: "基于一个氢原子 (即质子) 所带的电荷 e 是电荷的基本单位这个普遍观点 ······ 证据强烈支持 (α 粒子的电荷) = $2e$". 在近十年辛勤工作后, Rutherford 终于准备好宣布 α 粒子实际是什么了 (见下面的黑体字): "我们可以得出结论, α **粒子失去它的正电荷后, 便是氦原子**". 在 1908 年 11 月完成的和 T. Royds (1884~1955) 合写的一篇文章[48] 中, 他用更强调的语气说: "我们可以肯定地说 ······α 粒子就是一个氦原子 (原文如此)". 他们证明了, 通过其中收集有镭产生的 α 粒子的体积放电, 产生了氦的特征光谱!

我们把这个关于 α 粒子的本性的故事讲得这样详细, 目的在于深刻认识这样一个事实: 我们在幼儿园学的东西, 有许多是我们的祖先辛勤劳动的结果.

将 β 射线认证为电子的过程快得多, 因为到 1902 年, 对 e/m 的测量已经使答案很明显了. 但是, 要确定 γ 射线是高能光子, 却花了 14 年. Rutherford 在 1902 年曾以为它们可能是硬 (高能) β 射线, 因为它们在磁场中不偏转[49]. 直到 1914 年, 探测到 γ 射线从晶体表面的反射[50], 事情才最后确定下来.

在发现 α 射线和 β 射线之后, Rutherford 的下一个重大发现是 1900 年做出的, 这已是在他 1898 年从剑桥转到加拿大的麦基尔大学之后了. 这个发现是: 钍射气 (Rn^{220}) 在 60s 时间内 (现代值是 56s) 失去它的放射性活度的一半[51]. 对放射性半衰期的这一首次观察涉及的是中短寿命的元素，这当然不是偶然的. 他是第一个注意到下述事实的人：如果 $N(t)$ 是 t 时刻的活性原子的数目，那么 N 随 t 的减少由下式精确描述：

$$\mathrm{d}N/\mathrm{d}t = -N\lambda \quad \text{或} \quad N(t) = N(0)\mathrm{e}^{-\lambda t}$$

这个式子及其在序列衰变中的推广是 Rutherford 对理论物理学的两大贡献之一，理论物理学并不是 Rutherford 最敬重的学科. (另一贡献是他从散射实验的结果发现了原子中心的核.)

半衰期概念使 Rutherford 和 F. Soddy (1877～1956) 得以在 1902 年系统地阐述他们的转变论 (transformation theory)①[52]. 在“这些年轻人向 1902 和 1903 年的物理学界 —— 他们是博学的、缺乏自信的、颇为怀疑的并且还不知道什么叫量子化 —— 提出的这个伟大的放射性理论”[53] 中，他们泰然自若地提出某些种类的原子容易发生自发嬗变. 40 年后，一位这些事件的目击者将那个时代的心态刻画如下：“今天的年轻物理学家或化学家，一定难于 (如果不是不可能) 了解，这在当年是何等地极度大胆，对于当时的原子论者它是多么不受欢迎 …… 这一点必须强调，因为年青一代很可能更熟悉我们知道的几个放射系的简单有序，而不熟悉在转变论之前的混乱状态”[54].

转变论的主要学说是，放射性物体包含有不稳定的原子，它们之中有固定的比例在单位时间里发生衰变. 衰变的原子的剩余物是一种新的放射性元素，它们再次衰变，这样下去，一直到最后得到一个稳定的元素为止. 这个理论一直是在放射性现象的一团乱麻中理出一个头绪来的主要工具.

现在看得很清楚，1896～1905 年这段时期在放射性方面富于实验进展和唯象的见解. 但是，想要达到更深的理解水平时机尚不成熟，但这并不妨碍一些物理学家进行猜测，他们也一直这样做. 让我们看看他们的一些想法.

M. Curie 在 1910 年对早年那些日子的追忆如下：“铀辐射的经久不衰使首批对 Becquerel 的发现感兴趣的那些物理学家感到极度惊讶. 这种经久不变事实上是令人吃惊的；辐射似乎并不随时间自发地变化 ……”[55]. 为了充分理解这句话，心里应当想着三件事：① 不把铀同其放射子产物分开时，铀发射的辐射的确在很高的程度上是平稳的；② 在 Becquerel 的初始发现之后，花了两年时间才首次把母体和子体分开；③ 此后又花了两年时间才确定，放射性的确随时间减少.

关于放射性能量的来源的猜测，从 M. Curie 的第一篇论文 (就是她宣布发现钍的放射性的那篇论文 (1898)) 就开始了. 在这篇文章里，她小心翼翼地建议能量可能来自一个外部能源：“人们可以设想，全部空间中总是交织着和伦琴射线类似的

① 在放射性现象中，一种原子变成另一种原子. 当时 Rutherford 等人还不敢用炼金术中的“嬗变”(transmutation) 这个词描述这种变化，“转变”一词较为中性. —— 译者注

射线, 只是其穿透能力更强, 而且只能够被原子量大的某些元素如铀和钍吸收"[38]. 之后不久, 她得出结论说外部能源是不高明的托辞: "对 Carnot 原理 (应当是热力学第一定律!) 的任何违反, 总可以通过一个从空间来到我们这里的未知能量的介入来避免. 是采用这样一种解释还是质疑卡诺原理的普遍性, 这两种观点对我们来说实际上是同一种, 只要我们在这里向之乞灵的能量的本性仍然处于完全随意的领域"[56]. 她还指出, 能量可能来自原子内部: "这种辐射 (可能) 是一种物质的发射, 伴随有放射性物质重量的减少"[56].

不论怎样, 人们设计了种种实验来确定放射性能量的可能的外部能源. 因为想要判明太阳是否可能是其原因, Curie 夫妇探寻铀的放射性的日变化. 他们发现没有这种变化[57]. 来自 Wolfenbüttel 的 J. Elster (1854~1920) 和 H. Geitel (1855~1923) 推理说, 如果放射性的能量真的是由一种充盈于大气中的像 X 射线那样的辐射供给的, 那么把放射源深深地放到地下, 放射性就应当减少. 因此他们请求并获准在哈尔茨山 300 米厚的岩石下的 Clausthal 矿井中做实验. 他们没有发现这种效应, 并得出结论说, "反过来, 我们不得不推断, 这种光源 (原文如此) 来自所涉及的元素的原子本身".

关于能量的争论也许会就这样沉寂下去的, 如果不是在 1903 年 3 月, 发现释放的放射性能量的大小远远超过迄至那时所知道的任何化学反应释放的能量, 从而对这一争论火上浇油. 那一年, P. Curie 和 A. Laborde (1878~1968) 测量了已知量的镭在一个 Bunsen 量热器中释放的能量的大小[60]. 他们发现, 1 克镭能够在 1 小时内将大约 1.3 克水从冰点加热到沸点!

这些结果引起一场轰动. 事实上, 主要就是因为 Curie-Laborde 这篇文章, 唤起了全世界对镭的兴趣. 它使 H. Poincaré (1854~1912) 在其 1904 年名为 "数学物理学的当前危机" 的讲演中提出能量守恒问题: "…… 我们把一切东西都建筑于其上的这些原理, 它们也即将一个接一个垮掉吗? …… 当我这么说的时候, 你无疑会想到镭, 这位当代的伟大革命家. …… 至少, 能量守恒原理还是给我们留下来了, 并且它似乎更坚实了. 要我提醒你回想它是怎样受到怀疑的吗? 这件事 (镭的放射性) 本身就是对这些原理的一个严峻考验 …… 但是这些 (放射性) 能量的值太小了, 测量不出来; 至少人们相信是这样, 因而我们的麻烦不算太大. 在 Curie 想起把铀放进一个量热器之后, 一切就全变了; 这时人们看到, 不断产生的热量是很大的 ……"[61].

在量子力学诞生那年, 关于放射性能量的来源仍在争论[62], 这使我们深深认识到, 只有在量子力学时代, 才能给出存在产生能量的内部机制的肯定证明, 这永远地解决了问题.

关于原子中的能量含量的一个基础性见解在早得多的时候就已提出了. Einstein 在他 1905 年的第二篇关于相对论的论文中说: "如果一个物体以辐射的形式

放出能量 L, 它的质量便减小 $L/c^2\cdots\cdots$ 一个物体的质量是它的能量的量度 …… 用其能量含量可以在很高的程度上变化的物体 (例如镭盐), 可以让这个理论受到成功的检验, 这并不是不可能的". 但是, 当时质量测量的精度水平还不足以进行这种检验. 即使到了 1921 年, Pauli 在他著名的相对论评述文章中还说："**也许**质能等价原理**在未来的某一天**能够通过观测原子核的稳定性而得到验证"(表示强调的黑体是作者所为).

在 19 世纪与 20 世纪之交, 已经有了不少关于原子层级的不稳定系统的知识. 例如, 当时关于发光现象已经做了许多工作. 这使寿命概念已为人们所熟悉. 但是, 如果不对这些各不相同的不稳定系统做理论上的探讨, 它们似乎不会提出明显的悖论, 主要是因为总可以 (人们也这么以为) 把这种不稳定性归之于**外部**原因. 例如, 对于一个像发光这样的过程, 总是可以提出这样的借口：一些 (但非全部) 被照射过的物质被激发了. 还要注意, 在早年的时候, 通常的原子发光的寿命太短了, 无法观测. 反之, 放射性则产生了那个时代独一无二的问题. 的确, Rutherford 在 1900 年发现放射性物质的半衰期和 Planck 在同一年稍晚时候发现量子理论, 发出了经典物理学时代结束的信号. 不过在当时, 他们之中谁也没有清楚看出自己的工作将会多么深远地改变科学的进程. 只有到 1917 年, Einstein 才第一个领会到, Rutherford 的发现要求完全修改经典物理学的根本概念 —— 因果性 (后面我将回到这个问题). 不过, 比这更早, 一些聪明人士已经在挠头了. Kelvin 勋爵 (1824~1907) 写道："在一块溴化镭里, 一些原子马上就要爆裂, 而另一些原子在爆裂之前还会稳定地存活几千年, 它们之间究竟有什么差别呢？"[63] 而 Rutherford 则写道："在同一时刻形成的所有原子的存活时间应当是确定的. 但是, 这同观察到的放射性转变定律相矛盾, 按照这个定律, 原子的寿命包括从零到无穷大的一切数值"[64]. 但是, 他们除了说出他们的困惑外, 没法做更多的了.

作为这个对放射性早期情况的说明的恰当的结束, 我注意到, 对于原子可能带来的善和恶的猜测, 从为放射性奠基的那些前辈就开始了.

Becquerel 在一次早期的讲演中说："今天人们对这种 (放射性) 现象有不寻常的兴趣, 但是在这些现象中几乎只利用了无穷小量的能量. 最终科学是否能有这么长足的进步, 使得能够实际利用锁藏在物质原子中的丰富的能量储藏, 这个问题只有未来才能回答. 回想一下, 在电学的黎明时期, 它被看成是纯粹的玩具, 只适合于通过用摩擦过的封蜡棒吸引碎纸片来使小孩开心."[65]

P. Curie 在他 1903 年的诺贝尔奖颁奖演说中说："甚至可以设想, 镭在罪犯手中会变得非常危险, 于是在这里可以提出一个问题：人类是否会从大自然的秘密中得益？……"[66]

Soddy 在一本早年的科普书中写道："如果我们暂停片刻来反思能量在现代意味着什么, 我们可以对于嬗变在将来对一个没有燃料的世界 (从而再次过着勉强糊口的日子) 意味着什么这个问题得到一些模糊的观念. 可能还得好多个世纪才会发生这样的事情, 但是不论是科学发现的应用, 还是它们的成就, 都无法同赢得这场斗争相比"[67].

"原子能" 这个术语也是在 20 世纪初进入我们的语言的. Rutherford 和 Soddy 于 1903 年开始用这个词语[68], 它**不只**是指一种放射性元素所释放的能量, 而且更一般地指锁藏在**任何**原子里的能量. "所有这些考虑都指向一个结论: 潜藏在原子里的能量与通常的化学变化放出的能量相比是非常之大的. 现在知道放射性元素与别的元素在它们的化学和物理行为上毫无差别. 一方面, 它们与它们在周期表中无放射性的原型在化学性质上非常相似; 另一方面, 放射性元素并不具有共同的化学特征可以与它们的放射性相联系. 因而没有理由假定这个巨大的能量储存只是放射性元素才具有. 看来很可能的是, **原子能** (着重体是本文作者改的) 大小的数量级一般都很高而且相近, 虽然缺乏放射性变化使它们的存在未被显示出来". 这, 的确是 20 世纪的物理学了.

2.4 原子的结构：1897～1906

在 19 世纪的最后十年, 基本理论也获得了重要的进展, 这首先得归功于荷兰人 Hendrik Anton Lorentz (1853～1928). 他在 1892 年发表了他对电磁现象的原子论解释的第一篇论文[69], 他的解释依靠由基础性粒子所携带的电荷和电流, 这种基础粒子的名称, 他 1892 年称它们为带电粒子, 1895 年称它们为离子, 从 1899 年起称为电子. 1895 年他引入了电磁场作用于带电粒子的 "Lorentz 力"[70]. 从 1899 年起, 他开始了关于以他的名字命名的著名变换的工作, 于 1904 年得出它们的最终形式[71]. 在本书别的地方会看到他的贡献的更多的详情细节. [**又见 4.2.3 节**]

但是, 解决原子结构理论的时机尚未成熟. "也许这么说并非是不公平的: 对于那个时期的一般的物理学家来说, 猜测原子结构就像是猜测火星上的生命一样 —— 对于喜欢这类东西的人非常有趣, 但是没有多大希望获得有说服力的科学证据的支持, 与科学思想及其发展也没有多大关系"[72].

不论怎样, J. J.Thomson 开始为建立一个原子模型作出严肃的努力. 他的尝试是高尚的, 他的失败是可以理解的. 早在他 1882 年获得 Adams 奖的文章[73] 中, 他就加进一段 "一个化学理论的概略", 在其中他试图把每种原子同一类特殊的涡旋运动联系起来, 这些涡旋运动以其不可摧毁性著称. 电子刚一出现在舞台上, 他就投身于用电子建造原子. 他在 1897 年提到[74] "Prout 提出的 …… 假说, (按照这个假说) 不同元素的原子都曾是氢原子; 这个假说的这种精确形式是站不住脚的, 但是如果我们把氢换成某种未知的原初物质 X, 就没有什么已知的事实同这个假说相抵触了". 对于 X 必定是什么, 他没有留下任何疑问: "…… 这些原初的原子, 为简短起见我们称之为粒子 (corpuscles)(这是 J.J.Thomson 在一段时间里对电子的叫法)". 1899 年他写道："我把原子看成是包含有大量 …… 粒子的"[75], 而 1903 年他写道："氢原子包含大约一千个电子"[76]. 1904 年他写道："(我) 假定一个原子的质量是它所包含的粒子的质量之和"[77]. Rutherford 在 1902 年说到 "曾提出过的这样的观点：一切物质都是由电子组成的. 按照这个观点, 比方说一个氢原子是一个非常复杂的结构, 它可能由一千个或更多个电子构成"[78].

是什么因素中和了一个原子中所有这些电子带来的巨大的电荷？我们可以不考虑这个因素对原子质量的贡献吗？

Thomson 假设在原子内电子的电荷是被带正电的均匀背景中和的, 这个背景没有质量！我曾在一本晚至 1907 年的剑桥教科书中读到他们是这样提到这幅图像的："在我们的知识的现况下, 关于任何原子中的电子的总数, 还不能得到一个确定的说法. 但是, 这个数目应当是这样, 使得原子的质量是它所包含的质量之和, 这个结论是如此吸引人, 在没有支持相反的结论的任何确证的情况下, 看来是可以暂时接受的"[79].

Thomson 模型提出了一个关键的困难, 在这个问题上, 一切试图在经典物理学的框架内理解原子的尝试都遭到了失败：这就是原子的稳定性. Thomson 相当详细地证明了, 给定他的正电荷分布图样后, 的确存在着稳定的电子分布组态 —— 只要这些粒子是静止的. 不过, 他更愿意假定他的电子是在某种闭合轨道上运动, 理由是这种运动也许能解释物质的磁性质[80]. 很久以前, A. M. Ampère (1775～1836) 在他关于磁性的开拓性工作中就提出, 磁性是由运动的电荷引起的. 这些引起磁性的电流回路难道不可以就是在原子内运动的电子吗？但是, 根据一条经典电磁学的定理 (这是在 Ampère 身后才得到), 这些轨道是不稳定的, 因为这时电子必然会由于发射电磁辐射而失去能量. 我不在这里讨论 Thomson 和其他人试图用来克服 (但不成功) 这个极其麻烦的不稳定性的种种方法[81], 只说一点就够了, 这个基本问题的解决必须依靠量子力学.

无论如何, 事情还是得到了一些进展. 正是 Thomson 本人在 1906 年发现 (这也许是他作为一个理论家的最伟大的发现), 他早年的原子模型是错的, 事实上 "一个原子中的粒子的数目 …… 与该物质的原子量是同一数量级"[82]. 他之所以做出这一修正的几条理论上的理由中, 最著名的是他的 X 射线被气体散射的理论. 在他粗糙的 (但是定性正确的) 讨论中, 他假定这一效应完全是由 X 射线在原子内的电子上的散射引起的, 电子被当作自由粒子处理. 直到今天, 电子对低能光子的散射被称为 Thomson 散射. 比较他的公式与实验数据后, Thomson 正确地得出结论, 每个原子的电子数目在该原子的原子序数的 0.2 倍与 2 倍之间. 那么, 又是什么使原子具有它的质量呢？对这个问题, Thomson 保持了沉默.

2.5　量子物理学的诞生

19 世纪 90 年代出现了这样的情况：实验的进展和理论的磕磕碰碰导致在 1900 年发现了量子理论. 为了替这一场演化布置好舞台, 必须再一次探寻更先前的事件.

从前在海德堡有个人, 名叫 G. R. Kirchoff (1824~1887). 他生于柯尼斯堡, 他父亲是一位法律顾问, 一个国家工作人员. 他成为很少有的在实验和理论方面都做出基础性贡献的 19 世纪物理学家之一, 这些贡献绝大部分是在他担任海德堡大学物理学教授时做出的. 他将因为自己在 1859 年秋天的实验和理论活动而特别被人们铭记, 这些活动使他成为量子理论的祖父.

在这一年的 10 月 20 日, Kirchoff 提交了他对太阳光谱中的暗 Fraunhofer 线的“出乎意料的解释”[83]：它们是由钠引起的. 他的这一结论是这样得到的：他将含有食盐的火焰插在太阳光谱和他的探测器之间. “如果太阳光衰减得足够厉害, 那么两条亮线就会出现在太阳光谱的两条暗 D 线的位置上; 如果太阳光的强度超过某一值, 那么两条暗 D 线就显著得多 …… 暗 D 线使我们得出结论, 太阳大气中有钠元素”. 六个星期后 Kirchoff 给出了这些现象的理论解释[84], 表明它们遵从现在所称的 Kirchoff 定律, 其内容如下.

考虑一个物体与辐射处于热平衡. 令物体吸收的辐射能全部转换为热能, 不转换为任何别的能量形式. 令 $E_\nu d\nu$ 表示这个物体在单位时间和单位面积上发射的在频率区间 $d\nu$ 内的能量大小. 令 A_ν 是它在频率 ν 上的吸收系数. Kirchoff 定律说, E_ν/A_ν 仅仅依赖于 ν 和温度 T 而与物体的任何其他特征无关:

$$E_\nu A_\nu = J(\nu, T)$$

Kirchoff 把一个物体叫做完全黑体, 如果它的 $A_\nu = 1$. 于是 $J(\nu, T)$ 是黑体的发射本领. 完全黑体的一个例子是**空窖**辐射, 即由辐射不能穿透的等温物体包围的一个空间. 对于这种特殊情况, 辐射是均匀、各向同性和无偏振的, 因此其中**谱密度** $\rho(\nu, T)$ 是每单位体积中频率为 ν 的能量密度.

发现谱密度仅仅依赖于频率和温度之后, 下一个显然的问题是：它是怎样依赖这些变量的? 这可不是一个容易解决的问题. 用 Kirchoff 自己的话说, “找出这个函数是一个非常重要的任务. 用实验来定出它有许多困难. 但是, 看来有理由希望, 它的形式会是简单的, 就像一切不依赖个别物体的性质的函数一样, 人们同这种函数在此以前已经打过交道了”[84].

Einstein 在 1913 年写道：“如果我们能够秤量奉献在 (Kirchoff 定律) 的祭坛上的脑子的分量, 那将是很有意义的”[85]. 在 Kirchoff 发现存在一个普适的函数和定出这个函数的形式之间经过了四十年. 物理学家在这四十年里并不是没有试过去找出这个函数. 这些尝试的绝大部分是纯粹的猜测, 只有两个明显的例外：一个是以 J. Stefan (1835~1893) 和 L. Boltzmann (1844~1906) 的名字命名的定律, 按照这条定律, 一个黑体发射的总能量与 T^4 成正比 [86]; 另一个是 W. Wien (1864~1928) 的 "位移定律", 这条定律说, $\rho(\nu, T)$ 的形式一定是 ν^3 乘上一个只是 ν/T 的函数的因子[87]. 这两条定律的推导都是基于两个年轻的分支学科热力学和 Maxwell 电磁理论的互动.

至于那些猜测, 它们都不值得记住, 除了一个辉煌的例外：1896 年 Wien 提出一个定律, 后来称为 Wien 指数定律[88]：

$$\rho(\nu, T) = \frac{8\pi h\nu^3}{c^3}\mathrm{e}^{-h\nu/kT}$$

其中 h 是 Planck 常数; k 是 Boltzmann 常数; c 是真空中的光速.

当然, 这些基本物理常数并没有出现在 Wien 的论文①中. 我之所以在这里采用这种不符合历史的表述, 理由有二：首先, 这条指数定律和当时知道的全部实验数据符合得非常好[89]; 其次, c 和 k 之值即使在当时就能够从别的数据推出, 因此早在 1896 年本就可以得到 Planck 常数的一个良好的值.

虽然 Wien 不知道这一点, 但他的指数定律标志着经典物理学的普适性的结束和科学中一场不寻常的转折的开始. 一方面, 他的定律与实验一致, 因此必定与实在有某种关系; 另一方面, 在 1896 年本已有可能推导出而不是猜出 $\rho(\nu, T)$ 的一个显式表示式, 即借助于统计力学的 Boltzmann 能量均分定理, 这个定理在 19 世纪 70 年代就有了. 如果 Wien 做了这种初等推导, 他就将发现 ρ 是与 T 成正比的, 这种行为严重违反他的指数定律, 因而指数定律本应显得是与实验严重不符的!

这个故事的教训有两个. 第一, 在 19 世纪与 20 世纪之交, 好的理论家还不熟悉统计力学这个理论物理学的新分支, 它的年龄的确还不到二十岁. 其次, Wien 定律的成功表明 (对我们, 而不是对 Wien) 早在 1896 年就已经可以清楚地看出, 有某种东西严重地偏离经典物理学. 这就是 Planck 登上舞台时的局势.

M. Planck (1858~1947) 生于基尔, 他父亲是当地大学的法学教授. 他的祖父和曾祖父都是哥廷根大学的神学教授. "即使在他的老年, 他也记得当他才六岁时普鲁士和奥地利军队开进他故乡城市的情景②. 在他的一生中, 战争给他造成深深的苦难. 他在第一次世界大战中失去了他的大儿子. 在第二次世界大战中, 他在柏林的寓所在一次空袭中被烧毁. 1945 年, 他的另一个儿子因参与刺杀希特勒被判有罪而被处决. 1867 年 Planck 和全家搬家到慕尼黑, 他在那里上中学. 他在班里是个好学生, 但并不是出类拔萃的学生, 排名在第三名和第八名之间[90]. "他接受他的学校当局的权威, 就如同后来他接受已确立的物理学主体的权威一样"[91].[**又见 3.1 节**]

① Wien 本人写出的形式为 $\rho(\nu, T) = a\nu^3 \exp(-b\nu/T)$.

② 在他们去与丹麦军队作战的途中.

Planck 自己讲过他是怎样会选择物理学为自己的终生职业的. “外部世界是某种独立于人的东西, 是某种绝对的东西, 探索适用于这一绝对本体的定律, 在我看来是一生最崇高的追求”[92]. 在一个中学老师向他介绍能量守恒定律时, 他感受到这个方向上的第一次激励. “就像一次天启一样, 我的心灵贪婪地吸收着这第一条我知道是绝对而普适地成立、独立于一切人类力量的定律: 能量守恒原理.” Planck 对绝对原理及其超脱于人类的愚蠢之外而存在的入迷是他的著作中的一个经久不变的题目, 这一点在他几次做出发现的时刻表现得最为突出. Planck 在慕尼黑开始他的大学学习, 并在柏林的 Friedrich Wilhelm 大学继续求学, 当时它是德国首屈一指的大学. “我学习实验物理学和数学, 那时还没有理论物理学的课程”[92]. 他在柏林时的教授之一是 Kirchoff—— 他从马德堡来到了柏林, Planck 很钦佩 Kirchoff, 虽然觉得他作为一个老师有些枯燥和单调. 1879 年, Planck 在慕尼黑获得博士学位, 论文题目是关于热力学第二定律的.

Kirchoff 于 1887 年去世后, Planck 成为他的继任人, 先是作为理论物理学副教授, 然后是正教授. 他在发现量子理论之前发表了大约 40 篇论文, 主要是在热学理论方面.

Planck 后来在 1895 年曾就他是如何磕磕碰碰地走上做出他的不朽成就的道路的写道: “在那时, 我认为熵增加原理是永远成立的 …… 而 Boltzmann 却仅仅把它当成一条概率定律”[92]. 因此他企图把他的早年论据 (1895~1898) 建立在 Newton/Maxwell 动力学的基础上. 但是, Boltzmann 很快看出他的推理中包含有严重的错误. 接着是一场论战[93] (1897~1898), 这场论战以 Planck 坦率承认他错了而结束.

于是 Planck 一切重新来过, 这一次他选择了动力学和统计力学之间的中间地带: 热力学. “热力学是我的根据地, 在那里我觉得是站在安全的地面上”[92]. 现在他激励自己要从基本的热力学原理出发来证明 Wien 指数定律 —— 当时仍认为它是 Kirchoff 函数的一个可行的解 —— 是普遍成立的, 并且 Planck 在 1899 年认为他已成功地做到了这一点. “我相信我们不得不作出结论, Wien 定律是将熵增加原理应用于电磁辐射理论的必然结果, 因此如果这条定律的成立受有限制的话, 这个限制应当与热力学第二定律所受限制一样”[94].

又错了.

这是在 1899 年 11 月 7 日, Planck 以一次对绝对的召唤结束了他的科学履历的 19 世纪的那一段. 他发现, Wien 指数定律中的常数 a 和 b 连同光速和牛顿引力常数一起, 足以得出一个自然单位系统. “借助于 a 和 b, 有可能给出长度、质量、时间和温度的单位 (现在叫作 Planck 长度 ……), 这些单位与具体的物体和物质无关, 在一切时候、对一切文化 (包括地球外的文化和人类以外的文化) 都保持它们的意义”[94].

现在我们知道, Planck 关于 Wien 定律成立的限制的预言又错了. 这一次找到错误的不是一个理论家. 相反, 是实验证据, 这些证据陈述在 1900 年 2 月 2 日从柏林投寄的一篇文章中, 按照这篇文章, Wien 的猜测并不和所有的事实符合. “已经证明, Wien-Planck 的谱方程并不代表我们所测量的黑体辐射 ……”[95]. 并不是 Wien 用作其猜测的基础的数据有错, 而是这些数据被延拓到一个之前还从未探索过的区域 —— 远红外区. 正是在这里, Wien 定律失效了.

Planck 极可能是在 1900 年 10 月 7 日星期日晚上首次写下正确的答案 “Planck 定律” 的[96], 因为他是在该日早些时候收到新的实验结果信息的. 在此前的几个月里, 德国帝国物理技术研究所的两组人马继续进行了谱函数的测量, 后来的数据证实他们的测量有极高的质量. 在那个星期日下午, 一个同事告诉 Planck, 在远红外区这个函数与温度 T 成正比, 而不是与 Wien 的指数成正比. 因此是在远红外区, 出现了经典的均分定理所预言的 $\rho(\nu, T)$ 对温度的依赖关系!

这个结果今天叫做 Rayleigh-Einstein-Jeans (REJ) 定律, 它是以对这一定律的表述做出过贡献的三个人的名字命名的. 这条定律最后是在 1905 年得到正确表述的①, Planck 在 1900 年就像 Wien 在 1896 年一样对它所知甚少. Planck 只有在已经获得红外辐射的经典数据之后才能发现第一条**量子**定律, 这是历史上的一个奇异的曲折.

1900 年 10 月 7 日后不久, Planck 得知他的新的谱密度公式与实验值在全部谱宽上符合得很好. 他在 10 月 19 日的一次讨论会上首次宣布了这个结果[98]. 他在 12 月 14 日投寄了一篇论文[99], 里面包含了他的著名公式

$$\rho(\nu, T) = \frac{8\pi h\nu^3}{c^3}\frac{1}{\mathrm{e}^{h\nu/kT-1}}$$

这一天标志着量子物理学的诞生. Planck 对绝对的探求最终给他带来了报偿. 注意两个常数 h 和 k(前面曾联系着 Wien 的工作讲到过它们) 是在这篇文章里首次出现. Planck 定律也弄清楚了, Wien 定律只适用于高频, 而 REJ 定律则只适用于低频.

Planck 写于 1900 年 12 月 14 日的论文, 部分建立在固体物理理论的基础上, 部分建立在他自己所说的 “一个幸运的猜测”[92] 的基础上. 它虽然是一篇即兴作品, 却置身于 20 世纪最基础的工作之列. Planck 值得极度赞扬和称颂的是, 他不满足于猜测, 而是继续寻求他的定律的更深刻的意义. 他后来把因此付出的劳动说成是他一生中最紧张的劳动[100] 并且是 “拼命的一搏 …… 不论在什么情况下以及以什么代价, 我都必须得到一个正面结果”[101]. 我在这里不能讲述 Planck 下一步所作的全部特别的假设[99], 只讲最重要的一个: **量子假设**.

① 关于 REJ 定律的历史见文献 [97].

一个频率为 ν 的线性振子的能量值只可以是 $h\nu$ 的**整数**倍：振子的能量是量子化的. 注意：Planck 的振子是**物质性**的物体, 它们出现在黑体辐射中是为了确保辐射混合.

Einstein 后来这样提到这一工作："Planck 的推导勇敢无比"[102]. Planck 本人并没有立刻领悟他曾是多么勇敢：

> 我立即试图把基本作用量子以某种方式纳入经典理论框架内. 但是面对着所有这些企图, 这个常数表现得顽固不化 …… 我的将基本作用量子纳入经典理论的毫无结果的企图继续了好些年, 它们耗费了我大量的努力.

这一段话表明, 做出发现与理解发现有很大的不同.

Planck 的定律迅速被人们接受为正确的, 只是因为在 1900 年之后紧接的几年中进一步的实验甚至以更好的精度证实了他的结果. 但是, 他的推导并没有引起轰动. P. Debye (1884~1966) 曾回忆说, Planck 的工作发表后不久, 在亚琛 —— 他在那里跟随 A. Sommerfeld (1868~1951) 学习 —— 曾对它进行过讨论. Planck 的工作与数据符合得很好, "但是我们不知道量子是不是某种根本性的新东西"[103].

Einstein 很可能是第一个认识到量子理论的出现代表了一场科学危机的人, 我认为这是他最伟大的成就之一. "这就像是从你身下把地板给抽走了", 他在 Planck 的论文发表后不久表露了这样的心态[104]. 也正是 Einstein, 走出了量子物理学的下一步 —— 在 Planck 的论文发表仅仅**五**年以后! 他的出发点是 Wien 定律在高频下与实验数据的符合. 他的工具是经典统计力学. 他的发现是**光量子假说**：在 Wien 公式成立的范围内, 频率为 ν 的单色光的行为就好像它是由许多互相独立的具有能量 $h\nu$ 的光子组成. 这句话是仅仅就自由辐射而言①, 到此为止它具有一条定理的性质. 但是, Einstein 还要走得远得多, 他加上一个猜测, 认为光的这一行为在物质对光的发射和吸收中也成立, 并且给出了这一假设的几种实验检验方法. 后来他证明, 还可以赋予光量子一个确定的动量 ($h\nu/c$). 因此它们的行为就像是粒子一样, 最终被命名为光子[105].

Einstein 的新提议, 即在某些特殊场合下光的行为像是粒子, 碰到了很强的阻力. 一个原因是, 不像 Planck, 他不能立刻宣称他的预言得到了实验的支持; 实验还没有进步到足够的程度. 即使在后来的数据的确证实了他的光量子预言之后, 也还过了一段时期, 直到 1920 年代后期, 光子才最后被接受为不可少之物[106]. 最终解决这场争端的是 Compton 效应 (1923)：在一束光被带电的小粒子散射的过程中, 光的行为就好像是一束粒子流 —— 光子流, 其意义为光和粒子之间的碰撞像弹子球之间的碰撞一样, 服从同样的能量守恒定律和动量守恒定律.

① 注意一个基本差别：Planck 是对物质的谐振子引进量子, 而其后 Einstein 则是对光引进量子.

对 Einstein 的光量子的反对, 也许最强烈地表露在 1913 年由四位德国最著名的物理学家签署的提名 Einstein 为普鲁士科学院院士的推荐信中. 在对 Einstein 的成就表示极高的赞美之后, 它是这样结束的: 总之, 可以说, 在近代物理学的诸多重大问题中, 很难找到一个问题是 Einstein 没有做出过显著贡献的. 至于他有时也会在他的猜想中迷失目标, 例如像在他的光量子假说中那样, 则不应对他过于求全责备, 因为即使是在最精密的科学中, 也不可能引进实质性的新观念而同时不冒一定的风险 [107].

对光量子的长达 20 年的反对的主要原因是显然的. 在 19 世纪初, T. Young (1773~1829) 和 A. Fresnel (1788~1827) 的工作结束了 C. Huyghens (1629~1695) 的光的波动说和 I. Newton (1742~1727) 的光的粒子说之间的争论, 结论有利于 Huyghens. 但是现在来了年轻的 Einstein, 他说, 至少在某些情况下, 光的行为还是像是粒子. 那么, 光的干涉以及波动图像的一切其他的成功怎么解释呢? 这种局势要比 Newton—Huyghens 争论无可比拟地更为严重, 在那里简单地只是一组概念必须屈服于另一组概念. 而在这里, 随着时间流逝就变得清楚, **不仅波动图像由于某些现象排斥粒子图像而宣告自己赢了, 而且粒子图像也可以由于另一些现象排斥波动图像而作类似的宣告.** 究竟发生了什么事?

从一开始 Einstein 就清醒地看到了这些显然的悖论, 随着时间流失它们的声音越来越刺耳. 1924 年他这样表述这种情况: 现在 …… 有两个关于光的理论, 二者不可或缺, 而且二者毫无逻辑联系 —— 尽管理论物理学家们二十年来作出了巨大的努力, 我们还是得承认这一点[108].

问题的解答在 1925 年到来, 量子力学清楚表明, Huyghens 和 Einstein 两个人都是对的.

在从 1900 年到 1925 年这些年份里, 量子现象是隐晦的和神秘的, 并且变得越来越重要. Planck 在 1910 年这样谈到这一点: “(理论家们) 现在以前所未闻的大胆工作着, 在当今没有一条物理定律被当成是确定无疑的, 每一条物理真理都可以敞开讨论. 常常就像是在理论物理学中混乱的日子又临近了”[109]. 这段话很好地描述了 N. Bohr1913 年的工作对量子物理学产生出更大的成就和增添更多的神秘时的形势.

2.6 Niels Bohr—— 量子动力学之父

2.6.1 Niels Bohr 的个人背景和早年经历

Niels Bohr 出身一个上层社会家庭. 他的父亲 Christian 曾是哥本哈根大学的一位生理学教授, 是一个很好的老师, 具有良好的数学知识. 在 1905~1906 年曾担任其所在大学的校长, 在 1907 年和 1908 年曾被提名为诺贝尔生理学医学奖候选人. Christian 的父亲和祖父曾担任中学教师, 他的曾祖父的一个兄弟曾是瑞典和挪威皇家科学院的院士. 因此教学是 Bohr 家族的主要传统. **[又见 3.2.2.1 节]**

Bohr 的母亲来自一个富有和有影响的丹麦犹太人银行家家庭. 她父亲曾担任过 14 年的丹麦议会议员[110].

Niels 于 1903 年开始上大学. 对于一个进入这个领域的有抱负的青年, 这是一个理想的时刻. 半个世纪的实验室研究已经得到了前所未有的大量数据, 有待解释. 新近的实验揭露了全新的物理现象. 使物理学基础发生动摇的 20 世纪剧变才刚刚开始. 经典物理学的时代刚刚走向结束.

带着相隔近一个世纪的事后之见, 我们不难清楚地认识到, 这段有争议的时期既富于重大的进展, 又充满未解决的问题和刚露头角的悖论. 可是在 1871 年, 当时处于领导地位的物理学家之一, 剑桥大学的 Maxwell, 却觉得有必要发出以下的告诫: "这样的意见似乎已经传开: 在不多几年之内, 所有重要的物理常数都将被近似估值, 留给科学家做的唯一工作是进行这些测量, 测到另一位小数 …… 但是我们没有权利对天地万物的不可探究的丰富多样性抱这种想法, 也没有权利如此设想那些清新的心灵的创造力, 它将继续包容和反映出这种丰富多样性"[111]. 像以前发生过而且还将再次发生一样, 那些处于事件之中的人, 大多数并不太清楚他们所从事的科学正处于矛盾多么尖锐的状态. 这种一再发生的现象的主要原因, 也许是物理学家想要保护任何给定时刻的知识主体的倾向, 想要扩大而不是修订有序占主导地位的领域的倾向.

回到 Bohr. 在他的大学第三年, 为响应丹麦皇家科学和文学院于 1905 年提出的有奖征文, 他开始了生平的第一次研究. 提出的问题是: 用实验方法, 通过从一个圆柱形管射出的射流的表面振动决定液体的表面张力. Bohr 对这个问题的实验和理论研究, 为他赢得了科学院的一枚金质奖章, 以及他的第一篇发表的科学论文[112]. 这一工作延长了他的大学学习年限. 他于 1909 年获得硕士学位, 于 1911 年 5 月成为哲学博士, 论文题目是 "对金属电子论的研究"①.

1911 年 9 月, Bohr 离开丹麦, 到英国去做一年研究. 他原本计划整个这段时间都在 J.J.Thomson (剑桥的卡文迪什实验室主任) 手下做博士后研究, 希望和他讨论共同感兴趣的题目金属电子论. 但是, 他们的关系搞得不太好, 主要是因为 J. J. Thomson 不喜欢 Bohr 对他的工作的批评. 然后发生了一件对 Bohr 后来的整个职业生涯至关重要的事: 他在 1911 年 12 月 8 日在剑桥会见了 Rutherford.

在此以前的 5 月, Rutherford 发表了他的原子模型[115], 原子中心有一个原子核, 集中了原子的几乎全部质量, 外面环绕着一群电子. 在 12 月的这个日子里,

① 原文为丹麦文[113], 直到 1972 年才有英文译文[114].

Rutherford 作为 Thomson 以前的学生, 在剑桥参加每年一度的研究生聚餐. 就在这个晚上, Bohr 同他谈了话, 问自己是否能去曼彻斯特他的实验室工作, 当时这个实验室是世界第一流的放射性实验研究中心. Rutherford 回答说这对他毫无问题, 只要 Bohr 能够解决好同 Thomson 的问题. Bohr 做好各种安排, 1912 年 3 月, 他就到曼彻斯特去了.

Bohr 开始是做实验工作, 但是到 5 月他就停止了这方面的工作 (经 Rutherford 同意) 而集中精力于理论问题. 在 6 月/7 月他写了一篇关于原子和分子结构的草稿, 其用意是作为供 Rutherford 阅读的大纲. 这个文件通常叫做 Rutherford 备忘录, 一直到 Bohr 去世后才出版[116]. 不久我就要讨论它的内容.

1912 年 7 月 24 日, Bohr 离开曼彻斯特, 回到他心爱的丹麦. 在丹麦, 他于 1913 年 4 月 5 日, 完成了他关于氢原子的量子理论的论文.

这篇文章迎来了量子理论的一个新阶段. Planck 和 Einstein 关于这个题目的更早的工作是以 (经典) 统计力学为基础的. 关于 Bohr1913 年的这一工作, 首先应当记住的是, 它是量子**动力学**的第一篇文章, Bohr 是这一分支学科的唯一创立者.

为了充分理解这一发展, 首先必须给出 1913 年的光谱学的一个梗概. 下面我就来做这件事.

2.6.2 迄至 1913 年的光谱学

当 Newton 让太阳光通过一块棱镜后, 他观察到 "一组混在一起的带着各种色彩的光线". 这个颜色谱在他看来是连续的. 他的实验装置的分辨本领不够, 不能显示太阳光谱实际上是由大量的离散的谱线穿插着暗线组成. 第一个观察到离散光谱的是苏格兰人 T. Melvill, 他生于 Newton 去世前一年. 他发现, 把食盐置于火焰中所产生的黄光表现出唯一一种折射, 这就是说, 这种光是单色光. 实际上, 没有那种原子光谱或分子光谱是单色的, 但是在食盐的情形下, 黄色的所谓 D 线要比所有其他谱线强得多. 此外, 随后又发现, D 线实际上是双线, 是一对紧挨着的谱线. 后来还搞清楚了, D 线是食盐分子中受热的钠原子产生的. 至于太阳光谱, 我已经指出离散的夫琅禾费暗线的重要性.

如同实验物理学中新领域的发展常常见到的那样, 它们的起源常常可以归因于发明了一种新的实验工具. 在光谱学中, 这种新实验工具就是 R. Bunsen (1811~1899) 于 1850 年代发明的 Bunsen 灯, 今天我们在化学的初等实验室作业中已对它非常熟悉. 为什么这个简单的小玩意对光谱术这么重要? 为了生成一样东西的发射光谱, 一般必须加热它. 如果加热的火焰有它自己的颜色, 如蜡烛光, 那么对这种东西的光谱的观察就将受到很严重的干扰. Bunsen 灯的优点就在于它的火焰是不发光的! 于是光谱分析就通过 Kirchhoff 与 Bunsen 之间的合作发展起来了, 那时他们两人都在海德堡任教授. 他们的工具很简单：一台 Bunsen 灯, 一根铂线, 其一端有一个小环以盛放要考察的样品, 一块棱镜, 和几具小望远镜和标尺.

他们的结果极其重要. 他们观察到 (和许多人早先猜测的一样), 在化学元素和它的原子光谱之间有唯一的联系. 因此, 光谱可以作为新元素的名片. "光谱分析对于发现以前还没找到的元素同样重要"[117]. 他们本人是首先应用这一见解的人, 用这个方法发现了铯和铷. 另外 10 种新元素也是用光谱方法在 19 世纪结束前证认的, 它们是: 铊、铟、镓、钪、锗, 以及惰性气体氦、氖、氩、氪、氙.

1869 年发现氦, 是通过在太阳光谱中找到而地球上物体的光谱中却没有的一条黄色谱线而得到的 (氦的名称 helium 即由此而来, 字根 helio-意为 "太阳"), 这生动地表明了 Kirchhoff 和 Bunsen 的预见: "(光谱分析) 打开了对一个迄今仍完全封闭的领域进行化学考察的大门 …… 说 (这种技术) 也可以应用到太阳的大气和更亮的恒星, 那是完全有道理的"[117]. 一些星云是发光的气体云, 是通过光谱手段得出的另一发现. 这些气体云的光谱揭示了另一种地球上从未见到的物质, 因此命名为 nebulium(意为 "星云元素"), 假设它是一个新元素. 过了 60 年才认识到, 这种物质实际上是处于亚稳态的氧和氮的混合物[118]. 另一种假设的恒星物质 coronium (意为 "日冕中的元素") 最后被发现原来是高度电离的铁.

Kirchhoff 和 Bunsen 留给我们的最重要的见解也许是使用极微量的物质已足以进行化学证认:

> (谱线) 在光谱中所占的位置决定了化学性质, 它和原子量一样是不变的和基本的 …… 并且它们可以几乎以天文学的精度被确定. 使光谱分析方法具有特别意义的是这一情况: 它几乎无限地放开了此前加在物质的化学特征辨认上的限制[117].

实验光谱学的许多进展可以回溯到 19 世纪, 如发现分子显示出特征的 "带状谱", 即一大串紧挨着的谱线. 事实上, 在 Bohr 进入这个领域时, 由 H. Kayser (1853~1940) 主编的出色的《光谱学手册》的前 6 卷已经问世, 总共有 5000 页[119]. 但是, 我将只用对氢原子光谱的一段说明来结束对实验光谱学的梗概介绍, 它对后随的内容是必不可少的.

至少部分的氢原子光谱似乎是由 Anders Ångström (1814~1874) 测到的. "就我所知, 是我第一个在 1853 年观察到氢光谱的"[120]. 此后不久, 氢光谱的四条 (也只有四条) 谱线得到证认, J. Plücker (1801~1868)[121] 和Ångström (1860)[122] 分别测量了它们的频率. 后者达到的精度在当时是令人印象很深的: 大约万分之一.

是什么使一个炽热物体发光的问题, 一定在很久很久以前就在人们心中产生了, 甚至远在 Newton 对发光机制的猜测之前, Newton 的这个猜测可以在他的《光学》所附的那组非常著名的有待解决的问题中找到, 这组问题他是留给后代去思考的. 问题 8 是: "一切固定的物体, 在加热超过某一程度之后, 不是都要发光吗? 这种光发射难道不是由它的各个部分的振动运动来进行的吗? "

后来, 在 19 世纪, 有了更具体的建议, 说这些 "部分" 实际上是原子和分子的部分. G. Stokes (1819~1903) 在 1892 年建议, "很可能 …… 光赖以产生的分子振动并不是分子相互之间的振动, 而是分子自身的组成部分相互之间的振动, 是由把分子的各部分捏合在一起的内力产生的"[123]. Maxwell 在其为 1875 年版的**大英百科全书**撰写的词条 "原子" 中有以下的话: "一个原子所必需满足的条件 …… 大小的持久性、做内部运动或振动的能力、以及足够数量的说明不同种类的原子之间的差异的可能特征"[124].

发现电子之后, 把光谱归之于这种粒子在原子内部的运动显得极有道理. 在 20 世纪初年可以找到对这一效应的好几种猜测. 但是, Thomson 以为 (1906), 线状谱可能 "不是由粒子 (即电子) 在原子内部的振动引起, 而是由粒子在原子外的力场中振动引起的"[125]. J. Stark (1874~1957) 则相信, 带状光谱来自中性物体的电子激发, 线状光谱来自电离物体[126]. 我讲述这些严肃的、有资格的物理学家的这些不正确的想法, 只是为了表明在 Bohr 1913 年的澄清之前, 有关光谱的局势是多么混乱.

Bohr 在晚年曾被问到在 1913 年前人们对光谱是怎么想的. 他回答说:

> 人们认为 (光谱) 是奇妙的, 但是不能在那里取得进展. 这就像是你有一只蝴蝶的翅膀, 那么它的颜色肯定是整齐、匀称的等等, 但是没有人会以为从一只蝴蝶的翅膀的颜色能够得出生物学的基础[127].

在 19 世纪 60 年代, 对谱线频率进行首批定量测量后不久, 一种新游戏出现了, 那就是光谱数字学 (spectral numerology), 它的野心没那么大, 并不试图发现光谱起源的机制, 而只是探索观测到的光谱线的频率之间的简单数学关系[128]. 有一本教科书出版于 1913 年[129], 正好与 Bohr 对氢原子光谱作解释同时, 这本书包含至少 12 个拟议的光谱线公式. 所有这些公式早就被人忘记了, 只有一个将永远存在: 那就是氢原子光谱的 Balmer 公式.

J. Balmer (1825~1898) 在获得数学的博士学位后, 成为巴塞耳的一所女子中学的教师, 后来也在那里的大学担任无俸讲师. 他 "既不是一个富有灵感的数学家, 也不是一个精巧的实验家, (而是) 一个建筑师 …… (对于他) 整个世界, 包括自然和艺术, 是一所宏大的、统一的、和谐的建筑, 他的人生目标, 便是从数字方面掌握这些和谐关系"[130]. 他一共发表了三篇物理论文. 前两篇在 60 岁时完成, 使他声名不朽; 第三篇写于他 72 岁时, 无足轻重.

Balmer 做的事有些不可思议. 他手头只有四个由Ångström 测出的频率, 却用一个预言出无穷多条谱线的数学式子来拟合它们 —— 而他的公式居然事实上是正确的! 用现在的记号, 这个公式是

$$\nu_{ab} = R\left(\frac{1}{b^2} - \frac{1}{a^2}\right)$$

其中的符号意义如下：和通常一样，ν 代表频率；每一对不同的 a, b 值表示一个不同的频率，指标 b 取值 1,2,3, $\cdots$，直到无穷，a 也取整数值，但永远大于 b，于是若 $b=2$，则相应有 $a=3,4,\cdots$；而 R 是一个常数. Balmer 发现，他可以对Ångström 的四条谱线拟合得非常好，如果取 $b=2$ 并相应地取 $a=3,4,5,6$，并且让 R (它本身的量纲是频率，即每秒的振荡次数) 取值 $R=3.29163\times10^{15}$/秒[131]. 经过一个世纪之后，现在我们知道 $R=3.28984186\times10^{15}$/秒[132]，这表明，Balmer 的 R 值正确到精度优于千分之一.

在做了这些之后，Balmer 告诉巴塞耳大学的物理学教授他的发现. 这位朋友告诉他，实际上从天文观察已经知道了另外 12 条谱线. Balmer 很快核实，这些谱线也可以用他的公式拟合，用的参数值是 $b=2$ 和 $a=7$ 到 18. 在此基础上，他写了他的第二篇物理学论文[133]，文中他说："必须认为，这种符合一致是极度令人吃惊的".

随着更多的氢谱线的不断发现，Balmer 的公式经受了时间的检验. 他的结果很快就广为人知；1912 年版的**大英百科全书**引用了他的结果[134]. 但是，将近 30 年里没有人了解这个公式试图说明的是什么.

这时 Bohr 来了.

2.6.3　Niels Bohr 在 1913 年 3 月前；先驱者们

Bohr 在其博士学位论文的引言中就已认为，力学 (即经典物理学) 在原子内部不适用：

> (关于机械力) 的这个假定并不是不言自明的，因为我们必须假定在自然界中存在有完全不同于寻常的机械力的另一种力；这是因为，虽然一方面气体动理论通过假设单个分子之间的力是机械力而取得极大的成果，但另一方面，**如果我们假定作用在单个分子内部的力也是机械力，物体的许多性质就不能解释** (着重体是本文作者改的)$\cdots\cdots$ 这方面的几个例子，如热容的计算和高频下的辐射定律，是人们熟知的；后面在我们讨论磁性时还会遇到另一个例子①.

我还没有谈到 Einstein 1906 年对 "热容的计算"，这是第一次把量子同物质而不是同辐射挂上钩. 自从 1870 年代以来已经知道，在低温下某些物质 (如金刚石) 的热容小于基于 (经典) 理论所期望的值. Einstein 表明，这个效应是 Planck 的作用量子的一个新的宣示，从而开拓了一个新的分支学科：固体的量子理论. [**又见 3.2.1.1 节**]

再次回到 Bohr：在他的 Rutherford 备忘录中，Bohr 通过引进一个新的 "并不企图置于力学基础上 (**因为看来这是没有希望的**—— 着重体是本文作者改的) 的

① 见丹麦文本[135]. 我不明白，这样重要的一段为什么没有包括在英译文[136] 中.

假说”[116], 首次企图超越经典物理学. 不论是这个新假设 —— 它实质上是对原子内的一个电子的动能所加的一个量子条件, 还是这个备忘录的其他细节, 都不必在此讨论. 就像 Bohr 本人后来谈到这篇草稿时说的: “你瞧, 我很遗憾, 因为它的大部分内容错了”[127]. 对这一工作我只想指出, 那时 Bohr 考虑的最简单系统是氢分子 —— 氢原子尚未出场 —— 并且一句也没有提到光谱.

Niels Bohr

(丹麦人, 1885~1962)

Bohr 的全名是 Niels Henrik David Bohr, 他是一个有教养的丹麦贵族家庭的后裔. 1911 年, 在哥本哈根大学获得博士学位后, 他到英国做博士后研究, 先跟 J.J.Thomson, 后跟 Rutherford, Rutherford 由于他的个人风格和科学风格, 成了科学典范.

Bohr 以其氢原子理论 (1913) 成为量子动力学的创立者, 他是哥本哈根大学的首位理论物理学教授 (1916). 他发起建立哥本哈根大学的第一所物理研究所 (现名为 Niels Bohr 研究所), 于 1921 年成立. 在它的头二十年里, 它是世界上最重要的理论物理学中心, 在来自全世界的超过 400 名曾在这个研究所工作过的人中有 Heisenberg、Dirac、Pauli 等人. Bohr 于 1922 年获得诺贝尔物理学奖.

在发现量子力学 (1925) 后, Bohr 通过一种新逻辑建立了它的基础, 他称这种逻辑为互补性 (1927). 他的其他主要贡献是元素周期表的理论说明 (1920~1922)、复合核的理论 (1936) 以及认识到慢中子引发的铀的裂变是同位素铀 235 发生的 (1939). 他注意在他的研究所里发展实验物理学, 并且履行了多项有关科学的社会功能的义务.

Bohr 是他那个时代的最鼓舞人心的教师之一, 他于 1962 年去世. 可以用他评论 Rutherford 的话来评论他本人: “他是一位享有最高声誉的物理学家. 在他的一生中, 对一个科学人可以想象到的一切荣誉都降临到他身上, 可是他的一切行事方式仍然保持平易近人. 这一点, 连同他对他的学生的幸福的亲切关注, 使得不论他在何处工作, 在他周围总是创造了一种爱心的气氛”.

1913 年来了, Bohr 的心思仍然不在光谱上. 他在 1 月里写信给 Rutherford: “我完全没有考虑计算对应于可见光谱中谱线的频率的问题”[137]. 在 2 月 7 日他寄给 Hevesy 一张列有 “用来作为我的计算的基础的思想” 的清单[138], 光谱仍未在其中出现.

就在 2 月 7 日后不久, Bohr 听说了 Balmer 公式. 他在 3 月 7 日前完成了一篇文章, 包含了对它的解释. 这个事件标志着原子结构的量子理论的肇始.

Bohr 在许多场合告诉别人 (包括我), 直到他本人关于氢原子的工作之前不久, 他还不知道 Balmer 公式, 而当他一听到它, 他觉得一切东西就各得其所了. 告诉他有关 Balmer 公式的人是 H. M. Hansen (1886~1956), 比 Bohr 小一岁, 他曾在哥廷根做过光谱的实验研究. Bohr 在去世前一星期曾回忆道:

> 我想我曾和某人讨论过 …… 那人是 Hansen 教授 …… 我刚告诉过他我有些什么想法, 他就说: "那么怎样处理那个光谱公式呢?" 我说, 我会查查看, 等等. 事情经过大概就是这样. 我对这个光谱线公式一点也不知道. 然后我在 Stark 的书[139] 里查到了它 …… 别人知道这个公式, 而我是自己发现的. 然后我发现, 关于氢光谱的事情非常简单 …… 就在这一刻, 我感到我们将明白氢光谱是怎么来的了[140].

在回忆他下一步做了什么时, Bohr 有一次说道: "那时的气氛是, 试着对这些东西用 Planck 的想法"[127]. 我们来看看那时关于原子有些什么想法.

首先是维也纳的物理学家 A. Haas (1884~1941), 他在 1910 年讨论过一个氢原子模型, 它由一个电子在一个带正电的半径为 r 的球面上运动构成 —— 不是 Rutherford 模型. 他引入了一个量子假设, 从这个假设他能够得到 r 的正确表示式, 现在叫做 Bohr 半径 (见下). 他的工作中没有说到光谱[141]. Sommerfeld 在 1911 年 10 月的 Solvay 会议上评论 Haas 的工作说, 他觉得 "他把分子的存在看成是 (Planck 常数) 存在的结果" 是有道理的[142]. Bohr 后来说, 当他做他自己的关于氢原子的工作时他不知道 Haas 的结果. 但是, 他关于这个题目的论文[143] 的参考文献中却列有 Haas 的工作.

然后有剑桥的 J. Nicholson (1881~1955), 他在 1911 年把光谱线同电子在一个中心电荷的场内的平衡轨道附近的各种振动模式联系起来. 他主张, 一个单电子原子是不能存在的, 最简单和最轻的原子, 依序是 coronium (其原子重量是氢原子重量的一半)、氢和 nebulium, 分别具有 2、3、4 个电子; 氦则被认为是一个复合物[144]. 这是一个稀奇古怪的集合. 氦是个元素, coronium 和 nebulium 则不是, 并且没有比氢更轻的元素. 要对那时对原子的理解知道得更多, 最重要的是注意他关于氢应当有 3 个而不是 1 个电子, 事实上不可能有单电子原子这个说法. 因此, 对氢的理解仍然很糟糕.

上面所说的 Nicholson 对原子的看法只是过时的古董, 但是在随后一篇文章里他对角动量做了一个非常重要的评注, 从此开始角动量便以 L 表示[145]. L 之定义 (不够普遍) 如下. 考虑一个粒子, 质量为 m, 沿着一个半径为 r 的圆周运动, 速率为 v. 那么, 相对于圆心的 L 等于乘积 mvr. 但是, Nicholson 注意到这个乘积刚好等于粒子的能量与其频率之比. 而 Planck 在另一情况下曾提出, 这个比率应当等于

h. “因此若 Planck 的常数 h 具有 …… 原子尺度上的意义, 它就可能意味着, 当电子离去或复归时, 粒子的角动量只能以离散量增大或减小”[145]. 用现在的话说, Nicholson 对角动量进行了量子化. 他接着计算了氢的 L, 得出它是 $h/2\pi$ 的整倍数 (对的!) 并等于 18(荒谬!). Bohr 对 Nicholson 的工作评价并不高[127], 但在他关于氢原子的论文[143] 中的确引用了他的工作.

最后有 Niels Bjerrum 讨论分子而不是原子的工作. Bjerrum 曾是 Bohr 在哥本哈根大学的化学老师; 后来他们成了好朋友. Bjerrum 于 1912 年发表了一篇论文[146], 文章的一节的题目是**量子假说对分子光谱的应用**. 分子光谱的产生不仅是电子运动而且是原子核运动的结果. 例如, 在一个金刚石分子中, 两个原子核沿着连接它们的轴振动产生出 “振动光谱”. 此外, 这根轴可以在空间旋转, 产生出 “转动光谱”. Nernst 在 1911 年曾指出[147], 分子的并合的转动和振动能量必定是不连续变化的, 这是量子理论的必然结果. Bjerrum 第一个给出离散的转动光谱谱线频率的显式表示式. 这个贡献与 Bohr 此后做的工作并无直接联系, 但它将作为光谱学中第一个正确的量子论公式而被后人记住.

2.6.4 Niels Bohr 的氢原子

1913 年 3 月 6 日, Bohr 寄给 Rutherford 一封信[148], 他在信中装进了 “关于原子组成的第一章”, 要 Rutherford 把这篇稿子转给《哲学杂志》(*Philosophical Magazine*) 发表. 在此之前 Bohr 以他的名字共发表了三篇论文, 这些文章为他在一小群物理学家中赢得了尊敬. 他的新论文[143] 将把他变成科学界的一位世界级人物, 最后甚至更有所超越.

两个因素决定性地影响了 Bohr 的下一步进展. 首先是他的洞见卓识: 要从经典物理学来了解原子 “看来是没有希望的”[116], 然而经典物理学却是他 (不论当时还是以后) 最尊敬的一个科学领域 (这当然有充分的理由). 其次是他新近对 Balmer 公式的了解. 我们已经看到, 他相信答案只能来自量子理论 (图 2.4).

就我所知, 既没有信件也没有事后的访问记对 Bohr 怎样度过那紧张的几周有详细的记载. 也许他后来已无法重建出一份他在这段时期内每天想法的流水账了. 我想, 他应当是在不停地来回试验在经典动力学之外的一个个新假设, 把它们同 Balmer 公式提供的指导相匹配. 人们在印出的论文[116] 中找到了这种犹豫不决的一点残余, 这篇文章包含了 Balmer 公式的三种而不是一种推导方法. 第一种方法[149] 是基于一个假设, 关于这个假设, Bohr 在五页之后写道: “人们可能会认为这个假设 …… 不大可能”, 然后它被换成另一个假设[150]. 后来在 1913 年, Bohr 再次用不同的方法处理 Balmer 公式[151]. 每一种后来的版本, 都是对其前一种的明显的改进. 下面我将限于对一些主要之点的综述.

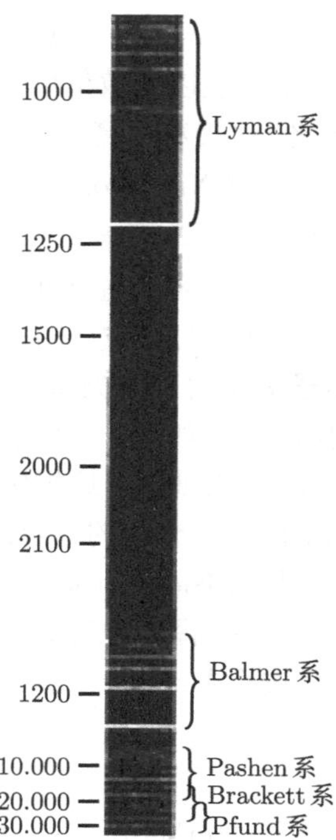

图 2.4　氢原子的线状光谱, 波长单位为埃 (Å), 1Å = 10^{-8}cm. Bohr 的原子理论相当精确地给出了谱线的位置, 但不能预言谱线的强度

三种处理方法全都有一个共同的假设, 那就是在一个氢原子内, 一个电子只能在一组离散轨道 (总共有无穷多条) 中的这一条或另一条轨道上运动, 这违反了经典物理学的原则, 经典物理学允许有连续的可能轨道. Bohr 把他的轨道叫做 "定态". 它们各自的能量按升序排列用 E_a 表示, 其中 $a = 1, 2, 3, \cdots$. 我们将称 $a = 1$ 为 "基态". 它是最低的轨道, 最靠近原子核, 具有最低的能量 E_1.

这里, 我相信, Bohr 第一次提到了**辐射不稳定性**. 作为辐射导致的能量损失的结果, "电子将不再绘出稳定的轨道". 特别是, 根据经典定律, 一个处于基态的电子不会停在基态上, 而将按螺旋轨道掉进原子核.

Bohr 依靠引进一个物理学中从未有过的最大胆的假设, 阻止了这一灾难的发生. 他简单地宣称, 基态是稳定的, 从而违背了到那时为止的一切有关辐射的知识!

关于基态就说到这里. 更高的定态又怎样呢? 它们是不稳定的, 电子将从一个较高的态掉到某个较低的态. 考虑两个态, 其能量 E_a 大于 E_b(因此 a 大于 b). 然后 Bohr 假设, 跃迁 $a \to b$ 会伴随着发射一个光量子, 其频率 ν_{ab} 由下式给出:

$$E_a - E_b = h\nu_{ab}$$

(在第一个 (已作废的) 版本中曾假设可以发射多于一个光量子). 因此光谱的离散性质是原子态的离散性的结果. 这些态之间的跃迁是原子发射 (或吸收) 辐射的**唯一**方法.

下一步 Bohr 回到他在 Rutherford 备忘录[116] 中说过的 "新假说", 但以改进后的形式出现. 令 W_a 为电子在轨道 a 的动能, ν_a 是电子的频率 (请记住 ν_a 和 ν_{ab} 的区别: 前者是电子在轨道上的 "力学运动频率", 后者是一次跃迁中发射的光的 "光学频率"). Bohr 现在明确提出

$$W_a = \frac{1}{2} a h \nu_a$$

(若 $a = 1$, 那么 $W_1 = \frac{1}{2} h\nu_1$, 这是 Haas 曾用过的.) 这个等式将一个整数 a 和每个态联系起来. 这是**量子数**的第一个例子, 现在叫做主量子数.

上面有了两个等式, 还有第三个等式表示电子被保持在轨道上的条件 (将电子拉离原子核的离心力与把电子拉向原子核的静电引力的平衡), 从这三个等式出发推导出 Balmer 公式是轻而易举的事, 在许多初等教材中都已给出①. 我们有

$$E_a = \frac{hR}{a^2}$$

由此立即就得到 Balmer 公式.

到这一步就大功告成了. Bohr 现在居然能够预言 R 的值! 我们用 m 和 $-e$ 表示电子的质量和电荷, Ze 表示原子核的电荷 (对于氢当然 $Z = 1$). Bohr 求得

$$R_Z = \frac{2\pi^2 m Z^2 e^4}{h^3}$$

这里的 R_1 就是我们以前的 R. 应用 m, e 和 h 的熟知的实验值并令 $Z = 1$, Bohr 得到 $R = 3.1 \times 10^{15} \mathrm{s}^{-1}$, 与由光谱测量得到的 R 的最佳值的差别 "在实验误差引起的不确定度之内".

R_z 的这个表示式是 Bohr 一生中推导的最重要的等式. 它代表对逻辑的胜利. 别在意离散的轨道和稳定的基态违反了此前被视为基础的物理学定律. 大自然告诉 Bohr 无论如何他是对的, 这当然不是说现在应该放弃逻辑, 而是在召唤新的逻辑. 这种新逻辑 —— 量子力学, 将在本书的别的地方露面.

Bohr 还能够导出第 a 条轨道的半径 r_a 的表示式:

$$r_a = \frac{a^2 h^2}{4\pi^2 Z m e^2}$$

这导致稳定的氢的 "Bohr 半径" $r_1 = 0.55 \times 10^{-8} \mathrm{cm}$, 与当时已知的原子大小符合. Bohr 进一步注意到, 更高的态的更大的半径解释了为什么在星光中比在实验室中

① 这些教科书中的推导常常在技术细节上不够精确. 我推荐 Bohr 本人的 "第三种推导"[151] 是最好的.

看到的光谱线多得多. “对于 $a = 33$, (半径) 等于 0.6×10^{-5}cm, 这相当于在大约 0.2mm 汞柱的气压下分子的平均距离 …… 因此出现大量谱线的必要条件是气体的密度非常低”, 这在恒星的大气中比在地球表面更容易实现.

Bohr 关于 Balmer 公式的工作的顶点是 Pickering 线系的故事. 1896 年, 哈佛大学的 E.C. Pickering (1846~1919) 在星光中发现一个谱线系, 他把这个谱线系归之于氢, 虽然它并不与 Balmer 公式相符合. 1912 年, 伦敦的 A. Fowler 在实验室里也发现了这些谱线. Bohr 指出: “我们可以自然地说明这些谱线, 如果我们把它们归之于氦”[143], 一次电离的氦, 它是一个 $Z = 2$ 的单电子系统. 根据 R_z 的公式, 它将给出一个 Balmer 公式, 其中的 R 换成 $R_2 = 4R$. Fowler 反对说, 为了和数据拟合, 4 应当换成 4.0016, 这个差别已大大超过实验误差[152]. Bohr 在 1913 年 10 月对此回答说, 他的论文中的表述是基于一个近似, 相对于电子把原子核的重量当作是无穷大; 初等计算表明, 如果使用氢核和氦核的真正质量, 那么 4 要换成 4.00163, “和实验值完全符合”[153]. 在那时以前, 还没有人曾在光谱学领域内做出过这样的事, 理论与实验一致到五位有效数字. (能够得到这样的高精度是因为氢/氦的比值 R_1/R_2 与 e 和 h 之值无关.)

Bohr 关于氢的论文发表于 1913 年 7 月. 两篇后续文章继之而来, 一篇 (9 月)[154] 讨论比氢重的原子的结构和周期表, 另一篇 (11 月)[155] 讨论分子的结构. 关于这些原子和分子的光谱的实验数据繁杂, 在当时和现在都无法像氢光谱那样简约地表示出来. 但是, 瑞士物理学家 Walter Ritz (1878~1909) 发现了一个有着最普遍形式的有用的定律[156]. 这个定律说一个光谱的谱线可以分成几个线系, 谱线的频率由两个函数之差表示, 每个函数依赖于一个取依序改变值的整数. Bohr 指出, 这正表示各种光谱的起源类似于氢光谱. “光谱线对应于系统在两个定态之间过渡时发射的辐射”[143], 直到今天这个观念依然是全部光谱学的基础.

仿效着 J.J.Thomson 用经典物理学语言表述的一个想法, Bohr 也准确地判断出 X 射线谱的起源: 一个内层轨道上的电子被轰出原子后, 一个外层轨道上的电子量子跃迁到空出的缝隙里, 在此过程中发射一个高能量的光量子[154].

至于其余部分, Bohr 明智地扔下光谱, 在第二和第三部分 (参考文献 [154], [155]) 集中注意力于原子和分子的基态. 电子被安排到一个或多个共轴和共面的环形轨道上. 这里 Bohr 发表了另一个有远见的看法, 他坚持最外面的环是元素的大部分化学性质所在的地方. 这个看法是通向量子化学的最初一步. 在这一点上, Bohr 可以利用 1913 年做出的另一重要发现. H. Moseley (1887~1915) 由实验得出结论: 一个原子中电子的数目定了它在周期表中的位置[157](图 2.5), 他在发表前将这个结果通知了 Bohr. 这样, 显然 Bohr 的三部曲的第二和第三部分包含着智慧的金矿 —— 即使这一工作的许多内容后来发现是建立在不正确的猜想上的. [**又见 3.2.2.2 节**]

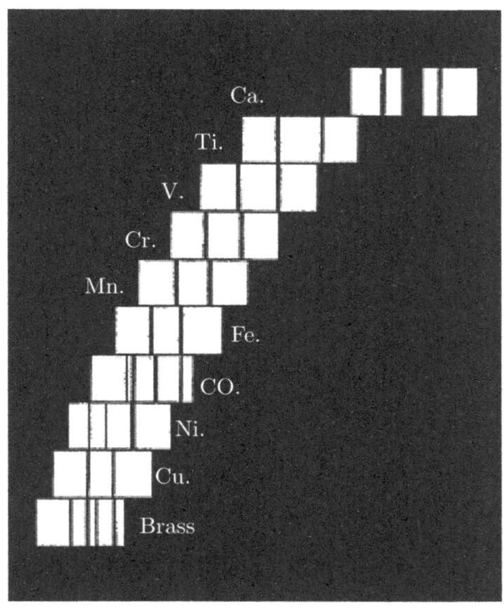

图 2.5 Moseley 画的数据图

对 Bohr 1913 年的贡献要说的最后一点. 在他对他的氢原子理论的第三个表述[151] 中, 他争辩说, 当主量子数 n 的值很大时, 氢的能级是如此密集, 以致它们几乎形成 "一个连续体", 因此对于两个都具有很大的 n 的很靠近的态之间的跃迁, 对辐射发射的**经典的**连续描述应当非常近似地成立. Bohr 后来把经典描述和量子描述之间的这种联系叫做**对应原理**. Bohr 最早的亲密合作者 H. Kramers (1894~1952) 在后来某个时候关于这个原理写道: "很难解释这个原理由什么构成, 因为它不能表示成精确的定量定律, 而因此也难以应用. (但是) 在 Bohr 手中, 它曾在许多极不相同的领域中极其富有成果"[158].

2.6.5 Niels Bohr 思想的冲击

对 Bohr 的新思想的第一个反应, 甚至在他的三部曲的第一篇文章印好以前, 就已经到达他手中了. Rutherford 读了这篇文章的手稿后写道: "我觉得你的假说中有一个重大的困难, 我不怀疑你也充分认识到了, 那就是一个电子, 当它从一个定态转到另一个定态时, 它怎么决定它将要以什么频率振动呢? 在我看来, 你似乎不得不假定, 电子预先知道它将会停在哪儿"[159]. 这里他以典型的 Rutherford 风格, 通过提出原因和结果的问题, 即因果性问题, 径直走进了问题的核心: Bohr 的理论不只是没有回答为什么会有离散态的问题, 也没有回答为什么一个处于较高能态的电子, 会挑选一个特定的较低能态跃迁过去的问题. 这些问题一直留着没有解决, 直到量子力学给出惊人的答案: 它们是没有意义的.

如所预料, 老一辈人并不赞同. 当 Rayleigh 勋爵 (那时已经七十多岁了) 被问到他对 Bohr 的理论有何意见时, 他回答说: “我看过它, 但是我认为它对我没什么用. 我并不是说发现不可以以这种方式作出, 我想很可能是可以的. 但是这不适合我”[160].

作为来自英国方面的最后一个条目, 我注意到 Moseley 的高度评价:

> 你的理论正在对物理学起着显著的作用, 我相信, 当我们真正知道原子是什么的时候 (我们在几年内一定会做到这一点), 你的理论哪怕在细节上有错误, 也值得诸多信任[161].

再看一些德国人的反应: Sommerfeld 在给 Bohr 的一封信中写道: “虽然我目前对各种原子模型仍有点怀疑, 但无论如何你对 (Balmer 公式中的) 常数的计算是一项伟大的成就”[162]. 图宾根的著名实验光谱学家 F. Paschen (1865~1947) 在听到氦的结果之后立刻就相信 Bohr 了[163].

R. Pohl (1884~1976) 回忆了在柏林的反应. “Bohr 的第一篇论文发表后不久, 在柏林的德国物理学会发生了一些不平常的事. 通常, 在物理学会的会议上交流的都是报告人自己的原始论文, 但是那一次, E. Warburg 教授 (1846~1931), 他是一位出色的物理学家和教师, 却宣布要报告 ‘一篇很重要的论文’, 那是 Bohr 的论文 ······ 他用他的那种枯燥但是清晰的方式解释着 ······ 这是一项真正的进展, 我相信, 几百名听众立刻就懂得了, Bohr 在这里做出了天才的一击, Planck 的 h 被证明是理解原子的关键”[164].

Einstein 的反应非常正面. 1913 年 9 月, Hevesy 在维也纳会见了 Einstein, 并且询问他的意见. Einstein 回答说, Bohr 的工作很有趣, 如果正确的话也很重要 —— 含糊的赞扬, 我在别的场合也听他说过这样的话. 但是, 接着, Hevesy 告诉他有关氦的结果, Einstein 对此说道: “这是一个重大成就. 那么 Bohr 的理论必定是对的”[165].

1913 年 12 月, Bohr 清晰地表示了他自己的保留. “当然, 你懂得, 我绝不是试图给出一个通常所谓的解释 ······ 我希望我已足够清楚地表示了我的意思, 使得你能够了解, 这些考虑与被正确叫做经典电动力学理论的那组条理分明的概念相抵触的程度”[151].

Bohr 的 1913 年三部曲出现在旧量子论时期的正好半当中. 在这个时期的前半时期, 只有不多几篇关于量子论的论文问世 —— 但那是些什么论文啊! 在那个时候, 很少人认识到, 物理学不再会和以前习以为常的那样了. 在那个年代, 理论家参加到追求建立量子物理学的奠基者行列中来是极少见的. 在实验方面, 我们应当注意不断前进的对光谱的研究, 和不断改进的对黑体辐射谱分布, 对低温下的热容量以及对光电效应的测量.

在 Bohr 的论文问世后一切都改变了. Bohr 在 1916 年写信给 Rutherford:"整个工作领域真的已从一个非常孤寂的状态突然变成一个拥挤得要命的领域, 其中几乎每个人似乎都在努力工作"[166]. 我想, 不难猜出这是什么原因. Bohr 在氢光谱和氦离子光谱方面的引人注目的成功为别的光谱也能得到理解保留了希望. 记住在此前的半个世纪里积存了大量的光谱数据有待解释. 此外, 大致与 Bohr 的文章同时, 新发现的光谱现象 (后面会讨论) 又提出了新的挑战. 结果, 我们第一次看到, 对量子物理学的研究开始传播开来, 不但是在欧洲, 也在美国[167]. 特别是, 我们亲眼见证了三个严肃地研究旧量子论的学派的出现, 按照出现的顺序是 Sommerfeld 指导下的慕尼黑学派、Bohr 指导下的哥本哈根学派和 Born 指导下的哥廷根学派. 这三个中心的每一个都有自己的风格. Werner Heisenberg (1901~1976) 在这三个地方都待过, 他后来说:"我从 Sommerfeld 那里学到了乐观主义, 在哥廷根学到了数学, 跟 Bohr 学到了物理学"[168].

2.7 先是喜报 —— 旧量子论的更多成就

2.7.1 Stark 效应

1913 年 11 月, Stark 宣布了一项重要的新发现[169]: 将原子氢置于静电场中, 其光谱线会发生分裂, 裂开的大小与电场强度成正比 (线性 Stark 效应①).

我们在这里第一次遇到上述的对量子论的日益扩大的兴趣. 在这一年过去之前, Warburg 把 Bohr 理论应用到这种新效应[170]. 1916 年, 慕尼黑的 P. Epstein (1883~1966) 和哥廷根的 K. Schwarzchild (1873~1916) 证明[171], 氢中的这种效应是旧量子论中的一个精确可解的问题. Epstein 用以下这段话结束他的论文:"量子论的功效似乎接近神奇, 它还绝对没有耗尽". 他们推得的公式与实验符合得极好, 它们是旧量子论最大的定量成功之一, 仅次于 Balmer 公式.

2.7.2 Franck-Hertz 实验

1914 年, J. Franck (1881~1964) 和 G. Hertz (1878~1975) 发表了一篇文章[172]. 讨论电子与汞蒸气之间的碰撞, 汞蒸气是一种特别简单的物质, 它的分子仅由一个原子构成. 他们的发现如下. 如果电子的动能小于 4.9eV, 碰撞便是弹性的, 即电子能够改变方向, 但速度大小不变. 当能量达到 4.9eV 时, 许多碰撞变成完全非弹性的, 电子把它的全部动能交给原子. 能量稍微超过 4.9eV 时, 许多电子仍然将 4.9eV 交给原子, 然后以减去这个值的能量继续向前.

这正是 Bohr 预言过的那种行为. 他曾指出, "一个高速电子在穿越一个原子并同束缚电子发生碰撞时将会以明确的限定的量子失去能量"[143]. 这正是我们在

① 氢是显现出线性 Stark 效应的唯一原子.

Frank-Hertz 实验中看到的. 能量 4.9eV 对应于汞原子内最松散的束缚电子的能量 (E_1) 与该电子通过碰撞将其能量抬升到第一个可达到的分立的激发态的能量 (E_2) 之差. 当撞击电子的动能小于 $E_2 - E_1$ 时, 这时束缚电子不能被激发 (弹性碰撞), 当它略为超过 $E_2 - E_1$ 时, 这时一切束缚电子能做的便是逮住一份能量 $E_2 - E_1$.

根据 Bohr 的理论, 被激发的电子最终应当掉回到原来的轨道上, 同时发射一个光量子, 其频率由 Bohr 关系式确定:

$$h\nu = E_2 - E_1$$

而 Frank 和 Hertz 的工作之美, 不仅在于他们测量了入射电子的能量损失 $E_2 - E_1$, 而且当这个电子的能量超过 4.9 eV 时, 汞原子开始发射紫外光, 这个紫外光有确定的频率, 正好等于上面公式中定出的 ν. 这样, 他们就给出了 (起初是无意的) Bohr 关系式的第一个直接的实验证明.

2.7.3　Sommerfeld 引进两个新的量子数, 氢光谱的精细结构

1887 年, A. Michelson (1852～1931) 和 E. Morley (1838～1923) 首先观察到, Balmer 线系中的一条谱线实际上是 "双线"[173]. 1916 年, Sommerfeld 给出了这种 "精细结构" 的定量说明[174]. 把他的推理分成两个阶段叙述起来最容易.

1. 忽略相对论效应的氢原子

Bohr 当然知道, 原子中的电子轨道一般为椭圆形, 但他只对圆形轨道子集讨论了这个问题. 是 Sommerfeld 首先提出并回答了椭圆轨道怎么办的问题. 对于圆形轨道, 唯一的空间变量 (或如我们所说的, 唯一的自由度) 是它的半径. Bohr 把经典的连续的可能半径限制为一组离散值, 对原子的大小进行了量子化. 在椭圆的情况下, 原子不只有大小, 还有 (不严格地说) 形状, 比方说由短轴 (长度 $2b$) 与长轴 (长度 $2a$) 之比表示 (两个自由度). Sommerfeld 证明, 在大小和形状两方面经典所许可的连续性, 被限制为一组离散的椭圆形 (包括圆形) 轨道, 它们由两个量子数 n 和 k 表征:

$$b/a = k/n$$

这里 n 是 Bohr 的主量子数. 量 k 习惯于叫做辅量子数或角量子数, 它是一个**新的**量子数, 也只取整数值. 由于 b 最大等于 a, 因此 k 限于值① $1, 2, \cdots, n$. 圆轨道对应于 $k = n$. 注意: $k = l + 1$, 其中 l 是我们由量子力学熟知的角动量量子数.

将椭圆轨道包括进来 —— 逻辑上没有理由排斥它们 —— 表明, Bohr 的圆轨道只不过是一切允许的量子轨道中的一个小子集. 那么 Bohr 在氢原子上的成功还

① 原书 $k = 0$ 错. —— 译者注

会留下什么呢? 答案使人吃惊: 全都留下来了. Sommerfeld 证明, 对应于 n 固定但是 k 变化的全部 n 个态是"简并的", 即它们有同样的能量. 由此可知 Bohr 是幸运的, 他当然完全不知道这种简并, 但是他限制 $k=n$, 却给出了氢能级的一切代表性的能量值. 而且, 仍然是对于固定的 n 和一切变动的 k, 对应的全部椭圆的半长轴是相同的, 等于圆轨道 $k=n$ 的半径. 因此 Bohr 关于轨道大小的结果也实质上保持不变.

2. 包括相对论效应的氢原子

Bohr 已经知道[175], 相对论效应将导致轨道发生进动. Sommerfeld 正确地认同 Bohr 的这个观点, 并走得更远, 注意到这种进动消除了 n 固定而 k 变动的轨道的兼并. 他断言, 这一性质解释了精细结构. 他接着明显地推出了修正的氢能级公式. 最大的贡献只依赖于 n, 就是 Bohr 原来求得的项. 另有一项小得多, 既依赖于 n 又依赖于 k, 说明了精细结构. 这里不给出 Sommerfeld 的公式, 读者可在任何一本好教科书中找到它.

Sommerfeld 的结果与实验的符合总的说来非常好, 这被看作是既是量子论又是相对论的胜利. 从 1916 年起, 原子物理学中的量子化规则就被叫做 Bohr-Sommerfeld 规则, 这种叫法是适当的. 但是必须把 Sommerfeld 的答案看成只是一次侥幸. 它曾被被说成是"也许是物理学史上最引人注目的一次数值的巧合"[176]. 关于精细结构的更多的故事, 读者可参见本书中别处对 Dirac 方程的讨论.

在结束对 Sommerfeld 1916 年的贡献的简单介绍时, 我要讲一下他引进的第三个量子数, 但这个量子数同精细结构毫无关系. 在对轨道的"形状"进行量子化之后, 他又首先提出一个问题: "还有轨道的位置是否也可以量子化的问题. 为此目的必须确定, 在空间应当至少存在一个优选的参考方向". 这就是说, 由比如轨道平面的法线方向给出的轨道位置, 只有相对于某一别的固定方向如一个外电场或外磁场的方向才能明确确定. 对于 Sommerfeld 后来在 1916 年讨论的这些例子, 量子论只允许一组离散的相对方向, 由一个通常叫做 m 的新量子数编号.

于是氢原子中的电子轨道便由三个量子数 n、k 和 m 表征. 在有外场出现时, n 和 k 固定但 m 变动的态就分裂开来. 最终弄清楚了, m 取值的范围为 $2l+1$ 个值 $-l,-l+1,\cdots,+l$.

2.7.4 Ehrenfest 的浸渐原理

P. Ehrenfest 是在他的出生地维也纳学习物理的, 他在那里和 Boltzmann 的交往 (他的博士学位是在 Boltzmann 指导下获得的), 对他选择统计物理学为自己的主要献身方向起了决定性的作用. 前已指出, 物理学的这一分支曾被 Planck 和 Einstein 用作他们量子论的最早工作的主要工具. Ehrenfest 细心地研究过他们的论文. 结果, 他成了也许是这些奠基者之后第一个在量子问题上发表文章的人, 从 1905 年就开始了[177]. 这些早年的文章已经显示出 Einstein 后来所说的, "他的异常发达的掌握一个理论概念的实质, 剥掉一个理论的数学外衣直到其简单的基本思想明晰地显露出来的才能. 这种能力使他 …… 成为我们这一行中我所知道的最好的教师"[178]. 他被除自己以外的所有了解他的工作的人所尊敬.

我们在这里感兴趣的 Ehrenfest 的贡献, 即他的 "浸渐原理", 不是被 Bohr 的工作引发的, 而是由他对 Planck 和 Einstein 的工作的批判性分析而产生的, 尽管如此, 其实他的这条原理的主要应用是原子物理学中的问题. 他在 1911~1916 年以越来越系统的详细程度发表了这一工作[179], 大部分是他在莱顿大学时写的, 他从 1912 年较晚时期开始被任命为 Lorentz 的继任人任职于莱顿大学.

浸渐原理的要点如下. 如果你给我一个具体系统的量子规则, 那么我就可以告诉你整整一个类别的系统的量子规则. 其证明是基于以下的假设: 只要系统是处于稳态中, 那么 Newton 力学就继续适用, 而量子论的引入只是用来说明从一个稳态到另一个稳态的跃迁. 这显然为旧量子论带来了大为改进的前后一贯性: 我们仍然不知道一个系统为什么会量子化, 但是现在我们至少能够将极不相同的系统的量子化联系起来.

2.7.5　Einstein 将概率引入量子物理学

Einstein 在 1916 年找到了一个新的、改进了的理解 Planck 的黑体辐射定律的方法, 而且这个方法还将这个定律同 Bohr 的量子跃迁的概念联系起来. 这一工作包含在三篇相互有交叠的论文中[180]. 它讨论一个由 "我们称之为分子" 的粒子气体和谱密度为 ρ 的电磁辐射组成的处于热平衡的系统. 令 E_m 和 $E_n(E_n < E_m)$ 表示分子的两个能级的能量. Einstein 引入如下的新假说. 分子在单位时间内吸收辐射发生 $n \to m$ 跃迁的概率与 ρ 成正比; 发射 $m \to n$ 的概率由两项之和组成, 一项正比于 ρ, 另一项对应于自发辐射, 与 ρ 无关. 把这个假说与关于 ρ 在很高和很低的频率下的行为的一些实验事实结合起来, 他发现, 他能够导出 Planck 定律的必要充分条件是, 跃迁 $m \leftrightarrows n$ 伴随有一个单个的单色能量量子, 其频率 ν 由 $h\nu = E_m - E_n$ 给出 —— 正是 Bohr 的量子假说!

这一工作的主要新颖之处和持久的特色在于将概率引入了量子动力学. 我要讲一讲 Einstein 在这方面进一步提出的两点.

Einstein 指出, 他的自发辐射机制和 Rutherford 在 1900 年对放射性物质自发衰变的描述一般而言是完全等同的. "它支持这样的理论: (自发) 辐射背后的统计定律不是别的, 正是 Rutherford 的放射性衰变定律". 从 1900 年起, 放射性过程的自发本性就成了困惑的来源. 虽然 Einstein 也不能解释这个现象, 但是他首先注意到, 这个现象只能在量子理论的背景下得到理解.

Einstein 绝不满足于他已做的一切. 他强调, 他的理论的本性是统计的 (它只和概率打交道), 它不能预言自发辐射后光量子的运动方向. 因此他的工作不满足经典物理学的因果性要求：唯一的原因导致唯一的结果. 这使他感到很大的烦扰. 1920 年他写信给 Born：“关于因果性的这档子事给我带来很大的麻烦 …… 光的量子吸收和发射终究能够在完全的因果性意义上得到理解吗？还是将会留下一个统计的尾巴？我必须承认, 在这一点上我缺乏决断的勇气. 但是, 我将非常不高兴放弃完全的因果性”[181].

量子力学却要求作这样的放弃. Einstein 永远不会与此握手言和.

2.7.6 选择定则和偏振规则

在 1918~1922 年, Bohr 发表了一篇很长的专题报告 “论线状光谱的量子理论”[182], 这篇文章包含了对应原理的新应用, 它们来自 1913 年后视野的重大变化. 在此前更早的时候, Bohr 主要关心的是理解氢光谱的离散性, 更具体地说, 是其光谱线的特定频率值. 但同时, 新发展迫使他重新考虑他的基本假设, 按照这个假设, 一个处于能量为 E_1 的态 (任何态！) 的电子可以跃迁到较低能量 E_2 的态, 伴随着发射一个频率为 $\nu(h\nu = E_1 - E_2)$ 的光子. 1913 年, 他还没有考虑使 E_1 和 E_2 分裂为几个能级的精细结构. E_1 分裂而得的任何一个能级能够跃迁到 E_2 分裂而得的任何一个能级吗？E_1 (或 E_2) 分裂出的任何一个能级能够跃迁到一个比它低的由 E_1 (或 E_2) 分裂出的能级吗？Stark 效应也导致谱线分裂; 因此那里也有同样的问题. 在 1916 年已经知道, 并不是一切可能的跃迁都会发生. 实际看到的数目要少得多. 于是开始推测：有些跃迁究竟是禁戒的, 还是也允许, 只是强度太低, 以致探测不到？

Bohr 的专题报告集中在现在的首要问题谱线强度上. 他解决问题的策略是使用前面 (2.6.4 节) 概述的对应原理, 但现在推广到出现多于一个量子数的情形. 用这种方法往下做, 他得出一组规则, 不过这组规则只在对应原理适用的低频 (高激发态) 区域成立. 下一步 Bohr 作了一个大胆的并且后来发现是正确的外推, 认为这组规则在一切频率下成立. 他得到的结果如下.

(1) 对 Sommerfeld 的量子数 k(或对 l, 这是一回事) 的选择定则：对于允许的 (电偶极型的) 跃迁, k 值的改变 Δk 之值对于单电子系统 (氢, 电离的氦) 限于 ±1, 对于更复杂的系统限于 0 和 ±1. 这个结果也由 Sommerfeld 的学生 A. Rubinowicz (1884~1974) 独立得出[183].

(2) Bohr 正确地猜出允许的 m 值的范围. 将他的推理用到某个固定方向上的发射, 他得到一条进一步的选择定则：$\Delta m = 0,\pm1$.

(3) 他还发现 $\Delta m = 0(\pm1)$ 对应于光在平行 (垂直) 于外场方向上的偏振.

2.7.7 元素周期表

这是 Bohr 从 Rutherford 备忘录 (2.6.3 节) 的时候起就钟爱的一个题目. 他在 1920~1922 那几年回到这个问题, 采取如下所述的态度: "人们可以较少地从数学演绎方法而更多地从物理归纳方法寄予希望的问题之一, 是元素的原子和分子的结构问题"[184].

从 Bohr 在他的 1913 年三部曲中讨论复杂原子以来, 许多事情已经改变了. 特别是, 他的薄煎饼图像, 多个电子在一组共圆心的平面轨道上运动, 遇到了许多麻烦. 大约从 1920 年开始, 他的想法从二维的电子环圈演变为三维的电子壳层①.

同时, 在 1916 年, 基于物理化学的推理, W. Kossel (1888~1956) 建立了 Bohr 的理论和元素周期表的首个成功的联系[186]. 他的出发点是惰性气体的原子的惊人的稳定性, 这种稳定性通过这些原子比较难以离解和不能与别的原子形成化合物而显示出来. 他解释说, 这些性质意味着这些原子中的电子组态由 "封闭壳层" 组成, 所谓封闭壳层, 就是它们强烈地抗拒交出 (或增加) 一个电子变成正 (负) 离子. 这些封闭壳层发生在 $Z = 2, 10, 18, 36, 54, 86$ 时 (氦, 氖, 氩, 氪, 氙, 氡; Kossel 只考虑了 Z 到 25 的元素).

下面考虑 Z 比这个序列的数目少 1 的元素: 1(氢), 9,17,35, $\cdots$ (氟, 氯, 溴, $\cdots$, 卤族元素), 已知它们容易通过获得一个电子变成负离子. 据 Kossel 说, 之所以这样, 是因为这些离子再一次取得了惰性气体的组态. 由于同样的理由, $Z = 3, 11, 19, \cdots$ 的碱金属元素 (锂, 钠, 钾, $\cdots$) 容易变成正离子. 诸如此类的论据使 Kossel 提出, 电子占据 "同心环或壳层, 在每个环或壳层上应当只安排一定数目的电子", 这些数目从内到外是 2,8,8, 18,$\cdots$ (参看惰性气体的 Z 值). 这种性态的更多的证据可从其他实验数据得到, 其中包括关于光谱的数据[187].

但是, 这幅描述性图像的这些良好的开端不能简单地推广到一切元素.

在 20 世纪 20 年代前, 元素周期表中就已经有一些区域, 它们完全不适合 Dimitri Mendeleev (1834~1907) 原来在 1869 年提出的简单预言, 顺便说一句, 1869 年时还不知道任何一种惰性气体. 最显著的偏离是一组稀罕的元素, 它们的化学性质和光谱性质彼此非常相似, 即稀土金属或镧族元素, 镧的英文名 lanthanum 来自一个希腊文动词, 意为 "隐藏". 由于在 1869 年只知道它们之中的两个铈和铒, 它们当时没有立即引起任何特别的注意. 到 20 世纪初, 它们的数目增加到 13; 第 14 个即最后一个发现的 $Z = 61$ 的钷 (原书此处 $Z = 59$ 错. $Z = 59$ 是镨, 钷的 $Z = 61$, 是最后发现的 —— 译者注) 是 1947 年才发现的. 这组元素的 Z 值范围从 58 到 71.

把这些元素安置到 Mendeleev 的体制中的努力只是带来麻烦, 这使一些人以为周期表的整个思想可能是错误的, 而另一些人则认为这些元素应当单独放在相对于

① 也是从这个时候开始, 用一个或多个立方体建立了一些图形化的、不值得记住的模型[185].

周期表的第三维上. 无论如何, 已经很清楚, 稀土元素作为一组元素必须在整个体制中占一个特殊位置[188].

于是, 当 Bohr 在 1920 年把他的全力转到周期表时, 他的口袋里既有很有指望的结果, 也有许多混乱. 1921 年, 他在《自然》上发表了两篇关于这个题目的短文[189]. 最详尽的陈述可在他 1922 年 6 月的哥廷根讲演中找到, 这份讲稿直到他去世后才出版[190]. 总之, 他关于原子基态的新图像如下:

> 电子存在于能够提供的最低的诸量子能级中. 给定轨道上的一个电子进一步用一个 k 值标记, 并给它一个总体记号① n_k, k 的取值范围是 $k=1,2,\cdots,n$. 一种原子由一组具体的占有数完全描写, 这组占有数告诉我们在各个 n_k 轨道 1_1,2_1, 2_2, 3_1, 3_2, $3_3,\cdots$ 上各有多少个电子, 这组数就叫做一个组态. 按照 Bohr 的意见, 只要定出每种元素的组态, 事情就基本上得到解决了.

正在哥本哈根的最亲密的目击证人 Kramers 后来回忆说: "有趣的是, 记得许多外国物理学家都相信 ······ (这个理论) 在很大程度上是以未发表的计算为基础的 ······ 但是真相却是, Bohr 以其天才的想象力, 创立了并深化了光谱结果与化学结果之间的综合"[191].

Bohr 在工作中的一个重要工具是他的堆积原理 (building-up principle), 根据这个原理, 我们可以想象一个原子是在原子核周围的力场中相继俘获和结合一个又一个电子而生成的. Bohr 用这个论据, 想象中性原子是由多重电离态一步一步生成的, 积累了大量关于中性原子的有价值的见解. 到 1923 年, Bohr 终于十分明确地做出关键的假设: 已经有的电子的量子数不受新加进来一个电子的干扰, 并把它叫做 "量子数的不变性和持久性假设"[192]. 在后来的经过改进的原子结构理论中, 堆积原理仍然是一个继续使用的良好的 (虽然是近似的) 工具.

Bohr 在其哥廷根讲演中, 带着他的听众在周期表中作了一次漫游, 在途中几次提醒他的听众, 他的推理是何等地初步. 这里我想选一个问题讲一讲: 他对稀土元素的成功处理.

我们先看一下堆积原理的几个特点. 到 $Z=18$ 的氩为止, 电子是有序地按顺序填充态序列 1_1, 2_1, 2_2, 3_1, 3_2, 反映了在这一区域内 n 越小, 以及在给定的 n 下 k 越小, 则电子结合得越紧. 在此之后, "不规则性" 开始出现, 因为 n 和 k 就最低能量的竞争转换了角色. 于是对 3_3 的填充推迟了几步; 在 $Z=19$ 和 20 里先填充 4_1 电子. 随着我们到达镧 ($Z=57$), 最外层电子是三个: 两个 6_1 和一个 5_3. 在这个阶段 4_4 轨道仍是空的. 然后, Bohr 说, 随着我们挪过稀土区域, 从 $Z=58$ 到 71, 这些 4_4 电子便一个一个加进去, 但是 4_4 轨道总是比老在出现的两个 6_1 和一个 5_3

① 对感困惑的专家的提醒: $k=1,2,3,\cdots$ 对应于 $s,p,d,\cdots$ 态.

轨道小. 于是这些稀土类的特点就在于其生成发生的方向是**向内而不是向外**, 所有这些元素都有同样的三个外层 (价) 电子. 根据 Bohr 的意见, 这就解释了稀土族元素的巨大的化学相似性. Bohr 进一步注意到, 另一个这样的不规则现象发生在 $Z = 89$(锕) 之后的元素上. 从 $Z = 90$ 的钍开始, 电子再次被加到远在原子内部的 5_4 态, 造成第二组稀土元素, 即锕系元素, 现在知道这类元素扩展到超铀区域, 包括了镎、钚等 —— 但是这已是后来的故事了. Bohr 对稀土族元素的解释我们今天还在用.

毫不奇怪, Bohr 的有些结果是不完备的, 另一些是不正确的. 特别是, 他不能为著名的闭壳层最大占有数给出一个判据. 但无论如何, Bohr 的新的用 n_k 组态来标记原子的总策略继续是富有成果的和重要的. Sommerfeld 在 1924 年 10 月讲得很好的下面这段话今天依然正确: "经过改进的光谱数据将和 Bohr 的原子模型发生抵触, 这是不可避免的. 但是我相信, 在大的轮廓上这些模型在概念上是正确的, 因为它们这么好地说明了一般的化学性质和光谱性质"[193].

2.7.8 Pauli 不相容原理

Sommerfeld 写下这段话之后两个月, Bohr 对周期表的讨论引领着 W. Pauli (1900~1958)(图 2.6) 作出一个惊人发现, 它把 Bohr 的工作置于现代基础上.

图 2.6 Pauli 在黑板前, 1920 年代后期

Pauli 的父亲是个医生, 后来成了一位大学教授. Pauli 是 E. Mach 的教子, 在故乡维也纳开始上学. 他在中学时期就已经深入钻研数学和物理学. 当他 1918 年秋天在慕尼黑大学注册时, 他随身带着一篇自己写的关于广义相对论的论文, 不久后发表. Sommerfeld 自然不会不注意到他这位年轻学生的聪明、博学和潜力, 在他的怂恿下, Pauli 在 1920 年开始准备一篇对相对论的评介文章. 文章刊出后[194], Einstein

写道:“读过这篇气势恢宏而又构思周密的文章的人, 可能都不会相信, 它的作者是一个 21 岁的青年人”[195]. 这篇文章的英译文出版于 1958 年[196], Pauli 去世的那年. 它至今仍是这个题目的最好表述之一.

1945 年 12 月 10 日, 在普林斯顿高等研究所的一次晚餐会上, 庆贺 Pauli 获得诺贝尔奖 (他没有为此庆典去斯德哥尔摩). 他的后妻告诉我说, 在晚餐后的一次祝酒中, Einstein 说 (大意是) 他认为 Pauli 是他的接班人时, Pauli 被深深地感动了. (我没有看到与此有关的书面材料.)

Pauli 曾经回忆他的学生时代:“每个习惯于经典思维方式的物理学家在第一次遇到 Bohr 的量子理论的基本假设时都会感到震惊, 我也不能免于这种震惊”[197]. 他的第一篇原子物理学论文的日期是 1920 年. 1921 年, 他以最优等学业成绩获得博士学位, 学位论文是关于电离的分子氢的量子理论, 此后他在哥廷根担任 Born 的助教半年. 1922 年他去汉堡, 先是作为一个助教, 然后是无俸讲师. 1928 年他被任命为苏黎世高等工业学校的教授, 他终生保有这个职位.

1922 年 Pauli 去哥廷根参加在那里举办的 Bohr 的系列讲座时,“我个人首次会晤到 Bohr, 我的科学生涯的一个新阶段开始了. 在这几次会晤中 ······Bohr······问我是否可以到哥本哈根去一年”[197]. Pauli 接受了邀请, 从 1922 年秋天到 1923 年秋天在 Bohr 的研究所工作.

现在我转到不相容原理. 首先回忆, 氢原子中的电子状态是用三个量子数 n、k 和 m 编号的, m 取 $2k-1$ 个值 $-k+1$ (原书 $-k-1$ 错 —— 译者注), $\cdots, k-1$. 让我们算一下与一个固定的 n 值相联系的态的总数 N. 对 $n=1$: $k=1$, $m=0$, 因而 $N=1$. 对 $n=2$: $k=1$, 因此 $m=0$; 或 $k=2$, 因此 $m=-1,0,1$, 因而 $N=1+3=4$, 等等. 对一般的 n: $N=n^2$. 从这样的计数出发, Pauli 引进三个进一步的假设.

(1) 按照 Bohr 的中心场模型的精神, 他对复杂原子中的每个电子不仅指定一个 n 和一个 k, 还指定一个 m.

(2) Pauli 在讨论反常 Zeeman 效应 (我很快就要讲到它) 时引进了一个新假设, 就是碱金属原子中的价电子展示一种双值性. 现在他假设, 一切原子中的一切电子都有这种性质, 因此每个电子都由四个量子数来描述, 它们是 n、k、m 和第四个能够取两个值的量子数. 由此可得, 对给定的 n 状态的数目不是 N 而是 $2N$, 因此对 $n=1$ 有两个态, 对 $n=2$ 有 8 个态, 对 $n=3$ 有 18 个态: 支配周期表的神秘数字 2、8、18 露出来了!

(3) 这一切都很顺利也很好, 但是为什么就不可以是 17 个电子占据一个其四个量子数取某个固定值的态呢? Pauli 规定:“在原子里, 绝不允许有两个或多个等当的电子, 它们 ······ 的所有 (四个) 量子数之值都相同. 如果原子里有一个电子, 它的这些量子数具有确定的值, 那么这个态就已被占满”, 不允许更多的电子进入这个态.

Pauli 规定的 "法令" 叫做不相容原理, 它不仅对理解周期表是必不可少的①, 而且在近代的量子物理学里越来越重要.

2.7.9 铪的发现

根据不相容原理, 4_4 态的最大数目等于 $2\times(2\times3+1)=14$, 即稀土元素的个数. Bohr 在 1922 年知道了这一点之后, 就不太可能对这个数是 14 还是 15 存什么疑问了. 有争议的是元素 $Z=72$ 的本性. Bohr 在哥廷根讲演中曾宣布: "与通常的假设相反 …… 稀土族是在 $Z=71$ 的镥结束的 …… 如果我们的想法是正确的, 尚未发现的原子序为 72 的元素的化学性质必定与锆的性质相似, 而不是与稀土族的性质相似"[199].

在这个关键时刻, Hevesy 劝 D. Coster (1889~1950)(他们两人那时都在哥本哈根) 就在此时此地做一个他们自己的 X 射线实验, 用 Bohr 为其研究所搞到并安装在研究所地下室里的 X 射线设备来做. 一开始 Coster 不太乐意做, 他预计 $Z=72$ 非常稀少, 即使是对一个稀土元素而言. Hevesy 说, 不, 我们不是要找一个稀土元素, 而是要找一个与锆相似的元素. 到 12 月他们就肯定了, 他们在他们借来的所有的含锆的样品中都认出了 $Z=72$. 新元素根本就不稀有, 事实上它和锡一样普通, 含量比金丰富一千倍[200]. 在他们发表于 1923 年 1 月 10 日的首次书面报告中, 他们为 $Z=72$ 元素施行了洗礼: "我们提议把这个新元素命名为铪"[201]. (铪的英文是 Hafnium, 它来自哥本哈根的古名 Hafniae.)

在 Coster 和 Hevesy 确信他们发现了新元素的这个 12 月的日子里, Bohr 本人不在哥本哈根. 他是以这种方式首先得知好消息的: "当 Coster 在电话中告诉 Bohr 这些结果的时候, Hevesy 正搭火车去斯德哥尔摩, 赶时间让 Bohr 在 (他的) 诺贝尔奖获奖讲演中宣布这个消息"[202].

2.7.10 第四个量子数; 自旋

1920 年 Sommerfeld 引进了第四个量子数, 用 j 表示, 叫做 "内部量子数"[203]. 他这样做时所采用的推理与导致前三个量子数 n、k(或 l) 和 m 的推理完全不同. 我们还记得这几个量子数是来自几何考虑, 来自轨道大小、形状和空间取向的量子化. 为了弄清楚他这次是怎样推理的并且继续把好消息和坏消息分开, 我必须再一次提前讲到反常 Zeeman 效应, 已经很明显, 反常 Zeeman 效应是不能用当时已知的三个量子数处理的. 还要注意, 在 1920 年曾错误地认为, 氢是不会发生这种反常

---

① 但是当然它不是充分的. 如果我不多讲一点, 我将在事实上误导读者. 头两个闭壳层分别被 2 个和 8 个电子占有, 并分别填满 $n=1, 2$ 的所有的态. 第三个闭壳层也有 8 个电子, 对应于 $n=3$, $k=1,2$. 第四个周期是头一个 "长周期", 有 18 个电子, 由 $n=3$, $k=3$ 和 $n=4$, $k=1,2$ 构成. 这些重要的细节只能从原子态的能量性质去理解.

的, 只有多电子原子中的更复杂的运动才会发生. Sommerfeld 假定这些复杂运动由一个对应于一个“隐蔽的转动”的附加的角动量描绘. 他让一个新量子数 j 与这个新变量的量子化相联系, 它遵守新的选择定则 $\Delta j = 0, \pm 1$. 别在意这些结果是由现在已经知道是不正确的推理得出的, 尽管如此, 量子数 j 及其选择定则还是留存了下来. 注意这是一次奇特的走运: 我怀疑, 如果 Sommerfeld 在 1920 年知道了反常 Zeeman 效应在氢中也是反常的, 他还会不会引进 j.

这以后有好几年, 理论物理学家试验着额外的量子数和量子化规则. A. Landé (1888~1975) 特别擅长于此道, 他在 1921 年提出另一个激进的提议: 对某几类元素如碱金属, 其原子是由一个价电子围绕一个由内层电子组成的“原子实”转动构成[204], j 和 m 将取半整数值. 1923 年 Landé更具体地提议, 就是这个原子实在作“隐蔽的转动”, 其角动量为 1/2, 单位为 $h/2\pi$.

然后, 1924 年下半年, 迎来了 Pauli 的第一个重大发现. 通过一个精巧的论据, 他能够证明, Landé的碱金属原子模型, 即一个价电子以角动量 1/2 围绕一个原子实转动, 是站不住脚的. 但是 Landé的结果却工作得很好! Pauli 找到了一条出路. 的确有一个“隐蔽的转动”, 但是, 它不是由原子实引起的, 而是由价电子本身引起的! 反常 Zeeman 效应, “按照这一观点, 是由价电子的一种特殊的、不能用经典方式描述的量子理论性质 —— 双值性引起的”[205]. (双值性指的是与 $j = 1/2$ 相联系的 m 量子数取 $\pm 1/2$ 两个值).

大约一年之后, G. Uhlenbeck (1900~1988) 和 S. Goudsmit (1902~1978) 把这种双值性解释为电子的一个内禀角动量, 一个自旋, 其大小为 $1/2(h/2\pi)$[206]. 这个发现是在量子力学已经到来之后作出的, 但是是完全建立在与地球在围绕太阳公转同时还绕一条内禀的自转轴自转的经典类比之上的. 在这里我没法讲述围绕这一发现的一些复杂事件了[207].

2.8 后是噩耗 —— 旧量子论的危机

2.8.1 氦

在旧量子论的日子里, 氦光谱一直在理论上无法理解; 在实验上也得不到理解.

从 1890 年代后期就已知道, 氦的光谱由两种截然不同的光谱线组成: 一种是仲氦光谱, 它是一组单线 (未分裂的谱线), 另一种是正氦光谱, 据信是双重线. 分辨双重线的努力一直未获成功, 直到 1927 年 1 月, 才发现双重线实际上是三重线[208]. “在最后几个月里, Heisenberg 的理论工作[209] (它预言一个三重线结构) 使对这些双重线的兴趣复活了 …… 现在能够证明, 氦谱线真的具有类似于 Heisenberg 所预言的结构”[210]. 这个预言的日期是 1926 年 7 月 —— 它是建立在波动力学上的.

在最宽的框架下的旧量子论是一个混合结构; 它认为经典力学适用于在稳定轨道上运动的电子, 而量子效应则限于轨道之间的跃迁. 在对氦辛勤研究多年之后, 哥本哈根的 Kramers 得出结论说, 这幅图像是错误的. "我们必须得出结论, 即使在这个简单例子中力学已经不适用"[211]. Bohr 在 1923 年关于氦说道: "这个研究可能 …… 特别适合于提供证据, 表明力学定律在描述多电子系统的运动的更精细的 (原文如此) 细节上所遇到的基础性的失败"[212], 而 Sommerfeld 在同一年则写道: "迄今所做的解决中性氦原子问题的一切企图都被证明是不成功的"[213].

2.8.2　反常 Zeeman 效应

Zeeman1897 年发现置于磁场中的原子的光谱线分裂[214] 时是莱顿大学的一个年轻的无俸讲师. Lorentz 用一个电子在原子内运动的简单模型, 立即对这个现象提供了一个解释[215]. 只考虑与场强的一次方成正比的效应 (线性 Zeeman 效应), 他证明一条光谱线应当分裂成双重线或三重线, 这取决于所发射的光的方向是平行于还是垂直于磁场方向.

Lorentz 在 1921 年评论说: "但是, 不幸的是, 理论未能跟上实验的步伐, 被 (这个) 初步成功所唤起的欢欣是短命的. A. Cornu (1841~1902) 在 1898 年发现 —— 初看之下难以相信! ——(一条钠谱线) 分解为四重线 …… 理论无法说明 …… 伴随着谱线的反常分裂所观察到的规律性"[216]. 并没有用很长时间, 就发现这种 "反常 Zeeman 效应" 是常规, 而 "正常"Zeeman 效应 (Lorentz 的预言) 反倒是例外[217].

1916 年得到了好的结果, 这一年 Sommerfeld[218] 还有 Debye 也独立地[219] 证明了, 正常 Zeeman 效应非常适应旧量子论. 必需的新成分是 Sommerfeld 的 "第三个量子数"m. 1918 年 Bohr 注意到[220], 他的与 m 有关的选择定则和偏振规则也与正常 Zeeman 效应符合得很好. 1922 年他这样评论无法说明的反常 Zeeman 效应: "困难在于 …… 这一事实: 通常的电动力学定律不再能像在氢的理论中的情况那样, 以同样的方式应用于原子在磁场中的运动,"[221]. 在那些年里 Bohr 不断猜测这种反常性可能是由一种现在还不清楚的原子内层电子对外层电子的影响引起的.

反常塞曼效应在整个旧量子论的年代里都是一个谜①. Sommerfeld 在 1919 年写道: "在出现多重线的原因能够得到阐明之前, 不可能给出 …… 一个真正的 Zeeman 效应理论"[223]. Pauli 在 1925 年初报告说: "迄今所知道的理论原理的缺陷是多么的根深蒂固, 从光谱线的多重结构和它们的反常效应就可以最清楚地看出"[224].

① 在这些之外, 又加上 Stern 和 Gerlach 在 1922 年观察到的原子束经过一个磁场时所发生的无法解释的分裂图样[222].

2.8.3 收获

在我对迄至 1925 年为止我们对原子的了解的说明快要结束的时候, 我希望我的读者们会和我分享对 20 世纪头四分之一世纪里所达到的成就的羡慕之情. 在这些年份里, 极受重视的是起码的知识、杰出的即兴创作的能力和对实验数据的审慎的审读. 逻辑性则公认是比较欠缺的. 我们来概述一下那些后来证明具有持久价值的东西：黑体辐射定律、光子、固体的量子理论初步、氢光谱 (至少在良好的近似程度上)、全部四个量子数和原子光谱中它们的选择定则、周期表的基础从而量子化学的基础、浸渐原理、将概率引进量子物理学、不相容原理及自旋. 我甚至没有谈到 Bose-Einstein 统计法和 Fermi-Dirac 统计法起初也是建立在旧量子论基础上的[225]. 至于氦和反常 Zeeman 效应的危机, 二者在 1926 年前已受到控制.

那么显然, 我们要向先驱者们致以崇高的敬意, 是他们把这一切安排到一起.

第二部分　原子核

2.9　β 射线谱学：1906~1914

我已指出, 原子核的发现日期应从 1911 年算起 (第 2.6.1 节), 并且最早观察到的核现象放射性过程的时间更早 (第 2.3 节). 现在我们来继续讨论这些已追踪到 1905 年的最早发展. 第一件事将是放射性过程的谱.

这个题目开始于 W. H. Bragg (1862~1942) 和 R. Kleeman (1878~1932) 在阿得雷德 (澳大利亚) 进行的对从一薄层镭盐发射出的 α 粒子的射程的观察. 他们在 1905 年对自已的发现总结如下：“每个 α 粒子 …… 在给定的媒质中有一个确定的射程, 其大小取决于粒子的初速度和媒质的本性. 此外, 处于放射性平衡的镭的 α 粒子可以分成四组, 每一组由发射 α 粒子的前四个放射性变化之一产生. 任何一组的所有粒子都有同样的射程和同样的初速度”[226]. 这些结论基本上是正确的, 它们所引起的巨大兴趣可从 Soddy 在 1905 年所写的话中看到：“…… Dalton 的同一种元素的原子完全一样的概念甚至可以用到它们蜕变时驱赶辐射粒子的速度. 这可能是这个概念所曾受到的最严格的实验检验”[227].

当 1906 年 O. Hahn (1879~1968) 和 L. Meitner (1878~1968) 在柏林 (图 2.7) 开始他们对初级 β 射线谱的研究时, 他们想到了一个在当时自然会想到的念头：如果 α 射线真的是以唯一的速度发射出来的, 那么 β 电子是否也可能是这样？他们知道, 电子在气体媒质里并没有一个清楚标示出的射程, 因此他们需要一个与 Bragg 和 Kleeman 所用方法不同的另一种方法. 于是他们选择测量电子的吸收, 采用下述工作假设：在这个过程中，对于单能量电子，吸收量是所经过的厚度的指数下降函数，这幅图像在 1906~1907 年是被人们普遍接受的.

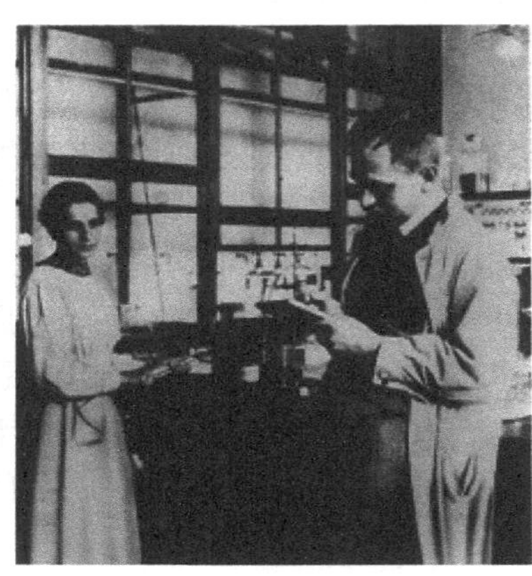

图 2.7 Hahn 和 Meitner 在柏林 Hahn 的实验室中

他们最初用钍做的实验使他们声称："从我们的结果我们推测，纯的 β 发射体只发射一种 (即一个速度的) β 射线，与 α 射线的情况相类似"[228]. 在一篇后续文章[229] 中他们对锕作了同样的声明. 但是，从镭开始，事情变得更复杂了 (我们现在是在 1909 年 9 月)："根据我们的假说，复杂的 (即速度非唯一的) 射线对应于复杂的物质 …… 我们必须断定镭有一种复杂的本性"[230].

但是，他们的诊断方法即指数衰减，也同时开始崩溃了. 1909 年，曼彻斯特的 W. Wilson (1887~1948) 证明，一束保证是单能量的电子束，在远处并不遵从指数吸收律[231].

那么 Hahn 做了什么呢？他用了另一个探测技术. 他仿效 Wilson，也让 β 射线穿过一条窄缝进入一个空间，那里有一个垂直于它们的速度的均匀磁场，其作用使射线弯曲. 可是不像 Wilson，在电子转了半圆后他让电子都入射到一块照相底板上，底板的黑度就给出初始速度谱的一个纪录. 这个工作是和 O. von Baeyer (1887~1946) 一起做的，它导致以下的结论："这一研究表明，在放射性物质衰变时，不仅 α 射线而且 β 射线也是以问题中的这种原子特有的一个速度离开放射性原子的. 这对 Hahn 和 Meitner 的假说提供了新的支持 ……"[232].

于是这个错误的猜想 (纯 β 发射体产生单色电子) 到 1910 年仍然还存留着. 它寿终正寝于 1911 年 4 月，这时 Hahn 和 von Baeyer 与 Meitner 一道，投寄了上一篇文章的后续文章[233]. 他们的方法和以前一样. 但是这一次，他们被迫承认，一种纯物质的**有效** β 谱是**非均匀**的. 不过，他们仍然保留着这种有效的非均匀性是初始为单色的 β 发射的次级修正的可能性："快 β 射线的不均匀性的来源可能是，起初这种射线是由放射性物质以不同的速度发射出来的 …… 看来更有可能的是，去寻找一种次级原因，它能使发射的均匀射线呈现为不均匀 …… (吸收的) 指数定律不能够像 Hahn 和 Meitner 原来设想的那样 (这个想法与其他研究者的看法相反) 作为射线均匀性的判据”.

Hahn 和 Meitner 的固执令人印象深刻，他们对早先的错误的承认是直率的. 在阅读 Hahn 的科学自传时，同样的坦诚打动了我：“我们早先的意见现在已无法挽救. 不可能为每一种 β 射线设定单独的物质. 我们原来对指数衰减的解释是错误的，原因是我们曾经以为我们实际上测量到的是吸收. 但是我们主要测量的是弥散，我们制备的东西离验电器的底部越远，我们得到的弥散越多. 通过增加距离，我们使最弱的 β 射线弥散到无法记录的地步，我们还减慢了最快的 β 射线，使得非均匀的 β 射线的平均速度在短时间内保持颇为恒定 …… 虽然我们关于 ‘吸收定律’ 的意见是错误的，这一工作却相当大地改进了我们的技术. 我们学会了怎样制造薄层的不同物质，怎样处理它们，特别是那些半衰期短的物质”[234].

下面我们转到 1912～1913 年，这时单色 β 谱这个预先假设已被抛弃，并且看来 β 谱不是由一条离散的谱线而是由一组这样的谱线构成. 线状谱的最初的暗示可在 von Baeyer 和 Hahn1910 年的论文中找到：“在所有考察过的事例里都得到一个清楚地不连续的谱”[232]. 在随后的数年里，用磁分离/照相探测方法研究 β 谱继续在几个实验室里进行. 所有的研究小组都报道了复杂的离散谱. Rutherford 也在这个问题上做工作. 他和 H. Robinson (1889～1955) 一起研究了镭 B(Pb^{214}) 和镭 C(Bi^{214}) 的谱，对镭 B 找到 16 条谱线，对镭 C 找到 48 条谱线，这些谱线按强度分成 7 组[235]. 但是，用线状光谱来拟合一切结果也有着困难. 早在 1911 年，Hahn 就写信给 Rutherford 说：“镭 E[Bi^{210}] 是最糟糕的. 我们只能得到一条相当宽的带. 我们以前曾以为它像别的谱带一样窄，但是事情不是这样. 看来次级效应或诸如此类的效应对中等速度的射线如镭 E 有极大的影响”[236]. 在对这个题目的一次普遍论述中，Rutherford 的确注意到有时观察到连续带. 但是，他犹犹豫豫地作出结论说：“对铀 X[Th^{234}] 和镭 E[Bi^{210}] 观察到的连续 β 射线谱，最后可能会被分辨为许多谱线”[237]. 因此发生过这样的事：那个时期的一本著名的物理教科书将 β 放射性描述为一种离散现象，并且刊登了精细的离散谱线表[238].

我打断一下历史叙述以提醒读者，在那些年里还不知道，在放射性衰变中，电子是由两种截然不同的机制产生的：一种是从初级 β 衰变过程产生，另一种是作为伴随 γ 衰变的次级效应. 在后一场合，γ 射线从原子核射出，随后被原子的一个外围电子吸收. 这个过程现在叫做内转换，它产生对应于离散的初始 γ 光子能量的离散的电子能量. 这是 C. D. Ellis (1895～1980) 于 1921 年发现的[239]. 我顺便指出，一年后 Ellis 引进了另一件新东西：原子核能级图的第一张草图，第一次试图求得 “对这种观点的支持：量子动力学适用于原子核，至少部分核结构可以用定态表示”[240].

回到 1912 年. 这一年 10 月, Rutherford 有关放射性物质的书的新版准备付印[237]. 它在 1913 年出版. 在这本书里, Rutherford 表示他相信放射性不稳定性有两个截然不同的原因:“…… 中央质量 (即原子核) 的不稳定性和电子分布的不稳定性. 前一种不稳定性导致一个 α 粒子被赶出来, 后一种则导致 β 射线和 γ 射线的发射 …… (外围) 电子环的多出的能量, 部分以 β 粒子的形式、部分以 γ 射线的形式释放出来, 能量在这两种形式之间的分配决定于一些现在还不了解的因素.”[241]

Bohr 对原子核物理学的最早的贡献是他在 1913 年注意到:“按照现在的理论 …… 看来高速 β 粒子的发射必须发生在原子核中”[242]. 他是这样论证的: 元素的化学性质是由它们的电子轨道的组态决定的. 同位素的化学性质完全相同, 因此有完全相同的电子组态. 有许多这样的情况: 一种同位素发射的 β 射线与另一种同位素发射的 β 射线的速度不同. 于是它们在 β 放射性方面的性质是不一样的. 那么根据排除法, 这个过程必定起源于原子核.

关于同位素: 同位素这个术语是 1913 年造出来的[243], 但是早在 1911 年, 甚至原子核还没有发现, 它包含的物理概念的实质就已经被表述过了. 事件的这种顺序并没有什么可奇怪的. 像这样一句话:“存在着一些元素, 它们的物理和化学性质完全相同, 只是原子量不同”, 这句话里完全没有提到原子核, 这是需要加以精确化的, 但是显然已足以对所述现象作出判断.

现在转向 β 射线谱学第一阶段的终结, 1914 年连续的 β 射线谱的发现, 这个发现是 J. Chadwick (后来受封爵士, 1891~1974) 作出的, 他是 Rutherford 在曼彻斯特的学生. 1913 年, 他得到一笔奖学金. 奖学金的条款规定他必须到曼彻斯特以外的某个地方去做研究. 他选择去柏林跟 H. Geiger (1882~1945) 在德国帝国物理技术研究所工作.

在 Chadwick 从这里寄给 Rutherford 的一封信里, 我们得到了粒子物理学的一个重大转折点已经临近的最初的暗示. 这封信的日期是 1914 年 1 月 14 日, 其中有几行如下:“我们 (Geiger 和 Chadwick) 想要对镭 B+C 的各条谱线中的 β 粒子计数, 然后去做最强的快速 β 粒子的散射实验. **我又快又容易地得到了照片, 但是用计数器我连一条线的影子也找不到. 也许我在什么地方犯了某个愚蠢的错误**”.

上面两行黑体字中包含有两个重要之处. 首先, Chadwick 能够像别的每个人那样, 倚靠照相探测方法得到线状谱. 其次, 他并不是犯了什么愚蠢的错误, 而是发现了这些谱线的相对重要性被大大地夸大了. 他在 1914 年 4 月投寄的一篇论文中给出了全部细节[244].

在它的第一页我们看到了对于在照相底板上看到的 β 射线谱线强度的意义的担心的首次表示. “由于 …… 具有不同速度的 β 射线的感光作用还不清楚, 我们不能用这个方法得到关于每组射线的强度的可靠信息. …… 也难以判定是否有一个连续谱叠加在线状谱上”. Chadwick 于是描述另一种探测方法. 正像上面描述过的 Wilson 的实验中那样, 固定速度的电子转弯 180°, 然后穿过一条狭缝. 在这之后, 通过它们在由一块金属板和一个终端非常尖锐的清洁针尖之间 (一个 Gaiger 计数器的变形) 保持的电位中的放电来测量其强度. 不同速度由磁场强度选择 β 射线的源是镭 B(Pb^{214}) 和镭 C(Bi^{214}) 的混合物. 结果是一个连续谱上面叠加了 4 条 (也只有 4 条) 处于低能位置的谱线. 这些谱线的位置与别人在以前的研究中发现的一些强谱线重合. 此外, 他做了一些测试, 这些测试使他相信, 连续的能量分布并不是由次级散射效应引起的. 比较这些发现与 Rutherford 和 Robinson 关于同样的源的早先的结果[235]：早先的结果是 60 条离散的谱线, 没有连续谱!

Chadwick 在同一篇文章里还给出了他对产生假谱线的原因的看法："(与照相方法的) 这一差异也许可以用这个原因解释：照相底板对辐射强度的微小变化极其敏感". 例如, 他对一块照相底板辐照 100 分钟, 然后放一块带一条狭缝的铅块在底板上, 再辐照 5 分钟. 结果发现生成的图像依赖于底板显影的详情细节：正常的显影产生一条锐线, 在一个方便的时刻结束的非常缓慢的显影则甚至有可能得到一个清晰的背景上的一条近于黑色的谱线! 因此他得出了最后的结论：镭 B 和镭 C 的β射线是由连续谱构成. 另有一线状谱. 除了很少的例外, 线状谱的谱线的强度很小.

在 Rutherford、Chadwick 和 Ellis 合著的著名教科书 (出版于 1930 年) 中, 对这个题目的唯一的评论是："Chadwick 证明了, 这些组 (谱线) 之所以突出, 主要是由于眼睛容易忽略掉底板上的背景"[245].

连续的 β 谱的发现是 Chadwick 的第一件重大贡献. 他下一步出了什么事记载在他致 Rutherford 的一封信中："当战争爆发时, 我正处于 β 射线散射实验的中间阶段. 放射性在这里自然并不处于繁荣的条件下 ……". 这封信是 1915 年 9 月 14 日写的, 寄信人的地址是：柏林鲁赫勒本英国佬集中营第十马棚. Chadwick 被扣留在斯潘道 (柏林的一个区) 附近的赛马场的马厩中. 但是, 在非常原始的条件下, 他仍然继续物理学方面的工作. 1917 年 3 月 31 日他从集中营给 Rutherford 写道："我记得在有这个小实验室之前我给你写过一封信. 总算有了一个做科学工作的小空间 …… 你将会看到, 我没有因为没有工作而生锈 ……"[246]. Chadwick 在整个战争期间都呆在集中营里. 我们在后面还会再次遇见他, 那将是在卡文迪什实验室.

2.10　核模型, 肇始

2.10.1　质子–电子 (P-E) 模型

1914 年年初就已知道, 一切放射性现象都发生在原子核里, 而且一种原子核是由两个数 A 和 Z 来描述的. 人们曾相信, α 粒子和原子核之间的相互作用是纯电磁作用. 假定真是这样, 然后计算 α 粒子和原子核能接近的最小距离, 用这个方法 Rutherford 在 1911 年前就知道了[115] 原子核的半径很小: $r <\sim 3\times10^{-12}$cm. 显然, 氢原子核特别重要. “氢原子核就是**正的电子**”, Rutherford 在 1914 年初写道 (黑体字是他原来的)[247]. 在那时, 这个核常常叫做 H 粒子, “质子” 这个名称是后来在 1919 年才用的[248]. 总之, 在 1914 年初, 人们就知道关于放射性的一些基本事实, 关于 A、Z 和 r, 关于 H 粒子的基本性质.

原子核是由什么构成的?

1914 年 2 月 Rutherford 推测了[249] α 粒子自身的结构. “我们预期氦原子 (即 α 粒子) 含有四个正电子 (H 粒子) 和两个负电子”, 用符号表示就是 He = 4H + 2e; 一般地, 对于一种给定的同位素 X, 若其原子量为 A, 核电荷为 Z (把 A 当成一个整数), 有

$$X = A\mathrm{H} + (A - Z)\mathrm{e}$$

在皇家学会 1914 年 3 月 19 日的一次讨论会上, Rutherford 进一步评论核结构说[247]: “普遍的证据表明, 初级的 β 粒子来自原子核的扰动. 因此, 必须把原子核看成一个由正粒子和电子组成的非常复杂的结构, 但是现在要讨论原子核本身的可能结构还为时过早 (因而不能服务于有用的目的)”.

这样, Rutherford 就轻率地假定电子是原子核的组分, 虽然他对猜测一向是小心谨慎的和不情愿的. 实际上他可能并没有想到这是个假定. 这不是不言自明的吗? 人们不是看到电子在 β 过程中是从某些原子核跑出来的吗? 对于 Rutherford, 就如同对于那个时代的所有物理学家那样, 把电子说成是原子核的建构单元, 就和说一栋房子是由砖头建成的, 或者一串项链是由珍珠组成的一样合理.

我们还看到, 大约在那时开始了对原子核内的次级结构的探索. Rutherford 在 1914 年写道: “氦原子核结构是一个非常稳定的组态, 它能够在以高速度被逐出放射性原子核这样的强扰动下留存下来, 并且它是大多数原子可能都由之构成的单元之一”[249]. 人们提出了各式各样的新的次级单元: α′ 粒子 (4H + 4e), μ 粒子 (2H + 2e), 等等, 主要是基于一些数字学的理由. Rutherford 在 1921 年写道: “写出这些东西是再容易不过了, 但是要得到实验证据来作出正确的决定却是非常困难的”[250]. 有一段时间 Rutherford 本人也被表面上的证据引入歧途, 支持另一个次级单元 X_3(3H + e). 用一点想象力, 可以把某些这一类的文章看成是 α 粒子模型甚至是壳层模型的先驱. 但是我相信, 如果说这些工作中没有哪一篇曾在物理学上留下任何印记, 那并不是不公平的.

是什么力把原子核保持在一起?

Rutherford 在 1914 年说: “原子核虽然很小, 但它自身却是一个由带正电和带负电的物体组成的非常复杂的系统, 带电物体由**很强的电力**紧紧捆绑在一起”(黑体

是本文作者改的)[251]. 他还能说别的什么呢? 在那个时候除了电磁力和引力之外不知道有别的力, 而引力对手头这个问题显然可以忽略. 尽管如此, 在 Rutherford 同一年的另一段话中, 还是可以看到一种奇迹的成分: "(原子核内的电子) 是同带正电的原子核挤压在一起的, 其平衡必定是由与结合外部电子的力不同数量级的力保持的"[249].

原子核和量子理论的关系又是怎样的呢?

Sommerfeld 在其《原子构造与光谱线》一书的第一版中, 大胆地发表了以下看法: "原子核的组分, 和原子的外围一样, 受相同的量子定律支配"[252]. 在那个时候, 人们还没法做很多事来验证这个想法. 如果氦的原子光谱不服从量子理论, 谁还敢对付 α 粒子呢?

2.10.2 结合能

Einstein1905 年首次推导出他的质能方程[253]

$$E = mc^2$$

时, 他说: "对于能量含量高度可变的物体 (例如镭盐), 设计一个检验这个理论的实验, 这并不是办不到的事". 不过, 到了 1907 年, 他已深信[254] 要达到检验他的理论所需的实验精度 "当然是做不到的"①; 1910 年他说: "暂时还没有任何希望" 用实验检验 $E = mc^2$[255].

虽然 Einstein 首先提出了通过放射性衰变中的重量损失来检验质能关系, Planck 却是第一个让大家注意另一种检验方法的[256]: 一个束缚系统的重量应当小于其组分的重量之和. 作为第一个例子, 他计算了与 1 摩尔水的分子结合能等当的质量. 实际的效应很小 ($\sim 10^{-8}$ g), 但是这个想法新颖而精彩.

1913 年, P. Langevin (1872~1946) 将 Planck 的观点应用于原子核: "在我看来, 内部能 (即结合能) 的惯性质量由于对 Prout 定律的某种偏离而变得明显起来"[257]. 可惜他没有考虑同位素混合的影响, 因而高估了结合能的效应.

为了对一种原子核 X 的结合能的大小 B 给出一个精确的意义, 当然必须知道 X 的组分是什么. 直到 1932 年答案仍是质子–电子 (P-E) 模型. 只要还没有更好的模型, 那就不可避免地要陷在下面这个不正确的原子核的质量公式上 (用明显的记号):

$$m_{\mathrm{X}} = Am_{\mathrm{H}} + (A - Z)m_{\mathrm{e}} - B/c^2$$

如前所述, 曾假设原子核内的力是电磁力, 因此核结合能 B 的动力学来源是电磁作用. Rutherford 在 1914 年写道: "正如 Lorentz 曾指出的, 一个带电粒子系的电学质量, 如果这些粒子密集在一起, 将不仅依赖于这些粒子的数目, 还依赖于它们的

① 镭失去质量的速率是每年 100000 分之一.

场相互作用的方式. 对于所考虑的正电子和负电子的大小, 要产生一个可观的由这个原因引起的质量变化, 必须堆积得非常之紧密. 这也许是比方说氦原子的质量不完全是氢原子的质量的四倍的原因"[249]. 但是, 定量估计表明, 假设核结合能是电磁起源的, 所给出的效应太小[258].

这样, 没有确切结论, 物理学家的精英们仍然困惑不解. Pauli 迟至 1921 年还说: "也许质能等价定理**在将来的某一天** (黑体是我用的) 可以通过观察原子核的稳定性来检验"[259]. 与此同时, 质谱仪开始源源不断地给出大量关于同位素质量的良好数据. 1927 年 Francis Aston (1877~1945) 给出了一个包含 30 个同位素质量的清单[260]. 结合能是通过堆积分数 (即比值 B/A, 取氧的 $A = 16$) 来记录的, 按定义氧的堆积分数等于 1. 这是我所知的最不透明的表示数据的方式之一, 而且还因为氧有三个稳定的同位素.

1930 年出版的 Rutherford、Chadwick 和 Ellis 的书[245] 在一些年里是原子核物理学的最有影响的教材, 它包含有这样的说法: α 粒子的组成是 4H + 2e, 其结合能为 27MeV.

1932 年带来了对问题的澄清.

在 2 月公布了发现中子的消息之后, 立刻就清楚了, 核的成分是质子和中子 (见下). 同月还宣布了氢的原子量为 2 的同位素氘的发现. 也许最后提到老的 H 粒子–电子模型的是 K. Bainbridge (1904 年生) 的一篇题为 "H^2 的同位素重量" 的论文[261], 他在文中写道: "假设这个核是由两个质子和一个电子构成, 结合能近似为 2×10^6 电子伏. 若 H^2 核是由一个质子和一个质量为 1.0067 的 Chadwick 中子构成, 那么这两个粒子的结合能为 9.7×10^5 电子伏"(正确值为 $B \approx 2.15\text{MeV}$). 最后这个值可能是从首次应用下面这个关于 B 的正确公式

$$m_{\mathrm{X}} = Zm_{\mathrm{p}} + (A - Z)m_{\mathrm{n}} - B/c^2$$

得到的, 其中 m_{p} 和 m_{n} 分别是质子和中子的质量.

1932 年 6 月, J. Cockcroft (1897~1967) 和 E. Walton (1903~1995) 发表了他们关于第一例由人工加速的粒子引起的核转变的论文[262]. 他们的结果

$$\mathrm{Li}^7 \ + \ \text{质子} \ \rightarrow 2\alpha + (14.3 \pm 2.7)\mathrm{MeV}$$

与 $E = mc^2$ 在误差限内符合, 反应中出现的所有粒子的质量都是已知的. 这是一种新型检验的最早的例子.

1937 年, 由核反应 (其中一切有关的质量和动能都已知道) 得出一个精确到百分之零点五以内的光速值[263]. 于是 20 世纪 30 年代就带来了正确的原子核模型和借助核现象验证质能关系所必需的实验技术的进展.

然后, 当然就有了原子弹 ……

2.10.3 1919: 首次元素嬗变

1917 年, Rutherford 开始了一系列实验, “在日常和战争工作所允许的情况下极不定期地进行”[264]. 这时他已是爵士了 (从 1914 年起); 到 1931 年更将晋封为 Nelson 的 Rutherford 男爵.

Rutherford 1919 年在一系列四篇论文中发表了他在战时的纯科学研究. 在这些文章的最后一篇中他宣布了一项划时代的结果: 用 α 粒子轰击 N^{14} 核得出 O^{17} 加一个质子 —— 他观察到核嬗变的第一个例子. 他在这篇文章中的结论是这样的: “这些结果作为一个整体说明, 如果在实验中有能量更高的 α 粒子 —— 或类似的炮弹 —— 可用, 我们也许能够打碎许多更轻的原子的核结构”[265]. 还要注意这篇文章里著名的致谢词: 他感谢 “W. Kay(1879~1961) 先生, 他在闪烁计数方面的协助的价值是无法估量的”. 于是 Rutherford 就在他的忠实的实验室工友的协助下, 在桌子上开始了一场革命.

Rutherford 充分认识到他的结果所带来的冲击. 在对国际反潜水艇作战委员会为自己几次缺席会议而道歉时, 他说道: “如果像我有理由相信的那样, 我已经击碎了原子的核, 那么这是比这场战争的意义更大的事情”[266]. 但是即使 Rutherford 也预见不到发现嬗变的意义是多么深远. 1933 年 9 月 11 日, 他在莱斯特的一次讲话中说: “通过瓦解原子产生能量是一个馊主意. 任何指望从转变这些原子获得能源的人都是在空口说白话 ……”[267].

至于更多的嬗变, 注意刚刚讲过的 Cockcroft 和 Walton 的结果也是在 Rutherford 的实验室里得出的, 这个实验室现在 (从 1919 年起) 叫做剑桥的卡文迪什实验室. 这个实验导致在加速器实验中观察到的第一例核嬗变①.

2.10.4 一种新的力 —— 核力的首次暗示

1911 年, Rutherford 从 Geiger 和 E. Marsden (1889~1970) 关于 α 粒子被高 Z 原子核散射 (图 2.8) 的实验结果推论出原子核的存在. 1919 年 Rutherford 重做了这个实验, 但这一次是用氢来散射他的能量为 5MeV 的 α 粒子. 因为这时他将 Coulomb 排斥力减到极小 (我下面预先简短地说出最终的解释), 内部的核力就有最好的机会显示出来了. 在随后的实验中得知, 5MeV 对于穿透 α 粒子–氢之间的位垒已是绰绰有余, 因而能够检测出核力的效应. **[又见 5.1.4 节]**

结果使人大为吃惊. 对于射程为 7cm (这对应于全部 5MeV 的能量) 的 α 粒子, Rutherford 发现 “所产生的快速 H 粒子的数目 …… 是理论值的 30 倍”[264]. 不是什么小改正, 而是一个重大的新效应, Rutherford 可以用一个距离参数 r 来描述, 他定义 r 为 α 粒子和 H 粒子最接近的距离, 那里 α 粒子的速度变成最小, Coulomb

① 关于加速器发展的说明见第 9 章和第 15 章.

位势图像开始失效. 他求出一个相当合理的值

$$r \approx 3.5 \times 10^{-13}\ \text{cm}$$

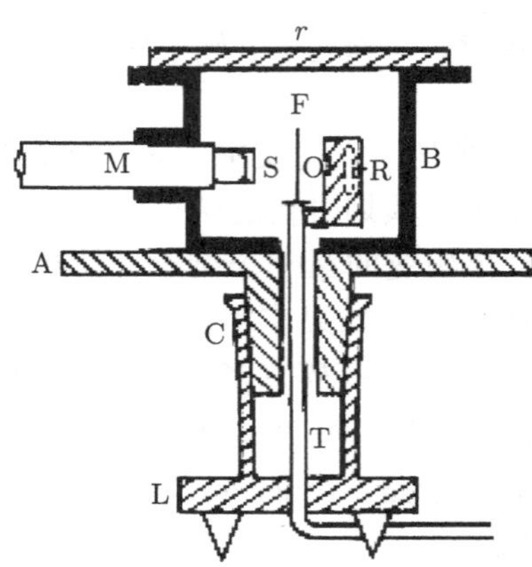

图 2.8　Rutherford 的 α 粒子设备图

在随后的一篇文章里 Rutherford 也就氮和氧对 α 粒子的散射报道了对 "简单理论" 的偏离[268].

Rutherford 最初的反应是, 新机制中的作用力仍是电磁力, 但是 α 粒子不应该像他 1911 年做的那样当作一个点粒子处理. 他的合作者 Chadwick 和 E. Bieler (1895~1929) 用经过改进的技术继续研究氢原子核对 α 粒子的散射, 他们的意见更为断然: "没有一个由四个氢核和两个电子按平方反比力联合成的系统能够给出一个力场, 它在这样长的尺度上有这样的强度. 我们的结论必定是: 要么 α 粒子不是由四个 H 核和两个电子组成; 要么在一个电荷的紧邻, 力的定律不是平方反比的. 选择后一种较为简单"[269]. 他们最后的结论如下:

这个实验看来并未对一个电荷所在处力的变化的规律作出任何提示, 而仅仅表明这里的力的强度非常之大 ······ 我们的任务是找出某个力场, 它能重现这些效应.

我把这段 1921 年说的话看作是强相互作用诞生的标志.

2.11　1926~1932: 核悖论的年代

现在我们要进入原子核物理学的第三阶段. 第一阶段可以叫做没有原子核的核物理学, 内容是放射性的发现、其辐射的定性性质等 (第 2.3 节). 第二阶段包括原子核的发现、对其总体性质的的早期探索和核反应的起始阶段, 刚刚讨论过. 在所有这些发展中, 理论物理学家没有起过什么值得一说的作用. 的确, 在这些早期阶段的两个主要的理论贡献, 衰变理论和 α 粒子散射的分析, 是由实验家 Rutherford

作出的. 在从 1926 年开始而以 1932 年发现中子为结束的第三阶段, 理论物理学家开始起重要的作用. 这标志着由于量子力学与原子核物理学的对峙引起了变化.

为了确定这个阶段的大致特征, 我转向 G. Gamov (1904~1968) 于 1931 年出版的一本教科书[270], 这是同类教材中第一本由一个理论物理学家写的书. 作者在首页上定义他的原子核模型: "按照近代物理学的概念, 我们假定一切原子核是由基本粒子 —— 质子和电子构成的". 但是, Gamov 很清楚质子–电子模型将要陷入的困难. 在准备这本书的手稿的过程中, "Gamov 有一枚橡皮图章, 上面是一个骷髅和交叉的骨头, 他在与电子有关的各节的开端和末尾都盖上这个图章". 当牛津大学出版社对这个符号表示反对时, Gamov 回答说, "我的意图, 绝不是要在课文本身之外进一步惊吓可怜的读者 —— 课文本身无疑会把他们吓得够呛"[271]. 骷髅和骨头后来换成一个斜躺着的黑体 S.

Gamov 的这些评论涉及的是当他写这本书时核物理学糟糕的状况. 在这本书开头的一页上[272], 他把状况描述成这样: "量子力学的常用观念在描述核内电子的行为时完全失败; 看来甚至不能把它们当作单个粒子对待". 让我们看看是什么引发了这样的意见.

2.11.1 α 衰变得到解释

在我开始讲述悲哀的故事之前, 最好先回想一下量子力学在核领域内取得的一次成功.

1928 年, Gamov 在哥廷根[273], 以及 R. Gurney (1909~1953) 和 E. Condon (1902~1974) 独立地在普林斯顿[274], 认识到 α 衰变是穿越一个位垒的量子力学隧穿效应的结果. 而且所有这些作者都有一件更重大的进展要报道: 从 1912 年就唯象地知道的 Geiger-Nuttall 关系首次得到解释[275], 这个关系建立了一个 α 粒子源的寿命与其产生的 α 粒子的射程之间的联系.

在 Gurney 和 Condon 投给《自然》的短文中, 我们听到了混乱的过去的回声: "迄今为止, 都必须假设原子核具有某种特殊的、任意的 '不稳定性'; 但是下面的短文中指出, 蜕变是量子力学的一个自然的结果, 不需要任何特殊的假设 ······ 关于 α 粒子从它在原子核里所在的地方猛冲出来时的爆炸性的暴力已经写过很多. 但是从上面描绘的过程, 毋宁说 α 粒子是几乎不受注意地悄悄溜出来的".

2.11.2 原子核的大小

想象电子是一个半径为 a 的小球, 其质量完全是电磁起源的 (直到 20 世纪 20 年代中期, 这两个假设都被广泛采用). 于是, 按经典理论有 $e^2/a \sim mc^2$, 或

$$a \sim e^2/(mc^2) = 2.8 \times 10^{-13}\text{cm}$$

在 20 世纪 10 年代就已知道, 这个长度和原子核的半径属于同一数量级. 那

么问题来了：怎么可能把许多个这么大小的电子，塞进一个像原子核那么小的盒子呢？就像 Andrade 在 1923 年关于这个问题所说的："Coulomb 定律不能说明由正负电荷组成的原子核的稳定性，这些电荷在自由时将和原子核本身一般大"[276].

更有趣的是，定性的量子力学 (特别是测不准关系) 应用于被束缚在一个典型半径 $\sim 5\times 10^{-13}$cm 的原子核内的电子表明，并不是电子的大小，而是它的 de Broglie 波长 λ 造成了问题. 能量为几个 MeV 的 β 射线粒子，既然它的 λ 比核半径大，怎么能够在原子核里等着被释放呢？(像 α 衰变那样用位垒穿透来处理 β 衰变的企图当然失败了). 而且，一个束缚电子的典型的 (相对论性) 动能 ≈40MeV，同每个粒子的平均核结合能相比大得难以置信[277]. 我不知道是谁首先提出这些问题的.

2.11.3　核磁矩

R. Kronig (1904～1995) 在 1926 年指出了一个与电子的磁矩大小 $e\hbar/2mc$ (Bohr 磁子) 有关的困难[278]. 既然假设在原子核里有电子，那么 "原子核也将有一个磁矩，其量级为一个 Bohr 磁子，除非所有核电子的磁矩碰巧抵消，而这个概率似乎先验地应当是非常小的". 那时核磁矩还没有直接测量过 (质子磁矩的第一次直接测量是在 1933 年[277]). 但是已经清楚，如果核磁矩达到一个电子 Bohr 磁子的量级，那么由于外围电子的磁矩和核磁矩之间的相互作用，给出的光谱线的超精细分裂将大得不可接受.

2.11.4　核自旋

两年后 Kronig 指出了原子核的质子–电子模型的另一个奇怪结果，这个结果与关于 N_2^+ (一次电离的氮分子) 的带状转动光谱的强度实验有关. 这种光谱由两个分支组成[279]，一个对应于跃迁 $J\to J-1$，另一个对应于 $J\to J+1$，其中 J 是转动能级的原子核轨道角动量. 对于两个自旋为 I 的全同的原子核的情形，核自旋在每个分支中引入一个 "由强到弱" 交替的强度比 R，由下式给出：

$$R=\frac{I+1}{I}$$

测量已经表明[280]，N_2^+ 的 R 接近于 2，因此氮核的自旋等于 1. "人们首先也许会对这个结果感到吃惊"，Kronig 说[281]. 的确如此. 按照质子–电子模型，N^{14} 核由 14 个质子 +7 个电子构成，也就是说，由奇数个自旋为 1/2 的粒子构成. 合成的核自旋因此应当是半整数. 那么它怎么会等于 1 呢？"因此我们也许不得不假定，质子和电子不再保持它们在原子核外所显示的那种程度的等同性"[281].

2.11.5　核统计

1929 年，F. Rasetti (1901～2001) 报道了一项关于 Raman 散射的实验研究[282]，氮分子对光子的非弹性散射. 根据一个与关于带状转动光谱的论据有些相似的论据可以证明[279], Raman 转动光谱也呈现出交替的强度, 不过, 强度交替在这种情形下决定了原子核的统计性质. Rasetti 证明氮核服从 Bose 统计.

随后, W. Heitler (1904~1981) 和 G. Herzberg (1904~1999) 立即发出一篇短文[283], 他们在文中称 "这一事实令人极为惊奇". 按照质子–电子模型, N^{14} 核包含奇数 (21) 个自旋 1/2 的粒子, 因而应当服从 Fermi-Dirac 统计. 因此, 他们得出结论: "这条规则在原子核里不再成立 …… 看来原子核里的电子似乎在失去其自旋的同时 (参考 Kronig 早先的结论), 也失去了它参与原子核统计性质的权利". 此后不久, 超精细结构测量指出, Li^6 也具有 "错误的" 统计.

不论人们关注的是什么, 在核大小、核磁矩或核统计性质等方面, 原子核内的电子都造成严重的问题[284]. 答案不久就出来了: 原子核里没有电子, (A,Z) 对应于 Z 个质子和 $(A-Z)$ 个中子. 因此氮核中的自旋 ½ 粒子的个数不是奇数 (14 个质子 + 7 个电子), 而是偶数 (7 个质子 + 7 个中子). 我们不能揪住这一点来责怪 1920 年代末的物理学家, 责怪他们不能和没有提出比假设电子进入原子核后就失去它们的全同性更好的解释.

这就结束了对原子核组分引起的困扰的一一列举, 发现中子就是要解决这些困扰. 即使在发现中子之后也并没有立即禁止把电子作为核的组分. 这一段后话可以等到第 2.12 节再提. 下面我们先讨论有关 β 谱的进展.

2.11.6 β 谱: 1914~1930

在 Chadwick 发现连续 β 谱后的七年里, 关于这个题目没有什么值得记住的事情好说的. 一场大战正在进行. 然后, 在 1921 年, 有了 Ellis 的关于内转换的发现, 如前所述.

1922 年. Meitner 提出了一个完全不同的和复杂的 β 衰变机制[285], 它基于以下的假设: ① 一切 β 粒子开始时在原子核内都有同一个能量 E (当然我们仍然是在质子–电子模型的日子里); ② 它们可以带着这个完整的能量逃逸出来; ③ 或者它们也可以把它们的能量的一部分 $E-w$ 转换为一个个 γ 光子; ④ 由于发生在 $K, L, M \cdots$ 壳层中的内转换, γ 射线会产生次级 β 射线. 我将不讨论 Meitner 声称的支持她的模型的实验证据 —— 那当然是 Hahn 和她关于单色初级 β 射线能量的老想法的一种变型. 在她的文章里提到了 Ellis 的 "别种观点", 但是没有提到 Chadwick 的连续谱.

Chadwick 和 Ellis 觉得这个机制一点也不好玩. 他们一道回到连续谱, "按照 Meitner 的观点 …… 连续谱据推测是偶然发生的, 也许是由于均匀的一组 β 粒子的散射引起的, 但是按照我们的观点, 连续谱是由实际的蜕变电子组成"[286]. 他们在论文中报道了新的实验, 这些实验表明, "连续谱是不依赖于谱的真实存在 …… 任何把它看作是次级原因引起的解释都是站不住脚的".

关于初级 β 谱的争论已接近结束, 但是尚未全部过去. 在 1922～1924 年, 继续发布了几个主张连续谱是由次级原因引起的提议, Ellis 和 W. Wooster (1903～) 在 1925 年回顾了这些提议, 他们的结论是: "(这个谱的) 存在看来是毫无疑义的, 它的发生不应到任何通常的效应中去找"[287]. 他们也宣布要开始做一个不同的实验, 他们希望这个实验将会对局势作进一步澄清. 他们的想法是: 想象能够用量热法测量单次 β 衰变释放的总能量. 如果连续谱有一个 "通常的" 起源, 也就是说如果有一个独一无二的 β 能量然后再被各种 "通常" 过程 (比方说也包括电磁辐射) 重新分布, 那么, 量热器记录的能量就应当是总的初级能量, 他们合理地建议说, 可以认为这个能量就是 β 谱的上界. 另一方面, 假设除了电子没有别的东西加热量热器, 那么记录下的每次衰变的能量将是对电子能谱的平均. 这将是 "不寻常" 的.

它确实是不寻常的.

在辛勤工作两年后, Ellis 和 W. Wooster 宣布了他们的实验结果[288]. 他们用的源是镭 E, 选它是因为它实际上没有线状谱, 因此避免了内转换带来的全部复杂性. β 谱的平均能量 ≈0.39MeV, 上界 ≈1MeV. 量热器检测到的能量是 0.34MeV, 误差大约 10%.

这个重要结果一劳永逸地排除了任何用 "通常" 的手段解释 β 谱的企图. 两位作者的主要结论是这一段话: "我们可以将镭 E 的这个结果安全地推广到一切发射 β 射线的物体, 长期以来关于 β 射线的连续谱的起源的争论看来是解决了".

从卡文迪什传来的新闻对 Meitner 是一个 "巨大的冲击"[289]. 但是, 她是一位优秀的物理学家, 她和 W. Orthmann (1901～1945) 重做了实验. 实验结果的论文[290] 于 1929 年 12 月完成. 文章得体地承认了 Ellis 和 Wooster 的结论, 报道了实验结果与他们的结果一致. 两个小组都对它的全部涵义保持沉默.

它的全部涵义到底是什么呢?

2.12　中　子

2.12.1　Chadwick

H. Bethe (1906～2005) 曾经把 20 世纪 30 年代称为 "原子核物理学中快乐的 30 年代"[291], 他有充分的理由: 中子的发现使得原子核现象第一次可能有一个合理的理论.

1930 年, W. Bothe (1891～1957) 和 H. Becker 报道说[292], 用钋源发射的 α 粒子照射铍, 产生了 "新的辐射 …… 新辐射是如此之硬, 人们很难对它们起源于原子核提出疑问". 他们假设这种辐射由原子核发出的 γ 射线组成, 后来被证明部分是对的, 但不全对. 关于这个辐射过程是有些古怪的东西. 不论是它的能量平衡还是它的角分布都不适合 γ 发射的假设.

然后来了 J. Curie 1932 年 1 月 28 日的快讯[293]. 在这篇题为**从受到高穿透力 α 射线辐照的含氢物质发射出的高能光子**的文章里, 作者们报道说, 被断言为从 α 粒子–铍核反应产生的 γ 射线能够从石蜡打出质子. 他们进一步注意到, 如果质子发射是一个 Compton 效应, 这些 γ 射线的能量应当 $\approx$50MeV. 他们知道, 这是一个特别高的能量, 但是 "这不是拒绝这个 (Compton 效应) 假说的充分理由". 但是, 进一步考虑后, 他们改变了主意 —— 不是关于 γ 射线而是关于 Compton 效应的想法. 在接下来的 2 月 22 日的快讯[294] 里, 他们写道, 发射质子的机制 "对应于辐射和物质之间的相互作用的一种新模式."

在此期间 Chadwick 发现了中子 (图 2.9).

图 2.9　James Chadwick

在 1 月 28 日的文章到达卡文迪什时, 不论 Chadwick 还是 Rutherford 都不相信文章的结论. Chadwick 立即开始工作, 在 2 月 17 日投寄了一篇文章[295], 题为**中子存在的可能**, 他在文中提出 α 铍反应是 (n = 中子):

$$\alpha + \mathrm{Be}^9 \rightarrow \mathrm{C}^{12} + \mathrm{n}$$

这里他注意到, 中子的质量接近质子的质量.

2.12.2　感生放射性: Joliot-Curie 夫妇

幸运的是, Chadwick 的发现没有使 Joliot-Curie 夫妇 (图 2.10) 中断他们的实验. 结果他们也作出了一个重要发现.

到那时为止已知的核反应都是自发的, 但是在铝箔受照射后, 移走 α 源后正电子发射并不立即停止. 铝箔继续发射正电子; 这个过程有一个特征的半衰期 (~3 分钟). "这些实验表明, 存在一种新的发射正电子①的放射性"[296]

① 1932 年正电子的发现将在本书中别的地方讨论.

$$\alpha + Al^{27} \rightarrow P^{30} + n$$
$$\downarrow$$
$$Si^{30} + e^{+}$$

图 2.10　I. Joliot-Curie 和 F. Joliot-Curie

三星期后他们报道[297] 说, 用放射性化学方法直接检测到相应的磷和氮的同位素 —— 这是 β^+ 放射性的发现被授予 1935 年诺贝尔化学奖的原因. (也许还有一个考虑, 就是要在同一年 (1935) 授奖给 Joliot-Curie 夫妇和 Chadwick.)

现在事件一件接着一件很快地发生. 又过了五个星期后, E. Fermi (1901~1954) 投寄了他关于中子轰击感生的放射性的系列论文的第一篇[298]. Fermi 以这篇文章开始了他对中子物理学的实验研究, 这使他成为 20 世纪 30 年代世界上在这个领域的首席专家.

2.12.3　中子是什么?

这个问题花了两年时间来回答: 它是一个像质子一样基本的粒子. 下面我给出直到那时的一些思想的闪光. 所有的日期都是 1932 年的.

4 月 18 日. F. Perrin (1901~1992)[299] 和 P. Auger (1899~1993)[300] 建议, 轻元素只由 α 粒子、质子和中子构成, 中子被看成是一个束缚的质子–电子系统, 但是从天然放射性同位素 K^{41} 开始, 附加的电子作为独立的成分出现. 在 1933 年 10 月的 Solvay 会议上, 这个提议仍受到讨论, 在那里它有些意外地得到 Dirac 的支持: “如果我们把质子和中子当作基本粒子, 我们就将有三种基本粒子 (p, n, e) 组成原子核. 这个数看来像个大数, 但是从这种观点来看, 二也是个大数了”[301].

4 月 21 日. D. Iwanenko (1904~1994) 第一个建议, 中子可能是与质子相像的某种粒子. “主要的有趣之点是, 在什么程度上可以把中子看成基本粒子 (与质子和电子相像的某种东西)”[302]. 他并不是要把电子从原子核里驱逐出来. 相反, 他建议说, 这些粒子 “统统都打包在 α 粒子里或中子里 …… (这) 听起来并不是那么不可能, 如果我们还记得, 核内 [原文如此] 电子在进入原子核时其性质发生了极大的改变". 因此他相信, 电子作为核的一种成分, 已被隐蔽起来了 —— 当然, 这并没有解决原子核的质子–电子模型的许多问题.

4 月 18 日. Chadwick 说, "可以将中子描绘为一个小偶极子, 或者, 也许更好, 把它描绘为嵌在电子里的一个质子"[303].

8 月 17 日. Ivanenko[304] 讨论自旋–统计佯谬的解决: "我们不认为中子是由一个电子和一个质子构成, 而认为它是一个**基本粒子**. 认定这一事实后, 我们就不得不认为中子的自旋为 1/2, 并且服从 Fermi-Dirac 统计 ······ 而氮核显得服从 Bose-Einstein 统计. 现在这变得可以理解了, 因为 N^{14} 只包含 14 个基本粒子 (7p+7n), 这是个偶数, 而不是 21 个 (14p+7e)". 这是我所找到的有关解决氮核问题的最早的明确叙述.

1932 这一年以中子的老图像和新图像的和局结束.

2.12.4　第一个核力理论: Heisenberg

Heisenberg 在 1932 年下半年完成的三篇论文[305~307] 标志着过渡到现代对核力的看法. 这些文章虽然很重要, 但千万不要认为它们是与过去的断然决裂. Heisenberg 的原子核理论是新东西和旧东西的一个混杂体. 它的优点是以原子核的质子–中子模型为基础, 缺点是对中子本身又是用的质子–电子模型. 要理解 Heisenberg 的立场. 应当注意到, 他在 1932 年仍然站在 Bohr 一边, 相信应当把连续的 β 谱理解为是由于能量守恒定律的失效造成的 (第 2.13.1 节). 如他在一封致 Bohr 的信中写的: "基本想法是: 把所有的困难推给中子, 在原子核内实践量子力学"[308]. **[又见 5.2.2 节]**

Heisenberg 的中子是一个自旋为 1/2 的粒子, 服从 Fermi-Dirac 统计. "但是, 将假设在合适的条件下 (中子) 能够分裂成一个质子和一个电子, 这时能量守恒定律和动量守恒定律也许不适用"[305]. 于是我们掌握 Heisenberg 的策略了: 首先, 让我们承认我们不了解中子; 下一步, 让我们看看, 用标准的非相对论量子力学, 在一个仅由质子和中子 (电子以某种方式隐藏在中子里) 构成的原子核的问题上能走多远.

Heisenberg 假设, 和质子之间的 Coulomb 力一道, 在质子和中子之间以及中子和中子之间还存在一种新的短程相互作用, 但质子和质子之间没有这种作用. 后果深远的一个最重要的新颖之处是 Heisenberg 引进了 "同位旋", 通过它质子和中子就可以用一个二分量的波函数来描写. (同位旋在本书中别的地方有详细的讨论)

尽管有缺点, Heisenberg 的工作单从这个理由来说就是一个突破: 他坚持看作一个质子–中子体系的原子核是服从非相对论量子力学的.

2.12.5　第一个核反应理论：Bohr

中子的发现是最重要的事件, 这不仅因为它导致了原子核的第一个合理的 (虽然是原始的) 理论描述, 而且还因为这种新粒子提供了一种极有价值的新实验工具, 以揭穿核物质的秘密. 由于中子不带电荷, 它能进入和探测原子核的内部, 而不像 α 粒子那样受到静电斥力的阻碍. 于是就开始了实验探究的新篇章, 中子物理学, 它研究的是原子核受到中子轰击时所发生的事情. [**又见 15.2 节**]

中子物理学刚出现时, 对数据的初始解释还停留在与原子过程 (如原子对电子的散射或电子对原子的电离) 的类比上. 假设一个 "单体模型", 根据这个模型, 原子核作为一个整体由一个刚体代表, 它对打过来的中子施加一个固定的总体的平均力. 总的框架当然是量子力学的.

一些早期结果看来有希望. 这个模型能够解释观察到的随着中子运动得越来越慢中子俘获大量增加的事实. 曾经以为, 可以把从一种元素到另一种元素俘获概率的巨大涨落归之于原子核产生的平均力的相应的差异.

但是, 很快就产生了严重的困难. 理论预言, 热中子的散射概率应当大于它们的俘获概率或者可以与后者相比. 但是在 1935 年实验就已表明, 对于某些元素, 俘获的概率要比散射概率高得多, 例如对于镉俘获概率要比散射概率高大约 100 倍. 也是在这一年开始发现 "选择吸收". 这些现象是依靠下面这种实验装置发现的. 一个连续的中子谱首先打在一层 X 元素上. 一些中子被吸收, 一些中子穿过这一层. 后者又打到 Y 元素上, 在这里会发生进一步的吸收. 如果 X 和 Y 是同一种物质, 第二次吸收就要比它们是不同物质时小得多.

不论吸收原子核是哪一种, 吸收概率作为中子能量的函数总是呈现一系列的峰和谷.

所有这些观察事实都和单体模型的预言冲突, 按照这个模型, 对任何一种吸收核, 吸收应当显现一种光滑的函数特性 (与中子的速度成反比).

这时, Bohr 提出一个全然不同的处理方法[309]. 他的要点是, 把核当作单个刚体的理想化是不正确的. 他建议, 核反应应当当作一种特殊的多体问题来处理：一种二阶段反应.

在第一阶段, 射入的物体 —— 它可以是一个中子、一个质子或是一个 α 粒子, 对于后两种情况当然要适当地考虑静电排斥力 —— 与被轰击的原子核并合为一个单元, 即复合核. 这个复合核有许多与稳定核相同的性质, 虽然它自身是不稳定的. 于是它有一组离散的能级, 在 1920 年代初 (这个时期是 "核谱学" 的开端) 就已知道稳定核具有这一性质, 它是原子和分子早已熟知的情况在原子核中的类比.

在第二阶段, 复合核发生蜕变, 或蜕变为原来组成它的粒子 (弹性散射), 或者也是蜕变为这些相同的粒子, 但原子核转为一个激发态 (非弹性散射), 或蜕变为不

同的粒子 (核反应).

Bohr 接着说[309], 这幅图景的一个关键特征是, 复合核的生成和破裂在时间上是清楚分开的 (我们总是以核过程为比较的尺度). 他以为, 这种时间上的可区分性是核子被紧密地塞在原子核里的结果. 在一个中子和一个原子核的一次遭遇中, "入射中子多出的能量迅速地被全部核粒子瓜分, 结果是, 在此后的一段时间里没有哪个粒子有足够的动能离开原子核 …… 因此很清楚, 相遇的时间长度, 与中子为了简单地穿越一个原子核大小的空间区域所用的时间 (大约 10^{-21}s) 比起来, 就显得非常之长". 它是如此之长, 以致可以说, 复合核在它破裂时, 已经完全失去它是怎样生成的的记忆了. 破裂的唯一机会是一次罕见的涨落, 在这次涨落中, 有一个粒子聚集了绝大部分可以得到的多余能量.

下面讲一讲 Bohr 的模型的一些细节. 他推论说, 原子核的光发射应当是很显著的, 因为它不依赖于核子之间能量的复杂的再分布过程. 任何一个核子可以在任何时刻通过发射一个光子去掉多出的能量. Bohr 进一步主张, 选择吸收是复合核的能级量子化的结果. 量子力学教导我们, 如果入射粒子的能量刚好适合于将整个系统带到复合核的一个能级 (这个现象叫做共振激发), 那么复合核的生成概率就相当大. 如果入射能量不像这样合适, 复合核生成的概率就小得多.

共振激发也解释了前面所说的元素 X 和 Y 对中子的吸收. 被 X 吸收的主要是那些入射中子, 它们携带的能量对应于生成复合核 "X+ 中子" 的特定共振能量. 如果 Y 等于 X, 那么打到 Y 上的中子谱刚好缺了能够在 Y 层中生成复合核的中子. 反之, 如果 Y 与 X 不同, 那么入射的连续中子谱中的那些能够生成 "Y+ 中子" 复合核的中子没有被耗尽. 用 Bohr 的话说, "不同的选择吸收元素 [表明] 共振局限在狭窄的能量区间里, 对于不同的选择吸收体这些能量区间在不同的位置上"[309]. 因此共振激发既解释了选择吸收现象, 也解释了吸收概率作为中子能量的函数出现峰和谷这种现象的普遍发生.

由于巧合, Bohr 对这些现象的定性考虑得到了 G. Breit (1899~1981) 和 E. Wigner (1902~1995) 在普林斯顿同时独立进行的对核共振现象的定量研究的巨大帮助. 这些作者在他们的文章[310] 中不使用复合核模型, 事实上他们的主要公式不依赖任何模型, 因此可以应用于 Bohr 的图像. 这项工作有助于促进 "被核物理学界迅速而广泛地接受的 Bohr 的观念所要求的核动力学图像的更新; 在几个月里, 文献就基本上全是应用、检验和推广复合核观念的论文了"[311].

当然, Bohr 已经清楚, 对原子光谱的分析对他不会有什么帮助. 于是他和才华横溢的丹麦青年物理学家 F. Kalckar (1910~1938) 一起建议[312], 对原子核来说, 一个更为恰当得多的比拟是把它比作一滴液滴①. 不要过于从字面的意义去理解这

① Gamov 沿着一条不同的思路, 更早地得到了同一想法 [270].

个类比, 一滴真正的液滴的动力学与原子核的动力学有很大的不同. 但是小心谨慎地进行这种比较是有吸引力的, 并且最后证明在许多方面富有成果, 特别是关于集体运动. 一个处于平衡状态的液滴的特性可以用一个力来描绘, 这个力如果不是被一个表面张力抵消的话将会把液滴分散为更小的部分. 在液滴受到激发时, 它会作各种振动: 不改变液滴体积的表面波, 和一连串压缩和膨胀构成的体积波. Bohr 和 Kalckar 主张, 这些振动给出了原子核的集体运动的良好模型. 量子化的振动能应当描述了复合核的能谱. 由于表面波的频率比起体积波的频率要小, 前者应当描述了在较低的能量上的核能谱, 前面讲的那些过程就是在这种能量上观察到的.

1939 年, Bohr 将他的模型应用于核裂变. 这是复合核的 "最精彩的时刻!"[311]. 我不久就将讨论裂变.

这就结束了我对 20 世纪 30 年代核物理学演化情况的叙述. 核力的介子理论是滥觞于 20 世纪 30 年代的又一篇章, 它将在本书的别的地方讨论. 我只剩下两个题目要讨论了: β 谱疑难的收场和核裂变.

2.13　β 谱: 开端的终结

2.13.1　Bohr

Ellis 和 Wooster 的基础性论文[[288](见第 2.11.6 节) 发表于 1927 年 12 月. 我的印象是, 它所造成的局势的严重性并没有立即被人们注意到. 在 1928 年的全部文献中, 我只找到一篇 (不重要的) 引用了他们的论文. Pauli 在 1929 年 2 月抱怨说, Bohr 曾帮助他赶上各种有关 β 衰变的思潮, "办法是求助于剑桥的权威方面但是没有提到这篇文献"[313]. 这一抱怨表明, 即使到那时他也没有见到 Ellis-Wooster 的论文.

头一个作出努力来解释 β 谱的连续本性的人是 Bohr, 他提出这是由于在 β 衰变中能量不守恒. 打从 1929 年初他心中就有这个想法了, 这从 Pauli 给 Bohr 的一封信中可以看到: "你打算进一步虐待这条可怜的能量定律吗?"[314].

Bohr 首次公开说出这个想法是在他的 Faraday 纪念演讲 (1930 年 5 月)[315] 中, 他在演讲中也评论了原子核构成的悖谬. 在提到 α 粒子的 4p+2e 模型时他说道: "只要我们一探究 …… 哪怕是最简单的原子核的组成, 量子力学的现行表述就完全失败". 而关于 β 衰变, 他说:

> 在原子理论的当前阶段, 我们没有根据 (不论是经验上的还是理论上的) 在蜕变的事例中坚持能量原理, 并且我们在试图这样做时甚至导致种种麻烦和困难 …… 不过, 正像对于解释物质的普通物理和化学性质是不可缺少的有关原子构成的论述蕴含着对因果性这个经典理想的放弃一样,

对于原子核的存在及其种种性质不可缺少的、存在于更深的层次的原子稳定性的特色, 也可能迫使我们放弃能量平衡这一理想. 我不再多谈这些猜测及它们与争论很多的恒星能源问题的可能关系. 我在这里提及它们, 主要是为了强调, 尽管有近来的一切进展, 我们在原子理论中仍然必须为新的惊人情况做好准备.

因此 Bohr 相信, β 谱和结构悖论是量子力学描述的有限性的表征, 在 1929 年, 谁敢大胆预言这两种病症要求中子和中微子这两个独特的疗法呢?

2.13.2 Pauli

1930 年 10 月, Pauli 写了一封信给在图宾根举行的物理学会议. 其部分如下:

亲爱的放射性女士们和先生们:

关于氮核和锂 6 核的 "错误" 统计性质以及连续的 β 谱, 我想到了一条孤注一掷的出路, 以挽救统计性质的 "交替定律"① 和能量定律. 那就是, 在原子核中也许能够存在电中性粒子的可能性, 这种粒子我将称之为中子, 它的自旋为 1/2, 满足不相容原理, 并且与光量子的进一步的不同在于它们不以光速运动. 中子的质量应当与电子质量在同一数量级, 无论如何不大于 0.01 倍质子质量. 这时连续的 β 谱就变得可以理解了, 只要假设在 β 衰变中有一个中子伴随着电子一道发射出来, 使得中子的能量和电子的能量之和为常数.

进一步的问题是, 作用在中子上的是哪些力? 根据波动力学 ······ 在我看来, 最有可能的中子模型是, 静止的中子是一个磁偶极子, 具有某一磁矩. 实验似乎要求这样一个中子的电离作用不能大于一个 γ 粒子的电离作用, 因而 μ 不能大于 $e\times10^{-13}$cm.

暂时我还不敢发表有关这个想法的任何东西, 我首先向你们, 亲爱的放射性女士/先生们, 推心置腹地讲讲有关这样的中子如何实验证实的问题, 因为它具有等于或 10 倍于 γ 射线的穿透能力.

我承认我设想的这条出路并不是先验地十分可能, 因为如果这种中子存在的话, 人们也许早就看到它们了. 但是唯有勇者胜[316].

让我们更仔细地看看 Pauli 这封信. 他这样用 "中子" 这个词 (我暂且称它为 Pauli 中子) 是很自然的, 我们现在的中子那时还未被假定. 显然, Pauli 将他的粒子看成是原子核的组成和 β 衰变两个问题的答案. 但是, 他还是不能禁止电子作为核的构成成分. Pauli 中子的重量很小; 还得靠质子来提供原子核的质量, 靠电子来补偿电荷. 在其原始概念中, 他的原子核图像是一个 "三组分模型". Pauli 中子必须捆绑到核物质上, 因而他需要一个磁矩.

---

① 偶数 (奇数) 个自旋 1/2 的粒子的自旋为整数 (半整数), 并服从 Bose-Einstein(Fermi-Dirac) 统计.

很抱歉, 我必须略去后面几年的有趣的发展[317], 跳到 1933 年, 那年 4 月, Pauli 注意到 “Fermi 造了那个意大利名称 (即中微子 neutrino)(与中子不同)”[318]; 还有那年 10 月, Pauli 和 Bohr 之间发生了公开对峙. 对峙发生在第七届 Solvay 会议上.

Pauli 在讨论中微子时说: “(Bohr 的) 假说在我看来是不令人满意的, 甚至是没有道理的”. 他坚持 “在一切基元过程中” 能量、动量、角动量和统计性守恒. 他认为中微子具有自旋 1/2 并服从 Fermi-Dirac 统计是 “可想而知的”, 但是注意到了还没有在实验上被证实[319]. 再没有人说中微子是原子核的一种组分了. Perrin 指出, 将相对论运动学应用于镭 E 的谱表明 “中微子的**固有质量为零**, 像光子一样”(着重体是他原来的)[320]. Bohr 的评论相当低调. “只要我们还没有实验数据, 明智的做法是不要放弃守恒定律, 但是另一方面, 没有人知道有什么令人吃惊的事仍在等待我们”[321].

2.13.3　Fermi

Fermi 也出席了 Solvay 会议上对 β 衰变的讨论, 不过在别人争论时他保持沉默. 但是, 他必定在会议结束后立即就去工作了. 他在 12 月投寄了关于这个题目的一篇短文给《自然》. 它被拒绝刊登, “因为它包含离现实太远的猜测, 读者不会感兴趣”[322]. 它的题为 “β 射线反射的初步理论 (*Tentativo di una teoria della emissione di raggi* β)” 的意大利文版的命运要好一些[323]. 更详细的叙述[324] 发表于 1934 年初. 这篇文章里终于说到, 适合于 β 衰变的语言是量子场论的语言: 电子 (或中微子) 可以产生, 可以消失 …… 由重粒子和轻粒子构成的系统的 Hamliton 函数必须这样选择, 使得对于每一次从中子到质子的跃迁, 均有一个电子和一个中微子的产生与之相联系. 对于其逆过程, 一个质子变为中子, 则相联系的应当是一个电子和一个中微子的消失[324]. **[又见 5.2.3 节]**

Fermi 在作出这些断言时求助于与光子的产生和湮没的类比. 这一类的比较以前已经在流传. Ivanenko 在 1932 年 8 月写道: “(β 衰变中) 一个电子被逐出类似于一个新粒子的诞生”[304]; Perrin 在 1933 年 12 月说: “中微子 …… 并不是预先存在于原子核中, (而是) 在被发射时产生的, 像光子一样”[325]. 但是, 在 Fermi 之前没有人把这些想法表述成可操作的形式. 事实上, Fermi 是在粒子物理学中使用二次量子化的自旋 1/2 场的第一人.

Fermi 的理论是粒子物理学历史中的高峰之一. 它的成功的预言是原子核的质子–中子图像的无可争辩的证据. 从 1934 年起, 原子核内的电子就一劳永逸地被禁止了.

我不在这里讨论 Fermi 的文章的更进一步的丰富内容了, 也不讨论他的理论被别人精心加工后给出的后果. 事实上现在我已完成了我的任务: 为读者展示出那条穿越 β 衰变的早期的错综复杂情况的道路.

2.14 裂　变

2.14.1 裂变的发现

1938 年 12 月 10 日, Fermi“由于他证明了由中子辐照产生的新放射性元素的存在以及连带发现了由慢中子引起的核反应”领取了诺贝尔物理学奖. Fermi 在他的领奖演说中回顾了他得到的成果, 其中包括轰击铀得到的结果. Fermi 和他的同事在 1934 年 6 月就已发现, 中子轰击铀产生好几种感生的核反应, 其中之一“表明(所产生的) 元素的原子序有可能大于 92”[326], 92 是铀的原子序.

Fermi 在其领奖演说中对这些及随后的发现总结如下:“铀的某些活动的载体既不是铀本身的同位素, 也不是到原子序 86 为止的比铀轻的元素. 我们的结论是, 载体是原子序大于 92 的一个或多个元素; 我们在罗马习惯于把元素 93 和 94 分别叫做 Ausenium 和 Hesperium”[327]. 在 12 月初, Fermi 的推理是完全合乎逻辑的. 如果一个同位素不在 $Z = 86 \sim 92$ 的区间里, 那么它必定超出 $Z = 92$ 之外.

罗马小组的工作在别的实验室里得到证实和推广, 尤其是在柏林的 Hahn、Meitner 和 F. Strassmann (1902~1980) 的实验室里, 他们在 1938 年 7 月发布了 $Z = 93 \sim 96$ 的元素的初步证据[328]. 在同一篇文章里, 作者们还宣布发现了新的不稳定同位素 ${}^{239}_{92}\mathrm{U}$, 被看作是大约 25 电子伏的中子的共振. 不久就要讲到这个同位素.

于是越来越多的人认为, 物理学和化学的新的一章开始了, 关于超铀元素的一章.

错了.

1938 年秋天, Hahn 和 Strassmann 对在中子–铀碰撞中产生的元素开始进行一个最细心的放射化学分析. Hahn 在后来写的书中总结了这次分析的动机和实行情况[329]. 我必须跳过所有这些迷人的细节, 直接转到他们的结果: 在中子–铀相互作用的产物中, 他们认出了钡的三个同位素, 它们的 $Z = 56$, 大约是铀的 Z 的一半!

这个发现不啻晴天霹雳. 以前既没有见到过也没有想到过这样的事情; 到那时为止, 核反应引起的 Z 的变化从来没有大过 2.

他们的结果于 1939 年 1 月 6 日在刊物上发表[330]. 作者们被他们自己的发现吓倒了. “由于这些奇特的结果, 我们发表这篇文章相当犹豫 …… 作为化学家, 我们应当如实地讲述新产物就是钡 …… 但是作为工作领域与物理学非常接近的核化学家, 我们不能让我们自己迈出这样巨大的一步, 它与我们以往在核物理学中的全部经验相反”[330].

在 1938 年过去之前, 弄清楚了如何解释 Hahn-Strassmann 的结果. 按照

O. Frisch (1904~1979) 的回忆, "Meitner 在瑞典很孤独①, 我作为她忠实的外甥, 在圣诞节时 (从哥本哈根) 去拜访她. 在一个小旅馆里 …… 我找到她正在边吃早饭, 边仔细琢磨 Hahn 寄给她的一封信"[331]. Frisch 表示怀疑, 直到 Meitner 说服他相信 Hahn 的先进方法.

在接下来的两三天里, 他们两人共度圣诞节. "一个想法逐渐成形", Bohr 的原子核的液滴模型也许能够解释所发生的事情. "一个液滴也许能将自己分成两个更小的液滴: 先拉长, 再收缩, 最后被撕裂"[331]. 他们认识到, 关键是两个相反的力之间的交互作用. 有一个吸引的核力, 在液滴模型中由一个表面张力代表, 它将液滴聚在一起, 与一滴水银所发生的情况相似. 另外还有一个作用于各个质子之间的静电排斥力, 它要使原子核分裂. 两个力都随原子核大小的增大而增加, 但是排斥力增加得更快. 他们能够估计出, 排斥力在 Z 接近 100 时将占上风. 因此 "铀核也许是一个非常不稳定的液滴, 只要受到最小的刺激像一个中子的轰击, 就会轻易地把自己一分为二". 他们估计出, 两个碎片的动能是巨大的: 2 亿电子伏, 大约是以往观察到的任何核反应的 10 倍.

他们把这个发现写成一篇短文, 在 1 月 16 日投寄给《自然》[332].

1939 年 1 月 26~28 日, 在华盛顿召开了一个小规模的理论物理学会议, 有 Bohr 和 Fermi 参加, Fermi 在几个星期前逃出了意大利②, 他刚一听到这个新闻, 就决定进行裂变的研究. 他们两人在会上都做了关于裂变的报告. "对所有与会者, 整个事情都是相当意外的"[333]. 有关裂变的字句立即出现在报纸上, 如 1 月 29 日那一天的《纽约时报》.

华盛顿 1 月会议标志着一个对裂变进行围猎的季节的开始. 华盛顿的一个研究小组报告说, "在 1 月 28 日的会议结束时, 我们有幸向 Bohr 教授和 Fermi 教授演示了 (裂变)"[333]. 1939 年, 发表关于这个主题的论文超过一百篇[334]. 所研究的题目包括: 裂变概率对入射中子能量的依赖关系, 铀裂变的各种模型 —— 到 1939 年年底, 在铀的裂变碎片中共认证出 16 种不同的元素, 某些元素还有几种同位素 —— 以及其他元素的可裂变性. 所有这些都是实验工作. 这一时期唯一的理论贡献是 Bohr 以及 Bohr 和 J. Wheeler (1911~2008) 做的.

2.14.2 Bohr 论铀 235

在 2 月初的一天, G. Placzek (1905~1955) 去看望正在普林斯顿的 Bohr, Bohr 说, 现在有关超铀元素的一切混乱都已成为过去了. Placzek 回答说, 不, 还有一个谜没解开: 铀对中子的俘获概率是中子能量的函数, 它在中子能量大约为 25eV 时

① Meitner 是奥地利籍的犹太人. 1938 年 3 月在纳粹操纵下德奥合并, Meitner 直接面对纳粹的种族迫害, 她立即经荷兰逃亡到瑞典. —— 译者注

② 由于不久前颁布的反犹法律影响到他的妻子, 她是犹太裔.

有一个相当大的共振峰 —— 即 Hahn、Meitner 和 Strassmann 早先所发现的复合核 ^{239}U 的形成[328]. 因此人们必定会预期, Placzek 说, 裂变作为 ^{239}U 的一种衰变模式, 也应当在 25 eV 处出现一个峰 —— 但是却没有这样的迹象. 这场讨论发生在普林斯顿俱乐部的早餐时. "当 Bohr 听到这些时他变得烦躁不安. 让我们去范氏大厅 (Fine Hall) 吧, 他说. 在走到那里的 5 分钟时间里, Bohr 沉默深思. 当他在 Placzek、Rosenfeld 和 Wheeler 的陪同下来到他的办公室时, 他说: 听着, 我全明白了."[335]

Bohr 解释说: 铀同位素中占绝大部分的铀 238 是发生共振的, 但是在这个能量上并不发生裂变; 稀少的同位素铀 235, 只占天然铀的 0.7%, 在这个能量上变得可以裂变, 但是并不共振. 关于这个效应的一篇短文在 2 月 15 日发表[336]. 应当强调, Bohr 关于铀 235 的作用的想法当时还没有实验基础. 事实上, 在那时 "很少物理学家接受 Bohr 的解释. 特别是 Fermi 强烈地不赞成"[337]. 一个直接的检验需要对天然铀样本中的铀 235 进行富集, 然后它在慢中子作用下应当显示出增强的裂变率. 一直到 1940 年 3 月才得到这种证实[338].

1939 年, Bohr 与 Wheeler 合作对裂变过程做了详细的理论研究. Bohr 在这一工作中遇到了两个 "老相好": 1936 年的复合核和对表面张力与表面振动之间的关系的研究, 后者是他写于 1905~1906 年的得奖论文的主题. 他们的劳动给出了两篇重要论文[339].

Bohr 与 Wheeler 的工作是他对物理学所作的最后的大贡献. 他的科学产出的年份从 1905 年一直伸展到 1939 年. 它从经典物理学开始 (液体射流中的振动), 接着是旧量子论, 然后是量子力学的基础, 最后是核物理学. 他在 20 世纪的科学上加上了自己的烙印.

多年以后, Bethe 写道: "复合核主导着核反应理论, 至少从 1936 年到 1954 年 …… 在洛斯阿拉莫斯时, 每当我们试图得到 (概率) 时我们就用复合核模型, 我们得出的预言通常是很合理的. 复合核能够解释许多现象 ……"[340]. 他应当知道这些, 因为在战争年代他是洛斯阿拉莫斯实验室理论部的头头.

2.14.3　附言: 战前关于从裂变得到原子能的想法

1939 年就已知道, 在裂变过程中有自由中子释出, 由此立即可知, 这有可能会发生链式反应, 而链式反应又可能导致原子弹.

所有这些早期结果都在公开的科学报刊上发表. 因此就引来了对这些结果的涵义的思考. 仅举一例: 1939 年 6 月发表了一篇德文文章, 题为 "原子核里包含的能量能够用于技术吗? "[341]. 报刊也从一开始就让一般公众知悉这些结果, 如以下这些头条标题样本 (都出自 1939 年) 表明的:《纽约时报》2 月 5 日 "别指望铀原子使文明发生革命性变化";《纽约信使论坛报》2 月 12 日 "在科学王国里: 回旋加速器中的暴风雨不太可能毁灭地球"; 5 月 7 日 "在科学王国里: 原子动力的实用发展现在只是一个时间问题"; 《华盛顿邮报》4 月 29 日 "物理学家在此争论实验是否会炸掉 2 英里的风景".

像这样的头条标题会有助于推销报纸. 但是科学家知道得很清楚, 馅饼并不是马上就要从天上掉下来. 《科学美国人》1939 年 10 月号一篇文章里更清醒地写道, "通过核裂变获取功率产出并不是不可能的. 但是在现在的条件下, 这个过程的无效程度就像以每次一粒的速度从海滩上移走砂子一样"[342].

不管好还是坏, 形势已经变了.

但是, 那是另一个故事了.

(秦克诚译, 刘寄星校)

参考文献

[1] Perrin J 1913 Les Atomes (Paris: Librairie Alcan) (英译本 Hammick D L 1916 Atoms (Now York: Van Nostrand))

[2] Descartes R 1955 Principles of Philosophy Part 2, Principle 20 (see, for example, the translation by Haldane E and Ross G 1955 (New York: Dover))

[3] Compare with de Milt C 1948 Chymia 1 153

[4] Mendeleev D 1891 The Principles of Chemistry vol 1 (London: Greenaway) p 315

[5] Williamson A W 1869 J. Chen. Soc. 22 328

[6] Prout W 1815 Ann. Phil. 6 321; 1816 Ann. Phil. 7 111 (reproduced in Alembic Reprints) 1932 (London: Gurney & Jackson)

[7] Quoted by Brock W H and Knight M 1965 Isis 56 5

[8] Clausius R 1857 Ann. Phys., Lpz. 10 353

[9] Maxwell J C 1952 Collected Works vol 2 (New York: Dover) pp 376-377

[10] Planck M 1883 Ann. Phys., Lpz. 19 358

[11] Ostwald W 1895 Verh. Ges. Deutsch. Naturf. Ärzte 1 155

[12] Sommerfeld A 1944 Wiener Chem. Z. 47 25

[13] Mach E 1910 Popular Scientific Lectures (Chicago: Open Court) p 207

[14] Young T 1972 Miscellaneous Works, Johnson Reprint vol 9 (New York: Johnson) p 461

[15] Loschmidt J 1866 Wiener Ber. 52 395

[16] Maxwell J C 1952 Collected Works vol 2 (New York: Dover) p 361

[17] van der Waals J D 1873 Over de continuiteit van den gas-en vloeistof toestand (Leiden: Sÿthoff)

[18] Rucker A W 1888 J. Chem. Soc. 53 222

[19] Deslattes R D 1980 Ann. Rev. Phys. Chem. 31 435

[20] Maxwell J C Theory of Heat ch 22 (Westport, CT: Greenwood)

[21] Thomson J J 1899 Phil. Mag. 48 565

[22] Curie M 1900 Rev. Scientifique 14 65

[23] Müller E W 1956 Phys. Rev. 102 624; 1956 J. Appl. Phys. 27 474; 1957 J. Appl. Phys. 28 1; 1957 Sci. Am. June 113

[24] Maxwell J C 1873 A Treatise on Electricity and Magnetism (Oxford: Clarendon) p 307

[25] Faraday M 1839 Experimental Researches in electricity section 852, (London: Quaritch)

[26] Reference [25] section 869

[27] Reference [9] vol 2, p 418

[28] Reference [9] vol 2, p 361

[29] Reference [24] part 2, ch 4

[30] 与 Kahl R (ed) 1971 Selected Writings by Hermann Helmholtz (Middletown, CT: Wesleyan University Press) p 409 比较

[31] 例如, 与 Richarz F 1894 Ann. Phys. Chem. 288 385 比较

[32] 他的文章直到 1881 年才发表. Stoney G J 1881 Phil. May. 11 381

[33] Rutherford E 1906 Radioactive Transformations (London: Constable) especially pp 1, 16

[34] Nitske W R 1971 The Life of Roentgen (Tucson, AZ: University of Arizona Press) p 100

[35] Rutherford 的贡献收集于 1962-1965 年 The Collected Papers of Lord Rutherford of Nelson (London: Allen and Unwin)

[36] Reference [33] p 17

[37] Curie M 1929 Pierre Curie (New York: MacMillan)

[38] Sklodowska M 1898 C. R. Acad. Sci., Paris 126 1101

[39] Schmidt G C 1898 Ann. Phys., Lpz. 65 141

[40] Curie P, Curie S and Bemont G 1898 C. R. Acad. Sci., Paris 127 1215

[41] Quoted in Eve A *S* 1939 Rutherford (Cambridge: Cambridge University Press) p 80

[42] Moore R B 1918 J. Franklin Inst. 186 29

[43] Reference [33] p 18

[44] Rutherford E 1903 Phil. Mag. 5 177

[45] Rutherford E 1905 Radioactivity 2nd edn (Cambridge: Cambridge University Press)

[46] Rutherford E 1905 Phil. Mag. 6 193; reference [45], p 156

[47] Rutherford E and Geiger H 1908 Proc. R. Soc. A 81 162

[48] Rutherford E and Royds T 1909 Phil. Mag. 17 281

[49] Rutherford E 1902 Phys. Z. 3 517

[50] Rutherford E and da Costa Andrade E N 1914 Phil. Mag. 27 854
[51] Rutherford E 1900 Phill. Mag. 49 1
[52] Rutherford E and Soddy F 1902 Phil. Mag. 4 370, 569
[53] Russell A S 1951 Proc. Phys. Soc. 64 217
[54] Robinson H R 1943 Proc. Phys. Soc. 55 161
[55] Curie M 1910 Traité de Radiactivité vol 1 (Paris: Gauthier-Villars) ch 3
[56] Curie M 1899 Rev. Gen. Sci. Pures Appl. 10 41
[57] Reference [55] vol 1, p 129
[58] Elster J and Geitel H 1898 Ann. Phys., Lpz. 66 735
[59] Elster J and Geitel H 1903 Ann. Phys., Lpz. 69 83
[60] Curie P and Laborde A 1903 C. R. Acad. Sci., Paris 136 673
[61] Poincaré H 1913 The Foundations of Science (New York: Science) ch 8
[62] Briner E 1925 C. R. Acad. Sci., Paris 180 1586
[63] Rayleigh Lord 1969 The Life of Sir J J Thomson (London: Dawsons) p 141
[64] Rutherford E 1911 Radioactive Transformations (Newhaver, CT: Yale University Press) p 267
[65] Quoted in Crookes W 1910 Proc. R. Soc. A 83 xx
[66] Curie P 1967 Nobel Lectures in Physics 1901-1922 (New York: Elsevier) p 78
[67] Soddy F 1912 Matter and Energy (New York: Holt)
[68] Rutherford E and Soddy F 1903 Phil. Mag. 5 576
[69] Lorentz H A 1934 Collected Papers vol 2 (The Hague: Nÿhoff) p 164
[70] Lorentz H A 1934 Collected Papers vol 5 (The Hague: Nÿhoff) p 1
[71] Lorentz H A 1934 Collected Papers vol 5 (The Hague: Nÿhoff) p 172
[72] de Costa Andrade E N 1958 Proc. R. Soc. A 244 437
[73] Thomson J J 1883 A Treatise On the Motion of Vortex Rings (London: MacMillan) (reprinted 1968 (London: Dawsons))
[74] Thomson J J 1897 Phil. Mag. 44 293, 尤其是 p 311
[75] Thomson J J 1897 Phil. Mag. 48 547, 尤其是 p 565
[76] Thomson J J 1904 Electricity and Matter (New York: Scribner) p 114
[77] Thomson J J 1904 Phil.Mag. 7 237
[78] Rutherford E 1902 Trans. R. Soc. Canada 8 79
[79] Campbell N R 1907 Modern Electrical Theory (Cambridge: Cambridge University Press) p 251
[80] Thomson J J 1903 Phil. Mag. 6 637
[81] 进一步的细节参见 Pais A 1986 Inward Bound (Oxford: Oxford University Press) ch 9 section (c) pt 3
[82] Thomson J J 1906 Phil. Mag. 11 769
[83] Kirchhoff G 1859 Bei. Berliner Akad. 662 (Engl. Transl. 1860 Phil. Mag. 19 193)

[84] Kirchhoff G 1859 Ber. Berliner Akad. 783; 1859 Ann. Phys. Chem. 109 275

[85] Eubsteub A 1913 Naturwissenschaften 1 1077

[86] Hasenöhri F (ed) 1968 Wissenschaftliche Abhandlungen von L Boltzmann vol 3 (New York: Chelsea) pp 110, 118

[87] Wien W 1893 Ber. Preuss. Akad. Wiss. 55; 以及 1894 Ann. Phys. 52 132

[88] Wien W 1896 Ann. Phys., Lpz. 58 662

[89] 特别参见 Paschen W 1897 Ann. Phys., Lpz. 60 662

[90] Heilbron J L 1986 The Dilemma of an Upright Man (Berkeley, CA: University of California Press)

[91] Harmann A 1973 Planck (Reinbek: Rowohlt)

[92] Planck M 1950 Scientific Autobiography and other Papers (英译本 F Gaynor 1950 (London: William and Norgate) p 7)

[93] Reference [86] pp 615, 618, 622

[94] Planck M 1900 Ann. Phys., Lpz. **1** 69 特别是 p 118

[95] Lummer O and Pringsheim E 1900 Verh. Deutsch. Phys. Ges. 2 163

[96] Hettner G 1922 Naturwissenschaften 10 1033; 这篇文章与 Planck 自己写于八十多岁时的回忆略不有同 Planck M 1958 Physikalische Abhandlungen and Vorträge vol 3, ed M von Laue (Braunschweig: Vieweg) p 374

[97] Pais A 1982 Subtle is the Lord (Oxford: Oxford University Press) ch 19 section (b)

[98] Planck M 1900 Verh. Deutsch. Phys. Ges. 2 207

[99] Planck M 1900 Verh. Deutsch. Phys. Ges. 2 237

[100] Planck M 1900 Nobel Lectures in Physics 1901-1921 (New York: Elsevier) p 407

[101] Planck M, letter to R W Wood, 7 October 1931 Am. Inst. Phys. Archives, New York

[102] Einstein A 1916 Verh. Deutsch. Phys. Ges. 18 318

[103] Benz U 1975 Arnold Sommerfeld (Stuttgart: Wissenschaftliche Verlagsge-sellschaft) p 74

[104] Einstein A 1949 autobiographical notes in Albert Einstein, Philosopher-Scientist ed P A Schilpp (New York: Tudor)

[105] 光子概念的演变参见文献 [97], ch 21

[106] Reference [97] ch 19 section (f) and ch 21 section (f)

[107] Kirsten G and Körber H 1975 Physiker uber Physiker (Berlin: Akademie) p 201

[108] Einstein A 1944 Berliner Tageblatt April 20

[109] Planck M 1910 Phys. Z. 11 922

[110] 有关 Bohr 家庭背景的更多细节见 Pais A 1991 Niels Bohr's Times (Oxford: Oxford University Press) ch 2

[111] Reference [9] vol 2, p 241

[112] Bohr N 1909 Trans. R. Soc. 209 281; 重印于 Niels Bohr, collected Works vol 1 (Amsterdam: North-Holland) p 29

[113] 1952 Niels Bohr, Colected Works vol 1 (Amsterdam: North-Holland) p 167

[114] Reference [113] p 291

[115] Rutherford E 1911 Phil. Mag. 21 669

[116] 1952 Niels Bohr, Collected Works vol 2 (Amsterdam: North-Holland) p 136

[117] Kirchhoff G and Bunsen R 1860 Ann. Phys. Chem. 110 160; also 1861 Ann. Phys. Chem. 113 337 (Engl. transl. 1861 Phil. Mag. 20 89; 1862 Phil. Mag. 22 329-448)

[118] Reference [81] pp 168-170

[119] Kayser H G J 1900-1912 Handbuch der Spektroskopie 6 vols (Leipzih: Hirzl) (more volumer appeared later)

[120] Ångström A 1872 Ann. Phys. Chem. 144 300

[121] Plücker J 1859 Ann. Phys. Chem. 107 497, 637

[122] Ångströöm A 1868 Recherches sur le Spectre Solaire (Uppsala: Uppsala University Press)

[123] Stokes G G 1901 Mathematical and Physical Papers vol 3 (Cambridge: Cambridge University Press) p 267

[124] Reference [9] vol 2, p 445

[125] Thomson J J 1906 Phil. Mag. 11 769

[126] Stark J 1911 Prinzipien der Atomdynamik vol 2 (Leipzig: Hirzl) sections 19, 25

[127] Bohr N, interviewed by T S Kuhn, L Rosenfeld, E Rüdinger and A Peters, 7 November 1962 transcript in Niels Bohr, Archive, Copenhagen

[128] 有关细节参见文献 [119] vol 1, pp 123-7; reference [81] pp 171-4

[129] Konen H 1913 Das Leuchten der Gase und Dämpfe p 71ff (Braunschweig: Vieweg)

[130] Hagenbach A 1921 Naturwissenschaften 9 451

[131] Balmer J 1885 Verh. Naturf. Ges. Basel 7 548

[132] Zhao P, Lichten W, Layer H and Bergquist J 1987 Phys. Rev. Lett. 58 1293

[133] Balmer J 1885 Verh. Naturf. Ges. Basel 7 548

[134] Schuster A 1911 Encyclopaedia Britannica (London: Encyclopeadia Britannica Company Ltd) entry ‘Spectroscopy’

[135] Reference [113] p 175

[136] Niels Bohr 1972, Collected Works, Vol. 1 (Amsterdam: North-Holland Publishing Co.) p 300

[137] Bohr N, letter To E Rutherford 31 January 1913, 见文献 [116] p 579

[138] Bohr N, letter To G von Hevesy 7 February 1913, 见文献 [116] p 529

[139] Stark J 参见文献 [126] vol. 2, p 44

[140] 参见文献 [127] interviews on 31 October and 7 November 1962

[141] Haas A 1910 Wiener Ber. IIa 119 119; 1910 Jahrb. Rad. Elektr, 7 261; 1910 Phys. Z. 11 537

[142] Sommerfeld A 1912 Théorie de Rayonnement et les Quanta (Paris: Gauthier-Villars) p 362

[143] Bohr N 1913 Phil. Mag. 26 1, see reference [116] p 159

[144] Nicholson J W 1911 Phil. Mag. 22 864

[145] Nicholson J W 1912 Mon. Not. R. Astron. Soc. 72 677

[146] Bjerrum N 1912 Nernst Festschrift p 90 (Halle: von Knapp) (Engl. Transl. Bjerrum N Selected Papers (Copenhagen: Munksgaard) p 34)

[147] Nernst W 1911 Z. Elektrochem. 17 265

[148] Bohr N, letter to E Rutherford 6 March 1913, 参见文献 [116] p 581

[149] Reference [116] section 2

[150] Reference [116] section 3

[151] Bohr N 1914 Fysisk Tidsskr. 12 917 参见文献 [116] p 303

[152] Fowler A 1913 Nature 92 95

[153] Bohr N 1913 Nature 92 231, 参见文献 [116] p 273

[154] Bohr N 1913 Phil. Mag. 26 476, 参见文献 [116] p 187

[155] Bohr N 1913 Phil. Mag. 26 857, 参见文献 [116] p 215

[156] Ritz W 1908 Phyz. Z. 9 521

[157] Moseley H G J 1913 Nature 92 554; 1913 Phil. Mag. 26 1024; 1914 Phil. Mag. 27 703

[158] Kramers H A and Holst H 1923 The Atom and the Bohr Theory of its Structure (New York: Knopf) p 139

[159] Rutherford E, letter to N Bohr 20 March 1913, 参见文献 [116] p 583

[160] Strutt R J 1968 Life of John William Strutt, Third Baron Rayleigh (Madison, WI: University of Wisconsin Press) p 357

[161] Moseley H G J, letter to N Bohr 16 November 1913, 参见文献 [116] p 544

[162] Sommerfeld A, letter to N Bohr 4 September 1913, 参见文献 [116] p 603

[163] Gerlach W interview with T S Kuhn 18 February 1963 (transcript in Niels Bohr Archive)

[164] Pohl R W interview with T S Kuhn and F Hund 25 June 1963 (transcript in Niels Bohr Archive)

[165] von Hevesy G, letter to N Bohr 23 September 1913, 参见文献 [116] p 532

[166] Bohr N, letter to E Rutherford 6 September 1916 (transcript in Niels Bohr Archive)

[167] 有关美国情况, 特别参见 K R Sopka 1980 Quantum Physics in America, 1920-1935 (New York: Amo)

[168] Heisenberg W 1984 Gesammelte Werke part C, vol 1 (Munich: Piper) p 4

[169] Stark J 1913 Sitz. Ber. Preuss. Akad. Wiss. 932; 1913 Nature 92 401

[170] Warburg E 1913 Verh. Deutsch. Phys. Ges. 15 1259

[171] Epstein P S 1916 Phys. Z. 17 148
Schwarzschild K 1916 Sitz. Ber. Preuss. Akad. Wiss. 548
[172] Franck J and Hertz G 1914 Verh. Deutsch. Phys. Ges. 16 457
[173] Michelson A A and Morley E W 1887 Phil. Mag. 24 463
[174] Sommerfeld A 1916 Sitz. Ber. Bayer. Akad. Wiss. 425, 459; 更详细内容见 1916 Ann. Phys. 51 1, 125
[175] Bohr N 1915 Phil. Mag. 29 332, 参见文献 [116] p 377
[176] de L Kronig R 1960 Theoretical Physics in the twentieth Century ed M Fierz and V Weisskopf (New York: Interscience) p 50
[177] 与 Klein M 1970 Paul Ehrenfest (Amsterdam: North-Holland) ch 10 比较
[178] Einstein A 1950 Out of my Later Years (New York: Philosophical Library) p 236
[179] Complete references are found in Ehrenfest P 1923 Naturwissenschaften 11 543
[180] Einstein A 1916 Verch. Deutsch. Phys. Ges. 18 318; 1916 Mitt. Phys. Ges. Zürich 16 47; 1917 Phys. Z. 18 121
[181] Einstein A, letter to M Born 27 January 1920, 1971 重印于 The Born-Einstein Letters (New York: Walker) p 23
[182] Bohr N 1918 Kong. Dansk. Vid. Selsk. Skrifter 1; 1918 Kong. Dansk. Vid. Selsk. Skrifter 37; 1922 Kong. Dansk. Vid. Skrifter 101 reprinted in 1952 Niels Bohr, Collected Works vol 3 (Amsterdam: North-Holland) pp 67, 103, 167
[183] Rubinowicz A 1918 Naturwissenschaftern 19 441, 465
[184] 1952 Niels Bohr, Collected Works vol 3 (Amsterdam: North-Holland) p 19
[185] 参见如 Heilbron J L 1977 Lectures on the History of Atomic Physics 1900-1920 (New York: Academic) p 40
[186] Kossel W 1916 Ann. Phys. 49 229
[187] Kossel W and Sommerfeld A 1919 Verh. Deutsch. Phys.l Ges. 20 240
[188] 有关稀土元素的历史, 请参见 van Spronsen J W 1969 The Periodic Table (New York: Elsevier)
[189] Bohr N 1921 Nature 107 104; 1921 Nature 108 208, reprinted in 1952 Niels Bohr, Collected Works vol 4 (Amsterdam: North-Holland) pp 71, 175
[190] 1952 Niels Bohr, Collected Works vol 4 (Amsterdam: North-Holland) p 341
[191] Kramers H A 1935 Fys. Tidsskr. 33 85
[192] Bohr N 1923 Ann. Phys. 71 228, see reference [190] p 611
[193] Sommerfeld A 1924 Atombau und Spektrallinien 4th end (Braunschweig: Wieweg) p VI
[194] Pauli W 1924 Collected Scientific Papers vol 1 (New York: Interscience) p 1
[195] Einstein A 1922 Naturwissenschafter 10 184
[196] Pauli W 1958 Relativity Theory (Engl. Transl. G Field) (London: Pergamon)
[197] Pauli W reference [194] p 1073

[198] 有关 hafnium 的更多情况参见文献 [185]
[199] Reference [190] p 405
[200] Coster D 1923 Physica 5 133 von Heresv G 1951 Arch. Kemi 3 543
[201] Coster D and von Hevesy G 1923 Nature 111 79
[202] 参见 Robertson P 1979 The Early Years (Copenhagen: Akademisk Forlag)
[203] Sommerfeld A 1920 Ann. Phys., Lpz. 63 221
[204] Landé A 1921 Z. Phys. 5 231
[205] Pauli W 1925 Z. Phys. 31 373
[206] Uhlenbeck G E and Goudsmit S A 1925 Naturwissenschaften 13 953; 1926 Nature 117 264
[207] 详见 Pais A 1991 Niels Bohr's Times (Oxford: Oxford University Press) p 241
[208] Houston W 1927 Proc. Natl Acad. Sci. USA 13 91
Hansen G 1927 Nature 119 237
[209] Heisenberg W 1926 Z. Phys. 39 499
[210] Houston W 1927 Proc. Natl Acad. Sci. USA 13 91
[211] Kramers H A 1923 Z. Phys. 13 312
[212] Reference [192]; see especially reference [190] p 643, footnote
[213] Sommerfeld A 1923 Rev. Sci. Instrum. 7 509
[214] Zeeman P 1897 Phil. Mag. 43 226; 1897 Phil. Mag. 55 255
[215] Lorentz H A 1897 Ann. Phys., Lpzl. 63 279
[216] Lorentz H A 1921 Physica 1 228
[217] 更多历史细节见 Pais A 1986 Inward Bound (Oxford: Oxford University Press) ch 4
[218] Sommerfeld A 1916 Ann. Phys., Lpz. 51 125
[219] Debye P 1916 Phys. Z. 17 507
[220] Reference [182] part of 1918
[221] Reference [182] part of 1922, appendix
[222] Stern O and Gerlach W 1922 Phys. Z. 23 476
[223] Reference [193] 1919 1st edn, p 439
[224] Pauli W, reference [194] p 437
[225] 有关量子统计学起源的历史见 Pais A 1982 Subtle is the Lord (Oxford: Oxford University Press) ch 23
[226] Bragg W and Kleeman R 1905 Phil. Mag. 10 318
[227] Soddy F 1975 Radioactivity and Atomic Theory ed J Trenn (New York: Wiley) p 80
[228] Hahn O and Meitner L 1907 Phys. Z. 9 321
[229] Hahn O and Meitner L 1907 Phys. Z. 9 697
[230] Hahn O and Meitner L 1909 Phys. Z. 10 741
[231] Wilson W 1909 Proc. R. Soc. A 82 612; 1910 Proc. R. Soc. 84 141
[232] von Baeyer O and Hahn O 1910 Phys. Z. 11 488

[233] von Baeyer O, Hahn O and Meitner L 1911 Phys. Z. 12 273
[234] Hahn O 1968 A Scientific Autobiography (Engl. Transl. W Ley) (New York: Scribner) p 57
[235] Rutherford E and Robinson H 1913 Phil. Mag. 26 717
[236] Hahn O, letter to E Rutherford 11 January 1911, on microfilm at the Niels Bohr Library, American Institute of Physics, New York
[237] Rutherford E 1913 Radiocative Substances and their Radiations (Cambridge: Cambridge University Press) p 256
[238] Müller J and Pouillet C 1914 Lehrbuch der Physik 10th edn, vol 4, pp 1272-4 (Braunschweig: Vieweg)
[239] Ellis C D 1921 Proc. R. Soc. A 99 261
[240] Ellis C D 1922 Proc. R. Soc. A 101 1
[241] 文献 [237] p 622
[242] 文献 [154] section 6
[243] Soddy F 1913 Nature 92 400
[244] Chadwick J 1914 Verh. Deutsch. Phys. Ges. 16 383
[245] Rutherford E, Chadwick J and Ellis C D 1930 Radiations from Radioactive Substances (Cambridge: Cambridge University Press)
[246] The Rutherford-Chadwick correspondence is found on microfilm in the Niels Bohr Library, American Institute of Physics, New York
[247] Rutherford E 1914 Phil. Mag. 27 488
[248] 见 1920 Nature 106 357
[249] Rutherford E 1914 Proc. R. Soc. A 90 insert after p 462
[250] Rutherford E, letter to B Boltwood 28 February 1921 (reprinted in Badash L 1969 Rutherford and Boltwood (Newhaven, CT: Yale University Press p 343))
[251] Rutherford E 1914 Scientia 16 337
[252] Reference [223] p 540
[253] Einstein A 1905 Ann. Phys., Lpz. 18 639
[254] Einstein A 1907 Jahrb. Rad. Elektr. 4 411
[255] Einstein A 1910 Arch. Sci. Phys. Nat. 29 5, 125, see especially p 144
[256] Planck M 1906 Verh Deutsch. Phys. Ges. 4 136, 1908 Ann. Phys. 26 1
[257] Langevin P 1913 J. Physique 3 553
[258] Lenz W 1920 Naturwissenschafter 8 181
[259] Reference [196] p 123
[260] Aston F W 1927 Proc. R. Soc. A 115 487
[261] Bainbridge K T 1923 Phys. Rev. 42 1
[262] Cockcroft J and Walton E 1932 Proc. R. Soc. A 137 229
[263] Braunbek W 1937 Z. Phys. 107 1

[264] Rutherford E 1919 Phil. Mag. 37 537
[265] Rutherford E 1919 Phil. Mag. 37 581
[266] Wilson D 1983 Rutherford (Cambridge, MA: MIT Press) p 405
[267] New York Herald Tribune 12 September 1933
[268] Rutherford E 1919 Phil. Mag. 37 571
[269] Chadwick J and Bieler E S 1921 Phil. Mag. 42 923
[270] Gamow G 1913 Constitution of Atomic Nuclei and Radioactivity (Oxford: Clarendon)
[271] Casimir H 1983 Haphazard Reality (New York: Harper and Row) p 117
[272] Reference [270] p 5
[273] Gamow G 1928 Z. Phys. 51 204
[274] Gurney R W and Condon E 1928 Nature 122 439; 1929 Phys. Rev. 33 127
[275] Geiger H and Nuttall J M 1912 Phil. Mag. 23 439
[276] de Costa Andrade C N 1923 Proc. Phys. Soc. 36 202
[277] Bethe Cf H A and Bacher R 1936 Rev. Mod. Phys. 8 82 sections 3, 38
[278] de L Kronig R 1926 Nature 117 550
[279] 更多细节见 Herzberg G 1950 Molecular Spectra and Molecular Structure 2nd edn (New York: van Nostrand) p 169
[280] Ornstein L S and van Wyk W R 1928 Z. Phys. 49 315
[281] de L Kronig R 1928 Naturwissenschaften 16 335; 1930 Naturwissenschaften 18 205
[282] Rasetti F 1929 Proc. Natl Acad. Sci. USA 15 515; 1929 Nature 123 757; 1929 Phys. Rev. 34 367
[283] Heitler W and Herzberg G 1929 Naturwissenschaften 17 673
[284] Pais A 1986 Inward Bound (Oxford: Oxford University Press) ch 14 对此作了更为详尽的讨论
[285] Meitner L 1922 Z. Phys. 9 131
[286] Chadwick J and Ellis C D 1922 Proc. Cambridge Phil. Soc. 21 274
[287] Ellis C D and Wooster W A 1925 Proc. Cambridge Phil. Soc. 22 849
[288] Ellis C D and Wooster W A 1927 Proc. R. Soc. A 117 109
[289] Froscj P 1970 Biogr. Mem. Fell. Roy. Soc. 16 408
[290] Meitner L and Orthmann W 1930 Z. Phys. 60 143
[291] Bethe H A 1979 Nuclear Physics in Retrospect ed R H Stuewer (Minneapolis, MN: University of Minnesota Press) p 99
[292] Bothe W and Becker H 1930 Naturwissenschaften 18 705
[293] Curie I and Joliot F 1932 C. R. Acad. Sci., Paris 194 273
[294] Curie I and Joliot F 1932 C. R. Acad. Sci., Paris 194 708
[295] Chadwick J 1932 Nature 129 312
[296] Curie I and Joliot F 1934 C. R. Acad. Sci., Paris 198 254; 1934 Nature 133 201
[297] Curie I and Joliot F 1934 C. R. Acad. Sci., Paris 198 559

[298] Fermi E 1934 Ric. Scient. 5 283 (Engl. Transl. 1962 E Fermi's Collected Papers vol 1 (Chicago, IL: University of Chicago Press) p 674)
[299] Perrin F 1932 C. R. Acad. Sci., Paris 194 1343
[300] Auger P 1932 C. R. Acad. Sci., Paris 194 1346
[301] Dirac P A M 1934 Proc. Seventh Solvay Conf. (Paris: Gauthier Villars) p 328
[302] Iwanenko D 1932 Nature 129 798
[303] Chadwick J 1932 Proc. R. Soc. A 136 735
[304] Iwanenko D 1932 C. R. Acad. Sci., Paris 195 439
[305] Heisenberg W 1932 Z. Phys. 77 1 (Engl. Transl. Brink D M 1965 Nuclear Forces (Oxford: Pergamon) p 144)
[306] Heisenberg W 1932 Z. Phys. 78 156
[307] Heisenberg W 1933 Z. Phys. 80 587 (英译文见 Brink D M 1965 Nuclear Forces (Oxford: Pergamon) p 155)
[308] Heisenberg W, letter to N Bohr 20 June 1932 (Niels Bohr Archive)
[309] Bohr N 1936 Nature 137 344, reprinted in 1952 Niels Bohr, Collected Works vol 9 (Amsterdam: North-Holland) p 152
[310] Breit G and Wigner E P 1936 Phys. Rev. 49 519
[311] Mottelson B 1986 The Lessons of Quantum Theory ed J de Boer et al (New York: Elsevier) p 79
[312] Bohr N and Kalckar F 1937 Dansk. Vid. Selsk. Mat.-Fys. Medd 14 no 10; reprinted in 1952 Niels Bohr, Collected Works vol 9 (Amsterdam: North-Holland) p 223
[313] Pauli W, letter to O Klein 18 February 1929 (1979 重印于 Pauli Scientific Correspondence vol 1 (New York: Springer)) p 488
[314] Pauli W, letter to N Bohr 5 March 1929 reference [313] p 493
[315] Bohr N 1932 J. Chem. Soc. 135 349, reprinted in 1952 Niels Bohr, Collected Works vol 9 (Amsterdam: North-Holland) p 91
[316] Pauli W 1964 Collected Scientific Papers vol 2, p1313
[317] 参见文献 [217] pp 316-320
[318] Pauli W, Letter to P M S Blackett 19 April 1933 文献 [313] vol 2, p 158
[319] 1934 Structure et Proprietés des Nogaux Atomiques (Paris: Gauthier-Villars) pp 324-5
[320] 文献 [319] p 327
[321] 文献 [319] p 328
[322] Rasetti F in reference [298] vol 1, p 450
[323] 文献 [298] vol 1, p 538
[324] 文献 [298] vol 1, pp 559, 579
[325] Perrin F 1933 C. R. Acad. Sci., Paris 397 1625
[326] Fermi E 1934 Nature 133 898

[327] Fermi E 1965 Nobel Lectures in Physics, 1922-1941 (New York: Elsevier) p 141
[328] Hahn O, Meitner L and Strassmann F 1938 Naturwissenschaften 26 475
[329] Hahn O 1966 Mein Leben (Munich: Bruckmann) p 150; 1966 A Scientific Autobiography (New York: Scribner's)
[330] Hahn O and Strassmann F 1939 Naturwissenschaften 27 11 (英译文 Graetzer H G 1964 Am. J. Phys. 32 9)
[331] Frisch O 1967 Phys. Today 20 November 43
[332] Meitner L and Frisch O 1939 Nature 143 239
[333] Roberts R B et al 1939 Phys. Rev. 55 416
[334] Reviewed by Turner L A 1940 Rev. Mod. Phys. **12** 1
[335] Wheeler J A 1967 Phys. Today 20 November 49
[336] Bohr N 1939 Phys. Rev 55 418, 1952 重印于 Niels Bohr, Collected Works vol 9 (Amsterdam: North-Holland) p 343
[337] 1952 Niels Bohr, Collected Works vol 9 (Amsterdam: North-Holland) p 66
[338] Nier A O et al 1940 Phys. Rev. 57 546, 748
[339] Nohr N and Wheeler J A 1939 Phys. Rev. 56 426, 1056, 又见文献 [337] pp 363, 403
[340] Bethe H A reference [291] p 1
[341] Flügge S 1939 Naturwissenschaften 27 492
[342] Harrington J 1939 Sci. Am. 161 October 214

第 3 章 量子和量子力学

Helmut Rechenberg

3.1 引　　言

1874 年, M. Planck 开始他在慕尼黑大学的学习之前, 曾向物理学教授 P. von Jolly 请教他将要学习的领域的前景; 他得到的回答是, 物理学是一门多少已经完成的科学, 不会再提供广阔的未来前景. 幸亏 Planck 没有因这种悲观观点而打退堂鼓. 不久, 人们就发现了一些新事实, 比如电磁波 (已在人们预料之中) 和其他一些完全不能纳入 19 世纪末所知道的物理学框架的现象, 包括 X 射线、放射性和电子. 甚至像气体动理论这样的已经确立的论题, 如果更仔细地研究, 也显示出严重的困难, 像 Rayleigh 勋爵 (1842~1919) 在 19 世纪与 20 世纪之交时所说的[1]:

> 与能量均分定律应用于真实气体有关的困难, 人们很久以来就感觉到了 …… 适用于主要的双原子气体的 (两种比热之比) 值, 允许有三种平移和两种转动. 但是对绕原子连线的转动和原子在这条连线上的相对运动, 却没有留下什么余地了. 即使我们把原子看成只是一个点, 其转动没有任何意义, 上面最后说的那种能量也应该存在, 而且它的数量 (按照均分定律) 也不应当就少一些. 这使我们直接面对一个基础性的困难, 它不只是关系到气体理论, 而是关系到一般的动力学.

Max Planck

(德国物理学家, 1858~1947)

M. Planck, 量子理论的创始人, 他作为一名理论物理的大学教师服务于慕尼黑 (1880~1885)、基尔 (1885~1889) 和柏林 (1889~1927) 的大学共 48 年. 他还热心地参加了普鲁士科学院的工作, 1894 年被选为普鲁士科学院院士, 从 1912 到 1943 年任普鲁士科学院常务秘书. 作为德国威廉皇帝学会会长 (1930~1937, 1945~1946), 在第三帝国和第一次世界大战战后年代的困难日子里, 他捍卫了德国的科学事业.

由于他对热力学第二定律的透彻分析, Planck 赢得了职业声誉. 他还把这一分析应用于有关稀释溶液离解过程的先驱性论文中, 他对热力学的推理开辟了通向他的黑体辐射定律和量子理论的途径. 后来, 他把 Einstein 的狭义相对论推广到力学和热力学 (1907), 但是主要是用相空间方法对量子理论作出贡献 (1911 年零点能, 1915 年多自由度系统, 1925 年全同粒子统计). 当新的量子力学出现时, 他极力主张一个因果的而不是概率的解释.

Kelvin 勋爵 (1824~1907) 称这个基本困难为 "遮蔽了 19 世纪最后四分之一年代里热和光的分子理论的灿烂光辉的一朵乌云"[2]. 这段话是 1900 年 4 月说的, 几个月后, Rayleigh 勋爵讨论了那个理论中一个有趣的问题, 即他称之为 "完全辐射" 而其他人称之为 "黑体辐射" 或 "空腔辐射" 的定律, 当时在柏林的物理技术研究所[3] 正在对它进行实验研究. 不到半年, 柏林大学的理论物理学教授 Planck 朝着驱散 Kelvin 勋爵的乌云迈出了关键的一步: 为解释观测到的黑体辐射强度, 他引入了一个概念, 这个概念引出量子理论, 使我们对自然界的理解发生了一场革命. W. Heisenberg 在 1934 年称量子理论为人类最伟大的冒险之一, 可与哥伦布发现美洲相比[4], 但它的发展用了三十年, 因为细节处理起来是很棘手的. 在这场智力冒险中目前仍然健在的①最年长的见证人和贡献者 F. Hund(1896~1997) 在 1975 年曾问道: "量子理论的历史是否能够循一条不同的路径发展? " 他在分析了各种可能的出发点和发展 —— 化学经验、硬辐射 (X 射线)、低温现象、原子和分子的光谱定律及物质波干涉 —— 之后, 得出如下结论[5]:

> 在回顾时, 我们说, 与经典观念显然相矛盾的那些令人印象深刻并提供定量信息的实验, 必然导致量子力学的产生. 来自化学的实验虽然令人印象深刻但缺乏定量性, 来自硬辐射的实验同样缺乏定量性, 一些低温现象也是如此. 光谱 …… 还有空腔辐射则具有高度的信息性.
>
> 量子力学应当要么从空腔辐射开始, 要么从光谱定律开始, 似乎是 "必然的"; Planck 对一般问题的兴趣和他对熵的理解似乎"偶然地" 与夏洛滕堡的物理技术研究所的测量恰好相合. 而光谱学研究的迟滞, 以及也许还要加上物质波观念的迟滞, 似乎也都是偶然的. **[又见 2.5 节]**

在这一章中, 我们把物理科学许多领域交织在其中的量子理论发展演化的复杂故事, 分成三部分来讲: ①实验基础 (1900~1928); ②量子力学的起源和完成 (1913~1929); ③微观物理世界 (1925~1935). 它们分别聚焦在三个主要方面: 直接的实验证据、数学–物理理论和原子与分子现象的解释. 量子理论历史发展的更详细的细节可在其他书中找到[6].

---

① 指本书 1995 年出版时仍健在.—— 校者注

3.2　量子 —— 实验基础 (1900~1928)

H.A. Lorentz (1853~1928) 于 1911 年 10 月 30 日在布鲁塞尔的第一次 Solvay 会议开幕式的主席致辞中, 请人们注意描述物质的最小组分运动的动理论呈现的"严重的困难". 他说[7]:

> 在事态的这一阶段, 首先由 Planck 先生提出, 然后由 Einstein、Nernst, 以及其他诸位先生推广到许多现象的漂亮的**能量基元假设**, 对我们就像是一束奇妙的光线, 给我们展现了意想不到的景色; 即使那些对它有某种怀疑的人也必定会承认它的重要性和富有成果. 所以它绝对值得作为我们讨论的主题, 而提出这个新假设的人和对它的发展做出贡献的人肯定值得我们衷心感谢.

Lorentz 也没有忘记提及, 从 Planck 假设导出的这些新理论完全不具有先前的经典理论的精确性和概念清晰性; 对各种量子现象进行透彻的分析, 把实质性的东西与偶然的事实分开, 看来是必需的.

1911 年秋天的第一次 Solvay 会议 (图 3.1) 回顾了量子观念和它们自 1900 年以来的应用, 会议的报告和讨论文集的出版对于把这些观念传播给更广泛的科学公众特别是德国之外的公众, 起着极为重要的作用. 于是在接下来的几十年中, 对量子现象的研究成了欧美物理学家和物理化学家的主要职业. 在原子和分子物理学中发现了越来越多的用经典概念无法解释的效应, 这些效应为"新力学"提供了给人印象至深的和最坚实的基础. "新力学"一词是 1911 年 Lorentz 给出的叫法, Solvay 会议文集德文版[8] 的编辑 A. Eucken(1884~1952) 将其命名为"量子力学".

我们可以把专门探索量子现象的主要时期分为三段. 从 1900 年到 1913 年, 在许多物理和化学问题中发现了与 Planck 假设有关系或者可用它解释的一些效应, 尽管没有一个普遍的理论方案把这些现象中涉及的各种量子联系起来 (3.2.1 节). 早在 19 世纪就已经知道的一些光谱学经验规律, 在 1912 年后引发了或多或少算得上是系统的理论研究, 整理成一种半经典的量子方案, 其 (经验的) 原理将在 3.2.2 节中描述. 在最后的一段时期, 大约从 1922 年到 1928 年, 几个关键的发现最终证明了: 经典理论的任何推广, 不论多么巧妙, 都不能解释原子现象和辐射现象的本质特征 (3.2.3 节).

3.2.1　辐射和量子 (1900~1913)

人们常说, 革命性的新科学最有可能被那些有着新鲜的心灵的刚刚开始职业生涯的年轻人创造出来. 量子理论的情况不支持这种观点. Max Planck (1858~1947)

图 3.1 第一次 Solvay 会议 (布鲁塞尔, 1911 年 10 月 30 日到 11 月 3 日), 站立者, 从左到右为: Goldschmidt, Planck, Rubens, Sommerfeld, Lindemann, De Broglie, Knudsen, Hasenohrl, Hostelet, Herzen, Jeans, Rutherford, Kamerlingh-Onnes, Einstein, Langevin. 前排就座的, 从左到右为: Nernst, M. Brillouin, Solvay, Lorentz, Warburg, Perrin, Wien, Curie, Poincaré

自 1889 年以来任柏林大学理论物理教授 (更早: 获博士学位是 1879 年; 在慕尼黑任初级教授, 1880 年; 在基尔任特任教授是 1895 年), 他在热力学和电离解方面做了成功的研究工作之后, 于 1896 年转而研究黑体辐射. 引入量子假设时, 他已经 42 岁了. 其后的 30 年他一直积极追随量子力学的发展. 1927 年他从席位教授职位上退下来以后, 担任了德国的主要研究组织威廉皇帝学会的会长 (1930~1937, 1945~1946).

但是, 量子概念的首位拥护者, Albert Einstein (1879~1955), 却完全适合这个标准观点. 他在苏黎世的瑞士高等工业学校 (ETH) 完成学业 (1896~1900) 后, 于 1902 年在瑞士专利局谋得一个位置. 在完成博士论文的同时, 1905 年他发表了三篇杰出的论文: 最著名的是关于狭义相对论的, 另一篇是对 Brown 运动的分子动理论解释, 而最早投寄的一篇引进了光量子假说. 在其后的 20 年里, Einstein 继续在这三个重要的领域 (即相对论、量子理论和统计力学) 工作, 再以后他把自己的研究限于创建物质和辐射的一种统一的经典场论. 虽然他的科学贡献很快就得到承认, 尤其是得到 Planck 的承认, 但直到 1909 年他才以苏黎世大学特任教授 (extraordinary professorship) 的身份登上科学阶梯; 后来他到布拉格担任正教授 (1911), 不久又回到了苏黎世 ETH(1912), 然后去了柏林 (1914), 在那里他被任命为新组建的威廉皇帝物理研究所所长. 纳粹在德国上台迫使他移居美国, 从 1933 年起直到 1955 年去世, 他一直在新泽西的普林斯顿高等研究所工作.

Planck 和 Einstein 的想法被另外两位量子理论先驱所继承和扩充. 他们之中年长的一位是 W.Nernst(1864~1941), 从 1883 年至 1887 年在苏黎世、柏林、格拉茨 (Graz) 和维尔茨堡 (Würzburg) 学习 (与 L. Boltzmann、F. Kohlrausch 和 S. Arrhenius 一起), 然后在莱比锡与 W. Ostwald 合作, 直到他来到哥廷根 (从 1891 年起任教授) 和柏林 (1905) 担任物理化学教授. 他享有理论化学和电化学创立者之一的崇高声誉, 是许多实验定律和理论定律 (如他所谓的热力学第三定律 (1905)) 的发现者, 于 1910 年左右开始研究低温下的量子效应. 终其一生, 他都是量子理论坚定的信奉者和贡献者; 曾两次变换职位：1922 年担任物理技术研究所 (PTR) 所长, 1924 年接替 H. Rubens 成为柏林大学实验物理学教授 (1933 年退休).

J. Stark (1874~1957) 在其科学履历临近结束时也担任过 PTR 的领导职务 (1933~1939). 他最早加入量子物理学家的行列时, 刚刚离开哥廷根的讲师职位 (1900 年起), 在汉诺威工业大学 (Technische Hochschule, TH) 接受一个更有前途的职位 (1906). 三年后, 他在亚琛 (Aachen) 成为正教授, 后来到格莱夫斯瓦尔德 (1917), 最后到维尔茨堡. 年轻的 Stark 多才多艺, 涉足许多当时最时髦的实验与理论问题. 1905 年, 他由于用极隧射线演示 Doppler 效应而赢得人们极大的尊重. 到 1913 年底, 他发现了光谱线在电场中的分裂. 在这段时期内, 他鼓吹量子概念比谁都更大胆. 他的一些野心勃勃但时常是肤浅的理论解释, 常常使他与以前他曾赞扬过的一些同事如 A. Sommerfeld 和 Einstein 发生矛盾. Stark 变成了 Bohr 和 Sommerfeld 原子结构的旧量子论的顽强敌人, 后来他反对现代原子理论或量子力学, (1933 年后) 将它们斥之为“犹太人的物理学”.

1. 热或黑体 (空腔) 辐射[9](Planck 1900)

1860 年, 海德堡大学的 G. Kirchhoff (1824~1887) 提出存在一种“完全黑体”, 它吸收和放射出**所有**投射到它上面的辐射[10]. 它的发射率与吸收率之比 ρ_λ 被称为“Kirchhoff 函数”, 它等同于黑体辐射的能量密度, 应该只依赖于波长 λ 和绝对温度 T; 人们使用用碳涂黑的铂金丝以越来越好的精度确定它, 直到汉诺威工业大学的 F. Paschen (1865~1947) 得到经验关系[11]

$$\rho_\lambda = c_1\lambda^{-\alpha}\exp\left(-\frac{c_2}{\lambda T}\right) \tag{3.1}$$

其中 c_1、c_2 和 α 表示常量并且 $\alpha \approx 5$. 与此同时发展了黑体辐射的理论：1884 年, L. Boltzmann (1844~1906) 将电动力学与热力学相结合, 导出了积分强度对温度的依赖关系 (Stefan 定律, $\rho =$ 常量 $\times T^4$, 1879 年); W. Wien (1864~1928) 在并不知道 Paschen 的结果的情况下, 使用气体动理论关系 (Maxwell-Boltzmann 速度分布律) 得出定律 (3.1)[12].

从 1897 年到 1899 年, Planck 根据物体 "谐振子" 对电动力学辐射的吸收和发射并根据热力学定律, 发展了一个系统的黑体辐射理论[13]. 他从电动力学导出了一个谐振子的平均能量 U_ν 和热辐射密度 ρ_ν 之间的关系 (c 是真空光速, ν 为频率)

$$U_\nu = \frac{c^3}{8\pi\nu^2}\rho_\nu \tag{3.2}$$

热力学给出谐振子 (频率为 ν, 从现在起我们在公式中不再写出它) 的熵 S 的一个关系式

$$\frac{\mathrm{d}^2 S}{\mathrm{d}T^2} = -\frac{常数}{U} \tag{3.3}$$

对温度 T 求积分并根据 (3.2) 式将谐振子的能量 U 代入, Planck 得出了 Paschen-Wien 定律 (3.1), 他认为这是理论挑选出的公式. 然而不到一年, 在物理技术研究所由 O. Lummer (1860~1925) 和 E. Pringsheim (1859~1917) 以及特别是由 H. Rubens (1865~1922) 和 F. Kurlbaum (1857~1927) 用最理想的黑体即早先由 Wien 和 Lummer[14] 提出的 "空腔" 所做的改进的测量, 其结果却可以用一个不同的辐射定律来拟合[15]

$$\rho_\lambda = \frac{c_1}{\lambda^5}\frac{1}{\exp(c_2/\lambda T) - 1} \tag{3.4}$$

如果 Planck 引入两个常量 α 和 β[16], 将他的熵表达式 (3.3) 推广为

$$\frac{\mathrm{d}^2 S}{\mathrm{d}T^2} = -\frac{\alpha}{U(\beta + U)} \tag{3.5}$$

则可以精确地得出定律 (3.4). 他于 1900 年 10 月 19 日在德国物理学会在柏林的一次会议上提出这一点, 但是他的理由显得有些牵强, 需要更深刻的论证.

Planck 后来在 1931 年 10 月 7 日给 R. W. Wood (1868~1955) 的一封信里, 形容 "这整个过程像是一种绝望的行为", 因为 "必须不惜任何代价找到一个理论解释, 不论这个代价多高". 这个代价就是引入统计力学考虑 (他一直回避这样做), 尤其是 1877 年得到的熵 S 和概率 P 之间的 Boltzmann 关系, 现在 Planck 就他的谐振子情形将此关系写成:

$$S = k\log P = k\left[\left(\frac{U}{\varepsilon} + 1\right)\log\left(\frac{U}{\varepsilon} + 1\right) - \frac{U}{\varepsilon}\log\frac{U}{\varepsilon}\right] \tag{3.6}$$

其中的 k 现在叫做 Boltzmann 常量. 根据统计力学解释, 能量包 ε 在各个谐振子之间这样分布, 使得在平衡态概率 P 取最大值. 然后, Planck 就可以导出经验的黑体辐射定律 (3.4)(图 3.2), 只要他假定能量包是**有限**大小, 大小为

$$\varepsilon = h\nu \tag{3.7}$$

其中 ε 等同于 (3.5) 式中的 β, 而常量 h 取实验值

$$h=\frac{c_1}{c_2}=6.55\times10^{-27}\mathrm{erg}\cdot\mathrm{s} \tag{3.8}$$

由于 h 具有 "作用量" 的量纲, 他后来称之为 "作用量量子"(wirkungsquantum).

Planck 于 1900 年 12 月 14 日在柏林物理学会的另一次会议上讲述了他的上述考虑, 这一天成为了量子理论的诞生日[17]. 他还在那里首次计算出 Boltzmann 的熵–概率关系中的常量 k 为

$$k=\frac{c_1}{c^2c_2}=1.346\times10^{-16}\mathrm{erg}\cdot\mathrm{deg}^{-1} \tag{3.9}$$

用它, 他可以得出 Loschmidt 常量或 Avogadro 常量, 特别是, 从 Faraday 常量 F 和普适气体常量 R 可以得出 (离子或电子的) 基元电荷

$$e=\frac{Fk}{R}=4.69\times10^{10}\text{静电单位} \tag{3.10}$$

与当时可得到的数据相当一致.

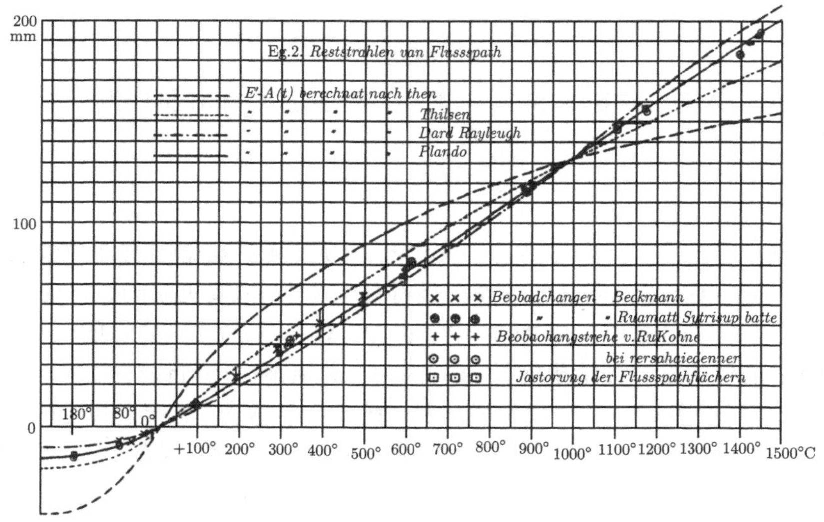

图 3.2　黑体辐射定律[18]

2. **光量子** (Einstein, 1905)

1904 年, 正在寻找物质动理论中涨落的例子的年轻的 Einstein 转向研究热辐射问题. 他发现, 他的涨落表达式会给出联系黑体辐射能量分布最大值所对应波长 $\lambda_{\max}$ 与温度 T 的 Wien 位移律 $\lambda_{\max}=0.293/T$[19]. 一年后, 他研究黑体辐射的能量分布. 虽然在低频下定律

$$\rho_\nu = \frac{8\pi\nu^2}{c^3}kT \tag{3.11}$$

成立, 但是作者注意到: “对于短波长和低辐射密度, 这些基础完全失效”. 反之, 对 Wien 定律 ——Planck 定律在短波长和低密度时就过渡到它 —— 的统计分析得到这样的结果: “在热力学意义上, 单色辐射 …… 的行为就好像它是由互相独立的大小为 $R\beta'\nu/N_0$ 的辐射量子组成.” [20] 改写 Einstein 的常量 ($(R/N_0 = k$和$\beta' = h/k)$, 就可发现他的频率为 ν 的 “光量子” 具有 Planck 方程 (3.7) 给出的能量.

Einstein 立即将他的新的 “启发性观点”(他这样称呼自己的假设) 应用到涉及 “光的转化” 的过程. 这样, 他证明了, 著名的 Stokes 规则 —— 可见的荧光 (频率为 ν_1) 是由频率 $\nu_2 > \nu_1$ 的入射紫外辐射发射出来的 —— 来自能量守恒. 更重要的是, 他解释了 P. Lenard (1862～1947) 对光电效应的基础性观测得到的主要特征: ①只有等于某一频率或频率更高的投射光才能从一个给定的金属表面上产生光电子; ②发射出的光电子的数目 (而不是速度) 依赖于入射辐射的强度[21]. 联系光电子的动能 (E_{kin}) 与入射光的量子能量 ($[(R/N_0)\beta\nu]$) 和金属表面的特征势 (“功函数”)(P) 的 Einstein 公式为

$$E_{\text{kin}} = \frac{R}{N_0}\beta\nu - P = h\nu - P \tag{3.12}$$

大约 10 年后, R. A. Millikan (1868～1953) 非常仔细地检验了这个公式, 给出了 Planck 常量 h 的一个 “光电精度” 的值 $h(= 6.57 \times 10^{-27}\text{erg} \cdot \text{s})$[22].

3. 比热量子 (1906～1913)

1872 年, H. F. Weber (1843～1912) 研究金刚石的比热: 室温下他得到一个比单原子物质的惯常结果 6 cal·mol^{-1} 小得多的比热值; 但它随温度的升高而缓慢增加, 在 1300°C 时接近达到这个标准值[23]. 到 1906 年年底, Einstein(Weber 曾是他在高等工业学校的物理学教授) 知道了这个反常行为的原因. 他说: “如果 Planck 理论触及了物质的核心, 那么我们必定可以预期, 在热学理论 (除热辐射外) 的其他领域, 也存在有热的分子理论和实验之间的矛盾, 它们可以用前面建议的方法消除.”[24]

Einstein 的考虑直截了当: 他把 Planck 辐射定律 (3.4) 的假设推广到单原子 (晶状) 固体中由热运动产生的分子振动, 与每个频率联系的平均能量为

$$E_\nu = 3k\frac{h\nu}{\exp(h\nu/kT) - 1} \tag{3.13}$$

为了简单, 假定 N 个原子的所有振动有**同一**频率 ν. 于是他得到一个比热的表达式, 它在低温 T 下低于标准值并按指数规律减小: “若 $T/\beta\nu[= kT/h\nu] < 0.1$, 则

(振动的) 物体对比热没有可观的贡献. 而在中间一段, 表达式先是迅速增大, 然后缓慢增加. ”[25]

Planck 假说的这一新应用, 的确驱散了 Kelvin 爵士的 “乌云”, 但是几乎没有受到人们注意, 直到三年后, 柏林的物理化学家 Walther Nernst 在他的新的热学定理的一个结果的激励下, 对物质在低温下的比热进行了系统的研究 [26]. 1910 年 2 月他把他的研究结果总结为 [27]:

> 如果用得到的数值作图, 那么在绝大多数情况下得到的是直线, 它们通常在低温下下降很快; 因此, 人们得到的印象是, 在很低的温度下, 比热的值为零或至少很小 …… 这个结果与 Einstein 发展的理论在定性上一致.

Nernst 和他的合作者更精细的观测得出了与 Einstein 单频率公式的偏离. Nernst 与 F. A. Lindemann (1886~1957) 一起试着用一个双频率方程 (频率分别为 ν 和 $\nu/2$), 它似乎与观测数据定量符合[28], 同时通过 1911 年 Planck 的 “第二量子假设” 得到一些论证的论据[29]. 在布鲁塞尔第一次 Solvay 会议上, 对这些结果和观点有过很激烈的争论, 特别是在 Einstein、Nernst 和 Planck 之间, 但并未解决. 然而不久后, 分别在两处得到了实质性的进展.

1912 年 3 月, 苏黎世的 P. Debye (1884~1966) 发表了他对一种晶体的能谱计算的最初结果, 他用连续性近似, 在一个最大频率 $\nu_{\max}$(由下述条件决定: 有 N 个原子的单原子固体应当只有 $3N$ 个自由度) 上截断. 他得到比热 c_v 的一个封闭积分表示式特别是由此得出了低温下的公式

$$c_v = \text{常数}\ \frac{T^3}{\theta^3}, \quad \text{其中}\ \theta = \frac{h\nu_{\max}}{k} \tag{3.14}$$

(下标 v 表示定容)[30]. M. Born (1882~1970) 和 T. von Kármán (1881~1963) 独立地在哥廷根提出了晶体点阵中复杂振动的一个详细的动力学理论. 他们的单原子固体的比热的公式, 包含一个对一切可能频率的积分; 它也有一个对 Einstein 原始方程的偏离 (在 Nernst 与其合作者的实验表明的那种意义上), 并可被推广到多原子物质[31]. 由于 M. von Laue (1879~1960) 和他的慕尼黑团队几乎同时发现了晶体的点阵结构, 他们的理论显得特别可信, 尽管它的数学很复杂.

比热问题的不同的方面来自用双原子分子气体在低温下得到的数据; 尤其是, Nernst 的学生 Eucken 在氢的情形下发现了一种类似于晶体的行为[32]. Einstein 与 O. Stern (1888~1969) 一起, 建议通过给转动的分子一个零点能 (得自 Planck 的第二量子假设) 来描述这个结果, 即[33]

$$E_{\text{rot}} = \frac{h\nu}{\exp(h\nu/kT) - 1} + \frac{h\nu}{2} \tag{3.15}$$

尽管有许多科学家研究这个问题, 但只是在量子力学完成并且将原子核自旋包括进氢分子中之后, 才得到满意的答案.[**又见 12.1.1 节**]

4. **化学量子和其他量子** (1907~1913)

图 3.3 Johannes Stark (1874~1957), 量子物理学的一位先驱

1907 年下半年, Stark(图 3.3) 开始用 Planck 的假说来解释他对极隧射线(即正原子离子) Doppler 效应的研究的细节. 他宣布, 有或没有射线射出可以用下述形式的量子规律解释

$$E_{\mathrm{kin}}\alpha = h\nu \tag{3.16}$$

其中 α 是一个数值因子, 依赖于频率和有关离子的本性. 特别是[35]: 从上述规律直接得出下面这个重要假设: 在一个运动离子的撞击下, 只有当原子离子 (极隧射线) 的动能超过该问题中的离子特有的某一阈值时, 才会激发一个特征性的电子振动并发射出对应的线系的谱线. 因此, 如果从零开始增大原子离子的平移速度, 那么一个给定线系的谱线的强度起初完全为零; 但当平移速度一超过阈值, 便会突然发射一组谱线.

Stark 将这个 "能量基元量子" 概念应用到 "带状光谱化学" 和物质中的光化学反应, 假设这些物质都由离子和束缚电子组成. 虽然他常常得到一些有关物质结构的尖锐的而后来得到证实的结论, 但是有时也夸夸其谈一些他不能证明的东西; 这引起他与一些更谨慎的同事特别是一些理论家的冲突, 例如他在 1909~1910 年与 Sommerfeld 关于 X 射线轫致辐射谱的起源的论战.

将量子引入化学的另一条途径, 开始于上面已提到过的 Nernst 的包含那个新的热学定理的工作[26]. 同一篇文章给出了出现在化学反应的基础性的 Guldberg-Waage 质量作用定律中的所谓 "动力学常量" K_c 的表达式. Nernst 还引进了 "化学常量 J", 他的学生 O. Sackur (1880~1914) 和后来的 Stern 为这个常量推导出各种量子理论方程[36].

Nernst 早在 1911 年就提出: "如果我们以这样一种方式推广量子假说 …… 使得不仅在围绕一个平衡位置振动的情形下, 而且在质量任意转动的情形下, 能量都是以固定的量子来吸收, 那么我们会得到一些进一步的结论, 它们也许能够解释旧理论中的某些矛盾."[37] 他的提议在 Solvay 会议上被人们相当顺利地接受, 特别是被 Einstein 和 Lorentz 所接受. Nernst 研究所的客座研究员 N. Bjerrum (1879~1958) 发展了双原子分子红外吸收光谱的第一个量子理论, 不久就由 Eva von Bahr 在实验上证实[38].

Planck 还思考了更多的量子现象, 例如, 他曾试图通过假设物质中的电子的速度是量子化的, 来解释金属中电子对其比热不做贡献的事实[39]. Nernst 重提这个想法, 他声言, 在低温下, 非原子气体的状态方程将偏离经典的状态方程[40]. Lorentz、Planck 和其他人于 1913 年 4 月在哥廷根的一次会议 (Kinetischer Gaskongreβ) 上讨论了这种 "气体简并" 的结果. 这个问题只是在十二年后在新的量子统计 (Bose–Einstein 统计和 Fermi–Dirac 统计) 框架内才得到解决.

3.2.2　原子结构和光谱线 (1913~1921)

自从 W. H. Wollaston (1766~1828) 发现太阳光谱中的暗线 (1802) 和 J. Fraunhofer (1787~1826) 注意到某些暗线与火焰光谱中一些亮线的位置一致 (1814) 以后, 有关它们起源的问题就提出来了. 这个问题在 1859 年由海德堡的物理学家 Kirchhoff 和化学家 R. Bunsen (1811~1899) 合作基本上得到解决: 暗线对应于那些分立谱线被太阳大气吸收. 但是仍有两件事需要说明: ①原子或原子的聚集体 (分子) 吸收 (也发射, 如 Kirchhoff 假定的) 这些谱线吗? ②吸收 (和发射) 分立谱线的机制是什么? 虽然为了回答这两个问题人们作出了相当大的努力, 但在 Planck 于 1900 年引入量子假设时还不能认为这两个问题已经解决. 一年之后, Planck 认为 "在光学和电动力学里以往所提出的问题中, 关于光谱线中光的本性的问题算得上是最困难和最复杂的"[41] . 也许这种问题也能在量子观念的帮助下得到解决?

"自从发现光谱分析以来, 任何有见识的人都不会怀疑, 只要学会理解光谱语言, 原子问题就将能够解决, …… 它是那台神秘的乐器, 大自然在它上面演奏光谱音乐, 并按照它的韵律组织原子和原子核的结构", A. Sommerfeld (1868~1951) 在他那本名著《原子结构和光谱线》的前言中这样写道[42]. 但是首先人们必须获得关于物质的组分和应用于它们的定律的本性的一些信息.

承认电子和正离子 (极隧射线) 是物质的组分, 第一次使人们能够构建原子的真实模型. 在这方面, 英国物理学家 J. J. Thomson (1856~1940) 和新西兰人 E. Rutherford (1871~1937) 提出了非常不同的观念. 1904 年提出的 Thomson 原子模型是由带负电的电子规则地嵌在一个均匀分布的正电荷球中组成; 而 1911 年提出的 Rutherford 原子模型像一个行星系统, 电子沿着圆形轨道环绕聚集在中心的正电荷 —— 原子核 —— 转动. 到 1910 年, 奥地利人 A. E. Haas (1884~1941) 已经在 Thomson 模型的基础上证明, 氢原子的大小即半径 a 可通过以下量子公式得到

$$h = 2\pi e\sqrt{m_e a} \tag{3.17}$$

其中 e 和 m_e 分别是电子的电荷 (绝对值) 和质量[43]. 两三年后, 剑桥的 J. W. Nicholson (1881~1955) 为解释天体光谱所作的另一次尝试中也包含有量子假设[44]. 决定性的突破发生在 1913 年: Rutherford 的曼彻斯特研究所的一位丹麦访问学者 Niels Bohr (1885~1962), 以 Rutherford 提出的行星系原子模型为出发点开始他的研究工作. 他的研究工作后来证明是最成功的, 这有三个原因: 首先, Bohr 选择了

最合适的原子模型; 其次, 他在力学和电动力学上添加一个量子假设的基础上构建了一种动力学; 第三, 他能将理论结果与光谱的实验数据相比较.

1. Bohr 原子模型的实验基础 (1913~1914)

1913 年 4 月, Bohr 向《哲学杂志》寄去了由三部分组成的文章"**关于原子和分子的结构**"的第一部分, 使人们对物质结构的理解深入了一个层次 [45]. 在这篇文章中, Bohr 提出了一个详尽的原子和分子的量子论模型, 它基于以下几个假设:

①Rutherford 的电子绕原子核轨道运动的行星模型提供基本图象;

②在经典动力学中补充了由 Nicholson 首先提出来的角动量 p_φ 的量子条件

$$p_\varphi = nh \tag{3.18}$$

这个条件导至核电荷为 Ze 的单电子原子具有能量为 W_n 的"定态"

$$W_n = \frac{2\pi^2 m_e e^4 Z^2}{n^2 h^2} \tag{3.19}$$

其中 $n = 1, 2, 3, \cdots\cdots$ 为量子数;

③经典电动力学给出电子 (质量 m_e, 电荷 $-e$) 和原子核 (质量 M, 电荷 $+e$) 之间有一个 (Coulomb) 吸引力. 但是经典电动力学在两处受到违反: 首先, 电子在 Bohr 的"定态"轨道上不辐射; 其次, 原子辐射发生于两个定态轨道之间的跃迁, 其频率由 Planck-Einstein 关系给出

$$h\nu_{nm} = |W_n - W_m| \tag{3.20}$$

Bohr 模型立即解释了氢原子基态 ($n = 1$ 轨道) 的大小 (= 直经)($2a = 1.1 \times 10^{-8}$cm) 和 Rydberg 常量 R 之值

$$R = \frac{2\pi^2 m_e e^4}{h^3}. \tag{3.21}$$

Bohr 还很快地在以下方面取得成功: 他不仅预言了新的氢原子光谱线系 (从异于 $n = 2$ 的能级出发, $n = 2$ 的能级对应于著名的 Balmer 线系), 而且也阐明了与 Pickering 线系有关的情况 —— 他把这个线系归因于氦离子, 氦离子的 Rydberg 常量之值稍有不同: $R_{\mathrm{He+}} (= 4M_{\mathrm{He}}/(M_{\mathrm{He}} + m_e)$, 其中 M_{He} 是具有 2e 电荷的氦原子核的质量.)[46].**[又见 2.6 节]**

原子 (和分子) 中存在"定态电子轨道"这一中心假设, 在柏林的 J. Franck (1882~1964) 和 G. Hertz (1878~1975) 的判决性实验中得到证实. 他们在 1911 年开始研究如何将不同气体 (氦、氖、氢和氧) 的电离电势与量子理论联系起来. 继续进行这一使具有确定动能的电子与惰性气体原子碰撞的计划, 他们于 1914 年 4

月得出一个意外的结果, 他们将其总结如下[47]: ① 实验表明汞蒸气中的电子在获得一个临界速度之前, 与分子发生的是弹性碰撞; ②…… 这个临界速度等于电子经过一个 4.9 伏的电压所获得的速度; ③实验表明一个 4.9 伏的束流的能量等于 253.6μm 波长的汞谱线的能量量子.

虽然直到 1916 年两位作者都断言 4.9V 代表汞的电离电势, Bohr 却争辩说: "他们的实验似乎可以与下面的假设一致, 即这个电压只是对应于中性原子从正常态到某个定态的跃迁. "[48] 因此他认为 Franck-Hertz 实验为他的原子理论提供了强有力的支持, 两位实验家最终同意了他的意见. 10 年后, 他们 "由于发现了支配电子与原子碰撞的规律", 特别是证实了 Bohr 的定态假设和频率条件, 而获得诺贝尔物理学奖 (图 3.4).

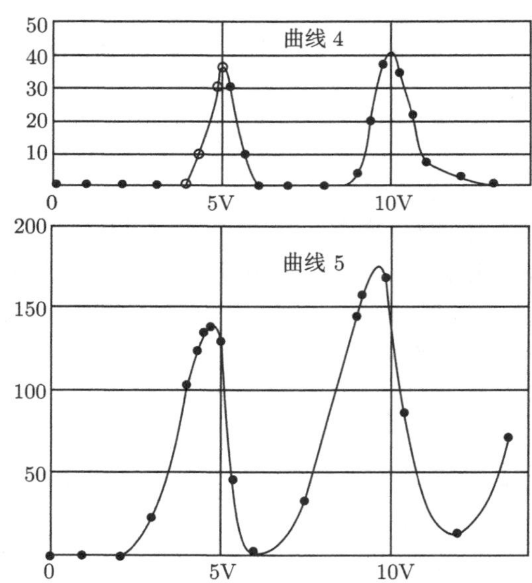

图 3.4　Franck-Hertz 的电离–电压曲线证实了 Bohr 的原子定态[47]

2. X 射线谱和原子序 (1913~1914)

X 射线谱学起源于 C. G. Barkla (1877~1944) 和他的助手 C. A. Sadler 的观测. 他们发现, 连续频率的 X 射线被物质散射时会出现均匀的 X 辐射[49]. 1912 年后, von Laue 等人的干涉条纹方法和 W. H. Bragg (1862~1943) 与其儿子 W. L. Bragg (1890~1971) 的反射法给出了精确的 X 射线波长. 1913 年, Rutherford 的曼彻斯特研究所的一位成员 H. G. J. Moseley (1887~1915) 改进了 Bragg 的方法, 通过记录它们的电离和拍摄的照片, 得到了大多数元素的 X 射线谱的主线. 那年的 11 月, 他将自己的结果告诉了 Bohr, 认为它证实了原子组成的新理论并 "极为简单". 比如,

他得到了组成电荷为 Ze 的原子的最短波长的 X 射线谱线, 即所谓的 K_a 线的频率公式

$$\nu_\alpha = \nu_0(Z-1)^2\left(\frac{1}{1^2}-\frac{1}{2^2}\right) \tag{3.22}$$

其中 ν_0 是一个常量[50]. 他还根据原子序数 Z(而不是原子量 A) 的增加, 成功地把过渡元素的顺序改正为 Fe – Co – Ni. 也就是说, 中性镍原子比中性钴原子具有更高的核电荷并多一个电子, 尽管它的原子量更小.

在 1914 年春发表的另外的一篇文章中, Moseley 研究了另外 30 种纯化学物质 (从铝到金), 这次记录的是更软的 L_α 谱线 (因为这些高 Z 元素的 K_α 谱线太短, 他观测不到). 他发现对频率的依赖性可由以下公式描述

$$\nu_\alpha = \nu_0(Z-7.4)\left(\frac{1}{2^2}-\frac{1}{3^2}\right) \tag{3.23}$$

其中第一个括号里 7.4 那一项代表最内层 K 壳层电子的屏蔽效应[51]. 不久 Moseley 不得不去服兵役, 他战死在前线是第一次世界大战中科学蒙受的最重大损失之一. 对 X 射线谱的实验研究在许多地方都在急迫地继续着: 在巴黎是 M. de Broglie (1875~1960), 在瑞典隆德是 M. Siegbahn (1886~1977) , 在慕尼黑是 Röntgen 的合作者 E. Wagner (1876~1928). 也是在慕尼黑, W. Kossel (1888~1956) 和 Sommerfeld 首先发展了 X 射线谱的详尽理论. 于是在 1920 年前后几年中, 得到了许多关于 (建立在扩充的 Bohr 模型上的) 原子结构的细节的重要结果.

3. Sommerfeld 对 Bohr 模型的推广 (1915~1916)

慕尼黑大学理论物理学教授 Sommerfeld 自 1911 年以来在量子理论领域一直很活跃; 他也参加了第一届 Solvay 会议, 并一直留心寻觅量子现象. 但他在 1914 年前对光谱学问题 —— 例如反常 Zeeman 效应 —— 的讨论并不涉及量子. 1914~1915 年冬天, 这个情况发生了变化, 那时他正讲授关于 Bohr 理论及其推广的课程. 在 1915 年下半年, 他开始在两篇主要文章中发表最重要的一些结果, 两篇文章分别题为**"关于 Balmer 线系的理论"**[52] 和**"氢光谱和类氢光谱的精细结构"**[53]. Sommerfeld 的工作极大地推进了 Bohr 的原子结构模型, 因为它使物理学家能够定量讨论非类氢原子 (即具有不止一个电子的原子) 的光谱, 以及电场与磁场对光谱线的作用.

Sommerfeld 实际上引入了对 Bohr 模型的力学部分的两个运动学推广:

(1) 电子的 (一维) 圆周运动换成了在一个平面上的普遍的椭圆运动, 它由两个量子数 n_1 和 n_2 决定. (稍后, Sommerfeld 在处理反常 Zeeman 效应时提出了第三个 "空间量子数"[54]).

(2) 对于一些特殊情况, 例如对某些修正及磁场的作用, Newton 的运动学必须代之以 Einstein 的狭义相对论运动学. (Sommerfeld 只是在 1915 年后期, 在 Einstein 告诉他广义相对论不会对它们有显著影响后, 才发表了这些结果.)

有了推广 (1), Sommerfeld 立即表明了为什么氢原子光谱会如此简单, 使得可以用 Bohr 1913 年的公式 (3.19) 和 (3.20) 表示: 不同的光谱项型和相应的对多电子原子观测到的谱线系 (它们由依赖于两个量子数 n_1 和 n_2 的光谱项产生), 在类氢原子 (一个电子的原子) 的情形下, 与其光谱项只依赖于 n_1 与 n_2 之和 n_1+n_2 的谱线系相重合. 另一方面, 相对论运动学引起了每个氢原子光谱项的 "精细结构": 于是 $(n_1+n_2=2)$ 的谱项分裂为双重线, $(n_1+n_2=3)$ 的谱项分裂为三重线, 如此等等, 它们的分离度由无量纲因子 $\alpha=(2\pi e^2)/(hc)\approx 0.7\times 10^{-3}$ 决定, 这个量后来被称为 Sommerfeld"精细结构常量".

1916 年 5 月 25 日, Paschen 写信给 Sommerfeld[55] 说: "我 (对电离的氦原子的谱线) 的测量现在结束了, 它们全都非常漂亮地符合您的精细结构". 整个方案的创始人 Bohr, 在 1916 年 3 月就已经向这位慕尼黑大学的教授表示: "非常感谢您的文章, 它是如此优美和有趣. 我认为, 我从来没有读过令我如此高兴的文章. "

4. Bohr-Sommerfeld 理论中的 Zeeman 效应和 Stark 效应 (1916~1921)

P. Zeeman (1865~1943) 发现的光谱线在磁场中的分裂 (1896) 和 Lorentz 随后的解释, 是电子被束缚在原子中的假设的巨大胜利, 两位物理学家因此分享了 1902 年诺贝尔奖. 在最简单的情况下, 每一条原先为单一的谱线, 然后分裂成三条, 中间一条不动, 另外两条的频率移动的大小为

$$\Delta\nu=\pm\frac{eH}{4\pi m_e C} \tag{3.24}$$

其中 H 是磁场强度, e 和 m_e 分别是电子的电荷和质量. 更复杂的分裂, 不久被称为 "反常 Zeeman 效应", 于 1898 年被 A. A. Michelson (1852-1931) 和 T. Preston (1860~1900) 发现. 后者表述了 "Preston 定律", 即给定线系类型 (双重线、三重线等) 的所有谱线都产生相同类型的 Zeeman 分裂 (1899). 后来 C. Runge (1856~1927) 确立了反常 Zeeman 效应的数值规则 (1902, 1907), 最后 Paschen 和 Ernst Back (1881~1959) 观测到, 在高强度磁场下, 反常劈裂变成了正常的 Zeeman 三重线 (Paschen-Back 效应, 1912, 1913). 对这些丰富而复杂的现象, Bohr-Sommerfeld 理论只是在推导出最简单的三重线这一点上获得了成功, 结果与 Lorentz 的经典处理一致[56]. 然而它立即描述了另一个效应: 光谱线在电场中的分裂.

1913 年 11 月 20 日, J. Stark 向普鲁士科学院提交了一篇文章, 报告了观测到的一个新现象: 如果将一个强电场 (高达 $31000\mathrm{V}\cdot\mathrm{cm}^{-1}$) 作用于产生辐射的氢原子极隧射线上, 那么从垂直于电场的方向观测, 最亮的 H_α 和 H_β 谱线便分裂为

5 条偏振的分量[57]. 几星期后, Stark 和 G. Wendt 宣布了"纵向效应", 即沿电场矢量的方向观察时, 发现了三重线[58]. 这个效应是 Zeeman 效应在电场方面的类比, 科学家对这个类比已寻找了近 20 年, 然而它的发现还是令人大吃一惊, 因为经典电子理论不能解释它. 但是, PTR 的主管和量子理论的热烈支持者 E. Warburg (1846~1931), 作为 Bohr 模型的最早应用之一, 给出了这个电致分离的估值, 得到能级移动为 $hn^2/4\pi m_e eE$, 其中 n 为氢的激发态的量子数, E 为电场强度[59]. (具有讽刺意味的是, 正是在那个时候, Stark 开始转向反对量子理论[60]).

1916 年初, Sommerfeld 的一名俄国前学生 P. S. Epstein (1883~1966), 那时正作为一名敌国侨民被 (宽松地) 拘留在慕尼黑, 他依照自己导师的方案, 成功地完整计算了 Stark 效应[61]. 电场造成的谱线分裂项从下式得出

$$W_{el} = -\frac{3h^2E}{8\pi^2 m_e Ze}(n_1 - n_2)n \tag{3.25}$$

它用适当选择的 (抛物线) 坐标的两个量子数 (n_1, n_2) 来表示 —— 其中 n 是氢原子态的主 (Bohr) 量子数. 通过对量子数 n_1, n_2 和 n 规定一定的选择定则, 他完美地重新得出 Stark 的数据. 几乎同时, 柏林的天体物理学家 K. Schwarzschild (1873~1916) 独立给出完全相同的处理[62].

1919 年下半年, Sommerfeld 朝着在 Bohr-Sommerfeld 理论中处理反常 Zeeman 效应问题迈出了重要的第一步, 他在其第一篇文章中称这个问题为"数字之谜"[63]. 在详细分析实验数据的基础上, 他表述了五条描述"规则", 并引入了原子的"内量子数"或"隐量子数"[64]. 他不知道它的"几何意义", 但他以前的学生 A. Landé (1888~1975) 在接下来的 5 年里专攻反常 Zeeman 效应, 将之解释为"原子绕其不变轴的总量子数"(Landé 于 1921 年 2 月 6 日给 Bohr 的信)—— 后来叫做"总角动量". 破解观测数据之谜的故事一直进行到 1925 年, Landé、Sommerfeld 和他的学生 W. Heisenberg (1901~1976) 及 W. Pauli (1900~1958) 是理论方面的主要角色, 而在实验方面的主角则是 E. Back. 这个故事常常是一个充满错误和随意的假设 (以得到理论和实验的符合) 的故事, 但它为最后的成功解答铺平了道路.

3.2.3 量子力学效应 (1922~1928)

1909 年 1 月, Einstein 向《物理学杂志》(*Physikalische Zeitschrift*) 投寄了一篇文章, 它是对当时正在进行的关于 Planck 黑体辐射定律的意义和有效性的辩论的一些看法, 参加这个辩论的有实验先驱 Lummer 和 Pringsheim 及理论家 Lorentz、J. H. Jeans (1877~1946) 和 W. Ritz (1878~1909) 等. Einstein 在此文中计算了 Planck 定律 (他假设它正确地表示数据) 的能量涨落, 求得在频率间隔 ν 到 $\nu + d\nu$ 内对平

均辐射能量 $\bar{E}$ 的偏差的均方值为

$$\overline{\varepsilon^2}=\overline{(E-\bar{E})^2}=h\nu E_0+\frac{c^3}{8\pi\nu^2 d\nu}\frac{\bar{E}^2}{V} \tag{3.26}$$

其中 V 是含有黑体辐射的空腔的体积, 右边的第二项对应于 (经典电磁) 辐射理论给出的涨落, 而第一项 —— 在可见辐射的情况下它对能量涨落的贡献更大 —— 表明 "辐射涨落和辐射压强的行为还像是辐射是由上述大小为 $(h\nu)$ 的量子组成的"[65].

涨落公式并未说服物理学界 (甚至那些量子理论的支持者) 接受光量子假设; 这个假设被称为 "一个迷失目标的猜想"(Planck 等人在 1913 年推荐 Einstein 为普鲁士科学院院士的推荐信中语) 和 "一个不可忍受的物理理论"(Millikan 在其 1916 年证实 Einstein 光电效应方程的文章中的话). 虽然这样, 不仅 1922 年的一个实验证明了光量子的存在, 而且 1909 年涨落公式的甚至更重要的信息, 即辐射的波动性和微粒性同时存在, 也在 20 世纪 20 年代得到了实验证实. 这些基本事实提供了最终的原子理论 —— 量子力学的实验基础.

超越 Bohr 和 Sommerfeld 的所谓 "旧量子论" 的另一个关键现象, 是 1922 年实验观测到的 "空间量子化", 即 Stern-Gerlach 效应. 分别由印度人 S. N. Bose (1894~1974) 在 1924 年和意大利人 E. Fermi (1901~1955) 在 1926 年得到的光量子和电子的奇异统计行为, 揭示了原子客体的进一步的量子力学特性. 最后但并非最不重要的是从 1921 年到 1925 年有关原子对光的色散的量子理论分析, 这些工作不仅得出了由实验证实的一些公式, 还导致在 1928 年发现 Raman 效应.

1. Stern-Gerlach *效应和* Compton *效应* (1922~1923)

在许多量子专家认为 Sommerfeld 的空间量子化 (即电子轨道在空间的分立取向) 只是一种数学工具时, 1921 年, 法兰克福的 O. Stern 提出一种实验检验: 如果原子中的电子带有大约 1 个 Bohr 磁子 ($=eh/4\pi m_e$) 的磁矩, 那么一束银原子通过高度不均匀的磁场时应该发生分裂. 他在 W. Gerlach (1889~1979) 的帮助下做了这个实验, 1922 年 2 月, 的确显示出了银原子束分裂为分立的两束 (图 3.5)[66]. 这个结果于是证明了空间量子化并再一次证实定态的存在. 但是, 它也远远超出了 Bohr-Sommerfeld 理论, Einstein 和 P. Ehrenfest (1880~1933) 对银原子定向在两个方向上所需时间的计算证明了这一点: 他们估算的结果是, 对于 (经典的) 磁力作用, 这个时间为 10^{11} 秒, 而观测给出的时间小于 10^{-4} 秒 [67], 二者相去甚远. 于是, 当时的原子理论的一个基础垮台了.

另一个基础, 即 Bohr 模型中对辐射的经典描述, 也被美国圣路易斯的华盛顿大学的 A. H. Compton(1892~1962) 的实验 (图 3.6) 动摇了. 这位美国的物理学家是 X 射线物理的专家, 他在 1922 年写了一篇关于 "**X 射线产生的次级辐射**" 的现

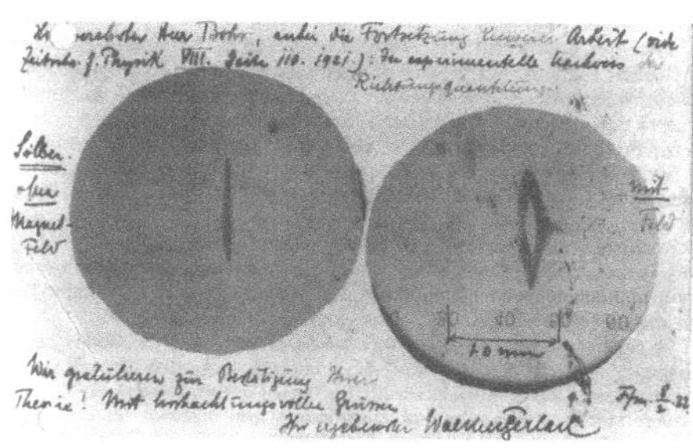

图 3.5 Stern-Gerlach 效应 (Gerlach 寄给 Bohr 的明信片, 1922 年 2 月 8 日)

状的报告, 于那年 10 月呈交给国家研究委员会. 虽然他没有为 “(X 射线) 散射的量子观念” 找到确定的论据, 但他却继续进一步考察. 在美国物理学会 12 月初的芝加哥会议上, 他提交了一篇文章, 其摘要如下[68]:

> 本文提出这样的假设: 当一个 X 射线量子被散射时, 它把它的全部能量和动量都用在某个特定电子上. 这个电子则将射线散射到某个确定方向. 由于传播方向改变而引起的 X 射线量子动量的变化, 对散射电子产生一个反冲. 被散射的量子 (散射角为 θ) 的能量比初始量子能量小很多, 二者之差为散射电子的反冲动能. 被散射的 X 射线束的波长相应增大为 $\lambda_\theta = \lambda_0(1 + 2\alpha \sin^2(\theta/2))$, 其中 $\alpha = h/(m_e c\lambda_0)$.

Compton 在他的《物理评论》文章中详细写了各个细节, 这篇文章刊登于 1923 年 5 月那一期. 在接下来的几年中, 他的 “令人信服” 的结果 “辐射量子携带着有方向的动量和能量” 受到另一位 X 射线专家哈佛大学的 W. Duane (1872~1935) 的猛烈抨击. 另一方面, Debye 在苏黎世提出了一个相似的 X 射线散射公式, 虽然他和 Compton 相反, 并不坚持存在光量子[69]. **[又见 5.1.3 节]**

Compton–Debye 对 X 射线散射的描述在量子物理学家中激发出新的活力. Einstein、Sommerfeld、Pauli 和其他几个人站在光量子一边, 而 Bohr 则特别反对它, 因为它看来不符合基于对应原理 (它要求从经典电磁学顺利过渡到辐射的量子描述) 的普遍的量子理论哲学. 因此在 1924 年初, 他与 H. Kramers (1894~1952) 和

John Slater (1900~1976) 一起写了一篇文章, 他们在文中试图根据下述假设来解释 Compton 的观测结果, 即在原子与辐射的任何相互作用中, 能量只是统计地守恒[70]. 为了在 Compton 效应的哥本哈根解释和 Compton–Debye 解释之间作出判决, 柏林物理技术研究所的 W. Bothe (1891~1957) 和 H. Geiger (1882~1945) 提出, 在一个计数器实验中检测被散射的 X 射线和反冲电子的同时发生. 1925 年 4 月, 他们宣布了他们的结果[71]：在扣除据信为纯偶然的计数后, 实验给出近似每 11 次计数产生一次符合计数. …… 因此, 我们的实验判定支持较老的 (光量子) 概念.

图 3.6　A. H. Compton 和他的实验仪器

几个月后, Compton 和 A. Simon 根据用云室对反冲电子和被散射的 X 射线的观测得到了同一结论[72]. 光量子是真实的存在, 后来被命名为 "光子"[73].

2. 光量子和电子的统计性质 (1924~1926)

Einstein 的光量子观念, 虽然由 Compton 效应在实验上确证了, 但似乎不能解释观测到的辐射现象. 这从 Einstein 涨落公式 (3.26) 中波动那一项已经明显 —— 即使人们想要忘记经典的干涉条纹等等. 于是量子物理学家, 特别是 Einstein 本人、Debye、L. Natanson (1864~1937)、E. M. Wolfke (1883~1947) 和 Bothe, 都试图在独立的光量子之间引进某种关联, 它们会产生这种干涉效应. 然而, 答案却来自印度. 1924 年 7 月 4 日, Bose 写信给 Einstein 说：

> 尊敬的先生, 我冒昧地寄上附随的一篇文章请您审阅和指正. …… 您会看到, 我试图独立于经典电动力学导出 Planck 定律 ((3.2) 式) 中的系数 $8\pi\nu^2/c^3$, 只假设相空间的终极基元体积之大小为 h^3.

然后他请 Einstein 帮忙发表这篇文章, Einstein 立即就这么做了, 因为他认识到 Bose 已消除了反对光量子的一个主要障碍[74].

Bose 从假设具有给定频率 ν_s 的光量子具有能量 $h\nu_s$ 和动量 $h\nu_s/c$ 开始, 这和 Einstein 以前的做法相同. 然后他定义 N_s 个光量子在相空间的 A_s 个元胞中的概率分布 (其中 A_s 是给定的, 像前面讲的例如 Debye 在 1910 年给出的[75] $(8\pi/c^3)V\nu_s^2\mathrm{d}\nu_s$) 由下式给出:

$$\text{概率} = A_s!/(p_0^s!p_1^s!p_2^s!\cdots) \tag{3.27}$$

其中 p_0^s 表示空的元胞 (大小为 h^3) 的数目, p_1^s 为具有 1 个光量子的元胞数目, 等等. 在平衡态下, 所有概率之和 (对指标 s 求和即对不同频率的量子求和)对给定的总能量 $\left(E=\sum\limits_{r,s} rp_r^s h\nu_s\right)$ 必须取最大值. 作者由此直接导出了 Planck 在 1900 年得到的黑体辐射能量分布定律.

Einstein 马上在一系列讨论理想气体的量子理论的文章中将 Bose 统计推广到物质粒子[76]. 他相信, 电子或许也遵从这种新的统计规律, 但来自光谱学的新证据提出了不同的要求.

1924 年, 一些实验专家和理论专家, 特别是 Landé、Millikan 和 I. S. Bowen (1898~1973)、L. de Broglie (1892~1987) 和 A. Dauvillier (1892~1979), 对于解释 X 射线谱时遇到的几个困难 (复杂原子的多线光谱和它们的反常 Zeeman 效应) 进行了综合分析, 得出了原子中电子能级的一个不同的体制, 与迄至那时为止 Bohr 方案所假定的不同; 英国利兹大学的 E. C. Stoner (1889~1973) 对此作了比较详细的表述[77]. Pauli 批评了 Bohr 先前对闭合电子壳层 (从而也是对元素的周期系) 的解释, 他能从一个简单的假设出发得出 Stoner 的体制. 他把一种 "从经典观点无法描述的量子理论性质的二重性" 与电子联系起来, 给束缚在原子中的每个电子四个量子数而不是通常的三个 (主量子数、两个角量子数和一个 "磁" 量子数 m), 并宣告有一条 "不相容原理" 成立[78]: **原子中绝不存在两个或两个以上等同的电子, 它们的 (……) 全部 (四个) 量子数之值完全一样.**

通过让第四个量子数取值 $+\frac{1}{2}(h/2\pi)$ 和 $-\frac{1}{2}(h/2\pi)$, Pauli 的确成功地解释了复杂光谱的体制结构和它们的 Zeeman 效应, 以及电子壳层的封闭性 (K 壳层最大电子数为 2, L 壳层为 8, M 壳层为 18, N 壳层为 32, 它们对应于主量子数 $n=1,2,3,4,5$).

不相容原理不仅有助于恰当地理清原子光谱, 而且还带来两个重要结论. 第一, Fermi 用它导出了电子遵从的量子理论统计学: 他将电子按下述规则放进量子元胞, 每个元胞中要么有一个电子要么没有, 发现其分布类似于 Planck、Bose 给出的分布, 但是在 Fermi 给出的分布情形下必须将分母 $[\exp(h\nu_s/kT)-1]$ 换成

$[\exp(h\nu_s/kT)+1]$[79].

第二, 荷兰莱顿的 G. Uhlenbeck (1900~1988) 和 S. Goudsmit (1902~1978) 将 Pauli 的第四个量子数解释为电子的一个普遍性质, 粒子的一种 "内禀旋转", 后来叫做 "自旋"[80]. 其值为 $h/2\pi$ 的一半解释了原子理论中一个古老的谜团, 即旋磁比 (角动量与磁矩之比) 的反常; 实验中观测到的[81] 差一个因子 2 的偏差, 现在自然地消除了, 而且类似地, 在解释反常 Zeeman 效应和复杂光谱的数据时出现的某些因子 2 的偏差也消失了.

3. *物质客体的波粒二象性* (1922~1927)

在原子物理中将粒子和波两个概念揉合到一起使年轻的 L. de Broglie(图 3.7) 很感兴趣, 他在他哥哥 M. de Broglie 公爵在巴黎的的光谱学实验室里工作. 1922 年, 他建议赋予一个静止的光子一个小质量 m_0 以对它像对一个物质粒子那样作统计处理[82]. 1963 年 1 月 7 日 de Broglie 在《量子物理学史档案》对他的采访中回忆了他的研究工作的继续情况:

图 3.7 L. de Broglie(1892~1987), 物质波之父

在我和我哥哥的谈话中, 我们总是得到这样的结论, 即在 X 射线情形下既有波又有粒子, 于是突然 ——…… 这准是在 1923 年夏天 —— 我有了这样的想法: 人们必须把这种二象性推广到物质粒子, 特别是推广到电子. 并且我意识到, 一方面, Hamilton-Jacobi 理论在某种程度上指向这

个方向, 因为它既可应用于粒子, 而另外又代表几何光学; 另一方面, 在量子现象中人们得到了量子数, 这在力学中很少见, 而在波动现象和所有涉及波动的问题中却经常出现.

他在 1923 年 9 月和 10 月提交给巴黎科学院的三篇短文中表述了他的主要思想[83]:

(1) 由于相对论量子原理 ($h\nu_0 = m_0c^2$), 每个 (静止) 质量为 m_0 的粒子得到一个内部频率 ν_0;

(2) 对以速度 v 运动的粒子, 存在有两个频率 $\nu(= \nu_0/\sqrt{1-v^2/c^2})$ 和 ν_1 $(= \nu_0\sqrt{1-v^2/c^2})$, 它们是同相的 (由于 $\nu_1 = \nu(1-v^2/c^2)$!). 它们描述一个与每个运动粒子相联系的相速度为 $v_{\rm ph} = c^2/v$ 的 "虚构的波".

(3) 将这个 "虚构的" 波或 "相位波" 应用到 Bohr 的最简单的原子模型 (一个电子环绕原子核作圆周运动), 则定态由具有 n 个节点的驻波表示, 其中 n 与主量子数相同.

De Broglie 得到的结论是: 相位波导引着物质粒子的运动, 像光量子的传播一样, 即: "相位波的射线与动力学上可能的轨道重合"[84].

1924 年夏, de Broglie 在另一篇题为 "论波和 (粒子) 运动之间的对应性的一般定义" 的短文中, 完成了对其观念的表述[85]. 他在此文中写出了表示相对论性粒子的能量 E、动量 p 和速度 v 的基本关系式, 即

$$E = h\nu, \quad p = \frac{h\nu}{v_{\rm ph}}, \quad v = \frac{\partial\nu}{\partial(\nu/v_{\rm ph})} = v_{\rm gr} \tag{3.28}$$

其中 $v_{\rm ph}$ 和 $v_{\rm gr}$ 是 "物质波" 的相速度和群速度. 同时, 他完成了他的博士学位论文[86], 文中给出了这个理论诸方面的详尽推导和写作动机. 那里还有一个将波长与一个质量为 m_0 的非相对论粒子的速度 v 联系起来的著名关系式, 即

$$\lambda = \frac{h}{m_0 v} \tag{3.29}$$

在 de Broglie 进行他的理论冒险之前, 西部电子公司的 C. J. Davisson (1881~1958) 和 C. H. Kunsman (1890~1970) 开始了一系列实验, 在实验中他们让动能达 1500 eV 的电子从金属表面反射; 特别是在低速下他们最终观测到位置依赖于晶体取向的反射束强度的最大值和最小值, 对这种现象他们假设了一种特殊的原子模型来加以解释[87]. 1925 年初, F. Hund 在哥廷根报告了这些实验, 一名学生, W. Elsasser (1904~1991) 对这个问题发生了兴趣. 他特别想到: "如果 Davisson 和 Kunsman 的最大值和最小值是一种衍射现象, 类似于 X 射线穿过晶体时所产生的衍射, 那将会怎样呢? 这时电子将不会穿过铂板, 而是将在透入很浅后折回; 这时衍射图样 —— 如果真是衍射的话 —— 将是类似的"[88]. Elsasser 猜测, 这些现

象与 de Broglie 的想法有关系; 他核对了数量级, 发现它是正确的; 最后, 他还将 Ramsauer 效应 (即惰性气体中低速电子截面的反常行为) 和物质波联系起来, 在《自然科学》(*Naturwissenschaften*) 上发表了一篇短文[89]. 他曾试图做一个实验来定量验证这个猜想, 但没有成功, 因此几个月后他就放弃了.

一年之后, 1926 年夏, Davisson 呆在英国期间遇到了 Elsasser 的论文导师 Born, 学到了物质波和波动力学. 他回来以后与 L. H. Germer (1896~1971) 一起开始了一系列新实验; 1927 年 3 月, 他们报告了对电子从镍单晶上衍射的观测细节, 的确证实了 de Broglie 波的存在[90]. 不久后, 英国的 G. P. Thomson (1892~1975) 和 A. Reid 发表了另一个独立的实验证据: 当具有几万电子伏能量的电子通过赛璐珞薄箔时, 他们得到了 Debye-Scherrer 环, 与在 X 射线散射中观测到的相似[91]. 物质波的三位先驱, de Broglie (1929)、Davisson 和 Thomson (1937) 先后获得了诺贝尔物理奖.

4. **色散公式和 Raman 效应** (1924~1928)

色散现象的量子理论处理始于 1921 年, 当时 R. Ladenburg (1882~1952) 将经典色散公式中的振幅和本征频率换成 Einstein 发射系数和玻尔的跃迁频率 [92]. 在随后的几年中, Ladenburg、F. Reiche (1886~1969) 和 C. G. Darwin (1887~1962) 沿着同样的路线继续研究; 但是, Bohr 的助手和合作者 H. Kramers 在 1924 年春开辟了量子力学处理的途径. 他心中还记得那个新的 Bohr-Kramers-Slater 辐射理论[70], 特别是发射和吸收量子理论的跃迁频率的 "虚振子" 的概念, 他系统地重新表述了描述频率为 ν 的次级子波的振幅 P 的经典色散公式. 于是他在量子理论中将方程

$$P = E \sum_i f_i \frac{e^2}{m_\mathrm{e}} \frac{1}{4\pi^2\left(\nu_i^2 - v^2\right)} \tag{3.30}$$

(其中 E 为电场强度, f_i 为与产生色散的原子的本征频率 ν_i 相联系的耦合强度) 换成[93]

$$P = E\left(\sum_i A_i^\mathrm{a}\tau_i^\mathrm{a}\frac{e^2}{m_\mathrm{e}}\frac{1}{4\pi^2\left[\left(\nu_i^a\right)^2-\nu^2\right]} - \sum_j A_j^\mathrm{e}\tau_j^\mathrm{e}\frac{e^2}{m_\mathrm{e}}\frac{1}{4\pi^2\left[\left(\nu_j^\mathrm{e}\right)^2-\nu^2\right]}\right) \tag{3.31}$$

其中 A_i^a 和 τ_i^a 是吸收概率和相应的阻尼时间, A_j^e 和 τ_j^e 是发射概率和阻尼时间. 第二项只在量子理论中出现, 它给出负耦合 $(-f = -A_j^\mathrm{e}\tau_j^\mathrm{e})$; Ladenburg 用了几年时间, 才在氢原子的 H_α 和 H_β 谱线附近的频率区间内的反常色散的特殊情况下, 用实验证明了它的存在[94].

许多量子物理学家 (如德国哥廷根的 Born 和 Jordan 、布雷斯劳的 Reiche 和 Thomas 以及哥本哈根的 Kuhn) 在 1924 和 1925 年参与了色散理论研究的发展, 它

沿着两个方向进行. 第一个方向, Kramers 和 Heisenberg 将色散公式 (3.31) 推广到包括非相干散射[95]. 这项工作的结果一直没有被量子力学带来的随后的变化所触及, 因为他们的工作在一定程度上确实是量子力学的先驱. 在他们的讨论中出现了一个效应, 这个效应以前曾被 A. Smekal (1895~1959) 基于光量子假说预言过[96]: 从发射频率为 ν_{nm} 的光谱线的原子散射来的次级散射辐射中还包含有频率发生了移动的辐射,

$$\nu' = \nu \pm \nu_{nm} \tag{3.32}$$

其中 ν 为入射辐射频率. 1928 年初, 在印度的加尔各答, C. V. Raman (1888~1970) 在液体中发现了这个效应[97]; 同时, 苏联的 G. Landsberg (1890~1957) 和 L. Mandelstam (1879~1944) 在列宁格勒 (现在是圣彼得堡) 也独立地在石英上观测到同一效应[98].

第二个方向, Born 在哥廷根和 J. H. Van Vleck (1899~1980) 在明尼苏达用色散理论方法进行了光谱线强度的计算, 而 L. S. Ornstein (1880~1941) 和他在乌德勒支的学生们在 1924 年晚些时候提供了多重线强度比的数据. 对光谱线强度的求和规则的一个考虑产生了甚至更重要的结果. 瑞士人 W. Kuhn (1899~1963) 表述了对于氢原子的第一个也是最简单的一个求和规则[99],

$$\sum_i f_i = 1 \tag{3.33}$$

Reiche 在布雷斯劳的学生 W. Thomas 独立地得到了上式的推广[100]

$$\sum_i f_i^a - \sum f_j^e = s/3 \tag{3.34}$$

其中 s 是原子系统周期性的程度. (3.33) 式和 (3.34) 式允许有一个容易理解的解释: 它们的右边对应于色散电子数. 此外, (3.33) 式在 Heisenberg 通往量子力学的路径中起了重要作用, 我们下面将会讨论.

3.3 量子力学的起源和完成 (1913~1929)

当 Planck 在 1900 年引入能量量子和 Einstein 在 1905 年得出光量子假说时, 这些物理学家并不想与对大自然的传统理论表述决裂. 当然, 他们两人都看到了, 他们的方法与传统的方案即统计力学和电动力学的某些特征相冲突. 尽管如此, 他们还是期望量子最终会融入到某些 (经典) 理论中, 这些 (经典) 理论在 20 世纪早期就完成了. 首先到达最终状态的是统计力学, 它产生于 J. C. Maxwell (1831~1879) 和 L. Boltzmann (1844~1906) 的工作. J. W. Gibbs (1839~1903) 在 1903 年的书中

把它表述成一种正则形式, 而 Rayleigh 勋爵, J. Jeans (1877~1946) 和 Einstein 在 1900 年至 1905 年详细研究了它的结论. 用这些方法, Jeans 在 1905 年 (Einstein 甚至更早一些) 得出了 "经典" 的黑体辐射定律 (3.11), 它明显与 Planck 定律相矛盾. 三年之后, H. Lorentz 清楚地说到这件事[101]:

> 如果将 Planck 理论与 Jeans 的理论加以比较, 你会发现它们都有自己的优点和缺点. Planck 理论是唯一给出与实验结果相一致的公式的理论, 但我们若不深刻改变我们对电磁现象的一些基本观念, 我们就不能接受它 …… 另一方面, Jeans 的理论迫使我们将那种一致 …… 归为一种巧合.

当 Lorentz 表示这个观点时, 他肯定还知道, 电子的新动力学, 即 Einstein 和 H. Poincaré (1854~1912) 在 1905 年提出的相对论, 不能消除 Jeans 理论和柏林实验之间的不相符. 显然, Planck 伴随着**有限能量量子**引进了一个与经典的物质动理论和经典电动力学格格不入的新概念. Planck 在 1905 年到 1906 年冬季学期讲授的关于热辐射的课程里, 试图阐明他这个概念的本性和意义. 特别是, 他注意到, 谐振子的相空间点 —— 即代表一个振动物体在给定时间的位置和动量的点 —— 位于分立的曲线 (椭圆) 上. 于是: "作用量的基元量子 h 获得了一个新意义, 即它给出谐振子的相平面上一个基元区域的面积 (即由谐振子的量子数 n 和 $n+1$ 决定的两个椭圆之间的面积), 不管它的频率是多少"[102]. 这种情况与经典理论矛盾, 根据经典理论, 相空间点应当连续布满相空间. 通过对这种情况更细致的数学分析, Poincaré 在他最后的科学工作 (1911) 中得出结论: Planck 定律含有一个不连续的实质要素. 这位德高望重的法国学者 (他也参加了第一届 Solvay 会议) 证明, 黑体辐射中谐振子的概率密度函数 $w(\eta)$ 是能量 η 的一个**不连续函数**, 即除了当 $\eta = 0$、$h\nu$、$2h\nu$ 等等之外, 对其他所有的 η 值它都必须为零; 因此, 黑体辐射定律和相关现象 (如比热等) 的量子定律不能用经典理论或任何别的本质为连续的数学形式体系描述[103].

在 1906 年后的几年里, Planck 试图在量子行为和经典描述之间明显的裂隙上建立桥梁. 由于他 "没有看到任何理由该放弃自由以太及其中的一切过程的绝对连续性假设" (Planck 致 Lorentz 的信, 1908 年 10 月 7 日), 他想要将真实的吸收和发射过程与量子假设完全脱钩; 他在 1914 年宣称, 全部量子作用将只 "发生在振子和自由粒子 (分子、离子、电子) 之间, 这些粒子与振子通过碰撞交换能量"[104]. 在 Bohr 和 Sommerfeld 自 1913 年发展起来的第一个原子结构的动力学量子理论里, 关于动力学规律的本性曾流行一种保守观点: "革命" 的方面是挤在那些附加的假设中, 特别是像频率条件这样的限制中. 这种理论在下一个十年里被用来解释相当一部分原子光谱和分子光谱, 直到出现与数据的严重矛盾, 导致后来所称的 "旧量子论" 的彻底崩溃 (3.3.1 节). 从对一切失败的彻底分析 (这种分析主要是在一些原子理论中心如哥本哈根和哥廷根进行的), 在 1925 年夏出现了最早的逻辑一贯的"量子力学". 这个新原子理论的概念中包含了 1911 年 Poincaré 要求的真正的不连续性. 但是, 仅仅半年后, E. Schrödinger (1887～1961) 便在看起来完全不同的 de Broglie 的物质波概念的基础上, 建立起自己的新量子理论; 它看来像一切经典动力学理论一样, 是用微分方程和其他连续的数学工具工作的 (3.3.2 节).

量子力学和波动力学, 虽然和相应的经典理论相似, 却展现出与经典理论完全不同的特性. 这样, 在这两种新原子理论在形式上等价得到证明之后, Born 得出了 Schrödinger 波函数的概率解释 (1926), 而 Heisenberg 发现了不确定性关系 (1927). D. Hilbert (1862～1943) 的线性积分方程理论 (1904～1912) 可以加以推广, 以给量子力学提供一个坚实的数学基础. 物理学家进一步成功地发展了一种相对论性扩充的框架即量子场论, 它允许以统一的方式描写原子粒子和电磁辐射 (3.3.3 节).

3.3.1 "旧量子理论" 的原理和失败 (1913～1924)

Einstein 在他的回忆[105] 中写道:"这个不可靠并自相矛盾的基础足以使象 Bohr 那样的富于直觉和能干的人能够发现光谱线和原子的电子壳层的主要规律以及它们对化学的意义, 在我看来曾像是一个奇迹 —— 就是今天, 我仍然觉得它是个奇迹". 他这样描述了 1913 年至 1923 年的主流原子理论和它的创造者 Bohr 的特征, 他主导了这十年 —— 尽管许多老一代量子物理学家包括 Planck、Sommerfeld、Ehrenfest 和 Einstein, 以及一些较年轻一代的成员, 对最早的量子动力学方案的绝大多数方面做出了贡献. 这个方案实质上是由添加了量子化条件的经典力学定律、因能量–频率关系和无辐射的定态电子轨道的存在而被违反的电动力学中的若干定律和一套附加的规则或原理组成, 这些规则或原理用来增加能够用该方案处理的系统的数目和估算原子辐射的强度. 通过对这个自相矛盾的和复杂的方案的最小心的 —— 或者像 Einstein 说的最"技巧性的"—— 应用, Bohr 最终在 1921 年成功地建立起一个元素周期系的"理论", 即对具有 1 至 92 个电子和相应的核电荷数目 Z 的原子的物理和化学性质的描述. 几乎同时, 几位作者开始指出,"旧量子论" 不仅在两个电子的氦原子和更复杂的原子系统的情形下失效, 而且甚至不能解释氢原子在具体的力的影响下的行为.

1. Bohr-Sommerfeld *原子模型的动力学理论* (1913～1916)

为了寻找他的作用量量子的意义, Planck 在 1905～1906 年冬季讲座中提出, 振子的二维相空间被分割为由一些椭圆包围的区域, 规定这些区域的面积取离散值, 即:

$$\iint \mathrm{d}p\mathrm{d}q = nh \quad 其中 n = 1, 2, 3, \cdots \tag{3.35}$$

q 和 p 分别是位置和动量. 后来, Nicholson 假设原子中电子的角动量由 Planck 常量除以 2π 后的整倍数组成[44], Bohr 在他的原子模型里把它接收过来作为定态轨道的条件[45]. 英国的 W. Wilson (1875~1965)[106]、日本的石原纯 (J. Ishiwara, (1881~1947)[107] 和德国的 A. Sommerfeld[52] 接受 Nicholson-Bohr 的量子化规则 —— 它在谐振子情形下与 Planck 方程 (3.35) 一致 —— 为相积分

$$\int p\mathrm{d}q = nh \tag{3.36}$$

并把它 (像 Planck 那样[108]) 推广到有几个自由度的原子系统. 这使 Sommerfeld 能够发展出对多电子原子的一种动力学描述, 从而创造了对大量的原子光谱经验数据进行量子理论处理的工具.

Sommerfeld 理论实质上基于两个假设:

(1) 对每个自由度有一个量子条件 (3.36) 成立;

(2) 经典动力学定律适用于多周期系统.

后者在 19 世纪已经被 W. R. Hamilton (1805~1865) 和 C. G. J. Jacobi (1804~1851) 表述成数学形式, Paul S. Epstein[61]、K. Schwarzschild[62] 和 P. Debye[56] 在他们追随 Bohr 和 Sommerfeld 计算氢原子的 Stark 效应和 Zeeman 效应时使用过它们.

Sommerfeld 不仅使用包含依赖于作用量和角变量 J_i 和 w_i 的作用量函数 S 的 Hamilton-Jacobi 偏微分方程工作, 而且还用了强有力的和优美的复变量积分的数学方法[54], 通过这些方法完成了 Bohr 原子的动力学理论. 这样, 他对径向–相位积分得到结果

$$nh = \int \frac{\partial S}{\partial r}\mathrm{d}r = \int \sqrt{A = 2\frac{B}{r} + \frac{C}{r^2}}\mathrm{d}r = -2\pi i\left(\sqrt{C} - \frac{B}{\sqrt{A}}\right) \tag{3.37}$$

这种方法可以应用于各式各样的原子问题, 包括相对论性的和非相对论性的, 有外电场、外磁场和没有外电磁场的. 当然, 要获得成功, 系统的 Hamilton-Jacobi 方程必须能够分成一组方程, 每个方程只依赖于一对动力学变量 J_i 和 w_j(“可分离变量系统”).

2. *原子理论的原理* (1913~1918)

1917 年年末, Bohr 完成了他处理线状光谱量子理论的内容广泛的文章的第一部分, 副标题为 “关于一般理论”[109]. 他提到了 Sommerfeld、Einstein、Schwarzschild 和 Debye 最近所完成的理论工作, 然后继续写道[110]:

> 尽管这些研究取得了巨大的进步, 但是许多基本性质的困难仍然没有解决, 这不仅是在用来计算一个给定系统光谱的频率的方法的应用能力有限这一点上, 而且特别是在发射的谱线的偏振和强度问题上. 这些困难

与量子理论主要原理中所包含的与力学和电动力学的通常观念的根本分歧密切相关, 也与迄今仍不能用别的观念来代替这些通常观念而形成一种同样逻辑一贯的和成熟的结构密切相关. 然而, 在这方面, Einstein 和 Ehrenfest 的工作最近获得了重大的进展. 在理论的这种状态下, 试着从统一的观点讨论不同的原理, 特别是考虑它们的基础假设与通常的力学和电动力学的关系, 也许是有兴趣的.

Bohr 在这里说的 "巨大进展", 包含在 Ehrenfest 的 "浸渐不变性" 和 Einstein 对辐射过程的统计处理中.

1913 年, Boltzmann 的一名奥地利学生 Ehrenfest(他当时是莱顿的教授和 Lorentz 的继任者) 发布了一个对两个周期系统 A 和 B 成立的方程, 这两个系统可以通过一个或几个参量的无限缓慢 (即 "浸渐") 的变化而相互转化; 特别是, 他发现对平均动能 $\overline{T}_A$ 和 $\overline{T}_B$ 有关系[111]

$$\overline{T}_A/\nu_A = \overline{T}_B/\nu_B \tag{3.38}$$

它允许量子理论处理能够从一个已经解出的量子系统 A"浸渐地" 得出的一切系统 B.

Einstein 在试着对 Planck 黑体辐射定律给出一个逻辑一贯的推导时, 于 1916 年 7 月得到一种新的可能性[112]. 他假设, 空腔中的平衡是通过 Bohr 原子的特征频率的发射和吸收过程而得到的, 这些发射和吸收过程按照放射性衰变定律**统计**地发生. 如果在他的考虑中不仅考虑原子谱线的吸收和发射, 而且也考虑相同频率的入射辐射所产生的 "受激发射", 并且还考虑正确的极限行为, 即对无穷大的平衡温度必定存在一个无穷大的辐射密度, 那么他就会求得渴望得到的 Planck 定律. [**又见 18.2.3 节**]

显然, Einstein 1916 年的方法对 Bohr 研究计算谱线强度的问题有帮助; 这就是说, 经典电动力学中得到的谱线强度, 至少当 n 值大时, "将在量子理论中决定一个给定的定态自发跃迁 …… 到一个邻近态的概率"[113]. 在这里, 他像 1916 年 Einstein(和 Planck 甚至更早在 1906 年[114]) 曾经做过的那样, 用了下面这个合理的假设, 即在适当的极限下 (特别是高量子数时), 量子理论关系必须过渡到对应的经典关系. Bohr 在 1913 年就用这个假设来成功地求出正确的氢光谱[115]. 1918 年后他称这个假设为 "对应原理", 从 H. Kramers 在其博士论文中计算 Stark 效应的光谱线强度开始, 这个原理在原子理论中就起着不可缺少的作用[116].

1918 年, Sommerfeld 的波兰籍助手 A. (Wojcech) Rubinowicz (1889~1974) 注意到, 由于守恒定律, 一个原子态 (电子轨道) 的角动量在跃迁中最大可以改变一个单位的 $h/2\pi$—— 他把这叫做 "选择定则"(Auswahlprinzip)[117], 由此他推导出光谱线的偏振. Bohr 不喜欢他的原子和发射或吸收的辐射二者都呈现出量子结构的假设, 用更复杂的论据得出与 Rubinowicz 类似的结果[118]. 的确, 他曾希望求助于对应原理解决偏振问题[119]. 接下来的几年里, 曾把别的一些选择定则应用到了许多原子问题中, 尽管对它们可能成立的理由并不一致; 后来表明, 它们总是与对称性原理相联系.

3. 构造原理 (Aufbauprinzip)(1921) 和原子理论的三个学派

"如果我们承认光谱量子理论是牢靠的, 那么对应原理看来就会为沿着与解释线状光谱相同的线索寻找元素的其他物理和化学性质的解释提供也许是最强的诱因"[120]. 这些语气强烈的话是 1921 年初 Bohr 在介绍他最雄心勃勃的计划, 即给出一个化学元素周期系的理论 (由此会得出纯物质的一切物理性质和化学性质) 时说的.

他的想法是: 从氢原子出发, 在可用的量子轨道上一个接一个添加电子, 同时增加原子核的电荷, 来构筑多电子原子. Bohr 解释说[121]:

> 于是, 通过更仔细地考察这一束缚过程的进展, 这个 (对应) 原理就提供一个简单的论据得出如下结论: 这些电子将以这样的方式分组排列, 以使得元素的化学性质随着原子序数增加的序列所表现出的周期性得以反映. 事实上, 当我们考虑数目更多的电子被正电荷更高的原子核束缚时, 这个论据使人想到, 在头两个电子被束缚在单量子轨道上之后, 接下来的 8 个电子将会束缚在二量子轨道上, 再往后的 18 个电子束缚在三量子轨道上, 再往后的 32 个电子在四量子轨道上.

Bohr 在其后一篇短文中详细叙述了这个想法, 并在 1922 年 6 月哥廷根的讲座中作了很详细的讨论[122]. 一名聚精会神的听众, W. Heisenberg 回忆道: "Bohr 了解整个周期系. 同时人们容易看到 …… 他并没有在数学上证明任何东西, 他只是知道这多少是它们之间的联系. "[123]. 但是这个方案仍然在 1922 年年末记录了一个光辉的胜利, 它的奠基人由于他的原子理论而获得了诺贝尔物理学奖. 这个方案说明了当时刚发现的第 72 号元素铪的性质, 与别的主张相反, 认为它与锆元素相似[124].**[又见 2.7.8 节]**

量子物理学家们 (图 3.8) 虽然一开始都热情地欢迎 Bohr 的新想法, 但依照他们的口味和所受的教育的不同而反应不同. 那时基本上形成了三个学派: 以 Bohr 为首的哥本哈根学派, 由 Born 领导的哥廷根学派和 Sommerfeld 的慕尼黑学派. Heisenberg 在这三个学派都待过, 他这样描述他们的领导人的特征品格: "我从 Sommerfeld 那里得到了乐观主义, 从哥廷根人那里学到了数学, 而从 Bohr 那里学到了物理. " 这些伟大导师中最年长的是 Sommerfeld, 他 1868 年 12 月 5 日生于哥尼斯堡, 在那里学习数学, 并于 1891 年获博士学位. 然后他在哥廷根大学成为 F. Klein (1868~1925) 的助手, 然后先在克劳斯塔尔工业大学、后来在亚琛技术大学获得一个数学教席, 1906 年他从那里到慕尼黑, 任理论物理学教授. 1911 年, Sommerfeld 已经转向量子理论 —— 最早是处理 β 和 γ 发射问题, 甚至在 1915 年接受 Bohr 的原子理论之前, 就成了量子论的积极支持者, 在随后的十来年里量子论成了他的科学研究工作的中心. 在 Sommerfeld 的研究所里, Epstein 和 Rubinowicz 做出了杰出的贡献, 而他以前的学生, 哥廷根的 Debye 和先在柏林后在法兰克福的 Landé则发扬了他的思想. 在慕尼黑, 高等工业学校的 W. Kossel 在 20 世纪 10 年代后期与 Sommerfeld 合作研究 X 射线谱. 第一次世界大战后, Sommerfeld 培育的新的一代才俊, 全都投身到原子理论中, 其中包括 W. Lenz (1888~1957)、A. Kratzer (1893~1980)、G. Wentzel (1898~1978) 和 O. Laporte (1902~1971). 尽管他们都获得了大学理论物理学教授席位, 但 Sommerfeld 最著名的学生是 W. Pauli 和 W. Heisenberg.

图 3.8 量子理论的三位伟大导师. (上图左起) Sommerfeld(1868~1951), N. Bohr(1885~1962) 在 1919 年, (下图)Born (1882~1970) 在 1925 年

Bohr 是原子结构第一个成功的量子理论的创建者, 他于 1885 年 10 月 7 日生于哥本哈根, 并在哥本哈根大学受教育 (1911 年获博士学位). 在曼彻斯特与 Rutherford 一起工作几年后 (1911~1912 和 1914~1916), 1916 年他应召回到哥本哈根, 任理论物理学教授. 他在那里接受了第一个学生, 荷兰的 H. Kramers. 1918 年, 瑞典人 O. Klein(1896~1977) 来到他的研究所, 接着是 1920 年挪威人 S. Rosseland (1894 年生). 第一次世界大战后, 哥本哈根或长期或短期地接待了来自全世界的许多客人: 迄至 1925 年, 特别引人注目的是从德国来的, 例如年长的 J. Franck (1920)、G. de Hevesy (1920~1926) 与年轻的 Pauli (1922~1923) 和 Heisenberg(1924~1925, 1926~1927)、还有来自英国的 R. Fowler (1925)、来自美国的 J. Slater(1923~1924) 和来自日本的仁科芳雄 (Y. Nishina 1923~1928). 甚至到 20 世纪 20 年代后期和 30 年代, 哥本哈根仍是原子理论博士后研究的圣地.

学派奠基人中的最后一位 Born(1882 年 12 月 11 日生), 家世源于布雷斯劳 (Breslau)(现在波兰的弗罗茨瓦夫); 他先在布雷斯劳后在哥廷根学习物理和数学, 1906 年在哥廷根获得了博士学位. 之后, 除在英国剑桥短暂停留外, 他继续在这两个地方担任学术职位, 直到 1915 年初他迁到柏林, 在柏林大学担任理论物理特聘教授. 1919 年他在美因河畔的法兰克福、1921 年在哥廷根成为常任正教授. 尽管他在 1912 年 (在与 T. von Kármán 合作的关于固体比热的工作中) 已经接受了量子理论, 但只是在 1922 年 (Bohr 在哥廷根发表演讲前不久) 他才转向原子结构的 Bohr–Sommerfeld 理论. 他先与他的新助手 Pauli 合作研究量子理论的微扰方案, 然后又在同一课题上与 Heisenberg 合作; 他身边还有 F. Hund 和 P. Jordan (1902~1980). 他们全都用哥廷根传统的最严格的数学方法, 热切地投身于原子问题的研究. 甚至在发现量子力学之前, 就有外国客人来到 Born 这里, 如 1923~1924 年来访的 E. Fermi 和 1925 年来访的 Ehrenfest. 不过 Born 早期的大部分学生仍然是从事晶体点阵问题的研究, 但是 1925 年后情况变了, 那时有相当数量的来访者涌入哥廷根, 特别是从美国 (Born 曾于 1925~1926 年在美国讲课), 但也来自其他国家. 原子物理学的这个伟大时期结束于 1933 年, 当时 Born 和 Franck 不得不离开德国. (Born 去了英国, 1953 年返回德国, 1970 年 1 月 4 日在哥廷根去世.)

除了这些中心之外, 还有一些研究所, 如莱顿的 Ehrenfest 的研究所、剑桥的 R. Fowler(1889~1944) 的研究所和汉堡的 Lenz 的研究所, 都对 20 世纪 20 年代早期 (及以后) 原子理论做出了贡献, 它们都与哥本哈根、哥廷根和慕尼黑保持着紧密联系.

4. *原子理论的失败* (1922~1924)

自从 1918 年秋以来一直在慕尼黑大学学习的维也纳理论家 Pauli, 1921 年夏在 Sommerfeld 指导下完成了博士论文, 论文的内容是氢分子的计算[125]. 作者研究了一切可能的轨道, 特别是计算了基态, 得到了结合能为 $W = -0.5175Rh$(R 和 h 分别是 Rydberg 常量和 Planck 常量). 1921 年这个结果看来与实验不符, 但是到 1922 年 —— 发表的日期 —— 情况就更不清楚了. 到了 1923 年可以确定, Pauli 的计算毫无疑义地证明了著名的 Bohr-Sommerfeld 理论的失败. 那时还有更多的失败的例子.[**又见 2.8 节**]

引起麻烦的第一个原子系统也许是氢分子系统. Bohr 在其 1913 年的一篇先驱性的论文中, 曾尝试过一个哑铃模型, 但后来的一些讨论 (关于比热和 Zeeman 效应的讨论) 否定了它, 于是 Born 又在 1922 年建议了一个模型, 其中电子具有更微妙的轨道, 但没有给出任何详细的计算[126]. 作为代替, 他转向一种有关的但更简单的双电子系统即氦原子, 它的基态在那时 (在 Landé于 1919 年做的一些预备性的工作之后) 已经由哥本哈根的 Kramers 和马萨诸塞州坎布里奇 (译者按: 哈佛大学和麻省理工学院所在地) 的 J. H. Van Vleck(1899~1980) 算出来了. Kramers 总结说: "计算得出了这样的结论: 在氦原子正常状态的模型里 …… 发现原子的能量比实验值高出 3.9eV. "[127]. 他的计算中的量子轨道与 Born 提出的氢分子模型很类似, 也不满足稳定性条件.

虽然由于有这些缺陷, V. Vleck 和 Kramers 对基态的估算看来并非最后定论, 但 Born 和 Heisenberg 对氦激发态的处理却给出了一个非常清晰的结果, 因为他们采用的模型 (具有一条非常偏心的轨道) 看来是简单明了和没有问题的. 作者们对能量项仍然得到肯定是错误的值, 他们的结论 ——"要么量子条件错了, 要么电子的运动即使在定态下也不满足力学方程"[128]—— 意味着原子结构的半经典理论不对了. 毕竟, 它曾是 (由 Born、Pauli 和 Heisenberg 发展起来的) 对多周期系统的微扰论最精细和最可靠的方法, 提供了计算氦原子的基础[129].

多电子原子呈现的困难甚至比简单的原子系统更明显. 它开始于反常 Zeeman 效应的计算, Sommerfeld、Landé、特别是 Heisenberg 想建立反常 Zeeman 效应的量子理论方案[130], 使它也能解释强磁场中的劈裂转换[131]. 他们想要完全描述多重谱线和 Zeeman 现象的努力, 以 Sommerfeld 和 Landé 的 "矢量模型" 为顶点[132]. 后者提出了他的著名的旋磁因子 g 的公式 (决定了光谱线的图样和裂距)

$$g = 1 + \frac{1}{2}\frac{J^2 - \dfrac{1}{4} + R^2 - K^2}{J^2 - \dfrac{1}{4}} \tag{3.39}$$

其中量子数 K、J 和 R 分别是序电子、原子实和整个原子的角动量矢量的长度. 当 Pauli 试图借助于严格的 "哥廷根人的数学" 和 Bohr 的物理论证, 推导出这个矢量公式即 "Sommerfeld 的乐观主义" 的典型结果时, 他失败了: 复杂的多重谱线和它们的 Zeeman 效应的唯象描述, 是不能根据已有的原子理论来论证的[133]. 他在 1923 年 7 月 19 日写给 Sommerfeld 的一封信中抱怨道:"搞反常 Zeeman 效应理论, 以及总而言之和含有一个以上电子的原子打交道, 实在是在受一场大罪."

大约同时, 旧量子论被对一个很微妙的原子问题的考虑进一步摧毁, 那就是交叉电场和磁场同时作用于氢原子的问题. 1918 年, Bohr 曾怀疑这样得出的电子轨道也许根本不是周期性的, 但五年之后 Epstein 给出了一个不同的结果[134]. 维也纳人 O. Halpern (1899~1982) 证实了 Epstein 的结论, 那时在明尼苏达的 Oskar Klein 和汉堡的 Lenz 的仔细的研究[135] 也得到同样的结果. 一直饶有兴趣地跟踪这个问题的 Pauli, 在他为《物理大全》写的关于旧量子论的文章中讨论了这些结果, 并评论道[136]:

> 于是"允许"的轨道 ······ 变为"禁戒"的轨道 ······ 反之亦然 ······ 只有对理论的基础作根本的改变才能躲过这个困难.

3.3.2 哥廷根的量子力学和 Schrödinger 的波动力学 (1925~1926)

1970 年 4 月, 在寻找新的原子力学的博弈中的主角之一, P Dirac (1902~1984) 这样回忆他在 20 世纪 20 年代前半段面对的形势[137]:

> 在 1925 年前, 人们是用 Bohr 轨道工作的 ······ 它们提供了原子的一幅令人非常满意的非相对论图象, 在这幅图象中, 一个电子实质上是重点所在 ······ 但是在理解两个电子将如何相互作用时遇到了巨大的困难, ······ 这些困难在人们试图解释氦原子光谱时极清晰地表现出来. 那些日子里一些年轻人正试图建立一个 Bohr 轨道相互作用的理论 ······, 毫无疑问, 若不是 Heisenberg 和 Schrödinger 的工作, 他们将会继续沿着这条路线走下去.

尽管许多缺点困扰着 Bohr-Sommerfeld 的旧量子理论的应用 —— 表面上它被一些多少是任意的假设所覆盖, 例如在描述复杂光谱和有关的 Zeeman 效应时引入半整数量子数, 或假设原子实和序电子受到"力学不能解释的张力"的作用 —— 若非 Heisenberg 和 Schrödinger 的新力学从根本上颠覆了电子轨道的旧图象和它们的半经典处理的话, 这种具有技巧性托词的游戏或许还会继续玩很多年, 作出一些进一步的改进, 带来更多的一些表面上的成功.

确实, 舍弃旧量子论观念的过程在 1925 年前就已经开始了, 那时将系统的"离散化"思想应用到几个用来描述原子行为的特征关系上, 特别是光谱线强度的表示式, 当时把这种方法叫做"色散理论方法"(1923~1925). 特别是, Born 和 Heisenberg 在哥廷根从 1923 年秋天起就一直在从事他们的"离散的量子力学"计划 (以某种方式实现 Poincaré 1911 年的要求). 当 Heisenberg 在 1925 年夏得出他的新的"运动学关系和力学关系的量子论重新解释"时, Born 和 Jordan 在哥廷根, 还有 Dirac 在英国剑桥, 很快就成功地建立了一个逻辑一贯的、离散的量子力学形式体系, 其中所有的经典力学方程都换成要么是矩阵运算中的、要么是 Dirac 的 "q 数" 的更普遍的数学方案中的类似的方程. 这种离散的量子力学面世几个月后就遇到一个强有力的竞争者, 即 Schrödinger 的貌似 "连续的波动力学"—— 这一事件在原子物理学界引起一些迷惑: 突然间人们不再是一个也没有, 而是有了**两个**显然**正确的原子理论**.

1. *原子动力学的离散化: 色散理论* (1923~1925)

1923 年 7 月 19 日, Pauli 就反常 Zeeman 效应问题给 Sommerfeld 写了一封信, 并在 (分别从 Bohr-Sommerfeld 理论和实验数据, 以及 (3.3.5) 式) 讨论 g 因子的公式时评论说[138]:

> *这些表达式的结构是颇为相似的, 但是人们不可能通过改变 R、K 和 J 中所包含的不确定的相加常量的归一化使差别消失. ······ 也可以说这两个表达式是相互联系的, 就象微商 $(\mathrm{d}/\mathrm{d}J)(1/J)$ 和差商 $1/J-1/(J-1)$ 之间的联系一样, 这似乎暗示某种非力学的东西.*

可以认为这个说法是在当时已用的原子理论中用差分表达式来代替经典的微分表达式的第一个明确的、见诸文字的建议. 也许独立于 Pauli 的建议, Born 在 1923 年秋提出了一个新纲领: 提倡系统的 "物理学离散化" 或 "离散的量子理论". 他的助手 Heisenberg 于 1923 年 7 月在 Sommerfeld 指导下完成博士论文后, 最终来到哥廷根, 立即就在他的下一个对反常 Zeeman 效应问题的研究中响应这一号召, 作为一个自然结果得出了观测到的半整数量子数[139]. (这篇文章也是让作者在 1924 年夏获得任职资格的论文.)Born 自己写了一篇题为 "论量子力学" 的文章, 他在文中为哥本哈根的新 "色散理论方法" 奠定了坚实的基础[140].

多年来人们已经知道, 描写物质对电磁辐射的色散的经典方程可以改写成量子公式, 只要将这个经典表达式中的某些量 (例如共振频率和散射电子的数目) 用相应的量子理论表达式 (像原子的跃迁频率和 Einstein 吸收和发射系数) 代替即可[141]. 1924 年春, Kramers 在 Bohr-Kramers-Slater 辐射理论指引下, 写下一个改进的色散公式, 即上面的 (3.31) 式[93]. 之后 Born 立即就按下述方法导出了这个公式: 对相干散射情形下的比值 P/E(P 表示在入射辐射的电场强度 E 的作用下在散射原子中感应出的电极化), 他将经典公式写成对色散原子作用变量 J 的微分表达式 $(\partial\phi/\partial J)$ 之和. 然后将微商换成差商, 即

$$\frac{\partial\phi}{\partial J}\to\frac{\phi(n+\tau)-\phi(n)}{\tau h} \tag{3.40}$$

其中 $n+\tau$, n 表示原子两相邻定态的量子数. (实际上原子有几个自由度, 它们经典地用作用量变量 $J_k, k=1,2,\cdots$ 表示).

1924 年秋, Kramers 和 Heisenberg 按照 Born 先前的论文的规定, 算出了光的色散的一般情况, 即他们既考虑了 Kramers 公式的相干散射, 也考虑了光的非相干散射[95]. 这种非相干散射由频率不同于入射电磁波 (场强为 E) 包含的频率的辐射组成, 特别是 A. Smekal 先前根据光量子假说预言的频率 $\nu+\nu_e$ 和 $\nu-\nu_e$[96]. 在 Kramers 和 Heisenberg 的计算中出现了以下特征形式的项 (对所有中间态 R) 的求和

$$M(P,Q;R)=\frac{1}{4h}\left[\frac{A_q(E\cdot A_p)}{\nu_p+\nu}-\frac{A_p(E\cdot A_q)}{\nu_q+\nu}\right]\exp[2\pi(\nu_p+\nu_q+\nu)t] \tag{3.41}$$

其中 ν_p、ν_q 分别表示从初态 P 到中间态 R 和从 R 到末态 Q 的跃迁频率, A_p 和 A_q 是对应的**跃迁振幅**. 显然, (3.41) 式这样的项不仅具有 Born 的 "量子力学" 表示式的结构, 而且还展示出它们依赖于原子的三个量子态的特征 (因而它们要对两个量子态的中间态求和!). 这一形式特征将会帮助 Heisenberg 在通向他的量子理论重新表述方案的道路上迈出决定性的一步.

2. 量子理论的重新表述和非对易变量 (1925 年 5 月 ~11 月)

从 1924 年 9 月至 1925 年 4 月, Heisenberg 在哥本哈根度过了几个月. 在与 Bohr 和 Kramers 的讨论中, 他学会了将 Born 的系统的数学形式体系与 Bohr 的物理洞察力结合起来. 他在几篇文章中使用了由此得出的方法, 他将这种方法称之为 "增强的对应原理", 因为它将原始的对应性论据表述为确定的量子形式[142]. 回到哥廷根后, 他用这套方法得到了原子理论的一个最后的突破. 在一次不成功的求氢原子光谱谱线强度的尝试后, 他首先订出一套将经典的多周期系统的公式转化为量子理论公式的规则 (图 3.9). 他将经典的 Fourier 级数 —— 比如用 Fourier 振幅 a_τ 和 Fourier 频率 $\tau\nu$(ν 是电子转动频率) 描述一个电子绕原子核旋转的运动 —— 换成他所谓的 "量子理论 Fourier 级数", 它具有依赖于跃迁所涉及的两个原子态的量子数 n 和 $n-\tau$ 的跃迁振幅 $a(n,n-\tau)$ 和相应的频率 $\nu(n,n-\tau)$. 经典的乘积项 $b_2\cdot\exp(2\pi\mathrm{i}2\nu t)=[a_1\exp(2\pi\mathrm{i}-\nu t)]^2$ 在量子理论中变为

$$\begin{aligned}&b(n,n-2)\exp[2\pi\mathrm{i}\nu(n,n-2)t]\\&\qquad=a(n,n-1)a(n-1,n-2)\times\exp[2\pi\mathrm{i}\cdot\nu(n,n-2)t]\end{aligned} \tag{3.42}$$

这里用了量子频率的 Ritz 组合规则

$$\nu(n,n-1)+\nu(n-1,n-2)=\nu(n-2) \tag{3.43}$$

当 Heisenberg 要求原子理论中所有的变量都应该重新表述为这样的 Fourier 和式 $\sum a(n,n-\tau)\cdot\exp[2\pi i\nu(n,n-\tau)t]$ 时, 他立即就得到这个令人吃惊的结果: 两个量子力学变量 x 和 y 将不会自动对易 (在经典理论中它们永远是对易的), 或一般地,

$$x\cdot y\neq y\cdot x \tag{3.44}$$

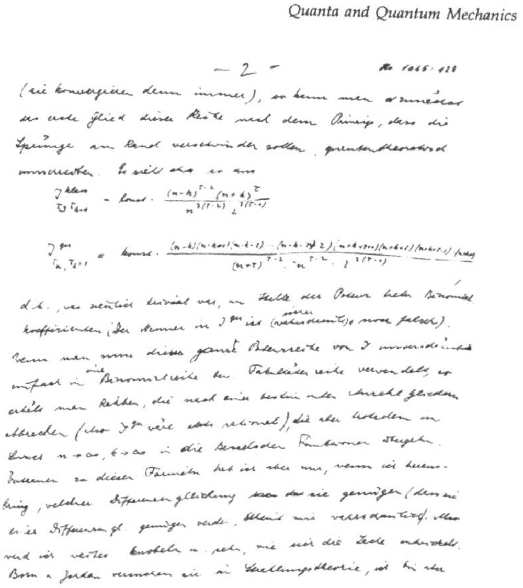

Quanta and Quantum Mechanics

图 3.9 Heisenberg 的量子力学重新解释 (取自 Heisenberg 给 R. Kronig 的一封信, 日期为 1925 年 5 月 8 日)

在 1925 年 7 月投寄的这篇开路的论文中包含了沿着新理论的路线对非简谐振子的处理[143], 作为作者详细解出的一个具体例子. Heisenberg 写下了运动方程, 并借助于两个条件 (或者说, 固定积分常量) 对它积分: ①假定了一个量子数为 n_0 的最低能量的状态, 从而跃迁振幅 $q(n_0, n_0-1)$, $q(n_0, n_0-2)$ 等等都消失; ②重新表述的"量子条件"$\left(J=\int p\mathrm{d}q\right)$, 它是作者从表述为 (3.40) 式的标准形式的以下经典方程

$$\frac{\partial}{\partial J}J=1=\frac{\mathrm{d}}{\mathrm{d}n}\frac{1}{h}\int m\left(\frac{\mathrm{d}q}{\mathrm{d}t}\right)^2\mathrm{d}t=\frac{2\pi m}{h}\sum_{\tau=-\infty}^{+\infty}\frac{\mathrm{d}}{\mathrm{d}n}\left[2\pi\nu\tau|a_r|^2\right] \tag{3.45a}$$

得到的, 在量子理论中改写为:

$$1=\frac{4\pi m}{h}\sum_{\tau=0}^{\infty}[|a(n,n+\tau)|^2 2\pi\nu(n,n+\tau)-|a(n,n-\tau)|^2 2\pi\nu(n,n-\tau)] \tag{3.45b}$$

由此他计算了非简谐振子的解, 解中有定态 (即不含时间的态) 存在, 在最低阶近似下 (简谐振子), 其能量为

$$W_n=\left(n+\frac{1}{2}\right)h\nu_0,\quad n=0,1,2,\cdots \tag{3.46}$$

显然, 振子能态正式出现了半整数量子数 $n+\frac{1}{2}$, 与分子光谱数据早先表明的一

样[144]. 此外, 作者更简略描述了一个初步的转子理论, 得到的结果与先前从某些分子光谱和复杂的原子光谱导出的强度规则一致[145].

研究了 Heisenberg 的论文后, Born "开始沉思量子理论变量的符号乘法"[146]:

> 不久我对它便如此地投入, 以至于整日冥思苦想, 彻夜难眠. …… 一天早晨 …… 我突然领悟: Heisenberg 的符号乘法不过是矩阵运算, 在我上学时就从 Rosanes 在布雷斯劳教的课程中熟知了.

然后他发现, 引入正则共轭变量即位置 q 和动量 $p = (m\mathrm{d}q/\mathrm{d}t)$ 后, Heisenberg 的方程 (3.45b) 可以用无穷矩阵 $\boldsymbol{q}$ 和 $\boldsymbol{p}$ 写成

$$\boldsymbol{pq} - \boldsymbol{qp} = \frac{h}{2\pi\mathrm{i}}\mathbf{1} \tag{3.47}$$

其中$\mathbf{1}$表示单位矩阵 (有无穷多个对角元素 1, 其他元素均为零). Jordan 证明了这个 "对易" 关系, 他协助 Born 完成了所谓的 "矩阵力学"[149]. 在他们 1925 年 9 月联合发表的论文中, 两位作者概述了第一个逻辑一贯的量子力学方案, 它取代了周期系统的旧量子论[147]; 他们又和 Heisenberg 一起, 将这个方案推广到任意多个自由度的系统, 并发展出一个量子力学微扰理论以及角动量的新表述形式[148].

Dirac(图 3.10) 独立于 Born 和 Jordan, 创建了量子力学的一种不同的表述形式[149]. 他用他所谓的 "q 数" 代替 Heisenberg 的非对易的量子理论 Fourier 级数, 并且把他对 Hamilton-Jacobi 的作用变量–角变量理论中的经典 Poisson 括号 (其中 J_k 和 w_k 是正则共轭变量) 的改写作为基本关系引入, 即

图 3.10　量子力学的两位创始人：左：Dirac(1902～1984); 右：Heisenberg(1901～1976)(照片 1929 年摄于芝加哥)

$$\sum_k \left(\frac{\partial x}{\partial w_k}\frac{\partial y}{\partial J_k} - \frac{\partial y}{\partial J_k}\frac{\partial x}{\partial w_k}\right) \to \frac{2\pi}{\mathrm{i}h}[xy - yx] \tag{3.48}$$

其中 x 和 y 表示所考虑的原子系统 (它有 f 个自由度, $k = 1, 2, \cdots, f$) 的任意两个变量. 于是像哥廷根小组一样, 他将所有经典关系式换成相应的量子力学关系; 确实, 他的 q 数理论比矩阵力学可以应用到更广泛的原子问题[150].

3. 量子力学作为重新表述的经典力学 (1925~1926)

从 1925 年 11 月 14 日到 1926 年 1 月 22 日, Born 在麻省理工学院做了两个系列讲演, 即: Ⅰ.**原子的结构**和Ⅱ.**刚体的晶格理论**[151]. 尽管已经承认 "新 (量子力学) 方法优于旧方法", 演讲人在**系列** Ⅰ 的前九讲中还是讲述了 Bohr-Sommerfeld 的旧量子论, 作为 "经典力学的一个应用". 讲演者在出版的讲稿的前言中说, 这套方法不仅着重讲述了 "Bohr 的伟大成就", 而且同时也强调了经典力学关系式和量子力学关系式的密切相似: 确实, 后者实现了哥本哈根的这位先驱依靠他的对应原理所设想的东西.

从 Hamilton 体制中形式全同的方程来看, 这种相似是十分明显的, 即, 对一个有任意多个自由度 ($k = 1, 2, 3, \cdots$) 并且由 Hamilton 量 H(H 是正则变量对偶 q_k 和 p_k 的一个函数, q_k 和 p_k 通常是位置和动量) 描写的系统, 运动方程为

$$\frac{\mathrm{d}q_k}{\mathrm{d}t} = \frac{\partial H}{\partial p_k}, \quad \frac{\mathrm{d}p_k}{\mathrm{d}t} = \frac{\partial H}{\partial q_k} \tag{3.49}$$

在矩阵力学中, 变量 (q_t、p_k、H 等) 都用矩阵表示, 方程 (3.49) 的右边可分别用对易式 $(2\pi\mathrm{i}/h)[\boldsymbol{H}, \boldsymbol{q}_k]$ 和 $(2\pi\mathrm{i}/h)[\boldsymbol{H}, \boldsymbol{p}_k]$ 代替. (两个矩阵 $\mathbf{A}$ 和 $\mathbf{B}$ 的对易子 $[\mathbf{A}, \mathbf{B}]$ 为 $\mathbf{AB} - \mathbf{BA}$.) 其他一切变量 $\mathbf{X}$ 的时间微商都由下列方程给出:

$$\frac{\mathrm{d}\mathbf{X}}{\mathrm{d}t} = \frac{2\pi\mathrm{i}}{h}(\mathbf{HX} - \mathbf{XH}) \tag{3.50}$$

对于量子力学的这些基本方程, 必须加上量子条件或对易关系

$$\mathbf{p}_k\mathbf{q}_l - \mathbf{q}_k\mathbf{p}_l = \frac{h}{2\pi i}\delta_{kl}1 \quad (\delta_{kl} = 1 \text{ 对 } k = l, \text{否则} = 0) \tag{3.51}$$

(任意一对 $\mathbf{p}_k$、$\mathbf{p}_l$ 和 $\mathbf{q}_k$、$\mathbf{q}_l$ 都对易!)

此外, 哥廷根小组的研究人员还注意到量子力学中表示动力学变量的矩阵都是 Hermite 矩阵, 其 (实数)**本征值**被发现就是这些变量的**观测值**. 它们可以通过经典 Hamilton-Jacobi 体制中的一个正则变换, 即用一个幺正矩阵 $\mathbf{S}$ 进行的 "相似变换" 的类比得到[148]. 在 Hamilton 矩阵 $\mathbf{H}$ 的情形, 可以得到对角矩阵 $\mathbf{W}$

$$\mathbf{W} = \mathbf{SHS}^{-1} \tag{3.52}$$

其中对角元素表示能量值.

和在经典力学中一样, 能够写出微扰论的方程, 以处理被小扰动力 (由小参量 λ 表示) 干扰的系统. 即, 可以将 Hamilton 量矩阵 $\mathbf{H}$ 写为

$$\mathbf{H}(\mathbf{p}_0,\mathbf{q}_0)=\mathbf{H}_0(\mathbf{p}_0,\mathbf{q}_0)+\lambda\mathbf{H}_1(\mathbf{p}_0,\mathbf{q}_0)+\lambda^2\mathbf{H}_2(\mathbf{p}_0,\mathbf{q}_0)+\cdots \tag{3.53}$$

其中未受干扰的 $\mathbf{H}(\mathbf{p}_0,\mathbf{q}_0)$ 已经是对角矩阵 (即其各个能态已知), 而微扰项则表示为 λ 的幂级数. 然后, 一步一步对矩阵 $\mathbf{H}_1$、$\mathbf{H}_2$ 等进行对角化, 这可以用一个幺正矩阵 $\mathbf{S}(=1+\lambda\mathbf{S}_1+\lambda^2\mathbf{S}_2+\cdots)$ 对参量 λ 的各次幂的展开式来进行, 即通过下列方程组来进行

$$\begin{aligned}
&\mathbf{H}_0(\mathbf{p}_0,\mathbf{q}_0)=\mathbf{W}^{(0)}\\
&\mathbf{S}_1\mathbf{H}_0-\mathbf{H}_0\mathbf{S}_1+\mathbf{H}_1=\mathbf{W}^{(1)}\\
&\mathbf{S}_2\mathbf{H}_0-\mathbf{H}_0\mathbf{S}_2+\mathbf{H}_0\mathbf{S}_1^2-\mathbf{S}_1\mathbf{H}_0\mathbf{S}_1+\mathbf{S}_1\mathbf{H}_1-\mathbf{H}_1\mathbf{S}_1+\mathbf{H}_2=\mathbf{W}^{(2)}\\
&\vdots
\end{aligned} \tag{3.54}$$

方程组 (3.54) 构成含 "特征函数" S 和作用变量角变量 J 和 w (我们省去了表示自由度的下标) 的 Hamilton-Jacobi 微扰理论经典微分方程的恰当类比, 该方程组为

$$\begin{aligned}
&H_0=W^{(0)}\\
&\frac{\partial H}{\partial J_0}\frac{\partial S_1}{\partial w_0}+H_1=W^{(1)}\\
&\frac{\partial H_0}{\partial J}\frac{\partial S_2}{\partial w_0}+\frac{1}{2}\frac{\partial^2 H}{\partial J^2}\left(\frac{\partial S_1}{\partial w_0}\right)^2+\frac{\partial H_1}{\partial J}\frac{\partial S_1}{\partial w_0}+H_2=W^{(2)}\\
&\vdots
\end{aligned} \tag{3.55}$$

事实上, 借助于 Dirac 的取代经典 Poisson 括号的规则, 将哥廷根矩阵看作 q 数的特殊情况, 很容易得到式 (3.54).

显然, 经典力学和量子力学形式上的相似在 Dirac 机制中变得更明显. Dirac 可以毫无问题地将 Hamilton-Jacobi 力学的一切与 Poisson 括号相似的方程转换过来[149]. 例如, 他写下了

$$\begin{aligned}
&\frac{\mathrm{d}J_k}{\mathrm{d}t}=[J_k,H]=0\\
&\frac{\mathrm{d}w_k}{\mathrm{d}t}=[w_k,H]=\frac{\partial H}{\partial J_k}\\
&[J_k,w_l]=\delta_{kl},[J_k,J_k]=[w_k,w_l]=0
\end{aligned} \tag{3.56}$$

其中在量子力学中有 $[x, y] = (2\pi/\mathrm{i}h)[xy - yx]$(与经典力学中对应的 Poisson 括号相同). 此外, 他简单地将多周期系统的经典 (角) 频率换为量子力学频率

$$(\tau\omega) = \omega\left(J, J - \tau\frac{h}{2\pi}\right) = \left[H(J) - H\left(J - \frac{\tau h}{2\pi}\right)\right] \Big/ \frac{h}{2\pi} \tag{3.57}$$

虽然在矩阵方案中, 在处理复杂原子问题的解时曾有过问题, 但 Dirac 对于任何多周期系统甚至对于像 Compton 散射的非周期碰撞的情形, 在原则上都没有遇到困难[150].

4. **波动力学的创立** (1925 年 11 月 ~1926 年 7 月)

在关于矩阵力学的三人长文的第三章中, Born 应用他的老师的线性积分方程数学理论, 介绍了哥廷根理论的最一般的形式. David Hilbert 已经给出了无穷维二次型和矩阵的详细讨论和一个求本征值谱 (包括分立和连续的值) 的方法[152]. Born 接过了似乎有希望处理比方说氢原子的 Hilbert 的方法, 但是他没有得出任何结果. 然而, Pauli 能够计算分立的 Balmer 谱项, 而没有援用 "哥廷根式的博学" (Gelehrsamkeitsschwall)[153].

尽管失败了, Born 仍继续考虑矩阵力学的一种推广, 这种推广也能够处理具有连续能态的原子系统, 例如散射问题. 于是, 他在一篇与 MIT 的数学家 Norbert Wiener (1894~1964) 合写的论文中, 建议了一种基于以下类型的依赖于时间的算符

$$q(t) = \lim_{\tau\to\infty} \frac{1}{2\tau} \int_{-\tau}^{+\tau} \mathrm{d}s q(t, s) \tag{3.58}$$

的量子力学的新表述[154]. 可以使这些算符遵从量子力学规则, 从而满足对易关系. 借助于调和分析, 得到了 Born-Heisenberg-Jordan 方案的矩阵元, 即

$$q(V, W) = \lim_{\tau\to\infty} \int_{-\tau}^{+\tau} \exp\left(-\frac{2\pi\mathrm{i}}{h}Vt\right) q(t) \exp\left(\frac{2\pi\mathrm{i}}{h}Wt\right) \mathrm{d}t \tag{3.59}$$

其中 V 和 W 是分立谱**或连续谱**的两个能态 (在前一情形下给出分立的量子数). 作者将他们的 "算符力学" 应用于简谐振子的情形 (重新得出矩阵方法的结果) 和一个电子的匀速运动; 在后一情形下他们注意到, 尽管有对易关系 (它们确定了量子化), 能谱仍是连续的 (如经典理论和实验所预期的那样).

Born 和 Wiener 没有认识到的是, Hilbert 的老的积分方程理论提供了甚至进一步推广矩阵力学的可能性. 这由法兰克福大学的 C. Lanczos (1893~1974) 在一篇大致同时投送的论文中证明. 他与 Hilbert 原来的做法反其道而行之, 将 Born 和其合作者的矩阵方程换成积分方程; 这些积分方程的核代表量子力学的动力学变量并且作用在一组完备的 "本征函数" 上. 由于 Lanczos 追求的是不同的、部分为宇宙

学的目标, 他并没有得出什么实际结果; 此外, 他限制自己不用更实用的微分方程方法, 要不然, 他很可能得出了 Schrödinger 方程.

迄至此时为止, 新量子力学的创造者都源于 Bohr 和 Sommerfeld 的传统, 他们试图用新的观念和数学代替他们的原子结构理论, 而又不失去与旧描述的相似或对应. 两个信念指引了 1925 年的突破: 首先, 对旧的原子理论图象的不信任, 特别是对它将电子轨道和原子客体的细致行为归因于经典力学定律; 第二, 需要将在量子现象中观察到的不连续性直接纳入新的量子力学定律. 这两条指导方针都可以追溯到 1913 年 Bohr 最初的想法.

Erwin Schrödinger
(奥地利物理学家, 1887~1961)

Erwin Schrödinger, 波动力学的创始人, 曾在维也纳 (1912 年取得从教资格)、耶拿 (1920)、斯图加特、布雷斯劳和苏黎世 (1821~1927) 教过物理. 他的早年工作是放射性 (实验)、动理论 (晶格动力学) 和涨落现象 (例如, 1918 年证明放射性衰变的统计本性). 他在发现原子和分子的波动力学方程 (1925~1926) 之前, 曾对生理光学特别是颜色理论做出过实质性贡献 (1919~1925).

在接替 Planck 担任柏林大学理论物理学教授之后, 他于 1933 年离开德国去了牛津 (1933~1936) 和格拉兹 (1936~1938). 第二次逃离纳粹政权后, 他定居在爱尔兰的都柏林, 担任高等研究所所长 (1939~1955). 退休后他回到奥地利. 晚年 Schrödinger 对广义相对论和统一 (经典) 场论感兴趣, 并从事介子物理学问题的研究. 他的书'"什么是生命"(1944) 促进了生物学的进展.

Schrödinger 于 1887 年 8 月 12 日出生于维也纳, 只比 Bohr 年轻两岁, 作为物理学家, 他有过光辉的履历 —— 他对固体动理论和固体比热、放射性、统计现象和生理光学、特别是颜色视觉及其理论都作出过重要贡献. 1920 年离开维也纳后, 曾在耶拿、斯图加特和布雷斯劳任教授, 直到 1921 年末定居苏黎世并在那里的大学任理论物理学教授. 从 1921 年起, 他偶尔也讨论原子结构问题, 例如, 提出外层电子的偏心轨道会穿透进入内壳层 (1921) 或批评 Born-Heisenberg 关于类氢原子理论的一个结果 (1925). 从 1924 年起, 他集中精力于一个处理量子统计学的纲领, 特别是对全同粒子计数的适当方法. 在他的工作进程中, 1925 年 11 月, 他偶然看到 de Broglie 的博士论文 [86], 这使他迅速踏上新原子理论之路.

物质波观念帮助 Schrödinger 首先解决了 Einstein 的新气体理论的一个问题 [156], 但是更重要的是, 它也使他着手研究原子中的电子轨道的 de Broglie 几何相位波的结构. 这个方面似乎与 Schrödinger 的一些早期工作有关联[157], 他现在试图将这种结构推广到 Stark 效应和 Zeeman 效应情形下的轨道, 但没有太多收获. 然后他开始了一种不同的研究途径, 写下氢原子中 (即氢原子核的 Coulomb 场中) 的电子 (质量为 m、电荷为 $-e$) 的相对论波动方程, 即

$$\Delta\Psi + \frac{4\pi^2m^2c^4}{h^2}\left[\left(\frac{h\nu}{mc^2}+\frac{e^2}{m^2c^2r}\right)^2-1\right]\Psi = 0 \tag{3.60}$$

其中 $\Delta = (\partial^2/\partial x^2) + (\partial^2/\partial y^2) + (\partial^2\partial z^2), r = \sqrt{x^2+y^2+z^2}$. 但他利用标准的本征值方法得到的解所给出的能态, 与 1915 年 Sommerfeld 的精细结构公式[53] 不符, 因而 Schrödinger 放弃了方程 (3.60); 然而, 很快 (1925 年圣诞节前后) 他就发现, 非相对论近似得出了正确的 Balmer 谱线系. 他细致地构建了整个理论, 1926 年 1 月 27 日《物理学年鉴》(*Annalen der Physik*) 收到了他的包含有对氢原子问题的详尽处理的文章[158].

在激发出他的新的非相对论氢原子波动方程的过程中, 他从经典的 Hamilton-Jacobi 方程出发:

$$H\left(q,\frac{\partial S}{\partial q}\right) = E \tag{3.61}$$

其中 E 和 H 是单电子问题中的能量和 Hamilton 量, 后者是它的位置坐标 q 和表示为作用量函数 S 的微商的正则动量 p 的函数. 然后他通过下面的变换代换 S

$$S = K\log\Psi \tag{3.62}$$

其中 K 是一个常量 (具有作用量的量纲), Ψ 为坐标变量的函数. 这导至波动方程

$$H\left(q,\frac{K}{\Psi}\frac{\partial\Psi}{\partial q}\right) = E \tag{3.63}$$

然后 Schrödinger 把经典的非相对论作用量函数代入 H 的表示式中, 导出了相应的变分问题的 Euler-Lagrange 方程. 于是他最终得出氢原子的方程, 用 Descartes 坐标 x, y, z 写为

$$\frac{\partial^2\Psi}{\partial x^2}+\frac{\partial^2\Psi}{\partial y^2}+\frac{\partial^2\Psi}{\partial z^2}+\frac{2m}{K^2}\left(E+\frac{e^2}{r}\right)\Psi = 0 \tag{3.64}$$

如果他选择 $K = h/2\pi$, 这便是方程 (3.60) 的非相对论的近似.

在要求这个解处处有限和唯一的条件下, 这个二阶微分方程的解可以分为两个类型:

(1) 对于负的 "能量本征值", 只存在分立的解, 即

$$E_n = -\frac{2\pi^4 me^A}{h^2n^2} \quad n = 1, 2, 3\cdots \tag{3.65}$$

(2) 一切正的能量值 $E>0$ 给出方程 (3.64) 的连续解. 整个解总是给出两条信息：首先是本征函数 ψ_n 或 ψ_E; 其次是本征值.

在随后的几个月中, Schrödinger 还力图得到多电子原子和分子的波动方程. 他首先提出一个 "力学 — 光学类比", 研究 Rieman 空间中波的传播 (由从经典系统的动能表示式导出的一个线元决定), 他发现波函数的空间部分必须满足方程[159]

$$\text{div grad}\psi_q+\frac{8\pi^2}{h^2}(E-V)\psi_q=0 \tag{3.66}$$

之后不久, 1926 年 3 月, 他注意到, 将经典 Hamilton 函数 $H(q,p)$ 改写为量子力学算符 $H(q,(h/2\pi\mathrm{i})(\partial/\partial q))$, 即将动量 p 换为 $h/2\pi\mathrm{i}$ 乘以对位置坐标 q 的偏微商并作用于波函数 ψ 上, 也会得到方程 (3.66), 特别是[160]

$$H\left(q,\frac{h}{2\pi\mathrm{i}}\frac{\partial}{\partial q}\right)\psi(q)=E\psi(q) \tag{3.67}$$

方程 (3.67) 也可以推广用来描写依赖于时间的系统, 甚至相对论性系统[161].

Schrödinger 和其他许多物理学家很快就开始将 Schrödinger 方程应用于许多原子理论问题：带状光谱 (E. Fues, Schrödinger)、X 射线谱的强度 (G. Wentzel)、Stark 效应 (Schrödinger, I. Waller, Wentzel)、氦原子问题 (Heisenberg)、碰撞现象 (Born) 和 Compton 效应 (W. Gordon). 波动力学中的微分方程方法, 比笨拙的矩阵方法或需高度技巧的 q 数表述更加强有力和更易掌握, 特别是因为理论家都习惯于解微分方程.

3.3.3　物理诠释和数学基础 (1926~1933)

前面提到, 一个量子理论的局外人, 匈牙利人 Lanczos, 在 1925 年底认识到量子力学的矩阵方案和积分方程表述之间的 "紧密联系"：即哥廷根人的方程可以改写为他所谓的 "类场表示", 并且 "根据数学问题的性质, 人们可以凭喜好选择这种或那种表示"[162]. 不久后发表的 Schrödinger 波动力学, 在解决物理问题的实用性和效率方面远远胜过 Lanczos 的积分方法. 它也显示出与矩阵力学的紧密联系, 如同 Schrödinger 本人于 1926 年 3 月所证明的[160]. 尽管 "出发点、表述内容、方法以及事实上整部机器完全不同", 作者却明确地表示[163]：

> 对 (波动力学中) 位置坐标和动量坐标的每一个函数, 都可以以这样的方式与一个矩阵相联系, 使得这些矩阵在**每一种情形下都满足**Born 和 Heisenberg 的形式计算规则. ……(波动力学中的) 这个微分方程的自然**边值问题**的求解, 完全等价于 Heisenberg 的代数问题的求解.

待确立的关键点在于确定任何给定物理量的矩阵表示和波函数表示之间的恰当的、详细的关系.

独立于 Schrödinger , Pauli 在汉堡 (在一封给 Jordan 的信中) 和 C. Eckart (1902～1973) 在帕萨迪纳都导出了想要的这种等价关系[164]. Pauli 在他的信的末尾还指出了必须回答的一些更深刻的概念性问题, 比如:

> 对于大量子数的极限情况, (新量子力学或波动力学) 与通常的时空图象之间的渐近联系问题仍没有解决. 但是能够从两个不同方面 (即从矩阵力学和波动力学) 来理解 (原子理论) 的问题, 这肯定是个进步. 似乎人们现在从量子力学观点也看到了, "点" 和 "波的集合" 之间的对立如何逐渐减弱而有利于某种更一般的东西.

尽管 Wentzel、L. Brillouin (1889～1979) 和 Kramers 不久得到了这种渐近联系[165]—— 而且还恢复了比方说 Bohr-Sommerfeld 量子条件 —— 但是花了一年多时间, 直到 1927 年底, 才找到了物理诠释这个更普遍和更重要的问题的一个答案; Born 提出的波函数的概率解释和 Heisenberg 的不确定度关系是迈向 Bohr 的包罗一切的 "互补性原理" 的关键步骤. 与此同时, 一个统一的量子力学的数学方案得到了完善, 对此的重要贡献是 Dirac 和 Jordan 的 "变换理论" 以及 Hilbert 周围的数学家特别是 J. von Neumann (1903～1957) 发展的更严格的数学方法, 例如处理非有界算子的方法.

最后但并非最不重要的是, 从概念的角度看, 仍存在着如何将量子理论应用于电磁辐射 (当然还有应用于相对论性粒子) 的问题. 由于这个原因, 在 1925 年 Born-Jordan 的论文之前, 提出了对自由电磁场量子化的第一个尝试. (确实, 直到 20 世纪 40 年代晚期, 当量子电动力学的重正化理论被系统地建立后, 才能认为量子理论的自洽性已得到合理的确认.) 当 Bohr 写下他关于互补性的想法时, 他心中对场的量子化的一些早期尝试 (包括下面要讨论的 Jordan 和 O. Klein 的文章及 Jordan 和 E. Wigner 的文章) 想得很多.

在介绍 1926～1928 年发生的这些重要进展之前, 我们先简略地概述几位参与者的生平. 除了 Bohr 和 Born 外, 只有几位经验丰富的量子理论家起了领导作用, 其中最年长的是 Kramers, 其他的如 Heisenberg 和 Pauli 当时都还是年青小伙 (所以新物理学过去常被称为 "少年物理学"(Knabenphysik)). Kramers 于 1894 年生于鹿特丹, 在莱顿随 P. Ehrenfest 学习后, 在第一次世界大战期间加入了 Bohr 的团队. 在哥本哈根, 他在许多年里逐步改进了他的导师的原子模型. 尽管他原来的纲领最终失败了, Kramers 的许多结果, 特别是 1924 年的色散公式, 仍然是正确的. 他在乌得勒支 (1926～1933) 和莱顿 (1933～1952, 接替 Ehrenfest 的职位) 任教授的同时, 在新原子理论和量子电动力学方面做出了引人瞩目的工作. 然而, 就光辉成就而言, Bohr 先前的这位顶级合作者被 20 世纪 20 年代的那些新人超过了, 不仅是 Pauli 和 Heisenberg, 还有 Dirac、Jordan 和 von Neumann, 他们都出生于 1901 年 12 月和 1903 年 12 月之间.

P. Dirac 是英国人, 在布里斯托尔念完电气工程后, 到剑桥在 R. H. Fowler 指导下做理论物理研究. 1925 年夏, 他掌握了 Heisenberg 的量子力学思想, 并给出自己的原创表述. 从那时起, 他的每一篇文章都显示了对量子力学的重要洞察、推广和应用: 例如, 1926 年, 统计性质与交换全同粒子时波函数的对称性的关系和变换理论; 1927 年, 通向量子电动力学的关键步骤; 1928 年, 相对论性电子方程. 从后者他在 1931 年创立了反粒子概念. 1932 年他担任剑桥大学卢卡斯讲座教授 (Lucasian Chair), Newton 曾担任过这个职位.

Born 的学生 P. Jordan, 1924 年获博士学位, 1925 年协助他的教授创立了矩阵力学, 因而出名. 1926 年, 与 Dirac 同时, 他提出量子力学方案的变换理论. 到 1928 年, 他已经在罗斯托克成为教授, 并且在 1944 年, 在柏林接替了 M. von Laue. 第二次世界大战后, 他执教于汉堡大学.

匈牙利人 J. von Neumann, 是这些新人中的最年轻者, 他在柏林和苏黎世学习数学, 1926 年在布达佩斯获博士学位. 然后他在柏林和汉堡担任初等职位, 1930 年去普林斯顿高等研究所任教授 (直到 1957 年去世他一直在普林斯顿). 从 1926 年起作为 D. Hilbert 在哥廷根的客座研究员, 他完成了量子力学数学基础的实质部分.

1. Born 的统计解释和 Dirac-Jordan 变换理论 (1926 年 6~12 月)

1926 年 6 月 25 日,《物理学杂志》(*Zeitschriftfur Physik*) 收到从哥廷根寄来的一篇预备性的短文, 题为 "论碰撞过程的量子力学"; 四个星期后, 又收到同一题目的一篇详细文章[166]. 它们的作者 Born 多年来一直致力于在量子理论中处理这些包含 "非周期运动" 的过程, 但没有真正攻克它们[154,167]. 现在, Schrödinger 的波动力学为解决这个问题提供了取得更大的成功的机会, 因为它以自然的方式包括了连续的能量本征值. 因此, Born 在一阶微扰近似下研究了在距产生散射的客体 (一个原子或一个位势) 为渐近距离处的一个电子的散射波. 若 ψ_m^0 是问题的初始波函数, m 表示引起散射的原子原来的量子态, 那么在 (α,β,γ) 方向的渐近散射波可以写为 (ω 为立体角)

$$\varPsi_{n\tau}^{(1)}=\sum_m\int\int\varPhi_{nm}^{(\tau)}(\alpha,\beta,\gamma)\sin\left(\frac{2\pi}{\lambda_{nm}^{(\tau)}}(\alpha x+\beta y+\gamma z+\delta)\right)\varPsi_m^{(0)}\mathrm{d}\omega \tag{3.68}$$

其中 $\lambda_{nm}^{(\tau)}$ 给出散射粒子的 de Broglie 波长 (从能量 $h\nu_{nm}^{(0)}+\tau$ 求出), $\nu_{nm}^{(0)}$ 是未受扰动的产生散射的原子从 m 态到 n 态的跃迁频率, τ 是入射粒子的能量. Born 评论[168] 说:

> 如果想要以粒子方式解释这个结果, 那么只有一种解释是可能的: 来自 z 方向的电子被散射到由 α、β、γ(的余弦) 所决定的方向上 (带一个相移 δ) 并且能量 τ 增加一个量子 $h\nu_{nm}^{(0)}$(以原子能量的损失为代价), 其概率正比于量 $\varPhi_{nm}$ 的平方.

这个结果导致作者得到一些重要的概念性结论, 他很快就添上:

> Schrödinger 量子力学给出了这个 (散射) 问题的一个很明确的答案; 但人们得不到一个因果关系 …… 人们只能回答这样的问题: “碰撞的一个给定结果的可能性有多大?”…… 这里就引发了整个决定论问题. 从我们量子力学的观点, 在单次碰撞中因果地确定碰撞结果的量是不存在的. …… 我本人倾向于这样的观点: 在原子世界中, 不得不放弃决定论.

28 年后, 1954 年 12 月, Born“由于他关于量子力学的基础性工作特别是他对波函数的统计解释” 荣获诺贝尔物理学奖.

这个统计解释很快就被大多数量子物理学家接受 (但 Schrödinger 强烈地不同意, 而 Einstein 比较缓和地不同意). Born 本人在量子力学中用浸渐假设做工作时, 推出了一些结论: 特别是他证明了 (像 Ehrenfest 在旧量子论中证明的那样) 力的经典概念怎样可以在很大程度上移用到新理论中来[169]. 在 Jordan 的量子力学 “变换理论” 中, 统计解释甚至起着更重要的作用. 到 1916 年, 应用正则变换来解动力学问题的想法已经通过 Hamilton-Jacobi 理论进入 Bohr-Sommerfeld 量子论, 在那里它用来计算原子的能态. 正则变换加上相关的微扰方案, 可以移入矩阵力学和波动力学中来. 随后, 由 Schrödinger、Pauli 和 Eckart 所证明的矩阵和微分方程在形式上的等价, 在 1926 年春提出正则变换的一种不同的应用的可能性: 将矩阵关系变为波动力学关系, 或者反过来. F. London 给出了最早的这种类型的详细变换理论[170].

后来, 在 1926 年 12 月, Dirac 提交了他对现有的一切量子力学方案等价的完备证明; 他的变换方案包括了使用奇异的 δ 函数, 它除在原点变为无穷大外其他任何地方都为零[171], 例如, 他将能量矩阵对角化的方程

$$\boldsymbol{H}(\boldsymbol{p},\boldsymbol{q})\boldsymbol{S}(\boldsymbol{q},\boldsymbol{W})=\boldsymbol{S}(\boldsymbol{q},\boldsymbol{W})\boldsymbol{W} \tag{3.69}$$

通过中间步骤

$$H\left(\frac{h}{2\pi\mathrm{i}}\frac{\partial}{\partial q},q\right)S(q,W)=WS(q,W) \tag{3.70}$$

变换为 Schrödinger 方程

$$H\left(\frac{h}{2\pi\mathrm{i}}\partial q,q\right)\psi w(q)=W\psi_W(q) \tag{3.71}$$

他断言[172]:

> Schrödinger 波动方程的本征函数, 正是从矩阵表示的 (q) 方案变换到 Hamilton 量为对角矩阵的方案的变换函数 (或变换矩阵 $\boldsymbol{S}$ 的矩阵元).

Dirac 在他的论文的第 7 节指出, “现在的方法与与先前所用的在某些情形下波函数振幅的平方决定了一个概率的假设是一致的”. Jordan 在他于 1926 年 12 月

提交发表的 “量子力学的新基础” 一文[173] 中, 对 Born 的解释赋予了清晰得多的作用. 他直接从 “概率振幅” ϕ 出发, (按照 Pauli 的建议) 假设 ϕ 依赖于两个变量 x 和 y, 使得 $|\phi(x,y)|^2\mathrm{d}x$ 是 y 取固定值 y_0 时变量 x 取值在 x_0 和 $x_0+\mathrm{d}x$ 之间的概率. 文章作者给出了这些振幅遵从的规则 (假定), 他发现在一对正则变量 p 和 q 的情形下有下列结果: 若 q 取一固定值, 则 p 的一切值变成等概率的. 他还证明, 在特殊情形下 $\phi(x,y)$ 满足 Schrödinger 方程. 在将适当的线性算符引入他的方案后, 他最后证明了一个 Lanczos 式的类场矩阵与其波动力学的等价物之间的等价性.

2. 不确定性关系和互补性 (1927)

Dirac 在其变换理论文章的最后写道[174]:

> 如果通过给出各个坐标和动量的值来描述系统在任意时刻的状态, 实际上是不能在这些坐标和动量的初始值与它们在以后时刻的值之间建立一个一一对应关系的.

这似乎已经预言了 Heisenberg 在其 1927 年 3 月的基础性论文中所得出的和 Bohr 稍后在同一年秋用 “互补性” 普遍讨论的内容.

提供了量子力学物理解释基础的这一发展, 其起源可追溯到 1926 年 4 月之后发生的一些事件. 当时, Heisenberg 在柏林的研讨会上做了一个关于量子力学的讲演, 然后同 Einstein 讨论他的理论的原理. 出乎意料地, 后者批评了讲演者只使用可观测量的哲学, 声称: “是理论决定了我们能观测到什么. ”Einstein 对他自己早先 (特别是 1905 年用来得到狭义相对论) 的哲学的拒绝使 Heisenberg 很吃惊. 然后, 1926 年 7 月 Heisenberg 在慕尼黑听了 Schrödinger 波动力学的研讨会, 在讨论中批评了讲演者的连续性解释. 两个月后, Schrödinger 来到哥本哈根, 在那里他与 Bohr 和 Heisenberg 激烈地辩论量子力学是否含有实质性的不连续性 (“量子性跳变”) 的问题. 在一篇于其后不久投寄的文章中, Heisenberg 发现了 “一个论据, 表明量子力学形式体系及 de Broglie-Schrödinger 波的连续性解释不符合一些已知的形式关系的本性.”[175]

虽然 Heisenberg 在氦原子问题中已经用了波动力学方法, 现在他又回到了作为量子不连续性最恰当表示的纯矩阵理论. 另一方面, 如果这个理论真的说明了一切原子过程, 它也必须能够描述云室中电子看来是连续的轨迹. Heisenberg 在哥本哈根与 Bohr 无休止的讨论中, 以及给汉堡的 Pauli 的信中, 表露了一些模糊的想法, 如: “谈一个具有确定速度的粒子的位置是没有意义的. 但是, 如果对使用速度和位置观念的精确性不是过于认真的话, 那么它也可能有意义. ”[176]

当 Dirac(和 Heisenberg 一样, 那时也在哥本哈根) 和 Jordan 发展他们的变换方案时, 他们给 Heisenberg 提供了证明他的想法的数学工具. 特别是, 他从一个原

子粒子的位置在 q 而宽度为 q_1 的 Gauss 分布

$$S(\eta, q) \sim \exp\left(-\frac{(q-q')^2}{2q_1^2} - \frac{2\pi \mathrm{i}}{h} p'(q-q')\right) \tag{3.72}$$

出发, 其中 η 代表别的性质. 然后他将 Jordan 的公式 $S(p,q) = \exp(2\pi \mathrm{i} pq/h)$ 插入以估算动量分布 $S(\eta, p) = \int_{-\infty}^{+\infty} S(\eta, q) S(p, q) \mathrm{d}q$, 得到

$$S(\eta, p) \sim \exp\left(-\frac{(p-p')^2}{2p_1^2} + \frac{2\pi \mathrm{i} q'(p-p')}{h}\right) \tag{3.73}$$

这也是一个 Gauss 分布, 动量的 Gauss 分布, 宽度为 p_1. 位置和动量的不确定度的乘积满足

$$p_1 q_1 = \frac{h}{2\pi} \tag{3.74}$$

当然, 这个式子通常写成 $\Delta q \Delta p = h/2\pi$ (图 3.11[177]).

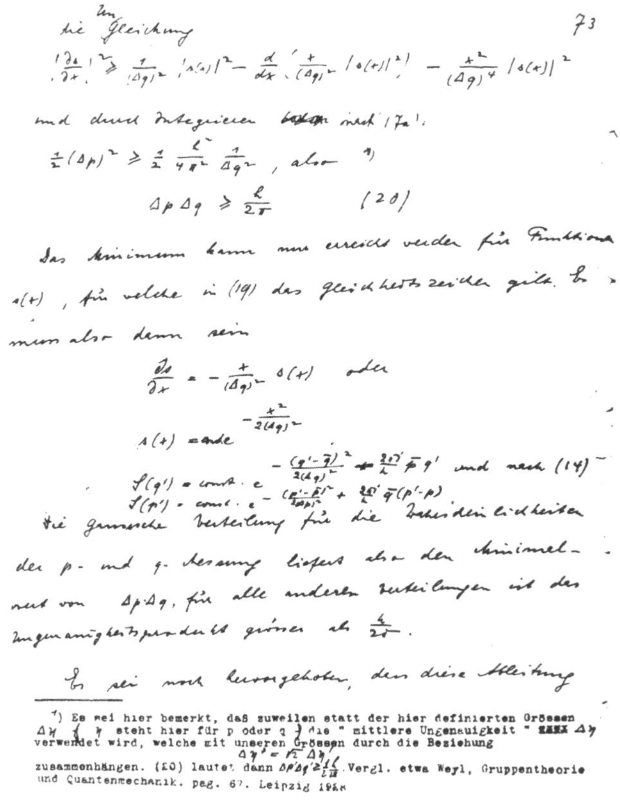
73

die Gleichung (Ungleichung)

$$\left(\frac{\partial s}{\partial x}\right)^2 \geq \frac{1}{(\Delta q)^2}|s(x)|^2 - \frac{d}{dx}\left(\frac{x}{(\Delta q)^2}|s(x)|^2\right) - \frac{x^2}{(\Delta q)^4}|s(x)|^2$$

und durch Integrieren nach (7a):

$$\frac{1}{2}(\Delta p)^2 \geq \frac{1}{2}\frac{h^2}{4\pi^2}\frac{1}{\Delta q^2}, \text{ also }^{1)}$$

$$\Delta p \Delta q \geq \frac{h}{2\pi} \qquad (20)$$

Das Minimum kann nur erreicht werden für Funktionen $s(x)$, für welche in (19) das Gleichheitszeichen gilt. Es muss also dann sein

$$\frac{\partial s}{\partial x} = -\frac{x}{(\Delta q)^2}s(x) \quad \text{oder}$$

$$s(x) = \text{const}\, e^{-\frac{x^2}{2(\Delta q)^2}}$$

$$S(q') = \text{const} \cdot e^{-\frac{(q'-\bar{q})^2}{2(\Delta q)^2} + \frac{2\pi i}{h}\bar{p}q'} \quad \text{und nach (14)}$$

$$S(p') = \text{const} \cdot e^{-\frac{(p'-\bar{p})^2}{2(\Delta p)^2} + \frac{2\pi i}{h}\bar{q}(p'-p)}$$

Die gaussische Verteilung für die Wahrscheinlichkeiten der p- und q-Messung liefert also den Minimalwert von $\Delta p \cdot \Delta q$, für alle anderen Verteilungen ist das Ungenauigkeitsprodukt grösser als $\frac{h}{2\pi}$.

Es sei noch hervorgehoben, dass diese Ableitung

¹) Es sei hier bemerkt, daß zuweilen statt der hier definierten Grössen $\Delta\eta$ { η steht hier für p oder q } die " mittlere Ungenauigkeit " $\Delta\eta$ verwendet wird, welche mit unseren Grössen durch die Beziehung

$$\Delta\eta' = \sqrt{2}\,\Delta\eta$$

zusammenhängen. (20) lautet dann $\Delta p' \Delta q' \geq \frac{h}{2\pi}$. Vergl. etwa Weyl, Gruppentheorie und Quantenmechanik. pag. 67. Leipzig 1928

图 3.11 不确定关系的推导

在他发表的论文中, Heisenberg 证明了 (3.74) 式在 Stern-Gerlach 效应、原子谱线宽度及 Bohr 和别的人的一些**假想**实验等情形下成立. 事实上, 他已经从利用短波辐射 (γ 射线显微镜) 同时测量一个电子的位置 q 和动量 p 的讨论中猜到了这个结果. 当 Heisenberg 完成并投寄这篇文稿时并不在场的 Bohr 批评了这个讨论; 于是 Heisenberg 在校样中又加了一个附记[179]:

> 首先, 观测结果的不确定性并不完全依赖于不连续性的出现, 而是与要同时公平地对待不同的实验事实直接相联系, 这些实验事实一方面用粒子理论表述, 另一方面用波动理论表述.

特别是, 照射的的 γ 射线 (波长为 λ) 的发散 (角 ε) 导致的分辨本领是

$$\Delta q = \frac{\lambda}{\sin\varepsilon} \tag{3.75}$$

这单从波动理论就可得出, 而 Compton 反冲则决定了动量的不确定度 $\Delta p(\approx (h/\lambda)\sin\varepsilon)$.

即使在他的原子理论取得最大成功的时刻, Bohr 心中也想着它的困难和不足之处; 他特别意识到旧量子论的 "形式特性", 它使 "生成一幅现象的前后一贯的图像" 的可能性成了问题[180]. 1925 年 4 月, 在 Bothe-Geiger 实验完全否定了 Bohr-Kramers-Slater 辐射理论对 Compton 效应的解释之后, Bohr 再次感到了这种不一致性的重压. 他在稍后写的一篇短文中说[181]:

> 然而必须强调, 各个可单独观测的原子过程之间是存在一种耦合 (如 Bothe-Geiger 实验所要求的) 还是相互独立 (如 Bohr-Kramers- Slater 理论建议的) 的问题, 不能简单地看成是对光在真空中传播的两个明确定义的观念 (对应于光的粒子理论还是波动理论) 之间作一选择. 更确切地说, 它涉及到迄今为止用来描述物理现象的时空图象在多大程度上可以应用到原子过程的问题.

1925 年和 1926 年的新量子力学理论, 在哥本哈根激起了 Bohr 与他的助手和客人们之间持久的争论. Schrödinger 1926 年 9 月的访问, 证实了 Bohr 关于必须抛弃经典的时空图象的观点. 令人困倦的讨论, 尤其是与 Heisenberg 的讨论, 使 Bohr 于 1927 年 2 月离开哥本哈根, 去挪威度了一次寒假, 从那里回来时, 带回了他对原子现象的一种 "互补性观点" 的纲要. 1927 年秋, 他在两篇讲演中[182] 表述了他的观点, 一篇是 9 月在意大利的科摩湖纪念 Volta 去世一百周年大会上讲的, 另一篇是 10 月在布鲁塞尔的 Solvay 会议 (图 3.12) 上发表的.

Bohr 在这些讲演中表明的基本观点是, 他并不专注于量子力学的细致表述, 而更着力于基础性概念和它们的相互矛盾的特性的分析. 辐射的能量和动量的两个关系式

$$E = h\nu, \quad 和\ p = \frac{h}{\lambda} \tag{3.76}$$

图 3.12 老的和新的量子理论家们的盛大聚会 (1927 年 10 月在布鲁塞尔召开的第五次 Solvay 会议) 后排, 从左到右: A. Piccard, E. Henriot, P. Ehrenfest, Ed. Herzen, Th. De Donder, E. Schrödinger, J.E. Verschaffelt, W. Pauli, W. Heisenberg, R. H. Fowler, L. Brillouin; 中间一排从左到右: P. Debye, M. Knudsen, W. L. Bragg, H. A. Krammers, P. A. M. Dirac, A. H. Compton, L. de Broglie, M. Born, N. Bohr; 前面一排从左到右: I. Langmuir, M. Planck, M. Curie, H. A. Lorentz, A. Einstein, P. Langevin, Ch. E. Guye, C. T. R. Wilson, O. W. Richardson (缺席的人物: W. H. Bragg, H. Deslandres 和 E. Van Aubel)

把粒子和波这两个经典概念紧密地结合在一起. 相仿地, 他察觉到在对原子过程的描写中既有粒子的一面又有波的一面, 于是他宣称这两个方面对于形成普遍的微观现象的完整物理图象都是必要的. 然后 Heisenberg 关系式 (3.74) 定量地决定了“互补”的两个方面的范围, 对同时测量不对易的物理量规定了限制. 采用这些要素, Bohr 奠定了原子物理中一个新“测量理论”的基础.

3. 数学工具的完成 (1926~1929)

到此时为止, 物理学家所采用的量子力学的数学工具均来自 Hilbert 线性积分方程理论, 尤其是对无穷维矩阵的处理. 但是这个理论仍缺少新原子理论所需要的一些要素和扩充: 首先, 可以与“Hilbert 空间矢量”相联系的波函数的**统计**本性仍然没有包括在数学方案之中; 其次, 量子力学中的矩阵或 (积分和微分) 算符不是“有界”类型的, 而 Hilbert 及其追随者们先前的绝大部分结果只对有界算符才成立. 在物理学家提出这个任务并给出了这个问题的一种初步处理之后, 资深的哥廷根数学家们再一次提供了帮助. Hilbert 在 1926~1927 年的冬季学期开设了一门关于新量子理论的数学方法的课程, 其主要结果发表在一篇他和助手 L. Nordheim (1899 年生) 及年轻的访问客人 von Neumann 合写的文章[183] 中. 文章在开头处对

Jordan 的概率振幅给出了几个 "物理公理"; 然后作者们写出应该最终代表物理量的线性算符的性质和关系, 并定义了对它们的正则变换; 最后, 他们给出了物理的 Hermite 算符 (如描述原子客体的位置和动量的算符) 的显式表示式, 并将定态的和含时的 Schrödinger 方程表述为

$$\left\{H\left(\frac{h}{2\pi \mathrm{i}}\frac{\partial}{\partial x}, x\right) - W\right\}\psi(xW;qH) = 0 \tag{3.77}$$

和

$$\left\{H\left(\frac{h}{2\pi \mathrm{i}}\frac{\partial}{\partial x}, x\right) + \frac{h}{2\pi \mathrm{i}}\frac{\partial}{\partial t}\right\}\psi(xt;qT) = 0 \tag{3.78}$$

其中 $\psi(xW;qH)$ 和 $\psi(xt;qT)$ 分别代表对给定的能量值 W(Hamilton 量 H 之值) 和给定的时刻 t("时间算符"T 之值), 位置变量 q 取值 x 的概率振幅.

Hilbert(图 3.13) 与其合作者小心地定义了所有引进的量和它们的关系, 但在他们的体系中却随意使用 Dirac 的 δ 函数. 继续处理量子力学数学基础的 von Neumann 在于 1927 年 5 月 20 日提交给哥廷根科学院的第一篇论文中, 表示了对这个 (表现出如此 "荒谬的性质")"非正常本征函数" 的 "严厉的数学质疑"[184]. 为了避开这个工具, 他提出要限制分立和连续谱的数学函数空间, 使用"有界 Hilbert 序列"(即满足条件 $\sum |u_n|^2 = 1$ 的 u_1, $u_2 \cdots$)和平方可积函数 (满足条件 $\int |\Psi(q)|^2 \mathrm{d}q = 1$) 并应用 Fisher-Riesz 定理建立这两个空间的一一对应. 然后他表述了对这样定义的 "抽象 Hilbert 空间"(即具有正定度规的完备和可分离的无穷维矢量空间)

图 3.13 对量子力学做出重要贡献的两位数学家: D. Hilbert (左)(1862~1943) 和他以前的学生 H. Weyl (1885~1955) 于 20 世纪 20 年代中期在哥廷根

的公理, 此空间中的矢量满足 Schwarz 不等式并且可以定义 Hermit 算符. 他还引进了投影算符 P(具有性质 $P^2 = P$) 用来写下本征值问题. 最后他在一篇 1929 年发表的文章中解除了有界性的限制[185].

除 von Neumann 外, 莱比锡的数学家 A. Wintner(1903～1958) 讨论了将较老的有界 (无限维) 矩阵的计算规则向无界矩阵的推广[186]. 尽管有许多微妙的问题仍有待解决 (而且今天仍在讨论中), 如连续本征态的波函数归一化问题, 但是人们普遍认为, 非相对论量子力学形式体系的数学基础已经牢固地建立起来了, 在 von Neumann 的 1932 年的书中, 可以找到所有必需的细节[187].

4. 量子场论 —— 非相对论的和相对论的 (1926～1933)

Pauli 在他为《物理大全》所撰写的关于波动力学普遍原理的专文中写道[188]:

> 现在, 我们必须谈一种特殊的数学方法, 它来自 Jordan 和 Klein(对称态的情况) 与 Jordan 和 Wigner(反对称态的情况), 这种方法可以叫做通常的三维空间中波的反复量子化. 这种方法产生于考虑具有对称态的物质粒子与辐射的光量子之间的类比. 人们可以怀疑, 所讨论的是否是一种真正深刻的物理类比, 并且可以肯定, 波动力学的所有结果也可以不用这种方法而得到. 但它至少应该作为一种计算方法被提到.

对 “反复量子化” 或 “二次量子化” (坚定支持它的人这样称呼它) 的这种怀疑论的看法, 在非相对论性粒子系统的情形也许可以理解; 但是对相对论性系统, 这种方法则开辟了一条通向相当重要的、真正基础性的体制 —— 量子场论 —— 的道路. 新方法最早的提示可以追溯到关于矩阵力学的哥廷根三人文章的最后一节, Jordan 在那里为了推导出 Einstein 涨落公式 (3.26) 而建议对给定体积内的电磁场本征振动进行一种量子化[189]. 1927 年初, Dirac 在讨论 (非相对论性) 原子对辐射的发射和吸收时又进了一步[190]. 他借助于满足对易关系

$$b_r b_s^* - b_s^* b_r = \delta_{rs} = \begin{cases} 1 & \text{对于} r = s \\ 0 & \text{其他} \end{cases} \quad \text{和} \quad b_r b_s - b_s b_r = b_r^* b_s^* - b_s^* b_r^* = 0 \qquad (3.79)$$

的复算符 b_r 和 b_r^*(其绝对值平方 $b_r^* b_r$ 定义了系统处于状态 r 的概率), 计算了光与原子相互作用的微扰问题. 然后他将这种新表述形式应用于一个光量子系集与一个原子的相互作用问题, 并证明了 Einstein 的辐射发射和吸收定律成立.

Jordan 在独自或与哥本哈根和哥廷根的合作者们合写的一系列文章中, 推广了 Dirac 的方法[191]. 他的工作的指导思想, 一方面是要证明波的量子化的必要性 (与 Schrödinger 的观点相反), 另一方面是要通过对电磁势和方程中波函数的量子化, 从相对论性单粒子方程得出相对论性多粒子系统理论. 于是忽略了场的有限传播速度的非相对论近似, 只是用来作为达到最后的更高的目标的准备.

Jordan 同其合作者们的做法是, 将场函数 ψ 用只依赖于位形空间变量即位置和自旋的本征函数 $u_n(q)$ 展开. 这时, 依赖于时间的概率系数 $a_n(t)$ 及其复共轭 $a_n^*(t)$ 满足对易 (或反对易) 关系

$$a_n a_m^* \mp a_m^* a_n = \delta_{nm}, \quad a_n a_m \mp a_m a_n = a_n^* a_m^* \mp a_m^* a_n^* = 0 \tag{3.80}$$

其中负号适用于 Bose 子, 正号适用于 Fermi 子. (应该注意, 变量 a 与粒子数算符以 $N = a_m^* a_m$ 相联系.) 复数的场函数 ψ 和 ψ^* 本身遵从类似的关系, 即

$$\begin{aligned} &\Phi(q)\Psi^*(q') \mp \Psi^*(q')\Psi(q) = \delta(q-q') \\ &\Psi(q)\Psi(q') \mp \Psi(q')\Psi(q) = \Psi^*(q)\Psi^*(q') \mp \Psi^*(q')\Psi^*(q) = 0 \end{aligned} \tag{3.81}$$

其中 $\delta(q-q')$ 是空间变量的 δ 函数和自旋变量的 Kronecker δ 函数的乘积.

作者们在所有的情形下都证明了他们的 "二次量子化方法" 与 n 个粒子的 Schrödinger 方程 (其中 $n = \sum \int \Psi\Psi^* \mathrm{d}v$, 即取空间的积分并对自旋求和) 的方法等价. 后来列宁格勒的 Vladimir Fock (1898~1974) 将二次量子化表述为 "位形空间 (Fock 空间) 方法"; 他从 Bose 型或 Fermi 型的算符 a 和 a^* 系统地构建 $N_1, N_2, \cdots$ 个粒子处于标号为 1、2, $\cdots$ 的量子态的含时波函数 $\Phi(N_1, N_2, \cdots, t)$, 它遵从含时的 Schrödinger 方程[192]

$$-\frac{h}{2\pi \mathrm{i}}\frac{\partial \Phi}{\partial t} = H\Phi(N_1, N_2, \cdots, t) \tag{3.82}$$

如上所述, 下一步涉及相对论性单粒子方程, 特别是 Klein-Gordon 方程 (Bose 子情形)[193]

$$\Delta\psi - \frac{\partial^2}{\partial t^2}\psi - \frac{4\pi^2 m^2 c^2}{h^2}\psi = 0 \tag{3.83}$$

和 Dirac 方程 (Fermi 情形). 后者是 Dirac 在 1928 年初在试图避免 Klein-Gordon 理论的概率解释中的一个困难时提出的: 如果引进新型的场 —— 四分量旋量场 ψ_u, 它服从线性微分方程

$$\left(\mathrm{i}\sum_{\nu=1}^{4}\gamma_\nu \frac{\partial}{\partial x_\nu} + \frac{m}{h/2\pi}\right)\Psi_\mu = 0 \tag{3.84}$$

(带有四个 4×4 的 γ 矩阵 γ_ν), 那么困难就消失, 并且自动得出电子的自旋 $\frac{1}{2}h/(2\pi)$[194]. 作者后来注意到, 方程 (3.84) 实际上不只是描写了电子, 而且还描写了一个带正电的 Fermi 子, 他开始以为是质子 (氢原子核); 但是在 1931 年, Dirac 宣称它是那时还未知的电子的 "反粒子"[195], 它与电子有相同的质量.

相对论性场的 (二次) 量子化也是由 Jordan 开始的. 1927 年 12 月, 他和 Pauli 提出 "无电荷 (即自由场) 的量子电动力学"[196]. 然后 Pauli 和 Heisenberg 花了一年

多时间, 写出了在场量 ψ 和它们的正则共轭动量 $\pi = \partial L/\partial(\partial\Psi/\partial t)$($L$ 为 Lagrange 量) 的 Lagrange 体制中相互作用场的相对论量子理论的方程, 特别是运动方程加相对论性量子化条件 (带一个广义的 δ 函数)[197]. 在讨论相互作用项时, 他们立即发现了发散的表示式项, 比如电子的自能. 消除它们的种种尝试竟然耗费了物理学家此后的 20 年时间.

人们发现, 将不确定性关系推广到相对论性场的情形, 问题要少得多. 在 Heisenberg 的初步讨论后, L. Landau (1908~1968) 和 Rudolf Peierls (1907~1995) 宣布了一个令人迷惑的结果, 即大时间尺度下场强的不确定度的乘积变得任意小[198], 但 Bohr 和 L. Rosenfeld (1904~1974) 很快就解决了这个问题, 支持电磁场非对易变量的 (标准的) 有限不确定度, 与根据 Heisenberg 原理预期的一样[199].

3.4 微观物理世界 (1925~1935)

Jordan 是如此介绍他的《20 世纪物理学》一书的第一章的:

> 现在我们知道 —— 古希腊哲学家早已猜测到 —— 我们能够看见和触摸的物质是由极大数量小得看不见的叫做原子的粒子组成的. 只有在本世纪 (译者注: 指 20 世纪), 先前的猜测、推断或者幻想才成为由直接的实验证据证实的科学知识. 因此, 就物理学而言, 可以把本世纪称为原子研究的世纪.

他在书中把物理问题分为两类[200]:

> 存在着范围广袤、内容丰富的领域, 在这些领域中物质的原子结构不起作用 …… 我们现在在提到那些分辨不出原子的存在的研究工作时, 习惯称它们为宏观物理学. 另一方面, 我们把深入物质内部的原子细微结构的研究称为 "微观物理学".

在许多以各类公众为对象的文章和书籍里, 对微观物理学的各个领域进行了评述[201]. 1933 年 M. Born 的 "现代物理学" 讲义, 两年后作为《原子物理学》一书以英文出版, 它对微观物理学的各个题目作了清楚的说明. 它从气体动理论开始, 引进了不久前发现的 "基本粒子"—— 即电子、质子、中子和宇宙射线粒子, 然后讨论了原子的结构和它们的辐射、电子自旋和两种量子统计、最后是分子的组成[202].

Born 在他书的序言中说, 他不会在书中涵盖现代物理学所有的题目, 特别是不会涵盖那些最新的研究领域: 原子核物理学和宇宙线物理学. 同样地, 我们对量子力学应用的讨论中 (3.4.1 节) 也不会包括它们, 除了一个例外. 另一方面, Born 的书和类似的讨论原子物理学的书, 特别是讲英语的作者写的书, 都回避对量子力学的概念和哲学涵义的讨论, 而 Jordan 和别的一些中欧国家的同事们则常常在他们的著作中强调这些内容[203]. 在微观物理学的 "哥本哈根解释" 的代表人物和他们

的对手 (特别是 Einstein 和 Schrödinger) 之间进行的这些重要的关于认识论结果的争论, 我们将在第 3.4.2 节加以评述. 尽管量子力学在 20 世纪 20 年代后期和 20 世纪 30 年代初期获得了巨大成功, 但新的实验发现还是 (特别是在这个理论的那些伟大的先驱者中) 激起了这样一种印象, 即要解释核物理和高能物理中观察到的现象, 必须在理论物理学中实现一场进一步的革命. 虽然后来的发展已经表明, 适当表述的相对论量子力学迄今能够满意地描写微观物理学中**实际上一切**高能问题, 许多物理学家仍期望一个 "超越标准模型" 的新理论 (第 3.4.3 节).

3.4.1　量子力学的应用 (1925~1932)

按照 Dirac 的说法, 量子力学的发现开启了 "理论物理的黄金时代, 在其后几年中, 任何一个二流的研究者都容易做出一流的物理工作"[204]. 游戏的另一位玩家 J. Slater 在 1929 年表示了同样的感觉, 而且甚至更乐观, 他写道: "物理学 (即新原子理论) 将要解释物质的所有性质的时代已经到来"[205]. 量子物理学家 (绝非都是 "二流的研究者", 图 3.14) 确实能够解决涉及物质原子组成的绝大部分问题, 他们对三大领域付出了特别的努力, 这些领域是: 原子和分子物理学、固体物理学以及原子物理与核物理中的散射问题.

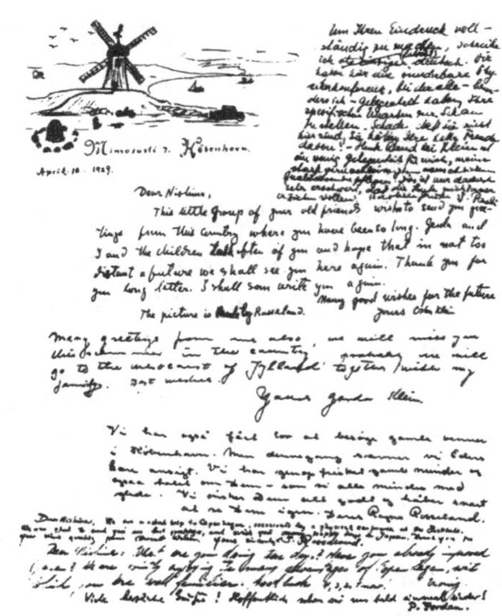

April 10 · 1929.

Dear Nishina,

This little group of your old friends wish to send you greetings from this country where you have been so long. Gerda and I and the children talk often of you and hope that in not too distant a future we shall see you here again. Thank you for your long letter. I shall soon write you again.

The picture is by Rosseland.

Many good wishes for the future

Yours

Many greetings from me also, ... go to the ... of Jylland together with my family. ...

Yours Gerda Klein

图 3.14　写给东京的仁科芳雄 (Y. Nishina) 的一封信 (日期为 1929 年 4 月 10 日, W. Pauli、G. Klein、O. Klein、R. Rosseland、S. Rosseland 和 P. Jordan 写于哥本哈根并签字)

1. *原子和分子结构与群论模型* (1925~1932)

我们前面已经说过, 由于旧量子论不能解释哪怕是最简单的原子的行为, 它的故事就结束了. 发现新量子力学方案后, 人们再一次研究这些原子和分子问题, 成功地解决了它们. 比如, 角动量的矩阵力学处理帮助 Heisenberg、Born 和 Jordan 确立了原子光谱和分子光谱的强度规则 (以前是通过半经验猜测而得到的), 而 Pauli 用它解决了氢原子的交叉场问题[206]. 将电子的自旋性质包括进来后, Heisenberg 和 Jordan 获得了也许是矩阵力学最伟大的胜利: 他们能够导出与反常 Zeeman 效应有关的所有观测现象[207].

那些从 1926 年 2 月以来一直用波动力学方法计算分子带状光谱 (Schrödinger 和 E. Fues) 和原子的 Stark 效应 (Schrödinger 和 Paul Epstein) 的理论家, 取得了甚至更大的实际成功. 虽然从早期的半经典考虑已经熟悉了这些结果中的大多数, 但氦原子的情况并不是这样. 1926 年 5 月 5 日, Heisenberg 从哥本哈根写信告诉 Pauli[208]:

> 我们发现了一个更决定性的论据, 表明你的 (原子中电子的) 等价轨道的不相容原理, 与单态分离为三重态有联系. 考虑能量写成跃迁概率的函数: 那么如果有到 1S 的跃迁, 或根据你的禁戒规则, 令它们等于零, 结果会有很大的不同. 也就是说, 仲氦和正氦具有不同的能量, 与磁体之间的相互作用 (即电子自旋磁矩之间的小相互作用) 无关.

Heisenberg 在他发表的文章[209] 中, 以两种方式表达他的解的基础物理思想: 第一, 双电子系统的矩阵力学的微扰处理, 从两个简并态出发, 导至能量项的劈裂, 裂距与 Coulomb 能同一量级; 第二, 在波动力学中, 这个劈裂是由两个电子的波函数的重叠产生的 (它可表示为一个 "交换积分").

Heisenberg 的交换积分为理解化学结合力本性的突破铺平了道路. 以前人们只能解释正离子和负离子的极性 (或离子性) 结合, 但对所有不是由离子组成的分子的情形 (比如氢分子、氮分子等) 都无能为力. W. Heitler (1904~1982) 和 F. London (1900~1954) 现在用交换积分 (或波函数的重叠) 导出 "共价" 结合力[210]. 他们对波动力学的应用以及一些稍微不同的方法 (主要由 F. Hund、E. Hückel (1896~1980)、R. Mulliken(1896~1986) 和 L. Pauling (1901~1994) 所发展) 奠定了 "量子化学" 的基础, 即无机化学和有机化学中的分子的数学 (或半数学) 处理[211](图 3.15[212]). London 和 E. Eisenschütz 然后在 1930 年成功提出化学中最弱的力 —— 作用于惰性气体分子之间的 van der Waals 力的量子理论[213].

1928~1932 年, 出版了三本以《群论和量子力学》为书名的书 (第一本是德文), 作者分别是数学家 H. Weyl (1885~1955)、B. van der Waerden (1903~1996) 及物理学家 E. Wigner (1902~1995)[214]. Heisenberg 在他对第一本书的评论中写道[215]:

> 多体问题的量子力学把物理学家引入数学困难中, 这些困难只有依靠群论才能解决. 因此一本提供与物理问题相联系的数学工具的书, 对物理学家是极为重要的.

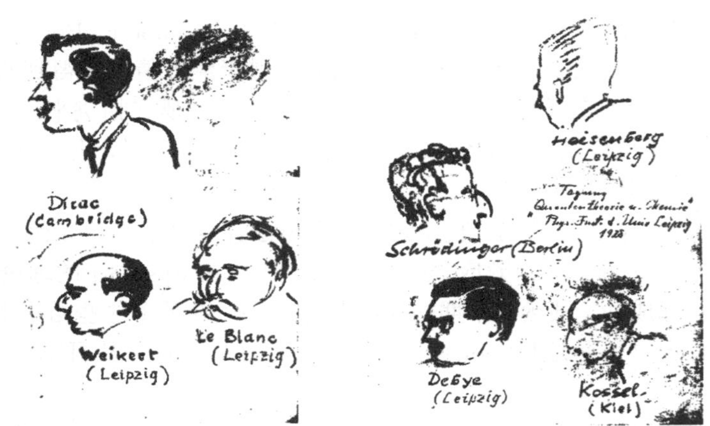

图 3.15　量子化学的早期岁月 (W. Bucheheim 在 1928 年第一次莱比锡 “大学周” 上画的速写画)

他对自己所谈的事情很内行, 因为他与 Wigner 一起, 率先把群论方法明确地应用到多电子系统的物理问题中[216]. 这些范例立即被 Hund、Heitler、London 和 Weyl 在他们写的关于原子和分子问题的文章中仿效; 他们取得的成果是如此丰富, 使得上面提到的这几本书受到了物理学家的热烈欢迎. 关于物理学家感兴趣的主要的群, Weyl 说[217]:

> 两个群, **3 维转动群和置换群**, 在这里起主要作用, 因为制约着一个原子或离子内在稳定的原子核周围可能分组的电子组态的规律, 关于原子核是球对称的, 并且因为组成这个原子或离子的各个电子是全同的, 因此这些可能组态在单个电子的置换下是不变的. **所有的量子数, 除所谓的主量子数外, 都是表征群表示的指标**.

除了这两个最明显的群以外, 其他一些群也在适当的时候进入量子力学问题的处理, 因为 (根据数学理论) 微观物理学中一切守恒定律都能与对称群相联系: 例如, 对非相对论性原子系统的能量和动量守恒有时间和空间平移群, 而在相对论性系统中, 除这些群外, Lorentz 变换群也起着决定性作用[218]. 然而, 群论的过度使用也激起一些量子物理学家的抗议. Weyl 在他的书的第二版序言中提到: “据传 ‘群瘟疫’ 正逐渐被物理学清除”, 他接着说[219]:

> 就转动群和 Lorentz 群来说, 这当然不是真的; 至于置换群, 借助于 Pauli 不相容原理, 确实似乎有可能避开不用它.

另一方面, J. Slater 通过提出一种替代方法, 所谓的 “Slater 行列式”, 来对抗置换群[220]. 但是仍如 Weyl 所言, 群论方法绝不会从物理学家的文章中消失; 在 20 世纪 30 年代, 随着微观物理学中一些新的对称性质的发现, 特别是原子核结构和高能碰撞中的同位旋对称性, 群论方法得到进一步的推动.

2. 金属和其他固体的电子理论 (1926~1933)

量子力学和电子自旋一道, 在固态理论中引发了巨大的进展. R. Fowler 首先应用 Fermi 统计来解释恒星中高密度物质的一些特性[221]. 另一方面, Pauli 用它解决了金属物理中第一个问题. 他得到了依赖于温度的碱土金属的顺磁性 (它曾抗拒了先前所有基于经典 Langevin 理论或旧量子论来解释它的试图)[222]. Pauli 转而又激发了 A. Sommerfeld 去系统地研究金属电子的问题, 将电子作为自由的 Fermi 子处理. Sommerfeld 立即得到了一个重要的突破. 通过将电子考虑为**正常温度下的理想简并 Fermi 气体**, 他消除了之前经典 Lorentz 理论的几个困难: 比如, 他计算出正确的电导率与热导率比值因子; 导出了热电子发射合理的 Volta 势和方程、热电效应、和磁场中电导率的行为 (Hall 效应)[223].

当然, 需要证明 Sommerfeld 的 "自由电子气假设" 是合理的, 因为金属中电子的实际情况非常不同. 然而, 当 F. Bloch (1905~1983) 讨论在周期势 (如晶体点阵中的金属离子所产生的) 中运动的电子的本征函数的特性时, 他发现它们引起了确定的自由迁移率, 足以保证在自由电子假设上得出的结果[224]. 他的考虑在随后的三年里得到 H. Bethe (1906~2005)、Peierls、P. Morse (1903~1985)、L Brillouin 和 R. Kronig (1904~1995) 的改进. 例如, Kronig 在 1931 年给出了流行的一维模型计算, 证明了以下特征: 晶体点阵中一个电子的能量不能任意取值, 而是被限制在一系列或宽或窄的 "能带" 中, 能带相互之间由能隙隔开[225]. 另一方面, Peierls 和 Brillouin 在三维晶体点阵的情形下, 完成了 Bloch 的观念的细节[226]. 特别是, Brillouin 通过在 "电子波矢量" 的倒易格子中画出 "Brillouin 线" 和 "Brillouin 区", 给出了电子在晶体点阵中传播的容易直观想象的作图法; 即如果这个长度为 $2\pi/\lambda$(λ 是 de Broglie 波长)、方向在电子的传播方向的波矢量取值在临界线上或临界区中, 则电子被强烈地反射而不能传播.

这个课题的另一位主要贡献者 H. Fröhlich (1905~1992) 在他的书中如此总结金属导电性的情况 [227]:

> 电场只有在晶体具有尚未完全填满的能带时才有可能产生电子流. 金属和绝缘体的区别, 在于后者只具有已填满的能带, 而前者至少还有一个能带只被 (电子) 部分占据. …… (原子的) 闭合电子壳层总是含有偶数个电子, 刚好完全填满若干个能带. 具有一个价电子的原子 …… 因此也代表金属 (碱金属元素、铜、金、银). 为了让具有两个价电子的原子是金属, 这些电子的能带必须与一个更高的能带部分地重叠.

这个晶态固体中的电子论不仅解释了金属和绝缘体的行为, 还解释了一类中间材料即半导体的性质: 它们的两个能带在零温下不重叠, 但是在更高的温度下越来越多地重叠, 所以它们的电导率的温度系数是正的而不是负的[228].

晶体中电子的弱束缚决定了金属的电导率和热导率. 对另一特性铁磁性的解释, 则必须考虑格点上电子自旋的紧束缚. Heisenberg 假设交换力作用于相邻格点上的电子之间, 并且注意到, 在一定条件下晶体的最低能态出现在全部电子的自旋都平行时; 于是他首次在理论上估算了内部 "Weiss 场" 的强度, 并解决了铁磁性的主要疑难[229]. 他的助手 Bloch 通过引进自旋波的表述形式, 成功地导出了铁磁体的低温行为的细节[230]. 虽然后来的研究揭示了比 Heisenberg 和 Bloch 原始想法所能描述的更丰富得多的复杂性, 他们的工作还是为一个协调一贯的铁磁理论打下了牢固的基础.

3. **散射问题** (1928)

散射实验, 如 J. Franck 和 G. Hertz 用电子轰击原子的实验, 在量子理论的建立中曾起过关键作用. 因为最早的量子力学方案是用来处理多周期问题的, 它们不适于描写散射问题. 然而, 到 1926 年春, 当 Dirac 把他的 q 数理论推广到相对论方案时, 他已经发现了一个处理 Compton 效应的聪明方法[231]. 于是波动力学提供了对散射现象更合适的描述, Born 在他 1926 年 6 月和 7 月的两篇基础性文章 (我们前面在第 3.3.3 节讨论过) 中证明了这一点[166,232]. 之后不久, 柏林的 W. Gordon (1893~1940) 和莱比锡的 G. Wentzel 用波动力学方法研究了 Compton 效应和光电效应的一些具体问题[233].

Hund 在处理分子问题时证明, 如果一个势阱不是无限高的话, 电子不可能保持在势阱中[234]. 这个后来被称作 "隧道" 效应的首次发现, 激发了 Bloch 1928 年的晶格中的电子理论, 以及几乎同时独立地由 G. Gamow (1904~1968)、R. Gurney (1898~1953) 和 E. Condon (1902~1974) 提出的原子核 α 衰变理论[235]. 在研究在一个重原子核的势阱中运动的 α 粒子的行为时, 这些作者发现了一个 "散射解": 它对应于一个指数衰变态 (α 粒子穿越原子核的势垒向外运动), 得出了衰变常量 λ 有正确的量级大小, 满足经验的 Geiger-Nuttal 定则 (它将 $\log\lambda$ 与 α 粒子的能量联系起来).

量子力学散射理论还以另一种方式促进了对核物理过程的理解. 1911 年 Rutherford 的经典公式与观测到的 α 粒子在原子核上的散射符合得极好, 这个公式可以用波动力学重新推出[236]. 曾经预计, 对能量较大的 α 粒子会有偏离, 因为这些粒子能够穿透到 Coulomb 定律不成立的区域. 实验上确实观测到这种偏离, 同时还观测到另一种量子效应: 如果两个 α 粒子对撞, 必须考虑 Bose 统计; 也就是说, 按照 Dirac 的分析[237], 它们的波函数关于两个粒子的坐标是对称的, 即

$$\psi_{nm}(1,2) = \psi_m(1)\psi_n(2) + \psi_m(2)\psi_n(1) \tag{3.85}$$

(在 Fermi 子的情形下波函数 $\psi_{mn}(1,2)$ 将是反对称的!) 由此带来的后果是, 这种

具体情形的经典公式必须加上一些附加项来扩充; 于是在量子力学中 Rutherford 因子被换成

$$\operatorname{cosec}^4\theta \to \operatorname{cosec}^4\theta + \sec^4\theta + 2\operatorname{cosec}^2\theta\sec^2\theta\cos u \tag{3.86}$$

其中 $u=(8/137)(c/v)\log(\cot\theta)$, θ 为散射角, v 是 α 粒子的速度. Mott 散射理论的这一结果被他的剑桥同事的实验所证实[238].

最后, 我们回到 Compton 散射问题, 因为早先 1926 年的处理 (用的是 Klein-Gordon 方程) 没有考虑电子自旋. 这个任务由 O. Klein 和仁科 (1890~1951) 完成, 他们于 1928 年秋用 Dirac 方程推导出一个新公式, 散射到角度 θ 处的辐射强度 I 为

$$I = I_0\frac{e^4}{m_{\mathrm{e}}^2c^4r^2}\frac{\sin^2\delta}{[1+\alpha(1-\cos\theta)]^3}\left\{1+\frac{\alpha^2(1-\cos\theta)^2}{2\sin^2\delta[1+\alpha(1-\cos\theta)]}\right\} \tag{3.87}$$

其中 I_0 是入射辐射的强度, δ 为观测角, α 表示量 $h\nu/(m_{\mathrm{e}}c^2)$(m_{e} 和 e 分别是电子的质量和电荷, ν 为入射辐射的频率)[239]. 这个表达式与以前的“零自旋电子”的表达式相差大括号里的因子, 即差一个数量级为 α^2 的项. (与经典 Thomson 散射公式的偏差甚至更大, 为 α 的量级.)

除了对相对论性氢原子光谱的计算 (由 C. G. Darwin 和 Gordon 于 1928 年完成) 外, Klein-仁科公式是从 Dirac 相对论性电子理论推出的唯一的可接受的早期结果. Klein 不久立即证明, Dirac 电子从一个适当高度的势垒反射时, 会给出一个荒谬的结果: 电子尽管受到电场力的抵抗, 还是会穿透位垒到达另一侧, 带有负的动能[240]. Klein 的悖论来源于这个理论包括有负能态, Dirac 将这些负能态解释为填满的“负能态 (Dirac) 海”中的“空穴”, 起初 (1930) 将它们认定为质子, 最后 (1931) 认定为电子的新的“反粒子”[241]. 虽然在接下来的 15 年里, 相对论性理论以更多的悖论和前后矛盾困扰着专家, 但空穴概念在非相对论性原子物理学和固体物理学中的应用还是给出了许多良好的结果[242].

4. 量子物理学家学术界的扩大 (1925~1933)

在 1927 年与 1928 年之交, 中欧的大学中理论物理学教授席位发生了大变动, 涉及了几位量子力学先驱: 来自哥本哈根的 Heisenberg 在莱比锡大学获得教授席位, 来自莱比锡的 G. Wentzel 在苏黎世大学接替了 Schrödinger(而 Schrödinger 则去了柏林接替 Planck), Pauli 去了苏黎世高等工业大学 (接替 Debye 去莱比锡担任实验物理学教授而空出的席位). 莱比锡和苏黎世这时相互密切合作, 而且与慕尼黑、哥本哈根和哥廷根的原先的原子理论中心密切合作. 除了合作撰写文章外, 新教授们还交换学生和助手: 例如, F. Bloch 从苏黎世来到莱比锡, 在 Heisenberg 指导下取得博士学位, 后来担任助手和讲师, 先于 1929~1930 年与 H. Kramers 在乌得勒支, 后于 1931~1932 年与 Bohr 在哥本哈根工作过一些时间; Peierls 于 1928 年

离开慕尼黑到了莱比锡, 但他是在 Pauli 指导下在苏黎世完成博士学位的, 然后在 Rockefeller 奖学金资助下访问罗马和剑桥. 确实, 相当多的学生和访问学者来回于苏黎世和莱比锡之间, 途中在哥廷根、莱顿、剑桥和哥本哈根停留.

曾接待 Pauli、Wentzel 和 Heisenberg 并使他们获得原子理论的入门知识的 Sommerfeld 的研究所见证了一次特别的复兴. 因仰慕这位前辈大师适应和讲授新的波动力学方法[243] 的能力, 来自全世界的众多访问者涌进慕尼黑. 例如, 1926 年 Condon 和 Pauling 来到那里, 1927 年是 W. Houston (1900~1968) 和 C. Eckart 光临. 特别是后两位, 积极参与了 Sommerfeld 对量子物理学最后的主要创新贡献: 金属电子论; 这些美国人与到莱比锡和苏黎世的访问者如 J. Slater 一起, 将新课题带回美国, 他们自己的学派在 20 世纪 30 年代初开始开花结果, 并从那时起一直延续下来[244]. Sommerfeld 也促进了 "应用量子力学" 的另一领域天体物理学, 他的学生 A. Unsöld (1905~1995) 于 1928 年与老一辈光谱学家如美国的 H. N. Russell (1877~1957) 联合, 帮助建立了恒星大气物理学[245].

化学、金属物理学和天体物理学是非相对论量子力学的直接受益者. 1932 年原子核物理学也加进来, 但与此同时, 研究工作的地理中心则由于一个特殊的政治事件从中欧移到了西欧和美国: 德国的纳粹党于 1933 年上台时, 宣布犹太人不得担任公职, 包括大学的职位. 于是 Heisenberg 失去了 Bloch, Sommerfeld 失去了 Bethe, 而哥廷根则被 Born 和 J. Franck 两位教授及他们的相当一部分最有才华的合作者和学生 (图 3.16) 抛弃了. 他们在国外的同事和朋友, 特别是在哥本哈根、剑桥和美国甚至苏联的同事和朋友, 作了巨大的努力来安置众多的德国移民. 最终, 这些学者帮助在西欧和美国建立了另外的一些中心, 例如, N. Mott (1905~1996) 的从事金属研究的新的布里斯托尔实验室 (Bethe 和 Fröhlich 去了那里) 和普林斯顿大学 (von Neumann 和 Wigner 在这里得到了职位). 前面说过, 以前的美国学生已经在美国启动了新的研究中心: Pauling 在帕萨迪纳加州理工学院建立了一个量子化学学派; Slater 与几位访问过 Sommerfeld 的访问学者一起, 在马萨诸塞州坎布里奇的麻省理工学院建立了固态研究组; 1933 年后, Isidor Rabi (1898~1988) 将 Otto Stern 的分子射线方法移植到哥伦比亚大学. 德国移民中的理论原子核物理学家, 在英国和在美国都起了最具决定性的作用[246]. 作为这些移民的后果, 量子力学及其应用成了一门真正国际性的科学, 与以前的任何物理学理论的课题相比, 有更多的学者在其中合作工作.

3.4.2　量子力学中的因果性、互补性和实在性 (1926~1935)

在 Born 建议在量子力学中放弃因果决定论之后, 关于物理学理论中的基础概念发生了热烈的讨论, 特别是在德国及其邻国. 这些讨论包括原子物理中概率含义的重新分析和一个广义的因果原理的重新表述, 作为最初的几步. 之后, 从 Bohr 的一般的互补性观念出发推出了一些结论, 并且拒绝了 Einstein 的批评. 争论在 1935 年以后平息了下来, 但在 20 世纪 50 年代又重新开始并延续到今天.

图 3.16 量子理论家的国际大家庭：上图为 1931 年在 Heisenberg 的莱比锡研讨会上 (前排是 Heisenberg 和 Peierls, 后排有 G. C. Wick, F. Bloch 和 V. Weisskopf); 下图为 1937 年在哥本哈根 (前排有 N. Bohr, Heisenberg, Pauli, Stern 和 Meitner)

1. 原子理论中的概率和因果性 (1926~1930)

概率论专家 R von Mises (1883~1953) 在 1929 年德国物理学家和数学家的布拉格会议上, 在题为 “物理学中的因果定律和统计定律” 的讲话的末尾说道[247]：

> 通常与微分方程描述的经典物理学联系在一起的严格决定论只是一种**表观的**特征; 如果人们在原则上只连同检验一个理论的实验一起来考虑一个 (物理) 理论, 即限于**用人类的感官能够感觉到的东西**或 “原则上可观测的” 东西, 这种严格的决定论是不能继续下去的. 在宏观世界里, 非决定论方面部分包含在观测**对象**中; 部分是**测量过程**偷偷带进来的; 每个微观物理客体自身都带有统计因素, 因为单单这个因素就保证了过渡到一种频繁重复的现象 (massenerscheinung), **每次测量**都已表示出这一点.

虽然这位数学家倾向于当时许多科学家和科学哲学家所采取的实证主义观点，他还是说出了经典理论和新量子力学之间的一个重要区别. 经典动力学理论的基本方程都是微分方程，物理学家都相信这种类型的“决定论假说”：如果知道描写所考虑系统的**所有**参量在给定时刻的**初值**，就能算出这些参量在**将来所有时刻**的值. 显然，这个假说在经典 (Newton) 力学和 (Maxwell) 电动力学中是成立的，并且它也可以被分别建立于 1905 年和 1916 年的相对论力学和 (Einstein) 引力理论所接受，正如 Hilbert 说的[248]：

> 从关于 (物理状态) 变量之值的知识，一切关于未来的值的预言便以必然的和唯一的方式得出，只要这些值在物理学中是有意义的.

甚至经典统计力学似乎也并不扰乱这种“决定性假说”：可以认为概率描述只是一种以轻松的和简单的方式来计算一个巨大的粒子集合的整体性质的技巧；而一个无比聪明的“Maxwell 妖”将能够理清所有单个粒子的径迹，因为它们遵从决定论的经典定律.

自从 1900 年 Planck 在其黑体辐射定律的推导中确定了分子和辐射量子的有限“大小”以来，情况发生了很大的变化. 之后，1905 年 E. von Schweidler(1873～1948) 表述了以下的假说：放射性物质的衰变定律实质上是一种统计关系，它会有涨落. 大约 12 年后，在 Schrödinger 和 E. Bormann 的共同努力下，实验证实了这个假说[249]. Einstein 把一个类似的统计假说应用于辐射从原子态射出的发射过程 (他在 1916 年为了导出 Planck 定律而进行了这项研究 —— 见 3.3.1 节). Bohr、Sommerfeld 和他们的追随者接过了 Einstein 的做法，并且谈到与辐射的发射和吸收相联系的跃迁概率. Bohr 在 1924 年的 Bohr-Kramers-Slater 理论 (第 3.2.3 节) 中，甚至试图通过宣称在原子和辐射的相互作用中能量和动量只是统计守恒而建立原子过程的完全概率性描述. 这个论断在下一年被 Bothe-Geiger 实验所否定. 虽然守恒定律因此得以在原子层次上重新建立，统计假设则正是在 Einstein 在 1916 年所预见的地方进入了新量子力学，亦即在原子辐射的跃迁振幅中，或者如 Born 在 1926 年所演示的那样，在 Schrödinger 波函数中：Born 现在也明确地谈到决定论假设在原子过程中的崩溃.

Born 的波函数统计解释，变成了 Dirac 和 Jordan 的变换理论的一个要素，Heisenberg 从它导出了他的不确定度关系. 这个关系意味着一个原子粒子的位置和动量不能同时以任意的精度测量 (3.3.3)，因而[250]：

> (经典) 因果定律失去了其内容. 由于永远不能精确知道 (一个给定的原子系统的) 初始条件，那么也就永远不能精确计算其力学行为. 每次新的观测从大量的可能性中挑出一个特殊的，并且限制了后来的观测的可能性.

后来，Heisenberg 稍许更精确地表述了经典因果定律的失败，他说[251]：

> 不确定关系首先表明, 在经典理论中用来确定因果联系所必须的对基本物理量的精确知识, 在量子理论中是得不到的. 不确定性的第二个后果是, 这样一个不能精确知道的系统未来的行为, 也只能以不精确的方式即统计地预言.

于是, 他宣称经典决定论在微观物理学中失去了意义, 因而不能在那里应用. Heisenberg 和他的朋友们捍卫这个观点, 反对所有后来的批评, 像 M. von Laue 和 M. Planck 在 1932 年提出的批评 (他们主张, 不确定关系只是表明**粒子**描述在微观物理学中的局限性, 而并不表示对那里的物理知识的其他限制)[252].

2. 互补性和测量过程 (1927~1932)

我们前面讲过 (3.3.3 节), Bohr 给了量子力学定律一个不同于 Heisenberg 和 Born 的解释 (后二人强调对易关系和不确定度关系中明显包含的量子跳变的基本重要性). 他更集中于对经典时空描述有效性的怀疑, 在 1927 年关于辐射过程的讨论中他更明确地阐述了这一点:[253]

> 一方面, 在试图追踪光在时空中传播的定律时, 我们受到统计考虑的限制. 另一方面, 以作用量量子为特征的单独的光过程要满足因果律的要求, 需要放弃时空描述.

Bohr 将原子过程的时空描述和因果描述的这种互不相容当做他的 "互补性理论" 的必不可缺的一部分. Heisenberg 立即接过了对微观物理现象的这种物理解释, 并向更广泛的公众解释说[254]:

> 为了对一个 (原子) 客体作一描述, 人们必须观测它. 观测意味着观测者和客体之间的一次相互作用, 它会使客体发生改变 …… 一个系统的因果描述与同一系统的时空描述是互补的. 因为要建立一个时空描述, 就必须进行观测, 而这个观测会干扰系统. 如果我们干扰了系统, 我们就不再能干净利索地追踪它的因果演化.

用更专业的话说, 存在一个形式上满足经典因果律的对原子现象的数学描述, 即 Schrödinger 方程 (它具有与经典动力学方程相同的微分方程结构). 但是, 若不引入统计假设 (即 Born 的波函数统计解释), 这种描述在时空中得不到解释.

像 Heisenberg 接受了 Bohr 的互补性观点一样, Bohr 也接受了 Heisenberg 关于原子系统肯定会被测量干扰的认识. 他明白地说到测量过程引入的 "一个新的不可控制的因素". 在后来的谈话中, Bohr 试图以互补性观点讨论其他科学领域 (甚至人文科学). 特别是, 1932 年在哥本哈根国际光疗学会议上, 他在题为 "光和生命" 的一篇著名讲演中详尽阐述了互补原理对生物学系统的应用. 他的两个论题打动了一些专家, 并在后来几年中引起争论. 第一个是 "如果我们想要研究动物的各个器官, 直到能够说出单个原子在生命机能中起什么作用的地步, 那么我们无疑要杀死这个动物" 的观点, 即活的动物的结构的一个完整描述与其生物功能的描述互不相容. 第二个是这样的观点, 即 "自由意志应该看成是对应于有机体机能的意识生活的特征, 这种有机体机能不仅不能适用于因果性的力学描述, 而且甚至也不能对它进行物理分析到原子物理学统计定律足以明确适用的程度" , 或者简单地说: 自由意志是与人的行为的因果决定性互补的[255].

在另一场合, 在他 1930 年的 Faraday 讲演中, Bohr 谈到与物理学最接近的科学 —— 现在已经与量子物理融合在一起的化学. 特别是他发现, "在使用确定一个 (微观物理的原子) 系统在一个给定时刻的状态的经典概念中的不确定性, 意味着 (量子力学) 这个符号系统的物理解释中的一种本质的不可逆性. " 但是这种不可逆性的本性不同于经典热力学所知的那种不可逆性: 在 (用统计力学进行的) 经典描述中, 仍然认为力学概念描述了微观细节, 而在原子理论中, 同样的定律却只有与统计假设一起才起作用. Bohr 认为: "在这个意义上, 可以说量子力学代表了我们恰当地描述自然现象的工具的发展的下一步."[256]

这个描述的主要特征之一是关于测量过程的新概念. 匈牙利人 L. Szilard (1898~1964) 早已在经典理论中得到结论: (由一个智能生物) 对热力学系统的观测引起的熵的减少, 必须由测量过程加到被测系统上的熵的增加来补偿[257]. 这个考虑帮助了他的朋友 J. von Neumann, 当时他正试图表述微观物理学中测量的数学理论[187]. Schrödinger 方程允许描写一个演化系统的波函数作因果的传播, 但观测者的介入却瞬时产生一个不连续的非因果变化: 它从态的混合中挑出一个特殊的态 k("波包收缩"). von Neumann 的一套做法: 将微观物理系统 S 与宏观仪器 M 耦合, 然后再把它分隔开来以给出一个最后答案 S 的状态 k("von Neumann 截面"), 常常受到批评, 尤其是从 1950 年以来在关于量子力学测量理论的广泛讨论中更是如此. 许多物理学家、数学家和科学哲学家都试图改进这个表述, 但迄今仍未能从这些努力得到一个真正令人信服的代替方法.

3. 量子力学描述的完备性和实在性 (1935)

在关于量子力学是否给出原子过程的一个正确描述这个问题的斗争中, 批评者提出了两个问题: ①"新原子理论是一个逻辑上前后一贯的方案吗？"②"新理论是否给出一切观测现象的完备描述？" 多次对 "上帝掷骰子" 的假设表示不快的 Einstein, 在 1927 和 1930 年于布鲁塞尔召开的第五届和第六届 Solvay 会议上发生的争论中, 成了现代原子理论的热心信徒们的主要对手[258]. 在 Bohr 和他的伙伴们 (包括 Heisenberg 和 Pauli) 驳倒了他关于不确定度关系的可靠性的一系列精心设计的责难 (例如在由一个钟和一个有引力的质量组成的系统中) 之后, Einstein 和其他怀疑论者都同意, 量子力学或波动力学在它可以应用的任何地方总是给出正确的结果 (图 3.17). 第二个问题涉及更深刻的概念层次, 与量子力学描述微观物理一切方面的能力有关. 由于 Einstein 后来把这个问题简缩为这个理论是否描写 “物理实在” 的问题, 我们应当简短地讨论一下在新的原子理论诞生后 “物理实在” 这个概念的发展.

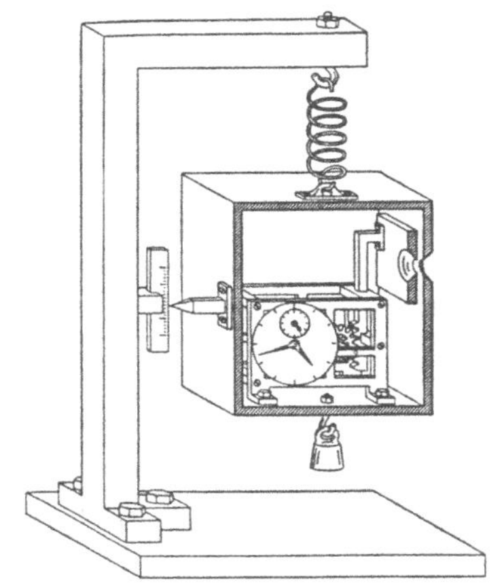

图 3.17 量子力学的诠释. 上: 哥本哈根 “黑手党”, 左起: N. Bohr, W. Heisenberg 和 W. Pauli ; 下: 对 Einstein 声称的能量–时间不确定关系不成立的一个假想实验的讨论

1925 年前, 只存在作为经典理论基础的物理实在的概念, 它包括独立于其观测的现象的存在, 从而人们假设有可能在某种程度上完全消除观测过程对被观测客体的影响. 在波动力学的头一年, Schrödinger 曾经设法承袭经典的实在概念的基本特征, 例如时空中的原子事例的连续统解释. E. Madelung (1881~1972) 也是向同一方向走: 在将单电子问题的含时 Schrödinger 方程改写成流体力学连续方程形式时, 他提出 “现在有一个在这个基础上处理原子的量子理论的机会”[259]. 他未能进一步发展这个观点 (例如, 对于多电子原子给不出这样简单的时空图像). L. de Broglie 也未能在他的波动力学的因果性推广 (即所谓 “双解理论” 和 “领波理论”) 的方向上走多远[260]. 一些保守的物理学家们看到这样一种可能性, 即迄今尚不知道的一

些坐标或所谓 "隐参量" 可能会产生表观的非因果行为 —— 就像人们早先在经典气体动理论中将分子的巨大系集的统计行为, 包括不可逆效应, 解释为是由于缺乏各个单个分子的全部动力学变量的知识的结果. von Neumann 在他的《数学基础》的第四章中, 曾对量子力学中的统计关系做了一个分析 (他特别仔细地考虑了 "均匀系综" 或 "纯系综" 和 "混合系综" 两种情形), 他的结论是[261]:

> 假如在量子力学算符代表的物理量之外, 还有别的迄今未发现的物理量存在, 这也不会有任何帮助. 要使基元过程除了统计描述外的另外一种描述成为可能, 现行的量子力学体系就必然在客观上是错的.

稍后, 巴黎的 J. Solomon (1908~1942) 用不同的论据 (但包括有关于他的量子理论变量的不确定性关系的假设) 得出了同一结果[262].

甚至这些证明也没有结束关于物理实在问题的这场争论. 1935 年, Einstein 再次表述了他认为的反对把量子力学看作一个完备理论的根本理由. 他与 B. Podolsky (1896~1966) 和 N. Rosen (1909~1995) 一起假定, 一个物理理论要是完备的, 一个必需的性质是, "物理实在的每个要素必须在这个物理理论中有其对应物", 并且定义[263]: 在不以任何方式扰动一个系统的情况下, 如果我们可以确定地 (即以概率 1) 预言一个物理量的值, 那么就存在一个物理实在要素对应于这个物理量.

然后作者们讨论两个相对论性系统的一些物理量, 这两个系统在过去一个有限时间间隔内发生过相互作用, 并且证明, 按照他们所选定的的物理实在的定义: "当对应于两个物理量的算符不对易时, 这两个量不能在同时是实在的", 非对易量的本征值是未被**完备地描写的**.

Bohr 立即回应道: "上面列名的作者们所提出的实在性的判据 —— 无论它的表述显得多么谨慎 —— 在应用到我们这里讨论的实际问题时, 含有一个基本的含混不清". 通过分析 Einstein 等的例子, 他发现量子力学的情形是完全不同的, 因为这些条件 (它们确定了关于系统未来行为的预言的可能类型) 与实在的定义相矛盾. 从而他得出结论[264]:

> 由于这些条件是对任何可以合适地贴上 "物理实在" 这个标签的现象进行描述的一个固有的要素, 我们看到, 上述作者们的论证, 并没有证明他们关于量子力学描述实质上是不完备的这一结论的正确性.

Pauli 和 Heisenberg 也像 Bohr 一样为反驳 "Einstein-Podolsky-Rosen (EPR) 佯谬" 而操心, Pauli 在一封给 Schrödinger 的信中写道[265]:

> 但是, 人们**不**能像那些保守的老先生希冀的那样, 宣称量子力学的统计结果是**正确**的, 却又将这种正确性建立在一个隐藏的因果机制的基础上. 在这个意义上, 量子力学定律体系看来在逻辑上是封闭的 (在公理体系的意义上是完备的)—— 这和气体动理论大不相同.

而 Schrödinger 则并不满意 Pauli 的判断. 在他看来, 标准的原子理论确实必须容忍一些相当荒诞的情形, 例如他所描述的放射性衰变物质与杀死一只猫的仪器相互耦合的情形: 结果, 必须将量子力学的猫看成是一半死一半活 ("Schrödinger 猫" 佯谬)[266].

EPR 佯谬打动了许多后来的作者. 特别是, 在 1950 年代早期之后 David Bohm (1917~1992) 和其他的一些人就复活隐变量思想爆发了一场辩论. John Bell(1928~1990) 在 20 世纪 60 年代分析了这种情况, 他证明, 隐变量 (对于 "局域" 条件) 导致一个不等式, 它可以用实验检验, 并发现它不被满足[268].

巴黎的 J. P. Vigier 追随的是一条不同的因果论路线, 他在 1950 年代重拾 L. de Broglie 1927 年的领波观点, 但他的物质波理论的因果表述并没有导致真正的突破. 也许 Heisenberg 是正确的, 他早在 1935 年就曾说过[269]:

> 我宁愿相信这样的事实, 即存在某个经验领域, 它可以用 Schrödinger 的波动力学而不能用经典力学描述, 也就是说, 量子力学定律的一些不可感知 (unanschaulichen) 的特征也必将永远成为科学整体的一个不可缺的部分.

这样, 一方面是因果性的经典力学, 另一方面是量子力学或波动力学, 它们代表了两种完全不同的物理方案 —— Heisenberg 认为它们都是逻辑一贯的 "封闭理论"—— 它们建立在不同的概念上, 并且说明不同领域的物理现象: 宏观物理学领域和微观物理学领域.

3.4.3 超越量子力学 (1932 年 ~ 现在)

量子力学和波动力学发现之后的十年里, 在成功的应用中得到了如此丰富的成果, 人们本会以为, 所有的物理学家特别是那些先驱者们, 会对这个新的原子理论极为满意, 希望它在未来的岁月中能够用作物质结构的物理描述. 但是, 却发生了完全相反的情况. 量子理论家在理解原子核和宇宙射线物理学的某些现象时遇到了一些障碍, 他们把这些障碍归因于相对论量子场论的困难. 但他们不是去耐心改进理论表述, 一些人像 Bohr 和 Heisenberg 等很快就准备放弃量子力学那些辉煌成就. Heisenberg 在 1932 年 2 月作出的对宇宙射线的初步理论分析中说, 人们几乎不可能理解高能散射过程中产生的辐射, "因为对应的 Dirac 辐射理论和等价的量子电动力学的原理, 由于别的一些原因已经肯定要失败"[270]. 这些别的原因包括一些物理量 (如电子的自质量) 的理论结果发散及无法解释核结构、β 衰变和别的原子核现象 (如所谓的 Meitner-Hupfield 效应). 因而 Heisenberg 曾希望, 还有 Bohr 和 Pauli 也同意, 一个像 1925 年的量子力学那样具有革命性的新理论, 不久就会在原子核物理学和高能物理学领域取代量子场论.

但是, 在 Heisenberg 写他的宇宙射线评述文章同时, 物理理论的一个新时代开始了, 这个新时代的特征不是改变现有的相对论量子力学方案, 而是引进了物质的新的基元组分. 这首先导致对原子核结构和宇宙辐射中一部分高能现象 ——(软) 电磁级联簇射的更充分的理解. 宇宙辐射中另一部分高能现象, 特别是其 "硬" 成分, 只有在引入更多的基本粒子之后才能理解. 这个不断增加原子和原子核的次级结构的过程贯穿 20 世纪 50~70 年代, 一直持续到 80 年代初, 最终产生了目前的 "标准模型"

伟大的理论家们对于一个超越量子力学的全新的基本理论原来所抱的期望仍未实现. 当然, 通过纳入一些新特征如重正化、对称破缺等等, 各种相对论场论得到了进一步的发展 —— 但它们仍然保持了在 1930 年就已知道的一切特征和概念. 但是, 从那时以来, 已经提出了几种新的思想, 它们很可能在取代相对论量子力学的未来理论中找到一个位置.

1. "标准理论" 中的新结构[271]

1932 年以前物质结构的标准模型包括三个基本粒子: 质子和电子构建了原子核、原子和分子, 光量子或光子则发生在原子和原子核的转变过程中. 理论上, 人们完全理解原子的结构和光被原子发射、吸收和散射的过程. 然而在描写原子核的结构及其跃迁过程时, 除 α 衰变外都出现了严重的困难. 假如把原子核视为由质子和电子构成的话, 某些原子核会表现出错误的 (量子) 统计行为, 而且 β 衰变中发射的电子的连续谱暗示着能量、动量和角动量守恒定律受到破坏. 1932 年 2 月中子的发现, 消除了对原子核结构的量子力学理论的障碍. Pauli 起初在 1930 年提出、后来于 1933 年末由 Fermi 用来表述关于 β 衰变的量子场论的中微子假说, 解决了原子核物理学的其他主要问题.

加州理工学院 (Caltech) 的 C. Anderson (1905~1991) 于 1932 年 8 月发现的带正电的轻粒子, 完善了 "标准模型" 的另一个基本方面, 即 Dirac 的相对论电子理论: Dirac 本人起初 (在 1930 年) 曾将 "空穴" 解释为质子; 但是, 在受到理论上的反对 (例如 Weyl 提出的质量差别悬殊和预言的相当可观的质子–电子对湮灭但却观测不到) 后, 他在 1931 年预言有一种 "反电子" 存在, 具有与电子相同的质量和相反的电荷. 由 C. Anderson 发现并被剑桥的 P. Blackett (1897~1974) 和 G. Occhialini (1917~1994) 在电子–正电子对中大量找到的那种宇宙射线粒子, 就是这个 Dirac 预言的粒子. 许多宇宙射线现象 (宇宙线的 "软成分")都可以用由高能光子所产生的电子–正电子对引起的级联发射得到解释, 高能光子反过来又作为韧致辐射的量子而产生. 另一方面, 宇宙射线的 "硬成分" 在 1937 年被满意地解释为"重电子" 或 "介子", 其质量在电子和质子之间.

这样一种中间质量的客体, 也可以说明在原子核中作用于质子和中子之间的力. Heisenberg 于 1932 年引入了交换力, 从而得以建立一个关于原子核中结合能的理论; 汤川秀树 (H. Yukawa, 1907~1981) 在 1934 年从这些力的有限力程作出存在一种中间质量的新粒子的推论. 汤川对他的"重电子" 所预言的强作用力与宇宙射线的介子表现出的弱相互作用之间的矛盾, 在 1947 年得到了解释, 那年 C. Powell (1903~1969) 和他的布里斯托尔小组在宇宙辐射中识别出第二种中间质量的粒子, 这个新的 "π 介子" 或 "π 子" 是产生强核力的原因, 而它的衰变产物即Anderson 和 S. Neddermeyer (1907~1948) 的 "重电子"—— 现在叫"μ 介子" 或 "μ 子"—— 则只在弱 β 衰变类的力中出现. 一段持续 35 年的时期开始了, 在这段时间里在高能反应中发现了几百种基本粒子, 起初是在宇宙射线过程中, 后来在加速器实验中, 从所谓 "奇异粒子" 开始, 结束于带 "弱" 荷的和中性的 "W" 和 "Z"Bose 子.

基本粒子数量的大爆炸, 使物理学家们不得不最终将它们组织在由夸克、轻子和交换玻色子等今天的 "标准模型" 组分构成的更基本的方案中. 除了一些新的特征 (如夸克禁闭和对称破缺的 Higgs 机制) 之外, 这个模型再一次可以表述为一种量子场论, 实际上是这种类型的两个不同的理论: 一个是 "电弱理论", 它以光子和弱 Bose 子为轻子之间交换力的中介粒子, 将量子电动力学和经过扩充的 Fermi 弱相互作用理论统一在一起; 另一个是 "量子色动力学", 在这个理论中由 "胶子" 建立起质子和其他 "强子" 的带分数电荷的组分"夸克" 之间的强作用力. 粒子理论家们甚至寻求将电弱理论和量子色动力学统一为一个 "大统一理论", 它仍是量子场论, 在很大程度上具有熟知的特征.

最后, 我们应当提到的是, 最后一个一直没有得到解释的固态性质, 即超导性, 终于由 J. Bardeen (1908~1991)、L. Cooper (1930 年生) 和 J. Schrieffer (1931 年生) 纳入量子理论方案中; 它又包含了一个新客体, 一个由一对束缚电子组成的非相对论性 "准粒子".

2. 超越量子力学的理论的一些方面

量子力学理论架构最重要的性质也许是它的基本方程是线性的, 这使得解的线性组合仍然是解以及用线性 Hilbert 空间给出数学表示. 对简单解 (基态) 的许多偏离可以作为线性一级微扰得到 ——这是一个在非相对论和相对论量子力学问题中惯用的方法. 另一方面, 对物质的基本描述感兴趣的物理学家们, 从 G.Mie (1868~1957) 1912 年的工作[272] 以来, 已经卷入到各种非线性场论中. Einstein 1915 年的广义相对论和引力理论成了实质性的非线性理论的原型; 并且他一直到去世, 都在多次尝试中力图从它发展一个物质和力的统一理论. 虽然 Einstein 希望从他的经典场论中导出量子理论效应, 他的后继者如 Born、Heisenberg 和 Pauli 等则是直接从一个真正的量子场论出发着手进行. 特别是 Heisenberg 和Pauli, 就是否有可能对一切基本粒子及其相互作用作统一的描述, 争论了近 35 年[273].

无论是 Einstein 还是 Heisenberg 的统一场论倡议, 都没有实现原先设定的雄心勃勃的目标, 但是它们的确含有一些最后也许会进入一个更满意的未来理论的元素. 一个这样的元素可能是从 Einstein 广义相对论得知的非线性, Heisenberg 也承认它是相对论量子理论和高能现象描述的一个本质特征[274]. (实际上, 当把源包括进来时, 量子电动力学也是一个非线性理论, 当前基本粒子物理中所用的 Yang-Mills 方案也是如此.)Heisenberg 在 20 世纪 40 年代提出的基本粒子的散射矩阵理论, 在 1958 年曾作为强相互作用的 S 矩阵理论而复苏, 它也建立了一些本质上是非线性的关系[275].

从一开始, 当人们想要引入量子化时, 非线性理论就发生了巨大的困难. 因此, Heisenberg 和 Pauli 从 1930 年代初以来, 就不断求助于格点计算, 它在形式上意味着一种空间量子化. Heisenberg 甚至在这个数学可能性中看到了自然的一个基本特性: 他在 1930 年代在许多文章中主张, 存在一个决定基本粒子高能行为的 "基本长度"; 他还希望, 这个基本长度也许会在一个超越量子力学的未来的基本理论中起一种决定性作用 —— 作为 Planck 常量 h 和真空光速 c 以外的第三个基本常量[276]. 一种分成颗粒的或量子化的空间结构的想法, 一直到今天一再出现在讨论中, 但是没能找到一种被人们更广泛接受的表述形式 (除了也许作为在一个格点空间中进行模型计算的工具).

最后, 我们应当提到一个不同观点. 前面在第 3.4.2 节提过, 测量的量子理论涉及一个不可逆性元素. 现在我们也许会问, 这是否足以解释热力学过程中那个著名的不可逆性. 过去 60 多年里发生的争论, 倾向于排除这一诱人的可能性. 这个论题的一些专家, 如 I. Prigogine (1917~2003) 主张, 量子力学的动力学方程必须加以推广, 以包含一个实质性的不可逆性元素. 一个这种类型的新的 "超级力学", 将会说明由平衡态热力学和非平衡态热力学描写的大量现象. 很明显, 尽管量子力学在数学结构和概念基础上具有完备性, 它也**不能代表一切物理理论的终点**. 毋宁说, 它对未来几代有志于揭开大自然的深层奥秘的科学家们, 开辟了新的前景.

(丁亦兵译, 朱重远、秦克诚校)

参 考 文 献

[1] Lord Rayleigh 1900 The law of partition of kinetic energy, Phil. Mag. 49 98–118, especially p117

[2] Lord Kelvin 1901 Nineteenth century clouds over the dynamical theory of heat and light, Phil. Mag. 21-40, 特别见 p 40

[3] Lord Rayleigh 1900 Remarks upon the law of complete radiation, Phil. Mag. 49 539–540

[4] Heisenberg W 1934 Wandlungen in den Grundlagen der exakten Naturwissenschaft in jüngster, Z. Angew. Chem. 47 697–702, 特别见 p702

[5] Hund F 1975 Hätte die Geschichte der Quantentheorie auch anders ablaufen können? Phys. Blätter 31 29–35, 尤其是 p35

[6] 特别是参见 Hund F 1984 Geschichte der Quantentheorie 3rd edn (Mannheim: Bibliographisches Institut)

Jammer M 1966 The Conceptual Development of Quantum Mechanics (New York: McGraw-Hill)

Mehra J and Rechenberg H 1982 The Historical Development of Quantum Theory (New York: Springer) vol 1–4; 1987 The Historical Development of Quantum Theory (New York: Springer) vol 5; The Historical Development of Quantum Theory (New York: Springer) vol 6, in Preparation

Pauli W 1926 Quantentheorie Handbuch der Physik vol 23, ed H Geiger and K Scheel (Berlin: Springer) pt 1 pp1–278

Reiche F 1921 Die Quantentheorie. Ihr Ursprung und ihre Entwicklung (Berlin: Springer) (英译本. H S Hatfield and H L Brose The Quantum Theory (London: Methuen))

[7] Lorentz H A 1914 Ansprache Die Theorie der Strahlung und Quanten ed A Eucken (Halle: Knapp) pp5–7, 尤其见 p5

[8] Eucken A 1914 Anhang Die Theorie der Strahlung und Quanten ed A Eucken (Halle: Knapp) p373

[9] 对于黑体定律的历史还请见 Kangro H 1970 Vorgeschichte des Planckschen Strahlungsgesetzes (Weisbaden: Steiner) (英译本. 1976 Early History of Planck's Radiation Law (London: Taylor and Francis))

Kuhn T W 1978 Black-Body Theory and the Quantum Discontinuity 1894–1912 (Oxford: Oxford University Press)

我们并不认同在后一本书中所持有的那种观点, 即把量子理论的诞生日推迟到 1906 年左右. 除了没有提供这种说法的历史证据之外, Kwhn没有把该理论发展过程中的两个不同的阶段区分开来: 第一, 发现作用量子的存在; 第二, 注意到了这个概念意味着原子现象描述中的某种分立性. 第二个阶段不可能在1900年发生, 那时经典力学的一些重要的部分, 特别是电子的动力学还没有完成. 只是在 1905 年以后, 人们才得到这样的结论, 即量子概念不可能从扩充的经典方案中推论出来, 而是意味着一种新的、或许是分立的数学描述.

[10] Kirchhoff G 1860 Über das Verhältnis zwischen dem Emissionsvermögen und dem Absorptionsvermögen der Körper für Wärme und Licht, Ann. Phys.,Lpz 109 275–301

[11] Pascen F 1896 Über die Gasetzmäßigkeiten in des Spektren fester Körper, Ann. Phys., Lpz 58 455–492

[12] Wien W 1896 Über die Energievrerteilung im Emissionsspektrum des schwarzen Körpers, Ann. Phys., Lpz 58 622–629

[13] Planck M 1897 Über irreversible Strahlungsvorgänge. 1–5. Mitteilung, Sitzungsber. Priuß. Akad. Wiss.(Berlin) 493–504, 505–507, 508–531; 1898 Sitzungsber. Preuß. Akad. Wiss (Berlin) 449–76; 1899 Sitzungsber. Preuß. Akad. Wiss. (Berlin)

560–600

[14] Wien W and Lummer O 1895 Methoden zur Prüfung des Strahlungsgesetzes absolut schwarzer Körper, Ann. Phy., Lpz 56 451–456

[15] Rubens H and Kurlbaum F 1900 Über die Emission langwelliger Wärmestrahlen durch den schwarzen Körper bei verschiedenen Temperaturen, Sitzungsber. Preuß. Akad. Wiss. (Berlin) 929–941

[16] Planck M 1900 Über eine Verbesserung der Wien'schen Spektralgleichung, Verh. Deutsch. Phys. Ges. 2 202–204

[17] Planck M 1900 Zur Theorie des Gesetzes der Energieverteilung im Normalspektrum, Verh. Deutsch. Phys. Ges. 2 237–245

[18] Rubens H and Kurlbaum R 1901 Anwendung der Methode der Reststrahlen zur Prüfung des Strahlungsgesetz, Ann. Phys., Lpz 4 649–666, especially p659

[19] Einstein A 1904 Zur allgemeinen molekularen Theorie der Wärme, Ann. Phys., Lpz 14 354–362

[20] Einstein A 1905 Über einen die Erzeugung und Verwandlung des Lichtes betreffenden heuristischen Gesichtspunkt, Ann. Phys., Lpz 17 132–148, 特别是 pp135 及 143

[21] Lenard P 1902 Über lichtelektrische Wirkung Ann. Phys., Lpz 8 149–198

[22] Millikan R A 1916 A direct photoelectric determination of Planck's constant "h", Phys. Rev. 7 355-388

[23] Weber H F 1872 Die spezifische Wärme des Kohlenstoffs, Ann. Phys., Lpz 147 311–319

[24] Einstein A 1906 Die Plancksche Theorie der Strahlung und die Theorie der spezifischen Wärme, Ann. Phys., Lpz 22 180–190, 特别是 p184

[25] Einstein A 1906 Die Plancksche Theorie der Strahlung und die Theorie der spezifischen Wärme, Ann. Phys., Lpz 22 180–190, 特别是 pp186–187

[26] Nernst W 1906 Über die Berechnung chemischer Gleichgewichte aus thermischen Messungen, Nach. Ges. Wiss. Göttingen 1–40

[27] Nernst W 1910 Untersuchungen zur spezifischen Wärme bei tiefen Temperaturen. II, Sitzungsber. PreußAkad. Wiss. (Berlin) 262–282, 特别是 p276

[28] Nernst W and Lindemann F A 1911 Untersuchungen zur spezifischen Wärme bei tiefen Temperaturen. V, Sitzungsber. Preuß. Akad. Wiss. (Berlin) 494–501

[29] Planck M 1911 Eine neue Strahlungshyothese Verh. Deutsch Phys. Ges 13 138-148

[30] Debye P 1912 Les particularités des Chaleurs specifiques à basse température, Arch. Sci. Phys. Natur. (Genève) 33 256–8; Zur theorie der spezifischen Wärmen, Ann. Phys., Lpz 39 789–839

[31] Born M and von Kármán T 1912 Über Schwingungen von Raumgittern, Phys. Z 13 297–309; Zur Theorie der spezifischen Wärme, Phys. Z 14 15–19; 1913 Über die Verteilungen der Eigenschwingungen von Punktgittern Phys. Z. 14 65–71

[32] Eucken A 1912 Die Molekularwärme von Wasserstof bei tiefen Temperaturen, Situngsber. Preuß. Akad. Wiss (Berlin) 141–151

[33] Einstein A and Stern O 1913 Einige Argumente für die Annahme einer molekularn Agitation beim absoluten Nullpunkt, Ann. Phy. 40 551–560

[34] Dennison D M 1927 A note on the specific heat of the hydrogen molecule, Porc. R. Soc. A 115 483–6

[35] Stark J 1907 Beziehung des Doppler-Effektes bei Kanalstrahlen zur Planckschen Strahlungstheorie, Phys. Z. 8 913–919, 特别是 P 914

[36] Sackur O 1912 Die′ chemischen Konstanten′ der zwei- und dreiatomigen Gase, Ann. Phys., Lpz 40 87–106

Stern O 1913 Zur kinetischen Theorie des Dampfdruckes einatomiger freier Sroffe und über die Entropiekonstante einatomiger Gase, Phys. Z 14 629–632

[37] Nernst W 1911 Zur Theorie der Spezifischen Wärme und über die Anwendung der Lehre von den Energiequanten auf physikalischchemische Fragen überhaupt, Z. Elektrochem. 17 265–275, 特别是 p270

[38] Bjerrum N 1912 Über die ultraroten Absorptionsbanden der Gase, Festschrift Walther Nernst (Halle: Knapp)pp 90–98

von Bahr E 1913 Über die ultrarote Absorption der Gase, Verh. Dutsch. Phys. Ges. 15 710–30

[39] Planck M 1911 Eine neue Strahlungshypothese, Verh Deutsch. Phys. Ges. 13 139–148, 特别是 p 147

[40] Nernst W 1912 Der Energieinhalt der Gase, Phys. Z. 13 1064–69

[41] Plack M 1902 Über die Natur des weißen Lichtes, Ann. Phys., Lpz 7 390–400, 特别是 p 400

[42] Sommerfeld A 1919 Atombau und Spektrallinien (Braunschweig: Vieweg), 特别是 p VIII

[43] Haas A 1910 Über die elektrodynamische Bedeutung des Planckschen Strahlungsgesetzes und über eine neue Bestimmung des elektrischen Elementarquantums und der Dimensionen des Wasserstoffatoms, Sitzungsber. Akad. Wiss. (Wien) 119–144

[44] Nicholson J W 1912 The constitution of the solar corona. II, Mon. Not. R. Astron. Soc. 72 677–692

[45] Bohr N 1913 On the constitution of atoms and molecules. Part, I, II, III, Phil. Mag. 26 1–25, 476–502, 857–875

[46] Bohr N 1913 On the spectra of helium and hydrogen, Nature 92 231–232

[47] Franck J and Hertz G 1914 Über Zusammenstöße zwischen Elektronen und den Molekülen des Quecksiberdampfes und die Ionisierungsspannung derselben, Verh. Deutsch. Phys. Ges. 16 457–467, 特别是 p 467

[48] Bohr N 1915 On the quantum theory of radeation and the structure of the atom, Phil. Mag. 30 394–415, 特别是 p 410

[49] Barkla C G and Sadler C A 1908 Homogeneous secondary Röntgen radiations, Phil. Mag. 16 550–584

[50] Moseley H G J 1913 The high-frequency spectra of elements, Phil. Mag 26 1024–1034

[51] Moseley H G J 1914 The high-frequency spectra of elements. Part II, Phil. Mag. 27 703–713

[52] Sommerfele A 1915 Zur Theorie der Balmerschen Serie, Sitzungsber. Bayer. Akad. Wiss. (MÜnchen) 425–458

[53] Sommerfeld A 1915 Die Feinstruktur der Wasserstoff-und der wasserstoffähnlichen Linien, Sitzungsber. Bayer. Akad. Wiss. (München) 459-500

[54] Sommerfeld A 1916 Zur Theorie des Zeemaneffektes der Wasserstofflinien mit einem Anhang über den Starkeffekt, Phys. Z. 17 491–507

[55] Paschen F 1916 Bohrs Heliumlinien, Ann. Phys., Lpz 50 901–940

[56] Debye P 1916 Quantenhypothese und Zeeman-Effekt, Nach. Ges. Wiss. Göttingen pp 142–153; 又见文献 [53]

[57] Stark J 1913 Beobachtungen über den Effekt des elektrischen Feldes auf Spektrallinien, Sitzungsber. Preuß. Akad. Wiss. (Berlin) 932–946

[58] Stark J and Wendt G 1914 Beobachtungen über den Effekt des elektrischen Feldes auf Spektrallinien. II Längseffket, Ann. Phys., Lpz 43 983–990

[59] Warburg E 1913 Bemerkung zur Aufspaltung der Spektrallinien im elektrischen Feld, Verh. Deutsch. Phys. Ges. 15 1259–1266

[60] Stark J 1914 Schwierigdeiten für die Lichtquantenhypothese im Falle der Emission von Spektrallinien, Verh. Deutsch. Phys. Ges 16 304–6

[61] Epstein P S 1916 Zur Theorie des Starkeffekts, Phys. Z. 17 148–50; 1916 Ann. Phys., Lpz 50 489–521

[62] Schwarzschild K 1916 Zur Quantenhypothese, Situngsber. Preuß. Akad. Wiss. (Berlin) 548–568

[63] Sommerfeld A 1920 Ein Zahlenmysterium in der Theorie des Zeeman-Effektes, Naturwissenshaften 8 61–64

[64] Sommerfeld A 1920 Allgemeine spektroskopische Gesetze, insbesondere ein magnetooptischer Zerlegungssatz, Ann. Phys., Lpz 63 221–263

[65] Einstein A 1909 Zum gegenwärtigen Stand des Strahlungsproblems, Phys., Z 10 185–193, 尤其是 p 191

[66] Gerlach W and Stern O 1922 Der experimentell Beweis der Richtungsquantelung, Z. Phys. 9 349–352

[67] Einstein A and Ehrenfest P 1922 Quantentheoretische Bemerkungen zum Experiment von Stern und Gerlach, Z. Phys. 11 31–34

[68] Compton A H 1923 A quantum theory of the scattering of x-rays by light experiments, Phys. Rev. 21 207; 全文见 1923 Phys. Rev. 21 483–502

[69] Debye P 1923 Zerstreuung von Röntgenstrahlen und Quantentheorie, Phys. Z. 24 161–166

[70] Bohr N, Kramers H and Slater J 1924 The quantum theory of radiation, Phil. Mag. 47 785–822

[71] Bothe W and Geiger H 1925 Experimentelles zur Theorie Bohrs, Kramers und Slater, Naturwissenshaften 13 440–441, 特别见 p 441

[72] Compton A H and Simon A W 1925 Directed quanta of scattered x-rays, Phys. Rev. 26 289–299

[73] Lewis G N 1926 The conservation of photons, *Nature* 118 874–875

[74] Bose S N 1924 Plancks Gesetz und Lichtquantenhypothese, Z. Phys. 26 178-181

[75] Debye P 1920 Der Wahrscheinlichkeitsbegriff in der Theorie der Stralung, Ann. Phys., Lpz 33 1427–1437

[76] Einstein Ă 1924 Quantentheorie des einatomigen idealen Gases. Sitzungsber. Preuß. Akad Wiss. (Berlin)262–267; 1925 Zweiti Abhandlung, Sitzungsber. Preuß. Akad Wiss. (Berlin) 3–14; 1925 Quantentheorie des idealen Gases, Sitzungsber. Preuß. Akad. Wiss. (Berlin) 18-25

[77] Stoner E C 1924 The distribution of electrons among atomic levels, Phil. Mag. 48 719–736

[78] Pauli W 1925 Über den Zusammenhang des Abschlusses der Elektronengruppen im Atom mit der Komplexstruktur der Spektren, Z. Phys. 31 765–783

[79] Fermi E 1926 Zur Quantelung des idealen einatomigen Gases, Z.Phys. 36 902–912

[80] Uhlenbeck G and Goudsmit S 1925 Ersetzung der Hypothese vom unmechanischen Zwang durch eine Forderung bezüglich des inneren Verhaltens jeden einzelnen Elektrons, Naturwissenshaften 13 953–954

[81] Beck E 1919 Zum experimentellen Nachweis der Ampèreschen Molekularströme, Ann. Phys., Lpz 60 109–148

Arvidsson G 1902 Eine Untersuchung der Ampèreschen Molekularströme nach der Methode von A Einstein und W J de Haas, Phys. Z. 21 88-91

[82] de Broglie L 1922 Rayonnement noir et quanta de lumière, J. Phys. Rak. 3 422–428

[83] de Broglie L 1923 Ondes et quanta, C. R. Acak. Sci., Paris 177 507–510; 1923 Quanta de lumière, diffraction et interférences, C. R. Acad . Sci., Paris 177 548–550; 1923 Les quanta, La théorie cinétique de gaz et le principe de Fermat, C. R. Acak. Sci., Paris 177 630–632

[84] de Broglie L 1923 Les quanta, la théorie cinétique de gaz et le principe de Fermat, C. *R.* Acad. Sci., Paris 177 p 632

[85] de Broglie L 1924 Sur la définition générale de la correspondence entre onde et mouvement, C. R. Acak. Sci., Paris 179 39–40

[86] de Broglie L 1925 Recherche sur la théorie des quanta, Ann. Phys., Paris 3 22–128

[87] Davisson C J and Kunsman C H 1923 The scattering of low speed electrons by platinum and magnesium, Phys. Rev. 22 242–258

[88] Elsasser W 1978 Memoirs of Physicist in the Atomic Age (Loneon: Science History Publications and Hilger)

[89] Elsasser W 1925 Bemerkungen zur Quantenmechanik frier Elektronen, Naturwissenshaften 13 711

[90] Davisson C J and Germer L H 1927 The scattering of electrons by a single crystal of nickel, Natrue 119 558–560

[91] Thomson G P and Reid A 1927 Diffraction of a cathode ray by a thin film, Nature 119 890

[92] Ladenburg R 1921 Die quantentheoretische Deutung der Zahl der Dispersionselektronen, Z. Phys. 4 451–468

[93] Kramers H A 1924 The law of dispersion and Bohr's theory of spectra, Nature 113 673–674

[94] Carst A and Ladenburg R 1928 Untersuchungen über anomale Dispersion angeregter Gase. IV. Teil. Anomale Dispersion des Wasserstoffs: wahres Intensitätsverhältnis der Wasserstofflinitn H_α and H_β, Z. Phys. 48 192–204

[95] Kramers H A and Heisenberg W 1925 Über die Streuung von Strahlung durch Atome, Z. Phys. 31 681–708

[96] Smekal A 1923 Zur Quantentheorie der Dispersion, Naturwissenshaften 11 873–875

[97] Raman C V 1928 A new radiation Indian J. Phys. 2 387–398

[98] Landsberg G and Mandelstam L 1928 Über die Lichtzerstreuung in Kristallen, Z. Phys. 50 769–780

[99] Kuhn W 1925 Über die Gesamtstärke der von einem Zustande ausgehenden Absorptionitinien, Z. Phys. 33 408–412

[100] Thomas W 1925 Über die Zahl der Dispersionselektronen, die einem stationären Zustande zugeordnet sind, Naturwissenshaften 13 627

[101] Lorentz H A 1908 Le partage de 1'énergie entre la matière pondérable et 1'ether, Nuovo Cimento **16** 5–34; 以及 1937 Collected Papers vol VII (The Hagre: Nijhoff) pp 317–341, 特别见 p 341

[102] Planck M 1906 Vorlesungen über die Theorie der *Wärmestrahlung* (Leipzig: Barth) p 156

[103] Poincaré H 1912 Sur la théorie des quanta, J. Physique 2 5–34

[104] Planck M 1914 Eine veränderte Formulierung der Quantenhypothese, Sitzungsber. Preuß. Akad. Wiss. (Berlin) 918–923, 特别见 p 919

[105] Einstein A 1949 Autobiographical notes Albert Einstein: Philosopher Scientist ed P A Schilpp (New York: Tudor)pp 45, 47

[106] Wilson W 1915 The quantum theory of radiation and line spectra, Phil. Mag. 29 795–802

[107] Ishiwara J 1915 Die universille Bedeutung des Wirkungsquantums, Tokyo Sugaku Buturigakkakiwi Kizi 8 106–16

[108] Planck M 1915 Die Quantenhypothese für Moledeln mit mehreren Freiheitsgraden, Verh. Deutsch. Phys. Ges. 17 407–18, 431–451

[109] Bohr N 1918 On the quantum theory of line spectra. I., II., Kgl. Danske Vid. Selsk. Skrifter, 8. Raekke IV. 1 1–36, 37–100

[110] Bohr N 1918 On the quantum theory of line spectra. I., Kgl. Danske Vid. Selsk. Skrifter, 8. Raekke, IV. 1 p 4

[111] Ehrenfest P 1913 A mechanical theorem of Boltzmann and its relation to the theory of quanta, Proc. Kon. Akad. Wetensch. (Amsterdam) 16 1591–1597;
1916 On adiabatic changes of a system in connection with the quantum theory Proc. Kon. Akad. Wetensch. (Amsterdam) 19 576–587

[112] Einstein A 1916 Strahlungs-Emission und-Absorption nach der Quantentheorie, Verh. Deutsch. Phys. Ges. 18 318–323; 1917 Zur Quantentheorie der Strahlung, Phys. Z. 18 121–128

[113] Bohr N 1918 On the quantum theory of line spectra. I., Kgl. Dranske Vid. Selsk. Skrifter 8. Raekke IV. 1 1–36, 尤其是 p 15

[114] Planck M 1906 Vorlesungen uber die Theorie der Wärmestrahlung (Leipzig: Barth) p 178

[115] Bohr N 1913 On the constitution of atoms and molecules. Part I, Phil. Mag. 26 pp 1–25, 尤其是 p 14

[116] Kramers H A 1919 Intensities of spectral-lines—on the application of the quantum theory to the problem of the relative intensities of the components of the fine structure and of the Stark effect of these lines of the hydrogen spectra, Kgl. Danske Vid. Selsk. Skrifter, 8. Raekke III. 3

[117] Rubinowicz A 1918 Bohrsche Frequenzbedingung und Erhaltung des Impulsmomentes. I, II, Phys. Z. 19 441–445, 465–474

[118] Bohr N 1918 On the quantum theory of line specra. I, Kgl. Danskd Vid. Selsk. Skrifter, 8. Raekke IV. 1 1–35, 尤其是 pp 34–35

[119] Rubinowicz A 1921 Zur Polarisation der Bohrschen Strahlung, Z. Phys. 4 343–346
Bohr N 1921 Zur Frage der Polarisation der Strahlung in der Quantentheorie, Z. Phys. 6 1–9

[120] Bohr N 1921 Atomic structure, Nature 107 104–107, 尤其是 p 104

[121] Bohr N 1921 Atomic structure, Nature 107 104–107, 尤其是 p 105

[122] Bohr N 1921 Atomic structure, Nature 108 208–209; 1977 Sieben Vorträge uber Atombau (Seven lectures on the theory of atomic structure) Bohr N: Collected Works, vol 4 (Amsterdam: North-Holland)pp 341–419

[123] Mehra J and Rechenberg H 1982 The Historical Development of Quantum Theory vol 1 (New York: Springer) p 357

[124] Coster D and de Hevesy G 1923 On the missing element of atomic number 72, Nature 111 79

[125] Pauli W 1922 Über das Modell des Wasserstoffmolekülions, Ann. Phys., Lpz 68 177–240

[126] Born M 1922 Über das Moddell der Wasserstoffmolekel, Naturwissenshaften 10 677–678

[127] Kramers H A 1923 Über das Modell des Heliumatoms, Z. Phys. 13 314–341, 尤其是 p 339

[128] Born M and Heisenberg W 1923 Die Elektronebahnen im angeregten Heliumatom, Z. Phys. 16 229–243, 尤其是 p 243

[129] Born M and Pauli W 1992 Über die Quantelung gestöreter mechanischer Systeme, Z. Phys. 10 137–158

Born M and Heisenberg W 1923 Über Phasenbeziehungen bei den Bohrschen Modellen von Atomen und Molekeln, Z. Phys. 14 44–55

[130] Landé A 1921 Über den anomalen Zeemaneffekt.I Z. Phys. 5 231–241; 1921 Über den anomalen Zeemaneffekt.II, Z. Phys. 7 398–405

Sommerfeld A 1922 Quantentheoretische Umdeutung der Voigtschen Theorie des anomalen Zeeman-Effektes vom D-Linientypus, Z. Phys. 8 257–272

Hesienberg W 1922 Zur Quantentheorie der Linienstruktur und der anomalen Zeemaneffekte, Z. Phys. 8. 273–297

[131] Paschen F and Back E 1912 Normale und anomale Zeemaneffekte Ann. Phys., Lpz 39 897–932; 1913 Nachtrag Ann. Phys., Lpz 40 960–970

[132] Sommerfeld A 1923 Über die Deutung verwickelter Spektren (Mangan, Chrom) nach der Methode der inneren Quantenzahlen, Ann. Phys., Lpz 70 32–62

Landé A 1923 Termstruktur und Zeemaneffekt der Multipletts, Z. Phys. 15 189–205

[133] Pauli W 1924 Zur Frage der Komplexstrukturterme in starden und schwachen äußeren Feldern, Z. Phys. 20 371–387

[134] Bohr N 1918 On the quantum theory of line spectra. II., Kgl. Danske Vid. Selsk. Skrifter, 8. Raekke IV. 1, 尤其是 p 93

Epstein p 1923 Simultaneous action of an electric and a magnetic field on a hydrogen-like atom, Phys. Rev 22 202

[135] Halpern O 1923 Über den Einfluß gekreuzter elektrischer und magnetischer Felder auf das Wasserstoffatom, Z. Phys. 18 287-303

Klein O 1924 Über die gleichzeitige Wirkung von gekreuzten homogenen elektrischer und magnetischer Felder auf das Wasserstoffatom, Z. Phys. 22 109–118

Lenz W 1924 Über den Beweungsverlauf und die Quantenzustände der gestörten Keplerbewegung, Z. Phys. 24 197–207

[136] Pauli W 1926 Quantentheorie Handbuch der Physik, vol 23 ed H Geiger and K Scheel (Berlin: Springer) pt 1pp 1–278, 尤其是 pp 163–164

[137] Dirac P A M 1972 Relativity and quantum mechanics, Fields and Quanta 3 139–164, 尤其是 pp 147–148

[138] von Meyenn K *et al* (ed) 1978 Wolfgang Pauli: Wissenschaftlicher Briefwechsel/Scientific Correspndence, vol I: 1919–25 (Berlin: Springer) pp 105–107, 尤其是 pp 106–107

[139] Heisenberg W 1924 Über eine Abänderung der formalen Regeln der Quantentheorie beim Problem der anomalen Zeemaneffekte, Z. Phys. 26 291–307

[140] Born M 1924 Über Quantenmechanik, Z. Phys. 26 379–395

[141] Ladenburg R 1921 Die quantentheoretische Deutung der Zahl der Dispersionselektronnen Z. Phys. 4 451–468

Darwin C G 1922 A quantum theory of optical dispersion, Nature 110 841–842

Ladenburg R and Reiche F 1923 Absorption, Zerstreuung und Dispersion in der Bohrschen Atomtheorie, Naturwissenshaften 11 584–598

[142] Heisenberg W 1925 Über ein Anwendung edes Korrespondenzprinzips auf die Frage der Polarisation des Fluoreszenzlichtes, Z. Phys. 31 617–628, 尤其是 p 617

[143] Heisenberg W 1925 Über die quantentheoretische Umdeutung kinematischer und mechanischer Beziehungen, Z. Phys. 33 879–893

[144] Kratzer A 1922 Störungen und Kombinationsprinzip im System der violetten Cyanbanden, Sitzungsber. Bayer. Akad. Wiss. (*München*)107–118

Mulliken R S 1925 The isotope effect in band spectra. I, II Phys. Rev. 25 119–138, 259–294

[145] Kronig R de L 1925 Über die Intensität der Mehrfachlinien und ihrer Zeemankomponenten, I, Z. Phys. 31 885-897; 1925 II Z. Phys. 33 261–72

[146] Born M 1978 My Life. Recollections of a Nobel Laureate (London: Scribner) p 217

[147] Born M and Jordan P 1925 Zur Quantenmechanik, Z. Phys. 34 858–888

[148] Born M, Heisenberg W and Jordan P 1926 Zur Quantenmechanik. II, Z, Phys. 35 577–615

[149] Dirac P A M 1925 The fundamental equations of quantum mechanics, Proc. R. Soc. A 109 642–653

[150] Dirac P A 1926 Quantum mechanics and a preliminary investigation of the hydrogen atom, Proc. R. Soc. A 110 561–579; 1926 The elimination of nodes in quantum mechanics, Proc. R. soc 111 281–305; 1926 Relativety quantum mechanics with an application to Compton scattering, Proc. R. Soc. 111 405–423

[151] Born M 1926 Problems of Atomic Dynamics (Cambrideg, MA: MIT Press)

[152] Hilbert D 1906 Grundzüge einer allgemeinen Theorie der linearen Integralgleichungen (Vierte Mitteilung), Nach. Ges. Wiss. Göttingen 157–227

[153] Pauli W 1926 Über das Wasserstoffspektrum vom Standpunkt der neuen Quantemechanik, Z. Phys. 36 336–363

[154] Born M and Wiener N 1926 A new formulation of the laws of quantization of periodic and aperiodic phenomena, J. Math. Phys. 5 84–98

[155] Lanczos C 1926 Über eine feldmäßige Darstellung der neuen Quantenmechanik, Z. Phys. 35 812-830

[156] Schrödenger E 1926 Zur Einsteinschen Gastheorie, Phys. Z. 27 95–101

[157] Schrödinger E 1922 Über eine bemerkenswerte Eigenschaft der Quantenbahnen eines einzelnen Elektrons, Z. Phys. 12 13–23

[158] Schrödinger E 1926 Quantisierung als Eigenwertproblem (Erste Mitteilung) Ann. Phys., Lpz 79 361–376

[159] Schrödinger E 1926 Quantisierung als Eigenwertproblem (Zweite Mitteilung), Ann. Phys., Lpz 79 489–527

[160] Schrödeger E 1926 Über das Verhältnis der Heisenberg-Born-Jordanschen Quanterumechanik zu der meinen, Ann. Phys., Lpz 79 934–956

[161] Schrödeger E 1926 Quantisierung als Eigenwertproglem (Vierte Mitteilung), Ann. Phys., Lpz 81 109–139

[162] Lanczos C 1926 Über eine feldmäßige Darstellung der neuen Quantenmechanik, Z. Phys. 35 812–830, 尤其是 p 819

[163] Schrödinger E 1926 Übert das Verhältnis der Heisenberg-Born-Jordanschen Quantenmechanik zu der meinen, Ann. Phys., Lpz 79 734–756, 尤其是 p735–736

[164] Pauli W, letter to P Jordan, 12 April 1926, in Wolfgang Pauli: Scientific Correspondence, vol I: 1919–25 pp 315–320

Eckart C 1926 Operator calculus and the solution of the equation of quantum dynamics, Phys. Rev. 28 711–726

[165] Wentzel G 1926 Eine Verallgemeinerung der Quantenbedingungen für die Zwecke der Wellenmechanik, Z. Phys. 38 518–529

Brillouin L 1926 La mécanique ondulatoire de Schrödinger; une méthode générale de resolution par approximations successives, C. R Acad. Sci., Paris 183 24–26

Kramers H A 1926 Wellenmechanik und halbzahlige Quantelung, Z. phys. 39 828–840

[166] Born M 1926 Zur Quantenmechanik der Stoßprozesse (Vorläufige Mitteilung), Z. Phys. 37 863–867; 1926 Quantenmechanik der Stoßprozesse, Z. Phys. 38 807–827

[167] Born M and Jordan P 1925 Zur Quantentheorie aperiodischer Vorgänge, Z. Phys. 33 479–505

[168] Born M 1926 Zur Quantenmechanik der Stoßprozesse (Vorläufige Mitteilung), Z. Phys. 37 863–7, 尤其是 p 866

[169] Born M 1926 Das Adiabatenprinzip in der Quantenmechanik, Z. Phys. 40 167–192

[170] London F 1926 Über die Jacobischen Transformationen der Quantenmechanik, Z. Phys. 37 915–925; 1926 Winkelvariable und kanonische Transformationen in der Undulationsmechanik, Z. Phys. 40 193–210

[171] Dirac P A M 1926 The physical interpretation of quantum dynamics, Proc. R. Soc A 113 621–641

[172] Dirac P A M 1926 The physical interpretation of quantum dynamics, Proc. R. Soc. A 113 621-641, 尤其是 p 635

[173] Jordan P 1927 Über eine neue Begründung der Quantenmechanik, Z. Phys. 40 809–838

[174] Dirac P A M 1926 The physical interpretation of quantum dynamics, Proc. R. Soc. A 113 621–641, 尤其是 p 641

[175] Heisenberg W 1926 Schwankungserscheinungen und Quantenmechanik., Z. Phys. 40 501–506, 尤其是 p 506

[176] Heisenberg W to Pauli W, 28 October 1926 Wolfgang Pauli: Wissenchaftlicher Briefwechsel/Scienfitic Correspondence. vol I: 1919–25(Berlin: Springer) pp 349–351, 尤其是 p 350

[177] Heisenberg W 1930 The Physical Principles of the Quantum Theory (from the German manuscript)

[178] Heisenberg W 1927 Über den anschaulichen Inhalt der quantentheoretischen Kinematik und Mechanik, Z. Phys. 43 172–198

[179] Heisenberg W 1927 Über den anschaulichen Inhalt der quantentheoretischen Kinematik und Mechanik, Z. Phys. 43 172–98, 尤其是 pp 197–198

[180] Bohr N 1924 On the application of the quantum theory to atomic structure. Part I. The fundamental postulates, Proc. Camb. Phil. Soc. Suppl. 1–42, 尤其是 p 34 (首先发表在 Z Phys. 13 117–165 上的论文的英译文)

[181] Bohr N 1957 Über die Wirkung von Atomen bei Stößen, Z. Phys. 34 142–157, 尤其是 p 154 of the addendum (Nachschrift)

[182] Bohr N 1928 The quantum postulate and the recent development of atomic theory, Atti del Congresso Internazionale dei Fisici. vol 2 (Bologna: Zanichelli) pp 565–98; 1928 Le postulate des quanta et le nouveau développement de l'atomistique Electrons et Photons. Rapports et Discussion de Cinquième Conseil de Physique Institut International de Physique Solvay (ed) (Paris: Gauthier-Villars) pp 215–247

[183] Hibert D, von Neumann J and Nordheim L 1928 Über die Grundlagen der Quantenmechanik, Math. Ann. 98 1–30

[184] von Neuman J 1927 Mathematische Begründung der Quantenmechanik, Nach. Ges. Wiss Göttingen 1–57. 又见他 1927 年晚些时候的文章: Wahrscheinlichkeitstheoretischer Aufbau der Quantenmechanik, Nach. Ges. Wiss. Göttingen 245–72; Thermodynamik quantentheoretischer Gesamtheiten, Nach. Ges. Wiss. Göttingen 273–291

[185] von Neumann J 1929 Allgemein Eigenwerttheorie Hermitischer Funktionaloperatoren, Math. Ann. 102 49–131

[186] Wintner A 1929 Spektraltheorie unendicher Matrizen (Leipzig: Hirzel)

[187] von Neumann J 1932 Mathematische Grundlaegn der Quantenmechanik (Berlin: Spriger) (英译本. Mathematical Foundations of Quantum Mechanics (Princeton, NH: Princeton University Press))

[188] Pauli W 1933 Die allgemeinen Prinzipien der Wellenmechanik Handbuch der Physik, vol 33 pt 1, ed H Geige and K Scheel (Berlin: Springer) pp 83–272, 尤其是 p 198 (英译本 Achuthan P and Venkatesan K 1980 General Principles of Quantum Mechanics (Berlin: Springer))

[189] Born M, Heisenberg W and Jordan P 1926 Zur Quantenmechanik. II, Z. Phys. 35 577–615, 尤其是 pp 605–615

[190] Dirac P A M 1927 The quantum theory of emission and absorption of radeation, Proc. R. Soc. A 114 243–265

[191] Jordan P 1927 Zur Quantentheorie der Gasentartung, Z. Phys. 44 473–80; 1927 Über Wellen und Korpuskeln in der Quantenmechanik, Z. Phys. 45 766–775

Jordan P and Klein O 1927 Zum Mehrkörperproblem in der Quantenmechanik, Z. Phys. 45 751–765

Jordan P and Wigner E 1928 Über das Paulische Äquivalenzverbot, Z. Phys. 47 631–651

[192] Fock V 1932 Konfigurationsraum und zweite Quantelung, Z. Phys. 75 622–647

[193] Klein O 1926 Quantentheorie und fünfdimensionale Relativitätstheorie, Z. Phys. 37 895–906; 1927 Elektrodynamik und Wellenmechanik vom Standpunkt des Korrespondenzprinzips, Z. Phys. 41 407–442

Gordon W 1926 Der Comptoneffekt nach der Schrödingerschen Theorie Z. Phys. 40 117–132;

Schrödinger E 1926 Quantisierung als Eigenwertproblem (Vierte Mitteilung), Ann. Phys., Lpz 81 109–139

[194] Dirac P A M 1928 The quantum theory of the electron. I, Proc. R. Soc. A 117 610–624; 1928 II Proc. R. Soc. A 118 351–68

[195] Dirac P A M 1931 Quantized singularities in the electromagnetic field, Proc. R. Soc. A 133 60–72

[196] Jordan P and Pauli W 1928 Zur Quantenelektrodynamik ladungsfreier Felder, Z. Phys. 47 151–173

[197] Heisenberg W and Pauli W 1929 Zur Quantendynamik der Willenfelder Z. Phys. 56 1–61; 1930 Zur Quantentheorie der Wellenfelder II, Z. Phys. 59 168–190

[198] Landau L and Peierls R 1931 Erweiterung des Unbestimmtheitsprinzips für die relativistische Quantentheorie, Z. Phys. 69 56–69

[199] Bohr N and Rosenfeld L 1933 Zur Frage der Meßbarkeit der elektromagnetischen Feldgrößen, Kgl. Dansk. Vidensk. Selsk. Maht-Phys. Medd. 12 No 8

[200] Joradn P 1935 Die Physik des 20. Jahrhunderts (Braunschweig: Vieweg) p1–2

[201] 对于物理学家的一些最早的评述可以在以下文献中找到 volume 24 of Geiger H and Scheel K Handbuch der Physik pt I; Quantentheorie ed A Smekal (Berlin: Springer) (撰稿人为 A Rubinowicz, W Pauli, H Bethe, F Hund, G Wentzel and N F Mott), and in pt II: Aufbau der zusammenhangenden Materie (撰稿人为 K F Herzfeld, R de L Kronig, A Sommerfeld and H Bethe, M Born and M Goeppert-Mayer, A Smekal, H Grimm and H Wolf). 学生用的教科书包括 Ruark A E and Urey H C 1930 Atoms, Molecules and Quanta (New York: McGraw-Hill); Kemble E C 1937 The Fundamental Principles of Quantum Mechanics with Elementary Applications (New York: McGraw-Hill) 和 Pauling L and Wilson E B 1935 Introduction to Quantum Mechanics (New York: McGraw-Hill)

[202] Born M 1935 Atomic Physics (New York: Hafner)

[203] Born N 1934 Atomic Physics and the Desription of Nature (Cambridge: Cambrideg University Press); 1934 Atomic Physics (New York: Wiley); 1958 Human Knowledge (New York: Wiley);
Heisenberg W 1930 The Physical Principles of the Quantum Theory (Chicago: University of Chicago Press); 1935 (以及后来的版本) Wandlungen in den Grundlagen der Naturwissenscaften (Leipzig: Hirzel)

[204] Dirac P A M 1968 When a golden age started? From a Life of Physics. Evening Lectures at the ICTP, Trieste (Vienna: IAEA) p 32

[205] Quoted in Schweber S 1990 The young John Clark Slater and the developmint of quantum chemistry, Hist. Stud. Phys. Sci. 20 339–406, 尤其是 p 361

[206] Heisenberg W 1925 Über die quantentheoretische Umdeutung kinematischer und mechanischer Beziehungen, Z. Phys. 33 879–893
Born M, Heisenberg W and Jordan P 1926 Zur Quantenmechanik. II, Z. Phys. 35 577–615
Pauli W 1926 Über das Wasserstoffspektrum vom Standpunkt der neuen Quantenmechanik, Z. Phys. 36 336–363

[207] Heisenberg W and Jordan P 1926 Anwendung der Quantenmechanik auf das Problem der anomalen Zeemaneffekte, Z. *Phys.* 37 263–277

[208] Heisenberg W to Pauli W 1926 In Wolfgang Pauli: Wissenschaftlicher Briefwechsel/Scientific Correspondence, vol I: 1919–25 ed K von Mayenn it al (Berlin: Springer)

p 312

[209] Heisenberg W 1926 Mehrkörperproblem und Resonanz in der Quantenmechanik, Z. Phys. 38 411–26; Über die Spektra von Atomsystem mit zwei Elektronen, Z. Phys. 39 499–518

[210] Heitler W and London F 1927 Wechselwirkung neutraler Atome und homöopolare Bindung nach der Quantentheorie, Z. Phys. 44 455–472

[211] 例如, 请看以下的讲座: Hirzel S 1928 Leipziger Universitätswoche—Quantentheorie und Chemie (Leipzig): 1929 Dipolmoment und chemische Struktur (Leipzig); 1931 Molekülstruktur (Leipzig) 以及 Peter Debye, John E Lennard-Jones, Ralph Fowler, Werner Heisenberg and Max Born 为'Discussion on the structure of simple molecules' 所撰写的综述文章 (in Hefter W (ed) 1931 Chemistry at the Centenary (1931) of the British Assocation for the Advancement of Science (Cambridge) pp 204–256), 以及 Pauling L 1939 The Nature of the Chemical Bond (Ithaca, NY: Cornell University Press)

[212] Lea E and Wiemers G 1993 Professor für Theoretische Physik Werner Heisenberg in Leipzig 1927–1942 ed C Kleint and G Wiemers (Berlin: Akademic Verlag) pp 181–215, 尤其是 pp 187, 188

[213] London F and Eisenschütz E 1930 Über das Verhältnis der van der Wasslsschen Kräfte zu den homöopolaren Bindungskräften, Z. Phys. 60 491–527

[214] Weyl H 1928 Gruppentheorie und Quantenmechanik (Leipzig: Hirzel) (德文第二版的英译本 1931 Group Theory and Quantum Mechanics (London: Methuen))

Wigner E 1931 Gruppentheorie und ihre Anwendung auf die Quantenmechanik der Atomspektren (Braunschweig: Vieweg)

van der Waerden B L 1932 Die gruppentheoretische Methode in der Quantenmechanik (Berlin: Springer)

[215] Heisenberg W 1928 Hermann Weyl, Gruppentheorie und Quanten-mechanik, Deutsche Litaraturzeitung 49 2473–2474

[216] Heisenberg W 1927 Mehrkörperprobleme und Resonanz in der Quantenmechanik II, Z. Phys. 41 239–257

Wigner E 1926 Über nichtkombinierende Terme in der neueren Quantentheorie, Z. Phys. 40 883–92; 1927 Einige Folgerungen aus der Schrödingerschen Theorie für die Termstrukturen, Z. Phys. 43 624–652

[217] Weyl H 1928 Group Theory and Quantenmechanics (德文第二版的英译本 1931 Group Theory and Quantum Mechanics (London: Methuen)) p XXI

[218] 正如我们从量子力学变换理论已经知道的, 守恒定律和 (用幺正矩阵或算符描写的) 对称变换之间的关系, 可以用简单的代数方程即幺正群变换下原子系统的 Hamilton 矩阵或算符的对易子描写.

[219] Weyl H 1928 Gorup Theory and Quantenmechanics (德文第二版的英译本: 1931 Group Theory and Quantum Mechanics (London: Methuen))pX

[220] Slater J 1929 The theory of complex spectra., Phys. Rev. 34 1293–1322

[221] Fowler R M 1926 On dense matter, Mon. Not. R. Astron. Soc. 87 114

[222] Pauli W 1927 Über Gasentratung und Paramagnetismus, Z. Phys. 41 81–102

[223] Sommerfeld A 1927 Zur Elektronentheorie der Metalle, Naturwissenshaften 15 825–832; 1928 Naturwissenshaften 16 374–81; 1928 Elektronentheorie der Metalle und des Volta-Effekts nach der Fermischen Statistik, Atti Congersso Int. dei Fisici, (Como-Pavia-Roma, September 1927), vol II (Bologna: Zanichelli) pp 449–473

[224] Bloch F 1928 Über die Quantenmechanik der Elektronen in Kristrallgittern, Z. Phys. 52 555–611

[225] Kronig R de L and Penney W G 1931 Quantum mecharics of electrons in crystal lattices, Proc. R. Soc. A 130 499–513

[226] Peierls R 1930 Zur Theorie der elektrischen und thermischen Leitfähigkeit von Metallen, Ann. Phys., Lpz 4 129–148

Brillouin L 1931 Die Quantenstatistik und ihre Anwendung auf die Elektronentheorie der Metalle (Berlin: Springer)

[227] Fröhlich H 1936 Elektronentheorie der Metalle (Berlin: Springer) 特别是 p 75, 更为专业的和较早的评述可以参见《物理大全》的文章 vol 24 of Geiger H and Scheel K: Sommerfeld A and Bethe H Elektronentheorie der Metalle Handbuch der Physik Part II Aufbau der zusammenhängenden Materie pp 333-622

[228] Wilson A H 1931 The theory of electronic semi-conductors, Proc. R. Soc. A 133 458–491

[229] Heisenberg W 1928 Zur Theorie des Ferromagnetismus, Z. Phys. 49 619–636 铁磁性是一种交换现象已经在一篇稍早的文章中被指出了. 见 Frenkel J 1928 Elementare Theorie magnetischer und elektrischer Eigenschaften der Metalle beim absoluten Nullpunkt der Temperatur, Z. Phys. 49 31–45

[230] Bloch F 1930 Zur Theorie des Ferromagnetismus, Z. Phys. 61 206–219

[231] Dirac P A M 1926 Relativity quantum mechanics with an application to Compton scattering, Proc. R. Soc. 111 405–423

[232] 还有 Schrödenger, 在他的第四篇通讯 (参考文献 [161]) 中, 大约在处理散射问题的同时, 处理了光被原子色散的问题.

[233] Gordon W 1926 Der Comptoneffekt nach der schrödingerschen Theorie, Z. Phys. 40 117–132;

又见 E Schrödinger 1927 Über den Comptoneffekt, Ann.Phys., Lpz 82 257–264

Wentzel G 1926 Zur Theorie des Photoelektrischen Effektes, Z. Phys. 40 574–589; 1927 Über die Richtungsverteilung der Photoelektronen, Z. Phys. 41 828–832

[234] Hund F 1927 Zur Deutung der Molekelspektren. I, Z. Phys. 40 742–764

[235] Gamow G 1928 Zur Quantentheorie der Atomkerne, Z. Phys. 51 204–212; Gurney R W and Condon E U 1928 Wave mechanics and radioactive decay, Nature 122 439

[236] Wentzel G 1926 Zwei Bemerkungen über die Zerstreuung korpuskularer Strahlen als Beugungserscheinung, Z. Phys. 40 590–593

Gordon W 1928 Über den Stoß zweier Punktladungen nach der Wellenmechanik, Z. Phys. 48 180–191

又参见 Mott N F 1929 The solution of the wave equation for the scattering of particles by a Coulombian centre of field, Proc. R. Soc. A 118 542–549

[237] Dirac P A M 1926 On the theory of quantum mechanics, Proc. R. Soc. A 112 661–677

[238] Mott N F 1929 The exclusion principle and aperiodic systems, Proc. R. Soc. A 125 222–230; 1930 The collisions between two electrons, Proc. R. Soc. 126 259–267

Blackett P M S and Champin F C 1931 The scattering of slow alpha partiales by helium, Proc. R. Soc. 130 380–388

[239] Klein O and Nishina Y 1929 Über die Streuung von Strahlung durch freie Elektronen nach der neuen relativistischen Quantendynamik von Dirac, Z. Phys. 52 853–868

[240] Klein O 1929 Die Reflexion von Elektronen an einem Potentialsprung nach der relativistischen Dynamik von Dirac, Z. Phys. 53 157–165

[241] Dirac P A M 1930 A theory of electrons and protons, Proc. R. Soc. A 126 360–365 以及文献 [195]

[242] 例如参见 Heisenberg W 1931 Zum Paulischen Ausschileßungsprinzip, Ann. Phys., Lpz 10 888–904

[243] 参见 Sommerfeld A 1929 Atombau und Spektrallinien Wellenmechanischer Ergänzungsband (Braunschweig: Vieweg)

[244] 有关解释例如参见 Eckert M 1993 Die Atomphysiker. Eine teschichte der theroretischen Physik am Beispiel der Sommerfeldschule (Braunschweig: Vieweg)

[245] Unsöld A 1938 Physik der Sternatmosphären (Berlin: Springer)

[246] 例如参见 Brown L M and Rechenberg H 1991 The development of vector meson-theory in Britain and Japan (1937–38), Br. J. Hist. Sci. 24 405–433

[247] von Mises R 1930 Über kausale und statistische Gesetzmäßigkeit in der Physik, Naturwissenshaften 18 145–153, 特别是 p 153

[248] Hilbert D 1916 Die Grundlagen der Physik. II, Nach. Ges. Wiss Göttingen 53–76, 尤其是 p 61

[249] von Schweider E 1905 Über die Schwankungen der radioaktiven Umwandlung, Comptes Rendus du Premier Congrès International pour l' Etude de la Radiologie et de l' Ionization (Liège, 1905) ed H Dunot and E Pinat

Schrödinger E 1918 Über ein in der experimentellen Radiumforschung auftretendes Problem der statistischen Dynamik, Sitzungsber. Akad. Wiss. (Wien) 127 137–162;

1919 Wahrscheinlichkeitstheoretische Studien, betreffend Schweidler'sche Schwankungen, besonders die Theorie der Meßanordung, Sitzungsber. Akad. Wiss. (Wien) 128 177–237

Bormann E 1918 Zur experimentellen Methodik der Zerfallserscheinungen, Sitzungsber. Akad. Wiss (Wien) 127 2347–2407

[250] Heisenberg W 1927 Über die Grundprinzipien der'Quantenmechanik', Forschungen und Forschritte 3 83

[251] Heisenberg W 1931 Kausalgesetz und Quantenmechanik., Erkenntnis 2 172–182, 尤其是 p 177

[252] von Laue M 1932 Über Heisenbergs Ungenauigkeitsbeziehungen und ihre erkenntnistheoretische Bedeutung, Naturwissenshaften 20 915-916

Planck M 1932 Der Kausalbegriff in der Physik (Leipzig;Barth)

[253] Bohr N 1928 The quantum postulate and the recent development of atomic theory, Nature 121 580–590, 尤其是 p 581

[254] Heisenberg W 1928 Erkentnistheoritische Probleme der modernen Physik Werner Heisenberg: Gesammelte Werke/Collected Works vol CI, ed W Blum et al pp 22–28, 尤其是 pp 26–27

[255] Bohr N 1958 Light and left Atomic Physics and Human Knowledge (New York: Wiley) pp 3-22, 尤其是 p 9 and p 11

[256] Bohr N 1932 Chemistry and the quantum theory of atomic constitution, J. Chem. Soc. 349–84, 尤其是 pp 376–377

[257] Szilard L 1929 Über die Entropieverminderung in einem thermodynamischen System bei Eingriffen intelligenter Wesen, Z. Phys. 53 840–856

[258] Bohr N 1949 Discussion With Einstein on epistemological problems in atomic physics Albert Einsein. Philosopher-Scientist ed P A Schilpp (New York: Tudor) pp 32–66

[259] Madelung E 1926 Quantentheorie in hydrodynamischer Form, Z. Phys. 40 322-326

[260] de Broglie L 1927 La mécanique ondulatoire et la structure de la matière et du rayonnement, J. Physique Radium 8 225–241; 1928 La nouvelle dynamique des quanta Electrons et Photons. Rapports et Discussion de Cinquième Conseil de Physique (Paris: Gauthier-Villars) pp 105–132

[261] von Neumann J 1932 Mathematische Grundlagen der Quantenmechanik (Berlin: Springer) (英译本: Mathematical Foundations of Quantum Mechanics (Princeton, NH: Princeton University Press)) p 325

[262] Solomon J 1933 Sur l'indéterminisme de la mécanique quantique, J. Physique 4 34–37

[263] Einstein A, Podolsky B and Rosen N 1935 Can quantum-mechanical description of physical reality be considered complete? Phys. Rev. 47 777–780, 尤其是 p 777

[264] Bohr N 1965 Can quantum-mechanical description of physical reality be considered complete? Phys. Rev. 48 690–702, 尤其是 p 697 and p 700

[265] Pauli W to Schrödinger E, 9 July 1935 1985 Pauli W: Wissenschaftliche Korrespondenz/Scientific Correspondence. Volume II: 1930–1939 ed K van Meyenn (Berlin: Sprin- ger) pp 419–422, 尤其是 p 421

[266] Schrödinger E 1935 Die gegenwärtige Situation in der Quantenmechanik, Naturwissenshaften 33 807–812, 823–828, 844–849, 尤其是 p 812

[267] Bohm D 1951 Quantum Theory (Engelewood Cliffs, NJ: Prentice-Hall), 尤其是 chapter 22; 1952 A suggested interpretation of the quantum theory in terms of 'hidden varibles' 1952/1953 I, II, Phys. Rev. 85 166–179, 180–193; and many other publications

[268] Bell J 1964 On the Einstein-Podolsky-Rosen paradox, Physica 1 195–200
Aspect A, Dalibrad J and Roger G 1982 Experimental verification of Einstein-Podolsky-Rosen-Bohm, Gedankenexperiment; 1982 A new violation of Bell's inequalities, Phys. Rev. Lett. 49 91–94

[269] Heisenberg W 1936 Prinzipielle Fragen der modernen Physik Neuere Forischritte der exakten Wissenschaften (Leipzig: Keuticke) pp 91–112

[270] Heisenberg W 1932 Theoretische Überlegungen zur Höhenstrahlung, Ann. Phys., Lpz 13 430–452, especially p 452

[271] 在原子核和宇宙线现象中发现新粒子的详情在本书第五章和第九章中详细讨论

[272] Mie G, Grundlagen einer Theorie der Materie. I, II, III, Ann. Phys., Lpz 37 511–534; 39 1–40; 1912 Ann. Phys., Lpz 40 1-66

[273] 例如参见 Rechenberg H 1933 Heisenberg and Pali. Their Programme of a unified quantum field theory Werner Heisenberg: Gesammelye Werke/Collected Works vol AIII, ed W Blum et al (Berlin: Springer) pp1–19

[274] Euler H and Heisenberg W 1936 Folgerungen aus der Diracschen Theorie des Positrons, Z. Phys. 98 714–732
Heisenberg W 1936 Zur Theorie der 'Schauer' in der Höhenstrahlung, Z. Phys. 101 533–540; 1939 Zur Theorie der explosionsartigen Schauer in der kosmischen Strahlung. II, Z. Phys. 113 61–86; 1949 Über die Enstehung von Mesonen in Vielfachprozessen, Z. Phys. 126 569–582; 1952 Mesonenerzeugung als Stoßwellenproblem, Z. Phys. 133 65–79 还参见 Hagedorn R Meson showers and multiparticle production (1949–52). In Werner Heisenberg: Collected Works vol AIII, ed W Blum et al (Berlin: Springer) pp 75–85

[275] Hiesenberg W 1943 Die beobachtabren Größen in der Theorie der Elementarteilchen. I, II Z. Phys. 120 513–538, 673–702; 1944 III Z. Phys. 123 93–112
还参见 Chew G F 1961 S-Matrix Theory of Srong Interactions (New York: Benjamin)

[276] Heisenberg W 1938 Über die in der Theorie der Elementarteilchen auftrende universelle Länge, Ann. Phys., Lpz 32 20–33

第 4 章　相对论的历史

John Stachel

4.1 引　　言

"相对论" 是一个笼统的术语, 包含两个十分不同的理论, 通常称为 "狭义相对论" 和 "广义相对论". 这两个理论之间的关系的准确本性仍是一个有争议的问题, 如果不是同一个人 (Albert Einstein, 他试图将前者推广到包括引力而建立了后者) 的工作有如此密切的联系, 将两者冠以共同的名称 "相对论" 也许并不合适.

像 20 世纪理论物理学的另一重要支柱量子论一样, 每个相对论实际上都是一组有些不同的物理概念和与之相联系的数学公式体系. 每一组的成员由一个主要概念和原理构成的核心以及由导出的概念、定理、模型等构成的外围所组成. 在不同的解释中, 核心和外围的内容不同, 并且可能随时间变化[1]. 但是, 组内所有成员的某些特征是共同的, 所以给它们取了共同的名称.

Einstein 的狭义相对论建立在两个核心原理的基础上, 即相对性原理和光速不变原理 (讨论见后)[2]. 像热力学原理一样 (Einstein 常常与之作比较 [3]), 这些原理是建立在丰富的经验证据上的, 并在高度抽象后对这些经验证据加以普遍化. 从这些原理导出了一切物理现象模型必须遵从的一些约束. (当然, 这只有当讨论的现象是在这些原理成立的范围之内时才正确. 例如, 我们很快将看到, 按照广义相对论, 引力现象就不属于狭义相对论适用的范围.) 这一点常常通过将这些约束施加于意在解释物理系统的 (力学、光学、电磁等) 行为的动力学理论之上来保证[4]. 正是这些约束构成了一切形式的狭义相对论的共同特征. 对核心原理和数学表述的各式各样的选择都导至同一组约束.

狭义相对论的约束是运动学的, 它规定了某种时空结构并要求所有动力学理论都与之协调. 所谓 Minkowski 时空结构 (见后) 由两个要素组成: 一个是支配不受力的物体运动的惯性结构 (数学上由一个仿射结构描述), 另一个是支配 (理想) 量尺和时钟行为的计时学和空间几何学或简称时空几何 (数学上由一个赝度规结构描述). 给定时空几何后, 二者之间的相容性条件就决定了惯性结构[5]. Minkowski 时空由它的 10 参数对称群 (叫做非齐次 Lorentz 群或 Poincaré群) 特征地描述[6]. 任何一组动力学变量必须形成该群的一个表示, 并且遵从在其下适当变换的动力学方程. 更准确地说, 每一点的动力学变量组必须形成齐次 Lorentz 群的表示空间. 对于场来说, 动力学方程必须保证这些表示在一起形成非齐次 Lorentz(Poincaré) 群的一个表示. 遵从这些约束的理论就说成是 (语言不够严谨)Lorentz 不变或 Poincaré不变的.

Albert Einstein

(德国/瑞士/美国人, 1879~1955)

Einstein 是 20 世纪公认的杰出理论物理学家. 作为德国一对犹太夫妇的孩子, 他在瑞士完成了其中学和技术大学教育. 因为找不到学术职位, 他于 1902~1909 年在瑞士联邦专利局任职. 在这段时间里他写了自己最重要的论文, 包括狭义相对论方面的工作. 这些工作逐步得到认可, 使他获得了苏黎世和布拉格大学的教职; 然后于 1914 年去柏林从事研究工作, 在那里完成了广义相对论. 1919 年, 他所预言的光的引力偏折得到证实, 使他名扬世界, 此后他积极地投身于一些社会和政治活动如和平主义和犹太复国主义等. 1933 年希特勒攫取政权, 导致他移民美国, 在新泽西州普林斯顿高等研究所度过余生.

在物理学中, 他对狭义相对论的发展做出了卓越的贡献, 并一手奠定了广义相对论的基础. 他还对经典物理学和量子论的发展做出了重大贡献 (对前者如他的 Brown 运动理论, 对后者如他对光子假说的表述、能级之间自发跃迁的概念和 Bose-Einstein 统计的发展). 他对量子力学没有提供对微观系统特性的完备解释感到不满, 花了生命最后 30 年来寻求建立一个也能解释量子现象的引力场和电磁场的统一场论, 但未获成功.

由于后面将讨论的原因, Einstein 得出结论说, 狭义相对论的时空结构必须加以推广以包括引力. 在由此得到的广义相对论中[7], 不把引力看作一种外力, 而是作为时空结构的一部分. 支配一个物体在没有引力时的运动的狭义相对论的固定惯性结构, 被动力学决定的惯性–引力场取代, 后者包括了引力对这个运动的效应. 这是物理学史中的第一次, 时空结构不是先验规定的, 而是成为一个动力学的物理场. 牛顿的引力理论也可以这样重新表述, 但事实上只是在广义相对论发展起来之后作为对它的响应才做到这一点的 (见后).

相容性条件仍然容许从时空几何导出惯性结构, 时空几何也变为一种动力场, (赝) 度规场. 这个场的双重角色 —— 既定义时空的几何, 又决定它的惯性–引力结构[8]—— 是广义相对论的一个重要特征. 另一个重要特征是广义协变性原理, 它是理论允许的对动力学方程的约束. 一切物理场都在其上定义的四维空间的对称群[9] 由所有的微分同胚 (充分光滑的空间点变换) 组成; 所以一切动力学方程必须在该群下变换不变. 广义协变性原理应用到度规场遵从的方程, 就得出了 Einstein 的引力场方程.

Hermann. Minkowski
(德国人, 1864~1909)

Minkowski 是发展了相对论的四维表述方法的数学家. 他出生在俄国的一个德国人家庭中, 双亲很快就回到德国, 他在柯尼斯堡 (今加里宁格勒, 当时属普鲁士 —— 译者注) 受教育, 于 1885 年获博士学位. 他先后在波恩、柯尼斯堡和苏黎世任教 (Einstein 在苏黎世听过他的几门课), 从 1902 年起任教于哥廷根. 他的大部分工作是在纯粹数学方面, 特别是在各个不同的领域 (如二次型理论和连分式理论) 中引入几何方法. 到哥廷根后, 通过与 Hilbert 小组的接触, 提高了他对数学物理学的兴趣. 1905 年他参加电子论的讲座, 使他熟悉了运动物体的电动力学的当前问题. 1907 年前他认识到, 对 Lorentz 和 Einstein 的工作, 将空间和时间联合为一个具有非欧几何的四维时空 (现在叫做 Minkowski 空间) 最好理解. 他发展了适合于这个时空的数学表述体系, 并且详细得出了电动力学的四维处理. 这个四维研究方法很快就成了狭义相对论方面的研究工作的标准工具. Einstein 只有在采用这一方法后, 才能完成他在广义相对论方面的研究工作.

虽然物理学家对狭义相对论的解释有着广泛的共识, 但对广义相对论则不是这样. 广义相对论中 “相对” 的意义与狭义相对论中相同 (或者有些相似) 吗[10]? 广义协变性原理的正确陈述是什么[11]? 它是一个纯数学的要求, 还是有物理内容; 如果有, 那又是什么[12]? 这些问题仍然是物理学家和科学哲学家热烈讨论的话题. 任何说明, 包括这里给出的, 必定包括有争议的特征.

虽然 Einstein 对自由引力场的广义相对论十分满意 —— 他的确把它看作自己的重大成就[13], 但他并不满意该理论对物质和各种非引力场的处理. 它们之中的每一种都必须由合适的能量一动量张量 (也称应力–能量张量) 描述, 这些张量是由非引力的动力学变量 (以及度规张量) 构建的, 并且遵从广义协变的动力学方程, 这些方程通常必须完全独立于 Einstein 方程而假定其存在. “最小引力耦合” 原理规定了, 用适当选择的动力学变量, 能量–动量张量应当不含度规导数; 它可用于限制但并不总能够唯一确定狭义相对论能量–动量张量的可能的推广. (在某些情况下, 作为引力场方程可积性条件的能量–动量张量的协变守恒律就隐含了这些动力学方程.) 特别是, 电磁场连同它的源电荷和电流, 就必须这样引入. Einstein 预期, 正像广义协变性原理应用于度规场时挑出了引力场方程一样, 当应用于度规场的某种适当选择的推广时, 就能够挑出描述电磁和引力两者的方程. 他希望, 这样一种统一场论 (这是后来的叫法) 也能提供更深刻地理解量子现象的钥匙[14], 其中一些问题, 如基本粒子的质量谱, 至今仍未得到说明, 尽管量子力学提供了其他现象如束缚系统能谱的解释. Einstein 一方面接受量子力学的成就, 同时也认为它是暂时的和不完备的[15], 他用了晚年的大部分时间来寻找最后证明是徒劳的这样一种统一理论.

我们这个初步说明提议将相对论的历史分为以下 3 节:

(1) 狭义相对论的起源和发展; 它对物理学各分支如质点和连续介质力学、电动力学包括光学、量子场论等的应用; 它的实验检验和技术应用.

(2) 广义相对论的起源和发展; 它对地球上、天文学和天体物理中引力现象的应用 (对于其他天体物理的应用和全部宇宙学的应用见第 23 章); 它的观测和实验检验; 它同量子力学的关系 (通常叫做 "量子引力") 的本性; 它的相当大的哲学影响及其对公众意识的冲击.

(3) 提出一个电磁场和引力场统一场论的试图; 在基本粒子研究导致引入弱作用力和强作用力之后, 统一场论也试图将弱作用力和强作用力包括进来.

4.2　狭义相对论

4.2.1　理论的起源: 力学

狭义相对论产生于调和经典力学同运动物体中光学和电动力学的试图[16]. 经典力学有一条力学相对性原理, G. Galileo(图 4.1) 对其表述如下:

> "将你自己和几个朋友关在一条大船甲板下的主舱里, 并带上几只苍蝇、蝴蝶和其他小飞虫. 船内放一只大水碗, 水里放几条鱼. 再挂一个水瓶, 让水一滴一滴地滴到下面的一个广口瓶里. 船停着不动时, 你留神观察, 小飞虫都以相等的速率向舱房的各侧飞行, 鱼在各个方向的游动并无差异, 水滴掉进下面的瓶子中. 你把任何东西扔给你的朋友时, 只要距离相等, 向一个方向扔不会比向另一方向扔用更多的力; 用双脚齐跳, 无论向哪个方向, 跳过的距离都相等. 在你仔细观察这些事情后 (虽然当船停止时, 事情必定是这样), 再使船以你喜欢的任何速率前进, 只要运动是匀速的, 也不忽左忽右地摆动, 你将发现, 所有上述现象丝毫没有变化, 你也

无法从其中任何一个现象来确定, 船是在运动还是静止不动. [17]"

图 4.1 Galileo Galilei

推广这些观测, 我们可以将 Galileo 形式的相对性原理表述为：力学现象不容许在不同的匀速 (即非加速) 运动状态之间有绝对的区别. Newton(图 4.2) 在他的《原理》一书中用下面的话陈述这个原理.

"一个给定的空间所包含的物体相互之间的运动是相同的, 不论这个空间是静止的, 还是作不含任何圆周运动的匀速直线运动[18]."

图 4.2 Isaac Newton

Newton 的表述方式与 Galileo 的在两方面有所不同. 他提到的 "静止" 是基于 Newton 的绝对空间概念之上, 绝对空间和绝对时间一样, 是独立于一切物理过程的[19]; 此外, Galileo 将它说成是对观察的推广, 而 Newton 则是从他的运动三定律导出这个原理的. 我们将依次讨论这两点.

绝对静止或绝对运动是相对于绝对空间定义的; 如果在相等的绝对时间内在绝对空间中发生相等的位移, 这样的运动就是匀速的. 没有加速的 "匀速向前运动 …… 的空间" 现在称为惯性参考系, 这是 1885 年由 Ludwig Lange[20] 引进的术语. 我将这样称呼 Newton 定律或其狭义相对论推广在其中成立的任何参考系. Newton 在绝对量 (它们是不能直接观测的) 和对空间、时间和运动的相对测量 (它们或多或少是可以直接做到的) 之间作出区分[21]. 通过测量相对量并应用他的运动定律, 他希望达到自己真正的目的: 认识物体的绝对运动及其原因.

他的著名的旋转水桶想象实验[22] 提供了一个简单方法来区别绝对和相对**转动**(图 4.3), Foucault 摆则提供了一种更实用的方法. 但他的运动定律不允许有类似的方法来区分绝对和相对**匀速运动**(**平移**). 的确, 他的相对性原理表明, 观察物体相对于某惯性参考系的运动不可能判定这个参考系是否处于绝对静止. Newton 形式的相对性原理同时既**假定**了一个享有特权的 (绝对) 参考系的存在, 又**否认**了观察到它的可能性: 如果 Newton 定律相对于绝对空间成立, 那么 Newton 的时空理论就意味着它们在**任何**惯性系中同样好地成立. 为了绕开这个困难, Newton 假设太阳系 (他称之为 "世界系统") 是唯一享有特权的: 绝对空间就是太阳系的质心在其中静止的惯性系[23].

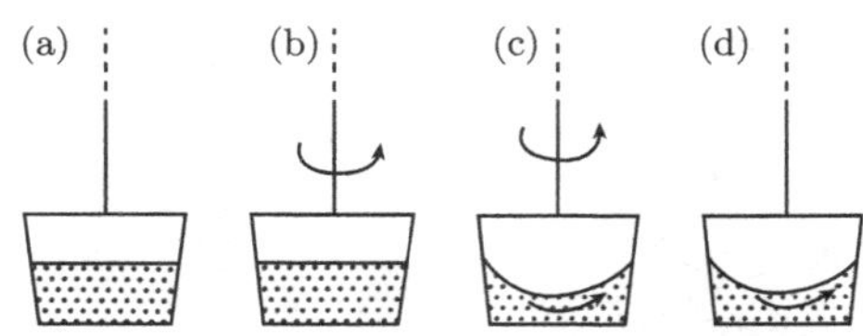

图 4.3 Newton 的旋转水桶

(a) 一个盛水的桶悬挂着, 其对称轴在竖直方向, 桶和水都相对于实验室静止; 观察到水面是平的; (b) 然后让桶绕轴相对于实验室旋转; 这个阶段水面仍然是平的, 并相对于实验室静止; (c) 水开始随桶旋转, 同时逐渐沿桶壁上升; 当桶和水相互静止但相对于实验室旋转时, 水的凹面达到最大; (d) 然后桶突然停止旋转, 水继续打漩, 相对于桶和实验室旋转, 水面保持最大凹面, 然后慢慢沿桶壁下降. 水面的形状表征出水是否在 "绝对" 转动, 以及水和桶是否彼此 "相对" 静止

到 19 世纪末, 有些物理学家得出结论说, 绝对空间的概念并不真正需要. 既然无法挑出任何特殊的惯性系, 他们便用惯性定律 (Newton 第一定律) 来定义整整一类惯性系[24]. 在摆脱绝对空间的概念之后, Newton 定律确实能挑出这一类惯性参考系, 但是断言它们对描述一切力学现象完全等效. 我们将称这个原理为力学的相对性原理, 它是 Galileo 相对性原理所总结的观察和实验在 Newton 力学里的理论

解释.

只要认为 Newton 力学定律提供了一切物理现象终极解释的基础 (机械的世界观)[25], 就可以宣称力学的相对性原理是普遍成立的. 不过, 特殊的力学现象能够挑选出能最简单地描述它们的某些优选参考系. 例如, 声波在介质中的传播定律在这种介质的静止参考系中取特别简单的形式. 在将相对性原理应用于这类现象时, 必须计入介质的运动.

我们下面将提到 Galileo-Newton 运动学的一个重要推论[26]：相对速度的矢量相加法则. 考虑任一事件 E. 如果我们将一个空间原点 O 固定在一个惯性系 I 中, 则 E 相对于 I 的位置就由它相对于 O 的位移矢量 $\boldsymbol{r}$ 确定; 类似地可以确定 E 相对于某个时间原点 $t=0$ 的时间 t. 在 Newton 理论中, 有一个绝对时间, 所以我们无需对 t 进一步说明. (我们将看到, 在狭义相对论中, 必须说明时间是相对于哪个惯性系的.) 同一事件可以相对于第二个惯性系 I', 通过它相对于其空间原点 O' 的位移矢量 $\boldsymbol{r}'$ 来描述; 由于在 Galileo-Newton 运动学中时间是绝对的, 该事件将发生在**同一**时刻 t. (我们假设在两个参考系中使用同样的空间和时间单位, 并且选用同一个时间原点.) 如果 I' 相对于 I 以速度 $\boldsymbol{V}$ 运动, 则 $\boldsymbol{r}'$ **和** $\boldsymbol{r}$ 通过所谓 Galileo 变换法则相联系：$\boldsymbol{r}'=\boldsymbol{r}-\boldsymbol{V}t+\boldsymbol{r}_0$, 其中 $\boldsymbol{r}_0$ 是 $t=0$ 时刻两个原点之间的位移矢量. 上式对绝对时间求微商就得到相对速度的矢量相加法则：如果一个物体以速度 $\boldsymbol{v}'$ 相对于 I' 运动, 则它相对于 I 的速度为 $\boldsymbol{v}=\boldsymbol{v}'+\boldsymbol{V}$. 注意速度 $\boldsymbol{v}$ 和 $\boldsymbol{v}'$ 是相对于**不同**惯性系的, 所以这个法则绝非平庸：它的证明关键地依赖于一个绝对时间的存在, 这个绝对时间对**两个**惯性系是共同的.

现在我们转到由光学和电动力学发起的对力学相对性原理的一个表观的挑战.

4.2.2 狭义相对论的起源：光学和电动力学

为了解释光的传播, 在 17 世纪提出了两个互相竞争的学说：微粒说和波动说[27]. Newton 的微粒说认为光粒子的速度像子弹速度一样, 相对于发射它们的光源是恒定的, 这与力学的相对性原理是相容的.

Huygens 根据光和声之间的相似提出了波动说, 假设光波的传播需要一种介质. 这样光速就应当与光源的运动无关, 但相对于它的传播介质是恒定的. 因为星光穿过星际空间传播毫无困难, 而就普通物质而言星际空间是极好的真空, 所以假设有一种微妙的介质 (常称为光以太) 遍布整个空间[28].

到 19 世纪中叶, 波动说取得了胜利[29], 光以太的特性便成为一个重要的研究课题, 包括以下问题：

(1) 光波的传播能够用力学方式解释吗？例如, 是否能将各种力学性质赋予以太, 使得其中传播的波具有光的全部特性？曾经建立过许多这样的模型, 但最终没有一个是完全令人满意的[30].

(2) 以太和普通物质之间有什么关系？特别是，当物质穿过以太运动时，以太是完全不动，还是全部 (或部分) 被物质拖曳着运动[31]？

如果以太完全被物质拖曳一起运动，那么相对性原理可以从力学推广到光学而无需明确提及以太的运动状态. 如果以太不被物质拖曳，那么只有在计及相对于以太的运动时相对性原理才能维持；特别是，应当有可能用光学方法探测出地球相对于以太的运动. 光行差现象指明了是后一种情况. 恒星光行差是地球的速度对来自一颗恒星的光的表观方向的影响 (图 4.4)[32]，Fresnel 假设以太不受地球运动的影响，根据光的波动说成功地解释了它[33]. 人们进行了许多检测地球穿过以太的运动的一阶光学实验①[35]；1874 年 Mascart 总结了这些实验的结果：

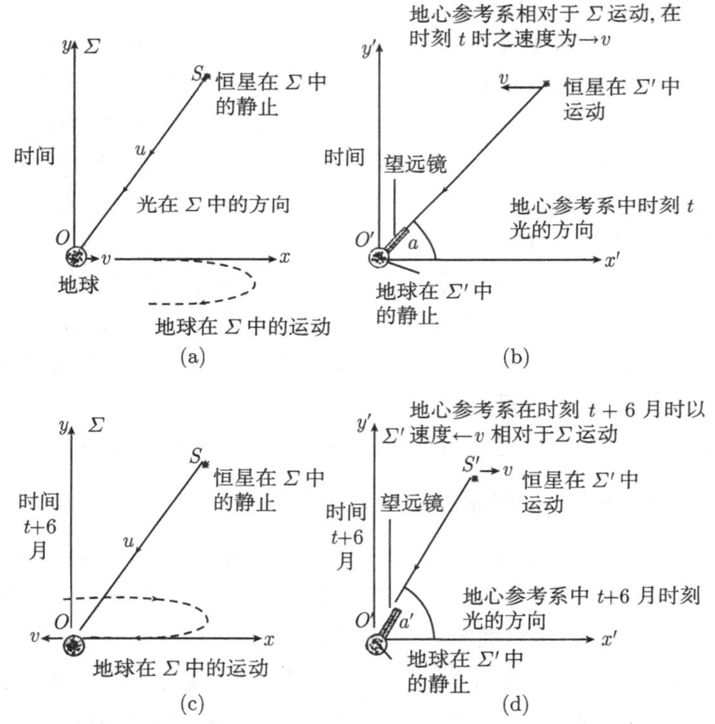

图 4.4　恒星光行差. Bradley 观测到恒星在一年内不同时刻视位置的变化

在图 (a) 中，地球在惯性系 Σ 内以速度 $+v$ 相对于太阳运动；图 (b) 给出地球在其中静止的地心系，如果要求在地心参考系中来自恒星的光正入射到望远镜中，望远镜必须安装在角 a 方向；图 (c)6 个月后，地球相对于太阳在反方向运动；在地心系 (d) 中，如果要让星光在新地心系中仍正入射进望远镜，望远镜就必须安装在不同的角 a' 上

①“一阶” 实验对依赖于比值 (v/c) 的效应敏感，式中 v 是实验中某个物体 (相对于以太) 的典型速度，c 是光速. 二阶实验只对依赖于 $(v/c)^2$ 的效应敏感，如此等等[34].

地球的平移运动对地面光源产生的光学现象或来自太阳的光没有可觉察的影响, (因此) 这些现象并不向我们提供测定物体的**绝对**运动的方法, 我们能够测定的只有**相对**运动[36].

Mascart 在把光学实验的结果一般化时, 把 Galileo(观测) 形式的相对性原理加以推广, 我们将称之为光学相对性原理, 迄今它只对一阶效应成立.

Fresnel 对这种一阶原理已经提供了部分的理论支持[37]. 为了解释地球运动为什么对折射没有影响, 他假定光学介质中的光波被介质的运动部分地拖曳着一起运动. 在这样的折射率为 n 的介质中, 当介质在以太中静止时, 光以速度 $c' = c/n$ 行进 (c 是真空中的光速). 若介质以速度 $\boldsymbol{v}$ 和光线同向穿过周围的以太运动, 那么 Fresnel 断言光线相对于以太的速度是 $c'+(1\text{-}1/n^2)v$. 如果假设由于某种原因光波相对于运动介质以速度 $c'\text{-}v/n^2$ 行进, 那么 Fresnel 公式就能够与 Galileo 的相对速度相加法则一致, 这个公式在整个 19 世纪就是这样解释的. 于是问题就可以看成是要为光波的这种行为寻找一个理论说明; 但是, 回过头看, 这个公式可以看成是速度接近 c 时 Galileo 的速度相加法则失效的首次表征 (第 4.2.6 节).

Fresnel 是从关于运动物体内的以太的行为的某些假设导出他的公式的, 这些假设最后证明是站不住脚的. 不过, 这个公式正确地预言了 1851 年 Fizeau 的流动的水中光速的实验结果 (图 4.5); 而且 Veltmann 用它证明了, 准确到一阶, 地球的运动对任何光学现象包括干涉效应没有影响[38]. 自此之后, 任何运动物体光学理论都必须导出 Fresnel 公式; 但是到 19 世纪 70 年代, 人们考虑的理论是电动力学理论. Maxwell 已把光学还原为对某一频率范围内的电磁波的研究, 以太变成了一切电磁场的载体[39].

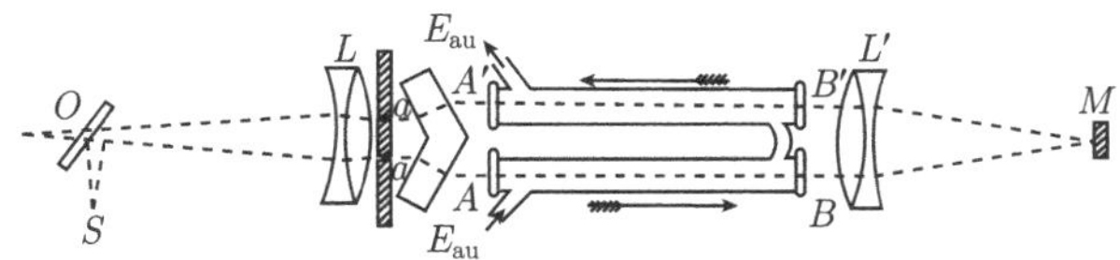

图 4.5 Fizeau 测量流水中光速的实验

从 Maxwell 开始, 在一段时间里人们不断试图用力学模型来说明以太的电磁性质, 但是这些试图唯一留下来的成果是将动力学系统的概念拓宽以包括电磁场 (以及后来别的场). Poincaré强调了这一点并且证明, 如果存在一个电磁以太的力学模型, 那么必定也存在无限多个这样的模型[40]. 物理学家逐渐接受了这样的观念, 即电磁场代表一个由 Maxwell 方程完全刻画的动力学系统, 根本不需要力学解释. 有些物理学家现在甚至试图从电动力学规律推导出力学规律 (电磁的世界观)[41].

曾经提出过几种另外的基于 Maxwell 理论的运动物体的电动力学[42]; 但到 19

世纪末, 被广泛接受的是 H. A. Lorentz 的方案, 因为它成功地解释了几乎一切已知的电动力学现象和光学现象[43]; 特别是, 它是唯一能够导出 Fresnel 公式 (见前) 的理论. Lorentz 作出以下假设:

(1) 以太渗满一切空间包括普通物质的内部, 它完全不动并且是所有电场和磁场的载体. Maxwell 方程在假设是一惯性系的以太静止系中成立;

(2) 普通物质 (至少部分地) 由带电粒子组成, 这些带电粒子在以太中产生电场和磁场;

(3) 这些场反过来对带电粒子施加电力和磁力, 然后这些粒子按照 Newton 定律在以太中运动.

于是, Maxwell 方程挑出了以太系作为惯性参考系, 相对于它光速处处相同并且各向同性; 从相对速度的矢量加法定则 (见前) 可得, 它是**唯一**的这样的惯性系. Lorentz 争辩说, 这个有特权的参考系实际上并不等同于绝对空间: 就像声音的情况 (见前) 一样, 它并不是绝对运动, 而是相对于一种介质 (这里是以太) 的运动, 这种介质在物理上是有意义的[44]. 然而, 在光和声之间有一个主要差别: 区别传声的介质和不传声的空的空间并不难, 但是即使 "空的空间" 也能传播光; 那么人们怎么能区分以太和空的空间呢?

无论如何, Lorentz 原来的理论[45] 面对着一个困难: 在 1880 年代, 实验开始表明, 光学相对性原理不仅在一阶精度上成立而且也在二阶精度上成立. 第一个这样的实验是 A .A. Michelson 在 1881 年基于光学干涉技术进行的 (图 4.6), 在 1887 年与 E. W. Morley 合作以更高的精度重复[46]. Lorentz 的运动物体电动力学在能够借助对应态定理成功地解释一切检测地球运动的一阶实验的失败 (4.2.3 节) 的同时, 预言了 Michelson-Morley 实验的正结果[45].

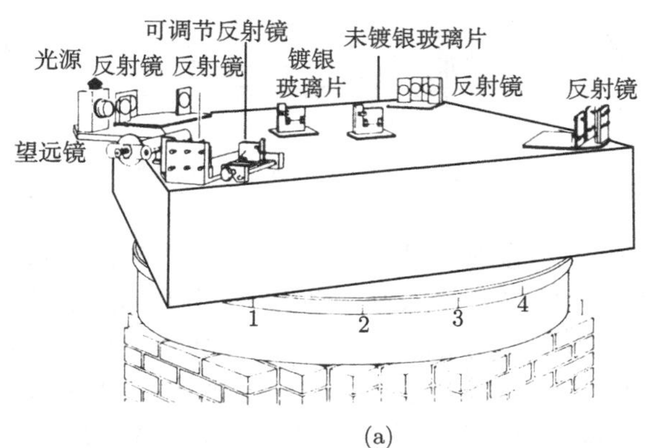

(a)

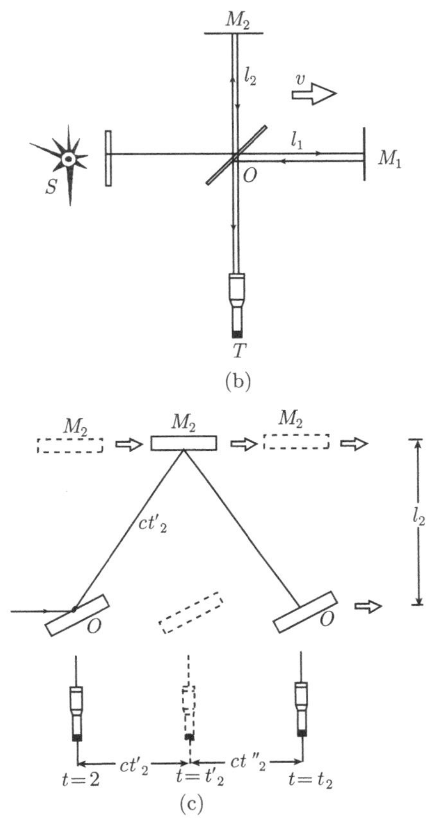

图 4.6 (a) Michelson-Morley 实验; (b) Michelson-Morley 实验的原理图. 来自光源 S 的光束在分束器 O 处分成两束 l_1 和 l_2, 分别沿着和垂直于地球轨道运动的方向行进. 地球的轨道运动相对于以太的速度和方向由标为 v 的矢量表示. 束 l_1 和 l_2 从镜面 M_1 和 M_2 反射回分束器, 它们在那里反射和折射到望远镜 T, 观测到一幅特殊的干涉图样; (c) 在光传播时镜子的运动会引起沿干涉仪两个垂直臂行进的光所用时间的差异. 如果光是在静止的以太中传播, 干涉仪转动 90° 将会改变这个时间差, 从而引起干涉图样的变化. 仪器的灵敏度能够揭示一个小的移动, 但没有观测到干涉图样的改变

理论家面对的问题可以总结如下：在 Newton 力学的基础上, 人们能够证明力学相对性原理, 但是 Lorentz 理论预言相对性原理对于二阶的光学和电磁现象将会失效. 在实验上, 物体相对于惯性系这一类参考系的加速度是可以借助一阶的力学、光学和电磁学实验探测出来的①, 但是却没有这样的实验, 哪怕是在二阶精度

① 很快就证明了, 用纯光学方法可以探测出旋转运动. 例如, Sagnac 实验[47] 就提供了 Foucault 摆的一种光学类比.

上, 可以挑出任何能够被认证为以太的惯性系. 在 Lorentz 理论之内, 能够给出这些在一阶的失效的解释, 但理论家现在必须对光学和电磁现象的相对性原理直到 (至少) 二阶仍然成立的实验验证给出说明.

4.2.3　狭义相对论的表述

Lorentz、Poincaré和 Einstein 对这个问题的得到物理学界接受的解答作出了最重要的贡献. 有关他们各自的贡献一直有争论[48], 这主要是因为对狭义相对论的核心特征有不同的看法[49]. 下面的讨论是基于引言 (4.1 节) 中对狭义相对论的特性描述.

Lorentz 解决理论和实验之间的不符的方法是, 通过求助于一系列正好补偿所预期的相对性原理的失效的物理效应, 来说明一切探测地球穿过以太运动的试图的失败[50]. 他最后实现了到所有各阶的补偿, 但那是在这个问题上工作了十年之后[51].

Lorentz 用对应状态定理证明, 他的理论隐含了探测穿过以太的运动的试图的负结果: 对于以太系中一个电磁系统具有坐标 $\boldsymbol{r}$ 和 t 的每个可能的状态 (Maxwell 方程的解), 存在着一个对应状态 —— 即 Maxwell 方程的一个**不同**的物理解, 但是它在一个以速度 $\boldsymbol{v}$ 相对于以太运动的惯性系中, 当用该运动系中适当变换后的变量 $\boldsymbol{r}\prime$ 和 $t\prime$ 表达时, 这个解具有**相同**的数学形式. Lorentz 利用这个定理, 结合某些物理补偿 (见下), 以导出相对性原理的光学和电磁学版本 (先是近似地, 然后准确地).

这个定理原来的 1892 年的近似形式解释了所有一阶光学实验的失败. 除了从 $\boldsymbol{r}$ 到 $\boldsymbol{r}'$ 的 Galileo 变换定律 (见前) 之外, 它的证明还要求引入一个从绝对时间 t 到 Lorentz 所说的局部时间 $t'= t\text{-}(\boldsymbol{v},\boldsymbol{r})/\mathrm{c}^2$ 的变换. (在本章里, 两个矢量 $\boldsymbol{A}$ 和 $\boldsymbol{B}$ 的标量积将用符号 $(\boldsymbol{A},\boldsymbol{B})$ 表示.) 对 Lorentz 来说, 这只是一种数学技巧, 而不是一种物理补偿. 他从未把局部时间与运动参考系中时钟的读数联系起来.

然而, 为了解释二阶 Michelson-Morley 实验的负结果, Lorentz 不得不引入这样一种物理补偿[52]: 物体在穿过以太运动的方向上的尺度将缩短一个因子 $\sqrt{1-(v/c)^2}$, 对此他给出了一个动力学解释, 假设把物质保持在一起的力要么是纯粹的电磁力, 要么至少在变换到运动系时具有同样的行为. 这通常叫做 Lorentz 收缩, 有时也叫 Fitzgerald-Lorentz 收缩, 因为 Fitzgerald 已经提出过同样的解释[53].

Lorentz 通过引入 $\boldsymbol{r}$ 和 $\boldsymbol{r}'$ 之间的非 Galileo 空间变换进一步推广了对应态定理, 从而在运动系中定义了 "对应" 于以太系中的那些空间量[54]. 这个定理的新版本, 连同收缩补偿和关于荷电粒子的质量随其速度变化的新补偿假设, 使他能够证明对所有物理系统的二阶补偿. 通过进一步修订他的变换律, 他能够证明对穿过以太匀速运动的一切效应的精确补偿 (即到 v/c 的所有各阶的补偿)[51]①. 这组时空

① 这句话并不完全准确. 从电荷密度的 Lorentz 变换律来看, 这种补偿对于非齐次的 Maxwell 方程似乎并不完全. Poincaré和 Einstein 在 1905 年给出了正确的电荷密度变换定律.

变量变换现在叫做 Lorentz 变换, 但是他仍然只将它们看作一个数学工具. 只是在研究了 Einstein 的工作后, Lorentz 才提出运动观测者实际上测得的将是 "对应" 量[55].

像绝对空间对于 Newton 一样, 以太对于 Lorentz 来说是某种真实的而且有物理效应的东西. 相对性原理无需考虑普通物质相对于以太的运动就对光学和电动力学成立, 是 "真实" 的补偿效应 (长度收缩和质量增加) 的引人注目的结果, 这些效应在动力学上产生仅仅是由于这种穿过以太的运动. 仍然有可能, 某种非补偿的效应也许最终会证实穿过以太的运动的真实性.

Poincaré通向相对性原理的路线[56] 与此不同[57]. 他将相对于以太的运动的不可探测性推广到一切物理现象, 并且将这个原理同少数其他原理 (如热力学的两个定律) 列为从经验 (在法语中经验和实验不分) 推广而得的一类, 它们比那些可能用来解释这些原理在特殊情形下成立的理论具有广泛得多的意义.

Poincaré的许多别的贡献已经被纳入狭义相对论公认的形式. 他让人们注意到在遥远事件同时性的任何定义中的习惯性因素[58], 并且第一个给出了 Lorentz 的局部时间一个物理解释[59]: 在一个惯性系中静止而通过光信号同步的时钟, 不考虑参考系相对于以太的运动, 显示的是局部时间而不是真正的 (以太系的) 时间. 像这个例子表明的那样, 他通常郑重地看待以太, 但有时也抱一种不可知论的态度, 甚至在 1902 年提出, 它只是一种有一天可能会被抛弃的方便假设. 他证明, Lorentz 变换 (这个名字是他取的) 构成一个群, 有源的 Maxwell 方程在这个群的变换下是不变的[60].

但是, 他的洞察有局限性. 总的说来他接受以太及其动力学效应, 他对相对性原理的陈述仍然对在以太中静止的观察者和运动的观察者有所区别, 正如他对局部时间的解释一样. 他从未将他的许多真知灼见组织成一个前后一贯的理论, 这个理论坚决摒弃以太和绝对时间, 并且超越其电动力学起源, 根据不需要参照以太的相对性原理的陈述, 来导出空间和时间的新运动学.

Einstein 是这样做的第一人. 现代文献中有关现已成为经典的 Einstein 1905 年论文之前在相对论方面的工作[61] 极少. 但是, 还是有大量文献根据 1905 年论文本身和后来的论文的少量证据, 并佐以 Einstein 和其他人的回忆, 来试图搞清 Einstein 是如何达到狭义相对论的陈述的; 必须说, 这靠的是许多未经证实的猜测[62]. 鉴于资料缺乏和可能性太多, 对以下一些问题的回答没有共识也就不足为奇了: 1905 年之前 Einstein 读过些什么, 他的阅读对他有什么影响? 他的工作主要是由电动力学的细致研究引导, 还是由更有启发性的考虑 (比如他著名的追赶光线的想象实验) 引导? 实验证据, 如 (但非唯一)Michelson-Morley 实验, 在他的思考中占什么地位? 哲学考虑起重要作用吗, 如果是, 那么是什么哲学, 起什么作用? 下面的简要说明将限于争议相对较少的问题[63].

Einstein 是在他努力理解物质和辐射的本性, 特别是他试图调和运动物体电动力学与光学相对性原理的过程中得到相对论的. 他写给未婚妻 Mileva Maric 的信件[64] 表明, 他在 1899 年前正在认真研究运动物体的电动力学[65], 并表示了对以太的怀疑:

> 在电学理论中引进"以太"这个术语导至一种介质的观念, 人们可以谈论它的运动, 但我相信, 他们不能把任何物理意义与这个说法联系起来[66].

他很快补充了对 Hertz 电动力学的批评 (从一个与 Lorentz 的观点很相似的观点出发), 倡议进行实验探测地球穿过以太的运动. 1901 年年底前, 他在准备一个有关运动物体电动力学的重大工作, 对他关于相对运动的想法进行具体化, 可惜在他的信中没有进一步细说[67]; 但是直到 1905 年, 他关于这个题目没有发表任何东西. 实际上现在没有什么关于从 1901 年到 1905 年这段关键时期的证据, 但是 1905 年的论文和后来的回忆提供了一些证据. 光行差和电磁感应、Fizeau 关于运动介质中光速的实验、关于相对性原理的光学版本的大量实验证据 (包括 Michelson-Morley 实验但不限于它) 对于使他信服相对性原理普遍成立起了重要作用.

同这个原理的明显的相容性, 使他严肃地重新考虑长期被拒绝的一种光的发射理论的可能性. 但是, 根据发射理论来解释光从运动镜子反射之类的现象和 Fizeau 实验, 迫使他做出越来越多复杂而又非唯一的补充假设. 所以他放弃了这些尝试[68], 转而考虑 Lorentz 理论 (他只知道其 1895 年的版本) 是否能与相对性原理相容的问题.

他的哲学阅读, 特别是对 Hume、Poincaré和 Mach 的著作的阅读, 有助于将他的思想从经典的时空概念的束缚中解放出来[69]. 这是他的关键性的 1905 年灵感 (同时性的相对性及随之而来的将电动力学 —— 实际上是全部物理学 —— 建立在新的运动学基础上的可能性) 的先决条件. 在产生这些灵感后大约 6 周时间内, 他完成了自己著名的相对论论文[70] (图 4.7). 一定得有许多前期工作 (可惜我们没有记录可考), 才能使这个持续了几乎十年的研究工作迅速结束[71].

在坚决抛弃以太概念①后, 1905 年的论文明确宣告电动力学需要一个新的运动学基础:

> 有待发展的理论 (像每一种别的电动力学一样) 是建立在刚体运动学的基础上的, 因为任何这一类理论的论断都涉及刚体 (坐标系)、时钟和电磁过程之间的关系. 对这种情况考虑不足, 是运动物体电动力学当前必须与之斗争的困难的根源[72].

① 后来他说得更精确: 与相对论不相容的是具有确定的运动状态的以太的概念.

3. *Zur Elektrodynamik bewegter Körper;*
von A. Einstein.

Daß die Elektrodynamik Maxwells — wie dieselbe gegenwärtig aufgefaßt zu werden pflegt — in ihrer Anwendung auf bewegte Körper zu Asymmetrien führt, welche den Phänomenen nicht anzuhaften scheinen, ist bekannt. Man denke z. B. an die elektrodynamische Wechselwirkung zwischen einem Magneten und einem Leiter. Das beobachtbare Phänomen hängt hier nur ab von der Relativbewegung von Leiter und Magnet, während nach der üblichen Auffassung die beiden Fälle, daß der eine oder der andere dieser Körper der bewegte sei, streng voneinander zu trennen sind. Bewegt sich nämlich der Magnet und ruht der Leiter, so entsteht in der Umgebung des Magneten ein elektrisches Feld von gewissem Energiewerte, welches an den Orten, wo sich Teile des Leiters befinden, einen Strom erzeugt. Ruht aber der Magnet und bewegt sich der Leiter, so entsteht in der Umgebung des Magneten kein elektrisches Feld, dagegen im Leiter eine elektromotorische Kraft, welcher an sich keine Energie entspricht, die aber — Gleichheit der Relativbewegung bei den beiden ins Auge gefaßten Fällen vorausgesetzt — zu elektrischen Strömen von derselben Größe und demselben Verlaufe Veranlassung gibt, wie im ersten Falle die elektrischen Kräfte.

Beispiele ähnlicher Art, sowie die mißlungenen Versuche, eine Bewegung der Erde relativ zum „Lichtmedium" zu konstatieren, führen zu der Vermutung, daß dem Begriffe der absoluten Ruhe nicht nur in der Mechanik, sondern auch in der Elektrodynamik keine Eigenschaften der Erscheinungen entsprechen, sondern daß vielmehr für alle Koordinatensysteme, für welche die mechanischen Gleichungen gelten, auch die gleichen elektrodynamischen und optischen Gesetze gelten, wie dies für die Größen erster Ordnung bereits erwiesen ist. Wir wollen diese Vermutung (deren Inhalt im folgenden „Prinzip der Relativität" genannt werden wird) zur Voraussetzung erheben und außerdem die mit ihm nur scheinbar unverträgliche

图 4.7 Einstein 的头一篇狭义相对论论文的首页,《物理学年鉴》第 17 卷 891 页 (1905)

他把新的运动学建立在两条原理上. 第一条将力学和光学形式的相对性原理 (见前) 推广到一切现象:

自然法则与参考系的运动状态无关, 只要后者没有加速度 (即是惯性系)[73].

第二条原理他管它叫光速不变原理, 它宣称:

…… 光在真空中总是以确定的速度传播, 而与发光体的运动状态无关[70].

Einstein 是从以前的理论和实验提取出这些原理的, 他把这些原理作为假设, 由它们推导出每个物理理论必须满足的判据. 原理的正确通过满足这些判据的理论的成功而归纳地证明, 这些成功包括解释已知的结果、在以前以为是无关的现象之间建立新联系和预言新现象. 从这些原理导出的第一个推论是新的运动学. 光速不变原理 (连同适当的同时性定义, 见下) 要求光速相对于某个惯性系具有不变的和各向同性的值 c. 由于没有从优 (以太) 参考系, 相对性原理意味着, 相对于每一个惯性系光速都必有相同的值 c, 这显然与相对速度的矢量相加法则不相容. 由于这一法则是 Galileo-Newton 运动学导致的, 因此必须有一种新的运动学来取代它, 这种新的运动学是 Einstein 从他的两个原理推导时空变换方程时发现的.

为了理解时间坐标的作用, 他仔细分析了时间概念. 注意到空间分隔的事件的同时性的任何定义中的约定因素, 他这样定义相对于一个惯性系的同时性：要求在这个惯性系中静止的两个时钟这样同步, 使得相对于这个惯性系的光速不变而且各向同性①. 从这一定义和光速不变假设可得, 时间不再是绝对的：两个事件若相对于一个惯性系 I 同时 (由与 I 同步的时钟定义), 则相对于另一与 I 有相对运动的惯性系 $I\prime$ 不同时 (由与 $I\prime$ 同步的时钟定义).

Einstein 然后导出了一个事件相对于参考系 I 和 $I\prime$ 的时空坐标之间的变换规律

$$\boldsymbol{r}' = (\boldsymbol{r} - \gamma \boldsymbol{V} t) + (\gamma - 1)(\boldsymbol{V}, \boldsymbol{r})\boldsymbol{V}/V^2$$

$$t' = \gamma[t - (\boldsymbol{V}, \boldsymbol{r})/c^2]$$

$$\gamma = 1/\sqrt{1 - (V/c)^2}$$

式中 $\boldsymbol{V}$ 是 I' 相对于 I 的速度. 这些变换与 Lorentz 在 1904 年根据完全不同的理由引入的变换在形式上相符合 (见前)[75]. Poincaré很快证明, 这组变换 (他将之归功于 Lorentz 而没有提到 Einstein) 构成一个群[76]. 他名之为 Lorentz 群. 包括时空平移和 Lorentz 变换本身的非均匀群现在叫做 Poincaré群.

这种新运动学以一个相对论的速度合成公式代替了 Galileo 的相对速度相加法则②, 从而解决了上面谈到的佯谬：光速与任何较小的速度相加在数值上仍然保持不变. 当然, 其方向和频率是要改变的, Einstein 用这个方法导出了光行差和 Doppler 效应的相对论公式. 他证明, 有源和无源的真空中的 Maxwell 方程在新的运动学下是不变的, 并且导出了带电粒子 (“电子”) 的相对论运动方程.

Einstein 在 1905 年论证说, 一切物体的惯性质量和其所含的能量是成正比的, 这导至了现在著名的方程 $E = mc^2$[77](图 4.8). 别的人曾在特殊情况下提出质量和电磁能量之间的类似关系[78]; 但 Einstein 是第一个提出它对一切形式的质量和能量普遍成立的[79].

① Einstein 表明[74], 任何信号都可以用来使在一个惯性系中静止的诸时钟同步, 只要这个信号相对于该惯性系的传播是各向同性的并且速度不变. 光的优点是它在每个惯性系中都具有这些性质.

② 人们常常谈到相对论的速度相加法则, 但 “相加” 用在这里并不是指算术相加或矢量相加, 合成的两个速度是相对于不同的惯性参考系的.

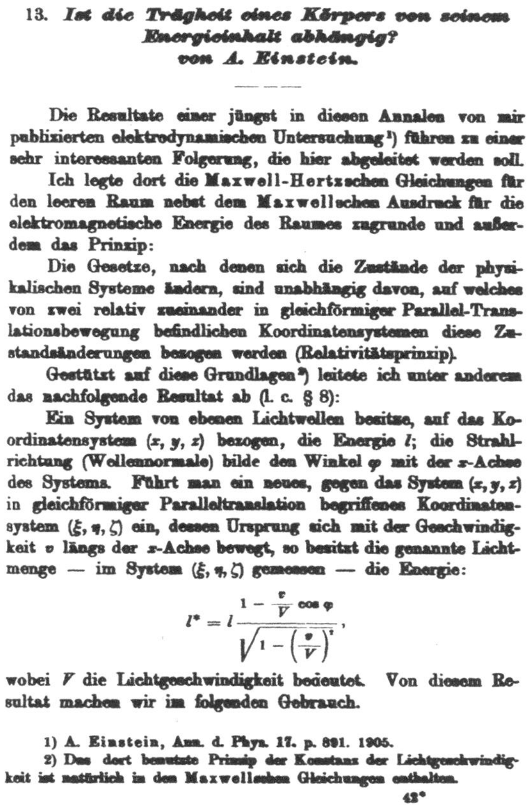

13. ***Ist die Trägheit eines Körpers von seinem Energieinhalt abhängig?***
von A. Einstein.

Die Resultate einer jüngst in diesen Annalen von mir publizierten elektrodynamischen Untersuchung[1]) führen zu einer sehr interessanten Folgerung, die hier abgeleitet werden soll.

Ich legte dort die Maxwell-Hertzschen Gleichungen für den leeren Raum nebst dem Maxwellschen Ausdruck für die elektromagnetische Energie des Raumes zugrunde und außerdem das Prinzip:

Die Gesetze, nach denen sich die Zustände der physikalischen Systeme ändern, sind unabhängig davon, auf welches von zwei relativ zueinander in gleichförmiger Parallel-Translationsbewegung befindlichen Koordinatensystemen diese Zustandsänderungen bezogen werden (Relativitätsprinzip).

Gestützt auf diese Grundlagen[2]) leitete ich unter anderem das nachfolgende Resultat ab (l. c. § 8):

Ein System von ebenen Lichtwellen besitze, auf das Koordinatensystem (x, y, z) bezogen, die Energie l; die Strahlrichtung (Wellennormale) bilde den Winkel φ mit der x-Achse des Systems. Führt man ein neues, gegen das System (x, y, z) in gleichförmiger Paralleltranslation begriffenes Koordinatensystem (ξ, η, ζ) ein, dessen Ursprung sich mit der Geschwindigkeit v längs der x-Achse bewegt, so besitzt die genannte Lichtmenge — im System (ξ, η, ζ) gemessen — die Energie:

$$l^* = l\frac{1 - \frac{v}{V}\cos\varphi}{\sqrt{1 - \left(\frac{v}{V}\right)^2}},$$

wobei V die Lichtgeschwindigkeit bedeutet. Von diesem Resultat machen wir im folgenden Gebrauch.

1) A. Einstein, Ann. d. Phys. 17. p. 891. 1905.

2) Das dort benutzte Prinzip der Konstanz der Lichtgeschwindigkeit ist natürlich in den Maxwellschen Gleichungen enthalten.

42*

图 4.8 Einstein 论证物体的惯性质量和其所含的能量成正比, 导出著名的 $E=mc^2$ 公式的论文的首页,《物理学年鉴》第 18 卷 639 页 (1905)①

他后来关于狭义相对论的工作包括：横向 Doppler 效应的讨论[80]; 与 Jakob Laub 合写的关于宏观介质电动力学的两篇论文[81]; 两篇已发表的评述文章[82]; 一篇大约写于 1912 年但直到不久前才发表的长篇评述[83]. 他的两本书[84] 和许多关于广义相对论的评述文章包含有对狭义相对论的讨论, 但 1912 年后他在这个领域没有发表新结果.

前面提过, Einstein 是在寻求解释物质和辐射本性的理论的过程中建立狭义相对论的, 这种寻求终其一生.

> 当我们说我们已经成功地理解了一组自然过程时, 我们的意思总是指已经找到了一个将这些过程包括在内的构造性理论[85].

他对狭义相对论的陈述带有其起源的清晰痕迹. 由于对光的本性问题太着

① 1951 年他写道: ‘整整 50 年的沉思都没有让我更接近 “光量子是什么” 这个问题的答案[86].

迷①, 他忽略了相对性原理 (本质上是运动学的、内容上是普适的) 与光速不变原理 (这个原理得自"Lorentz 的静止光以太理论"[87], 与之有关的是一特殊类型的电磁现象) 之间的矛盾①. 狭义相对论的电动力学来源留下的这些痕迹多年来将新运动学暴露在本来能够避免的误解和攻击之下. 最近, 一些"原型物理学"的倡导者在正确地看到对于任何运动学理论应该能够给出一个纯运动学的基础之后, 却未能注意到, 狭义相对论的运动学已经满足了这个检验 (第 4.2.5.4 节). Einstein 后来认识了他原来的论证中的这些缺点:

> 狭义相对论是从 Maxwell 电磁场方程生长出来的. 但是人们看到, 即使在对力学概念及它们的关系的推导中, 关于电磁场的概念及其关系的考虑也起过重要的作用. 至于这些关系的独立性问题, 这是一个自然的问题, 因为狭义相对论的真正基础 Lorentz 变换自身与 Maxwell 理论并没有关系[89].

但是他从未讨论过不需要光速不变假设的 Lorentz 变换推导 (见下).

物理学界对 Einstein 的工作以及对 Lorentz 和 Poincaré工作的消化吸收构成了整部相对论的历史. 这个创造性过程并没有结束于个别天才人物的工作, 而是包括了有关领域的专家们对它的评价, 以及它 (往往以修改的形式) 对已被接受的准则的融入情况[90]. 一个理论的成熟只有对它的认同已导至一个广泛的共识才算完成, 这种共识往往包括对"这个"理论的各种不同的解释. 常常还甚至发生一个已建立的理论后来又得到再解释的情况 (例如早先对 Newton 力学的讨论和后来对 Maxwell 电动力学的讨论).

为了理解在形成当前的狭义相对论共识的过程中包含的选择, 考虑假设的某些别种场景是有启发性的. Lorentz、Poincaré和其他人的工作表明, 如果没有 Einstein 的贡献, 那样得出的共识版本可能不会明确区分运动学效应和电动力学效应, 而是会将长度收缩、时间膨胀和质量随速度增加等现象解释为相对于以太系运动引起的动力学效应②. 这样, 强调的重点就会是那些导致绝对速度不可探测的因素, 而不是一切惯性系的完全等效.

另一方面, 如果承认 Einstein 对光速不变假设的强调是引进了一个不必要的非运动学因素, 并且采用了一种完全基于相对性假设的研究方法 (见下), 那么狭义相对论的一种比 Einstein 理论有更充分的运动学基础的形式可能已成为标准的形式.

回到事情的实际过程, 理论物理界相当迅速地接受了 Einstein 工作的某些要

①如果我们用某种别的无质量场参考系代替光场, 把理论建立在比方说中微子速度不变原理的基础上, 那么这种以光为参考的做法的奇妙之处就更明显了. 请记住 Born 对热力学第二定律表述 (用到热机和冷库等概念) 的评论: "这些新奇概念显然是从工程学借来的"[88].

②1908 年, Laub 致信 Einstein 写道"如果没有您的工作, 我们充其量会把 Minkowski 的时间变换方程 (就其物理解释而言) 与 Lorentz 的'地方时'同样看待"[91].

素, 但是在其核心特征是什么这个问题上的着重点有所不同. 特别是, 人们常常不能理解 Lorentz 和 Einstein 观点的差异 (多年以来 Lorentz-Einstein 理论的提法是常见的), 也有人试图将接受相对论同继续信奉以太结合起来; 对于整个相对论的事业也还有相当大的阻力[92]. 对于不同国家的物理学界接受相对论情况的研究显示出许多这样的差异, 有人提出, 这些差异在很大程度上是由于不同国家“做物理学研究”的风格不同[93], 但别的人争辩说, 这并不是最重要的因素[94].

4.2.4 相对论后来的发展

狭义相对论后来的历史可以大致分为以下几个阶段:

(1) 该理论不同的表述形式的发展, 包括不同的基本概念和假设, 和/或不同的数学结构和方法的使用.

(2) 该理论对物理学各个分支的应用, 比如: ①运动学, ②粒子动力学, ③电动力学 (包括光学), ④热力学, ⑤统计力学, ⑥连续介质力学, ⑦量子力学和基本粒子理论, 以及⑧引力.

(3) 理论的原理和各种结论的实验检验, 以及技术应用.

对于这些课题的任何一个的历史还没有进行过系统的研究, 所以下面的说明, 虽然对紧接着 1905 年的一段时期讨论得比较详细, 必然仍是不连贯和不系统的[95].

4.2.5 其他的表述方式和形式体系

1. 狭义相对论的形式体系

使用过的数学程式很多: 矩阵, 矢量, 张量, 四元数, 旋量, 扭量等等. 对它们的基本要求是 Lorentz 群 (即四维实伪正交群) 或者某个与它同构的群的某一表示; 不过, 这些表示的引入是很不系统的.

Einstein 原来的表述使用相对于各种惯性系的 Descartes 空间坐标; 但他的结果容易转换成三维矢量形式, 加上相对于每个参考系的时间作为另一变量 (见前). 这种所谓三加一维程式的缺点是, 许多物理量从一个惯性系到另一惯性系的变换公式相当复杂. 数学家们很快发展了给出重大简化的四维程式.

2. 四维表述

Poincaré将 Lorentz 的电动力学重新表述为四维几何形式[96]①; Minkowski 对 Einstein 的理论进行了类似的四维重新表述, 这对相对论的后续发展有重要影响[97]. 他的有关四维时空 (常称为 Minkowski 空间) 中事件世界的概念, 不仅带来了形式上相当大的简化, 而且在概念上澄清了狭义相对论中许多物理量之间的关系.

---

①当然, 时间作为第四维引入分析力学早在相对论之前.

四维方法给我们提出了将三维 Euclid 空间中使用的矢量代数和矢量分析到四维时空的自然推广. 令 $\boldsymbol{r}$ 为一个点相对于某惯性系原点的位移矢量. 参考系的 Euclid 几何的基本**空间**不变量是 $\boldsymbol{r}$ 和 $\boldsymbol{r}'$ 处两点之间的**距离**$\Delta\sigma$: $(\Delta\sigma)^2=(|\boldsymbol{r}-\boldsymbol{r}'|)^2$; 它是由空间转动和平移构成的 6 参数 (非齐次)Euclid 群下的不变量. 如果我们用列矩阵 $\mathbf{r}$ 代表空间的一点, 用 (实) 正交 3×3 矩阵 $\mathbf{R}$ 代表转动, 则 $\mathbf{Rr}$ 代表 $\mathbf{r}$ 转动的结果. (一个实矩阵 $\mathbf{R}$ 若满足方程 $\mathbf{R}^T\mathbf{R}=\mathbf{I}$, 其中 $\mathbf{R}^T$ 是 $\mathbf{R}$ 的转置, $\mathbf{I}$ 是单位矩阵, 则 $\mathbf{R}$ 是正交矩阵).

现在将一个事件的时间和空间坐标 t 和 $\boldsymbol{r}$ 联合构成 4 **维时空**即 Minkowski 空间中的一点 $\boldsymbol{x}$. 这个空间的基本不变量是两个事件 $\boldsymbol{x}=(t,\boldsymbol{r})$ 和 $\boldsymbol{x}'=(t',\boldsymbol{r}')$ 之间的**间隔**$\Delta\mathrm{s}=(\Delta\sigma)^2-(\mathrm{c}\Delta t)^2$, 式中 $\Delta t=t'-t$. 从一个惯性系到另一个惯性系的 Lorentz 变换的作用由这个空间中点的赝转动代表 (时间坐标必须乘以 c 以使它的量纲与空间坐标可比). 赝转动中的 '赝' 指的是 Lorentz 变换实际上并不是转动, 因为时空度规的符号差不是正定的. 然而, 正如 Poincaré[96] 和 Minkowski[97] 所证明的, 通过取一个纯虚数的时间坐标 it, 并且用具有若干个纯虚数分量的矩阵表示 Lorentz 变换, 还可以用转动. 在这种赝转动下, 即在 10 个参数的 Poincaré群 (或非齐次 Lorentz 群) 下, 间隔是不变的, 一如在通常的空间转动和时空平移下那样. 将一事件用一个列矩阵 $\boldsymbol{x}$ 表示, Lorentz 变换用一个 4×4 赝正交矩阵 $\mathbf{L}$ 表示①, $\mathbf{Lx}$ 代表一个赝转动即 Lorentz 变换对该事件的影响. 对 Lorentz 变换 (以及一切作用在抽象空间上的其他变换) 可以给出主动和被动两种解释. 主动变换将空间中的一点 (这里是一个事件) 变到另一点, 而被动变换描述同一个点在不同坐标系 (这里是惯性系) 中的坐标.

Euclid 空间中不同点之间的距离必须为正; 但是 Minkowski 时空中事件之间的间隔分为不同的三类: 类空的, 若 $(\Delta s)^2>0$; 零 (或类光) 的, 若 $(\Delta s)^2=0$; 和类时的, 若 $(\Delta s)^2<0$(图 4.2.9(a)). 在后一情况下, $\Delta\tau=\sqrt{-(\Delta s)^2}$ 叫做两个事件之间的固有时间. (约定依照间隔的总体符号的定义是使类空间隔的平方为正 (如我们所用的) 还是为负而不同.) 这种分类确定了 Minkowski 空间中任一点 O 的光锥结构: 与 O 的间隔为类光的事件集合构成一个圆锥面; 一切与 O 间隔为类空的点在这个圆锥之外, 一切与 O 间隔为类时的点在这个圆锥之内 (图 4.9(b)).

根据 Minkowski 将时空叫做 "世界" 的略显夸张的叫法, 对应于一个粒子可能运动的一点在时空中的路径叫做一条 (类时) 世界线; 它总是以沿它的固有时间 τ 为参数, 即 $\boldsymbol{x}=\boldsymbol{x}(\tau)$. 由对 τ 的导数定义的 4 维运动学量 (例如四维速度 $\boldsymbol{V}=\mathrm{d}\boldsymbol{x}/\mathrm{d}\tau$, 它是世界线的切矢量) 与 3 加 1 维量的组合相联系 (例如, $\boldsymbol{V}$ 在一个惯性系中的分量是 $(\gamma,\gamma\boldsymbol{v})$, 其中 $\boldsymbol{v}$ 为 3 维速度). 在 3 加 1 维程式中看起来无关的许多

①一个实矩阵 $\mathbf{L}$, 若满足方程 $\mathbf{L}^T\eta\mathbf{L}=\mathbf{I}$, 式中 $\mathbf{L}^T$ 是 $\mathbf{L}$ 的转置, η 是对角元有 3 个为 +1、一个为 −1、而所有非对角元为 0 的矩阵, 则 $\mathbf{L}$ 是赝正交矩阵.

物理量现在成了同一个 4 维量的分量, 这反映了在狭义相对论中这些量之间的物理联系 (见下面出自力学和电动力学的例子).

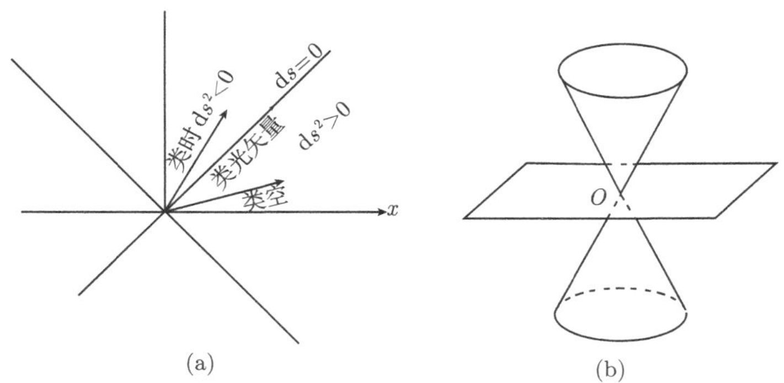

图 4.9 (a) 类空、类光和类时矢量; (b) 光锥

Einstein 已经隐含地定义了固有时间, 并且假设沿着类时世界线挪动的时钟按固有时读数[77]. 正像空间中两点之间的距离依赖于它们之间的路径一样, 两个事件之间的固有时间也依赖于连接它们的世界线 —— 差别在于, 直线是两点之间的最短路径, 而沿着两个事件之间直的 (惯性) 世界线则流逝的固有时间最长. 这是著名的“双生子佯谬”的基础, 它已隐含在 Einstein 的陈述中, 但到 1911 年才由 Langevin 首次明确表述[98], 从那时起它引起了相当大的争议[99].

Minkowski 空间作为一切物理过程的处所的概念, 以及随之而来的使用几何概念和语言来描述这些过程, 很快就得到广泛接受并且以多种数学程式表达出来. Minkowski 用 4 维矩阵的程式, 而 Conway[100] 和 Silberstein[101] 则采用四元数的程式. 不过, Sommerfeld 发展的 4 维准 Descartes 矢量和张量程式能够使已经熟悉相应 3 维程式的物理学家最容易地消化吸收这些新概念, 所以这种程式很快就在狭义相对论的应用中占据统治地位[102].

3. 旋量和扭量的程式

为了处理量子力学中的电子自旋, Pauli[103] 引入了 2 分量 (非相对论) 波函数, Dirac[104] 引入了 4 分量 (相对论) 波函数. 很快就认识到, 它们分别涉及转动群和 Lorentz 群的非张量表示, 对于描述 Fermi 子 (自旋为半整数的粒子) 场是需要的. Cartan 在 1913 年对正交群的线性表示进行分类时引入了这些旋量表示, 1929 年 Van der Waerden 发展了所需的旋量代数和旋量分析 [105].

30 年后, Penrose 证明, 旋量技术用来研究 Bose 子 (自旋为整数的粒子) 场如 Maxwell 场和线性化引力场[106] 也有好处, 并且还在 4 维复射影空间中 Lorentz 群表示的基础上发展了用于相对论场的扭量程式[107].

4. 不含光速不变假设的表述

1910 年, Ignatowski 证明, 狭义相对论不需要光速不变假设[108]. 相对性原理连同若干附加的运动学假设意味着, 时空在一个单参数族时空变换群下是不变的. 对于这个参数的任何有限的值, 该群同构于 Lorentz 群 (当参数值变为无限大时, 该群收缩为 Galileo 群). 这个参数具有速度的量纲, 其值由 Einstein 表述中的光速假设确定. 但是不涉及电动力学的纯运动学假设也可用于这个目的[109]. 从那以后多次重新发现 Ignatowski 结果的细致改进和变型[110]. Einstein 从未放弃光速假设 (见前节), 对狭义相对论的解释也越来越遵从 Einstein 的引导. 只是最近在标准教科书中才开始出现类似于 Ignatowski 的对 Lorentz 变换的推导[111].

5. 因果性陈述

1913~1914 年, Robb 为狭义相对论提出了另外一个完全不同的基础[112]. 他不满意 Einstein 使用依赖于惯性系的概念[113], 决定在绝对的形式即不依赖于惯性系的形式中发展理论. 于是, 他把他的解释建立在事件之间的绝对关系 (他叫做锥形顺序) 的基础上: 两个不同的事件, 要么一个在另一个之前, 要么在它们之间这个关系不成立, 即是一个部分顺序关系. 通过对这一部分顺序关系施加适当的假设, Robb 以与坐标无关的纯几何方式发展了 Minkowski 空间的几何[114]. 将 Robb 的逻辑反过来, 从 Minkowski 空间出发, 他的顺序关系可以用 Minkowski 时空的共形 (即光锥) 结构来定义. 如果两个事件之间的间隔是类时的或类光的, 它们之间的这个关系就成立, 如果是类空的则不成立. Robb 的方法直到 1960 年代才受到广泛注意[115], 那时 Zeeman 和其他人发表了关于 Minkowski 时空因果结构的工作, 随后被 Kronheimer 和 Penrose 推广到因果时空的概念[116].

4.2.6 相对论性速度空间 (运动学空间)

Laue 在 1907 年证明, 以前用电动力学解释的 Fresnel 曳引系数 (第 4.2.2 节), 可以解释为一种纯运动学效应, 而无需任何 "曳引" [117]. Fresnel 公式只是相对论性相对速度合成法则应用于运动介质中光速时的一阶近似. (当然, 以太参考系在在相对论性论据中不起作用. 介质和光的运动可以是相对于任何惯性系.)

表示速度合成法则的公式在代数上相当复杂, 特别是如果两个速度不在同一方向的话. Sommerfeld 为这个法则找到一个简单解释[118]: 待合成的两个速度与它们的合速度构成了虚半径为 ic 的球面上一个球面三角形的三条边. Varicak[119] 很快用速度空间 (有时称为运动学空间) 的几何对此结果给出一个解释[120]. 在狭义相对论中, 这个空间遵从 3 维 Lobachevsky 几何, 即它是半径为 c 的常负曲率空间. (对应的 Galileo-Newton 速度空间是平直的, 得出 Galileo 的相对速度矢量相加法则). 相对速度由速度空间中的点对代表, 它们的合成等当于求解 Lobachevsky 的 (赝球面) 三角形. 这种三角形的几何在形式上等价于虚半径的球面三角形的几何, 于是立即得到 Sommerfeld 的结果[121].

不同方向上的相对速度的合成的非对易性从相对论速度空间的曲率立刻可以得到. Borel[122] 注意到另一个直接推论. 当一个矢量沿闭合路径平行移动时, 它相对于其原来的方向旋转. 在物理上, 一个不受转矩作用的角动量矢量在速度空间内沿其路径发生平行移动. 所以, 当它以可与 c 比较的速度绕闭合轨道运动时, 角动量矢量发生进动. 对于原子轨道上电子自旋的情形, 这个效应是 Thomas 重新发现的, 所产生的自旋进动现在称为 Thomas 效应[123].

4.2.7 粒子动力学

Planck(1906~1907) 表明了如何从 Lagrange 变分原理 (常常叫做最小作用量原理, 虽然动力学路径的极值实际上是最大值) 导出狭义相对论的动力学. 这种通常应用于 Lagrange 量的方法得出的相对论中的力和动量的定义比 Einstein 原来提出的更简单[124], Einstein 很快就采纳了它们[125], 变成了标准定义.

Minkowski 证明, 在 Lorentz 群下, 相对论性的 3 维动量 $\boldsymbol{p}$ 和能量 E 自然地结合成一个“4 维动量”矢量; 而相对论的 3 维力 $\boldsymbol{f}$ 和它所做功的功率 $\boldsymbol{v}$ 结合为一个“4 维力” $(\boldsymbol{f}, \boldsymbol{v})$.

1909 年, Lewis 和 Tolman 将以前的论证方向逆反过来[126]. 他们不是从粒子系的运动方程出发来证明这个粒子系的能量和动量守恒定律, 而是从假设守恒定律对于一个除碰撞外无其他相互作用的粒子系成立, 来推导一个粒子的相对论性能量和动量的表达式. 代替假设所有四个守恒定律在一个惯性系中成立, 也可以假设能量守恒在一切惯性系中成立[127].

Schwarzschild 在 1903 年从只含带电粒子的变分原理导出了 Maxwell 方程, 定义 Maxwell 场为其推迟解[128]. 他于是 (在狭义相对论提出**之前**!) 给出了直接但非瞬时相互作用粒子的 Lorentz 不变理论的的第一个例子, 此后提出了多种别的 Lorentz 不变的直接相互作用粒子理论[129]. 这类理论主要的吸引人之处是, 与以场为媒介的相互作用不同, 这类系统只涉及有限的自由度数[130]. 1949 年 Dirac 证明, 在当时已知的这类理论 (他称之为瞬时形式) 之外, 还有另外两类, 即点形式和锋形式[131]. 对所有这三类形式都做了许多工作, 但它们仍有严重的物理解释问题. 一个这样的问题是, 相对论粒子系动力学的 Hamilton 陈述 (在这种陈述中粒子的位置坐标在 Poincaré群下适当变换), 只有当粒子没有相互作用时才有可能[132].

4.2.8 刚性运动和连续介质力学

刚体在狭义相对论中的定义是 Born 给出的[133]. Herglotz 和 Noether 证明, 与 Newton 理论中刚体具有 6 个自由度不同, 在相对论中刚体只有 3 个自由度[134];

Laue 很快证明, 在相对论中, 一个广延的物体不能够具有有限个自由度[135]. (若是这样, 那么施加在这个物体的有限个点上的力就必定会使物体的所有各点在瞬时进入运动.)Born 所定义的其实是非刚体的**刚性运动**, 注意力被转移到这种非刚体的动力学上去了.

Herglotz 给出了理想弹性介质理论的漂亮的狭义相对论陈述[136]; 相对论流体力学的特殊情形也曾被 Ignatowski 和 Lamla 讨论过[137]. 从 Herglotz 开始, 人们曾表述过若干种对弹性介质绝热运动的 Lagrange 变分原理, 及对流体的 Euler 变分原理[138]. 从 Eckart[139] 开始, 曾不断试图讨论超出绝热的情形, 并发展了连续介质的相对论热力学[140].

4.2.9　电动力学

Lorentz 在 1904 年证明, 无源的真空 Maxwell 方程在 Lorentz 变换下不变, Poincaré和 Einstein 在 1905 年证明有源方程也是 Lorentz 不变的 (见前). Minkowski 用他的 4 维方法讨论了相对论真空电动力学[141](见上), 证明在 Lorentz 群下, 3 维电场矢量 $\boldsymbol{E}$ 和磁感应矢量 $\boldsymbol{B}$ 结合成一个“6 分量矢量”(这是那时对反对称 2 秩张量的通常叫法), 从而对 Einstein 关于电磁场区分为电场和磁场是相对于一个惯性系而言的证明给出了一个自然的数学表示. Minkowski 还将 3 维电磁能量密度标量、动量密度 (Poynting) 矢量和 Maxwell 应力张量统一为一个 4 维 2 秩对称张量, 现在叫做电磁场的应力–动量–能量张量 (常简称为应力–能量张量, 能量–动量张量或应力张量). 这个张量的 4 维散度等于一个 4 维矢量加负号, 这个矢量的分量是场所做的功率密度和场所施加的有质动力密度 (Lorentz 力矢量). Minkowski 的工作提示 Abraham[142] 如何定义任何力学系统的应力–能量张量, Laue[143] 证明一个封闭系统的总的 (电磁加力学) 应力–能量张量是守恒的. 后来发现总应力–能量张量在广义相对论中特别重要, 在那里它是引力场方程中的源项 (第 4.3 节).

Minkowski 也发展了宏观连续介质 (不论是静止的还是运动的) 的唯象电动力学, 引入了将电位移矢量 $\boldsymbol{D}$ 和磁场矢量 $\boldsymbol{H}$ 结合成的第 2 个“6 分量矢量”, 并定义了介质中的电磁场的 (非对称的) 应力–能量张量和有质动力密度.

他的工作引发了对这样的介质中的电磁场的正确宏观处理的持续讨论. Einstein 和 Laub 提出了应力–能量张量和有质动力的不同的表达式[144]; Abraham 也这样做了, 他提出的应力 - 能量张量是对称的[145]. 对有质动力项和应力–能量张量正确形式的争论持续了多年[146]. 其原因现在看来很清楚: 将一个由电磁场和物质介质组成的**综合**系统的**总**应力–能量张量分为物质和场两项的分法在很大程度上是任意的. 类似地, 只有作用在介质中一个物体上的总力是惟一确定的; 将其分为由场产生的有质动力项和由介质产生的力学项的分法是不唯一的. 而且, 有质动力项本身也不能唯一地分为作用在物体的电荷和电流密度上的力, 及另一种作用在其极化和磁化密度上的力. 只要使用时适度小心, 提出的每一种应力–能量张量或有质动力都会给出相同的物理预言[147].

在狭义相对论提出之前, Lorentz 从他的微观电子论推导出了一组物质介质的宏观方程, 这种介质的模型是一组带电粒子的集合. 他的做法是在固定时刻对小区域内的场和粒子做平均, 这给出一组非 Lorentz 不变的宏观方程[148]. Dällenbach 证明, 一个类似的但是基于对 4 维时空区域求不变平均的做法, 能够用来导出 Minkowski 的宏观方程[149].

4.2.10 相对论热力学

Mosengeil 研究了黑体辐射的热力学, 得到的结果同狭义相对论相容[150], 但并不要求使用它: 的确, 任何完全由电磁辐射组成的系统在 Maxwell 方程的基础上就能够适当处理了, 因为后者是相对论不变的.

以 Mosengeil 的工作为基础, Planck 表述了狭义相对论的热力学[151], 论证一个系统的熵是 Lorentz 变换下的不变量, 而其温度则**减小**γ 倍. Einstein 用不同的方法得出同样的结果[152], 得到普遍接受的是 Planck- Einstein 的表述[153]. 但 Ott 重新打开了这个话题, 主张温度应该**增加**γ 倍[154], 由此引发了一场讨论, 人们热烈地争论了温度和其他热力学量的不同的变换规律的优点[155]. 在辩论初期, Anderson 就注意到一切这类变换规律中的人为因素, 它们几乎完全依赖于约定的选择[156]. 热力学量就其本质而言是描绘平衡系统的状态的, 这样的状态挑出了一个可以定义和测量这些量的惟一的 (惯性) 静止参考系.

4.2.11 相对论统计力学

只通过碰撞相互作用的相对论自由粒子系统具有有限个自由度, 可以用与这样的非相对论系统的动理论中使用的方法类似的方法来处理. Jüttner 推导出 Maxwell-Boltzmann 分布律的相对论形式 [157], 并且证明这样的气体的状态方程保持不变[158].

表述一个粒子系的相对论动理论的真正困难, 始于引入其他的相互作用时. 相对论的超距作用理论 (见前) 能够用来描述仍然只有有限个自由度的系统; 但是当引入推迟效应时, 运动方程变为积分–微分方程, 不能应用通常的动理论方法. 如果假设相互作用是以场为媒介的, 例如带电粒子之间通过电磁场的相互作用, 那么系统的自由度就变为无穷大. 通过假设半超前、半推迟的相互作用可以消去场的自由度; 但是要描述以相对论速度相互作用的荷电粒子发出的大量的辐射, 需要推迟的相互作用. 为了应对这个问题发展了辐射的吸收体理论[159]. 对于具有无穷个自由度的粒子加场的系统应用统计方法是极其困难的, 虽然某些近似方法看来有用, 但是迄今尚没有发展出完全满意的处理方法[160].

4.2.12　量子理论和基本粒子

狭义相对论最重要的应用可能是在高能物理中, 在那里要处理速率接近光速 c 的粒子, 特别是静止质量为零的粒子, 它们的速率永远是 c, 处理这类问题非狭义相对论莫属. 实际上, 光子是已建立了完全相对论性描述的第一个基本粒子. Einstein 引入光量子这个探索式的概念来描述电磁场的能量转移的分立性, 但直到 1916 年都没有找到赋予它动量的理由[161]. 1923 年发现 Compton 效应后, 大多数理论物理学家才接受了光量子 (Lewis 将它重新命名为光子).

De Broglie 将 Einstein 的推理倒过来, 论证说如果将电磁场与粒子联系起来, 那么其他粒子如电子也应当同一个波场相联系[162]. Schrödinger 在试图为这个场建立一个波动方程时, 首先考虑的是相对论方程 (现在以其两个重新发现者的名字命名为 Klein-Gordon 方程); 但他只能用现在以他命名的非相对论方程推导出氢的光谱[163]. Pauli 表明了如何将自旋纳入非相对论性理论[103], 而 Dirac 表述了自旋 1/2 的粒子的相对论不变理论 (见前)[104]. 将 Klein-Gordon 和 Dirac 方程作为 (自旋分别为 0 和 1/2 的粒子) 单粒子方程的物理解释问题导致了它们的场论解释 (所谓二次量子化), 相应的粒子被解释为场的量子.

Jordan[164] 首先讨论了将量子力学从粒子推广到场的问题. Jordan 和 Pauli 将 Lorentz 不变的场量子化方法应用于 Maxwell 方程[165], Heisenberg 和 Pauli 将其推广到 Lorentz 不变的量子场论[166]. 在 1930 年代, 建立了量子电动力学, 发展了相互作用的 Maxwell 和 Dirac 场的一个相对论不变的理论. 得出的形式体系具有严重缺点: 方程不能精确求解, 而按精细结构常数的幂次作级数展开的解在每一阶都发散. 在 1940 年代和 1950 年代, 成功地发展了重正化技术, 协变地绕过了每一阶的发散, 得出了数值有限的结果. 当应用到含有物质和电磁辐射相互作用的问题时, 此理论给出的数值结果与实验符合得极好[167].

随着越来越多的基本粒子被发现, Lorentz 群和 Poincaré群表示理论为它们的分类和建立自由粒子满足的波动方程提供了基本的理论框架. 在这些问题上做过工作的人中包括 Dirac(1936)、Fierz(1939) 和 Pauli(1939)[168], 但是 Poincaré群全部表示的系统分类和对应的波动方程是 Wigner 在 1939 年解决的[169].

狭义相对论的一项给人印象深刻的应用是 Pauli 的自旋 - 统计定理: 与整数自旋粒子对应的相对论性自由场只能使用对易子方可相容地量子化 (Bose-Einstein 统计), 而对应于半整数自旋粒子的场则要求用反对易子量子化 (Fermi-Dirac 统计)[170].

4.2.13　引力理论

建立一个狭义相对论引力理论的最初尝试是由 Poincaré做的, 现在可以称之为直接相互作用粒子的理论 (见前)[76]. 从一开始 Einstein 就采取了场的方法[171], 但他得出结论说, 如果不对狭义相对论做深刻修改, 引力是不能纳入狭义相对论的 (第 4.3 节). 虽然如此, 许多物理学家仍在继续研究狭义相对论的 (甚至非相对论的) 引力理论. 在 20 世纪的头两个十年里, Abraham, Mie 和 Nordström 发展了这样的理论[172], Nordström 的所谓第二理论 (1913) 是这些尝试中最为有趣的[173]. Einstein 和 Fokker 证明, 它可以在几何上重新解释为一个共形平直时空的理论[174], 共形因子代表引力势①. Nordström 成功地把他的引力理论同电磁学统一起来, 从而创建了第一个 5 维统一场论[175](第 4.4 节).

从那以后, 人们不断提出多种狭义相对论性引力理论 (标量的, 矢量的和张量的) 来同广义相对论竞争. 在一定意义上说, 这个问题是太容易了: 给出一个带若干自由参数的狭义相对论性理论, 很容易选择这些参数之值, 使这个理论对广义相对论的 3 个 '经典检验' 得出和广义相对论相同的预言[176].

更有趣的是从狭义相对论的基础出发导出广义相对论的引力方程 (第 4.3.4 节). 这类努力的主要动机是在协调广义相对论的概念框架同物理学其余领域 (特别是量子力学) 所用框架的困难. 实际上, 许多物理学家, 特别是工作在量子场论方面的物理学家, 都试图给出广义相对论的狭义相对论解释. 仍未解决的基本争议是: 应当按照其余领域物理学的模式来建立引力理论, 还是引力的独特性质要求从根本上修改其余领域的物理学? 大多数物理学家仍然喜欢前一个选项, 但弱相互作用和强相互作用规范理论最近的成功, 连同把广义相对论仅看作另一种狭义相对论性场论来使其量子化试图的失败, 已经让许多人更看好后一个选项了 (第 4.3.15 节).

4.2.14 实验检验和应用

所有那些原来被解释为未能显示普通物质相对于以太运动的效应的实验 (例如 Michelson-Morley 实验和 Trouton-Noble 实验), 都被狭义相对论的拥护者重新解释为支持相对性原理的证据[177]; 后来的重复和变型提供了进一步的支持. 特别值得一提的是 Kennedy-Thorndike 实验[178], 它排除了光绕地面上任一闭合路径的往返时间对地球平移运动的依赖性.

至于光速不变原理, 力求用种种发射理论 (在这种理论中光的速度是相对于光源的) 来解释它的尝试在 1905 年后仍在继续. (Einstein 早先曾考虑过将相对性原理同光的发射理论结合起来的可能性, 见前.) Ritz 曾提出过一种 Galileo 不变的光的发射理论, Ehrenfest 指出并不存在反对这一假说的具有结论性的实验证据[179]. De Sitter 最终给出了一个基于双星系统轨道观测的论据, 连同早先的困难, 它在一定程度上终止了否定光速不变原理的种种试图[180]. 虽然如此, 发射理论有时仍然作为狭义相对论的一个代替选项提出. 在狭义相对论中, 是没有牵扯到光的发射理

①如果用对称的 2 秩张量场 $\eta_{\mu\nu}$ 表示平直的 Minkowski 度规, 那么一个共形平直时空的度规由 $\Phi^2\eta_{\mu\nu}$ 表示, 标量函数 Φ 在 Nordström 理论中起着引力势的作用.

论的问题的, 因为光相对于光源的速度恒为 c; 的确, 光子假说就是这种理论的量子版本.

狭义相对论动力学的首批实验检验, 关心的是 (惯性) 质量随速度变化的相对论公式, 这个公式那时常常称为 Lorentz-Einstein 公式, 因为 Einstein 预言的公式形式和 Lorentz 电子论预言的相同[51,54]. (后来 Einstein 觉得最好把质量这个术语留给固有质量, 而谈论动能随速度的变化.) Kaufmann 从 1901 年以来一直在实验上研究这个问题[181], 其结果 (1905-1906) 似乎不利于 Lorentz-Einstein 公式. 然而, 在下一个十年中, 支持这个公式的实验证据不断积累起来, 使物理学界的共识逐渐而最终决定性地移向了狭义相对论[182].

对狭义相对论的运动学、动力学、光学和其他结论的多种检验多年来一直在进行. 这个理论通过了所有这些检验[183], 成了实验物理学家、应用物理学家及理论物理学家的日常工具[184]. 例如, 不用狭义相对论, 就不可能设计现代的粒子加速器, 也不能对借助这些加速器发现的许多粒子进行分类和理论描述.

质能等价关系首先由 Cockcroft 和 Walton 在核反应中定量验证[185]. 借助这个关系, Bethe 详细阐明了核反应如何解决了长期存在的恒星能源的问题[186]. 大众所说的原子能, 即来自核裂变 (1938) 或核聚变 (1949) 反应的能量在建设性目的和破坏性目的上的利用, 提供了技术应用的例子, 它的显赫声名使 $E=mc^2$ 成为我们时代最著名的方程.

4.3 广义相对论

Einstein 在 1907 年开始寻求一个相对性的引力理论 (第 4.2.13 节). 虽然他在这种探索中并不孤独, 但他却是推广 (狭义的) 相对性原理以解决这个问题的惟一的物理学家[187]. 所以, 和许多人对发展狭义相对论都有贡献不同, 建立广义相对论是他一人的探索故事[188].

另一个不同之处是原始文献的相对丰富. Einstein 在 1908~1915 年发表的论著将他工作的各个阶段用文献形式保存了下来, 留存的研究笔记和信件提供了更多的证据. 随着历史学者、科学哲学家和相对论学者开始把他们的注意力转向广义相对论的历史, 对这些资料的详细研究越来越多了[189].

证据允许以最少的猜测相当详细地重建这一过程的主要步骤. Einstein 在回忆中将他的工作划分为三个主要阶段[190].

(1) 等效原理的表述 (1907), 他将其解释为表明了有推广狭义相对论的需要. (在 1915 年之前他并未把他早先的理论称为“狭义”相对论[191].)

(2) 从标量引力势过渡到用一个赝 Riemann 度规张量来表示引力场 (1912)①.

(3) 对度规张量广义协变的引力场方程的陈述 (1915).

4.3.1 等效原理

在尝试对 Newton 引力理论进行狭义相对论性的推广后, Einstein 得出了这样的理论不能满足等效原理的结论, 从而放弃了这一尝试[192]. 等效原理建立在惯性质量和引力质量的相等上, 它解释了 Galileo 观察到的以下事实: 具有不同惯性质量和速度的检验物体②在引力场中同一点全都以相同的加速度下落. Newton 给出的证据支持惯性质量和引力质量相等达到大约 1%的精度. Eötvös 的实验[193] 表明二者相等的精度约 10^{-9}(图 4.10), 但 Einstein 在 1907 年显然不知道这个工作. Einstein 的结论是, 一个不能满足这个判据的狭义相对论性理论是不正确的; 但是 (对于广义相对论的发展而言幸运的是) 他在 1907 年并没有认识到这一点. 到 1913 年, 他同意 Nordström 的第二理论 (他将它看成是自己的理论的惟一值得重视的对手) 包容了等效原理[194].

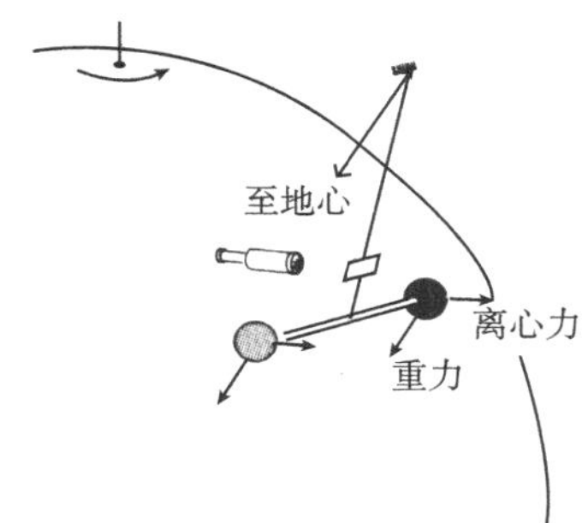

图 4.10 Eötvös 实验. 悬吊杆子的细丝由于地球自转的离心力并不完全在铅直方向, 所以作用在两个球上的向下的引力并不平行于细丝. 如果引力对两种物质的拉力不一样, 杆子将绕细丝轴转动. 如果转动整个装置使得两个球交换位置, 那么产生的转动将在相反方向. 这种转动可以通过观测固定在细丝上的镜子反射的光检测出来

我们可以把从引力质量和惯性质量相等得出的结论称为力学的等效原理. 没有哪个力学实验能够对下面两种情况加以区分 (至少是局部地):

(1) 一个**非加速**的 (惯性) 参考系, 其中存在一个恒定引力场;

(2) 一个**均匀加速的**参考系 (每点的加速度与 (1) 中的引力场所产生的加速度

①严格地说, 一个 Riemann 度规具有正定的符号差, 所以任何相邻两点的距离总是正的. 和狭义相对论中一样, 在广义相对论中两个事件之间的间隔的平方可以为正 (类空)、为负 (类时) 和零 (类光), 相应的张量场称为赝 Riemann 度规; 不过, "赝" 字常常省去, 特别是在物理学文献中.

②一个东西可以看作某个场的 "检验物体", 如果它的被动荷 (这时是被动引力质量) 大得足以受到场的作用, 而其主动荷 (主动引力质量) 小得可以忽略它对这个场的贡献.

大小相等但方向相反), 其中没有引力场.

力学的等效原理意味着, 一旦把引力考虑进来, 就没有哪个力学实验能够区分惯性参考系和直线加速参考系 (图 4.11). (因为加速度在 Newton 理论中是一个绝对量即对于所有惯性系相同, 我们可以说一个参考系是加速系而无需指明是相对于哪一个惯性系). Einstein 把等效原理从力学推广到一切物理现象, 断言对于一切物理现象 (力学现象、电磁现象等等), 上面的情况 (1) 和 (2) 完全等效. 由此可得, 加速的参考系和非加速的参考系之间的绝对区别 (这种区别在狭义相对论中和 Newton 理论中都成立) 对任何物理现象都不再成立了. 他把这个原理作为相对论性引力理论的基石, 得出的结论是, 这样的理论必须推广原来对于非加速参考系的 (狭义) 相对性原理, 至少给某些加速参考系以同等的地位.

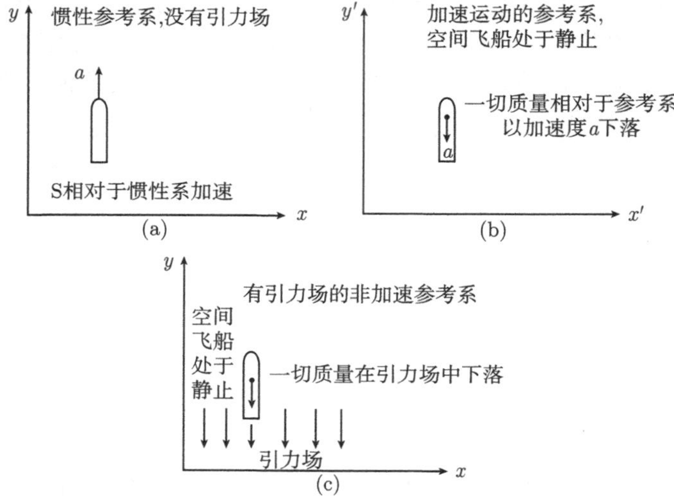

图 4.11　力学的等效原理. (a) 一个物体 S 以匀加速度 a 在一个非加速的或惯性的参考系中加速运动, 没有引力场; (b) 一个物体 S 在一个以均匀加速度 a 加速运动的参考系中静止. 根据等效原理, 在加速参考系中进行的测量给出的结果, 与在 (c) 内的非加速参考系中进行的实验给出的结果相同, 这个非加速参考系中有一个引力场, 其方向与 a 相反, 其强度是引力产生的加速度在数值上等于 a

Einstein 后来把他的论据陈述如下：等效原理表明, 惯性和引力本质上是相同的, 构成了单一的惯性–引力场. 这个场区分为惯性成分和引力成分是**相对于**所选的参考系① 而言的. 他提出, 一个引力的动力学理论甚至可能表明, 一个物体的惯

①这同 Einstein 对电磁学的处理有相似之处, 在那里相对于不同的惯性 (非加速) 参考系, 电磁场以不同的分法被分为电场和磁场, 惯性–引力场则相对于不同的加速参考系以不同的分法被分为惯性力场和引力场. 仿射联络的概念是 Einstein 关于惯性–引力场的想法的适当数学表示, 但它只是在广义相对论建立之后才发展起来 (见后).

性质量完全是由于它与宇宙中所有其余物体的引力相互作用而引起的[195]. 有一段时间他喜欢完全用物质物体的行为来解释惯性–引力场的想法, 这种想法他后来称之为"Mach 原理"[196]. 这种想法在他关于引力的工作中, 特别是在其宇宙模型的发展中, 起了相当大的推进作用[197]; 但他最终放弃了它, 转而热衷于统一场论, 统一场论的目标是用场的行为来解释物质的本性 (见后).

Einstein 首先把相对性原理推广到包括匀加速参考系[198], 这种推广常称为等效原理[199]. 用这个原理, 他能够预言新的引力效应, 因为一个恒定引力场对任何物理现象的效应, 必定与假设引力不存在, 但相对于一个匀加速参考系来分析该现象时相同. 他据此预言, 在引力场中时钟会变慢 (引力红移), 光线会弯曲 (光的引力偏折)(虽然这种描述事物的方式重复了 Einstein 在 1907 年的观点, 并且经常用来说明这些效应, 但它并没有恰当地描述广义相对论解释这些效应的方式.)

地球的引力场不够强, 产生不出那时能测量到的效应; 但是恒星表面辐射着的原子的行为像是"钟", Einstein 预言, 由于恒星引力场的作用, 与地球表面对应的光谱线相比, 它们的光谱线应当移向可以测量出的更低的频率 (红移). Freundlich[200] 开始了长期的努力, 以将太阳和其他恒星的光谱线的引力红移同也产生光谱线频移的许多天体物理过程分开来[201]. 在接下来的 50 年里, 有些天文学家宣称, 在做适当修正后, 这方面的观测同预言的引力效应定量符合; 然而也有人同样强烈地否认这样的断言. 同一位天文学家 (尤其是 St John[202]) 有时在两种立场之间摇摆. 只是在近来发现了 Mössbauer 效应, 使 Pound 和 Rebka 观测到 (图 4.12) 由地球引力场引起的红移之后, 重大的争论才告结束[203].

Einstein 还预言 (1911), 当一颗恒星的光通过太阳边缘附近时, 在日全蚀期间观测到的星像位置同通常夜晚的位置相比, 会有一个可以测量出的引力偏折[204]. 在 1912 和 1914 年的日蚀期间都试图进行测量过, 但由于观测条件差和战争而没有得到结果[205]. 到 1916 年, Einstein 已完成了广义相对论, 其预言的光线偏折是他 1911 年所论证的两倍, 我们将在下面讨论后来的观测.

4.3.2 度规张量场

Einstein 基于等效原理建立了引力的一个标量场理论, 首先讨论了静态场的情况[206]. 此前 (1911 年) 他曾通过把引力势当作有效折射率导出光的引力偏折, 使光速逐点变化, 现在 (1912 年) 他就取这个变化的光速 $c(r)$ 作为代表引力的标量场. 他论证说, 既然引力能具有惯性质量 ($m = E/c^2$), 而惯性质量等于引力质量, 所以引力能必定是引力场的一个源. 因为引力场充当了它自己的一个源, $c(r)$ 必定遵从非线性方程. 在他的引力理论后来的发展中, 这个非线性自作用特征成了一个持久的特征.

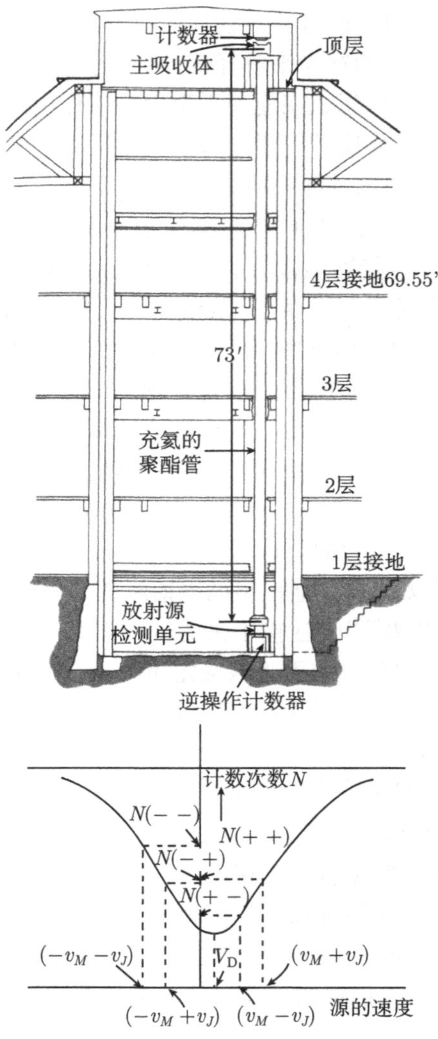

图 4.12　Pound 和 Rebka(1959) 及 Pound 和 Snider(1965) 在哈佛大学 Jefferson 物理实验室做的光子引力红移实验, 光子反抗引力穿过安放在一个竖井内的充氦管子升高 22.5 米. Co^{57} 源的初始强度大于 1 居里. 14.4 keV 的 γ 射线必须穿过一个富含 Fe^{57} 的吸收体才能到达大窗口正比计数器. 源和吸收体都放在控温炉中. 源的速度由两部分组成: 一个是定常的 (v_M), 以将发射谱线的中心置于透射曲线的近于直线的部分上; 另一个在 $+v_J$ 和 $-v_J$ 之间交变, 以在这个直线区扫过透射曲线; 定常速度为 $-v_M$ 时的情况与此相似. 在 $+v_M$ 和 $-v_M$ 两种情况之间与对称的偏离使得可以测量与静止发射体和静止吸收体的零引力情况的偏置 v_D(引力红移效应). 红移的最后结果 (“上行”实验与“下行”实验之间的差) 是等效原理预言的 $2gh/c^2$ (4.905×10^{-15}) 的 (0.9990 ± 0.0076) 倍

粒子在引力场中的运动方程提供了该理论发展的另一条线索. 在用物理论据导出运动方程后, 他发现这些方程可以从 Planck 的自由粒子运动的狭义相对论变分原理得出, 只要在取作 Lagrange 函数的固有时间隔 $\mathrm{d}\tau=\sqrt{c^2\mathrm{d}t^2-\mathrm{d}x^2-\mathrm{d}y^2-\mathrm{d}z^2}$ 中将变量 $c(r)$ 直接代入即可[20]. 这样得到的间隔表达式表明, 必须推广 Minkowski 时空以包括引力.

将静态理论推广到稳态引力场的尝试提供了第三条线索. 在研究了 Minkowski 空间中的匀加速参考系与均匀引力场 (静态场的最简单的例子) 的等效性以后, Einstein 接着研究 Minkowski 空间中一个匀速转动参考系 (“转盘”), 它是稳态引力场的最简单的例子. 将等效原理论证应用于相对论性转盘表明, 磁场型引力效应与空间曲率相联系[208]. (当然, 无论匀加速参考系还是匀速转动参考系都不能产生出所谓的永引力场 (与永磁类比): 因为 Minkowski 空间的 Riemann 张量为零, 其惯性–引力场可以通过改变参考系变换为纯惯性场.)

到 1912 年底, Einstein 认识到, 可以给予他的变分原理一个 4 维解释: 粒子在引力场中的路径是具有非平直度规张量 (伪 Riemann 几何) 的 4 维时空中的 (类时) 测地线 (即最直的路径)[209]. 在平直的 Minkowski 时空中, 这样的 (类时) 测地线在物理上对应于惯性路径: 以匀速运动的惯性系中的直线. 非平直时空中的测地线可以解释为体现了惯性定律推广到包括引力的情况: 只受引力作用的粒子在被引力弯曲的时空中走最直的路径. 如何在数学上描述这样的非平直时空? Einstein 想起了他当学生时对二维曲面的 Gauss 理论的研究. 他的朋友、同窗和当时也在苏黎世联邦理工学院 (ETH) 的同事, 数学家 Grossmann 发现 Riemann 已经把 Gauss 的理论推广到任意维数, 引入了度规张量场 (简称度规) 的概念以确定空间中邻点之间的距离, 并且从度规及其一阶和二阶微商构建出相关的曲率张量 (现称 Riemann 张量)[210]. 为了研究 Riemann 几何, Christoffel、Ricci 和 Levi-Civita 完善了一种分析方法①, 叫做绝对微分, 但今天通常称为张量分析.

这就是 Einstein 需要的数学工具, 他同 Grossmann 合写的下一篇关于引力的论文[213] 断言, 度规既代表时空的结构也代表惯性–引力场. 由于度规的这种双重角色, 且与以前的一切物理学理论不同, 这个理论中的时空结构不是先验地确定的, 而是遵从联系引力场与场源的动力学方程. 这一与以前的将时空作为动力学固定舞台的概念的彻底决裂, 是建立广义相对论的关键一步[214].

4.3.3 场方程

Einstein 认为, 要求一组方程在某一组坐标系中取相同的数学形式是有物理意义的, 因为每个物理参考系都同某个坐标系相联系. (其逆并不为真: 并不是每个坐

---

①Einstein 和 Grossmann 起初按不变量理论来解释 Riemann 的工作; 只是在 Levi-Civita 发展了平行移动 (parallel transport) 的概念以后[211], Einstein 和其他相对论学者, 特别是 Weyl[212] 才开始强调广义相对论的几何解释.

标系都同一个物理参考系相联系. Hilbert 给出了度规张量在肯定能够与一个物理参考系相联系的这些坐标系中的分量必须满足的条件[215], 常称为 Hilbert 条件). 等效原理 (见前) 表明, 引力的理论必须将相对性原理扩展到至少包括匀加速参考系, 于是问题就产生了: 容许的坐标系范围有多广? 如果方程在每个坐标系中的数学形式都相同, 这些方程就叫做广义协变的. 因此在一个广义协变的理论中, 一切物理学定律在每个参考系中将会取相同的形式, 这给出了相对性原理的最大可能的推广. Einstein 能使他的整个引力理论广义协变吗?

他借助于广义协变方程设法将惯性–引力场对一切非引力过程的影响考虑进来. 但是仍有这些非引力过程对惯性–引力场的影响的问题; 换句话说, 就是寻求尚未知的引力场方程的问题. 与 Newton 理论的类比提示我们, 这些方程中的引力场项 (左边) 应当含有度规张量的二阶导数, 即 Newton 引力势的相对论推广; 而源项 (右边) 应当是总应力–能量张量, 即 Newton 质量的相对论性推广. Riemann 曲率张量是能够从度规张量及其一阶和二阶导数构成的惟一张量, Grossmann 建议它的缩并 (contraction) 即 Ricci 张量为引力场项的惟一的广义协变的候选者.

Einstein 在 1912 年拒绝了这个候选者, 并且在接下去的 3 年里继续这样做; 他这样做的原因仍然是广义相对论历史学者争论的主题[216]. 一度流行的看法认为他的困难来自他不知道如何用坐标条件来简化场方程, 但在最近研究过 Einstein 的笔记后, 这种观点看来是站不住脚的[217].

起初, 他拒绝广义协变的场方程似乎是因为他相信它们不能在静态弱场极限下给出 Newton 理论. 基于他早先的静态理论, 他所采用的静态时空的度规的确与广义协变方程的 Newton 极限是不相容的. 只是在 1915 年末回到广义协变性之后, Einstein 才找到了正确的静态度规[218].

但是在 1913 年, 他发展了一个看来强得多的论据, 反对广义协变的引力场方程. 根据这个 “空区论据” (hole argument), 这些方程不能惟一确定没有物质的区域 (空区) 中的引力场. 这个 “空区论据” 并不是建立在对坐标变换意义的初等误解上[219], 而是提出了一个问题: 在确定空区内的度规张量场**之前**, 空区中的点在物理上是个性化的吗[220]? Einstein 曾暗中假设它们是这样的, 这时 “空区论据” 成立. 只是在 1915 年下半年, 在别的困难使他重新考虑广义协变性之后, Einstein 才认识到, 空区论据失效, 因为空区中的点的一切物理性质都依赖于度规[221].

但是, 我们在故事里已经跳到前面去了. 在放弃了对广义协变性的寻求之后, Einstein(1913) 提出了一组关于度规的非广义协变的引力场方程. 在接下来的几年里, 他试图通过表明这些方程是按照各种物理上和 (或) 数学上可取的标准所惟一挑选出来的来论证这些方程的正当性. 特别是, 他宣称这些方程是在避开空区论据的尽可能大的坐标变换群下不变的. 但是他的主张被证明是错的[222], 到 1915 年年中, 非广义协变方程积累的问题使他重新考察他的场方程的协变群问题. 在几个月里，他通过相当曲折的一系列正确和错误的步骤，采用了广义协变的场方程，这些方程与他差不多 3 年前所拒绝的只稍有不同. 用现代的术语说，Einstein 张量代替了场方程左边的 Ricci 张量[223].

在 Einstein 表述他的理论的最终版本之前不久，在这段时期一直同 Einstein 有联系的 Hilbert 从变分原理导出了类似的方程，但是其动机迥然不同. Hilbert 那时正在 Mie 的电动力学理论的基础上寻求一个物质的电磁理论. 这个理论作为电磁世界观的一个旁支，试图把电子解释为电磁场能量的强烈集中，是 Maxwell 方程的非线性、非规范不变推广的解. Mie 的理论以狭义相对论为基础，但 Hilbert 把它又往前迈了一步，把引力包括在内，采用 Einstein 的用度规张量场表示引力的做法.

Hilbert 只限于将电磁场理论和引力场理论结合起来，而 Einstein 的方法则与物质或场的具体模型没有联系. 借助适当的应力–能量张量，物质或 (非引力) 场的任何模型都可以引入作为其引力场方程的源.

4.3.4 别种方案

在 Einstein 建立引力理论时，追随他的度规张量方法的人很少，任何一个别的人没有他的带领独立地建立起引力理论是极不可能的. 但是猜一猜对那个调和引力和狭义相对论问题人们可能会采取的别种解决方案是很有趣的. 虽然在 Newton 引力理论的预言同观测结果之间没有紧迫的矛盾迫使人们寻求更好的引力理论①，但是有一个严重的理论困难，即 Newton 引力理论和狭义相对论各自的运动学基础之间的矛盾，这个困难促使 Mie 和 Nordström 这些理论家提出种种狭义相对论性的引力理论.

有的人可能已经发现 (如 Einstein 和 Fokker 在 1913 年发现)，Nordström 的理论可以重新表述为共形平直时空中的共形因子的动力学理论，从而提出引力与时空曲率有联系. 但是 Nordström 的理论并没有预言电磁和引力之间有任何相互作用 (电磁能量不影响引力场，引力不影响光线的路径)，也没有说明水星轨道的反常进动; 因此这个理论在观测上乏善可陈，在某种程度上对非标量的引力理论的求索早就开始了.

从平直时空出发的另一种对 Einstein 方程的推导，首先是由 Weyl 对线性化的方程[224]，然后由 Kraichnan 对精确的场方程提出的[225]，这种推导表明了如何能够从这种基于狭义相对论性场论的探索得到它们[226]. 因为质量依靠引力相互吸引，这样一个理论必须基于偶数自旋的场; 由于力程为无限，这个场必须是无质量的. 所以在标量场之后的下一个选择是一个无质量的自旋为 2 的场. 惯性质量和能量的等价，连同惯性质量和引力质量的相等，意味着这个场应当是自作用的; 即按

①那个时候人们认真讨论的惟一的反常是水星轨道近日点进动的反常，它不到其他行星的扰动引起的总进动的 1%; 在 Newton 理论的框架内提出的解释非常之多，天文学界同这种反常已经共处了几十年.

照狭义相对论定义的引力场的应力 - 能量张量应当是它本身的源之一. 如果 (比对着 Maxwell 电磁理论中的电荷守恒) 进一步要求从场方程本身得到其源的能量–动量守恒, 那么就会得出一个狭义相对论性的理论, 它的非线性的场方程在形式上与 Einstein 方程等同. 但是, 它们的物理解释是不同的：时空“真正”具有 Minkowski 结构, 但是这是观测不到的, 因为时钟和量尺都受有万有引力, 它们对时空的测量发生“畸变”, 使时空“显得”具有非平直的 Riemann 度规 (这同 Lorentz 把 Lorentz 变换解释为穿过 ‘真实’ 以太运动的动力学效应的类似是明显的).

许多希望通过同狭义相对论性场论的量子化的类比来解决量子引力问题的物理学家, 对广义相对论采用了这样一种解释, 把它当做一个非线性的狭义相对论性场论, 不过碰巧具有特别不好的规范群. 我们这里不讨论这种狭义相对论性解释的优点, 重要的是把它同 Einstein 对场方程的几何解释分开来.

有可能从狭义相对论引出广义相对论的另一条途径, 是基于通过仿射联络来表示引力. 这个概念是 Einstein 的惯性–引力场想法的恰当的数学实现, 它实际上是在广义相对论之后并在很大程度上是响应它而发展起来的 (第 4.3.6 节). 但是, 如果这个数学概念已独立地建立, 那么一个基于等效原理的论据, 就有可能得出一个 Newton 引力理论的 4 维表述, 它建立在将 Galileo 的惯性和 Newton 的引力统一为一个 Newton 的惯性–引力联络之上 (实际上, Cartan[227] 和 Friedrichs[228] 在广义相对论之后就这样做了). 在这样的 4 维表述中, Newton 引力势的方程变成这个联络的 Ricci 张量的方程, 在形式上与 Einstein 方程非常相似. 将这种 Newton 引力理论的 4 维几何表述同狭义相对论的运动学局部一致起来的试图, 可能就会导致广义相对论的建立.

4.3.5　关于广义相对论后来的工作

广义相对论后来的发展可以大致分述于以下诸节.

(1) 含有不同的基本概念和假设的各种理论表述的发展, 和/或不同数学结构和方法的利用.

(2) 寻找场方程的解, 或者是严格解, 或者是基于各种近似方法的近似解; 及与之紧密联系的广义相对论中的运动问题.

(3) 用广义相对论理论预言地面的、天文的和天体物理的新现象, 或者对已知现象的重大定量改正. 这些现象的研究往往涉及现有的物理学理论 (如质点力学、连续介质力学、热力学、电动力学等) 的广义相对论版本的发展.

(4) 广义相对论的基础及其详细预言的观测和实验检验.

(5) 理解广义相对论和量子力学之间关系的试图, 这往往称为量子引力问题.

(6) 广义相对论一般地对科学哲学、特别地对时间和空间的哲学的影响, 以及它对广大公众的影响.

对这些题目中的任何一个, 都没有做过足够的系统的历史研究, 但是情况正开始改善[229], 并且已经比狭义相对论的情况要好一些. 不过, 下面的说明依然是片段的、不系统的[230].

在进入细节之前, 先对广义相对论后来的变迁有一个轮廓的了解是有益的. 在它诞生时, 仍然是一个整体的理论物理界的主要注意力[231] 已经转向新的量子现象, 特别是对原子结构的理解. 起初, 人们认为关于广义相对论的工作提供了通向微观物理学基础的另一条道路, 许多杰出的数学家和物理学家都工作在这两个领域 (见上面 Hilbert 关于广义相对论工作的讨论. Einstein 很快就讨论了引力在物质结构中的作用[232]). 特别是, 人们起初认为基于广义相对论的对统一场论的探索和对新量子力学的探索是互补的[233], 但是随着量子力学在 1920 年代后期成为定型, 这两个领域就此分道扬镳. 广义相对论和统一场论越来越变成少数物理学家和数学家的领地, 他们的工作与物理学主流的关联 (或引起的兴趣) 越来越少, 在 1930 年代后期和 1940 年代初期达到最低点[234]. 二战以后, 对这个领域的兴趣开始有所复苏, 在战前和紧接着战后一代的少数杰出人物周围, 开始形成年轻的相对论学者的小组, 这些领头人物如美国的 Bergmann(锡拉丘兹)、Wheeler(普林斯顿) 和 DeWitt(Chapel Hill 的北卡罗来纳大学), Bondi(伦敦), Lichnerowicz(巴黎), Fock(列宁格勒), Infeld(华沙) 和 Synge(都柏林). 在广义相对论的第一次国际会议 (伯尔尼, 1955)[235] 之后, 这些小组之间的接触增加了, 出现了单独的国际广义相对论学界, 并且随着广义相对论和引力学会的成立而制度化, 该学会出版了一个刊物, 并且主办三年一次的关于这个题目的国际会议.

到 1960 年代后期, 实验技术的重大改进和天体物理学中的新发现, 连同投入基础研究 (甚至广义相对论[236]) 的资金的增加导至的理论物理学界的总的增长, 使这个题目重新又回归物理学的主流. 今天, 有好几个刊物是关于这个题目的, 有多达 1000 位研究者出席国际相对论会议, 相对论天体物理学被承认为一门分支学科, 观测广义相对论最近成了“大科学”, 许多物理学家认为量子引力问题是当代物理学中重大的概念性挑战. 美国政府投重金启动的用来探寻引力波的激光干涉仪引力波观测站 (LIGO) 计划[237], 1993 年度诺贝尔物理学奖授予因为用来自脉冲双星 PSR 1913+16 的数据检验了广义相对论的 Taylor 和 Hulse[238], 都表明人们对观测广义相对论越来越多的认可.

4.3.6 别种表述和基础

自 1916 年以来, 关于广义相对论的数学和物理学基础的工作可以分为以下几条.

(1) 引入别的数学客体来代替或补充理论表述中的度规张量. 值得注意的例子包括: Weyl 在 1918 年表述的仿射联络[239]; Cartan 在 1923 年首先在广义相对论

中使用的四元组场和微分形式[227]; Infeld 和 van der Waerden 在 1932 年首次应用于广义相对论的旋量场[240], Penrose 引入的扭量场[241].

(2) 扩展时空流形, 具体说是那些以此为纤维丛 (特别是喷流丛, jet bundle) 的基础的扩展. 这样的方法对研究广义相对论中的全局问题特别有用, 并显示出了广义相对论和 Yang-Mills 理论许多共同的特征[242].

(3) 流形和/或其上各种场的复化[243]. 由此得出了从 Einstein 方程已有的解生成新的精确解的方法; 还导致使广义相对论的 Hamilton 表述得到根本简化的新引力变量组的引入[244].[**又见 4.3.15 节**]

1. *别种基础*

前面说过, 仿射联络的概念是在广义相对论建立之后提出的. 这个概念使人们可能从新的途径来通向该理论的基础, 其根据是承认由度规描述的时序几何结构, 和由仿射联络描述的惯性 - 引力结构在概念上是不同的, 虽然物理解释在两者之间加上了若干兼容性条件: 时序几何决定惯性–引力结构的要求乃是广义相对论的特征. 主要由于 Weyl 对这个理论的经典阐释的结果[245], 在 1920 年代, 仿射联络的物理意义开始被相对论学者包括 Einstein 在一定程度上更好地理解.

基于仿射联络的一个值得注意的技术进展是引入了所谓 Palatini 变分方法[246], 其中度规和仿射联络各自独立地变化, 不仅给出了场方程, 而且给出了度规和仿射性之间的兼容性条件 (度规的协变导数为零).

理论基础的另一种选项是, 不是假设度规或仿射结构, 而是从两个较弱的时空结构推导出它们的存在. 共形结构是度规结构的一种弱化, 它决定流形的每一点的光锥 (见前面 Robb 的讨论); 投影结构是仿射结构的一种弱化, 它决定检验粒子的轨迹而不为它们指定从优的 (仿射) 参数化. Weyl 表述了共形结构和投影结构之间的一致性条件, 它们要求存在一种由之导出的独特度规[247]. 更晚一些, Ehlers、Pirani 和 Schild 给出了基于这种思想的广义相对论的一种公理化表述; 不仅度规, 而且流形的可微结构都从他们的公理导出[248].

通过把各种时空结构同 (理想的) 物理实体 —— 把度规同时序几何 (时钟和量尺), 共形结构同光的波前或光线, 投影结构同 (单极) 检验粒子的路径, 仿射结构同被赋予从优时间的这种轨迹 —— 关联起来, 可以赋予广义相对论的别种基础一种“操作主义”的痕迹. 有人有时提出, 一个这样的基础要比别的基础强, 因为相关联的实体更加“实在”(例如光线同量尺相比), 但是一切这种基础性的实体都是理想的 (即在某个理论框架内构建的), 它们同真实测量装置的关系的问题决非无关紧要. 况且, 经典的时空理论并非基本上是操作主义的: 它们断言各种时空结构的存在, 这是它们同实验和观测的关系问题产生的根本原因.

4.3.7 引力能量的问题

Einstein 一直将能量与引力场连接在一起, 并且在建立广义相对论的过程中定义了物质和电磁场应力–能量张量的种种引力类比物. 只要他的场方程不是广义协变的, 那么这些引力能量复合体并非张量的事实就不是太大麻烦. Einstein 在建立广义协变的场方程后不久, 根据一阶变分原理给出了它们的变分推导[249], 并且用这个 Lagrange 量定义了引力场的能量–动量复合体. 他证明, 这个引力能量复合体与非引力的应力–能量张量的联合的守恒律是广义协变的, 即使 (如它的另一个名称引力能赝张量所暗示的) 引力能复合体不是张量 (除非在线性变换下). 批评者很快就开始对将引力能复合体的分量解释为引力场的能量、动量和应力密度提出质疑[250]. 对于人们凭直觉预期没有引力能的 Minkowski 空间, 它的分量在曲线坐标中并不为零; 而对人们凭直觉预期有引力能的某些非平直度规, 其分量在一定的坐标系中却为零. 不过, Einstein 能够证明, 对于沿类空超曲面趋向无限远时引力场下降得足够快的渐近平直的时空 (直观地说, 就是对非辐射解), 由这个赝张量有关分量的积分所定义的总能量和动量, 在任何坐标系之间的坐标变换下具有合适的行为 (即类似一个自由矢量的分量), 只要这些坐标系是准 Descartes 的; 并且这些积分与时间无关[251]. 这样就开始了关于广义相对论中引力能量 (以及类似地关于动量和角动量) 的至今仍在持续的讨论[252]. 定义一个局域的引力能量密度有意义吗? 如果没有, 为什么没有? 如果有, 如何从无穷多个竞争者中作出选择? 反对这种复合体的主要论据是, 度规张量的全部一阶导数 (人们预期这样一个复合体的分量是由它们构成), 可以依靠一个适当的坐标变换在任何点 (确实是沿着任何世界线, 如 Fermi 证明的) 变为零. 定义这样一个局域量的主要论据是, 应当有某种办法来确定在一给定区域内能够从引力场抽取多少能量并转换为有明确定义的别种能量形式. 多年来曾提出过各种各样的不变量方法来定义引力场的局域能量密度[253], 在某些场合下 (如静态或稳态引力场) 似乎有一定的物理意义. Freud[254] 和 Landau-Lifshitz[255] 引入的能量复合体允许将能量沿全部空间的体积分变换为在无穷远的二维球面上的面积分. J. Goldberg[256] 证明, 有无穷多种可能的能量复合体. 对于在某些渐近平直的时空中存在有总的、全局定义的引力场能量、动量和角动量有更一致的看法. 只是对应当对什么量求积分以定义全局量, 以及是否和何时沿着类空或类光超曲面取趋于无穷远的极限, 还存在很多争议. 近来出现了有利于类空超曲面上的 ADM(Arnowitt-Deser-Misner) 质量和类光超曲面上 Bondi 质量的共识. 发展了每种情况的不变量表述, 并建立了二者之间的关系[257].

4.3.8 广义相对论的物理解释

定义引力能量的困难表明, 在广义相对论的物理解释中常常遇到的那种问题, 是一个比以往的物理学理论的解释更微妙和更不好处理的任务. (这至少是广义相对论和量子力学共有的一个特征.）从根本上说，这些困难来自以下事实，即在广义相对论中，迄今为固定的时空结构变成了动力学量，因而不存在用于对理论的物理解释的"背景"运动学结构. 长久以来，人们习惯用所谓'寄生'解释来回避这种困难. 广义相对论有两个重要的但是不同的极限：狭义相对论的 (Minkowski) 时空和 Newton 时空 (包括 Newton 引力). 寄生解释利用了这一点：在许多有实际意义的场合，广义相对论的预言一方面同狭义相对论结果偏差小，另一方面同 Newton 引力的偏差也小. 于是为这两种极限理论的解释建立起来的概念常常能不加批判地应用于微小的广义相对论效应的解释. 只举一个例子：人们已习惯于谈论广义相对论预言了光的引力偏折. 但是偏折只有相对于未经偏折的路径，即未受引力影响的路径才有意义. 这就预先假设了一个独立于引力的时空结构的存在，或者至少是预先假设了在有引力场和没有引力场的两种时空结构之间进行 (唯一) 比较的可能性. 这些概念在 Newton 学说中虽然不错，但是在广义相对论范围里却毫无意义，因为在广义相对论中引力不能同惯性分开，光线在时空中走尽可能直的 (类光测地线) 轨道，比较两个不同时空中的点没有唯一的办法. 但是广义相对论作为一个完备的时空和引力理论，并不需要为其解释先验地引入外部的概念要素. 的确，与传统做法相反，狭义相对论概念或者 Newton 概念可以应用的范围应当在广义相对论的概念框架内判断. 如何做到这一点的一个例子是，证明如何能够给予通常依赖于坐标的行星轨道的定义及其相对论进动以不变量的意义[258].

4.3.9 精确解和近似方法

使用适合于上述的某种数学客体的方法，寻求有源或无源场方程的严格解的努力，在广义相对论建立后立即就开始了. 寻找这种解的经典方法是基于假设由一个或几个 Killing 矢量生成的对称群，以限制容许度规的类别并简化 Einstein 场方程的解 (例如通过使用与对称性相适应的坐标). 用这种方法求得并将在下面讲到的重要的解包括球对称 Schwarzschild 解和塌缩尘埃解，以及平面和柱对称引力波解.

更新近的方法包括：开发计算 Riemann、Ricci 和 Einstein 张量的软件程序[259]；引入适用于各种子类的度规张量的正则形式后 Riemann 和 Ricci 张量的代数分类[260]；具有某些简单几何性质的带从优的类时或类光曲线汇的时空的研究，以及具有类似的从优二维或三维子空间汇的时空研究.

即使这样，只找到比较少的精确解[261]，还并非总有重要的物理意义；所以人们开发了种种生成近似解的方法. 这些方法可以分为以下几类：

(1) 快速近似法，基于广义相对论的狭义相对论极限；特别是，对 Minkowski 度规的一阶改正叫做线性近似[262]；

(2) 缓慢近似法，基于广义相对论的 Newton 极限；对 Newton 解的逐级改正常称为后 Newton 近似、后后 Newton 近似等等[263]；

(3) 渐近方法, 基于下面的时空场的展开, 这个时空在无穷远的邻域按适当定义的径向距离函数的负幂渐近平直[264];

(4) 程函方法, 基于引力辐射场的展开, 对某个适当定义的非辐射背景度规取高频 (程函) 极限[265].

除最后一种方法外的各种方法的应用讨论如下.

4.3.10 运动方程

到 1920 年, 有几个人 (包括 Einstein、Eddington、De Donder 和 Weyl) 认识到, 引力场源的运动方程不是独立于引力场方程的; 在某些情况下甚至完全由后者决定[266]. Einstein 和 Grommer 研究这个问题的动机, 在很大程度上是抱着一个徒劳的希望: 希望由此得出的对运动的限制也许能解释量子现象[267]; 但是他们实际上并未超越已做过的东西. Einstein 在与 Infeld 和 Hoffmann[268] 一起回到这个问题时, 发展了一种缓慢近似方法, 对于以引力相互作用并以小于光速的速率运动的、质量可比的物体系统的 Newton 运动方程生成后 Newton 改正 (EIH 方法)[269]. 但他们所称的这种 "新近似方法" 实际上在 1917 年已经由 Lorentz 和 Droste 建立, 他们把它应用于推导以连续体为模型的广延物体的运动方程[263].

更新颖的是 EIH 不用场源的物理模型而对后 Newton 运动方程的推导. 他们是通过从真空场方程导出加在某些围绕场源 (但在源之外) 的面积分上的条件做到这一点的[268]. 不久后, Fock(1939) 用缓慢近似法用一个流体模型为源导出了运动方程[270]. 他的方法用了源的应力–能量张量的散度为零, 涉及的计算比 EIH 的简单得多; 在 1950 年代, Infeld 引入了 Fock 方法的一种变形, 它基于用所谓 "好 δ 函数" 为源的模型, 从而简化了 EIH 型计算[271].

4.3.11 Schwarzschild 解和经典检验

对于中心质量周围的球对称场, Einstein 通过在线性近似下求解他的新的场方程证明, 一个检验粒子在这个引力场中的椭圆轨道会朝着行星运动的方向进动. 在他的进动速率公式中代入太阳的质量和水星的轨道参数, 得到的结果与观测到的水星轨道著名的进动反常定量符合得极好[272] (图 4.13). 不久后, Schwarzschild 求出了场方程的精确的球对称解, 现在以他的名字命名, 虽然这个解几乎同时也由 Droste 发现[273]; 这个解对水星给出的数值结果与以前的近似解相同.

1967 年, 这个结果受到 Dicke 的挑战, 他根据太阳扁率的目视测量提出, 太阳具有一个质量四极矩, 足以显著影响 Einstein 的预言[274]. 自 1980 年以来, 更可靠的方法 (主要是日震学) 对太阳四极矩所加的限制, 似乎排除了这样大的效应, 使观测到的水星近日点进动与广义相对论的预言仍很好地符合[275].

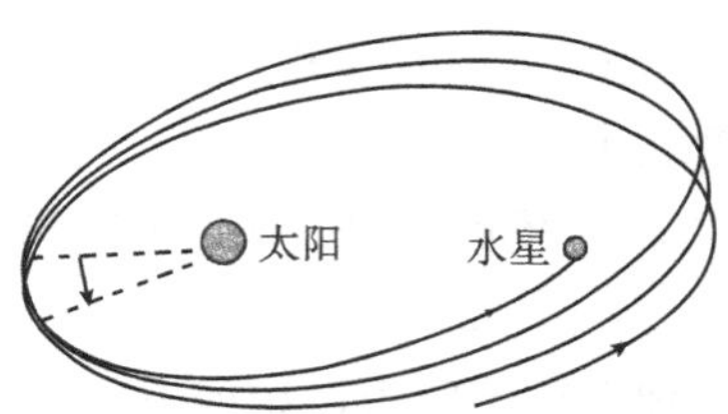

图 4.13　水星近日点的进动. 水星离太阳最近的点 (近日点) 每一百年进动约 574″, 其中的 531″ 是其他行星 (主要是金星、地球和木星) 的引力摄动所致. 每百年所差的 43″ 由广义相对论说明

Einstein 还用他的近似解计算掠过太阳边缘的光线的所谓引力偏折, 得到的偏折值是他 1911 年基于等效原理论据所预言的值的两倍 (图 4.14). 在 1918 年日偏食期间检验这个新预言的初步尝试没有确定的结果[276], 但是 1919 年 Eddington 和 Dyson 领导的英国日全食远征队报道的观测结果同 Einstein 的预言符合得相当好[277](图 4.15).

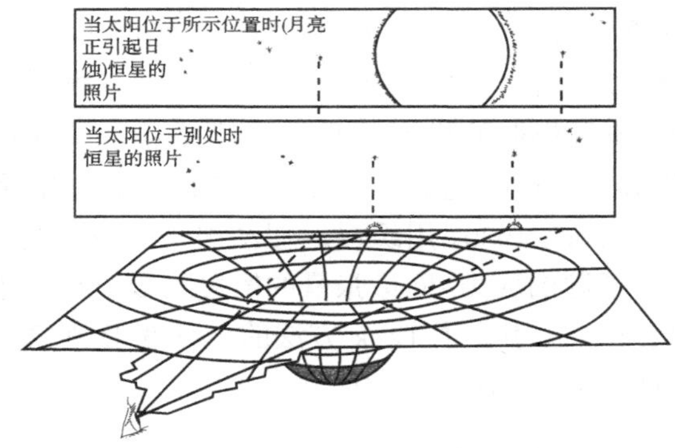

图 4.14　太阳引起的光线的弯曲被画成太阳附近空间曲率的结果. 光线遵循测地线运动, 而测地线是弯曲的 (实际上弯曲是发生在时空中而不是在空间中; 正确的偏折是上面的初等图像所给出的两倍). 偏折与恒星和太阳中心之间的角距离成反比

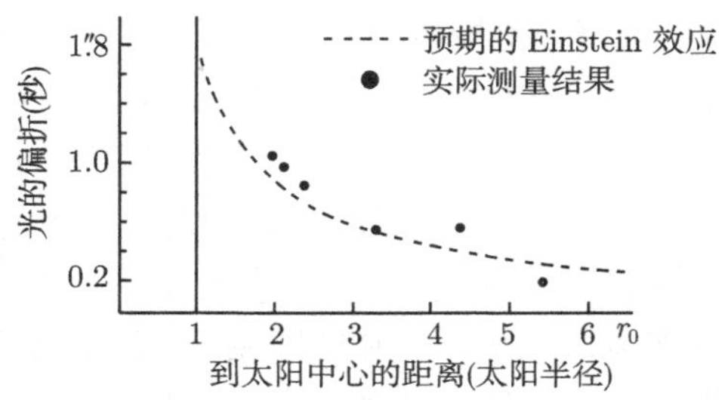

图 4.15　Eddington 1919 年日全食观测结果, 表明与 Einstein 的理论的密切相关

在柏林建立了一个研究所来检验这个理论的预言. 这项工作由 Freundlich 牵头, 他是首位试图对广义相对论进行观测检验的天文学家. 他更早些时候试图证明该理论的做法使他受到一些德国天文学家的强烈敌视[278]. 他在 1922 和 1929 年之间进行了一系列日食观测; 他最后一次观测结果使他逆转了早期有利于广义相对论的判断, 在相对论学者中造成某种震惊[278]. 由于光学的日全食观测至多能达到的精度不超过 10%~20%, 对这个效应的争议一直不断, 直到 1960 年代末开始用射电望远镜进行掩星观测 (图 4.16) 才最后停息, 得到的结果与广义相对论的预言符合的精度现在达到了 0.1%[279].

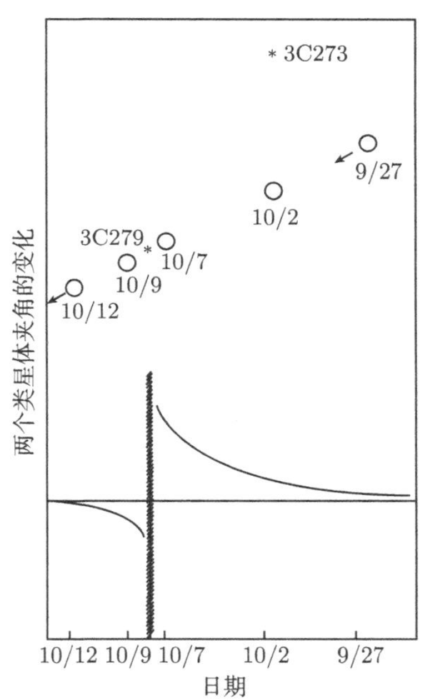

图 4.16 类星体的光的偏折的测量. 图的上部表示两个类星体 3C273 和 3C279 及太阳的表观路径. 图的下部表示当太阳在 3C279 前面经过时两个类星体的夹角的变化. 这个变化是由太阳对来自 3C279 的光的偏折引起的

Shapiro 提出了 Schwarzschild 度规的所谓第四个天文学检验[280], 它实际上与刚才讨论过的两个同属一类 (前面讨论的引力红移常常也同它们归为一类, 但它实际上检验的只是等效原理). 它基于广义相对论预言的从空间飞行器或行星发送的无线电信号在经过太阳附近时所用的时间, 与没有太阳引力场时该信号走过同样的路径所用时间相比的延迟 (图 4.17). 这个检验的结果与广义相对论预言的符合程度现在也达到了 0.1%[279](图 4.18).

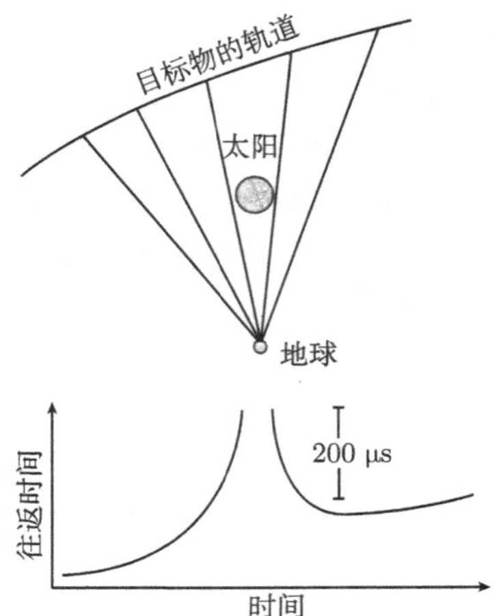

图 4.17　光的时间延迟. 像行星或飞船这样的目标物在太阳以远从左至右运动时, 从地球向它发出周期性的雷达跟踪信号. 当信号近距离经过太阳时, 它们会受到比预期的往返穿越时间(对火星约 42 分钟) 要多达数百微秒的额外延迟. 图的下半部是观测到的往返穿越时间作为时间的函数的一幅夸张的示意图, 显示经过太阳附近的光线的额外延迟

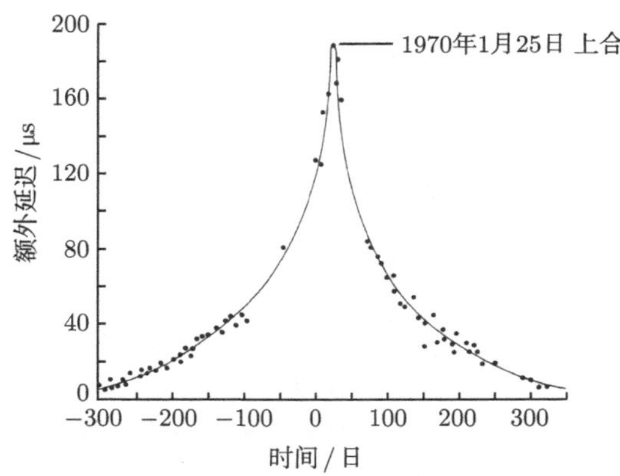

图 4.18　广义相对论的第四检验: 来自金星的雷达回波的时间延迟, 显示当太阳边缘触及地球和金星之间的连线时时间延迟最大

4.3.12　黑洞、引力塌缩和奇点

从 20 世纪 20 年代初开始, 为了试图了解 Schwarzschild 解在 Schwarzschild 半径附近 (那时也常称为 Schwarzschild 奇点) 的性质, 付出了大量的努力[281]. 在原来用的坐标系中, 在这个半径上有一个奇点. Eddington 找到一个坐标变换能够去掉这个奇点[282], Lemaître 强调了这个 Schwarzschild 视界的非奇异本性[283], Synge

找到了覆盖整个 Schwarzschild 流形的坐标 (见后)[284]; 但他们的工作那时并未广为人知. 在 1935 年, Einstein 和 Rosen 构建了所谓“桥”型 Schwarzschild 解作为一个粒子的经典模型[285], 办法是引入由 ‘桥’ 连接的两个渐近平直的区域组成的拓扑非平凡流形. 他们为了得到这个静态解释, 不得不对场方程稍作修改, 因为完全的 Schwarzschild 解实际上是非静态的 (见下). (宇宙模型中的拓扑复杂性是首先由 Klein 就 Einstein 静态宇宙的椭圆解释讨论的[286].)

Einstein 想要证明 Schwarzschild 奇点在物理上无关紧要, 他讨论了代表旋转尘埃粒子球内部和外部 (Schwarzschild) 引力场的静态解 (图 4.19). 他证明, 随着球的半径越来越小, 在球达到其 Schwarzschild 半径之前, 球表面上的粒子就达到了光速[287]. 但是, 像宇宙学中 20 年前的情形那样, 他未能考虑非静态解, 而就在同一年, Oppenheimer 和 Snyder 构建了一个越过其 Schwarzschild 半径塌缩的尘埃球模型[288](图 4.20), 从而提供了一个强有力的证据, 必须认真对待在此半径上和越过这个半径的解. 直到大约 20 年后, 引力塌缩星体的命运才开始受到广泛关注. Finkelstein 提请人们注意 Schwarzschild 奇点的非奇异本性[289], Kruskal[290] 和 Szekeres[291] 重新发现了 Schwarzschild 解的完全解析延拓. 完全解是非静态的, 并且可以解释为在两个渐近平直区域之间具有一个桥、虫洞或瓶颈 (沿用 Wheeler 丰富多彩的想象), 它们收缩直至达到真正的 (曲率) 奇点 (图 4.21).

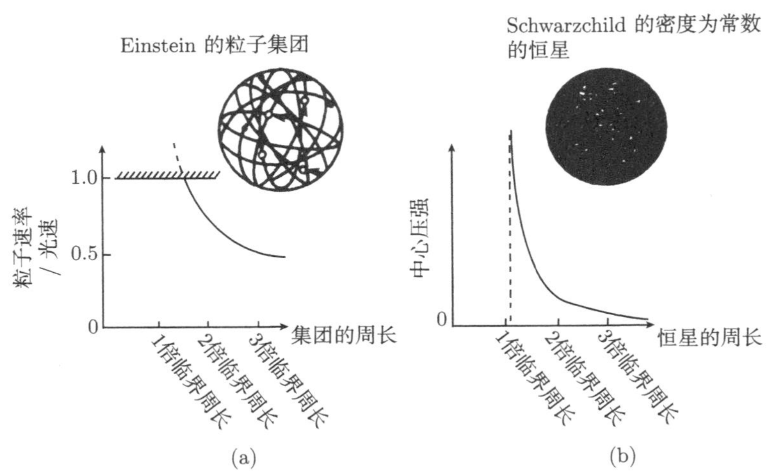

图 4.19 Einstein 关于没有物体能够小到其临界周长的证据

(a) 如果 Einstein 的球形粒子集团小于 1.5 倍临界周长, 则粒子的速率必定超过光速, 这是不可能的; (b) 如果一个密度均匀的星体小于 9/8 = 1.125 倍临界周长, 则星体中心的压强必定为无穷大, 这是不可能的

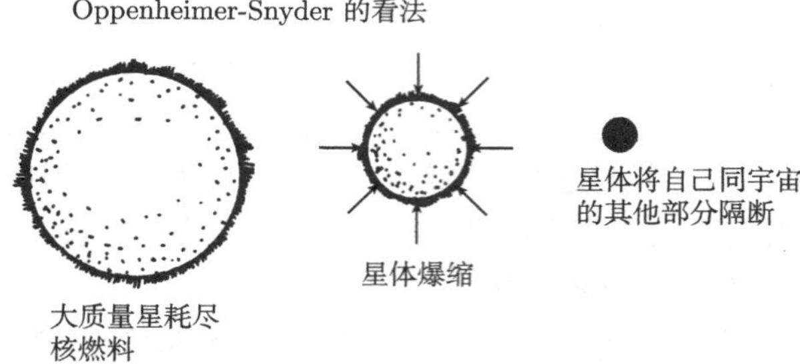

图 4.20　Oppenheimer 对大质量星命运的看法

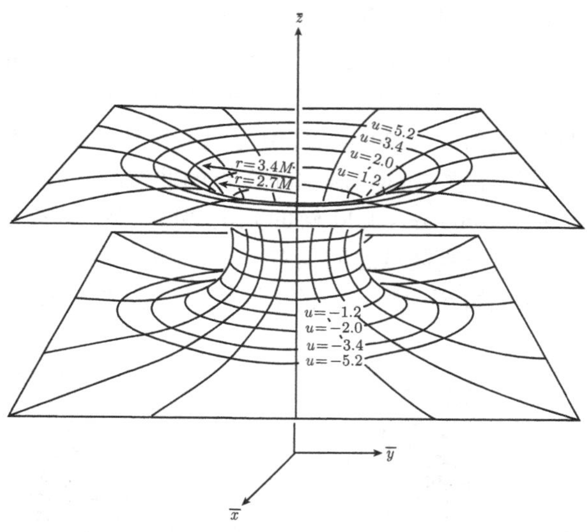

图 4.21　在 $t=r=0$“时刻”的 Schwarzschild 空间几何, 它的一个旋转自由度被禁锢 ($\theta=\pi/2$). 要恢复这个旋转自由度, 并得到完全的 Schwarzschild 三维几何, 可在心里想象将半径恒定的圆 $\bar{r}=\left(\bar{x}^2+\bar{y}^2\right)^{1/2}$ 换成面积为 $4\pi\bar{r}^2$ 的球面. 注意所得到的三维几何在远离桥的瓶颈处在两个方向上 (两个“宇宙”中) 都变为平直的 (欧式几何)

人们还证明了, 质量足够大的球对称物体最终不能抵抗引力塌缩, 会越过它们的 Schwarzschild 半径, 落到曲率奇点上 (图 4.22). Wheeler[292] 为这样的引力塌缩系统打造了一个名字叫做“黑洞”, 任何东西, 甚至是光, 至少在经典的意义上 (见 4.3.15 节) 都不能从中逃出[293]. 引力塌缩和黑洞物理的研究已成为重大的理论题目, 也一直有人声称观测到天体物理黑洞[294](又见本书第 3 卷第 23 章). 引力塌缩和黑洞这些名称, 以及相关联的异乎寻常的物理效应, 抓住了物理学家和公众的想象力, 使广义相对论在公众中名声大涨. 这种名声在当前这个在争取公众注意力 (和研究资金) 的战斗中科学表演秀技巧大行其道的时代里是非常非常需要的.

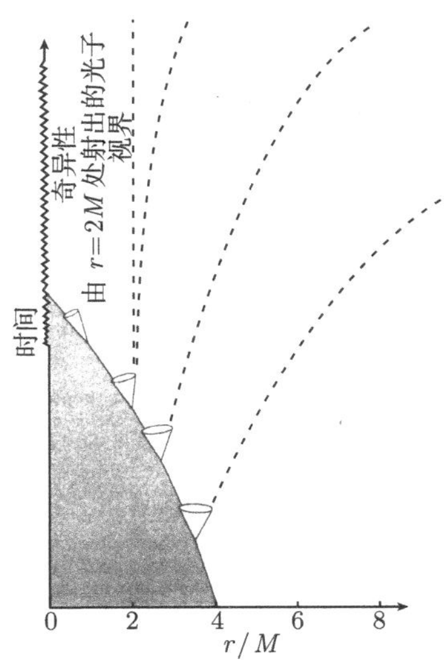

图 4.22 导致一个黑洞的球对称引力塌缩. 水平轴表示径向距离, 纵向变量量度时间. 图中的“M”是 GM/c^2 的缩写, 具有长度的单位. 曲线下的面积是塌缩星的内部区域. 画出了有代表性的“光锥”. 光锥决定光和粒子在时空中可能的轨迹. 向外走的光线沿着光锥的指向外的边缘运动, 向内的光线沿着光锥的指向内的边缘运动. 没有引力时, 光线沿此图中的 45° 线运动. 由于粒子运动必定比光慢得多, 它们的轨迹必定在光锥张角的内部. 一个远处的观测者看到, 从一个观测者来的光落在星体的表面上, 但是随着星体的半径趋向 $2M$, 光锥将被时空的曲率“倾斜”, 使得光线到达远方观察者所需的时间越来越长, 这个观察者看到的星体塌缩过程随着 $r\to 2M$ 慢了下来, 向外走的光子只能勉强逃逸, 而在 $r=2M$ 时射出的光子则悬浮在那里, 生成事件视界. 在 $r=2M$ 之内, 光锥倾倒下来, 使得“向外走”的光子实际上也是走到更小的半径. 视界内的一切东西都被迫到达时空奇点所在的 $r=0$

虽然越过 Schwarzschild 视界的球对称塌缩会不可避免地导致曲率奇点, 对于这类奇点在更一般的情况下的出现有过相当多的讨论. Lifshitz 和 Khalatnikov[295] 在分析对 Einstein 方程的扰动的基础上宣称, 一般解是非奇异的, 暗示奇异性与解中的高度对称性有关. Penrose[296] 基于强有力的全局微分几何新方法 [297] 证明了许多奇点定理中的第一个, 表明对称性与此问题无关. 一旦形成一个表观视界 (即一个表面, 在该表面之内即使一条“向外走”的光线也会被引力场拉向内部), 奇点的出现就是不可避免的[298]. 当 Khalatnikov 和 Lifshitz[299] 承认他们忽略了导致奇点的扰动之后, 这个争议才告解决.

4.3.13 引力辐射

Einstein[300] 发现他的引力场方程在线性近似下的解是平面引力波; 他区分了携带能量 (由前面讨论的引力能量–动量赝张量定义) 的“真实”波和不携带能量的

“表观波”；后者可以被一个坐标变换消掉. 像电磁波一样, 引力波是横波, 有两种偏振态, 但是偏振态不是由一个横向矢量描述, 而是由一个横向对称的迹为零的二秩张量描述[301](图 4.23).

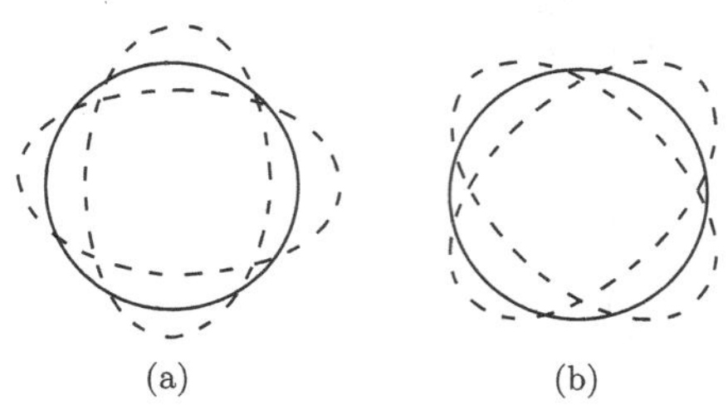

图 4.23　引力波对粒子环产生的效应. 波由书的页面向外传播. 在 (a) 中, 原来是圆形的环在波的四分之一周期后变形为椭圆形. 半个周期后环又回到原来的圆形. 四分之三周期后变形为竖椭圆形. 一个完整周期后, 环回到初始形状. 在 (b) 中, 波的第二个独立偏振态引起同样的形变系列, 其图样是 (a) 中图样旋转 45°. 一般的波产生两种形变的叠加

Eddington 首先给出了一个区分真实波和表观波的不变 (即在任何坐标系中成立) 的判据：如果从其度规算出的 Riemann 张量不为零, 这个波是物理真实的[302]. 用引力场的 Riemann 张量作为其不变特征后来发现是重要的, 尤其是用这种性质可以证认出辐射场[303]. 严格平面波解在 1959 年由 Bondi、Pirani 和 Robinson[304] 得到.

Einstein 在其线性化的引力理论的论文中还研究了由场源产生引力波, 导出了著名的四极矩公式, 将辐射场的强度同源的应力–能量张量的四极矩的二阶时间微商联系起来. 在快速近似法中 (见前), Minkowski 时空是线性化场的初始解, 线性化是相对它做出的. 但是作为线性化场 (即一阶改正) 的源的线性化的应力–能量张量, 遵从狭义相对论的守恒定律. 所以严格说来, 原来的对四极矩公式的推导只适用于其自引力场可以忽略的源. 但是在大多数天体物理学应用中, 如引力束缚的双星系统中, 自引力场恰恰是至关重要的. 因此, 在 20 世纪 40 年代和 50 年代, 对于四极矩公式的实用性, 以及对于自引力系统是否真的发射引力辐射存在很大的争议.

人们提出了种种办法试图将四极矩公式推广到自引力系统, 其中特别值得注意的是 Landau-Lifshitz[255] 和 Fock[305] 提出的方法. Landau 和 Lifshitz 的方法基于快速运动近似场方程的一种形式, 其中一个 (非线性的) 引力能量赝张量与 (线性化的) 非引力能量–动量张量一起作为近似引力场的一个源; 从而在四极矩公式计算中包括了引力的自相互作用. Fock 的方法基于使用缓慢近似 (EIH) 方法来计算源的运动和周围的近场, 在这种计算中, 根据 v/c (v 是系统的特征速度) 很小和产生的引力场很弱的假设, 计算源的 Newton 运动的后 Newton 改正. 如果继续下去,缓慢近似会导致场按 v/c 的幂作形式展开, 在展开中的每一阶求解 Poisson 型场方程. 在 $(v/c)^5$ 之前不会产生引力辐射项, 这个阶次太高, 计算已很不容易做了. 因此, Fock 计算引力辐射的方法是这样的: 在近场 (感应) 区 (这里推迟效应可以忽略) 用慢速运动法计算近场; 在远场 (波) 区用快速运动法来求该处的场的一般形式; 然后在中间区域连接两个解以求引力辐射对源的反作用[306].

在各种批评声中, 这两个方法得到了发展和完善; 今天, 四极矩公式的成立 (即使是应用于自引力系统) 已被普遍接受.

Bondi、van der Burg 和 Metzner 开创了一种新办法来解决构建场方程的辐射解的问题[307]: 研究引力场的渐近结构, 即在类光方向远离其源 (或者大致说来是在类光无穷远处) 的场的结构. 通过给时空流形加一个共形边界, 当在一族类光超曲面上趋于无穷远时 (图 4.24), Penrose[308] 得以给予渐近平直时空的概念一个精密的描绘. 当趋于无穷是在一族类空超曲面上进行时, 得到的是一个不同的但是类似描绘[309]. 人们用了类光和类空两种趋于无穷的方式来给出孤立系统的全局能量、动量和角动量 (包括引力场的贡献) 的不变定义 (见前). 这两种方法迄今的一个缺点是, 渐近解与精确的近场解的连接极其困难, 从而难以把在无穷远处计算得出的辐射能同某些源的性质联系起来.

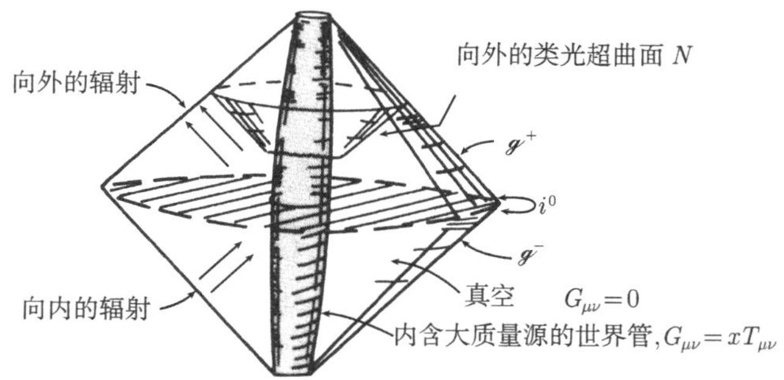

图 4.24 根据 Penrose 的意见, 一个孤立引力系统的场的推测的全局共形结构

考察引力辐射的其他重要途径包括: 研究 Einstein 方程的 Cauchy 问题, 这种研究始于 Hilbert 在 1917 年的工作[310], 它导至各种分析引力场的正则 (3+1) 方法[311]; 研究这些方程的特征线或类光初值问题, 这种研究始于 Darmois 在 1927 年的工作[312], 它导至分析引力场的 (2+2) 方法[313].

虽然这些研究引力辐射的方法 (线性化的, 渐近的, 3+1 的和 2+2 的) 原来是在经典理论的框架内发展起来的, 它们作为试图对引力场进行量子化的出发点都是重要的 (第 4.3.15 节).

Weber 首先试图直接探测引力辐射, 他用的是所谓的 "Weber 棒"[314](图 4.25), 但是他宣称的结果没有得到其他观测者的证实[315]. 人们提出了探测引力辐射的其他方法, 特别是使用激光干涉仪[316] (图 4.26), 这种努力中最雄心勃勃的是目前正在构建中的 LIGO 计划[237]; 但是迄今为止人们尚未公认直接观测到了引力波.

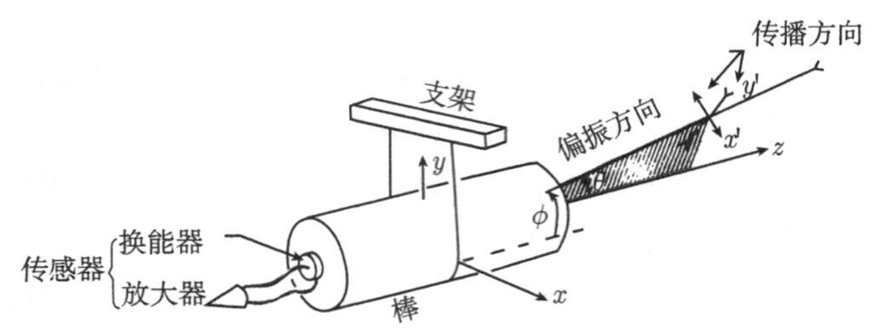

图 4.25　引力波共振棒探测器的示意图

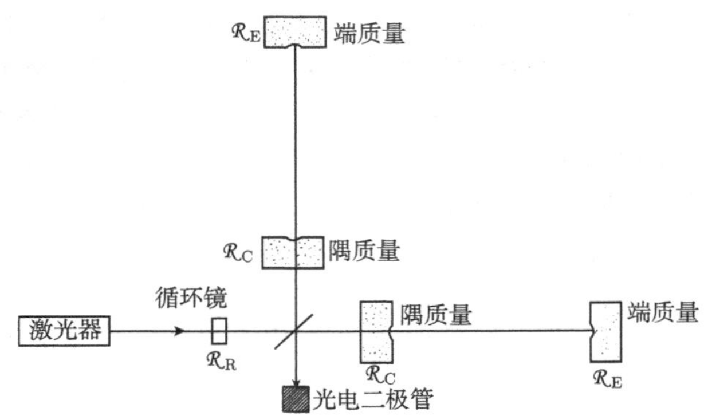

图 4.26　引力波的 Fabry-Perot 型分束接收器示意图

但是, 分析来自由两颗中子星组成的脉冲双星系统 PSR 1913+16 的数据, 得到了存在引力辐射的良好的间接证据[317]. 这个脉冲星的轨道的长期变化对应于根据四极辐射公式所预期的引力辐射阻尼效应[238]. 1993 年, Taylor 和 Hulse 由于发现和研究这个系统荣获 Nobel 物理学奖. [**又见 23.8.6 节**]

4.3.14　近期的天文学和天体物理学应用和检验

多年以来, 对广义相对论进行观测验证的尝试限于 3 个所谓的经典检验, 它们全是 Einstein 在 1916 年提出的：即引力红移 (实际上是检验等效原理), 水星近日点进动和太阳对光的偏折 (见前). 广义相对论预言的其他效应对 Newton 结果的改正太小, 现有技术观测不到.

从 20 世纪 60 年代起, 由于发展了原子钟、射电望远镜 (图 4.27)、雷达跟踪的人造卫星和长基线干涉探测器等新设备, 使得不但能够更精确地重复老的检验, 而且还能观测以前观测不到的效应如 Shapiro 的第四检验 (见前). 迄今为止, 所有这些检验都给出了与广义相对论预言符合得极好的结果[318], 广义相对论现已成为天文学许多分支普遍接受的工具[319].

图 4.27 Irwin Shapiro 和他的小组用来收集太阳系的内行星系统的大量信息的 Haystack 雷达天线. 收集到的数据迅速成为关于近日点移动的最重要的信息源

脉冲星、类星体、中子星和引力透镜这些新奇的天体物理学客体的发现[320] (它们的理论理解包括广义相对论性模型的建立), 对宇宙黑洞 (最典型的广义相对论天体) 存在证据的搜寻, 所有这些都有助于在天体物理学家中重新引发对广义相对论的兴趣, 导致一门新的分支学科 —— 相对论天体物理学的诞生. 第一次相对论天体物理讨论会召开于 1963 年[321], 自那以后, "得克萨斯讨论会" 不断地定期举行[322].

观测和实验广义相对论现在是一个活跃的研究领域[323]. 美国政府对搜寻引力波的 LIGO 计划给予重大资助, 以及 Taylor 和 Hulse 由于用脉冲双星检验广义相对论的工作荣获 1993 年 Nobel 物理学奖 (见前), 证明观测广义相对论越来越重要.

4.3.15 量子引力

从 1930 年以来, 有过许多对引力场进行量子化的试图, 或者是用线性近似, 或者严格用 (狭义相对论的) 场量子化的标准方法, 或者发展这类方法的某种替代[324]. 由于所有这些方法都没有取得成功, 在 20 世纪 70 年代, 相当多的人开始致力于在背景 (非量子化的) 时空中研究量子化的非引力场. 这个领域的工作实际上开始于 Schrödinger[325] 和 Parker[326], 但他们的注意力集中在膨胀宇宙中的粒子产生问题. 更新的工作主要是受到以下希望的鼓舞, 即这种 "半经典" 的方法会给广义相对论和量子力学之间难以捉摸的关系带来新的启示[327]. 它的最重大的成就是 Hawking 关于黑洞会发射具有黑体谱的辐射 (Hawking 效应) 的预言[328].

回到严格意义的量子引力, Einstein 在他提出广义相对论的 1916 年经典文章中主张说, "量子理论不只要修改 Maxwell 的电动力学, 而且也会修改新的引力理论"[329]. 在几年之内, 他就在为量子现象寻求经典解释希望的激励下, 开始了关于统一场论纲领的工作 (第 4.4 节); 他相信, 量子力学是不完备的, 因此他把应用新量子力学体系于引力场的问题留给了他人.

在建立狭义相对论量子场论的论文 (见前) 中, Heisenberg 和 Pauli 乐观地宣称:“从物理理由来看是必要的引力场的量子化, 可以借助完全类似于这里所用的公式体系来实现, 没有任何新的困难”[330]. Rosenfeld 首先将这个体系应用于线性化的引力场, 引入“引力量子”这个术语来称呼与这个场联系的粒子[331]. 几年后, Bronsteyn 对线性化的量子引力作了更严格的分析[332]. 他提出了量子化引力场的可测量性问题, 他主张, 除了不确定原理施加的限制外, 在广义相对论中, 还存在一个测量精度的“绝对极限”, 给定体积内的线性化的仿射联络分量只能测量到这个精度. 他提出, 量子场论公式体系的应用可能得不出人们想要的量子理论与引力的融合, 呼吁“对理论作根本性的重建, 特别是抛弃 Riemann 几何 ……, 也许还要抛弃我们通常的时间和空间的概念, 用某些深刻得多的非显然的概念来修改它们”[333].

于是, 到 20 世纪 30 年代中期, 在“保守派”和“激进派”之间划出了一条界线: 前者认为量子引力的问题就是要找一条途径, 将量子场论现有的概念和方法应用到引力场方程或其某种修改形式上; 后者则认为引力具有某些独特的特点 (不同的人强调不同的特点), 因而提出需要对广义相对论和/或量子力学进行深刻的概念变革.

但是, 直到 20 世纪 50 年代, 人们对量子引力问题的兴趣才复苏, 这主要是由于 Bergmann 小组[334], Dirac[335] 以及 Arnowitt、Deser 和 Misner[336] 的努力, 他们的工作是关于正则量子化方法, 基于挑选出一族从优的类空超曲面, 并将 Hamilton 方法应用于这些曲面的三维几何的演化. Feynman 在量子电动力学中取得成功 (见前) 后, 将狭义相对论量子场论的微扰技术应用于广义相对论的场方程[337]. 与正则方法不同, 这种所谓“协变量子化”方法引入了一个背景的平直时空度规, 非平直度规张量与背景平直度规之间的差被作为一个狭义相对论的场处理, 它遵从等效于 Einstein 方程的非线性场方程, 但是与平直背景的光锥结构一致地传播[338]. 因此, 这里的“协变”并不意味“广义协变”而是 Lorentz 协变, 在这种方法中, Einstein 理论所特有的时序几何与惯性–引力场之间的紧密一致便失去了. 有关量子引力的绝大多数工作都是保守派遵循上述的这种或那种路线做出来的, 而且现在保守派仍占多数. 然而在这个多数内部也出现了态度的变化: 由于意识到 Einstein 场方程是不可通过微扰重正化的, 对所谓“协变量子化”方法的支持减弱了; 而下述观点则得到加强, 即广义相对论的独特特征要求发展基于该理论的正则表述的非微扰方法[339].

由 Penrose[340] 领导并受到通常的量子化试图失败的鼓舞的越来越多的激进派少数, 由于他们从某些更基本的概念集合导出广义相对论的时空本身的努力而赢得了尊敬. Penrose 一直致力于试图在扭量分析的基础上构建一个非局域的时空理论[107]. 但近年来最流行的这种尝试是弦论, 这个理论把所有基本粒子 (包括迄今为止是假想的引力子) 都看成一种叫做弦的二维实体的量子化激发. 大多数弦论认为弦是浸在某个更高维的背景 (非动力学的) 时空中, 如果目的是要从弦构建时空, 这似乎是不战自败; 但有的理论试图应对从其基础中完全消除背景度规的挑战[341].

4.3.16 相对论的哲学地位和公众反应

由于物理学界日益接受狭义相对论, 它也越来越受到哲学家和有哲学头脑的物理学家的注意. 有人宣称这个理论支持这种或那种哲学信条, 例如 Petzoldt 对实证主义所作的辩护[342], 也有人认为它与这种或那种哲学信条不相容而攻击这个理论. 但是, 在 1919 年检验广义相对论的日全食考察 (见前) 结果的宣布使相对论这个词家喻户晓 (见后) 以后, 这种争论就变成了一个重大的哲学论战[343]. 十年之内, Bergson, Cassirer, Haldane, Myerson, Reichenbach, Russell, Schlick, Whitehead(这里只提几个比较重要的哲学家) 试图说明相对论对哲学做了些什么, 和 / 或哲学能够对相对论做些什么. 在两次世界大战之间的年代, 尤其是在 1945 年以后, 科学哲学巩固了它作为哲学的一门重要分支学科的地位, 这主要是哲学家认真努力分析新物理学 (相对论和量子论) 的概念和结构的结果, 而不是试图将新物理学的概念和结构纳入预设的哲学模子. 现代的科学哲学下面又分支, 相对论仍然是叫做时间空间哲学的分支内的一个重要的研究领域[344].

值得注意的是, 说 Einstein 颠覆了 “常识” 和 “健全物理直觉” 的对他的首批攻击并非来自哲学家或政治对手, 而是来自他的物理学家同行, 甚至在他建立广义相对论之前就开始了[345]. 在其后一些年里, 对相对论和 Einstein 个人的攻击来自不同方面. 在德国, 这些攻击常常出于政治动机 (在魏玛共和国时期, Einstein 与民主主义和和平主义左派有联系), 有时披着科学或哲学的外衣. 在 Lenard 和 Stark 这样一些人的攻击后面潜藏的反犹敌意, 在纳粹时期公开了, 试图要穷追猛打和禁止 “犹太物理学” 和 “犹太物理学家”. 在苏联, 特别是在斯大林时代, 多次发生过 (往往是半官方的) 对相对论的哲学攻击, 说它不符合辩证唯物主义 (即官方认可的苏联版马克思主义). 具有讽刺意味的是, 当 Einstein 的政治观点偶尔与当时苏联党的某条路线一致时, 这些攻击又会变为对他的赞扬. 西方民主国家中对 Einstein 的攻击比较有节制, 虽然也不能完全摆脱反犹敌意. 对各国反相对论文献的比较研究, 将是对科学的历史社会学有价值的贡献[346].

试图 (尽可能) 向更广泛的不熟悉科学的大众解释相对论基本思想的大量科普文献, 甚至在 1917 年 Einstein 本人尝试之前就开始了. 这些文献包括这样一些杰出科学家和哲学家的著作: Bergmann, Born, Borel, Eddington, Freundlich, Geroch, Infeld, Landau, Russell, Schlick, Wald, 这个名单从字母 A(Ashtekar) 一直排到 Z(Zee), 还有许多相当杰出 (或成功) 的科普作者所写的大量的书, 更别提文章了. 这方面的文献迄今几乎没有研究过，它们也值得关心把当前的科学成果向广大公众传播的学者重新认真考察.

1919 年 12 月，英国、德国和美国报纸以头版通栏标题宣布了英国日全食远征队的观测结果 (见前)，别的地方也显著报道，这使 Einstein 本人及其工作开始受到人们的广泛和高度关注. 产生的轰动效应很快使 Einstein 在公众中闻名，而且声誉与日俱增，使他成为世界上头号科学超级明星. 虽然公众的反应很大程度上是赞誉，但是不要忘记反应并非是完全正面的. 也出现了实质的反 Einstein 的情绪，主要是受到右翼政治的、超国家主义的和/或反犹动机的煽动. 使 Einstein 神秘化的声名的来源和持久性以及关于他的许多神话产生的原因[347]，多年来一直是许多非正式猜测的主题，但这个问题只是不久前才得到认真研究[348]. 对 Einstein 神话中与其科学工作相关的那些方面的研究，对于那些关心公众对科学的认知和误解的学者也是有价值的[349].

4.4　统 一 场 论

对于能够对表面上完全不同的物理现象给出共同的解释的理论的寻求有漫长的历史，至少可以回溯到前苏格拉底时代. 在近代，力学的世界观 (它建立在 Newton 机械论哲学的凯歌声中并且直到 19 世纪末在物理学中流行) 假设对一切现象都可以找到一个力学解释；Laplace 的 “中心力” 纲领甚至提出一个实现这一目标的具体途径[350]. 能量概念提供了物理学一切分支之间的强有力的联系，唯能论者提出能量能够使物理学各个分支统一起来.

但是 Maxwell 的理论提供了第一个成功的场论例子，它借助相互作用的电场和磁场解释了一切光学现象，统一了以前根本不沾边的这两个物理学分支. 而狭义相对论又把电场和磁场统一为一个四维电磁场. 在 19 世纪与 20 世纪之交由 Wien、Abraham 等人提出的电磁世界观，导致人们试图基于 Maxwell 理论或其某种适当的修正形式来解释物质 (电子) 的力学性质[351]. Einstein 本人在 1909 年前后曾致力于这样的尝试[352]，而 Mie 则曾多年寻求一种能够解释物质结构的非线性电动力学[353].

也曾有人试图将引力纳入到 Mie 的纲领中来，这是从他在狭义相对论引力理论方面的工作开始的[354]. 1915 年，Hilbert 曾试图把 Mie 的方法和 Einstein 的纲领综合起来，提出一个统一理论，其场方程与 Einstein 的场方程 (见前) 类似[355]. 1915 年 Nordström 提出了 Maxwell 理论同他自己的标量引力理论的一个五维统一理论 (见前).

在广义相对论于 1916 年完成后，统一场论纲领出现了新的转折. 大多数进一步的试图是基于要寻求一种数学结构将广义相对论推广到能够把电磁学包括进来.

Weyl 提出了一种相当自然的推广, 通过使用一条他称之为规范不变性的原理, 以简单而轻松的方式将电磁学引进来[356]. Einstein 和其他人出于物理学的原因拒绝了这个理论; 但是回过头看, 可以把它看成后来在场论中证明是极为重要的一个想法的首例: 将一个新场引入到一个理论中, 以将其对称群从全局拓展为局部规范群[357].

Weyl 的理论引入了新建立的仿射联络概念 (见前) 以推广 Einstein 理论中固有的度规联络. 1921 年, Eddington 提出了一种基于更一般的 (但仍然是对称的) 仿射联络的统一理论[358].

Einstein 起初对这种想法持怀疑态度, 后来却被它迷住了, 自己也开始这项工作[359]. 1923 年, Cartan 将一个非对称联络 (带挠率的空间) 用在对 Einstein 引力理论的另一种推广中[227].

1919 年, Kaluza 致信 Einstein, 提出在一个五维度规张量的基础上统一广义相对论与电磁学的可能性. Einstein 鼓励 Kaluza 研究这种想法, 后者在 1921 年发表了他的工作[360], Einstein 也沿着这条五维路线做了研究[361]. Einstein 和 Kaluza 两人看来都不知道前面讨论过的 Nordström 的更早的在五维方面的工作.

在 1920 年代后期, Einstein 将一族从优的四元场引入 Riemann 时空以描绘具有远距平行性 (distant parallelism) 的空间; 这种空间被用作多种统一场论尝试的基础[362]. Cartan 很快就让 Einstein 知道, 他和别的数学家已经发展了远距平行性的概念[363].

Einstein 也研究了一个采用复 Hermite 仿射联络的理论[364], 连同这个理论在内, 我们已经遇到用在经典的 (即非量子的) 引力场和电磁场统一场论的五种基本数学结构的例子. 一般而言, 这些理论可以借助下列五个类别来分类:

(1) 使用 4 维以上维数空间的理论;

(2) 使用一个度规张量的理论, 度规张量是对称的或是不对称的;

(3) 使用一个带挠率或不带挠率的仿射联络的理论, 这个联络是不能 (完全) 从该理论中的一个度规张量推出的;

(4) 使用从优的基矢量集, 或等价的旋量场的理论;

(5) 在 (2)~(4) 的一类或多类中使用复数化、Hermite型或非Hermite型的理论.

这些类型并不相互排斥. 例如, 已经有度规–仿射理论, 五维度规理论等等[365].

Einstein 和其他许多在统一场论纲领方面做工作的人希望, 对于适当选择的一组统一场方程的解处处非奇异的要求, 将会限制解的类型, 使得它将给出与这样多的量子化的物理量相联系的分立性一个经典解释, 而不必对这些方程另加分别的量子化处理. 许多人从一开始就对此持怀疑态度[366], 量子力学的发展使大多数物理学家相信这样的希望是唐吉柯德式的幻想, 但 Einstein 仍然坚持这一点[367].

大约在 1930 年后, 整个对统一场论的追求在基本粒子物理学家中不再时兴.

然而, 在 20 世纪 60 年代 Weinberg 和 Salam 提出一个统一了电磁作用和弱作用的狭义相对论的、定域规范不变的场论之后, 这一情况开始改变. 作为这一成功的结果, 统一场论纲领在最近 20 年得到可观的复兴. 随着作为强相互作用规范理论的量子色动力学的发展, GUT(大统一理论) 纲领的目标现在是强场和电弱场的统一, 而最终的目标是要将引力也包括进来[368]. 但是, 现代的统一纲领与 Einstein 的统一纲领至少在两个主要方面不同: 它的目标是要统一所有四种已知的力场而不只是电磁力和引力; 它并不企图取代量子力学: 经典统一场方程的表述只是其量子化的初步阶段.

致谢

本文的工作得到美国自然科学基金会的部分资助, 并在德国柏林 Max Planck 科学史研究所做访问学者期间完成.

(邹振隆译, 张承民、秦克诚校)

参考文献

[1] 如果想要抓住广义相对论发展中的这一特征, 请参见 Ray C1987 Relativity-dead or alive? The Evolution of Relativity (Bristol: Adam Hilger) ch 6

[2] 原来 Einstein 只提相对性原理. "相对论" 是别人首先使用的, Einstein 在推广了他原来的理论后才加上了 "狭义" 这个前缀. 见 Einstein A 1989 The Collected Papers of Albert Einstein vol 2. The Swiss Years: Writings 1901-1909 (Princeton: Princeton University Press) p 254

[3] Einstein A 1989 The Collected Papers of Albert Einstein vol 2. The Swiss Years: Writings 1901-1909 (Princeton: Princeton University Press) pp xxi-xxii

[4] Einstein 把理论分为两类, 一类是构造性理论 (我们称为动力学理论), 一类是原理性理论 (在狭义相对论情况下我们称之为运动学理论), 关于这一点, 请参见 Einstein A 1989 The Collected Papers of Albert Einstein vol 2. The Swiss Years: Writings 1901-1909 (Princeton:Princeton University Press) p xxi, note 28

[5] 例如, 见 Stachel J 1994 Changes in the concepts of space and time brought about by relativity, Artefacts, Representations and Social Practice ed C C Gould and R S Cohen (Dordrecht: Kluwer) pp 141-162

[6] 这 10 个参数代表相对于每个惯性系空间的均匀与各向同性和时间的均匀性, 以及所有惯性系的等价性. 正如 Felix Klein 在 1872 年强调的那样, 一种几何由其对称群表征. 例如见 Torretti R 1978 Philosophy of Geometry from Riemann to Poincaré (Dordrecht: Reidel) pp 137-142; 1983 Relativity and Geometry (Oxford:Pergamon) pp 26-27

[7] 实际上, 在这种语境下 "allgemeine" 这个词译为 "普遍"(universal) 可能比译为 "广义"(general) 更好些, 但是这种用法已经约定俗成了

[8] 有关计时几何结构、惯性结构和惯性 - 引力结构的进一步讨论, 见 Stachel J 1994 Changes in the concepts of space and time brought about by relativity, Artefacts, Representations Twentieth Century Physics and Social Practice ed C C Gould and R S Cohen (Dordrecht: Kluwer) pp 141-162

[9] 更准确地说, 这种空间叫做微分流形. 简单的讨论见 Kopczynski W and Trautman A 1992 Spacetime and Gravitation (New York: Wiley) ch 3

[10] Fock 是 “广义相对论中没有相对性” 这一主旨最极端的鼓吹者. 见 Fock V A 1955 Teoriya Prostranstva Vremenii Tyagoteniya (Moscow: Fizmatgiz). 关于他观点的说明, 见 Gorelik G 1993 Vladimir Fock: philosophy of gravity and gravity of philosophy, Einstein Studies vol 5. The Attraction of Gravitation/new Studies in the History of General Relativity ed J Earman et a1 (Boston: Birkhauser) pp 308-331

[11] 关于这一概念解释的概述, 见 Norton J 1994 General covariance and the foundations of general relativity: eight decades of dispute, Rep. Prog. Phys. 56 791-858

[12] 关于作者对这个问题的观点, 见 Stachel J 1986 What a physicist can learn from the discovery of general relativity, Proc. Fourth Marcel Grossmann Meeting on General Relativity ed R Ruffini (Amsterdam: Elsevier) pp 1857-62; 1989 Einstein's search for general covariance, 1912-1915 Einstein Studies vol 1. Einstein and the History of General Relativity ed D Howard and J Stachel (Boston: Birkhgiuser) pp 63-100; 1993 The meaning of general covariance: the hole story, Philosophical Problems of the Internal and External Worlds / Essays on the Philosophy of Adolf Grünbaum ed J Earman (Konstanz: Universitätsverlag / Pittsburgh University of Pittsburgh Press) pp 129-160

[13] Stachel J 1986 What a physicist can learn from the discovery of general relativity, Proc. Fourth Marcel Grossmann Meeting on General Relativity ed R Ruffini (Amsterdam: Elsevier) pp 1857-1862

[14] Einstein 是这一现象的早期研究者, 并且终其一生关注其解释. 例如见: Pais A 1979 Einstein and the quantum theory, Rev. Mod. Phys. 51 863-914 , Stachel J 1986 Einstein and the quantum: fifty years of struggle, From Quarks to Quasars: Philosophical Problems of Modern Physics ed R Colodny (Pittsburgh: University of Pittsburgh Press) pp 349-385

[15] 对 Einstein 关于量子力学观点的讨论, 见 Stachel J 1986 Einstein and the quantum: fifty years of struggle, From Quarks to Quasars: Philosophical Problems of Modern Physics ed R Colodny (Pittsburgh: University of Pittsburgh Press) pp 349-385.

[16] Tonnelat M-A 1971 Histoire du principe de relativité (Paris: Flammarion)
Barbour J 1989 Absolute or Relative Motion? A study from a Machian point of view of the discovery and the structure of dynamical theories vol I. The Discovery of Dynamics (Cambridge: Cambridge University Press)

[17] Galilei G 1632 Dialogo di Galileo Galilei Linceo Matematico Sopraordinario dello

Studio di Pisa. E Filosofo, e Matematico primario del Serenissimo Gr. Duca di Toscano. Doue nei i congressi di quattro giornate si discorre sopra i due Massimi Sistemi del Mondo Tolemaico, e Copernicano; Proponendo indeterminatamente le ragioni Filosofiche, e Naturali tanto per l'una, quanto per l'altra parte (Florence: Gio Batista Landini) (引自重印本 (Brussels: Culture et Civilisation, 1966) pp 180-181) (英译本 Drake S 1967 Dialogue Concerning the Two Chief World Systems-Ptolemaic and Copernican (Berkeley: University of Califomia Press) pp 186-187)

[18] Koyré A and Cohen I B (ed) 1972 Isaac Newton's Philosophiae Naturalis Principia Mathematica: The Third Edition (1726) With Variant Readings (in two volumes) (Cambridge, MA: Harvard University Press) fifth corollary to the laws of motion, pp 63-64(英译 Motte A 1729 Mathematical Principles of Natural Philosophy and His System of the World 修订和编辑：F Cajori 1946 (Berkeley: University of Califomia Press) p 20)

[19] 关于 Leibniz -Clarke 对于时间和空间的绝对和相对理论的争论 (在这场争论中 Clarke 陈述了 Newton 的观点), 见 Alexander H G (ed) 1956 The Leibniz-Clarke Correspondence. With Extracts from Newton's Principia and Optics (Manchester: Manchester University Press).

[20] Lange L 1886 Die geschichtliche Entwickelung des Bewegungsbegriffes und ihr voraussichtliches Endergebnis (Leipzig: Engelmann)

[21] Koyré A and Cohen I B (ed) 1972 Isaac Newton's Philosophiae Naturalis Principia Mathematica: The Third Edition (1726) With Variant Readings (in two volumes) (Cambridge, MA: Harvard University Press) fifth corollary to the laws of motion, pp 46-53 (英译：Motte A 1729 Mathematical Principles of Natural Philosophy and His System of the World 修订和编辑：F Cajori 1946 (Berkeley: University of California Press) p 6-12)

[22] Koyré A and Cohen I B (ed) 1972 Isaac Newton's Philosophiae Naturalis Principia Mathematica: The Third Edition (1726) With Variant Readings (in two volumes) (Cambridge, MA: Harvard University Press), pp 50-52 (英译：Motte A 1729 Mathematical Principles of Natural Philosophy and His System of the World 修订和编辑：F Cajori 1946 (Berkeley: University of California Press) p 10-11)

[23] Motte A 1729 Mathematical Principles of Natural Philosophy and His System of the World 修订和编辑：F Cajori 1946, Book III (宇宙体系), 假设 I. 宇宙体系的中心是不动的 (Berkeley: University of California Press) p 419. 牛顿对绝对空间的执着可能与他把空间表征为神的感觉有关.

[24] 例如见：

Lange L 1886 Die geschichtliche Entwickelung des Bewegungsbegriffes und ihr voraussichtliches Endergebnis (Leipzig: Engelmann)

Mach E 1960 Die Mechanik in ihrer Entwicklung. Historisch-kritisch dargestellt

(Leipzig: Brockhaus) (英译 McCormack T J 1960 The Science of Mechanics 6th American edn (LaSalle: Open Court))

[25] 例如见 Klein M 1972 Mechanical explanation at the end of the nineteenth century, Centaurus 17 58-82

[26] 例如见 Torretti R 1983 Newtonian spacetime, Relativity and Geometry (Oxford: Pergamon) pp 20-31

[27] 例如见 Sabra A I 1981 Theories of Light From Descartes to Newton (Cambridge: Cambridge University Press)

[28] 以太概念的简史, 见 Swenson L S 1972 The Ethereal Aether (Austin, TX: University of Texas Press) ch 1, pp 3-31,

[29] 例如见 Buchwald J Z 1989 The Rise of the Wave Theory of Light:Optical Experiment and Theory in the Early Nineteenth Century (Chicago:University of Chicago Press)

[30] 关于这类理论的评述, 见 Schaffner K F 1972 Nineteenth-Century Aether Theories (Oxford: Pergamon).

[31] 以太必须像普通物质一样, 在每一点都具有确定的运动状态, 这被认为是理所当然的. 关于运动物体光学的历史说明, 见:

Sesmat A 1937 Systèmes de référence et mouvements (Physique classique) vol 6. L'optique des corps en mouvement (Paris: Hermann)

Hirosige T 1976 The ether problem, the mechanistic world-view, and the origins of the theory of relativity, Hist. Studies Phys. Sci. 7 sections 2-5

[32] Bradley J 1728 A Letter from the Reverend Mr James Bradley Savilian Professor of Astronomy at Oxford and FRS to Dr Edmund Halley Astronomer Royal, etc, giving an account of a newly discovered motion of the fix'd stars, Phil. Trans. R. Soc. 35 637-661

[33] Fresnel A 1818 Lettre de M Fresnel à M Arago, sur l'influence du mouvement terrestre dans quelques phénomènes d'optique, Ann. Chimie Phys. 9 57-67

[34] 对一阶实验的说明, 见 Pietrocola Pinto de Oliveira M 1992 Elie Mascart et l'optique des corps en mouvement, Doctoral Thesis L'Universite Denis Diderot.

[35] 对这些实验的现代评述, 见 Mascart E 1872 Sur les modifications qu'eprouve la lumiere par suite du mouvement de la source lumineuse et du mouvement de l'observateur, Ecole Normale Supérieure (Paris) Ann. Sci. (2)1 157-214; 1874 Ecole Normale Supérieure (Paris) Ann. Sci. 3 363-420; 1893 Propagation de la lumière, Traité d'Optique vol 3 (Paris: Gauthier-Villars) ch 15.

[36] Mascart E 1874 Ecole Normale Supérieure (Paris) Ann. Sci. 3 420

[37] Fresnel A 1818 Lettre de M Fresnel à M Arago, sur l'influence du mouvement terrestre dans quelques phénomènes d'optique, Ann. Chimie Phys. 9 57-67

对 Fresnel 工作的说明, 见:

Hirosige T 1976 The ether problem, the mechanistic world-view, and the origins of the theory of relativity, Hist. Studies Phys. Sci. 7 7-8

Torretti R 1983 Newtonian spacetime, Relativity and Geometry (Oxford: Pergamon) pp 41-42

[38] Fizeau H 1851 Sur les hypothèses relatives à l'ether lumineaux, et sur une expérience qui paraît demontrer que le mouvement des corps change la vitesse avec laquelle la lumière se propage dans leur intérieur, C.R. Acad. Sci., Paris 33 349-355

Veltmann W 1873 Ueber die Fortpflanzung des Lichtes in bewegten Medien, Ann. Phys. Chemie 150 497-535

[39] 例如见 Buchwald J Z 1985 From Maxwell to Microphysics/ Aspects of Electromagnetic Theory in the Last Quarter of the Nineteenth Century (Chicago: University of Chicago Press)

[40] Poincaré H 1890 Introduction Electricité et Optique vol 2. Les Théories de Maxwell et la Théorie Electromagnetique de la Lumière (Paris: Georges Carré) pp v-xix

[41] 关于电磁世界观的讨论, 例如见:

McCormmach R 1970 H A Lorentz and the electromagnetic view of Nature, Isis 58 459-497

Jungnickel C and McCormmach R 1986 Intellectual Mastery of Nature vol 2. The Now Mighty Theoretical Physics 1870-1925 (Chicago: University of Chicago Press) pp 227-245

[42] 有关评述见 Darrigol O 1993 The electrodynamics of moving bodies from Faraday to Hertz, Centaurus 36 245-260.

[43] 在世纪交替时期他的观点的一个有影响的总结, 参见 Lorentz H A 1895 Versuch einer Theorie der elektrischen und optischen Erscheinungen in bewegten Körpern (Leiden: Brill).

[44] Lorentz H A 1895 Versuch einer Theorie der elektrischen und optischen Erscheinungen in bewegten Körpern (Leiden: Brill) p 4

[45] Lorentz H A 1892 La théorie électromagnétique de Maxwell et son application aux corps mouvants, Arch. Néerlandaises des sciences exactes et naturelles 25 363-552

[46] Michelson A A 1881 The relative motion of the Earth and the luminiferous ether, Am. J. Sci. 22 120-129

Michelson A A and Morley E W 1887 On the relative motion of the Earth and the luminiferous ether, Am. J. Sci. 34 333-45. 有关原初实验和后来重复的历史, 见 Swenson L S 1972 The Ethereal Aether (Austin, TX: University of Texas Press).

[47] Sagnac G 1913 L'éther lumineux démontré par l'effet du vent relatif d'éther dam un interféromètre en rotation uniforme, C. R. Acad. Sci., Paris 157 708-10

[48] 关于他们各自贡献的早期讨论见:

Pauli W 1921 Relativitätstheorie Encyklopädie der muthematischen Wissenschaften, mit Einschluss ihrer Anwendungen vol 5. Physik ed A Sommerfeld (Leipzig: Teubner) part 2, pp 539-775

Kottler F 1924 Considerations de critique historique sur la théorie de la relativité. Premierè partie: De Fresnel à Lorentz, Scientia 36 231-42; Deuxième Partie: Henri Poincaré et Albert Einstein, Scientia 36 301-316

关于 "Poincaré和 Lorentz 的相对论" 的论据可在 Whittaker E 1953 A History of the Theories of Aether and Electricity vol 11: The Modern Theories (London: Nelson) ch 11 中找到.

又见:

Keswami G H 1965 Origin and concept of relativity, Br. J. Phil. Sci. 15 286-306; 1966 Br. J. Phil. Sci. 16 19-32

Giedymin J 1982 Science and Convention: Essays on Henri Poincaré's Philosophy of Science and the Conventionalist Tradition (Oxford: Oxford University Press)

Zahar E 1983 Poincaré's independent discovery of the relativity principle, Fundamenta Scientiae 4 147-175

[49] 这是普遍原理的一个例子: 在科学中, 不对论题先做批判性的分析, 许多历史问题是不能适当陈述的, 更别说回答了. 关于来自狭义相对论历史的其他例子, 见 Grunbaum A 1973 Philosophical Problems of Space and Time 2nd edn (Dordrecht: Reidel) ch 12.

[50] 很早就有用补偿效应来解释探测不到穿过以太运动的想法 (见 Fresnel 1818 年的论文 [33] 又见 Fizeau H 1851 C. R. Acad. Sci., Paris 33 354).

大约和 Lorentz 同时, Larmor 发展了一种具有许多相似之处的理论 (见 Larmor J 1900 Aether and Matter/ A Development of the Dynamical Relations of the Aether to Material Systems on the Basis of the Atomic Constitution of Matter Including a Discussion of the Influence of the Earth's Motion on Optical Phenomena (Cambridge: Cambridge University Press)). 关于 Larmor 理论的说明, 见:

Warwick A 1989 The electrodynamics of moving bodies and the principle of relativity in British physics 1894-1919 PhD Dissertation Cambridge University; 1991 On the role of the Fitzgerald-Lorentz contraction hypothesis in the development of Joseph Larmor's electronic theory of matter, Arch. Hist. Exact Sci. 43 29-91

Darrigol O 1994 The electron theories of Larmor and Lorentz: a comparative study Hist. Studies Phys. Biol. Sci. 25 265-336

[51] Lorentz H A 1904 Electromagnetic phenomena in a system moving with any velocity smaller than that of light, Kon. Neder. Akad. Wet. Amsterdam. Versl. Gewone Vergad. Wisen Natuurkd. Afd. 6 809-831

[52] Lorentz H A 1892 The relative motion of the Earth and the ether, Kon. Neder. Akad. Wet. Amsterdam. Versl. Gewone Vergad. Wisen Natuurkd. Afd. 1 74-9 (英译 Lorentz H A 1937 Collected Papers vol 4 (The Hague: Martinus Nijhoff) pp 219-223);

1895 Versuch einer Theorie der elektrischen und optischen Erscheinungen in bewegten Körpern (Leiden: Brill)

[53] Fitzgerald G F 1889 The ether and the Earth's atmosphere, Science 13 390

[54] Lorentz H A 1899 Simplified theory of electrical and optical phenomena in moving bodies, Kon. Neder. Akad. Wet. Amsterdam. (Proc. Section of Sciences) 1427-1442

[55] Janssen M 1989 H A Lorentz and the Special Theory of Relativity unpublished talk at annual meeting of the Nederlandse Natuurkundige Vereniging, April 1989

[56] Poincaré H 1902 La Science et L'hypothèse (Paris: Flammarion)

[57] 关于 Poincaré的工作, 见:

Miller A I 1973 A Study of Henri Poincaré's 'Sur la Dynamique de l'Electron', Arch. Hist. Exact Sci. 10 207-328

Darrigol O 1994 Henri Poincaré's criticism of fin de siècle electrodynamics Preprint

[58] Poincaré H 1898 La mesure du temps, Rev.Métaphys. Morale 6 1-13

[59] Poincaré H 1900 La théorie de Lorentz et le principe de réaction, Receuil de travaux offerts par les auteurs à H A Lorentz ed J Boscha (The Hague: Martinus Nijhoff) pp 252-278

[60] Poincaré H 1905 Sur la dynamique de l'electron, C. R. Acad. Sci., Paris 140 1504-1508; 1906 Sur la dynamique de l'électron, Circolo Matematico di Palermo. Rendiconti 21 129-165

[61] 对已有证据的概述, 见 Einstein A 1989 Einstein on the theory of relativity The Collected Papers of Albert Einstein vol 2. The Swiss Years: Writings 1901-1909 (Princeton: Princeton University Press) pp 252-274.

[62] 有关直到 1981 年的这方面的许多文献, 见 Miller A I 1981 Bibliography, secondary sources Albert Einstein's Special Theory of Relativity: Emergence (1905) and Early Interpretation (1905-1911) (Reading, MA: Addison-Wesley) pp 434-440; 特别是, 见 Goldberg, Stanley; Hirosige, Tetu; Holton, Gerald; Klein, Martin; McCormmach, Russell; Miller, Arthur I 名下的条目. 其他新近的文献包括:

Earman J, Glymour C and Rynasiewicz R 1983 On writing the history of special relativity, PSA 1982: Proc. 1982 Biennial Meeting of the Philosophy of Science Association vol 2, ed P D Asquith and T Nickles (East Lansing: Philosophy of Science Association) pp 403-416

Goldberg S 1983 Albert Einstein and the creative act: the case of special relativity, Springs of Scientific Creativity: Essays on the Founders of Modern Science ed A H Rutherford et a1 (Minneapolis: University of Minnesota Press) pp 232-253; 1984 Understanding Relativity: Origin and Impact of a Scientific Revolution (Boston: Birkhauser)

Gutting G 1972 Einstein's discovery of special relativity, Phil. Sci. 39 51-67

Holton G 1980 Einstein's scientific program: the formative years, Some Strangeness in the Proportion ed H Woolf (Reading, MA: Addison-Wesley) pp 49-65; 1981 Einstein's search for the Weltbild, Proc. Am. Phil. Soc. 125 1-15

Miller A I 1982 The special relativity theory: Einstein's response to the physics of 1905, Albert Einstein: Historical and Cultural Perspectives-The Centennial Symposium in Jerusalem ed G Holton and Y Elkana (Princeton: Princeton University Press) pp 3-26; 1983 On Einstein's invention of special relativity, PSA 1982: Proc. 1982 Biennial Meeting of the Philosophy of Science Association vol 2, ed P D Asquith and T Nickles (East Lansing: Philosophy of Science Association) pp 377-402

Pais A 1982 Relativity, the special theory, Subtle is the Lord, The Science and the Life of Albert Einstein (Oxford: Oxford University Press) pp 111-174

Renn J 1993 Einstein as a disciple of Galileo: a comparative study of conceptual development in physics, Science in Context vol 6, ed M Beller et a1 no 1 pp 311-334

Schaffner K F 1983 The historiography of special relativity, PSA 1982: Proc. Biennial Meeting of the Philosophy of Science Association vol 2, ed P D Asquith and T Nickles (East Lansing: Philosophy of Science Association) pp 417-428

Stachel J 1982 Einstein and Michelson: the context of discovery and the context of justification, Astron. Nach. 303 47-53; 1989 What Song the Syrens Sang: How Did Einstein Discover the Special Theory of Relativity? (意大利译本 Lepscky M L 1989 Quale canzone cantarono le sirene. Come scopri Einstein la teoria speciale della relativita? L'Opera di Einstein, proceedings of the Convegno Internazionale: L'Opera di Einstein, 13-14 Dicembre 1985 ed U Curi (Ferrara: Gabriele Corbo Editore) pp 21-37)

Zahar E 1989 Einstein's Revolution / A Study in Heuristic (La Salle: Open Court)

[63] 我在以下文献中对这些问题中的一些做了比较自由的推测, 这些文献是 Stachel J 1982 Einstein and Michelson: the context of discovery and the context of justification, Astron. Nach. 303 47-53; 1989 What Song the Syrens Sang: How Did Einstein Discover the Special Theory of Relativity? (意大利文译本 Lepscky M L 1989 Quale canzone cantarono le sirene. Come scopri Einstein la teoria speciale della relativita? L'Opera di Einstein, proceedings of the Convegno Internazionale: L'Opera di Einstein, 13-14 Dicembre 1985 ed U Curi (Ferrara: Gabriele Corbo Editore) pp 21-37)

[64] 近来, 有人宣称 1903 年成为他妻子的 Maric 对发展狭义相对论起了重要的创造性作用. 见:

Trbuhović-Gjurić 1969 U senci Alberta Ajnštajna (Kruševać: Bagdala) (德译本 Zimmermann G W (ed) 1983 Im Schatten Albert Einsteins / Das tragische Leben der Mileva Einstein-Maric (Beme: Haupt))

Walker E H and Stachel J 1989 Did Einstein espouse his spouse's ideas, Physics Today February pp 9-11 (two letters)

Troemel-Ploetz S 1990 Mileva Einstein-Maric: the woman who did Einstein's mathematics, Index on Censorship 9 33-36

虽然信件显示, 她在 Einstein 的生活包括他早期的科学工作中肯定起了比以前的传记作者所认可的更大的作用, 但现有的证据并不支持这些宣称 (见 Stachel J 1995 Albert Einstein and Mileva Maric: a collaboration that failed to develop, Creative Couples in Science ed Pnina Abir-Am and H Pycior (New Brunswick: Rutgers University Press)).

[65] 关于这些信件的文本, 见 Einstein A 1987 The Collected Papers of Albert Einstein vol 1. The Early Years, 1879-1902 ed J Stachel et al (Princeton: Princeton University Press)

[66] 引自 Stachel J 1987 Einstein and ether drift experiments, Physics Today May pp 45-47

[67] 文献 [65] 中 'Einstein on the Electrodynamics of Moving Bodies' 的编者按, pp 223-225, 给出了讨论这些题目的每一个的信件.

[68] 有关他在发射理论方面工作的证据, 见 Stachel J 1982 Einstein and Michelson: the context of discovery and the context of justification, Astron. Nach. 303 47-53; 1989 What Song the Syrens Sang: How Did Einstein Discover the Special Theory of Relativity? (意大利译本 Lepscky M L 1989 Quale canzone cantarono le sirene. Come scopri Einstein la teoria speciale della relativita? L'Opera di Einstein, proceedings of the Convegno Internazionale: L'Opera di Einstein, 13-14 Dicembre 1985 ed U Curi (Ferrara: Gabriele Corbo Editore) pp 21-37)

Einstein A 1989 Einstein on the theory of relativity, The Collected Papers of Albert Einstein vol 2. The Swiss Years: Writings 1901-1909 (Princeton: Princeton University Press), pp 253-74, 特别是 pp 263-264

关于对发射理论的反对意见的评述, 见 Pauli W 1958 Theory of Relativity ed G Field (Oxford: Oxford University Press) part 2, pp 539-775, 及附注 pp 5-9. (这是 Pauli W 1921 Relativitätstheorie, Encyklopädie der mathematischen Wissenschaften, mit Einschluss ihrer Anwendungen vol 5. Physik ed A Sommerfeld (Leipzig: Teubner) 的英译本)

[69] 关于这一时期的讨论, 见 Einstein on the Theory of Relativity Einstein A 1989 The Collected Papers of Albert Einstein vol 2. The Swiss Years: Writings 1902-1909 (Princeton: Princeton University Press) pp 253-274. 关于他后来的一些回忆, 见 pp 258-266; 关于他的哲学阅读的影响, 见 'Introduction to Volume 2'pp xvi-xxix, 特别是 pp xxiii-xxv.

[70] Einstein A 1905 Zur Electrodynamik bewegter Körper, Ann. Phys., Lpz 17 891-921

[71] 对这个工作的一个推测性的重建, 见 Earman J, Glymour C and Rynasiewicz R 1983 On Writing the History of Special Relativity, PSA 1982: Proc. 1982 Biennial Meeting of the Philosophy of Science Association vol 2, ed P D Asquith and T Nickles (East Lansing: Philosophy of Science Association).

[72] 译自 Stachel J 1994 Changes in the concepts of space and time brought about by relativity, Artefacts, Representations and Social Practice ed C C Gould and R S Cohen (Dordrecht: Kluwer) p 145.

[73] 这一陈述在下述著作中给出：Einstein A 1907 Über das Relativitatsprinzip und die aus demselben gezogenen, Folgerungen Jahrb. Radioakt. Elektron. 4 411-462

[74] Einstein A 1910 Le principe de relativité et ses conséquences dans la physique moderne, Arch. Sci. Phys. Natur. 29 5-28,125-144

[75] Einstein 后来说他在 1905 年没有读过 Lorentz 1904 的论文 [54], 但他可能读过使用 Lorentz 变换的其他文章, 特别是 Cohn E 1904 Zur Elektrodynamik bewegter Systeme, König. Preuss. Akad. Wiss. (Berlin). Sitzungsber. 1294-1303, 1404-1416. 这些变换形式上的相似性使得许多和他们同时代的人 (以及我们中的一些人) 忽视了 Lorentz 和 Einstein 对其解释的不同 (见下). 这里使用的矢量表述在下文中给出：Herglotz G 1911 über die Mechanik des deformierbaren Körpers vom Standpunkt der Relativitätstheorie, Ann. Phys., Lpz (4)36 495533. 注意当 c 变为无穷大时空间变换趋于 Galileo 变换, 而 t' 趋于 t.

[76] Poincaré H 1906 Sur la dynamique de l'électron, Circolo Matematico di Palermo. Rendiconti 21 129-165

[77] Einstein A 1905 Ist die Tröghirt eines Körpers von seinem Energieinholt abhändgig? Ann. Phys., Lpz 18 639-641

[78] 尤其是 Fritz Hasenöhrl 关于黑体辐射的工作. 见 Miller A I 1981 Albert Einstein's Special Theory of Relativity: Emergence (1905) and Early Interpretation (1905-1911) (Reading: Addison-Wesley) pp 359-360

[79] 有关 Einstein 的论文'Ist die Tröghirt eines Körpers von seinem Energieinholt abhändgig?' 的讨论和后来对它的批评, 见 Stachel J and Torretti R 1982 Einstein's first derivation of mass-energy equivalence, Am. J. Phys. 50 760-763. Einstein 和其他人后来给出了各种推导, 其中最宽的只要求 Lorentz 变换和能量动量守恒定律

[80] Einstein A 1907 Über die Möglichkeit einer neuen Prüfung des Relativitätsprinzips, Ann. Phys., Lpz 23 197-198

这个效应由 Ives 和 Stilwell 首先观测到, 从而提供了相对论时间膨胀的直接证据. 见 Ives H and Stilwell G R 1938 An experimental study of the rate of a moving atomic clock, J. Opt. Soc. Am. 28 215-226.

[81] Einstein A and Laub J 1908 Über die elektromagnetischen Grundgleichungen für bewegte Körper, Ann. Phys., Lpz 26 532-540; 1908 Über die im elektromagnetischen Felde auf ruhende Körper ausgeubten pondero-motorischen Kräfte, Ann. Phys., Lpz 26 541-550.

有关的讨论见 Einstein A 1989 Einstein and Laub on the Electrodynamics of Moving Media, The Collected Papers of Albert Einstein vol 2. The Swiss Years: Writings 1901-1909 (Princeton: Princeton University Press) pp 503-507.

[82] Einstein A 1907 Über das Relativitätsprinzip und die aus demselben gezogenen Folgerungen Jahrb. Radioakt. Elektron. 4 411-462; 改正在下文中：Einstein A 1908 Berichtigungen zu der Arbeit: Über das Relativitätsprinzip und die aus demselben gezogenen Folgerungen, Jahrb. Radioakt. Elektron. 5 98-9; 1910 Le principe de relativité et ses conséquences dans la physique moderne, Arch. Sci. Phys. Natur. 29 5-28, 125-144

[83] Einstein A 1995 The Collected Papers of Albert Einstein vol 4. The Swiss Years: Writings 1912-1914 ed M Klein et a1 (Princeton: Princeton University Press) Doc 1

[84] Einstein A 1917 Über die spezielle und die allgemeine Relativitätstheorie (Gemeinverständlich) (Braunschweig: Vieweg); 1922 The Meaning of Relativity: Four Lectures Delivered at Princeton University, May, 1921 (London: Methuen); 这两本书在 Einstein 在世时和去世后出了许多版.

[85] Einstein A 1919 Time, space and gravitation, The Times (London) 28 November 1919 p 13

[86] 引自 Stachel J 1986 Einstein and the quantum: fifty years of struggle, From Quarks to Quasars: Philosophical Problems of Modern Physics ed R Colodny (Pittsburgh: University of Pittsburgh Press) p 349

[87] Einstein A 1912 Relativität und Gravitation. Erwiderung auf eine Bemerkung von M Abraham, Ann. Phys., Lpz 38 1061

[88] Born M 1949 Natural Philosophy of Cause and Chance (Oxford: Oxford University Press) pp 38-39

[89] Einstein A 1935 Elementary derivation of the equivalence of mass and energy, Bull. Am. Math. Soc. 41 223-230

[90] Czikszentmihalyi M 1988 Society, culture, and person: a systems view of creativity, The Nature of Creativity: Contemporary Psychological Perspectives ed R J Steinberg (New York Cambridge University Press) pp 325-339; 1990 The domain of creativity, Theories of Creativity ed A Mark et a1 (Newbury Park Sage)
带有取自相对论的历史的例子的进一步的讨论, 见 Stachel J 1994 Scientific discoveries as historical artifacts, Current Trends in the Historiography of Science ed K Gavroglu (Dordrecht: Reidel) pp 139-148.

[91] Einstein A 1994 The Collected Papers of Albert Einstein vol 5. The Swiss Years: Correspondence 1902-1914 ed M Klein et a1 (Princeton: Princeton University Press) p 120

[92] Goldberg S 1984 Understanding Relativity: Origin and Impact of a Scientific Revolution (Boston: Birkhäuser)
Miller A I 1981 Albert Einstein‘s Special Theory of Relativity: Emergence (1905) and Early Interpretation (1905-1911) (Reading: Addison-Wesley)

[93] 有关德国、法国、英国和美国对相对论的接受情况的比较研究, 见:

Goldberg S 1984 Understanding Relativity: Origin and Impact of a Scientific Revolution (Part II, The Early Response to the Special Theory of Relativity, 1905-1922; Part III, From Response to Assimilation, ch 10) (Boston: Birkhäuser)

有关在美国、英国、法国、德国、西班牙、意大利、波兰、日本和苏联狭义相对论和广义相对论被接受情况的研究, 见 Glick T 1987 The Comparative Reception of Relativity (Dordrecht: Reidel)

Glick T 1989 Einstein and Spain: Relativity and the Recovery of Science (Princeton: Princeton University Press)

Sánchez Ron J M 1981 Relatividad Especial, Relatividad General (1905-1923): Origenes, Desarollo y Recepción por la Communidad Scientfica (Barcelona); 1992 The reception of general relativity among British physicists and philosophers, Einstein Studies vol 3. Studies in the History of General Relativity ed J Eisenstaedt and A J Kox 1992 (Boston: Birkhauser) pp 57-88

[94] Warwick A 1989 International relativity: the establishment of a theoretical discipline, Studies Hist. Phil. Sci. 20 139-149; 1989 The electrodynamics of moving bodies and the principle of relativity in British physics 1894-1919, PhD Dissertation University of Cambridge; 1992 Cambridge mathematics and Cavendish physics: Cunningham, Campbell and Einstein's relativity 1905-1914. Part I: the uses of theory, Studies Hist. Phil. Sci. 23 625-656

[95] 在有关狭义相对论的论著中可以找到许多历史信息. Henri Arzèlies 的著作特别有用: Arzèlies H 1957 La Dynamique relativiste et ses applications vol 1 (Paris:Gauthier-Villars); 1959 Milieux Conducteurs et Polarisables en Mouvement vo12 (Paris: Gauthier-Villars); 1963 Electricité Macroscopique et Relativiste (Paris: Gauthier-Villars); 1966 Relativistic Kinematics (Oxford: Oxford University Press); 1966 Rayonnement et Dynamique du Corpuscule Chargé Fortement Acceleré (Paris: Gauthier-Villars); 1967 Thermodynamique Relativiste et Quantique (in two volumes) (Paris: Gauthier-Villars).

又见:

Pauli W 1921 Relativitätstheorie, Encyklopädie der mathematischen Wissenschaften, mit Einschluss ihrer Anwendungen vol 5. Physik ed A Sommerfeld (Leipzig: Teubner) part 2

Lecat M 1924 Bibliographie de la Relativité (Bruxelles: Lambertin) 给出了到那时为止的文献.

[96] Poincaré H 1905 Sur la dynamique de l'électron, C.R. Acad. Sci., Paris 140 1504-1508; 1906 Sur la dynamique de l'électron, Circolo Matematico di Palermo. Rendiconti 21 129-165

关于 Poincaré的工作, 见:

Miller A I 1973 A study of Henri Poincaré's 'Sur la Dynamique de l'Electron', Arch.

Hist. Exact Sci. 10 207-328; Poincaré H 1887 Sur les hypothèses fondamentales de la géometrie, Bull. Soc. Math. France 15 203-216, 在二维几何的讨论中, 包括有 (除 Euclid、Riemann 和 Lobachevski 几何之外的) 第四种几何, 即二维 Minkowski 几何. 奇怪的是, Poincaré在他后来关于相对论的著作中从未讨论过这 “第四种几何”.

Darrigol O 1994 Henri Poincaré's criticism of fin de siècle electrodynamics , Preprint

[97] Minkowski H 1908 Die Grundgleichungen für die elektromagnetischen Vorgänge in bewegten Köpern, König. Ges. Wiss. Göttingen. Math.-Phys. Klasse. Nach. 53-111; 1909 Raum und Zeit, Phys. Z. 10 104-111

关于 Minkowski 在狭义相对论方面工作的研究, 见:

Pyenson L 1977 Hermann Minkowski and Einstein's special theory of relativity, Arch. Hist. Exact Sci. 17 71-95 (重印于 Pyenson L 1985 The Young Einstein: the Advent of Relativity (Bristol: Hilger) pp 80-100)

Galison P 1979 Minkowski's space-time: from visual thinking to the absolute world, Hist. Studies Phys. Sci. 1085-1121.

[98] Langevin P 1911 L'evolution de l'espace et du temps, Scientia 10 31-54

[99] 有关说明, 见 Marder L 1971 Time and the Space Traveller (London:Allen and Unwin)

[100] Conway A W 1911 On the application of quaternions to some recent developments of electrical theory, Proc. R. Ir. Acad. A 29 Memoir 1

[101] Silberstein L 1912 Quaternionic form of relativity, Phil. Mag. 23 790-809

[102] Sommerfeld A 1910 Zur Relativitätstheorie. I. Vierdimensionale Vektoralgebra, Ann. Phys., Lpz 32 749-776; 1910 II. Vierdimensionales Vektoranalysis, Ann. Phys., Lpz 33 649-689

Laue M 1911 Zur Relativitätsprinzip (Braunschweig: Vieweg)

[103] Pauli W 1927 Zur Quantenmechanik des magnetischen Elektrons, Z. Phys. 43 601-623

[104] Dirac P A M 1928 The quantum theory of the electron, Proc. R. Soc. A 117 610-624

[105] Van der Waerden B L 1929 Spinoranalyse, Ges. Wiss. Gottingen. Math.-Phys. Klasse. Nach 100-109

关于相对论中旋量方法的评述, 见 Penrose R and Rindler W 1984 Spinors and Space-Time vol 1. Two-spinor Calculus and Relativistic Fields (Cambridge: Cambridge University Press); 1986 Spinors and Space-Time vol 2. Spinor and Twistor Methods in Space-time Geometry (Cambridge: Cambridge University Press).

[106] 关于对他的从 1960 年代开始的工作的评述, 见 Penrose R and Rindler W 1984 Spinors and Space-Time vol 1. Two-spinor Calculus and Relativistic Fields (Cambridge: Cambridge University Press), 该书也评述了他关于旋量方法在广义相对论中应用的工作.

[107] 有关评述, 见 Penrose R and Rindler W 1986 Spinors and Space-Time vol 2. Spinor and Twistor Methods in Space-time Geometry (Cambridge: Cambridge University Press).

[108] Ignatowski W 1910 Das Relativitätsprinzip, Arch. Math. Phys. 17 1-24;1911 Arch. Math. Phys. 18 17-41

[109] 关于对这种方法的讨论, 连同一些历史文献, 见 Stachel J 1983 Special relativity from measuring rods, Physics, Philosophy and Psychoanalysis ed R S Cohen and L Laudan (Boston: Reidel) pp 255-272.

[110] 有关评述, 见 Torretti R 1983 Relativity and Geometry (Oxford: Pergamon) pp 76-82.

[111] 例如, 见 Aharoni J 1965 The Special Theory of Relativity 2nd edn (Oxford: Clarendon)

[112] Robb A A 1913 A Theory of Space and Time (Cambridge: Heffer); 1914 A Theory of Space and Time (Cambridge: Cambridge University Press)

[113] Robb 批评用相对的、有赖于参考系的概念来反对绝对的、独立于参考系的概念. 见其著作的序言 Robb A A 1936 Geometry of Time and Space (Cambridge: Cambridge University Press) p vi, 11-13.

[114] Poincaré H 1887 Sur les hypothèses fondamentales de la géometrie, Bull. Soc. Math. France 15 203-216 给出了 2 维 Minkowski 空间某些类似的发展

[115] 但是, 见 Weyl H 1923 Mathematische Analyse des Raumproblems (Berlin: Springer).

[116] Zeeman E C 1964 Causality implies the Lorentz group, J. Math. Phys. 5 490-493
Kronheimer E and Penrose R 1967 On the structure of causal spaces, Proc. Cambridge Phil. Soc. 63 481-501
关于因果时空的讨论, 见 Torretti R 1983 Relativity and Geometry (Oxford: Pergamon) pp 121-129.

[117] Laue M 1907 Die Mitführung des Lichtes durch bewegte Körper nach dem Relativitätsprinzip, Ann. Phys., Lpz 23 989-990

[118] Sommerfeld A 1909 Über die Zusammensetzung der Geschwindigkeiten in der Relativtheorie, Phys. Z. 10826-10829

[119] Varicak V 1912 Über die nichteukledische Interpretation der Relativtheorie, Deutsche Math. Verein. Jahresber. 21 103-127

[120] 有关讨论见 Silberstein L 1914 The Theory of Relativity (London: MacMillan).

[121] 有关同 Minkowski 空间的关系, 见 Pauli W 1921 Relativitätstheorie, Encyklopädie der mathematischen Wissenschaften, mit Einschluss ihrer Anwendungen vol 5. Physik ed A Sommerfeld (Leipzig: Teubner) part 2, pp 539-775, with supplementary notes section 25, note 111 (英译本 G Field 1958 Theory of Relativity (Oxford: Oxford University Press)).

[122] Borel E 1913 La theorié de la relativité et la cinématique, C. R. Acad. Sci., Paris 156 215-218; 1913 La cinématique dans la theorié de la relativité, C. R. Acad. Sci., Paris 157 703-705

[123] Thomas L H 1926 The motion of the spinning electron, Nature 117 514; 1927 The kinematics of an electron with an axis, Phil. Mag. 3 1-22

有关历史的说明, 包括接着发生的讨论, 见 Mehra J and Rechenberg H 1982 The Historical Development of Quantum Theory vol 3. The Formulation of Matrix Mechanics and its Modification 1925-1926 (Berlin: Springer) pp 270-272.

[124] Planck M 1906 Das Prinzip der Relativität und die Grundgeleichungen der Mechanik, Deutsche Phys. Ges. Verhand. 8 13-1; 1907 Zur Dynamik bewegter Systeme, Ann. Phys. 26 1-34

有关对 Planck 在狭义相对论方面工作的研究, 见:

Goldberg S 1976 Max Planck's philosophy of Nature and his elaboration of the special theory of relativity, Hist. Studies Phys. Sci. 7 125-160

Liu C 1994 Planck and the special theory of relativity, 1993 Meeting of the History of Science Society, Santa Fe, NM unpublished paper

[125] Einstein A 1907 Über das Relativitätsprinzip und die aus demselben gezogenen Folgerungen Jahrb. Radioakt. Elektron. 4 411-462

[126] Lewis G N and Tolman R C 1909 The principle of relativity and non-Newtonian mechanics, Phil. Mag. 18 51C-23

[127] Pauli W 1921 Relativitätstheorie, Encyklopädie der mathematischen Wissenschaften, mit Einschluss ihrer Anwendungen vol 5. Physik ed A Sommerfeld (Leipzig: Teubner) section 30

[128] Schwarzschild K 1903 Zur Elektrodynamik. I. Zwei Formen des Prinzips der Kleinsten Action in der Elektronentheorie, König. Ges. Wiss. Göttingen. Math.-Phys. Klasse Nach. 128 126-131; 1903 II. Die elementare elektrodynamische Kraft, König. Ges. Wiss. Göttingen. Math.-Phys. Klasse Nach. 128 132-141

Gauss 首先提出, 带电粒子之间的相互作用不是瞬时的, 而是包括一个有限的传播时间, 见 Larmor J 1900 Aether and Matterl /A Development of the Dynamical Relations of the Aether to Material Systems on the Basis of the Atomic Constitution of Matter Including a Discussion of fhe lnfluence of the Earth's Motion on Optical Phenomena (Cambridge: Cambridge University Press) p 319

[129] 关于直接相互作用理论的评述, 见 Sánchez Ron J M 1978 Action-at-a-distance in XXth century classical physics. Part I: studies of relativistic action-at-a-distance theories, PhD Thesis University of London ch 2, pp 51-117.

[130] 有关这种类型的狭义和广义相对论工作的评述, 见 Havas P 1979 Equations of motion and radiation reaction in the special and general theories of relativity, Isolated Gravitating Systems in General Relativity ed J Elders (Amsterdam: North-Holland) pp 74-155.

[131] Dirac P A M 1949 Forms of relativistic dynamics, Rev. Mod. Phys. 21 392-399

[132] 关于这个题目的评述, 见 Kerner E (ed) 1972 The Theory of Action-at-a-distance in Relativistic Particle Dynamics. A Reprint Collection (New York: Gordon and Breach).

[133] Born M 1909 Zur Theorie des starren Elektrons in der Kinematik des Relativitätsprinzips, Ann. Phys., Lpz 30 1-56, 840

[134] Herglotz G 1910 Über den vom Standpunkt des Relativitätsprinzips aus als 'starr' zu bezeichnenden Körper, Ann. Phys. 31 391-415

Noether F 1910 Zur Kinematik des starren Körpers in der Relativtheorie, Ann. Phys. 31 919-944

[135] Laue M 1911 Zur Diskussion über den starren Körpern in der Relativitätstheorie, Phys. Z. 12 85-87; 1911 Das Relativitätsprinzip (Braunschweig: Vieweg)

[136] Herglotz G 1911 Über die Mechanik des deformierbaren Körpers vom Standpunkt der Relativitätstheorie, Ann. Phys., Lpz 36 493-533

Nordström G 1911 Zur Relativitätsmechanik deformierbarer Körp, Phys. Z. 12 854-857

有关它到广义相对论的推广, 见 Nordström G 1917 De gravitatiettheorie van Einstein en de mechanica der continua van Herglotz, Kon. Neder. Akad. Wet. Amsterdam. Versl. Gewone Vergad. Wisen Natuurkd. Afd. 25 836-843.

[137] Ignatowski W 1911 Zur Hydrodynamik vom Standpunkte des Relativitätsprinzips, Phys. Z. 12 441-442

Lamla 1912 Über die Hydrodynamik des Relativitatsprinzips, Ann. Phys., Lpz 37 772-796

[138] 一个简短的概述, 包括广义相对论的情况, 见 Stachel J 1991 Variational principles in relativistic continuum dynamics 1991 Elba Conference on Advances in Modern Continuum Dynamics unpublished.

[139] Eckert C 1940 The thermodynamics of irreversible processes III. Relativistic theory of a simple fluid, Phys. Rev. 58 919-924

[140] 有关评述, 包括到广义相对论的推广, 见:

Baranov and Kolpascikov 1974 Relativistic Thermodynamics of Continuous Media (in Russian) (Minsk: Nauka i Tekhnika)

Sieniutycz S 1994 Conservation Laws in Variational Thermo-Hydrodynamics (Dordrecht: Kluwer) ch 12

[141] Minkowski H 1908 Die Grundgleichungen für die elektromagnetischen Vorgänge in bewegten Körpern, König. Ges. Wiss. Göttingen Math.-Phys. Klasse Nach. 53-111

[142] Abraham M 1909 Zur elektromagnetischen Mechanik, Phys. Z. 10 737-741

[143] Laue M 1911 Das Relativitätsprinzip (Braunschweig: Vieweg)

[144] Einstein A and Laub J 1908 Über die elektromagnetischen Grundgleichungen für bewegte Körper, Ann. Phys., Lpz 26 53240; 1908 Über die im elektromagnetischen Felde auf ruhende Körper ausgeübten ponderomotorischen Kräfte, Ann. Phys., Lpz 26 541-550

[145] Abraham M 1909 Zur Elektrodynamik bewegter Körper, Circolo Matematico di Palermo. Rendiconti 28 1-28
有关对这个工作的讨论和随后的争议, 见 Liu C 1991 Relativistic thermodynamics: its history and foundations, PhD Thesis University of Pittsburg ch III.

[146] 有关评述, 见 Pauli W 1921 Relativitätstheorie, Encyklopädie der mathematischen Wissenschaften, mit Einschluss ihrer Anwendungen vol 5. Physik ed A Sommerfeld (Leipzig: Teubner) pp 662-668 (英译本 Pauli W 1958 Theory of Relativity ed G Field (Oxford: Oxford University Press) with supplementary notes pp 106-111, 216)
De Groot S R and Suttorp L G 1972 Foundations of Electrodynamics (Amsterdam: North-Holland) ch V, section 7

[147] 例如见:
Pavlov V I 1978 On discussions concerning the problem of ponderomotive forces, Sov. Phys.-Usp. 21 171-173
Einstein A 1989 Einstein and Laub on the electrodynamics of moving media, The Collected Papers of Albert Einstein vol 2. The Swiss Years: Writings 1901-1909 (Princeton: Princeton University Press), 特别是 p 507

[148] Lorentz H A 1904 Maxwells elektromagnetische Theorie, Encyklopädie der mathematischen Wissenschaften, mit Einschluss ihrer Anwendungen vol 5. Physik ed A Sommerfeld (Leipzig: Teubner) part 2, pp 63-144; 1904 Weiterbildung der Maxwellschen Theorie. Elektronentheorie, Encyklopädie der mafhematischen Wissenschaften, mit Einschluss ihrer Anwendungen vol 5. Physik ed A Sommerfeld (Leipzig: Teubner) part 2, pp 145-280

[149] Dällenbach W 1919 Die allgemein kovarianten Grundgleichungen des elektromagnetischen Feldes im Innern ponderabler Materie vom Standpunkte der Elektronentheorie, Ann. Phys., Lpz 58 523-548

[150] Mosengeil K 1907 Theorie der stationären Strahlung in einem gleichförmig bewegten Hohlraum, Ann. Phys., Lpz 22 867-904, 这是 Planck 编辑的一部遗作.
又见 Liu C 1994 Planck and the special theory of relativity 1993 Meeting of the History of Science Society (Santa Fe, NM) unpublished paper

[151] Planck M 1907 Zur Dynamik bewegter Systeme, Ann. Phys. 26 1-34

[152] Einstein A 1907 Über das Relativitätsprinzip und die aus demselben gezogenen Folgerungen, Jahrb. Radioakt. Elektron. 4 411-462, section 15. Einstein 再没有在公开出版物中回到这个主题, 但数十年后私下批评了这种处理方法.
更多的细节, 见 Liu C 1992 Einstein and relativistic thermodynamics in 1952: a historical and critical study of a strange episode in the history of modem physics, Br.J. Phil. Sci. 25 185-206.

[153] 关于相对论热力学的历史, 见 Liu C 1991 Relativistic thermodynamics: its history and foundations, PhD Thesis University of Pittsburg.

[154] Ott H 1963 Lorentz-Transformation der Warme und der Temperatur, Z.Phys. 175 70-104

[155] 对争议的评述, 见:
Arzèlies H 1967 Thermodynamique relativiste et quantique (in two volumes) (Paris: Gauthier-Villars)
Liu C 1991 Relativistic thermodynamics: its history and foundations, PhD Thesis University of Pittsburg; 1994 Is there a relativistic thermodynamics? A case study of the meaning of special relativity Studies Hist. Phil. Sci.

[156] Anderson J L 1964 Relativity principles and the role of coordinates in physics, Gravitation and Relativity ed H-Y Chiu and W F Hoffmann (New York: Benjamin)

[157] Juttner 1911 Die Dynamik eines bewegten Gases in der Relativtheorie, Ann. Phys., Lpz 35 145-161

[158] 对相对论性动理论的讨论, 见:
Synge J L 1957 The Relativistic Gas (Amsterdam: North-Holland)
Ehlers J 1973 Survey of general relativity theory, Relativity, Astrophysics and Cosmology ed W Israel (Dordrecht: Reidel) pp 1-125

[159] Wheeler J A and Feynman R 1945 Interaction with the absorber as the mechanism of radiation, Rev. Mod. Phys. 17 157-181

[160] 有关评述, 见:
Havas P 1965 Some basic problems in the formulation of a relativistic statistical mechanics of interacting particles, Statistical Mechanics of Equilibrium and Non-Equilibrium (Amsterdam: North-Holland) pp 1-19
Ehlers J 1975 Progress in Relativistic Statistical Mechanics, Thermodynamics and Continuum Mechanics, General Relativity and Gravitation ed G Shaviv and J Rose (New York Wiley) pp 213-232

[161] Einstein A 1905 Über einen die Erzeugung und Verwandlung des Lichtes betreffenden heuristischen Gesichtspunkt, Ann. Phys. 17 132-148; 1916 Strahlungs-Emission und -Absorption nach der Quantentheorie, Deutsche Phys. Ges. Verhand. 18 318-323
有关 Einstein 在量子论方面工作的综述, 见:
Pais A 1979 Einstein and the quantum theory, Rev. Mod. Phys. 51 863-914
Stachel J 1986 Einstein and the quantum: fifty years of struggle, From Quarks to Quasars: Philosophical Problems of Modern Physics ed R Colodny (Pittsburgh University of Pittsburgh Press) pp 349-385

[162] de Broglie L 1924 Recherche sur la théorie des quanta, Théses présentées à la Faculté des Sciences de I'Université de Paris pour obtenir le grade de docteurès sciences physiques (Paris: Masson)
关于量子力学的起源, 见 Mehra J and Rechenberg H 1982 The Historical Development of Quantum Theory vol 1. The Quantum Theory of Planck, Einstein and Sommer-

feld: Its Foundation and the Rise of Its Difficulties 1900-1925 (in 2 parts) (Berlin: Springer); 1982 The Historical Development of Quantum Theory vol 3. The Formulation of Matrix Mechanics and its Modification 1925-1926 (Berlin: Springer); 1984 The Historical Development of Quantum Theory vol 4. Part 1: The Fundamental Equations of Quantum Mechanics 1925-1926. Part 2: The Reception of the New Quantum Mechanics 1925-1926 (Berlin: Springer)

挑选出的论文的译文, 见 Van der Waerden B L 1967 Sources of Quantum Mechanics (Amsterdam: North-Holland).

[163] Wessels L 1979 Schrödinger's Route to Wave Mechanics, Studies Hist. Phil. Sci. 10 311-340

Mehra J and Rechenberg H 1987 The Historical Development of Quantum Theory vol 5. Part 2: The Creation of Wave Mechanics: Early Response and Applications (Berlin: Springer) pp 426-434

有关 Schrödinger 早期的工作, 见 Mehra J and Rechenberg H 1987 The Historical Development of Quantum Theory vol 5. Erwin Schrödinger and the Rise of Wave Mechanics. Part 1: Schrödinger in Vienna and Zurich 1887-1925. Part 2: The Creation of Wave Mechanics: Early Response and Applications (Berlin: Springer)

[164] Born M, Heisenberg W and Jordan P 1926 Zur Quantenmechanik, Z. Phys. 35 557-615 (英译文在 Van der Waerden B L 1967 Sources of Quantum Mechanics (Amsterdam: North-Holland))

有关讨论, 见 Mehra J and Rechenberg H 1982 The Historical Development of Quantum Theory vol 3. The Formulation of Matrix Mechanics and its Modification 1925-1926 (Berlin: Springer) pp 149-156.

[165] Jordan P and Pauli W 1928 Zur Quantenelektrodynamik ladungsfreier Felder, Z. Phys. 47 151-173

关于量子场论早期历史的说明, 见 Schweber S 1994 QED and the Men Who Made It/ Dyson, Fynman, Schwinger and Tomonaga (Princeton: Princeton University Press) ch 1.

[166] Heisenberg W and Pauli W 1929 Zur Quantendynamik der Wellenfelder, Z. Phys. 56 1-61

[167] 有关量子电动力学的文选, 见:

Schwinger J (ed) 1958 Selected Papers on Quantum Electrodynamics (New York Dover)

Miller A I (ed) 1994 Early Quantum Electrodynamics: a Source Book (Cambridge: Cambridge University Press)

有关 1950 年代的历史情况, 见 Schweber S 1994 QED and the Men Who Made It/ Dyson, Feynman, Schwinger and Tomonaga (Princeton: Princeton University Press).

[168] Dirac P A M 1936 Relativistic wave equations, Proc. R. Soc. A 155 447-459

Fierz M 1939 Über die relativistischer Theorie kräftefreier Teilchen mit beliebigem Spin, Acta Phys. Helv. 123-137

Fierz M and Pauli W 1939 On relativistic wave equations for particles of arbitrary spin in an electromagnetic field, Proc. R. Soc. A 173 211-232

Pauli W 1941 Relativistic field theories of elementary particles, Rev. Mod. Phys. 13 203-232 (写于 1939)

就此问题做过工作的其他人包括 Proca and Petiau (见 Kragh H S 1990 Dirac: A Scientific Biography (Cambridge: Cambridge University Press)).

[169] Wigner E P 1939 On unitary representations of the inhomogeneous Lorentz group, Ann. Math. 40 149-204

[170] Pauli W 1940 The connection between spin and statistics, Phys. Rev. 58 716-722

[I71] Einstein A 1907 Über das Relativitätsprinzip und die aus demselben gezogenen Folgerungen, Jahrb. Radicukt. Elektron. 4 41 1-62

[172] Abraham M 1912 Zur Theorie der Gravitation, Phys. Z. 13 1-5, 176

Mie G 1913, Grundlagen einer Theorie der Materie (Dritte Mitteilung), Ann. Phys., Lpz 40 1-66

Nordstrom G 1912 Relativitätsprinzip und Gravitation, Phys. Z. 13 1126-1129

[173] Nordström G 1913 Zur Theorie der Gravitation vom Standpunkt des Relativitätsprinzips, Ann. Phys., Lpz 42 533-554

对 Nordström 理论的讨论, 见 Norton J 1992 Einstein, Nordström and the early demise of scalar, Lorentz-covariant theories of gravitation, Arch. Hist. Exact Sci. 45 17-94.

[174] Einstein A and Fokker A D 1914 Die Nordstromsche Gravitationstheorie vom Standpunkt des absoluten Differentialkalkuls, Ann. Phys., Lpz 44 321-328

[175] Nordström G 1914 Über die Möglichkeit, das elektromagnetische Feld und das Gravitationsfeld zu vereinigen, Phys. Z. 15 504-506 (由 P Freund 加英译重印于 Appelquist T, Chodos A and Freund P G O 1987 Modern Kaluzu-Klein Theories (Menlo Park, CA: Addison-Wesley) pp 51-60).

[176] 有关狭义相对论性引力理论的评述, 见:

Whitrow G J and Murdoch G E 1965 Relativistic theories of gravitation, Vistas in Astronomy vol 6, ed A Beer (Oxford: Pergamon) pp 1-67

Will C M 1993 Theory and Experiment in Gravitational Physics 2nd edn (Cambridge: Cambridge University Press)

[177] 关于实验和观测结果的文献的早期评述, 见:

Laub J J 1910 Über die experimentellen Grundlagen des Relativitätsprinzips, Jahrb. Radioakt. Elektron. 7 405-463

Laue M 1911 Das Relativitätsprinzip (Braunschweig: Vieweg) (狭义相对论的第一本专著)

Pauli W 1921 Relativitätstheorie, Encyklopädie der mathematischen Wissenschaften, mit Einschluss ihrer Anwendungen vol 5: Physik ed A Sommerfeld (Leipzig: Teubner) part 2, pp 539-775

[178] Kennedy R J and Thomdike E M 1932 Experimental establishment of the relativity of time, Phys. Rev. 42 400-418

Robertson H P 1949 Postulate versus observation in the special theory of relativity, Rev. Mod. Phys. 21 378-382

[179] Ritz W 1908 Recherches critiques sur 1'électrodynamique générale, Ann. Chimie Phys. 13 145-275

Ehrenfest P 1912 Zur Frage der Entbehrlichkeit des Lichtathers, Phys. Z. 13 317-319

[180] DeSitter W 1913 A Proof of the Constancy of the Velocity of Light, Kon. Neder. Akad. Wet. Amsterdam. Versl. Gewone Vergad. Wisen Natuurkd. Afd. 15 1297-1298; 1913 On the constancy of the velocity of light, Kon. Neder. Akad. Wef. Amsterdam. Versf. Gewone Vergad. Wisen Natuurkd. Afd. 16 395-396

有关对发射理论的反对意见的评述, 见 Pauli W 1958 Theory of Relativity ed G Field (Oxford: Oxford University Press) part 2, pp 539-775, with supplementary notes pp 5-9 (英译自 Pauli W 1921 Relativitätstheorie, Encykloptädie der mathematischen Wissenschaften, mit Einschfuss ihrer Anwendungen vol 5. Physik ed A Sommerfeld (Leipzig: Teubner))

[181] 见 Kaufmann W 1905 Über die Konstitution des Elektrons, König. Preuss. Akud. Wiss. (Berlin) Sitzungsber. 949-956 和 Kaufman W 1906 Über die Konstitution des Elektrons, Ann. Phys., Lpz 19 487-453, 它们提到了较早的实验.

[182] 有关 Kaufmann 工作的历史评述和后随的讨论, 见:

Cushing J T 1981 Electromagnetic mass, relativity, and the Kaufmann experiments, Am. J. Phys. 49 1133-1149

Miller A I 1981 Albert Einstein's Special Theory of Relativity: Emergence (1905) and Early Interpretation (1905-1921) (Reading: Addison-Wesley) pp 334-352

[183] 实验证据的有关评述, 见以下著作的有关章节:

带有补充注释的 Pauli W 1958 Theory of Relativity ed G Field (Oxford: Oxford University Press) (英译自 Pauli W 1921 Relativitätstheorie, Encyklopädie der Muthematischen Wissenschuften, mit Einschluss ihrer Anwendungen vol 5. Physik ed A Sommerfeld (Leipzig: Teubner))

Arzeliès H 1957 La Dynamique Relativiste et ses Applications vol 1 (Paris: Gauthier-Villars); 1958 Milieux Conducteurs et Polarisables en Mouvemenf vol 2 (Paris: Gauthier-Villars); 1963 Electricité Macroscopique et Relativiste (Paris: Gauthier-Villars); 1966 Relativistic Kinematics (Oxford: Oxford University Press); 1966 Rayonnement et Dynamique du Corpuscule ChargéFortement Acceleré (Paris: Gauthier-Villars)

Van Bladel B L 1984 Relativity and Engineering (Berlin: Springer)

[184] 关于狭义相对论技术应用的综述, 见:

Panofsky W 1980 Special relativity theory in engineering, Some Strangeness in the Proportion: A Centennial Symposium to Celebrate the Achievements of Albert Einstein ed H Woolf (Reading, MA: Addison-Wesley) pp 94-105

Van Bladel B L 1984 Relativity and Engineering (Berlin: Springer)

[185] Cockcroft J and Walton E T S 1932 Experiments with high velocity positive ions. II. The disintegration of elements by high velocity protons, Proc. R. Soc. A 137 229-242

[186] Bethe H A 1939 On energy generation in stars, Phys. Rev. 55 434-456

[187] 在接近这样的推广之后 (见 Abraham M 1912 Zur Theorie der Gravitation, Phys. Z. 13 1-5, 176), Abraham 完全放弃了相对论, 攻击 Einstein 带坏年轻的物理学家 (见 Abraham M 1912 Relativität und Gravitation. Erwiderung auf eine Bemerkung des Hm A Einstein, Ann. Phys., Lpz 38 1056-1058).

对 Abraham-Einstein 争论的说明, 见 Cattani C and De Maria M 1989 Max Abraham and the reception of relativity in Italy: his 1912 and 1914 controversies with Einstein; 1989 Einstein Studies vol I. Einstein and the History of General Relativity ed D Howard and J Stachel (Boston: Birkhauser) pp 160-174.

[188] Einstein 对广义相对论发展的说明, 见:

Einstein A 1921 A brief outline of the development of the theory of relativity, Nature 106 7824; 1933 Origins of the General Theory of Relativity (Glasgow University Publications) vol 30 (Glasgow: Jackson, Wylie) (德文原版 Seelig C (ed) 1981 Einiges über die Entstehung der allgemeinen Relativitätstheorie, Mein Weltbild (Frankfurt: Ullstein Materialien) pp 134-138); 1949 Autobiographical Notes (LaSalle: Open Court). 首次发表于 Schilpp P A (ed) 1949 Albert Einstein: Philosopher-Scientist (LaSalle: Open Court) pp 2-94; 1982 How I created the theory of relativity, Physics Today 35 45-47(Jun Ishiwara 根据 Einstein 1922 年在京都的演讲记录翻译, 日文本见 Ishiwara J 1971 Einstein Kyozyu-Koen-roku (Tokyo: Kabushika Kaisha) pp 78-88).

对 Einstein 工作的讨论, 见:

Pais A 1982 Subtle is The Lord, The Science and the Life of Albert Einstein (Oxford: Oxford University Press) section IV

Stachel J 1982 The genesis of general relativity, Einstein Symposion Berlin aus Anlass der 100. Wiederkehr seines Geburtstages ed H Nelkowski et a1 (Berlin: Springer)

Torretti R 1983 Relativity and Geometry (Oxford: Pergamon)

[189] 对广义相对论发展过程的说明, 见 Vizgin V P 1981 Relyativistskaya Teoriya Tyagoteniya (Istori i Formirovanie, 1900-1915) (Moscow)

也见关于广义相对论历史的三次讨论会的文集:

Howard D and Stachel J (ed) 1989 Einstein Studies vol 1. Einstein and the Histoy of General Relativity (Boston: Birkhäuser)

Eisenstaedt J and Kox A J (ed) 1992 Einstein Studies vol 3. Studies in the History of General Relativity (Boston: Birkhäuser)

Earman J, Jansen M and Norton J D (ed) 1993 Einstein Studies vol 5. The Attraction of Gravitation/ New Studies in the History of General Relativity (Boston: Birkhäuser)

[190] Stachel J 1989 Einstein's search for general covariance, 1912-1915, Einstein Studies vol 1. Einstein and the History of General Relativity ed D Howard and J Stachel (Boston: Birkhauser) p 63

[191] Einstein A 1989 The Collected Papers of Albert Einstein vol 2. The Swiss Years: Writings 1901-1909 (Princeton: Princeton University Press) p 254

[192] 对这一企图的说明见 Einstein A 1933 Origins of the General Theory of Relativity (Glasgow University Publications) vol 30 (Glasgow: Jackson, Wylie) (德文原版 Seelig C (ed) 1981 Einiges über die Entstehung der allgemeinen Relativitätstheorie Mein Weltbild (Frankfurt: Ullstein Materialien)).

[193] Eötvös R V 1889 Über die Anziehung der Erde auf verschiedene Substanzen, Math. Naturwiss. Ber. Ungarn 8 65-68

[194] Einstein A 1913 Zum gegenwärtigen Stand des Gravitationsproblems, Phys. Z. 14 1249-1266

有关 Einstein 对 Nordström 理论的反应的说明, 见 Norton J 1992 Einstein, Nordström and the early demise of scalar, Lorentz- covariant theories of gravitation, Arch. Hist. Exact Sci. 45 17-94

[195] Einstein A 1912 Gibt es ein Gravitationswirkung, die der dynamischen Induktionswirkung analog ist? Vierteljahrschr. Gerichliche Med. Öffentlick. Sanitätswesen 44 37-40

[196] Einstein A 1918 Prinzipielles zur allgemeinen Relativitätstheorie, Ann. Phys., Lpz 55 241-244

[197] Einstein A 1917 Kosmologische Betrachtungen zur allgemeinen Relativitätstheorie, König. Preuss. Akad. Wiss. (Berlin) Sitzungsber. 142-152. 对相对论宇宙学的讨论, 见 Chapter 23

[198] Einstein A 1907 Über das Relativitätsprinzip und die aus demselben gezogenen Folgerungen, Jahrb. Radioakt. Elektron. 4 411-462

[199] 对 Einstein 的等效原理的涵义的讨论, 见

Norton J 1985 What was Einstein's principle of equivalence? Studies Hist. Phil. Sci. 16 pp 203-246.

[200] 关于 Freundlich (后来叫 Findlay-Freundlich) 及他对引力红移和光线偏折的实验检验所做的贡献的讨论, 见 Hentschel K 1992 Der Einstein Turm. Erwin F. Freundlick und die Relativitätstheorie-Ansätze zu einer dichten Beschreibung von institutionellen, biographischen und theoriengeschichtlichen Aspekten (Heidelberg: Spektrum Akademische); 1994 Erwin Finlay-Freundlich and testing Einstein's theory of relativity, Arch.

Hist. Exact Sci. 47 143-201

[201] 关于检验引力红移的尝试的说明, 见:
Forbes E G 1961 A history of the solar red shift problem, Ann. Sci. 17 129-164
Earman J and Glymour C 1980 The gravitational red shift as a test of general relativity: history and analysis, Studies Hist. Phil. Sci. 11 175-214
Hentschel K 1992 Grebe/Bachems photometrische Analyse der Linienprofile und die Gravitations-Rotvershiebung:1919 bis 1922, Ann. Sci. 49 21-46; 1992 Der Einstein Turm. Erwin F Freundlich und die Relafivitätstheorie-Ansätze zu einer dichten Beschreibung von institutionellen, biographischen und theoriengeschichtlichen Aspekten (Heidelberg: Spektrum Akademische)

[202] Hentschel K 1993 The Conversion of St John: A Case Study in the Interplay of Theory and Experiment, Einstein in Context, special issue of Science in Context vol 6, ed M Beller et a1 no 1 pp 137-194.

[203] Pound R V and Rebka G A 1960 Apparent weight of photons, Phys. Rev. Lett. 4 331-341

[204] Einstein A 1911 Über den Einfluss der Schwerkraft auf die Ausbreitung des Lichtes, Ann. Phys., Lpz 35 898-908

[205] 关于用日全食数据检验 Einstein 预言的早期尝试的说明见:
Crelinsten J 1983 William Wallace Campbell and the 'Einstein Problem': An observational astronomer confronts the theory of relativity, Hist. Studies Phys. Sci. 141-191
Earman J and Glymour C 1980 Relativity and eclipses: The British eclipse expeditions of 1919 and their predecessors, Hist. Studies Phys. Sci. 11 49-85
Stachel J 1986 Eddington and Einstein, The Prism of Science, The Israel Colloquium: Studies in History, Philosophy and Sociology of Science 2 ed E Ullmann-Margalit (Boston: Reidel) pp 225-250

[206] Einstein A 1912 Lichtgeschwindigkeit und Statik des Gravitationsfeldes, Ann. Phys., Lpz 38 355-369; 1912 Zur Theorie des statischen Gravitationsfeldes, Ann. Phys., Lpz 38 443-458

[207] Einstein A 1912 Zur Theorie des statischen Gravitationsfeldes, Ann. Phys., Lpz 38 443-458

[208] 有关讨论见 Stachel J 1980 Einstein and the rigidly rotating disc, General Relativity and Gravitation One Hundred Years After the Birth of Albert Einstein (in two volumes) ed A Held (New York: Plenum) pp 1-15

[209] Einstein 看来得益于比较早就熟悉 19 世纪力学的微分几何传统中的至少某些要素. 关于这个传统, 见 Lützen J 1993 Interactions Between Mechanics and Diferential Geomety in the 19th Century(Københavns Universitet Matematisk lnstitut, Preprint Series, No. 25)

有关 Einstein 同这一传统的接触, 见 Einstein 关于广义相对论的研究扎记, 在下述书中: Einstein A 1995 The Collected Papers of Albert Einstein vol 4. The Swiss Years: Writings 1912-1914 ed M Klein et a1 (Princeton: Princeton University Press)

[210] 有关他对就这个问题与 Grassmann 合作的回忆, 见 Einstein A 1955 Erinnerungen-Souvenirs Schweizerische Hochschulzeitung (Sonderheft) pp 145-153 (重印为 1956 Autobiographische Skizze Helle Zeit-Dunkle Zeit. In Memoriam Albert Einstein ed C Seelig (Zurich: Europa))

关于 19 世纪几何学的历史, 见 Torretti R 1978 Philosophy of Geometry from Riemann to Poincaré (Dordrecht: Reidel)

关于张量分析, 见 Reich K 1994 Die Entwicklung des Tensorkalküls. Vom absoluten Diflerentialkalkül zur Relativitätstheorie (Basel: Birkhauser)

[211] Levi-Civita T 1917 Nozione di parallelismo in una varieta qualunque, Circolo Matematico di Palermo. Rendiconti 42 173-205

[212] Weyl H 1918 Raum, Zeit, Materie (Berlin: Springer)

[213] Einstein A and Grossmann M 1913 Entwurf einer verallgemeinerten Relativitätstheorie und einer Theorie der Gravitation. 1. Physikalischer Teil von Albert Einstein. 11.Mathematischer Teil von Marcel Grossmann (Leipzig: Teubner)

[214] Stachel J 1986 What a physicist can learn from the discovery of general relativity, Proc. Fourth Marcel Grossmann Meeting on General Relativity ed R Ruffini (Amsterdam: Elsevier) pp 1857-1862

[215] Hilbert D 1915 Die Grundlagen der Physik (Erste Mitteilung), König. Ges. Wiss. Göttingen. Math.-Phys. Klasse Nach. 395-407

[216] 例如见:

Earman J and Glymour C 1978 Lost in the tensors: Einstein's struggles with covariance principles 1912-1916, Studies Hist. Phil. Sci. 9 251-278

Hoffmann B 1972 Einstein and tensors, Tensor 6 157-162

Lanczos C 1972 Einstein's Path From Special to General Relativity General Relativity: Papers in Honour of L Synge ed L O'Raifertaigh (Oxford: Clarendon) pp 5-19

Mehra J 1974 Einstein, Hilbert and the Theory of Gravitation (Dordrecht: Reidel)

Stachel J 1989 Einstein's search for general covariance, 1912-1915, Einstein Studies vol 1. Einstein and the History of General Relativity ed J Howard and J Stachel (Boston: Birkhauser)

Vizgin V P and Smorodinskii Ya A 1979 From the Equivalence Principle to the Equations of Gravitation, Sov. Phys.-Usp. 22489-22513

[217] Norton J 1984 How Einstein found his field equations: 1912-1915, Hist. Studies Phys. Sci. 14 253-316

[218] Stachel J 1989 Einstein's search for general covariance, 1912-1915, Einstein Studies vol 1. Einstein and the History of General Relativity ed J Howard and J Stachel

(Boston: Birkhauser) pp 66-68

Einstein A and Fokker A D 1913 Die Nordströmsche Gravitationstheorie vom Standpunkt des absoluten Differentialkalküls, Ann. Phys., Lpz 44 321-328 注解中说 (但没有进一步的评论), 原来反对广义协变性的论据是错的

[219] Stachel J 1989 Einstein's search for general covariance, 1912-1915, Einstein Studies vol 2. Einstein and the History of General Relativity ed J Howard and J Stachel (Boston: Birkhauser)

Norton J 1984 How Einstein found his field equations: 1912-1915, Hist. Studies Phys. Sci. 14 253-316

[220] Stachel J 1986 What a physicist can learn from the discovery of general relativity, Proc. Fourth Marcel Grossmann Meeting on General Relativity ed R Ruffini (Amsterdam: Elsevier) pp 1857-1862; 1987 How Einstein discovered general relativity: a historical tale with some contemporary morals, General Relativity and Gravitation: Proc. 11th Int. Conf. on General Relativity and Gravitation ed M A H MacCallum (Cambridge: Cambridge University Press) pp 200-208; 1989 Einstein's Search for General Covariance, 1912-1915, Einstein Studies vol 1.Einstein and the History of General Relativity ed J Howard and J Stachel (Boston: Birkhauser); 1993 The meaning of general covariance: the hole story, Philosophical Problems of the Internal and External Worlds/Essays on the Philosophy of Adolf Grünbaum ed J Earman et al (Konstanz: Universitätsverlag/Pittsburgh:University of Pittsburgh Press) pp 129-160

[221] 除了 [220] 中引用的洞穴论据的工作之外, 见 Howard D and Norton J 1993 Out of the Labyrinth? Einstein, Hertz, and the Göttingen answer to the hole argument, Einstein Studies vof 5. The Attraction of Gravitation/ New Studies in the Histoy of General Relativity ed J Earman et al (Boston: Birkhäuser) pp 30-62.

[222] 关于他的声言, 见 Einstein A 1913 Zum gegenwartigen Stand des Gravitätionsproblems, Phys. Z. 14 1249-1266

关于 Levi-Civita 在让他信服他的证明有错方面所起作用的讨论, 见 Cattani C and de Maria M 1989 Max Abraham and the reception of relativity in Italy: his 1912 and 1914 controversies with Einstein, Einstein Studies vol 1. Einstein and the History of General Relativity ed D Howard and J Stachel (Boston: Birkhauser) pp 160-174.

[223] 关于这个故事的细节, 见:

Norton D 1984 How Einstein found his field equations: 1912-1915, Hist. Studies Phys. Sci. 14 253-316

Stachel J 1989 Einstein's Search for General Covariance, 1912-1915, Einstein Studies vol 1. Einstein and the History of General Relativity ed J Howard and J Stachel (Boston: Birkhauser)

Einstein A 1916 Die Grundlagen der allgemeinen Relativitätstheorie, Ann. Phys., Lpz 49 769-822 总结了他对这个理论的确定陈述.

[224] Weyl H 1944 How far can one get with a linear field theory of gravitation in flat space-time?, Am. J. Math. 66 591

[225] Kraichnan R H 1955 Special-relativistic derivation of generally covariant gravitation theory, Phys. Rev. 55 1118-1122

[226] Feynman 独立提出了一种如果你不是 Einstein 的话如何发现广义相对论的类似方法 (见 DeWitt C (ed) 1957 Conf. on the Role of Gravitation in Physics, Proc. W.A.D.C. Technical Report 57-216; ASTIA Document No. AD 118180 (Wright Air Development Center, Wright-Patterson Air Force Base, OH)).

[227] Cartan E 1923 Sur les variétés à connection affine et la théore de la relativité généralisée, Ecole Normale Supérieure (Paris) Ann. 40 325-412

[228] Freidrichs K 1927 Eine invariante Formulierung des Newtonschen Gravitationsgesetzes und des Grenzüberganges vom Einsteinschen zum Newtonschen Gesetz, Math. Ann. 98 566-575

[229] 关于最近的一些工作, 见:
Howard D and Stachel J (ed) 1989 Einstein Studies vol 2. Einstein and the History of General Relativity (Boston: Birkhauser)
Eisenstaedt J and Kox A (ed) 1992 Einstein Studies vof 3. Studies in the History of General Relativity (Boston: Birkhauser)
Earman J, Jansen M and Norton D (ed) 1993 Einstein Studies vol 5. The Attraction of Gravitation/Studies in the History of General Relativity (Boston: Birkhauser)

[230] 在关于广义相对论的一些论著中可以找到许多历史信息, 例如见:
Arzeliès H 1961 Relativité généralisée. Gravitation vol 2. Principes généraux (Paris: Gauthier-Villars); 1963 Relativité généralisée. Gravitation vol 2. Le champ de Schwarzschild (Paris: Gauthier-Villars)
Pauli W 1958 Theory of Relativity ed G Field (Oxford: Oxford University Press) with supplementary notes (英译自 Pauli W 1921 Relativitätstheorie, Encyklopädie der Mathematischen Wissenschaften, mit Einschluss ihrer Anwendungen vol 5. Physik ed A Sommerfeld (Leipzig: Teubner))
Misner C et a1 1973 Gravitation (San Francisco: Freeman)
有关直到当时的文献, 又见 Lecat M 1924 Bibliographie de la Relativité (Bruxelles: Lambertin)

[231] 有关这一学术集体的巩固, 见 Jungnickel C and McCormmach R 1986 Intellectual Mastery of Nature vol 2. The Now Mighty Theoretical Physics 1870-1925 (Chicago: University of Chicago Press)

[232] Einstein A 1919 Spielen Gravitationsfelder im Aufbau der materiellen Elementarteilchen eine wesentliche Rolle? Preuss. Akad. Wiss. (Berlin) Sitzungsber. 349-356

[233] Hendry J 1984 The Creation of Quantum Mechanics and the Bohr-Pauli Dialogue (Dordrecht: Reidel) ch 2

[234] Eisenstaedt J 1986 La relativité générale a 1'étiage: 1925-1955, Arch. Hist. Exact Sci. 35 115-185; 1989 The low water mark of general relativity, Einstein Studies vol 1. Einstein and the History of General Relativity ed D Howard and J Stachel (Boston: Birkhauser) pp 277-292. 它对数学的影响仍然要大得多.

[235] Mercier A 1956 Fünftig Jahre Relativitätstheorie (Helv. Phys. Acta Supplement Ⅳ) (Basel: Birkhauser)

[236] Goldberg J 1992 US Air Force Support of General Relativity: 1956-1972, Einstein Studies vol 3. Studies in the History of General Relativity ed J Eisenstaedt and A J Kox (Boston: Birkhäuser) pp 89-102

[237] Abramovici A et al 1992 LIGO The Laser Interferometer Gravitational-Wave Observatory, Science 256 325-333

Thome K S 1994 LIGO, VIRGO, and the international network of laser- interferometer gravitational wave detectors, Proc. Eighth Nishinomiya Yukawa Symposium on Relativistic Cosmology ed M Sasaki (Tokyo: Universal Academic)

[238] Taylor J H and Weisberg J M 1989 Further experimental tests of relativistic gravity using the binary pulsar PRS 1913+16, Astrophys. J. 345 434-450

[239] Weyl H 1918 Reine Infinitesiomalgeometrie, Math. Z. 2 384-411. Weyl 的工作吸取了 Levi-Civita (1917) 和其他人引入的平行移动和仿射联络的概念. 对平行移动和仿射联络概念发展的说明, 见 Reich K 1992 Levi-Civitasche Parallelverschiebung, affiner Zusammenhang, Uebertragungsprinzip: 1916/17– 1922/23, Arch. Hist. Exact Sci. 44 77-105.

[240] Infeld L and van der Waerden B L 1933 Die Wellengleichung des Elektrons in der Allgemeinen Relativitätstherorie, Preuss. Akad. Wiss. (Berlin) Phys.-Math. Klasse Sitzungsber. 380-401

关于旋量方法在相对论中的应用, 见 Penrose R and Rindler W 1984 Spinors and Space-Time vol 1. Two-spinor calculus and relativistic fields (Cambridge: Cambridge University Press); 1986 Spinors and Space-Time vol 2. Spinor and Twistor Methods in Space-Time Geometry (Cambridge: Cambridge University Press).

[241] 有关评述, 见 Penrose R and Rindler W 1986 Spinors and Space-Time vol 2. Spinor and Twistor Methods in Space-Time Geometry (Cambridge:Cambridge University Press)

[242] 有关评述, 见:

Hermann R 1975 Gauge Fields and Cartan-Ehresmann Connections, Part A (Brookline: Math Sci)

Hermann R 1978 Yang-Mills, Kaluza-Klein, and the Einstein Program(Brookline: Math Sci)

Trautman A 1980 Fiber Bundles, Gauge Fields, and Gravitation, General Relativity and Gravitation One Hundred Years After the Birth of Albert Einstein vol 1, ed A

Held (New York: Plenum) pp 287-308

[243] 有关 Riemannian 几何向复数扩展的评述, 见:
Flaherty E J 1976 Hermitian and Kählerian Geometry in Relativity (Berlin: Springer)
Held A (ed) 1980 Complex variables in relativity, General Relativity and Gravitation One Hundred Years After the Birth of Albert Einstein vol 2 (New York: Plenum) pp 207-240

[244] Ashtekar A 1991 Lectures on Non-Perturbative Canonical Gravity (Singapore: World Scientific)

[245] Weyl H 1918 Raum, Zeit, Materie (Berlin: Springer), 直到 Weyl H 1923 Raum-Zeit-Materie. Fünfte, umgearbeitete Auflage (Berlin: Springer) 出了带有重要补充的 5 版.
对 Weyl 在发展广义相对论中所起作用的讨论, 见: Sigurdsson S 1991 Hermann Weyl, mathematics and physics, 1900-1927, PhD Dissertation Harvard University; 1994 Unification, geometry and ambivalence: Hilbert, Weyl and the Goettingen community, Current Trends in the Historiography of Science ed K Gavroglu (Dordrecht: Reidel)

[246] 实际上是 Einstein (见 Einstein A 1925 Einheitliche Feldtheorie von Gravitation und Elektrizitat, Preuss. Akad. Wiss. (Berlin) Phys.- Math. Klasse Sitzungsber. 414-419) 首先引入了独立的联络类型 (见 Cattani C 1993 Levi-Civita's influence on Palatini's contribution to general relativity, Einstein Studies vol 5. The Attraction of Gravitation/ New Studies in the History of General Relativity J Earman et al (Boston: Birkhäuser) pp 206-222).

[247] Weyl H 1921 Zur Infinitesimalgeometrie. Einordnung der projektiven und konformen Auffassung, König. Ges. Wiss. Göttingen Math.-Phys. Klasse Nach. 99-112

[248] Ehlers J, Pirani F A E and Schild A 1972 The geometry of free fall and light propagation, General Relativity. Paper in Honour of J L Synge ed L ÓRaifertaigh (Oxford: Clarendon) pp 63-84
Ehlers J 1973 Survey of general relativity theory, Relativity, Astrophysics and Cosmology ed W Israel (Dordrecht: Reidel) pp 1-125

[249] Einstein A 1916 Hamiltonsches Prinzip und allgemeine Relativitätstheorie, König. Preuss. Akad. Wiss. (Berlin) Sitzungsber. 1111-1116
关于从变分原理导出 Einstein 方程的讨论, 见 Kichenassamy S 1993 Variational derivations of Einstein's equations, Einstein Studies vol 5. The Attraction of Gravitational New Studies in the History of General Relativity ed J Earman et a1 (Boston: Birkhäuser) pp 185-205.

[250] 对这些批评的说明, 见 Cattani C and De Maria M 1993 Conservation laws and gravitational waves in general relativity (1915-1918), Einstein Studies vol 5. The Attraction of Gravitation/ New Studies in the History of General Relativity ed J Earman et al (Boston: Birkhäuser) pp 63-87.

[251] Einstein A 1918 Die Energiesatz in der allgemeinen Relativitätstheorie, König. Preuss. Akad. Wiss. (Berlin) Sitzungsber. 448-459

[252] 有关评述见:
Goldberg J 1980 Invariant transformations, conservation laws, and energy-momentum, General Relativity and Gravitation One Hundred Years After the Birth of Albert Einstein vol 1, ed A Held (New York: Plenum) pp 469489
Winicour J 1980 Angular momentum in general relativity, General Relativity and Gravitation One Hundred Years After the Birth of Albert Einstein vol 2, ed A Held (New York: Plenum) pp 71-96

[253] 例如见 Komar A 1959 Covariant conservation laws in general relativity, Phys. Rev. 113 934-936

[254] Freud P von 1939 Über die Ausdrikke der Gesamtenergie und des Gesamtimpulses eines materiellen Systems in der allgemeinen Relativitätstheorie, Ann. Math. 40 417

[255] Landau L D and Lifshitz E M 1941 Teoriya Polya (Moscow: Nauka)

[256] Goldberg J 1958 Conservation laws in general relativity, Phys. Rev. 111 315-325

[257] 关于 ADM 质量, 见 Amowitt R, Deser C and Misner C 1962 The Dynamics of General Relativity, Gravitation: An Introduction to Current Research ed L Witten (New York: Wiley) pp 227-265.
关于 Bondi 质量, 见:
Bondi H, van der Burg M G J and Metzner A W K 1962 Gravitational waves in general relativity. VII. Waves from axi-symmetric isolated systems, Proc. R. Soc. A 269 21-52
Sachs R K 1962 Gravitational waves in general relativity. VIII. Waves in asymptotically flat space-time, Proc. R. Soc. A 270 103-126
关于两者的不变定义和它们之间的关系, 见:
Winicour J 1968 Some total invariants of asymptotically flat space-time, J. Math. Phys. 9 861-867
Ashtekar A and Hansen R O 1978 A unified treatment of null and spatial infinity in general relativity. I. Universal structure, asymptotic symmetries, and conserved quantities at spatial infinity, J. Math. Phys. 19 1542-1566

[258] Infeld L and Plebanski J 1960 Motion and Relativity (New York: Pergamon) pp 147-149,153-155

[259] 有关评述见 d'Invemo R A 1980 A review of algebraic computing in general relativity, General Relativity and Gravitation One Hundred Years After the Birth of Albert Einstein vol 1,ed A Held (New York: Plenum) pp 491-537.

[260] 有关评述见 Petrov A Z 1969 Einstein Spaces (Oxford: Pergamon)

[261] 关于精确解的综述见 Kramer D, Stephani H, MacCallum M and Herlt E 1980 Exact Solutions of the Einstein Field Equations (Berlin:Deutscher Verlag der Wissenschaften)

[262] Einstein A 1916 Naherungsweise Integration der Feldgleichungen der Gravitation, König. Preuss. Akad. Wiss. (Berlin) Sitzungsber. 688-696; 1918 Über Gravitationswellen, König. Preuss. Akad. Wiss. (Berlin) Sitzungsber. 154-167

[263] Lorentz H A and Droste J 1917 Lorentz, Hendrik Antoon and Droste, Johannes, De beweging van een stelsel lichamen onder den invloed van hunne onderlinge aantrekking, behandeld volgens de theorie van Einstein, Kon. Neh. Akiad. Wet. Amsterdam. Versl. Gewone Vergad. Wisen Natuurkd. Afd. 26 392-403,649-660

[264] Bondi H, van der Burg M G J and Metzner A W K 1962 Gravitational waves in general relativity. VII. Waves from axi-symmetric isolated systems Proc. R. Soc. A 269 21-52

[265] Isaacson R 1968 Gravitational radiation in the limit of high frequency, Ⅰ. The linear approximation and geometrical optics, Phys. Rev. 166 1263-71; 1968 Ⅱ. Nonlinear terms and the effective stress tensor, Phys. Rev. 166 1272-1280

[266] 对关于运动问题早期工作的讨论, 见 Havas P 1989 The early history of the'problem of motion' in general relativity, Einstein Studies vol 1. Einstein and the History of General Relativity ed D Howard and J Stachel (Boston: Birkhäuser) pp 234-276.
关于运动方程问题的讨论, 包括对后来工作的说明, 见:
Damour T 1987 The problem of motion in Newtonian and Einsteinian gravity, 300 Years of Gravitation ed S Hawking and W Israel (Cambridge: Cambridge University Press) pp 128-198
Havas P 1979 Equations of motion and radiation reaction in the special and general theories of relativity, Isolated Gravitating Systems in General Relativity ed J Elders (Amsterdam: North-Holland) pp 74-155

[267] Einstein A and Grommer J 1927 Allgemeine Relativitatstheorie und Bewegungsgesetz, Preuss. Ahd. Wiss. (Berlin) Phys.-Math. Klasse. Sitzungsber. 2-13

[268] Einstein A, Infeld L and Hoffmann B 1938 The gravitational equations and the problem of motion, Ann. Math. 39 65-100

[269] 有关 EIH 方法的发展, 见 Havas P 1989 The early history of the 'problem of motion' in general relativity, Einstein Studies vol 1. Einstein and the History of General Relativity ed D Howard and J Stachel (Boston: Birkhäuser) pp 234-276.

[270] Fock V 1939 Sur les mouvements des masses finies d'après la théorie de gravitation einsteinienne, J. Physique 1 81-116

[271] 对 Infeld 及其学派的工作的评述, 见, Infeld L and Plebanski J 1960 Motion and Relativity (New York Pergamon)

[272] Einstein A 1915 Erklarung der Perihelbewegung des Merkur aus der allgemeinen Relativtatstheorie, König. Preuss. Akad. Wiss. (Berlin) Sitzungsber. 831-839
关于近日点问题的历史, 见 Roseveare N T 1982 Mercury's Perihelion from LeVerrier to Einstein (Oxford: Clarendon)

关于 Einstein 在这个问题上的工作, 见 Earman J and Janssen M 1993 Einstein's explanation of the motion of Mercury's perihelion, Einstein Studies vol 5. The Attraction of Gravitation/ New Studies in the History of General Relativity ed J Earman et al (Boston: Birkhäuser) pp 129-172.

[273] Schwarzschild K 1916 Über das Gravitationsfeld eines Massenpunktes nach der Einsteinschen Theorie, König. Preuss. Akad. Wiss. (Berlin) Sifzungsber. 189-196
Droste J 1916 The field of a single centre in Einstein's theory of gravitation, and the motion of a particle in that field, Kon. Neder. Akad. Wet. Amsterdam. Versl. Gewone Vergad. Wisen Natuurkd. Afd. 19 197-215
有关 Schwarzschild 解的这个工作和后来的工作, 见 Eisenstaedt J 1982 Histoire et singularites de la solution de Schwarzschild (1915-1923), Arch. Hist. Exact Sci. 27 157-198; 1987 Trajectoires et impasses de la solution de Schwarzschild, Arch. Hist. Exact Sci. 37 275-357; 1989 The early interpretation of the Schwarzschild solution, Einstein Studies vol 1. Einstein and the History of General Relativity ed D Howard and J Stachel (Boston: Birkhäuser) pp 213-233.

[274] Dicke R H and Goldenberg H M 1967 Solar oblateness and general relativity, Phys. Rev. Lett. 18 313-316. Dicke 试图借助他的标量 - 张量引力理论来动摇广义相对论.

[275] Will C M 1991 Theory and Experiment in Gravitational Physics 2nd edn (Cambridge: Cambridge University Press) pp 181-183, 334

[276] Crelinsten J 1983 William Wallace Campbell and the Einstein problem: an observational astronomer confronts the theory of relativity, Hist. Studies Phys. Sci. 14 1-91
Earman J and Glymour C 1980 Relativity and eclipses: The British eclipse expeditions of 1919 and their predecessors, Hist. Studies Phys. Sci. 11 49-85

[277] Moyer D 1979 Revolution in science: the 1919 eclipse test of general relativity, On the Path of Albert Einstein ed A Perlmutter and L F Scott (New York) pp 55-101
Earman J and Glymour C 1980 Relativity and eclipses: the British eclipse expeditions of 1919 and their predecessors, Hist. Studies Phys. Sci. 11 49-85

[278] Hentschel K 1992 Der Einstein Turm. Erwin F. Freundlich und die Relativitätstheorie-Ansätze einer dichten Beschreibung von institutionellen, biographischen und theoriengeschichtlichen Aspekten (Heidelberg: Spektrum Akademische)

[279] Will C M 1993 Theory and Experiment in Gravitational Physics 2nd edn (Cambridge: Cambridge University Press)

[280] Shapiro I I 1990 Fourth test of general relativity, Phys. Rev. Lett. 13 789-91

[281] Eisenstaedt J 1982 Histoire et singularites de la solution de Schwarzschild (1915-1923), Arch. Hist. Exact Sci. 27 157-98; 1989 The early interpretation of the Schwarzschild solution, Einstein Studies vol 1. Einstein and the History of General Relativity ed D Howard and J Stachel (Boston: Birkhauser) pp 213-233

[282] Eddington A S 1924 A comparison of Whitehead's and Einstein's formulas, Nature 113-192

[283] Lemaître G 1932 L'univers en expansion, Publication du Laboratoire d'Astronomie et de Geodesié de L'Université de Louvain 9 171-205

对 Lemaître 工作的讨论, 见 Eisenstaedt J 1993 Lemaître and the Schwarzschild solution, Einstein Studies vol 5. The Attraction of Gravitation/ New Studies in the History of General Relativity ed J Earman (Boston: Birkhauser) pp 35-39

[284] Synge J L 1950 The gravitational field of a particle, R. Ir. Acad. Proc. A 53 83-114

[285] Einstein A and Rosen N 1935 The particle problem in general relativity, Phys. Rev. 48 73-77

[286] Klein F 1918 Über die Integralform der Erhaltungsätze und die Theorie der räumlich geschlossene Welt, König. Ges. Wiss. Göttingen. Math.-Phys. Klasse Nach. 394-423

[287] Einstein A 1939 On a stationary system with spherical symmetry consisting of many gravitating masses, Ann. Math. 40 922-936

[288] Oppenheimer J R and Snyder H 1939 On continued gravitational contraction, Phys. Rev. 56 455-459

[289] Finkelstein D 1958 Past-future asymmetry of the gravitational field of a point particle, Phys. Rev. 110 965-967

[290] Kruskal M 1960 Maximal extension of Schwarzschild metric, Phys. Rev. 119 1743-1745

[291] Szekeres G 1960 On the singularities of a Riemannian manifold, Publ. Math. (Debrecen)7 285-301

[292] Wheeler J A 1968 Our Universe: the known and the unknown, Am. Sci. 56 1

[293] 对有关引力坍缩、黑洞的争议和它们的命名故事的说明, 见 Thome K S 1994 Black Holes and Time Warps: Einstein's Outrageous Legacy (New York Norton).

相对论之前关于暗星的想法, 见 Israel W 1987 Dark Stars: the evolution of an idea, 300 Years of Gravitation ed S Hawking and W Israel (Cambridge: Cambridge University Press) pp 199-276.

[294] 对有关引力坍缩和黑洞工作的说明, 见:

Novikov I D and Frolov V P 1989 Physics of Black Holes (Dordrecht: Kluwer Academic)

Thome K S 1994 Black Holes and Time Warps: Einstein's Outrageous Legacy (New York: Norton)

[295] Lifshitz E M and Khalatnikov I M 1960 On the singularities of cosmological solutions of the gravitational equations. I, Zh. Eksp. Teor. Fiz. 39 149

[296] Penrose R 1965 Gravitational collapse and space-time singularities Phys. Rev. Lett. 14 57-59

[297] 有关评述见 Hawking S and Ellis G F R 1973 The Large Scale Structure of Space-Time (Cambridge: Cambridge University Press)

[298] 有关评述见 Tipler et al 1980 Singularities and horizons-a review article, General Relativity and Gravitation One Hundred Years After the Birth of Albert Einstein vol 2, ed A Held (New York Plenum) pp 97-206

[299] Khalatnikov I M and Lifshitz E M 1970 The general cosmological solution of the gravitational equations with a singularity in time, Phys. Rev. Lett. 24 76-79

[300] Einstein A 1916 Näherungsweise Integration der Feldgleichungen der Gravitation, König. Preuss. Akad. Wiss.(Berlin) Sitzungsber. 688-696; 1918 Über Gravitationswellen, König. Preuss. Akad. Wiss. (Berlin) Sitzungsber. 154-167

[301] 对引力辐射的性质及其探测前景的一篇范围广阔的评述，见 Thorne K S 1987 Gravitational radiation, 300 Years of Gravitation ed S Hawking and W Israel (Cambridge: Cambridge University Press) pp 330-458

[302] Eddington A S 1923 The propagation of gravitational waves Proc. R. Soc. A 102 268-282

[303] Pirani F A E 1957 Invariant formulation of gravitational radiation theory, Phys. Rev. 105 1089-1099

[304] Bondi H, Pirani F A E and Robinson I 1959 Gravitational waves in general relativity. III. Exact plane waves, Proc. R. Soc. A 251 519-533

[305] Fock V A 1955 Teoriya Prostranstva Vremeni i Tyagoteniya (Moscow: Fizmatgiz)

[306] 关于广义相对论中运动和辐射反作用问题的讨论，见 Havas P 1979 Equations of motion and radiation reaction in the special and general theories of relativity, Isolated Gravitating Systems in General Relativity ed J Ehlers (Amsterdam: North-Holland) pp 74-155.

[307] Bondi H, van der Burg M G J and Metzner A W K 1962 Gravitational waves in general relativity. VII. Waves from axi-symmetric isolated systems, Proc. R. Soc. A 269 21-52

[308] Penrose 1963 Asymptotic properties of fields and space-times, Phys. Rev. Lett. 10 66-68

[309] 关于空间无穷性，见 Ashtekar A 1980 Asymptotic structure of the gravitational field at spatial infinity, General Relativity and Gravitation One Hundred Years After the Birth of Albert Einstein (in two volumes) ed A Held (New York: Plenum).

[310] Hilbert D 1917 Die Grundlagen der Physik (Zweite Mitteilung), König. Ges. Wiss. Göttingen. Math.-Phys. Klasse Nach. 55-76

关于广义相对论中 Cauchy 问题的早期工作，见 Stachel J 1991 The Cauchy problem in general relativity: the early years, Einstein Studies vol 3. Studies in the History of General Relativity ed J Eisenstaedt and A J Kox (Boston: Birkhauser) pp 405-416

[311] 有关的综述见 York J W 1979 Kinematics and dynamics of general relativity, Sources of Gravitational Radiation ed L Smarr (Cambridge: Cambridge University Press)

[312] Darmois G 1927 Les Équations de la Gravitation (Paris: Gauthier-Villars)
在下面这一独立工作之前，这个问题似乎没有再被讨论过：Sachs R K 1962 On the characteristic initial value problem in gravitational theory, J. Math. Phys. 3 908-914.

[313] d'Inverno R A and Stachel J 1978 Conformal two-structure as the gravitational degrees of freedom in general relativity J. Math. Phys. 19 2447-2460
d'Inverno R A and Smallwood J 1980 Covariant 2 +2 formulation of the initial value problem in general relativity, Phys. Rev. D 22 1233-1247

[314] Weber J 1969 Evidence for the discovery of gravitational radiation, Phys.Rev. Lett. 22 1320

[315] 对这一争论的说明，见 Collins H M 1975 The seven sexes: a study in the sociology of a phenomenon, or the replication of experiments in physics, Sociology 9 205-224; 1981 Son of the seven sexes: the social destruction of a physical phenomenon, Social Studies Sci. 11 33-62; 1992 Detecting gravitational radiation: the experimenter's regress, Changing Order: Replication and Induction in Scientific Practice 2nd edn (Chicago: University of Chicago Press) ch 4,pp 79-111
关于这一争论的当前状况，见：
Weber J 1992 Supemova 1987A Gravitational wave antenna observations, cross sections, correlations with six elementary particle detectors, and resolution of past controversies, Einstein Studies vol 4. Recent Advances in General Relativity ed A I Janis and J Porter 1992 (Boston: Birkhäuser) pp 23G240
Thome K S 1992 On Joseph Weber's new cross section for resonant-bar gravitational wave detectors, Einstein Studies vol 4. Recent Advances in General Relativity ed A I Janis and J Porter (Boston: Birkhäuser) pp 196-229

[316] 有关评述见 Thome K S 1994 Black Holes and Time Warps: Einstein's Outrageous Legacy (New York: Norton)

[317] Hulse R A and Taylor J H 1975 Discovery of a pulsar in a binary system, Astrophys. J. 195 L51-53

[318] 有关新近实验检验的概述，见：
Shapiro I I 1990 Solar system tests of general relativity: recent results and present plans, General Relativity and Gravitation ed N Ashby et al (Cambridge: Cambridge University Press) p 313
Will C M 1993 Theory and Experiment in Gravitational Physics 2nd edn (Cambridge: Cambridge University Press); 1993 Was Einstein Right? Putting General Relativity to the Test 2nd edn (New York Basic Books)

[319] 有关广义相对论在天文学与测绘学中应用的综述，见 Soffel M H 1989 Relativity in Astrometry, Celestial Mechanics and Geodesy (Berlin: Springer).

[320] Einstein A 1936 Lens-like action of a star by the deviation of light in the gravitational field, Phys. Rev. 49 404-405

有关论著见 Schneider P, Ehlers J and Falco E 1991 Gravitational Lenses (Heidelberg: Springer)

[321] Robinson I, Schild A and Schucking E 1965 Quasi-stellar Sources and Gravitational Collapse Including the Proceedings of the First Texas Symposium on Relativistic Astrophysics (Chicago: University of Chicago Press)

[322] 关于相对论天体物理的综述, 见:

Zeldovich Ya B and Novikov I D 1971 Relativistic Astrophysics vol 1. Stars and Relativity (Chicago: University of Chicago Press)

Straumann N 1988 Allgemeine Relativitätstheorie und relativistische Astrophysik 2nd edn (Berlin. Springer)

有关引力坍缩和黑洞物理学的述评, 见:

Miller J C and Sciama D 1980 Gravitational collapse to the black hole state, General Relativity and Gravitation One Hundred Years After the Birth of Albert Einstein vol 2, ed A Held (New York Plenum) pp 359-392

Novikov ID and Frolov V P 1989 Physics of Black Holes (Dordrecht: Kluwer Academic)

Thorne K S 1994 Black Holes and Time Warps: Einstein's Outrageous Legacy (New York Norton)

[323] 有关述评, 见:

Cook A H 1987 Experiments on gravitation, 300 Years of Gravitation ed S Hawking and W Israel (Cambridge: Cambridge University Press) pp 50-79

Will C M 1993 Theory and Experiment in Gravitational Physics 2nd edn (Cambridge: Cambridge University Press); 1993 Was Einstein Right? Putting General Relativity to the Test 2nd edn (New York Basic Books)

Everitt C W F 1988 The Stanford Relativity Gyroscope Experiment: a history and overview, Near Zero: New Fontiers of Physics ed J D Fairbank et a2 (New York: Freeman) pp 587-597; 1992 Background to history: the transition from little physics to big physics in the gravity probe B Relativity Gyroscope Program, Big Science: The Growth of Large-scale Research ed P Galison and B Hevly (Stanford: Stanford University Press) ch 8, pp 212-235

[324] 一个简要的历史说明, 见 Ashtekar's Introduction: the winding road to quantum gravity in Ashtekar A and Stachel J 1991 Einstein Studies vol 3. Conceptual Problems of Quantum Gravity (Boston:Birkhäuser) pp 1-9.

对各种途径的综述, 见:

Ashtekar A and Geroch R 1974 Quantum theory of gravitation, Rep. Prog. Phys.37 1211-1256

Ashtekar A and Stachel J 1991 Einstein Studies vol 3. Conceptual Problems of Quantum Gravity (Boston: Birkhäuser)

DeWitt B S and Stora R 1984 Les Houches Session XL: Relativity, Groups and Topology II (Amsterdam: North-Holland)

[325] Schrödinger E 1939 The proper vibrations of the expanding Universe, Physica 6 899-912

[326] Parker L E 1966 The creation of particles in an expanding universe, PhD Thesis Harvard University

[327] 关于背景时空中量子场论的综述, 见:

Birrell N D and Davies P C W 1982 Quantum Fields in Curved Space (Cambridge: Cambridge University Press)

Fulling S A 1989 Aspects of Quantum Field Theory in Curved Space-time (Cambridge: Cambridge University Press)

[328] Hawking S 1975 Particle creation by black holes, Commun. Math. Phys. 43 199-220

有关黑洞物理学中量子效应的综述, 见 Novikov I D and Frolov V P 1989 Physics of Black Holes (Dordrecht: Kluwer Academic)

[329] Einstein A 1916 Die Grundlagen der allgemeinen Relativitatstheorie, Ann. Phys., Lpz 49 769-822

[330] Heisenberg W and Pauli W 1929 Zur Quantendynamik der Wellenfelder, Zeit. Physik 56 1-61 (英译本见 Gorelik G 1992 The first steps of quantum gravity and the Planck values, Einstein Studies vol 3. Studies in the History of General Relativity ed J Eisensaedt and A J Kox (Boston: Birkhäuser) p 370)

[331] Rosenfeld L 1930 Zur Quantelung der Wellenfelder, Ann. Phys., Lpz 5 113-152; 1932 La theorié quantique des champs, Institut Henri Poincaré (Paris) Ann. 2 25-91

[332] Bronsteyn M P 1936 Quantentheorie schwacher Gravitationsfelder, Phys.Z. Sowjetunion 9 140-157; 1936 Kvantovanie gravitatsionnykh voln, Zh. Eksp. Teor. Fiz. 6 140-157

对 Bronsteyn 工作的说明, 见

Gorelik G and Frenkel V J 1985 M P Bronsteyn i kvantovaya teoriy gravitatsii in Eynshteynovskiy Sbornik 1980-1981 (Moscow: Nauka) pp 291-327

Gorelik G 1992 The first steps of quantum gravity and the Planck values, Einstein Studies vol 3. Studies in the History of General Relativity ed J Eisensaedt and A J Kox (Boston: Birkhäuser)

[333] Bronsteyn M P 1936 Kvantovanie gravitatsionnykh voln Zh. Eksp. Teor. Fiz. 6 140-157 (英译文见 Gorelik G 1992 The first steps of quantum gravity and the Planck values, Einstein Studies vol 3. Studies in the History of General Relativity ed J Eisensaedt and A J Kox (Boston: Birkhäuser) p 377)

[334] Bergmann P G, Penfield R, Schiller R and Zatzkis H 1950 The Hamiltonian of the general theory of relativity with electromagnetic field, Phys. Rev. 80 81-88

[335] Dirac P A M 1958 The Theory of Gravitation in Hamiltonian Form, Proc. R. Soc. A 246 333-343

[336] Arnowitt R, Deser and Misner C W 1962 The dynamics of general relativity, Gravitation: An Introduction to Current Research ed L Witten (New York: Wiley) pp 227-265

[337] Feynman R P 1963 Quantum theory of gravitation, Acta Phys. Polon. 24 697

[338] 关于正则方法和协变方法以及各自应用于广义相对论时遇到的困难的综述, 见 Ashtekar A and Geroch R 1974 Quantum theory of gravitation, Rep. Prog. Phys. 37 1211-1256.

[339] 对于近年来从微扰方法转到非微扰方法的讨论, 见 Ashtekar 为 Ashtekar A 和 Stachel J 1991 Einstein Studies vol 3. Conceptual Problems of Quantum Gravity (Boston: Birkhäuser) 所写的导言.

关于非微扰正则方法的新近进展的综述, 见 Ashtekar A 1991 Lectures on Non-Perturbative Canonical Gravity (Singapore: World Scientific)

[340] Penrose R 1987 Newton, quantum theory and reality, 300 Years of Gravitation ed S Hawking and W Israel (Cambridge: Cambridge University Press); 1989 The Emperor's New Mind (Oxford: Oxford University Press) ch 8

[341] 一个这样的试图见 Horowitz 1991 String Theory Without Space-Time, Einstein Studies vol 3. Conceptual Problems of Quantum Gravity ed A Ashtekar and J Stachel (Boston: Birkhäuser) pp 299-311

[342] Petzoldt J 1912 Die Relativitätstheorie im erkenntnistheoretischen Zusammenhange des relativistichen Positivismus, Phys. Ges. Berlin Verhand. 14 1055-1064

[343] 有关相对论的哲学解释文献的综述和分析, 见 Hentschel K 1990 Interpretationen und Fehlinterpretationen der Speziellen und der Allgemeinen Relativitätstheorie durch Zeitgenossen Albert Einsteins (Basel: Birkhauser) ch 4-6.

[344] 关于这个领域中某些有争议问题的综述, 见 Torretti R 1983 Relativity and Geometry (Oxford: Pergamon) ch 7

[345] 关于德国物理学家施加的早期攻击, 见:

Abraham A M 1912 Relativität und Gravitation. Erwiderung auf eine Bemerkung des Hrn A Einstein, Ann. Phys., Lpz 38 1056-1058; p 1056, 指控 Einstein 的理论对最新的数学物理学家施加迷人的影响, 对理论物理学的进一步健康发展造成了威胁.

Gehrke E 1912 Lehrbuch der Optik von Dr Paul Drude 3rd edn (Leipzig: Hirzel) pp 446-473

来自美国的早期批评, 见:

More L T 1912 The theory of relativity, The Nation 94 370-371

Magie W 1912 The primary concepts of physics, Science 35 281-293

[346] 关于德国对相对论讨论的情况, 赞成意见或反对意见, 见 Goenner H 1991 The reception of the theory of relativity in Germany as reflected by books published between 1908 and 1945, Einstein Studies vol 3. Studies in the History of General Relativity ed J Eisenstaedt and A J Kox (Boston: Birkhäuser) pp 15-38; 1993 The reaction to relativity theory. I. The anti-Einstein campaign in Germany in 1920, Einstein in Context, Science in Context vol 6, ed M Beller et al No 1 pp 107-133; 1993 The reaction to relativity theory in Germany, III: a hundred authors against Einstein, Einstein Studies vol 5. The Attraction of Gravitation / New Studies in the History of General Relativity ed J Earman et a1 (Boston: Birkhäuser) pp 248-273

关于俄国对相对论的反应的讨论, 见:

Gorelik G 1993 Vladimir Fock: philosophy of gravity and gravity of philosophy, Einstein Studies vol 5. The Attraction of Gravitation / New Studies in the History of General Relativity ed J Earman et a1 (Boston: Birkhäuser)

Graham L 1972 Science and Philosophy in the Soviet Union (New York: Knopf)

Joravsky D 1961 Soviet Marxism and Natural Science 1917-1932 (London: Routledge and Paul)

对一些有政治动机的反相对论文献的讨论, 见 Hentschel K 1990 Interpretationen und Fehlinterpretationen der speziellen und der allgemeinen Relativitätstheorie durch Zeitgenossen Albert Einsteins (Basel: Birkhauser) ch 3, sections 3.1-3.2.

[347] 关于一些虚构的故事, 见 Stachel J 1982 Albert Einstein: the man beyond the myth, Bostonia Mag. 8-17

[348] Biezunski M 1987 Einstein's reception in Paris in 1922, The Comparative Reception of Relativity ed T Glick (Dordrecht: Reidel) pp 169-188

Missner M 1985 Why Einstein Became Famous in America, Social Studies Sci. 15 267-291

[349] Hentschel K 1990 Interpretationen und Fehlinterpretationen der Speziellenund der Allgemeinen Relativitätstheorie durch Zeitgenossen Albert Einsteins (Basel: Birkhauser) ch 2 and 3, 用对流行文献的综述和分类做了一个好的开端.

[350] 对这一计划的说明, 见 Fox R 1974 The rise and fall of Laplacian physics, Hist. Studies Phys. Sci. 4 89-136

[351] VizginV P 1985 Yedinye Teorii Polia v Peruoi Treti XX Veka (Moscow: Nauka) (英译本见. Barbour J 1994 Unified Field Theories in the First Third of the 20th Century (Basel: Birkhauser) ch 1)

[352] Einstein A 1909 Zum gegenwartigen stand des Strahlungsproblems, Phys.Z.10 185-193

对 Einstein 的纲领的讨论, 见 Stachel J 1986 Einstein and the quantum: fifty years of struggle, From Quarks to Quasars: Philosophical Problems of Modern Physics ed R Colodny (Pittsburgh: University of Pittsburgh Press) pp 349-385.

[353] Mie G 1912 Grundlagen einer Theorie der Materie (Erste Mitteilung), Ann. Phys.,

Lpz 37 511-534; 1913 Grundlagen einer Theorie der Materie (Zweite Mitteilung), Ann. Phys., Lpz 39 1-40; 1913 Grundlagen einer Theorie der Materie (Dritte Mitteilung) Ann. Phys., Lpz 40 1-66

[354] Mie 1913 Grundlagen einer Theorie der Materie (Dritte Mitteilung), Ann. Phys., Lpz 39 1-40

[355] Hilbert D 1915 Die Grundlagen der Physik (Erste Mitteilung), König. Ges. Wiss. Göttingen. Math.-Phys. Klasse Nach. 395-407
有关讨论见 Mehra J 1974 Einstein, Hilbert and the Theory of Gravitation (Dordrecht: Reidel)
Vizgin V P 1989 Einstein, Hilbert, and Weyl: the genesis of the geometrical unified field theory program, Einstein Studies vol 1. Einstein and the History of General Relativity ed D Howard and J Stachel (Boston: Birkhäuser) pp 300-314

[356] Weyl H 1918 Gravitation und Elektrizität, Preuss. AM. Wiss. (Berlin) Phys.- Math. Klasse. Sitzungsber. 465-480

[357] 对 Weyl 理论的讨论，见 Vizgin V P 1985 Yedinye Teorii Polia v Peruoi Treti XX Veka (Moscow: Nauka) (英译本 Barbour J 1994 Unified Field Theores in the First Third of the 20th Century (Basel: Birkhtiuser) ch 3); 1989 Einstein, Hilbert, and Weyl: the genesis of the geometrical unified field theory program, Einstein Studies vol 1. Einstein and the History of General Relativity ed D Howard and J Stachel (Boston: Birkhäuser) pp 300-314.

[358] Eddington A S 1921 A generalization of Weyl's theory of the electromagnetic and gravitational fields, Proc. R. Soc. A 99 104-122

[359] Einstein A 1923 Zur affinen Feldtheorie, Preuss. Akad. Wiss. (Berlin) Phys.- Math. Klasse. Sitzungsber. 137-140

[360] Kaluza T 1921 Zum Unitatsproblem der Physik, Preuss. Akad. Wiss. (Berlin) Phys.- Math. Klasse. Sitzungsber. 966-972

[361] Einstein A 1927 Zu Kaluzas Theorie des Zusammenhanges von Gravitation und Elektrizitlt, Preuss. Akad. Wiss. (Berlin) Phys.-Math. Klasse Sifzungsber. 23-30

[362] Einstein A 1928 Riemann-Geometrie mit Aufrecherhaltung des Ekgriffesdes Fernparallelismus, Preuss. Akad. Wiss. (Berlin) Phys.-Math. Klasse Sitzungsber. 217-221

[363] Einstein A and Cartan E 1979 Albert Einstein: Letters on Absolute Parallelism 1929-1932 (Princeton: Princeton University Press)

[364] Einstein A 1945 A generalization of the relativistic theory of gravitation, Ann. Math. 46 578-584

[365] 对 20 世纪前 1/3 个世纪统一场论发展的说明，见 Vizgin V P 1985 Yedinye Teorii Polia v Pervoi Treti XX Veka (Moscow: Nauka) (英译本 Barbour J 1994 Unified Field Theories in the First Third of the 20th Century (Basel: Birkhauser)).

对后来理论的综述, 见 Tonnelat M-A 1965 Les Théories Unitaires de l'Electromagnétisme et de la Gravitation (Paris: Gauthier-Villars)

[366] 例如见 Pauli W 1921 Relativitätstheorie, Encyklopädie der Mathematischen Wissenschaften, mit Einschluss ihrer Anwendungen vol 5. Physik ed A Sommerfeld (Leipzig: Teubner) section 67

[367] 关于他也对统一场论纲领有过怀疑的证据, 见 Stachel J 1993 The other Einstein: Einstein contra field theory, Science in Context vol 6, ed M Beller et al No 1pp 275-290

[368] 对这些理论的评述, 见 Gottfried K and Weisskopf V E 1984 Concepts of Particle Physics vol 1(Oxford: Clarendon); 1986 Concepts of Particle Physics vol 2 (New York: Oxford University Press)

第5章 核力、介子和同位旋对称性

Laurie M. Brown

5.1 1930 年前后的物理学

5.1.1 物质的构成

美国物理学家 R. A. Millikan 于 1929 年在他的书中写道[1]：

> 所有的原子都由一定数量的带正电和带负电的电子组成. 所有的化学力都是由于正、负电子之间的吸引引起的. 所有的弹力都来自电子之间的吸引和排斥. 一句话, 物质本身的起源是电性的.

对于今天的读者, 对 Millikan 这段话需要作一些解释. 这里的“负电子”与现代的用法一致, 指的是带电荷 $-e$ 的基本粒子, $e = 1.60\times10^{-19}$C, 其质量为 $m = 9.11\times10^{-31}$kg. 而 Millikan 的“正电子”是原子核内的粒子, 我们现在称之为质子, 它带正电荷 e, 其质量 M 是电子质量 m 的 1840 倍. Millikan 在这里用的是“电子”这个词的古老的意义, 用来表示基本电荷单位. 现在, 我们习惯用“正电子”表示电子的反粒子, 其质量为 m, 电荷为 $+e$. 在 Millikan 的原子图像中, 原子的外层由负电子组成, 与现代的看法一致, 与现代看法不同的是, Millikan 认为原子核是由“正电子和负电子”组成, 在这一点上 Millikan 说的是当时的人的普遍看法.

今天, 物理学家们在谈论所谓的“标准模型”, 这种模型在描述物质组成的基本结构方面得到一些成功. 虽然它还没有被完全证实, 但是也还没有实验结果与它相矛盾. 注意到下面这点是有趣的：1930 年流行的“标准模型”的基础是两种组分粒子, 电子和质子, 它只有一种相互作用, 即电磁相互作用. 因此, 它是自公元前 6 世纪希腊哲学家 Anaximenes 的理论以来最完满的“统一理论”了, Anaximenes 认为构成万物的基本材质是气[2](在这方面的讨论中我们忽略了引力, 因为在原子和亚原子层次上的质量很小, 引力很微弱, 起不了任何有意义的作用).

在 1925 年和 1926 年, 量子力学已经确立为微观物理学的合适的动力学. 1927 年 P. A.M. Dirac 建立了一个电磁场与物质相互作用的相对论性量子理论, 叫做量子电动力学 (QED). 在这个理论中, 电磁相互作用是通过光量子 (它是质量为零的粒子) 进行的, 化学家 G. N. Lewis 在 1926 年给它起了个名字叫光子. 因此在 1930 年, 物理学家认为世界是由三种基本东西构建成的：两种基本的组分粒子 —— 电子和质子, 和一个信使粒子 —— 光子. 与这一看法对照, 今天的 "标准模型" 用了 48 个粒子 (36 个夸克和反夸克，以及 12 个信使粒子). 与 1930 年的模型一样, 现在的 "标准模型" 也未能包括引力.

在评述微观物理知识现状时, 对原子过程大致分类的一个方便办法是用发生该过程的能量尺度, 用电子伏特标出. 一个电子伏特 (eV) 是指把带有一个单位电荷 e 的粒子, 在 1 伏特电位差下加速所得到的能量. 例如, 最轻的原子 (氢原子) 的结合能是 13.6 eV, 重原子的内壳层的典型能量是几十千电子伏 (keV), X 射线就在这个能量范围. 原子核具有的能量是几百万电子伏 (MeV), 而轰击大气的原始宇宙线的能量是几十亿电子伏 (GeV).

5.1.2 1930 年的原子物理学和分子物理学 (能量为 eV 的物理学)

量子力学革命的发起人之一、伟大的理论物理学家 W. Heisenberg 在 1969 年曾写道[3]:

> 对于我们这些参与了原子理论发展的人来说, (1927 年) 布鲁塞尔的 Solvay 会议之后的 5 年是非常美好的, 我们常常把它叫做原子物理学的黄金时代. 此前几年我们努力克服的障碍已经扫清, 到达了一个崭新的领域, 原子壳层的量子力学大门已经大开, 新鲜的果实在等待人们采摘.

这些果实包括: 基于定态原子能级的计算和 Pauli 不相容原理对化学元素周期表的解释, 化学束缚与分子结构的理论, 带电粒子、光子和原子系统 (原子、分子和它们的离子) 与原子靶弹性和非弹性散射的理论, 磁性理论, 原子和分子系统发出的辐射的理论, 第 3 章中已详细解释过. 此外, 后来所说的材料科学 (它讨论物质的固态和液态的性质) 在那时有了一个良好的开端.

在要到达这个黄金时代必须克服的一系列障碍中, 最大的障碍是人们心理上对于不得不放弃原先那种较易于接受的原子的半经典图像的抵触. 在那幅图像中, 电子在轨道上围绕原子核转动, 像一个小型的太阳系. 那幅图像是 Rutherford 于 1911 年首先提出的, 但是, 它有着固有的不稳定性. 1913 年, Bohr 修改了这幅图像, 加上了所谓量子条件. 这个条件限制电子的角动量只能取一系列不连续的数值, 从而使 Rutherford 的有核原子稳定下来. 在随后的 10 年里, Bohr 和 Sommerfeld 进一步推敲了量子化手续, 对氢光谱给出了极好的结果. 然而, 到 20 世纪 20 年代, 在把 Bohr-Sommerfeld 模型用于其他原子现象时却遇到了严重的问题. 虽然在世纪之交出生的年轻一代理论物理学家像 Pauli 和 Heisenberg 等表现出巨大的创新才能, 但是物理学家却不能计算哪怕是氦 (它是在氢之后的最简单的原子) 的光谱. 他们既不能解释磁场对大多数光谱线的波长的效应 (反常 Zeeman 效应), 也预言不了任何光谱线的强度.

量子力学是伟大的理论突破, 它清除了这些障碍. 这个理论永远地改变了物理学看待世界的方式 —— 也许比 20 世纪物理学的另一个伟大的理论相对论改变得更多. 这个理论开始于 1925 年当时只有 23 岁的 Heisenberg 的强有力的洞察. 一个被激发的原子发射的光子的频率 ν 由 Einstein-Bohr 频率条件 $h_\nu = E_\mathrm{i} - E_\mathrm{f}$ 给出, 其中 h 是 Planck 常数, E_i 和 E_f 分别是发生原子跃迁的初态和末态的能量. Heisenberg 认识到, 不仅光谱线的频率, 而且还有决定谱线强度的跃迁概率都与初态和末态有关. 于是他集中注意一组量子化概率振幅, 它们的绝对值平方正比于谱线的强度. 这些概率振幅不仅仅是复数, 而且它们还遵从一种非对易代数, 这与真实的经典振子的振幅不同. 在早先的关于光被原子辐射和吸收的理论 (但只是部分成功) 中已经假设了这种经典振子的存在.

哥廷根的 Born 和 Jordan 注意到, 矩阵也遵从 Heisenberg 的非对易代数, 这样就诞生了量子力学的一种形式, 叫做矩阵力学, 后来在一篇著名的"三人文章"中得到 Born、Jordan 和 Heisenberg 的进一步发展[4]. 到 1925 年年底, Pauli 用这个新办法得到了氢原子的 (非相对论) 光谱. 量子力学的第二种形式是波动力学, 它是由在苏黎世工作的维也纳物理学家 Schrödinger 于 1926 年 1 月提出的. 包括 Schrödinger 在内的几位物理学家很快就证明了, 波动力学和矩阵力学在物理内容上是等价的, 波动力学成了解决原子物理学和分子物理学问题上的最方便、最常用的方法.

使量子力学臻于完成的最后几步是当时在剑桥大学工作的英国物理学家 Dirac 跨出的. 第一步是他发展了量子力学的基于经典 Hamilton 动力学的推广的一种形式. Dirac 的新方法叫做变换理论, 它将矩阵力学和波动力学二者包括在内作为特殊的极限情形. 1927 年, Dirac 在自己的方法的引导下, 得到了一个相对论性的电子方程, 同时这个方程正确地给出了电子的自旋为 1/2 单位 (单位为 $\hbar$, 或 $h/2\pi$, h 是 Planck 常数) 及其磁矩为一个 Bohr 磁子 (等于 $e\hbar/2mc$, c 为真空中的光速). 荷兰物理学家 S. Goudsmit 和 G. Uhlenbeck 在 1925 年提出电子具有自旋以解释反常 Zeeman 效应. 也是在 1927 年, Dirac 提出了第一个量子电动力学 (QED) 理论和一种计算原子跃迁概率的展开办法, 即**微扰论**, 微扰论是一种近似, 它之所以能够工作依赖于电磁场很微弱, 换句话说, 它依赖于电子的基本电荷很小.

到 1929 年, Dirac 可以在他一篇文章的引言里这样写了[5]:

> 现在, 量子力学的普遍理论几乎完成了, 剩下的缺陷与如何将这个理论与相对论的思想精确地一致起来有关. 这些缺陷只是在涉及高速运动时才引起困难, 因此在考虑原子和分子结构和普通化学反应时是不重要的 …… 对于大部分物理学和全部化学的数学理论所必需的基础物理定律, 现在都完全知道了, 困难只在于这些定律的精确应用得出的方程太复杂, 难以求解.

插注 5A QED 和 Feynman 图

与电磁场相互作用的电子的波函数 $\psi(x)$ 满足 Dirac 方程

$$(\gamma_\mu[\mathrm{i}\hbar\partial/\partial x_\mu - eA_\mu(x)] - mc)\psi(x) = 0$$

其中，$\gamma_\mu(\mu=0,1,2,3)$ 是某一 4×4 矩阵；A_μ 是电磁势；ψ 是一个列矩阵，其分量为 $\psi_a(x)$, $a=1,\cdots,4$; $\bar{\psi}=\psi^{*T}\gamma_0$ 是一个有 4 个分量的行矩阵. 电子–光子相互作用由 $e\bar{\psi}\gamma_\mu\psi A_\mu$ 给出. 各种相互作用用产生于 20 世纪 40 年代中期的 Feynman 图最容易直观摹想. (将它们应用于我们现在所述的这个历史时期是犯了年代错误的. 但是，对于在 20 世纪 30 年代里有兴趣的各种基本理论，Feynman 图提供了一种简洁的比较.)

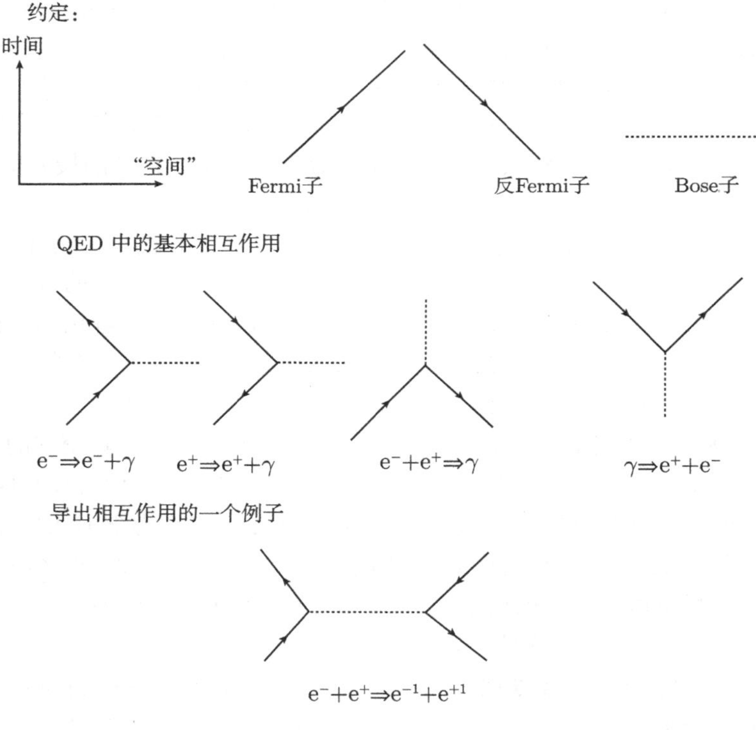

5.1.3 X 射线与 Compton 效应 (能量为 keV 的物理学)

在 20 世纪 20 年代，向着把量子力学和相对论结合起来，人们跨出了三大步

(这里我们说的是狭义相对论, 不是描述引力的广义相对论, 直到 20 世纪快结束时, 引力理论还没有找到一个令人满意的量子表述). 第一步是把 X 射线的散射描述为一个 X 射线光子与一个几乎自由的电子的碰撞. 这是 A. H. Compton 在 1922 年为了解释他的 X 射线实验结果而做的. 第二步是 Dirac 的电子的相对论量子力学, 即 1927 年的 Dirac 方程和他的真空中的 “空穴” 的理论, 这种空穴被解释为正电子. 第三步是 QED, 量子化的电磁场与相对论性的电子的相对论相互作用的理论. 又是 Dirac, 他在 1927 年对电磁场的横向分量进行了量子化. 1929~1930 年, Heisenberg 和 Pauli 最终完成了 QED 的公式化表述. 我们在本节将考虑上面三步中与 Compton 效应有关的第一步[6].

W. K. Röntgen 在 1895 年发现了 X 射线, 但他起初对这个新发现的射线找不到任何预期的与光相似的性质, 因此曾建议这种射线可能是以太的纵向振动, 这在光的以太理论中并不是完全出乎意料的, 虽然从来没有观察到过. 1897 年, 英国的 G. G. Stokes (还有德国的 E. Wiechert 也独立地) 提出, X 射线是通常的电磁横波脉冲, 是由于单个电子减速而产生的. J. J. Thomson 在他的 X 射线散射理论中进一步发展了这个思想, 还有他的学生 G. C. Barkla, 他用二次散射实验证明了 X 射线的横波性质, 并在 1908 年发现了特征 X 射线, 这种射线的单色频率是产生这种射线的原子所特有的. 到 1911 年, Barkla 又证认出两组 X 射线的特征光谱线系列, 分别叫做 K 系和 L 系. H. J. G. Moseley 对整个周期系的元素的这些谱线进行了透彻的研究, 用它们建立了原子序数 Z 的概念. Moseley 的工作对人们接受 Bohr 原子理论起了重要作用.

虽然电磁理论更得到人们的青睐, 但是 Thomson 的某些关于散射的预言却被实验否定了, 特别是被高能 X 射线和原子核 γ 射线的散射实验否定了. 曾经假设 γ 射线与 X 射线有同样的特征, 也是电磁波脉冲, 只是频率更高. A. S. Eve 在 1904 年曾指出, 与 Thomson 的公式相反, 次级 X 射线要比初级射线软得多 (也就是说穿透力更小, 频率更低). 与 Thomson 理论相矛盾的还有：存在一个朝前–朝后散射的不对称性, 此外, 理论预言的吸收系数与实验也不符合. 正是由于这些原因, W. H. Bragg 在 1907 年提出 X 射线是中性粒子 (可能是复合粒子), 这个新理论赢得了一些支持. 但是, M. von Laue 和他的合作者在 1912 年对 X 射线在晶体上的衍射的观测, 使 X 射线的电磁波理论大受推崇.

最后的结果使得更难以调和波动理论与根据 Einstein 光量子假说所预期的 X 射线的粒子性质. 尽管 1905 年 Einstein 成功地用 $E=h\nu$ 解释了荧光和光电效应, 而且后来又经 Millikan 的实验证实, 但是, 大多数物理学家 (包括 Millikan 本人) 仍然对光量子的假定持怀疑态度. Einstein 在 1916 年再次表现出对光量子的兴趣, 他对光子 “气” 重新推导了 Planck 定律, 所用的假设是[7]：

…… 在每一次从辐射到物质的能量转移中, 动量 $h\nu/c$ 也被转移到分

子上. 由此我们得出结论: 每一个这样的基元过程都是一个完全定向的事件. 这样, 光量子的存在就肯定了.

虽然回过头看 Einstein 的工作是很有说服力的, 但是光量子假说只是在 Compton 采用它来解释其 X 射线观测结果后才开始被物理学界所接受 (P.Debye 在德国独立地作出一个类似的运动学分析, 并且和 Compton 一样也发表于 1923 年.)

Compton 从他 1913 年在普林斯顿的博士论文开始, 用毕生的大部分时间来研究 X 射线和 γ 射线的散射和吸收. 他在 1922 年下半年发现, 用一种极其简单的模型, 就能够解释散射的一些令人十分困惑的特征. 他假设一束频率为 ν 的 X 射线束是一股 X 射线光子的粒子流, 每个光子实质上是点状粒子, 其能量 $E = h\nu$, 动量 $P = h\nu/c$. 类似地, 他也把电子当做实质上的点粒子, 并且假定相对于光子的大的量子能量而言, 电子的束缚起的作用可以忽略. 于是散射靶 (例如一块碳) 被看成仅仅是一个装有自由电子的盒子. 在这幅图像中, 一个起初为静止 (或接近静止) 的电子将吸收一个 X 射线光子, 发生反冲, 并在瞬间发射另一个 X 射线光子. 发射的光子通常是在一个新方向, 受到能量守恒和动量守恒的限制. 由于原来的光子的能量由发射的光子和反冲电子分享, 次级光子的能量及反冲电子的能量就可以算出来. 显然, 次级光子的能量 (因而频率) 要小于初级光子的能量. 因此, 不像 Thomson 散射的情形, 在这里, X 射线的波长在散射前后有一个变化 (波长增加). [**又见 3.2.3 节**]

除了用的是相对论的运动学之外, 这里的计算本身并不比计算理想弹子球之间的碰撞难多少, 后者是中学生在物理课上也会算的. Compton 精确地计算了散射后的辐射频率与散射方向的依赖关系, 他的计算结果连同他的 X 射线散射和吸收的实验, 解决了自从 X 射线发现以来就存在的争议. 这些工作为 Compton 赢得了 1927 年的诺贝尔物理学奖. 关于 X 射线的这些争议是与人们所说的波–粒子困惑相联系的, 由于这种困惑是不可摆脱的, 后来被简称为 “波–粒二象性”.

虽然我们强调了 Compton 关于 X 射线散射的运动学分析, 它给出能量和角分布之间的关系, 但是像 Thomson 的理论一样, Compton 的理论也给出被散射到一个给定角度的辐射强度 (图 5.1). 被散射到射线束之外的相对强度用一个叫做散射截面的量来量度, 截面是散射体 (这里是电子) 所张的有效面积. 总散射截面又可以与另一个叫做吸收系数的量 μ 相联系, 这个量是最容易测量的.

一个理想的吸收测量是让一束确定的、能量均匀的 X 射线穿过一个相对薄的吸收层, 到达一个屏蔽得很好的小探测器. 对于这样的装置, 吸收定律是指数形式的:

$$I(x) = I(0)\exp(-\mu x) \tag{5.1}$$

其中 $I(x)$ 是射线束在吸收体内穿过距离 x 后的强度. 直到 1932 年前后, 人们都相信 X 射线和 γ 射线的吸收是完全由于这些射线被电子散射和原子的光电效应. 每个电子的吸收系数 (式 (5.1) 中的 μ 除以单位体积内的电子数目) 可以用一个与 Z 无关的 Compton 项和一个与 Z^3 成正比的光电项参数化. 对于高能光子, 除了最大的那些 Z 值外, 后一项是可以忽略的.

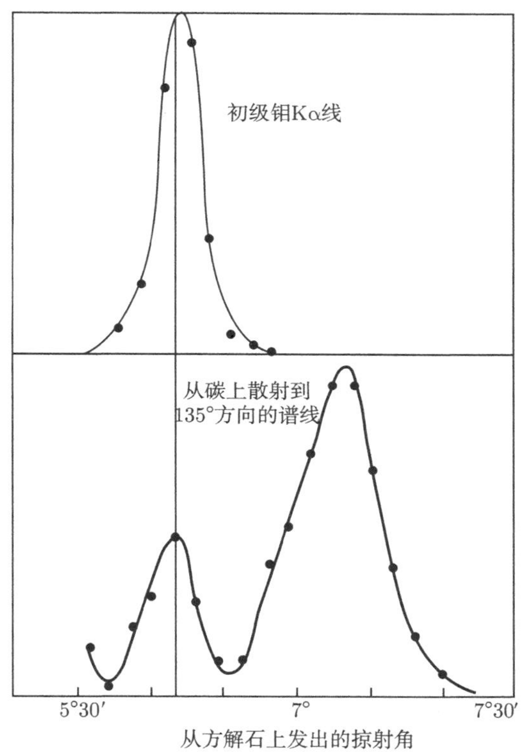

图 5.1 一个典型的散射 X 射线谱. 从钼靶发出的初级射线分裂为具有原来波长的 "未变线" 和波长更长的 "改变线", 波长是通过从方解石晶体发出的掠射角来测定的

Compton 散射的图像曾是许多物理学家难以接受的. 但是在 1925 年, 这幅图像由两个实验在细节上证实, 这两个实验显示出次级光量子和电子的反冲同时产生. 其中的一个实验是德国的 W. Bothe 和 H. Geiger 做的, 首次用了探测器之间的符合计数技术. 另一个实验是 Compton 和 A. Simon 做的, 用了 Wilson 云室. 这两项技术在随后的宇宙线研究中都非常重要.

1926 年, 在新量子力学发现之后, Dirac 将 Heisenberg 对原子辐射的处理转而用于重新计算 Compton 散射截面, W. Gordon 用 Schrödinger 的方法也得出相同的结果. 虽然这些结果都改进了 Compton 1923 年的结果, 但是没有一个计算包括了电子自旋的效应, 电子自旋效应是在哥本哈根 Bohr 研究所工作的 O. Klein 和仁科

芳雄 (Y. Nishina) 于 1929 年用 Dirac 相对论电子方程首次考虑的. 1924~1930 年一系列用 γ 射线做的吸收实验成功地表明, 直到能得到的最高的 γ 射线能量 (Th C'' 的 γ 射线, 它在 2.61 MeV 的能量上给出单条狭窄的 γ 射线谱线), Klein— 仁科公式都是相当精确的. 1930 年, 4 个独立的研究小组报告了他们使用高能 γ 射线和高 Z 的靶时所得到的一些反常结果, 这些反常结果我们将在后面讨论.

在 20 世纪 20 年代, 人们相信, 宇宙射线 (包括轰击大气的初级射线及在高山上和海平面上找到的高能次级分量) 与原子核的 γ 射线是相似的, 只是量子能量更高, 所以, 常常把它们叫做**超高能**γ 射线. 由于它们不能在实验中产生, 就必须用外推法去猜测它们的性质. 例如, 它们的能量是通过它们的吸收系数用散射公式 (1929 年后就是 Klein— 仁科公式) 进行理论外推而得出的.

5.1.4　α 衰变、β 衰变及原子核的分类法 (能量为 MeV 的物理学)

在 Pais 撰写的本书第 2 章中, 有一节题为 "1926~1932: 原子核的佯谬年代". 在那一节里, 他解释了用新的量子力学在原子核 Coulomb 位垒穿透的思想的基础上对 α 衰变的成功处理. 与此同时, β 衰变的连续谱是对量子力学应用于原子核提出挑战的最大难题. 与原子的壳层结构不同, 原子核的堆集原理 (Aufbau- prinzip) 对量子力学也提出了难以克服的挑战, 如果它仍然像以前一样基于 20 世纪 20 年代的标准模型, 要求原子核是由质子和电子组成的话. 我们将会看到, 通过扩大粒子谱已经解决了其中的许多问题, 但是大多数物理学家不准备接受这样的解决办法, 而是认为在小于原子核半径的距离上, 量子力学可能不适用了. 再联系到上一节提到的在高 Z 的吸收体上 γ 射线吸收的明显反常, 可以清楚看出, MeV 物理学要走的路还很长.[**又见 2.9 节**]

由于本章的大部分内容是讨论核力, 包括强的核束缚力和 β 衰变的弱力, 我想再次讨论一下这个问题: 一种特殊核力的想法是在什么时候浮出水面的? 虽然对这个问题前面 Pais 已经作了评注, 他把 "首次宣告有一种新的核力" 归功于 Rutherford 的助手 J.Chadwick 和 E.S.Bieler, 他们继续做 Rutherford 的 α 粒子在氢原子上散射的实验, 于 1921 年证实了 "反常散射" 的存在, 所谓 "反常散射" 即对于点状物的 Coulomb 散射的偏离 (图 5.2). 这些剑桥的科学家得出结论说, 他们的结果不能归因于通常假定的 α 粒子的结构 (那时认为 α 粒子由 4 个质子和 2 个电子通过 Coulomb 力束缚在一起组成), 而是认为 "在一个电荷的紧密邻近处力的定律不是平方反比律"[8].

然而, 在随后十年的科学文献中, 特别是在 1930 年和 1931 年的两本伟大的核物理著作 [9] 中, 都没有证据提到过需要任何特别的核力. 事实上, 人们在说到原子核内的力甚至控制 β 衰变的力的时候, 总是把它们当成电力, 也许还带一个磁力成分, 因为核电子的速度很快. 即使 Chadwick-Bieler 的文章也只是说到在小距离上

修正电力, 而并没有谈到一种新的核力.[**又见 2.10.4 节**]

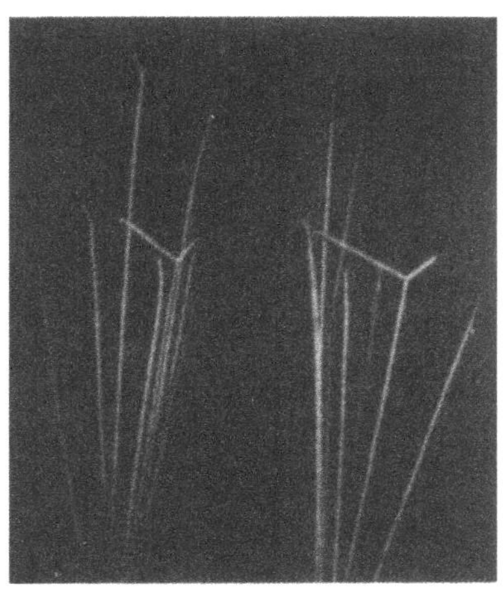

图 5.2 一幅立体照片显示 α 粒子在云室中的轨迹. α 粒子之一与一个氧核发生一次弹性碰撞

5.1.5 宇宙线与 Heisenberg1932 年的分析

从 20 世纪初以来, 就有证据表明在大气中有穿透辐射存在, 类似于 P. Villard 1900 年在巴黎发现的原子核的 γ 射线, 但是穿透力要大得多[10]. 起初, 人们以为这些射线来自放射性的气体或尘土. 例如, A. S. Eve 在 1903 年说, 在电离室中产生辐射的 "致电离剂" 只可能是:

(1) 电离室中的空气里包含的放射性物质发出的辐射;

(2) 容器表面的活性物质或容器侧面材料的辐射;

(3) 电离室周围物体中的放射性物质发射的穿过容器侧面的穿透辐射[11].

虽然 Eve 说的是一个普遍的看法, 但是已经有人提出, 这些辐射是来自一个地外的源. 例如, Wilson 就考虑了下述可能性, 即 "辐射来自大气以外的源, 它们可能像 Röntgen 射线或者像阴极射线, 但是具有大得多的穿透能力[12]". 虽然 Wilson 的实验使他相信, 地球的已知的放射性是更可能的放射源, 但是到 1909 年, 已经在做气球实验了, 以决定穿透辐射的强度是随高度增加呢, 还是像如果辐射来自地球表面所预期的那样, 强度随高度的增加而减少.

判决性的气球飞行是奥地利物理学家和气球飞行业余爱好者 V. F. Hess 于 1912 年 8 月 7 日进行的, 气球上带了几个静电计测量辐射 (图 5.3). 在 1500 米到 2500 米的高度上, 观测到的辐射强度与地面上差不多. 然后随着高度增加电离明显上升, 直到在 5350 米的高度上达到极大值[13]. 另一次气球飞行实验是德国物理学家 W. Kohlhörster 完成的, 一直升到 9000 米的高度, 发现电离的强度是在海平面上的 50 倍, 并且它们的吸收系数表明, 宇宙线的穿透力比任何已知的 γ 射线都要强得多.

图 5.3　1912 年发现宇宙线的 Victor F. Hess, 纽约福特汉姆大学荣誉退休教授, 图片摄于他的实验室中

在第一次世界大战期间, 宇宙线的研究被迫中断, 到 20 世纪 20 年代才又重新开始. Millikan 带着心中最初的疑问, 在飞机上和山顶上进行了一系列测量, 这些实验在一些方面与欧洲的观察者的实验不一致. 但是, 在比较两个高山湖对宇宙线的吸收系数的实验中, 他最终发现 "这些射线肯定是从上方进来的, 完全来自两个湖面之间的大气层之外[14]".

至此为止, 一直假定穿透射线是 "超级 γ 射线", 于是它们的能量可以从其穿透本领推算出来. 也就是说, 它们的吸收系数在原则上可以通过测量它们的强度随着它们在大气 (或者别的合适的吸收体如水或铅) 中深度的变化而得出, 它们的能量 (或频率) 分布可以从 Compton 散射理论推算出. 当然, 所有这些都假定宇宙线基本上是高能光子, 可能还带有一些 "较软" 的伴侣. 真的, Millikan 对吸收数据的分析使他相信, 初级宇宙线是地外的质子和电子在太空结合形成氦、氧、碳等元素时放出的光子. 使新闻媒体高兴的是, 他称宇宙线为 "元素出生时的哭声".

然而, 从 1929 年开始, 积累的证据表明, 初级宇宙线的大部分事实上不是光子, 而是带电粒子. 这个实验是 Bothe 和 Kohlhörster 用一个基于符合计数技术的计数望远镜做的, 他们表明, 这些带电粒子可以穿透一个 4.1cm 的金块. 还有, 列宁格勒的 D. Skobeltzyn 用一个在磁场中运行的 Wilson 云室直接观测快速的带电宇宙线粒子. 所用的磁场很强, 足以让任何放射源放出的电子的轨迹弯曲, 但它却不能使带电宇宙线粒子的轨道变弯. 从而表明宇宙线粒子的能量要高得多[15].

1932 年, 在 Chadwick 宣布革命性的中子发现之前几天, Heisenberg 给《物理学年鉴》(*Annalen der Physik*) 杂志寄去了一篇文章, 是对已有的宇宙线数据的一篇非常透彻的分析 [16]. 他用电子和光子的散射和吸收的量子力学理论得出结论, 快电子变慢的 20%必定是由原子核内的电子引起的. 此外, 他还从高能 γ 射线的数据得出结论, 原子核内电子产生散射的方式必定是相干的, 因此散射截面将与电子数目的平方成正比, 而不是与它们的数目成线性关系. 这些结论是基于电子和光子二者的较强的散射和 (或) 吸收, 也基于粒子产生中的高度多重性, 意大利物理学家 B. Rossi 做的多重符合实验中特别报告了这种多重产生. 也许, 部分是由于 Heisenberg 对这些高能观测结果的熟悉, 使得他用了一些时间才理解 Chadwick 的中子的真正意义.

5.2 奇迹年 ——1932 年的新物理学

5.2.1 新粒子的发现

1932 年的几项重要发现使物理学家对原子核有了新的看法 [17]. 这开始于这一年的 1 月的关于氘的浓度及其光谱证认的报告, 氘是氢的质量为 2 的同位素, 它的原子核 (氘核) 在原子核物理学中的地位就好像氢原子在原子物理学中的地位 [18]. 接着在 2 月, Chadwick 宣布在 Rutherford 的卡文迪什实验室发现了中子, 在这个实验室曾花了十年以上的时间劳而无功地搜寻冠以这个名字的粒子. 1920 年 Rutherford 曾经提出, 原子核的质子–电子 (p-e) 模型中给质量数为 1 的中性粒子留有空间 [19]. Chadwick 并不把中子看成基本粒子, 他在 1932 年 4 月 28 日皇家学会的讨论会上说, “中子可以描绘成一个小偶极子, 或者把它看成是一个质子嵌在一个电子中也许更好”. 第一个提出中子是一种新基本粒子的人是俄国物理学家 D. Iwanenko[20].[**又见 2.12.1 节**]

这一年四月, 仍然是在卡文迪什实验室, J.D.Cockroft 和 E.T. S. Walton 成功地把质子加速到 600 keV, 用它们在轻元素上产生了核反应. 在华盛顿特区和加利福尼亚也开始建造直线型的静电加速器 (van de Graaff 加速器) 以可以产生几个 MeV 的质子. 在伯克利, E. Lawrence 的圆形机器即回旋加速器在夏末也开始运行, 到年底这台加速器把质子加速到大约 5 MeV(图 5.4).

对于核物理的未来发展, 与上述进展同样重要的是另外两个基本粒子即中微子和正电子的发现. 中微子与其说是发现的, 还不如说是 Pauli 猜出来的, Pauli 猜测有这种粒子是作为挽救似乎在 β 衰变过程中受到违反的守恒定律的一个方法. 像 Pais 在第 2 章指出的, 到 1930 年年底, Pauli 主要受他的朋友 L. Meitner 的影响, 相信 β 衰变中 β 射线的连续谱是一个真正的问题, 需要一个 “背水一战的补救”(这就是那些日子里人们怎样看待一种新粒子的!) 在 1931 到 1932 年间, 他没把这个想法公开, 但是在 1933 年 10 月在布鲁塞尔召开的第七次 Solvay 会议上, 他公开建议一个新的中性粒子的存在, 这个粒子的质量很小 (也可能没有质量), 自旋为 1/2. 在 Chadwick 发现中子以前, Pauli 曾把他的新粒子叫做 “中子”, 但是在布鲁塞尔, 按照 E. Fermi 的建议, Pauli 管这种粒子叫 “中微子[21]”.

图 5.4　E. Lawrence(左) 和他的助手在机械车间与 85 吨的回旋加速器合影

至于正电子, 虽然后来搞清楚了它是正的电子, 是 Dirac 预言的真空中的 “空穴”, 但是 1932 年 8 月在加州理工大学它被 C. Anderson 在宇宙射线中发现, 却是一个纯粹实验发现, 没有理论动机[22]. Anderson 是用装备着磁场并定期膨胀的 Wilson 云室发现这种 “容易偏转的正粒子” 的. 紧接着 P.M.S.Blackett 和 G.P.S.Occhialini 用他们设计的 Wilson 云室做了类似的实验, 云室的膨胀是由电子计数器进位触发的, 这是效率更高的探测器. 用这种办法, 他们发现, 正电子总是与电子一起产生, 这和 Dirac 理论预言的一样[23]. 他们还常常看到两对或多对正负电子同时产生, 预示了宇宙线中重要的 “簇射” 现象.

5.2.2　Heisenberg 的原子核中子 – 质子模型

前面在 5.1.5 节提到过, Heisenberg1932 年对宇宙线的分析使他更加感到, 基于 β 衰变的理由, 电子必须存在于原子核中, 虽然这种想法与量子力学原理相冲突, 甚至与普遍的守恒定律相矛盾. 但是, 在发现中子后, 他觉得有可能把中子当作原子核的基本组成成分. 于是, 他给 N.Bohr 写了一封信, 信中说: “这个想法是把所有的原则性困难都推给中子, 在原子核内仍应用标准的量子力学. ”[24]

按照这个想法, 1932 年 Heisenberg 写了一篇由三部分组成的文章, 讨论原子核的中子–质子模型. 这篇文章描述了原子核的现代图像, 如各种原子核的结构、它们的结合能以及它们的稳定性 (有关中子本身和 β 衰变的问题除外) 都在不提核电子的情况下进行了讨论[25]. 也就是说, Heisenberg 在对原子核的系统讨论中, 既没有把电子 "推给" 中子, 也没有考虑那些额外的 "自由" 电子[26], 他曾以为需要它们来解释宇宙线的多重性.

Heisenberg 引入的把原子核束缚在一起的吸引力是一种电子交换力, 他曾成功地用这种力讨论过氦原子和铁磁性. 这种力曾被用来解释分子的同极键联. Heisenberg 的原子核模型中, 中子和质子之间的吸引力 (n-p 力) 来自于中子–质子对共有一个电子, 这与氢分子离子 H_2^+ 的情况是一样的 (即认为中子像一个垮塌的氢原子). Heisenberg 模型中的中子–中子力也是吸引力, 要弱一些, 它来自于两个中子共有或交换两个电子, 这与氢分子 H_2 的情况一样. 质子–质子力只是两个正的点电荷之间的 Coulomb 排斥力[27].

显然, 这里 Heisenberg 是在把质子当作基本粒子, 而把中子当作复合粒子来处理的. 的确, Heisenberg 这篇文章的大约一半是在考虑中子以及如何从量子力学的立场来理解它 (及核电子) 的令人困惑的性质. 要认真看待这幅图像, 就必须假定核内的电子失去了它们的特征, 如自旋和 Bose-Einstein 统计, 并且像在 β 衰变时所显示的那样, 它们在原子核内会违背局部的守恒定律.

不管怎样, Heisenberg 的原子核理论是一个巨大的进展, 它为别人打开了在原子核中应用量子力学的大门, 而不一定非采用 Heisenberg 的特殊的交换力不可[28]. 在 5.2.1 节提到过的 1933 年关于 "原子核的结构和性质" 的 Solvay 会议上, Heisenberg 做了原子核理论总结报告. 他讨论的各种理论都是唯象的; 即某些函数形式如交换势是从经验导出的而不是从理论导出的. 虽然 Pauli 在 Heisenberg 报告后的讨论中提出了他关于中微子的想法, 但并没有得到普遍认同. 例如, Bohr 推荐的是 G. Beck 提出的 β 衰变理论, 这个理论不使用中微子, 在这个理论中能量不守恒, 角动量也不守恒[29].[**又见 15.1.1 节**]

Werner Karl Heisenberg
(德国人, 1901 ～ 1976)

1925 年 6 月, 年仅 23 岁的 Heisenberg 发现了量子力学, 这完全改变了物理学家和化学家对微观世界的看法, 并且对 20 世纪总的学术气氛产生了巨大的影响. Heisenberg 出生于德国维尔茨堡一个知识分子家庭, 他在慕尼黑接受了早期教育并上大学, 师从著名的学者和教育家 Sommerfeld. 在 1925～1930 年的量子理论的黄金时代, 当 Schrödinger 和 Dirac 提出了量子理论的别的版本并做出许多新应用时, Heisenberg 和 Bohr 在 Heisenberg 的测不准原理和 Bohr 的互补原理的基础上发展了一种新的认识论. Heisenberg 与 Pauli 一起发展了量子

电动力学场论. 1931 年, 他将注意力转到原子核理论和宇宙线的研究上, 这些研究的高能侧面后来变成了一个新领域基本粒子物理学. 这些领域此后占据了他的主要注意力. 与他那一代许多德国和奥地利的杰出物理学家不同, Heisenberg 在纳粹时代仍然留在他的位置上, 在二战期间他领导了未成功的德国铀计划. 在战后, 他和别的德国主要科学家被拘留在英国. 1946 年他回到德国, 成了 Planck 研究所的所长和哥廷根大学的教授. 后来, 他和他的研究所迁到慕尼黑, 在那里他于 1976 年去世.

5.2.3 Fermi 的 β 衰变理论

有些物理学家很不愿意在很小距离上放弃通常的守恒定律, 哪怕似乎是必须这样做. 而 Bohr 却相反, 他很愿意相信这一点. 他主张, 能量仅在统计的意义上守恒, 也就是说平均而言守恒, 并不必要在单个基本过程中守恒. 这就会把热力学第一和第二定律放在同样的基点上, 因为第二定律 (熵增加定律) 仅在统计意义上成立. 他提醒说, 量子理论家已经在从宏观到原子层次的过渡中发现了新定律, 而在尺度上再也没有比从原子到原子核更小的跳跃了.

但是, 一些更保守的物理学家 (或那些对守恒定律与对称性之间的必然联系更敏感的物理学家) 不愿意抛弃这些基本原理. 其中一个是 Pauli, 他的 “背水一战的药方” 中微子实际上是一个保守的建议. 另一个保守主义者是 Fermi, 他从布鲁塞尔会议上回到罗马时满脑袋都装着 β 衰变和中微子.

在 Heisenberg 的中子–质子模型中, β 衰变只是一个中子发射一个电子变成质子而电子离开原子核的简单过程. 如果这个电子又被原子核中另一个质子吸收了, 那就将是一次强作用而不是一次 β 衰变. 为了描述这两个过程中的任意一个, Heisenberg 把质子和中子看成同一种粒子 (今天叫做核子) 的两种电荷状态, 并引进了一个算符 (现在叫同位旋算符) 把核子从一种状态变成另一种状态. Fermi 在他新的 β 衰变理论中也用了这种同位旋算符.

Fermi 想要修正 Heisenberg 的理论, 即如 Pauli 所建议的那样, 使得有一个中微子伴随电子被发射出来; 由于 β 衰变中涉及的能量比较高, 电子 e 和中微子 ν 都必须按相对论处理. 为了描述这些粒子的产生, 需要一个类似于 QED 的相对论场论. 确实, Fermi 的理论与 QED 的推广形式非常相似, 在后者中, 中子–质子跃迁起的作用类似于原子中产生一个光子的跃迁, 电子–中微子粒子对的行为像一个四维向量场的量子, 其表面上的性质与电磁场没有太大差别.

Fermi 的理论遵从一切标准守恒定律. 它还在下面一点上与 Heisenberg 的理论有别: Fermi 理论中弱相互作用的强度是由一个新常量 G 决定的, 与 Heisenberg 理论中主要的核束缚力中子–质子耦合的强度没有任何关系. 在 1933 年 11 月至 12 月完成这个工作后, Fermi 把他的理论写成简报送英国的 *Nature* 杂志发表, 但杂志编辑却拒绝发表这篇文章, 认为 "它与物理的真实离得太远, 读者不会对它有兴趣"[30]. 然而, 这个理论的主要结果在 1933 年还是在意大利杂志《科学研究》(*Ricerca Scientifica*) 上以扩充了的短文形式发表了. 在其全文中, Fermi 还应用这个理论得到了许多已知的 β 衰变样品的寿命, 取得引人注目的成功[31].

5.3 两个基本的核力理论

5.3.1 Fermi 场理论

我们前面已经指出, Fermi 的 β 衰变理论并没有立即为人们接受, 尽管它与实验符合得很好, 而且解决了 β 衰变过程的令人困惑的特性. 例如, 在这个理论中, 电子–中微子粒子对是在发射它们的瞬间才产生的, 就像光子在一次原子退激发中产生, 在此前这个光子并不存在于原子中一样. 这样就有可能把电子排除出原子核, 把中子看成一个真正的基本粒子. 虽然如此, 在 Fermi 参加的 1934 年 10 月在伦敦和剑桥召开的一个国际会议上, 仅有的一个 β 衰变理论的报告是 Beck 和 K.Sitte 的能量不守恒的报告, 这个报告甚至宣称给出了与当时公认的 β 衰变电子谱的更好的一致[32]. (这并不令人太奇怪, 因为 Beck-Sitte 的理论与 Fermi 理论不同, 含有一个可调节的电子能量函数. 同时还应注意到, 多年以来, 电子的 β 衰变谱的低能端受到源本身吸收的畸变).

不管怎样, 在原子核里有电子的理由一个一个消失了. 现在对于 β 衰变, 对于解释宇宙线中给出多重次级粒子的电磁相互作用, 都不需要原子核中有电子了. 现在把宇宙线中这些次级粒子解释为是通过对偶产生机制和轫致辐射产生的 (轫致辐射是电子在原子核的力场中受到偏转时发射的硬光子)[33]. 1934 年 1 月, I. J. Curie(M. Curie 和 P. Curie 的女儿) 和她丈夫 J. F. Joliot 宣布, 他们通过用 α 粒子轰击铝和别的轻元素人工产生了新形式的放射性[34]. 新的轻放射性同位素由于含有的质子太多而不稳定, 要发射正电子; 即它们是 β^+ 的发射体, 与 β^- 发射体相反, β^- 发射体具有多余的中子, 要发射负电子. 因此, 人工放射性的发现强调了质子与中子之间的对称, 这就为在核力理论中把质子和中子作为平等伙伴处理提供了另一个理由 (人们注意到, 在 β 衰变过程中 e^- 是与反中微子 $\bar{\nu}$ 相伴, 而 e^+ 则是与中微子 ν 相伴; 两种类型的中微子是不一样的).

Pauli 在 Fermi 的理论发表之前就从他以前的助手 F. Bloch 那里听说了这个理论, Bloch 当时在罗马与 Fermi 一道工作. Pauli 对他的中微子想法得到应用感到高兴, 给他的经常联系者之一 Heisenberg 写了一封热情的信. 信中说, "这将是推动我们磨坊转起来的水". Heisenberg 回信说他也很高兴[35]. Heisenberg 在信中还说："如果 Fermi 的产生电子–中微子对的矩阵元是正确的话，那么这些矩阵元在二次近似下应当给出中子与质子之间的力，就像原子的电子产生光量子的可能性引起 Coulomb 力一样".

Heisenberg 继续表明，怎样才能得到他的电荷交换核力或意大利理论物理学家 E. Majorana 引进的一种修正形式，这种修正形式与氘核的已知性质符合得更好[36]. 对于交换能本身，Heisenberg 得到

$$J(r) \sim mc^2(10^{-14}/r)^5$$

其中，mc^2 是电子的静止能量 (大约 0.5 MeV)，r 是质子和中子之间以厘米为单位的间隔. Heisenberg 承认，这样得出的能量太小了，但是这也许是由于计算的马虎！如果令 $r=2\times 10^{-13}$cm，这大约是核力的力程，上式得出的 $J(r)$ 只有实际核力的 10^{-9} 倍. 对于核交换势，俄国的 I. Tamm 和 D. Iwanenko，还有美国的 A. Nordsieck 都分别独立地得出了与 Heisenberg 未发表的结果等价的结果[37].

Heisenberg 试图让 Fermi 对他的修正的核交换力模型感兴趣，但是 Fermi 认为，他的 β 衰变理论中任何可接受的改变，都不太可能把核力变得足够强. 不过 Fermi 的助手 G. C. Wick 给 Heisenberg 写了一封信，建议可以对 Fermi 的相互作用形式加以修改，并且提出了一个后来变得很有影响的想法. 他建议，虚的 e-ν 流 (一个核子对这样一个 e-ν 对的发射和随后的再吸收) 有可能解释质子磁矩的"反常"值，不久前测到的这个值是"Dirac 磁矩"$e\hbar/2Mc$ 的好几倍[38].

尽管由二阶 Fermi 相互作用表示的力很弱，直到第二次世界大战爆发前它仍是核力的主导基本理论之一[39]. 从 1940 年开始，由 G. Gamow 和 E.Teller 提出的 Fermi 场理论的一种修正形式被一些物理学家接受了. 这些物理学家用它来提出一种二介子理论以解决某些宇宙线疑难[40]. 于是我们可以理解为什么 Heisenberg 在 20 世纪 30 年代中期竭力想要推动这个理论，尽管它有缺点. 在著名的 1936 年原子核物理学的"Bethe 圣经"①中，唯一考虑的核力场论只有 Fermi 场理论. 虽然作者们估计 Fermi 场理论给出的相互作用只有实际的 10^{-12}，但他们给出了以下的不放弃这个理论的理由[41]：

> 这种令人非常不满意的结果当然是由于控制 β 发射的常数 g 之值极其小. 但是，把 β 发射与核力联系起来的总的想法太吸引人了，人们非常不愿意放弃它.

于是这些作者考虑了有希望改善理论与实验的一致性的几种可能修正方案.

Heisenberg 在 1934 年 4 月就他的 Fermi 场理论版本做了一个报告. 同年 10

①物理学界把 Bethe 于 1936~1937 年为《现代物理学评论》(Reviews of Modern Physics) 写的三篇长文称为 Bethe 圣经，这三篇文章中不仅包括了当时知道的关于核物理的全部内容，而且还有很多当时人们不清楚的东西. —— 校者注

月, 在上面提到的伦敦会议上, H. Bethe 重复了他和 R. Peierls 一个月前在哥本哈根的一次会议上提出的修正 Fermi 理论的建议. 他们的想法是在相互作用项中插入一个或多个导数. 这样做会修正低能端的电子谱 (这被认为是必需的), 减小电子能量低时的相互作用强度 (但并不改变涉及原子核束缚的高电子能量处的强度). 于是, 要得到同样的 β 衰变寿命, 就需要更大的 Fermi 常量, 这就增大了预言的核束缚强度. Heisenberg 喜欢这个想法 —— 但 Pauli 却不, Pauli 在给 Heisenberg 的信中写道: "理论物理的现状就是这样: 一种电子和正电子的减法物理学面临着一个任意函数的原子核物理学. "[42].

1935 年 2 月, Heisenberg 给纪念荷兰物理学家 Zeeman 的文集寄去一篇文章, 评述了 Fermi 场理论. 他强调了光量子理论与 Fermi 场理论之间的相似, 指出 Fermi 场同核位势的关系类似于光量子同 Coulomb 场的关系. 他还以赞同的语气叙说了 Bethe-Peierls 的建议(美国别的物理学家曾独立地把 Bethe-Peierls 的想法应用于 β 衰变, 但得出的结论是, 这样做并不使原子核的强相互作用的强度有足够的增加[43]).

1936 年, 新的实验和新的分析使人们对核力的看法产生了深远的变化. 这个变化部分来自对原子核分类的研究, 但主要是因为对质子–质子碰撞的新的精确测量. 这些测量表明, p-p 核力在对 Coulomb 力作修正后, 与 n-p 产生的力一样强[44]. 这反过来又导至一个猜测, 叫做电荷无关性假定, 即 n-n, p-p 和 n-p 力在对 Coulomb 作用修正后的大小相同[45]. 这个想法的数学表述是用 Heisenberg 的同位旋算符写出一个核子一核子相互作用, 当一个质子换成一个中子, 或反过来一个中子换成质子时, 除了 Pauli 不相容原理禁止的交换之外, 这个相互作用不变.

为了扩展这个交换力的想法, 对 Fermi 场又增加了另外两个轻粒子对, 即中性的 e^+-e^- 对和 ν-$\bar{\nu}$ 对. 这些 "中性流" 与 "带电流"e^--$\bar{\nu}$ 和 e^+-ν 不同, 允许同类核子组成的对如 p-p 和 n-n 之间也和 n-p 之间一样有力作用. 这些中性对也应出现在核电荷不改变的过程的 β 衰变中. 然而在这种情况下, 电磁过程要更容易探测得多, 它们会掩盖掉弱相互作用[46].

苏黎士的 G. Wentzel 曾试图用由中性流扩展的 Fermi 场来使核力与电荷无关, 但是结果发现这只有在带电流的贡献可以忽略时才能做到. 关键是要把两种中性流这样耦合起来, 使得对于不同的核子它们发生相消干涉, 而对于相同的核子则发生相长干涉. Wentzel 在伦敦的学生 N. Kemmer 第一次做出了这种类型的成功理论, 他用同位旋算符写出了一个量子场论中的相互作用, Cassen 和 Condon 注意到这个作用具有不变性[47]. Kemmer 用同位旋不变性做出的第一个电荷无关的介子理论是一个重要发展, 它在近代粒子物理学中起了重要作用.

5.3.2　汤川介子理论

1934 年 10 月, 汤川秀树 (H. Yukawa) 提出了一个核力理论, 说核力是由一组猜想的粒子传递, 他管这些粒子叫重量子或 U 量子, 现在叫做介子. 这是他发表的第一篇科学论文[48]. 汤川当时在大阪大学新成立的科学系工作, 较之 Einstein 1905 年在伯尔尼的瑞士专利局发明相对论时的情况, 汤川更像是一个 "局外人". 汤川的理论自从在 1937 年被人们接受以后, 一直是核力的占主导地位的基本理论, 直到现在的由夸克和胶子构成的标准模型在 20 世纪 70 年代建立为止, 并且它仍然是解释中能物理的主要手段[49](图 5.5).

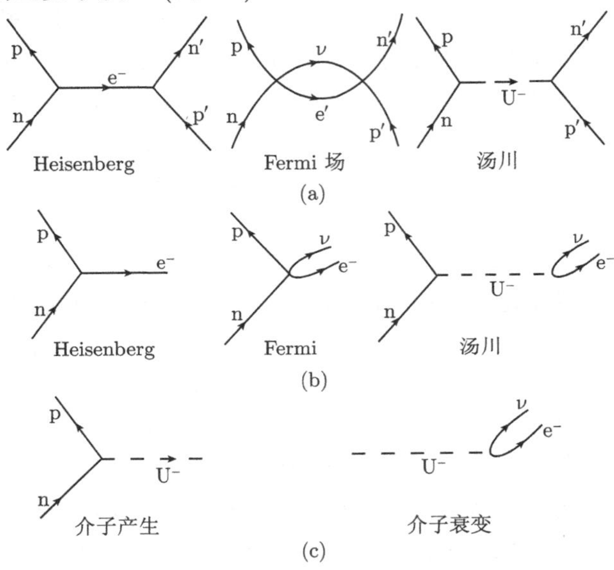

图 5.5　比较 Heisenberg、Fermi 场和汤川三种相互作用的 Feynman 图 (以时间为纵坐标)

(a) 强电荷交换核力模型; (b) β 衰变相互作用 (弱力); (c) 汤川理论预言的其他过程; p, p′: 质子; n,n′: 中子; e^-: 电子; ν: 中微子; U^-: 重量子

汤川 1929 年毕业于京都大学, 作为不拿薪水的助教他在京都大学物理系呆了好几年. 在这段时间里, 他下决心在他认为的理论物理学的两个突出问题中至少解决一个. 这两个问题一个是构建一个自洽的、免于无穷大发散的 QED; 另一个是核力的基本理论. 由于他接受了常规看法认为电子是原子核的组成部分, 他相信这两个问题是密切联系的. 原子核中这种存疑的电子的能量也很高, 而正是在很高的能量下 QED 是一个麻烦特别多的理论.

汤川在用了两年时间而在相对论 QED 上成果不多之后 (终其一生他都认为相对论 QED 是物理学中主要的未解决问题), 他把注意力转到核力这个 "较容易" 的问题上[50]. 在他的研究方法中, 他主要得益于前面在第 5.2.2 节讨论过的 Heisenberg

的那篇分三部分的文章. 汤川对那篇文章做了总结和评论, 包括下面的话[51]:

> 虽然对中子到底是一个单独的实体还是由一个质子和一个电子组成的复合体的问题, Heisenberg 并没有表述一个确定的看法, 但是, 这个问题像 β 衰变问题一样, 用今天的理论是不能解决的. 而除非这些问题得到解决, 否则我们就不知道在原子核中并没有独立存在的电子这种看法是否正确.

插注 5B 量子场论

基本粒子物理学中用的种种量子场论 (QFT) 是量子电动力学 (QED) 的推广和改进. 因此, 过去 20 年的标准模型和 QED 一样, 是建立在自旋为 1/2 的基本粒子交换自旋为 1 的规范场的基础上.

为简单起见, 我们考虑实标量场 $\phi(x)$ 的量子化, $\phi(x)$ 代表一个质量为 m 的中性无自旋的自由粒子的波函数, 它满足方程

$$(\Box+\lambda^2)\phi=0 \tag{B1}$$

其中 $\Box=\partial^2/c^2\partial^2 t-\partial^2/\partial^2 x_1-\partial^2/\partial^2 x_2-\partial^2/\partial^2 x_3$, $\lambda=mc/h$. 四维矢量 x 的四个分量 x_0= ct 和 x = x_1,x_2,x_3 表示时空中的一点, $\phi(x)$ 在这点取某一值. 粒子的位置和动量由算符 q_i,p_i 表示, 它们遵从正则对易关系

$$[q_i,p_i]=\mathrm{i}\hbar\delta_{\mathrm{ij}} \tag{B2}$$

在对 $\phi(x)$ 场进行量子化时, 取它在 x 之值为广义坐标, 其正则共轭"动量"由 $\pi(x)=\partial\phi(x)/\partial t$ 定义. 在给定时刻, 场遵从

$$[\phi(x),\pi(y)]=\mathrm{i}\hbar\delta(x-y) \tag{B3}$$

因为 $\phi(x)$ 是一个量子力学波函数, 在其上加了量子条件 (B3), 有时把这一步骤叫做"二次量子化". 场 $\phi(x)$ 现在描述任意个粒子. (注意 x 和 y 现在是 c 数.) 场量子化的一个重要后果是, 粒子的数目不再是常数了. 场可以用 Fourier 变换表示:

$$\phi(x)=\int\frac{\mathrm{d}^3p}{(2\pi)^3}\frac{1}{\sqrt{2E_p}}(a_p\mathrm{e}^{-\mathrm{i}\boldsymbol{p}\cdot\boldsymbol{x}/h}+\bar{a}_p^{+\mathrm{i}\boldsymbol{p}\cdot\boldsymbol{x}/h}) \tag{B4}$$

其中 E_p 是一个动量为 $\boldsymbol{p}$ 的粒子的能量. 在这个表示式中 a_p 和 $\bar{a}_p$ 分别是消灭和产生一个动量为 $\boldsymbol{p}$ 的粒子的算符.

一个量子场既与别的量子场相互作用, 还可能有直接的自相互作用. 在 20 世纪 30 年代, 最重要的量子场论有: QED, 涉及电磁场和 Dirac 电子 (也应用于质子); Fermi 的 β 衰变理论, 涉及电子、中微子和核子 (也推广为一个将强核力包括在内的统一理论); 汤川的介子理论, 像 Fermi 场一样, 它也是一个关于强核力和弱核力

的统一理论.

在严格意义上, QED 是相互作用的电子和光子的理论. 自由光子场由一个实数四维矢量势 $A_\mu(x)$ 代表, 它满足方程

$$\Box A_\mu(x) = 0 \tag{B5}$$

补充条件 $\partial A_\mu/\partial x_\mu = 0$ 消去了类时的自旋为 0 的分量 A_μ, 而且因为光子的质量为 0, 它也消去了场的纵向分量, 于是保证了自由光子是横场.

在获悉 Pauli 的中微子建议前, 汤川曾试图发展一种量子场论, 把 Heisenberg 1932 年提出的电子交换力具体化. 在这个理论中, 汤川把电子看成一个场 (即 Dirac 场), 而 Heisenberg 的 n-p 跃迁则起着 "源流" (source current) 的作用. 这类似于一次电子跃迁 (即原子中电子状态的改变), 它起着光子发射的源的作用. 像 Heisenberg 的理论一样, 汤川想用一种单一的基本相互作用来说明原子核束缚和散射, 还能说明 β 衰变. 由于理论中没有中微子的等价物, Heisenberg 理论和汤川理论都违背各种守恒定律. 1933 年, 汤川搞出了 Heisenberg 唯象理论的一个量子场论 (QFT) 形式, 由此他可以计算交换势[52]. (他并未试图预言新物理学.) 他得到的交换势是令人失望的, 他指出, "这个势的形式像 Coulomb 场, 随距离减小得不够快"[53].

在汤川成了大阪大学的讲师后, 他的一个同事提醒他注意 Fermi 发表在意大利《科学研究》(*Ricerca Scientifica*) 杂志上的关于 β 衰变的文章[54]. 在回忆他早年生活的自传《旅人》一书中, 他描述了自己的反应[55]:

> 读了 Fermi 的文章后, 我很想知道强核力问题是不是能够用同样的方式来解决. 这就是说, 中子和质子是否可能在用一对粒子 (即一个电子和一个中微子) 玩传球游戏? 传递的 "球" 应该用一对粒子取代.

这正是第 5.3.1 节描述的核力的 Fermi 场理论的想法.

沿着这条途径做了研究之后, 汤川发现, 这样给出的也是一个不合适的核交换势, 与 Tamm 和 Iwanenko 在英国的《自然》杂志上发表的结果一样. 汤川在《旅人》中写道: "这打开了我的双眼, 因此我想 …… 如果我专注于研究核力场的特征, 那么我要寻求的粒子就变得显而易见了." 这个场的关键特征是力程要短. 汤川发现, 这需要一个新的粒子, 介子, 其质量大约是电子质量的 200 倍.

汤川理论中核力的机制可以通过与 QED 的比较来理解. 在 QED 中, 电磁场用其四维向量势 A_μ 表示, 它满足方程 $\Box A_\mu = ej_\mu$, 其中 $\Box$ 是 d'Ambert 算符, ej_μ 是电子场的电荷流算符①. 基本相互作用写为 $ej_\mu A_\mu$, 它的一阶作用引起一个光子

① $\Box = \partial^2/c^2\partial t^2 - \partial^2/\partial x^2 - \partial^2/\partial y^2 - \partial^2/\partial z^2$; $j_\mu A_\mu = j_0 A_0 - j_x A_x - j_y A_y - j_z A_z$

的发射或吸收. 其二阶作用 (一个电子发射一个光子, 然后这个光子被另一个电子吸收) 给出 Coulomb 能 e^2/r.

类似地, 在汤川理论中, 核力场用 U 表示, U 满足方程 $(\Box-\lambda^2)U=gJ$, 其中 λ 是一个新的量纲为长度倒数的量, 它与核力的力程有关, gJ 是对应于核场 (更精确地说是对应于 n-p 跃迁) 的算符. 基本相互作用写为 JU, 它的一阶作用引起 U 量子的发射和吸收. 其二阶作用 (即一个质子发射一个 U^+ 量子, 然后这个 U^+ 量子被一个中子吸收) 给出汤川势能 $g^2\exp(-\lambda r)/r$. 这就是 Heisenberg 唯象的电荷交换能的汤川表示. (为了同时将就 U^+ 和 U^- 两个粒子, U 场必须是复数场.) 这个理论最重要的结果是力程参量 λ 与 U 量子的质量 m_{U} 之间的关系：$\lambda=h/m_{\mathrm{U}}c$. 虽然今天在量子场论中对这个关系式已经习以为常, 但在汤川建立他的理论时人们并不知道这个关系式.

汤川在把 Heisenberg 的 n-p 模型写成场论形式的努力中, 想要保留对核力与 β 衰变统一处理这一特点. 为此, 它让 U 场也与 e^--$\bar{\nu}$ 及 e^+-ν 耦合, 但是耦合常数 g' 更小. 用现代的术语, U 量子起着 "中间 Bose 子" 的作用. 在他的文章中, 汤川给出了他的两个常数 g 和 g' 与 Fermi 的耦合常数 G 之间的关系为

$$G=gg'/4\pi$$

值得注意的是, 汤川是清楚地把弱作用与强作用区别开来的第一人, 他给两种相互作用指定了不同的耦合强度.

汤川完成了一个吸引人的核力统一理论, 用还说得过去的英文发表在一份广泛流传的杂志上. 他利用了与 QED 的相似, 因此这个理论应当很快就可以被量子理论家接受. 看来奇怪的是, 他的理论却遭到冷落, 没有得到人们认真对待, 即使在日本本国也是如此. 的确, 他不属于任何时兴的学派, 而且在地理位置上他也是在远离科学中心的边远地区从事研究工作; 虽然科学不应该被这些因素左右, 但这些因素对于他的理论被接受无疑会有一些影响. 但是, 这个理论不被接受的最重要的原因似乎是, 物理学家不愿意在未被实验直接证实的情况下认为一种假设的新粒子是存在的. (Pauli 的中微子, 即他的 "背水一战" 的解决方案是一个罕见的例外, 但开始时也受到抗拒.) 下节我们将看到, 1937 年, 汤川的 U 量子似乎在宇宙线中找到了.

5.4 20 世纪 30 年代的宇宙线：QED, 簇射和重电子

5.4.1 软成分和硬成分

我们在 5.1.5 节曾指出, 物理学家通常假定初级宇宙线 (进入地球大气的射线) 是 "超级 γ 射线", 因为它们的穿透本领很强. 但是 1928 年弄清楚了, 海平面上的宇

宙线中包含有带电粒子, 这些带电粒子具有足够高的能量以穿透可观的地球大气层 (相当于大约 10 米深的水). 在 20 世纪 30 年代, 在全世界范围对宇宙线强度随纬度的变化进行了观测. 结果表明, 初级宇宙线受到地球磁场的偏转, 因此, 初级宇宙线必须携带电荷[56](图 5.6). 那时, 许多物理学家认为这些初级宇宙线粒子是高能电子, 尽管这些初级粒子的电荷符号看来主要是正电荷. 第二次世界大战后, 用高空飞行的飞机和气球进行的观测表明, 初级宇宙线中绝大多数是质子和其他原子核.

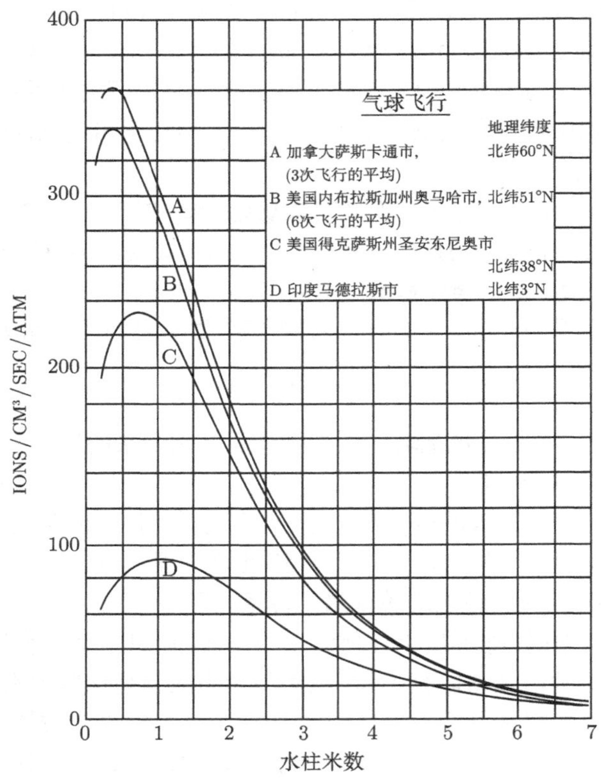

图 5.6　用比电离量度的宇宙线强度随海拔高度的变化. 横坐标是用米水柱为单位的大气压表示的海拔高度 (大气的顶部是 0m 水柱)

然而, 到达高山和海平面的宇宙线大部分是次级射线, 它是包括各种粒子的复杂的混合物, 具有很宽的能谱. 通过对比在大气中不同高度或者在湖中不同的水深度测到的宇宙线产生的电离强度, 或者用固体物质为吸收体进行符合计数等办法, 人们对宇宙线被吸收的情况进行了测量. 早在 20 世纪 20 年代后期就已经清楚, 宇宙射线中存在一个容易被吸收的 “软” 成分, 还有一个具有很高的穿透本领的 “硬” 成分. 软成分通常包括很多的带电粒子 (有时非常之多), 这些带电粒子成组出现,形成一个锥形. 如果这些带电粒子是在 Wilson 云室内或附近产生的话, 这个圆锥可以被拍摄下来. 硬成分主要包括分离的单个带电粒子, 它们的电离本领小, 穿透本领高, 这表明它们有很大的能量. 软成分的强度由于吸收而不断减小, 然而, 它不断地再产生, 于是在大气中出现在所有的海拔高度上.

在 20 世纪 30 年代, 能量大于几个 MeV 的粒子的唯一可用的源是宇宙线, 因此, 宇宙线是检验基本理论的天然实验场所[57]. 要探测 QED 理论、相对论和核力等理论的极限, 需要高能量的粒子. 但是, 宇宙线的科学研究是非常具有挑战性的, 与用放射源和粒子加速器做的研究工作相比, 它受到一些苛刻的限制. 一个问题是现象的多样性需要区分和挑选; 另一个问题是能谱很宽. 这两个限制都来自于这一情况: 我们是在观察自然发生的现象, 不能控制它的源, 因此这就变成了一个对观测的选择问题, 而不是在实验室中可以更好控制的实验. 此外还有一个相关的限制是, 宇宙线的来源比较弱, 需要长时间的观测才能得到一定的精度. 最后, 要检验的理论之一它自身就是解释实验观察所不可少的: 我们说的是 QED. 解释实验观测时必须假定 QED 成立, 虽然它正在受到检验.

在 1934 年 10 月于伦敦召开的国际物理学大会上, 宇宙线是激烈讨论的主题. 如上所述, 一个题目是初级射线的粒子本性. 另一个问题是 QED 对高能行为的预言的可靠性, 看来 QED 的预言与高能行为是有差异的. 1934 年, Bethe 和 Walter Heitler 发表了他们关于原子核力场中的韧致辐射和 e^+-e^- 对产生的理论预言[58]. 他们发现了下面这个令人惊奇的结果: 在电子能量高于阻滞物质特有的某一能量值时 (例如, 对铅是 20 MeV, 对水是 120 MeV), 电子的几乎全部能量损失将出于辐射过程, 而不是由于它穿过媒质时引起媒质的电离. 由于辐射强度与电荷加速度的平方成正比, 从而与粒子质量的平方成反比, 所以质子的辐射效应要比电子小一百万倍, 而电离引起的能量损失在同样的速度下是相同的. 在伦敦会议上, Anderson 和他的合作者 S. Neddermeyer 报告了他们对放在云室中的铅板对宇宙线的吸收的测量结果, Bethe 评论说: "辐射造成的能量损失似乎比理论预言的小得多"[59]. Bethe 的评论是建立在观测的粒子是电子而不是更重的粒子的基础上的.

QED 在高能下可能会失效这一点本身并不令人感到意外. 的确, 由于 QED 的 "发散" 问题, 即它对无穷大质量和电荷的预言, 人们普遍认为它会这样. 理论家想问的问题只是, 这个理论将在多大的能量上 "崩溃", R. Oppenheimer 是相信 QED 在几个 MeV 就会崩溃的人之一[60]. 实际上, 大多数宇宙线作用涉及的能量转移并不比实验室里已经观测到并且发现与 QED 理论一致的能量转移大很多. 如果在电子为静止的参考系中来看一个电子与一个原子核的碰撞, 在这个参考系中快速运动的原子核的电场可以很好地近似表示为一些光子的叠加, 这些光子中的大部分有比较小的能量. 它们与电子的相互作用实质上是 Compton 散射, 也就是我们在实验室参考系看到的韧致辐射[61]. 1936 年 Anderson 和 Neddermeyer 做了更仔细的实验, 在这些实验中, 他们识别出电子并且把它们与穿透能力强的分量区别开来, 这些实验确实证实了 QED 在宇宙线能量下正确.

然而, 对 QED 的令人信服的检验还是把宇宙线的软分量解释为级联过程：一个入射快电子产生一个或多个高能光子 (也有软光子), 而每个高能光子要么发生 Compton 散射, 要么产生一个 e^+-e^- 电子对. 这些电子又相互作用产生光子, 有些光子又产生正负电子对. 结果就是许多个电子和光子的一次 "簇射", 这个过程使电子和光子的数目继续倍增, 直到能量分散得不再能产生正负电子对为止. 用 Bethe-Heitler 对基本过程的预言, 在英国和美国都有人对这些簇射过程进行了计算; 他们的结果彼此一致并且与大多数观察到的簇射现象很好地符合[62].

Carl David Anderson

(美国人, 1905~1991)

Anderson 完成了对宇宙线的粒子成份的重要研究. 他用在强磁场中运行的 Wilson 云室测量粒子的动量, 用这种办法发现了几种新的基本粒子. Anderson 在美国加州理工学院完成了本科和研究生的学习, 并继续在那里做研究工作, 起初是在 Millikan 的领导下. 1932 年 Anderson 发现了正电子, 证实了 Dirac 的电子理论所预言的反物质的存在和正负电子对的产生, 虽然在发现正电子时他还不知道 Dirac 的理论. 几年之后, Anderson 和 Neddermeyer 在宇宙线中发现了带正电和负电的粒子, 其行为好像是重的电子一样, 他们把这种粒子叫做重电子 (现在叫 μ 子). 1947 年 G. D. Rochester 和 C. C. Butler 在曼彻斯特发现了两例 V 粒子, 此后有两年未发现更多的事例, 直到两年后 Anderson 小组在他们的云室中得到了 34 例.

在成功地处理簇射现象之前, 有些物理学家认为一次簇射是在单独一次能量非常高的基元相互作用中产生的. 这种解释与人们在云室中看到的它们的外貌是不矛盾的. 因此, 即使在已经表明大多数簇射现象都可以用级联过程来解释之后, 仍然有一些人由于实验和理论两方面的理由相信另一种簇射过程, 叫做**爆发簇射**.

在实验方面, 对于某些特别大的叫做 "爆发" 的簇射, 看来很难用级联理论给予解释. 这种爆发簇射对观察者一直是一个谜, 直到 1953 年才发现, 这种爆发不是由光子或电子引起的, 而是由高能核碎片引起的.

在理论方面, Heisenberg 在 1936 年 6 月提出了一个爆发簇射理论, 认为它来自强的核相互作用. 大家记得 Heisenberg 是核力的 Fermi 场理论的鼓吹者 (5.3.1 节)[63]. 由此出发他推论如下：四 Fermi 子的 Fermi 相互作用可以写为

$$H^{'} = f j_{\mu}(\mathrm{np}) j_{\mu}(\mathrm{e}\nu)$$

其中 $j_\mu(\mathrm{np})$ 和 $j_\mu(\mathrm{e}\nu)$ 分别代表 n-p 流和 e-ν 流, $f = G_\mathrm{F}/\hbar c$, G_F 是 Fermi 常数. QED 相互作用的强度由精细结构常数 $\alpha= e^2/\hbar c \approx 1/137$ 决定. α 没有量纲, 它不决定任何长度标度. 然而, 类似的弱耦合系数 f^2 具有长度四次方的量纲. 因此, 可以按照 f 的幂次进行展开的条件是 f/λ^2 比 1 小, 这里 λ 是电子或中微子的 de Broglie 波长[64]. 因而存在一个 "特征长度" $\lambda_0 = \sqrt{f}$, 使得 $f/\lambda_0^2=1$. 由于微扰方法不能应用于小于 λ_0 的波长, 在高能碰撞中有可能产生多个 e-ν 对. Heisenberg 猜测, 正是这种情况提供了爆发簇射的一种机制. 即使可以勉强承认大多数簇射可能是级联型的, Heisenberg 及其同事还是坚持有些簇射必定是爆发型的[65].

除了各种类型的簇射以外, 还有关于具有强穿透力的宇宙辐射硬分量的疑难. 这种辐射可以穿透 200 米深的水, 或 10 个大气层. 这些单个的高能穿透粒子是不能用级联假定解释的. Bhabha 和 Heitler 在他们的簇射文章中评论说, "我们必须得出结论, 要么那些穿透 250 米水柱的极硬的辐射是由具有质子质量的粒子组成的, 要么, 如果它是由电子组成的话, 那么辐射的量子理论对这些最高能量的辐射就不适用了[66]." 现在回想起来, 一方面, 坚持 QED 在高能时不适用是当时的时尚. 另一方面, 反对把具有强穿透力的粒子看成质子的一个 (常常不说出来的) 理由是, 这些具有强穿透力的粒子中带正电荷和带负电荷的数目大致一样多.

Rostock 大学的 P. Kunze 用一个在强磁场中运行的云室研究了这些高能粒子, 他观测到这样的带电粒子, 它的电离作用 "作为质子则太弱, 作为正电子则太强"[67]. 研究穿透辐射的其他先驱是法国的 Louis Leprince-Ringuet 小组和英国 Blackett 领导的小组[68]. 但是, 揭示穿透分量的组成的最详尽的数据来自 Anderson 和 Neddermeyer 在加利福尼亚做的观测.

Anderson 和 Neddermeyer 用一个由计数器控制的带磁场的云室, 云室中间插了一块厚 0.25cm 的铅板, 可以测量簇射粒子的能量损失. 他们得出的结论是: "直到大约 300 MeV, 实验得到的能量损失与理论算出的一致"[69]. 然而, 还有一些令人困惑的径迹, 它们与簇射无关, 因此不像是电子, 但是也难以把它们证认为质子. Anderson 由于发现正电子, 与发现宇宙射线的 V. Hess 共同获得了诺贝尔奖, 1936 年 12 月 12 日, 他在斯德哥尔摩发表了领奖演说. 在演说的结束语中, 他这样提到这些令人困惑的径迹: "这些高穿透力的粒子虽然不是自由的正负电子, 它们是值得将来研究的有趣的对象."

Anderson 的评说没有引起人们的注意, 人们也没有怎么注意他与 Neddermeyer 发表的关于穿透性粒子的结果 (我们就会看到, 汤川是一个重要的例外). 但是, 到 1937 年年中, 几种新粒子 (我们将称它为重电子 (mesotron)) 的存在, 已经从不同的来源得到证实[70]. 在 1937 年 5 月发表的一篇文章中, 加州理工学院的科研工作者用 2 厘米的铂板把宇宙线中的软分量与硬分量分开, 专注于能量小于 500 MeV 的穿透性的粒子, 并用磁场分析了粒子的动量. 他们发现, 具有最低动量的粒子的电离能力要比如果它是一个质子时强 25 倍. 从这一点以及其他的单个径迹, 他们得出结论说他们看到了新粒子[71]. 4 月份, 在美国物理学会的一次会议上, J.C. Street 报告了类似的结果[72], 他用的是一个计数器望远镜和两个云室. Street 和 E.C. Stevenson 及由仁科领导的日本云室小组最先测定了这个粒子的质量为电子质量的 100~200 倍[73].

5.4.2　日本和英国的新介子理论

上面说过, 汤川密切地注意着对宇宙线中的穿透分量的实验研究成果, 这激励他在 1936 年秋天再次研究他的介子理论. 为了提醒人们注意他以前假设的 U 量子与云室中令人困惑的宇宙线粒子径迹之间的联系, 他给英国的《自然》杂志写了一篇短讯. 他在这篇短讯一开头便指出, Fermi 场理论不能说明核力与 β 衰变的很不相同的强度, 然后他描述了他的供替代的 U 量子理论. 短讯快结束时提到了 Anderson 和 Neddermeyer 1936 年的文章[69], 并接着写道[74]:

> Anderson 和 Neddermeyer 发现的反常径迹好像是一种 e/m值比质子大的未知粒子的射线. 现在看来, 这种径迹是由这类 U 量子产生并不是绝对不可能的, 因为这些径迹的射程–弯曲程度的关系与这一假说并不矛盾.

不幸的是,《自然》杂志的编辑拒绝了汤川这篇短讯; 不过, 汤川曾把内容相似的一篇英文稿投给一个日本杂志, 而这个杂志发表了[75].

在汤川本人的短讯之外, 最早对 U 量子假说中说到的重电子做出反应的是发表在 1937 年 6 月 15 日一期《物理学评论》上的一篇文章[76], 文章作者 Oppenheimer 和 R. Serber 熟悉加州理工学院物理学家的工作, 他们与 Anderson、Neddermeyer 和 Millikan 讨论过重电子, 他们全都极力坚持重电子是一个纯实验发现. 也许是因为这个原因, 两位理论家的文章虽然提请大家注意汤川的工作, 但却争辩说, 在汤川的核力理论中 “人们遇到的困难并不比在已提出的种种形式的电子–中微子理论 (即 Fermi 场理论及其 Bethe-Peierls 变种)中遇到的麻烦少”. 于是, 他们的结论是: “因此不能认为汤川的考虑是一个正确理论的初步, 也不能用作证明这种粒子存在的任何论据. ”

汤川秀树 (H. Yukawa)

(日本人, 1907~1981)

核力介子理论的发明者汤川秀树是完全在日本接受教育, 没有离开这个国家却得到了国际承认的首批日本科学家之一. 他出生在东京, 小时候随着全家迁到京都 (与他的同班同学、诺贝尔物理学奖获得者朝永 (Tomonaga) 一样). 1929 年从京都大学毕业后, 他留了下来, 作为一个无俸助教, 从事量子电动力学 (QED) 和核力这两个在 20 世纪 30 年代最具挑战性的理论物理学问题的研究. 虽然, 他在解决

QED 的 "发散" 问题中失败了 (受汤川影响的朝永在 20 世纪 40 年代也是这样), 但 1934 年年底他在大阪大学却发展了一个新的核力基本理论, 理论中含有带正电和带负电的自旋为零、大质量粒子的交换, 他提出这种粒子是假设的核力场的重量子. 他看到了力程与场量子质量之间的关系, 预言这种量子的质量大约是电子质量的 200 倍, 它将作为快速宇宙线粒子在大气中碰撞的结果而在宇宙线中出现. Anderson 和 Neddermeyer1937 年报告的所观察到的粒子符合这个描述. 很快人们就普遍以为它们就是汤川提出的重量子. 但实际上, 那些粒子 (现在我们称之为 μ 子) 是汤川粒子的衰变产物, 汤川粒子现在叫做 π 介子或 π 子, 它是 1947 年 C. F. Power 和 G. Occhialini 领导的布里斯托大学小组发现的.

下一个理论反应要正面得多, 那是发表在下一期《物理学评论》上的瑞士理论物理学家 E. Stückelberg 的一篇短讯. 他在文章中说, 他曾 "独立地得到了与汤川相同的结论"[77]. 在陈述了他本人的理论 (这是一个强作用和电磁场作用的统一理论, 含有一个五分量场) 之后, Stückelberg 得出结论说:

> 看来很可能 Street 和 E.C. Stevenson 及 Anderson 和 Neddermeyer 实际上已发现了理论已经预言的一种新的基本粒子. 这种粒子是不稳定的, 只能是次级起源的粒子, 其质量大于电子与中微子质量之和.

在汤川 1935 年的原始文章中, 他强调了这种重量子与 QED 的光量子的相似, 强调到这种程度, 以致把 U 量子表示为一个相对论的四维向量. 由于场的源即核子在原子核内的运动相对慢于光速, 有效的核力势可以作为电场标量势的一个推广而计算出来, 而把磁的效应丢掉. 因此, U 场是自旋为零的, 在这种意义上是 "标量". 而在相对论的变换下, 它像一个相对论的四维向量的第四分量. 1936 年年底, 汤川把他的注意力再次转向介子理论, 在他的学生坂田 (S. Sakata) 和武谷 (M. Taketani) 后来还有小林 (M. Kobayasi) 的帮助下, 汤川把他的理论表述为两种新方案, 它们的场分别按相对论标量 (自旋为 0) 和相对论四维向量 (自旋为 1) 变换[78].

在汤川写第一篇介子文章时, 他不知道 Pauli 及其助手 V. Weisskopf 已经搞出了一个与电磁场相互作用的基本的带电标量场的相对论量子理论[79]. 这个标量理论具有 Dirac 克的 QED 的许多特征: 它描述符号相反的粒子和反粒子, 预言了电磁对偶产生和湮灭. 但是这个理论不需要绝大部分已被负能态填满的 Dirac"海". 虽然这个理论不描述肯定不是电子的已知粒子, Pauli 还是对他搞出一个他后来称之为 "反 Dirac 理论" 的东西感到很高兴. 汤川和坂田在他们的文章里用来表述相对论标量介子理论的正是 Pauli-Weisskopf 理论, 我们将称这篇文章为**相互作用文 II**[80]. 在这篇文章中, 他们已经考虑为了满足核力的电荷无关性是否需要中性的以及带电的介子的问题.

在研究相对论标量介子理论同时, 汤川和坂田还同武谷一起在涉及自旋为 1 的粒子的向量介子理论方面做工作[81]. 他们的动机之一是因为他们发现, 标量理论里的电荷交换力 (其符号是由理论定下来的) 不正确地预言氘的基态的自旋为 0, 而向量理论则正确地预言自旋为 1. 他们宁可取自旋为 1 的另一个原因是他们想要解释核子的反常磁矩, 他们觉得与标量介子的虚相互作用对磁矩不会有贡献.

汤川在 1938 年 3 月正要寄出第三篇文章即**相互作用文Ⅲ**供发表之前, 收到了 H. Fröhlich 和 W. Heitler 从布里斯托寄来的一封信 (用德文写的), 这封信开始了汤川学派和在英国工作的一个小组 (另外的成员还有 N. Kemmer 和 H. Bhabha[82]) 之间的一段又合作又竞争的时期. 这封信开头说[83]:

> 非常感谢你寄给我们的有意思的文稿, 特别是最后一篇. 我们十分相信你的理论原则上是正确的. 我们自己也对重电子考虑过很多, 也系统表述了它与原子核相互作用的理论 (与 Kemmer 一起). 从质子–中子力对自旋的依赖性的讨论中, 我们得到的信念是, 这个场 (重电子的场) 必须是一个向量场, 与你在你的最后一篇日文文稿中所假定的一样. 波动方程和你们的相同, 曾经由 Proca 提出过 (Journal de Phyique, 1936).

Fröhlich 和 Heitler 均是 1933 年纳粹攫取权力后从德国逃出的难民潮中的一员. 绝大多数难民科学家后来都定居英国或美国[84]. Fröhlich 和 Heitler 都是在慕尼黑的 A. Sommerfeld 的研究所取得博士学位. Sommerfeld 是一位伟大的教师, 他的学生包括 Heisenberg、Pauli、Bethe 和许多著名物理学家. 在布里斯托, Fröhlich 和 Heitler 曾研究低温下的顺磁性, 这与测量质子的反常磁矩的问题有些关系 (与固态氢的磁化相联系). 这又使他们对质子 “反常” 的可能的理论解释发生了兴趣.

注意到当时占主导地位的 Fermi 场理论在解释质子磁矩上的失败, 并依仗 Heitler 关于新粒子的知识, 他们提出质子会在一定比率 α 的时间里虚拟地分解为一个中子和一个正的 “重电子”, 而中子也在一定比率 α 的时间里是一个质子加上一个负的 “重电子”. 用测得的质子和中子的磁矩之值, 他们得到 α 大约是 0.08, “重电子” 的质量大约是电子质量的 80 倍[85]. 他们的论据做了一些假定: 假定核子在虚态具有 Dirac 矩; 假定重电子没有自旋或磁矩; 假定基本相互作用使核子的自旋反转. 在他们的模型中, 附加的磁矩主要来自虚的重电子的轨道运动.

布里斯托的物理学家们在他们发表于《自然》杂志的短讯中没有引用汤川, 但是在这篇短讯后不久发表的另外两篇却都引用了. 其中一篇来自伦敦的 Kemmer, 另一篇来自爱丁堡的 Bhabha. Kemmer 曾就 Fermi 场理论的一个电荷无关方案的系统表述 (5.3.1 节) 与他以前的老师 Wentzel 接触. Wentzel 让 Kemmer 注意汤川和坂田的相互作用文Ⅱ. 这些日本作者已经注意到, 标量介子理论给出的氘核自旋

值是错的 (给出的是 0 而不是正确值 1). Kemmer 引述了这一困难, 他写道: “如果允许新粒子有一个向量波函数, 像 Proca 在不同的情况下所用的那种, 就可以得到一个更令人满意的关系”[86].

紧接着 Kemmer 在《自然》上的短讯, Bhabha 的短讯也发表了. 我们在 5.4.1 节已经提到, Bhabha 和 Heitler 是用级联簇射给出宇宙线软成分的理论的两支队伍之一[62]. 很快, 他们又分别把注意力集中到硬成分上[87]. 在一次有关宇宙线的讨论中, Heitler 让他注意汤川的工作, 于是 Bhabha 在他的短讯和随后的一篇更长的文章[88] 中大力宣传了向量介子理论相对于标量理论的优点. 但 Bhabha 最重要的贡献也许是他对汤川关于宇宙线的假定的后果的强调, 特别是介子的不稳定性[89].

> 一个静止的正 U 粒子可以自发地分解为一个正电子和一个中微子. 由于这个分解是自发的, 可以把 U 粒子看成一个 “钟”, 于是仅从相对论考虑便可得, 如果这个粒子在运动, 分解时间就会更长. 我们相信, 这可能与 Blackett 等人观察到的以下事实有关: 在 2×10^8eV 以下大多数宇宙线粒子是电子, 高于这个能量则是重电子. 我们在以前的一篇文章中已经指出, 实验证据要求重电子似乎能够变成普通电子. 于是我们的 U 粒子被证认为重电子, 并且由此得到, 大多数重电子要么是在地球大气层中, 要么是在离它不远处产生的.

Bhabha 和 Kemmer 都指出, 带电的 U 粒子应该有一个电中性的伴侣. 得出这个结论的理由, Bhabha 是基于实验要求有一个强的短程质子–质子吸引力, 而 Kemmer 则是基于电荷无关性. 我们还记得, 汤川和坂田在相互作用文 II 中已经这样说过. Bhabha 的文章发表在《皇家学会会刊》(*Proceedings of the Royal Society*) 的 A166 卷上, 紧接着的是 Heitler 的一篇文章, 该文详述了宇宙线中应该观测到的由重电子引起的各种 “簇射” 过程[90]. 这一卷中在这些文章之前还有 Kemmer 以及 Fröhlich、Heitler 和 Kemmer 三人关于介子理论的重要文章, 他们三人曾在伦敦皇家学会的会议上相遇并且发现他们具有共同的兴趣[91].

两篇文章中, Kemmer 单独发表的那篇文章在数学上更完备, 这篇文章计算了交换自旋为 0 或 1、每种自旋具有随便哪种宇称 (空间反射下或为偶或为奇) 的 U 粒子得出的核力位势. 考虑到氘核是核结构物理的样品, Kemmer 得出结论说, 已知的氘核的 ^{3}S 基态的性质连同低能散射数据, 选定了向量介子理论. 他指出, “对这一事实的详细讨论是与 Fröhlich 等人写文章的主题”, 这指的就是后面接着的那篇 Fröhlich、Heitler 和 Kemmer 的文章. 令人吃惊的是, 虽然 Kemmer 是第一个写出一个电荷无关的理论的, 要求相互作用在同位旋空间转动下不变, 他却忽视了一个重要考虑. 正如 Pauli 在战时与他的通讯中指出的, 对氘核性质 (包括其电四极矩) 的正确的拟合, 实际需要的并不是一个向量介子, 而是一个赝标介子 (即自旋为

0 的奇宇称的介子)[92].

Heitler 在后来很晚的时候这样回忆他与 Kemmer 和 Fröhlich 的交往[93]:

> (当 Kemmer 加入我们之中时) 他是在伦敦工作, 但我们经常碰面. 因为 Kemmer 对量子场论的公式体系掌握得比我们好, 这给予了我们的共同努力一个非常愉快的平衡. 于是我们三人得以建立一种介子理论 (我们今天的叫法). 它是一个向量介子理论, 与 Maxwell 理论相似. 只是后来很久才认识到, 介子场是一个赝标量场. 我们也得以从质子–质子相互作用预言中性 π 介子的存在, 后来这个粒子被发现了. 然后 Kemmer 由此发展出电荷对称理论, 它是同位旋概念的基础. 向量介子理论是在三个不同的地方同时并且以几乎相同的方式发展起来的, 三方分别是汤川、坂田和武谷的小组, Bhabha(和我们自己).

插注 5C　自旋和同位旋

一个自旋为 1/2 的一个粒子 (如电子或质子), 相对于空间的一个方向 (例如 Z 轴), 有自旋“向上”和“向下”两种自旋态, 它们可以用两个列矩阵表示:

$$\Uparrow=\begin{pmatrix}1\\0\end{pmatrix}\text{和}\Downarrow=\begin{pmatrix}0\\1\end{pmatrix}$$

用方阵 (Pauli 矩阵) 表示自旋角动量的量子力学算符 (单位为 $\hbar/2$):

$$\sigma_x=\begin{pmatrix}0&1\\1&0\end{pmatrix}\quad\sigma_y=\begin{pmatrix}0&-i\\i&0\end{pmatrix}\quad\sigma_z=\begin{pmatrix}1&0\\0&-1\end{pmatrix}$$

于是 $\sigma_z\Uparrow=\Uparrow$, $\sigma_z\Downarrow=-\Downarrow$, $\sigma_x\Uparrow=\Downarrow$ 等. 我们把三个 σ 看成是一个向量 $\boldsymbol{\sigma}$ 的分量. 粒子 a 和 b 之间转动不变的自旋相互作用写为 $\boldsymbol{\sigma}_a\cdot\boldsymbol{\sigma}_b$.

同位旋是自旋的类似物 (它的名称即由此而来), 出现于 20 世纪 30 年代. 它是所谓的内禀量子数, 是这种量子数中的第一个, 是用来表征强相互作用粒子的. 它是 1932 年 Heisenberg 在他的 n-p(中子–质子) 原子核模型中首先使用的. 在这个模型里, 把 p 和 n(在某种意义上) 看成同一粒子的带电态和中性态 (类似于两个自旋态 $\Uparrow$ 和 $\Downarrow$). 下面我们用现代的术语核子表示核粒子 p 和 n, 记号也用现代的形式, 与 Heisenberg 的略有差别.

我们在一个抽象的三维电荷空间里定义一个向量 $\vec{\tau}$. 它的分量 τ_1, τ_2, τ_3 与矩阵 σ_x, σ_y, σ_z 具有完全相同的形式, 并且我们有

$$p=\begin{pmatrix}1\\0\end{pmatrix}\text{和}n=\begin{pmatrix}0\\1\end{pmatrix}$$

两个核子 a 和 b 之间的电荷无关的核作用可以写成与 $\boldsymbol{\tau}_a \cdot \boldsymbol{\tau}_b$ 成正比.

用相似的方式, 有三种电荷态 (+, −, 0) 的介子可以用三行和三列的矩阵表示, 介子和核子之间的电荷无关的相互作用可以类似地构建出来.

5.5 重电子, 介子及粒子物理学的诞生①

5.5.1 宇宙线重电子

人们发现在宇宙线中存在有质量在电子和质子之间的新粒子后, 就产生了一个问题: 这些新粒子是否也在物质结构中起重要作用? (在神话和宗教占统治地位的年代, 在自然界中寻求统一性和一贯性的努力一直没有停止.) 正如上面讨论的, 在汤川关于 U 粒子的假设中找到了一个可能的答案, 它开启了一个讨论进程, 要决定 "汤川粒子" 与 "Anderson 粒子" 究竟是不是同一种粒子. 那些在宇宙线中发现了新粒子的人并不知道汤川的提议, 而最先把它们联系起来的理论家们发表的看法则大为不同: 汤川和 Stueckelberg 认为它们是同一粒子; 而 Oppenheimer 和 Serber 却持强烈的反对意见[76,77].

对这个新的宇宙线粒子的命名有过许多建议. 但是到 1939 年, 支持把这个粒子叫做重电子 (mesotron) 的人和叫做介子 (meson) 的人差不多平分秋色. Millikan 是重电子这个名字的狂热鼓吹者[94], 他给那些使用别的名字的人, 特别是那些使用他所讨厌的介子的人写信表示反对, 大多数 "违规者" 答应改正, 惟独 Bethe 是个例外, 他建议: "好的做法也许是把实验观测到的粒子叫 '重电子 (mesotron)', 而把理论预言的粒子叫 '介子 (meson)' ", 并告知大家说 Millikan 的考虑既不明智, 也不实际. 实验发现的粒子当然是宇宙线粒子, 而理论粒子则是汤川提出的核力场的 "重量子". 尽管 Millikan 并不喜欢, 下面我们将采用 Bethe 的建议, 使用 "重电子" 和 "介子" 这两个术语以区别这两种粒子.

宇宙线物理学家的任务是: 可能的话就通过直接观测, 否则就用间接方法, 从宇宙线的组成和行为随高度、纬度、温度等的变化, 来确定重电子的质量、寿命、衰变方式、核力相互作用和电磁相互作用. 从它们的相互作用, 有可能推出自旋和耦合强度. 核物理学家的任务是: 基于假定的介子的性质, 对核力的力程与强度做出预言, 把这些预言与已知的知识及正从核分类学及实验室散射实验中获得的知识进

①在现代物理学文献中, mesotron 这个词基本上已被淘汰, 只用 meson. 我国现在的规范物理学名词将 meson 和 mesotron 都定名为介子. 在本章的译文中, 为尊重粒子物理发展的历史, 我们依照 H.Bethe 建议的精神, 将这两个词的译名区别开来, 即 meson 指理论预言的粒子, 译为介子. Mesotron 指在宇宙线中观察到的粒子, 译为重电子. —— 校者注

行比较. 还有, 通过研究放射性衰变, 可以考察重电子的平均寿命与 β 射线发射体的平均寿命和电子谱之间的关系.

粗略地定出重电子的质量比质子大、比电子小并不太困难. 由于质子–电子的质量比差不多是 2000, 它们在云室中的径迹差别很大; 而重电子的径迹与它们每一个都不相同. 但是, 用 20 世纪 30 年代的资源, 要精确确定重电子的质量, 那就完全是另外一回事了. 粒子的动量可以从它在磁场中的云室径迹的弯曲程度推出, 粒子的速度可以从它引起的电离得到, 粒子的能量可以从它的射程得到, 如果在它衰变或被俘获之前就停止的话. 对一条径迹的任意两个不同的测量可以确定粒子的质量. 但是, 除非在接近射程末端的地方, 这种测量很难进行. 关于一个正在停下来的重电子的质量, 第一个发表的实验值是大约 130 m_e, 这是 Street 和 E. C. Stevenson 在 MIT 测量的. 第二个测量是仁科芳雄和他的合作者在东京进行的, 结果为 220±40 m_e. 由于重电子的质量数值的不确定性, 并且由于低能核力的复杂本性不能给 "力程" 一个精确的定义, 所以实验与理论在这个问题上并没有尖锐的冲突[95].

同质量确定这种成问题的情况相反, 关于重电子的寿命的结论倒是丰富多样. 虽然汤川的第一篇介子文章清楚地意味着 U 粒子的不稳定性 (实质上是 β 衰变), 但是直到 1938 年, 在投稿的**相互作用文**III中, 这些日本作者们还写道[96]:

> ……Bhabha 已经指出, 一个重量子, 即使在自由空间, 也会通过发射一个正电子或负电子并同时发射一个中微子或反中微子而消失.…… 由于重量子与这个轻粒子的作用很弱, 上述过程发生的可能性是很小的, 使得高速的重量子在自由空间的平均自由程要比测量仪器的尺寸大得多; 但是, 在很多的情况下这种可能性还没有小到使平均自由程大于整个大气层的高度.

这就带来几重含义: 在测量仪器内发生一次衰变的概率太小了, 以至于不太可能在云室里直接观察到. 但是重电子的寿命是足够短的, 可以保证观察到的重电子是在大气层中产生, 并且它们在到达地面之前有很大的概率发生衰变. 静止的重电子的寿命, 可以用弱作用的耦合强度估算出来, 而弱作用的耦合强度则通过拟合原子核的 β 衰变而得到. 对寿命加了一个相对论时间延迟因子, 这个因子基本上是以 m_ec^2 为单位量度的粒子能量. 在相互作用文III中给出的静止的重电子的平均寿命为 $\tau \approx 5\times10^{-7}$ 秒, 对于一个能量为 10^{10}eV 的重电子, 衰变的平均自由程为 30 km.

Heisenberg 和 Wentzel 也对这个粒子的寿命做了理论估算, 他们的结果与上面的值在 10 倍的范围内一致[97]. Heisenberg 在给 Pauli 的一封信中指出, 这样短的衰变寿命 "对于讨论宇宙辐射是非常重要的"[98]. Heisenberg 的学生 H. Euler 在后来的几篇文章中继续讨论了这个问题, 特别是在他与 Heisenberg 合写的一篇评论性长文中 [99]. 他们假定重电子是硬成分, 它的衰变产生快速电子, 而快速电子又产生出软成分, 这样, 在任意高度上这两种成分之比就给出重电子的寿命的一个量度. 通过在海平面测得的两种成分的比值, H. Euler 推得 $\tau=(2\pm1)\times10^{-6}$ 秒, 并称它与汤川从 β 衰变中得到的值 5×10^{-7} 秒是符合的[100].

另一种测定重电子的平均寿命的办法是比较不同厚度的空气和水(或其他稠密物质) 对宇宙线强度的吸收, 宇宙线强度由它引起的电离测定. 吸收物质的厚度用距离乘密度方便地表示, 即以克 · 厘米^2 作单位, 这样同样的厚度给出大致相同的由电离损失引起的吸收. 但是, 对应于这样一个厚度单位的距离在空气中要比在水中大得多, 因此, 重电子由于自身的衰变而引起的数目减少在空气中会比较显著, 而在水中则可以忽略. 比较各种吸收曲线的斜率, Heisenberg 和 Euler 得到了一个更精确的平均寿命值. Heisenberg 在给汤川的信中说[101]:

> Euler 在你的假定的基础上, 讨论了 (Alfred) Ehmert 的测量以及类似的测量, 并得到重电子的衰变寿命为 2×10^{-6} 秒, 这个值与你 (基于 β 衰变) 得到的理论值的确要差大约 4 倍, 但是, 宇宙线领域中的实验数据在定量上到底有多可靠, 这肯定还是个问题.

Heisenberg 在同一封信中问汤川, 如果使用 β 衰变的 Konopinski-Uhlenbeck 形式 (这种形式的基本作用中包括有导数项), 符合会不会好一些? 汤川回答说, 由于一个计算错误, 他们的结果与 Euler 用 Fermi 公式算出的值的符合, 要比上面说到的更差一些. 理论值应当是 0.25×10^{-6} 秒. Konopinski-Uhlenbeck 相互作用给出的平均寿命短得多, 差 10^4 倍, "因此要调和宇宙射线现象与 Konopinski-Uhlenbeck 型的理论是不可能的"[102].

1938 年 8 月 20 日, 在对英国科学促进协会 A 组会议的一篇演讲中, P. Blackett 用 Euler-Heisenberg的方法分析了 1936 年在伦敦地铁的霍尔波恩站的观察结果及 Ehmert 1937 年的工作. Blackett 也参考了法国 P. Auger 及其合作者的工作, 这个工作与 Blackett 所说的 "质量吸收反常" 有关系[103]. 在粗略估计重电子的平均寿命后, 他接着说:

> 因此, 似乎有这个新粒子存在自发衰变的确切证据. 现在, 精确确定这个粒子的衰变时间和粒子的质量成了宇宙线研究中最突出的问题之一.

除了在欧洲和美国进行的吸收实验外, 人们也试图分析更老的、在重电子发现之前的宇宙线测量数据, 这些数据当时曾令人困惑. 这包括 S. de Benedetii 和 B. Rossi 于 1934 年在厄立特利亚完成的实验[104]. 1939 年 6 月, 在芝加哥大学举行的宇宙线讨论会上, Rossi 报告说, 总结现有的全部数据表明, 静止的重电子的平均寿命是 $(2\pm1)\times10^{-6}$s. 同时, 他指出还没有直接观察到衰变, 并且断言, "没有证据表明已经停下来的重电子实际上分解为一个电子和一个中微子"[105]. 但是 Rossi 并没有提出任何替代的衰变机制.

在 Compton 的建议下, Rossi 那年夏天开始在科罗拉多的埃宛斯山不同的高度上做实验. 他的小组的精密测量证明了粒子在飞行中的衰变, 证实了寿命为 2 μs. 他们也验证了相对论的时间延迟效应, 这是 Einstein1905 年提出这个效应以来它第一次真正得到检验[106]. 在魁北克的拉瓦尔大学工作的 F. Rasetti 对寿命测量的精度作了很大的改进. Rasetti 和 Rossi 一样, 是一位流亡的意大利物理学家, 他用一个由符合计数器和反符合计数器组成的 "计数器望远镜" 与一块铁吸收体, 这样就能将正在停下来的重电子分出来. 用一个电子定时装置, 他能确定一个停下来的重电子在几微秒之后发射一个电子. 他发现 $\tau=(1.5\pm0.3)\times10^{-6}$s[107]. 后来 Rossi 和 Nereson 在康奈尔把这个值进一步改进为 $(2.15\pm0.07)\times10^{-6}$s. 他们还报导说: "被吸收的重电子中只有一半发生分解, 与 Rasetti 的结果一致"[108].

Patrick Maynard Stuart Blackett
(英国人, 1897~1974)

Blackett 是伦敦一个证券经纪人的儿子, 他想要当一名海军, 因此进入了海军学院. 1914 年战争爆发, 他作为一名海军候补少尉入伍服役, 后来晋升到海军上尉. 战后, 他辞去了职务, 去剑桥大学学习物理. 在卡文迪什实验室 Rutherford 手下工作期间, 他在 1924 年用 Wilson 云室直观地证实了 Rutherford 1919 年的发现, 用 α 粒子轰击氮, 把氮转变成氧 (这是第一次观测到核反应). 1932 年, 他与意大利物理学家 G. Occhialini 一起建造了一个云室, 云室的膨胀由一组盖革计数器的符合信号控制. 这样便有可能以高效率有选择地观察宇宙线事件. 在 Anderson 发现正电子后, 剑桥的研究者们用他们的触发云室显示了许多正负电子对产生的样例, 与 Dirac 的相对论电子理论所预言的相符. 他们还显示了重要的宇宙线簇射现象. 1937 年, Blackett 成为曼彻斯特大学的教授. 他是第二次世界大战时在英国的战争努力中起领导作用的科学家之一, 特别是在反潜艇领域. 战后, Blackett 回到曼彻斯特, 1953 年, 他到伦敦的皇家科学与技术学院, 在那里继续他的研究工作, 并且积极和直言不讳地参予与社会相关的科学事务.

5.5.2　重电子衰变与 β 衰变

到 1939 年年中, 关于重电子和介子是否是同一种粒子, 还存在着很大的不确定性, 于是出现了一种新的想法: 也许有两种不同但是有关系的粒子. 让我们回顾一下 1939 年对当时局势的正反两方的意见.

正方的意见认为, 显然存在着一种带电粒子, 其质量大致是介子理论所期望的, 虽然 "力程" 这个概念的成问题的本性和质量的不精确与分散使得作精确的比较成为不可能. (是否可能有两个或多个不同的质量?) 正方的意见还有, 重电子几乎肯定是要衰变的, 这起初是基于间接的宇宙线证据, 后来基于直接观测. 而且这个衰变是汤川的强作用和弱作用的统一理论所预言的.

反方的意见认为, 人们不能肯定这种粒子是否衰变为一个电子 (正电子或负电子) 和一个中微子, 产生另一种中性粒子也是可能的. 还有, 从 β 衰变得到的介子寿命的理论值总是比观测到的平均寿命大约 2μs 为短, 即使理论家能够通过修正 β 衰变相互作用的形式或者从各种测量值中选一个更有利的质量值来调节寿命的理论值. 一种可能的解决办法是, 让 β 衰变仍是通过 Fermi 最初建议的 4- Fermi 子相互作用来进行, 而没有介子作为中间玻色子. 这样, 就会解除 β 衰变与介子衰变相互作用的耦合, 各有各的耦合强度. 但是, 这样介子理论就失去它作为一个统一理论的某些吸引力.

能够用核的分类学 (即稳定基态的性质)、低能核散射和核动力学来决定核中介子的质量、自旋和耦合强度, 并由此预言宇宙线重电子的高能行为吗? 在那个基础上, 难以理解为什么在大气层中散射或被吸收的重电子在飞行中的相互作用不是更强. 为什么在静止以前一半介子要衰变? 最后, 前已知道核力是电荷无关的. 如果带电的重介子是核中的电荷交换力的量子, 那么, 在 p-p 和 n-n 相互作用中需要的中性介子又在哪里? 我们要在这一节和下一节讨论回答这些问题的一些尝试, 它们涉及现代粒子物理学的诞生.

Serber 是注意到寿命差异这个问题的理论家之一 (L. Nordheim 曾指出这种寿命差异达到了三个数量级[109]). Serber 指出, 在相互作用文III所述的自旋为 1 的介子理论中, 普通的 β 衰变相互作用包括两种贡献, 一种有一个介子中介, 另一种是直接的 4-Fermi 子型作用. 后一过程给出的寿命 τ 与释放的能量 E 的 7 次方 E^7 成正比, 而不是 "实验证据所要求的" 直接过程的 E^5 依赖关系[110]. Serber 接着写道:

> 唯一的希望是否认重电子在 β 衰变中有任何作用, 回到重粒子直接发射轻粒子上去 ······ 于是人们不得不放弃 β 衰变与重电子衰变之间的任何理论联系: 两种过程都能发生, 但是必须认为它们是完全独立的过程.

别的理论家则用这种寿命差异来支持引入新形式的介子理论. 在哥本哈根, C. Møller 和 L. Rosenfeld 引入了一种具有混合自旋 0 和 1 的介子理论. 他们与 S. Rozental 一起在《自然》杂志上写道[111]:

> ······ 可以期望, 它能够使我们不仅避免 Nordheim 指出的寿命差异, 而且说明千变万化的 β 射线谱的形式和当前实验数据已经给出的逐个元素的 β 衰变常数的值.

Bethe 正在考虑一种纯中性介子理论, 部分是要得到与电荷无关的力. Bethe 和 Nordheim 在做出了标准的带电的、自旋为 1 的理论预言并得到介子的平均寿命

大约为 10^{-8} 秒以后写道[112]：

> 因此, 必须承认, 当前形式的汤川理论给不出介子衰变的定量说明. 因此, 要得到一个足够快的原子核 β 衰变, 看来必需再次在重粒子和轻粒子之间引入一个直接相互作用, 像原来的 Fermi 相互作用那样 …… 如果这样做了, 当然就没有太大的必要再引入一个额外的通过介子场的 β 衰变, 我们也可以用根本不引起任何 β 衰变的中性介子理论.

朝永振一郎当时正离开东京的工作在德国学术度假, 在莱比锡与 Heisenberg 一起研究, 也试图解决这个问题. 他的想法是让 4- Fermi 子相互作用成为基本的相互作用, 这样介子衰变就成了一个两步过程. 第一步, 介子虚衰变为一个核子–反核子对; 第二步, 这个核子–反核子对湮灭为电子加中微子. 困难在于要计算一个"回路积分", 而算出的结果是无穷大. 虽然朝永对他花在这个不成功的企图上的时间和努力感到后悔, 在 1939 年第二次世界大战爆发时他回到日本后, 他还是把注意力转到 QED 高阶计算中类似的发散问题上, 最终他的工作赢得到了诺贝尔奖.

还是在日本, 独立于朝永, 也出现了把 4-Fermi 子相互作用当作介子衰变的机制的想法. 按照武谷三男 1938 年提出的建议 (当时武谷因反对日本政府的军国主义政策而入狱), 坂田进行了计算, 两年后发表了基于这一想法的工作[113].

5.5.3　介子与核力

在 1939 年的一篇评论文章中, Peierls 总结了核力的介子理论当时的形势[114]. 为简单起见, 他仅考虑自旋分别为 0 和 1 以及每一种的宇称分别为奇和偶这四种情况. 他写出了理论的基本方程, 并且注意到自旋为 1 的理论与 QED 的相似[115]. 自旋为 1 的理论容许一个与磁力类似的相互作用, 因此可以假定源粒子 (核子) 具有一个 "介子矩", 与介子以常数 f 耦合, 还有一个介子荷, 与介子以常数 g 耦合. 而标量理论仅能有荷型的耦合. 于是 Peierls 指出, 介子理论的细节依赖于我们关于以下各项的假定：①介子的自旋; ②介子的对称性; ③质子和中子的 "介子荷"g 和 "介子矩"f; ④带电的和不带电的介子的作用[116].

他指出了相互作用文 II 的相对论性标量理论的一些问题, 包括：①氘核基态里力的符号错了; ②饱和力的交换特征不对; ③没有自旋 —— 轨道相互作用, 从而氘核没有四极矩; ④核力不是电荷无关的[117]; ⑤核子的自能为无穷大. 假定介子的自旋为 1 并且耦合常数 f 不为零, 这些困难中的一些可以得到处理. 适当选取 g 和 f, 可以克服反对意见①、②和③. 将中性介子包括进来, ④可以得到处理. 至于无穷大的自能, 这需要一个 "截断", 即在小距离上对理论的修正. 自旋为 1 的理论的位势中有一个 $1/r^3$ 奇点, 它使得在吸引态中的结合能为无穷大, 因此在任何情况下都需要一个截断.

Bethe 做了一个有趣的尝试, 用小距离上的截断来满足核力的要求. 由于 f 必须不为零, 为简单起见他试着让 $g = 0$, 用一个公共的截断, 对氘核的自旋为 1 的基态和在基态之上的自旋为 0 的激发态, 都得到了正确的能量值. 他说:“介子势优于旧的 (唯象) 力, 它能预言氘核的四极矩, 因为现在这个核的基态是 S 态和 D 态的混合, 而不是一个纯 S 态.”[118] 已经测到了氘核的“四极矩”, 结果显示一个“雪茄形状”的原子核 [119]. Bethe 发现, 如果他用纯中性介子理论, 在大约是介子的 Compton 波长的三分之一处“合理”截断, 他能够拟合出氘核的矩和能级. 而如果用 Kemmer 的对称理论, 截断距离就会太大 ($\sim 1.7\lambda_C$), 更糟糕的是给出的四极矩符号不对 (给出一个“药片盒”的形状), 值也太大.

Bethe 所清楚表明的对一种纯中性介子理论的偏爱, 使许多物理学家感到失望, 原因如 Møller 和 Rosenfeld(Bohr 在哥本哈根的两位助手) 所述[120]

> 这 …… 当然就等于是放弃了对称理论所建议的核力问题与宇宙线现象、β 衰变以及特别是质子与中子磁矩等问题之间值得注意的联系.

在提到他们自己最近关于用一个混合场的建议时, 他们接着说[121]:

> 鉴于向量介子理论这种令人不满意的特性, 我们想要指出, 如果 …… 在向量介子场以外, 再引入赝标介子场, 使之抵消重粒子的静态相互作用能中的一切奇点项, 那么氘核的四极矩问题以及目前形式的核力的介子理论的兼容性问题便都会变得很不一样. 在这样一个 (使用 Kemmer 的电荷无关的相互作用的) 理论中, 不再出现任何截断的问题.

所提到的自旋为 0、宇称为奇的赝标介子, 后来发现是有预言性的. 在第二次世界大战后, 当汤川的介子被发现时, 人们发现它正是这种类型的粒子.

在结束本节时, 我们还要提一下在 20 世纪 30 年代末通向介子理论的另外两种途径. 我们还记得, 在第 5.3.1 节, 我们讨论了 Heisenberg 曾经在核力的 Fermi 场理论的基础上提出可能存在一个很小的“基本长度”的想法, 在这个长度以下理论要有很大的修正, 导致“爆发性簇射”或“射线暴”的产生. 在介子理论被人们接受后, Heisenberg 仍然坚持这种基本长度的想法, 这个长度会限制量子场论的应用范围[122]. 用这个想法, 他提出, 在处理高能碰撞中介子的多重产生或它们的散射和吸收时, 一条有用的途径是考虑经典介子场 (类似于在有大量光子的过程中使用经典电磁场)[123]. 除了这种后来被确认为射线暴的大而发展迅速的级联簇射外, 还存在另一种簇射, 由强相互作用粒子组成, 是由快速飞行的质子引起的 (或如后来发现的是由快速原子核和介子引起的), 这些东西是维也纳的物理学家 M. Blau 和 H. Wambacher 首先注意到的, 他们是研究照相乳胶中的宇宙线径迹的先驱[124].

最后提出了一种理论, 它把 Fermi 场理论与汤川理论的特征结合起来, 以利用重电子作为核场的量子, 而又巧妙地应对中性介子的不存在[125]. Marshak 这样叙说了这种理论的理由:

> 假定重电子与电子在一切方面都相同 (“空穴” 理论, Fermi 统计, 等等), 只是令其静止质量等于宇宙线介子的质量 …… 力程是直接与重电子对偶场的静止质量相联系的 (这和 Gamow-Teller 的对偶理论不同). 在小的 r 上, 位势随 $1/r^5$ 变化, 因此和原来的电子–中微子理论一样必须作截断. 重电子对偶理论的优点在于它处理的粒子可以确认为宇宙线介子.

5.5.4　穿透辐射

我们在第 5.4.1 节已经提到宇宙线的极高穿透本领, 它的硬成分可以穿透二十多个大气层. 但是人们只是逐渐才认识到, 如果硬成分的主体真的是由有强烈的核相互作用的重电子组成的话, 它们将会经受强烈的散射 (例如散射到大角度上) 并且引起核分裂, 这样就会导致它们的慢化从而被吸收或衰变. 可是事实相反, 人们甚至在很深的铁路隧道中或矿井里都观测到了带电的宇宙射线[126].

到 1942 年, 已经很明显了, 重电子的核相互作用很小对理论来说成了一个严重问题. R.P.Shutt 在一个云室中插入金属板做实验, 他的观测结果是[127]

> 一切基于自旋为 1 的重电子的理论都预言, 每个中子或质子的核散射截面在 10^{-25} 到 10^{-26}cm^2 之间, 这个值与实验不符, 大了 100 到 1000 倍. …… 正如 Williams 和别的人曾指出的, 由于核力的强度和短程性, 核力必定会将粒子散射到比电学理论给出的宽得多的大角度上, 因此, 这种散射是很容易认出的.

虽然 Shutt 的确在大约 2%的径迹中观察到大角度散射, 但这个值与估计的硬成分中的质子成分大致相同, 因此他的结果实际上与没有重电子的核相互作用是相容的. (Shutt 的云室中没有磁场, 不能区分快质子和快的重电子.)

5.6　第二次世界大战期间和战后的发现

5.6.1　对重电子的更多怀疑: 衰变与俘获

当战云隐约出现时, “重电子 = 介子吗” 这个问题仍然困扰着物理学家. 既没有逻辑理由, 也没有令人信服的实验要求肯定重电子就是介子. 的确, 除了质量和核力力程之间的关系 (这不是一个强有力的论据) 以外, 所有其他迹象都指向它们是不同的. 例如, 寿命的差异, 与原子核的 β 衰变谱不能很好地拟合, 并且没有找到一个中性介子[128]. 但是无论如何, 还是有很强的目的论的和感情上的理由, 使人们追求这两种粒子可能的等同. 如果它们不是会带来一个强核力与弱核力的统一理论的介子, 那么重电子的存在有什么理由呢?

出于这些理由对这个问题探索的持续不断的浓厚兴趣可以看成是 “社会建构” 的一个例子. 但是, 正如 S. Weinberg 以如何登山为例所指出的[129]

> 登山者 …… 可能会争论哪条路是登顶的最好路径, 当然这些争论会受到登山的传统、历史和探险队的社会结构的影响. 但是最终探险队要么会爬上顶峰, 要么没爬上, 如果他们到达了顶峰, 他们就会知道这条路. 没有一个登山家会写一本以"建造珠穆拉玛峰"之类为书名的关于登山的书.

上节已经指出, 没有证据显示重电子具有强的核相互作用, 这一点开始成为基本粒子物理学中最大的疑难. 对核相互作用的一个关键的测量是比较重电子的衰变率和俘获率, 特别是对慢的重电子. 1939 年, 汤川和冈山 (T. Okayama) 分析了重电子衰变率与俘获率的比值[130]. 他们估计在一种致密介质中 (如铅中) 的俘获时间大约为 10^{-8} 秒, 这比由电离引起的停止时间短得多, 而衰变时间则更长, 大约是 10^{-6} 秒. 于是他们得出结论: "在重电子完全停止后, 绝大多数重电子被原子核俘获"[131]. 在气体介质如空气中, 他们预计大多数重电子会在飞行中衰变.

朝永和荒木 (G. Araki) 考虑了原子核的 Coulomb 场对符号相反的慢的重电子的非常不同的影响, 改进了汤川和冈山的结果. 他们发现, 负的重电子几乎总是被俘获, 而正的重电子则将会衰变[132].

> 由于人们看到负介子被俘获的概率总是比蜕变的概率大 …… 所以, 不仅是在致密介质中, 而且也在气体中, 负介子被原子核俘获要比自发蜕变的可能性大得多. 另一方面, 由于静电位垒的存在使正介子被原子核俘获的概率极小, 实际上所有的正介子都自发衰变.

前面提到过, Rasetti 后来关于重电子寿命的实验的确显示出有一半慢介子发生蜕变[107]. (但是, 另一半重电子被原子核俘获并不是强的核相互作用的一个论据, 因为弱相互作用的负重电子可能会在原子核附近停留一段时间, 这段时间与它们的衰变平均寿命可以比拟, 在原子核的时间尺度上这已经是很长的时间了.)

关于俘获与衰变的预言对重电子当时还不确定的自旋的依赖并不强. 试图解决自旋问题的途径之一是基于假定的粒子的电磁性质对自旋的依赖关系. (为什么说这是假定呢? 因为除了自旋 1/2 以外, 没有独立的实验证实, 而且人们知道理论在高能下有严重的缺陷.) 例如, Oppenheimer 在伯克莱的两个学生计算了一个光子引起的一个重电子对产生的截面及一个重电子在原子核电磁场中散射产生轫致辐射的截面, 并且将它们与宇宙线中观测到的 "射线暴" 的频率做比较[133]. Oppenheimer 主张, 他们的结果确定了重电子的自旋要么为 0, 要么为 1/2, 虽然他认为后一值 "不太可能". 由于对核力的分析有利于介子理论的赝标量方案, 他指出: "因此不能把 Christy 和 Kusaka 的结果看成是对这种本身就令人非常不满意的核力理论增添了进一步的困难."[134]

对于重电子与原子核相互作用小有许多尝试性的 "解释", 这里我们只能讲其中的一些. 最重要的尝试之一同时也是对大介子–核子耦合常数所导致的弱耦合微扰论明显的失败的回应. 这个问题受到了所谓**强耦合理论**的非难, 在强耦合理论中, 概率幅按照耦合常数的倒数幂次展开[135]. 但是, 因为耦合常数并不是"真的"大, 而是接近于一, 朝永对这个理论作了改进, 以适应"中间强度的耦合"[136]. 不过, 他的文章直到第二次世界大战以后才在西方为人所知.

战时另一项有重要意义的日本人的创新是上面已经提过的二介子理论[137]. 这个想法最先提出是在 1942 年, 它的内容是, 与原子核强相互作用的汤川介子是在大气层很高的高度上产生的, 随后迅速衰变 ($\tau \approx 10^{-8}$ 秒) 为弱作用的宇宙线介子或者重电子, 它们就是在大气层下部观察到的, 衰变得比较慢. 坂田和井上 (T. Inoue) 在 1943 年 9 月做了完整的报告, 这个工作的英文版后来发表在 1946 年汤川创办的一个国际杂志上[138].

在罗马做了一个判定性实验, 确认在海平面上观测到的重电子不可能是汤川粒子. 这个实验是从 1943 年开始, 在危险的战时条件下在一个中学的地下室里完成的[139]. 实验用一个精巧的双磁铁装置将带正负电的宇宙线粒子都聚焦在一个铁吸收体上, 罗马的研究人员证实了朝永和荒木的预言, 即正的宇宙线粒子将会衰变, 而负粒子将会被俘获[132]. 然而, 当将铁换成碳做吸收体时, 他们发现, 与日本人的预言相反, 正粒子和负粒子都衰变, 而不是被俘获. 这个令人惊讶的结果发表于 1947 年, 对它进行了理论分析, 分析表明, 它与对在碳中停下来的汤川介子所预期的俘获率不一致, 不一致的差额达一个 10^{12} 的因子[140]! 这个结论并不与负粒子在铁中的俘获相矛盾, 因为俘获与原子序数 Z 的依赖关系是与 Z^4 成正比.[**又见 9.4.1 节**]

5.6.2　π 子的发现

正好在 1947 年, 人们直接观察到了汤川粒子, 其表现方式证实了坂田和井上的二介子理论的预言[141]. 揭示出核力介子并且表明它不同于重电子的技术是照相乳胶方法的一种改进, 照相乳胶法是 Blau 和 Wanbacher 在 1937 年为研究宇宙线而率先使用的. 英国布里斯托大学的 C. F. Powell 于 1943 年首先把它作为一种定量的探测器用于迴旋加速器实验中, 他用显微镜观察和测量带电粒子在乳胶中的径迹[142]. 随后启动了一个旨在提高乳胶灵敏度和增加乳胶厚度的研究项目, 这个项目是在"J. Rotblat 的领导下进行的, 包括了来自伊尔福公司和柯达公司等照相胶卷企业的化学家们"[143]. 一位曾与 Blackett 一起工作过的有经验的意大利宇宙线物理学家 Occhialini 当时流亡在巴西, 1945 年他加入了 Powell 小组, 一年后, Occhialini 又安排邀请了他的两个巴西同事 C. Lattes 和 U. Camerini 也来到布里斯托. 使用改进后的乳胶, 伦敦的 D. Perkins 及布里斯托的 Occhialini 和 Powell 观测到为数不多的一个停下来的介子产生一个"星"的事例, 即从介子停下来的那个点发出若干条次级径迹. 人们把这种事例解释为一个负介子被俘获, 把它的所有的静止能量给了俘获它的原子核 [144].

更加令人吃惊的 (因为已经知道负的重电子是要被俘获的) 是, 观察到 "二介子" 径迹, 其中一个停下来的中等质量的粒子衰变为另一个质量小一些的粒子, 但不是电子[145]. 很快, 布里斯托小组用新的对电子灵敏的乳胶, 能够观察到一个两步的级联衰变. 在这个过程中, 一个带正电的汤川介子, 正式名称是 π 子, 衰变为一个次级粒子, 正式名称为 μ 子, μ 子也会停下来, 带着一条固定长度的径迹 (这表明它是一个二体衰变)(图 5.7). 然后 μ 子又衰变为一个电子和一或两个别的中性粒子. (后来知道这是一个三体衰变: 衰变为一个正电子和两个不同的中微子).

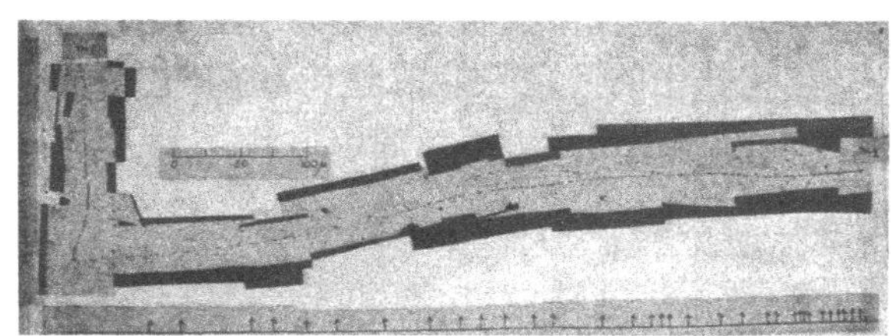

图 5.7 首批观察到的一个 π 子 (垂直径迹) 在核乳胶中停下来后衰变为一个 μ 子 (水平径迹) 的乳胶照片

5.6.3 更多的粒子发现

就像 1947 年这一年的发现还不够多似的, 在曼彻斯特, 人们又在云室的观测中看到了令人惊讶的新事例. Blackett 在曼彻斯特建造了一个计数器控制的大 Wilson 云室, 匈牙利的流亡物理学家 L. Jánossy 曾用它研究穿透簇射. G. Rochester 和 C. Butler 用这个云室发现了两个 (相隔半年) 带有 "分叉径迹" 的相似的事例. 其中第一个是倒 V 字形, 起始于一块厚金属板下. 这个事例被解释为一个新的中性粒子的衰变, 分析表明, 这个粒子必须比 π 子重. 第二个 V 形粒子径迹被解释为一个带电粒子的衰变 [146], 它也是我们要认识的新客体. 后来将 V 粒子描述为 "奇异" 粒子, 因为它们高效地产生 (在很高的高度上, 而不是在在海平面上, 在海平面上人们注意到它是很稀少的), 但是它们衰变的平均寿命却很长, 即弱衰变. 第 9 章里将说到, 这些奇异粒子预兆着新粒子数目的一次 "爆炸".[**又见 9.4.4.1 节**]

虽然我们所讨论的所有粒子发现都是在宇宙线中找到的, 但是在第二次世界大战后, 建造新的加速器以产生受控的具有相对论能量的粒子束的努力进展得很快, 到 20 世纪 50 年代中, 加速器已经接管了后来称为高能物理学的大部分工作. 1948 年前, 在伯克利的同步迴旋加速器上已经人工产生了汤川介子 (不过从布里斯托借调了一位宇宙线物理学家来示范核乳胶技术)[147]. 还要强调一点: 中性 π 子是先在伯克利的另一台加速器, 即电子同步加速器上观测到, 然后才在宇宙线中探测到的[148].

5.7 结　论

随着中性 π 介子的发现, 物质结构的一个完全的基本粒子描述变得清晰了. 原子由电子与原子核组成, 原子核由相互作用的质子和中子组成, 这种作用是与电荷无关的, 以交换带电的和中性的 π 子为中介. 中微子和正负电子出现在各种放射性衰变中. 所有这些的确都很令人满意.

但是, 怎样来理解 μ 子呢? (据说 I. Rabi 曾问过: "它们是谁订制的? ") 还有, "奇异粒子" 起什么作用? 当然, 现在我们知道它们是粒子的三 "代" 中第二代的开端. 虽然 20 世纪 30 年代提出的问题, 在 20 世纪 40 年代已经大部分都满意地回答了, 但到了 20 世纪中叶, 又提出了许多新的急迫问题.

(姜焕清译, 宁平治、秦克诚校)

参考文献

[1] Millikan R A, 1929, Encyclopaedia Britannia 14th edn, vol 8, p 340

[2] 根据 Aristotle 的说法, 米利都的 Thales (公元前 7 世纪) 相信万物由水构成, 见 Russell B, 1945, A History of Western Philosophy (New York: Simon and Schuster) p 26

[3] Heisenberg W, 1971, Physics and Beyond (New York: Harper and Row) p 93

[4] Born M, Heisenberg W and Jordan P, 1926, Zur quantenmechanik II, Z. Phys. 35 557-615

[5] Dirac P A M, 1929, Quantum mechanics of many-electron systems, Proc. R. Soc. A 123 714-733

W. Heitler 和 F. London 在 1928 年讨论了原型氢分子, 他们是基于 M. Born 和 J. R. Oppenheimer 1927 年的方法把原子核当成准定态处理的.

[6] 对最终发展成 Campton 效应理论的 Campton 的早期想法的系统研究, 见 Stuewer R H, 1975, The Compton Effect (New York: Science History Publications). 一篇很好的较短文章见 Mehra J and Rechenberg H, 1982, The Historical Development of Quantum Theory vol.1 (New York: Springer) pp 512-532

[7] Einstein 1916 年 9 月 6 日给 Michele Besso 的信, 引文见 Mehra J and Rechenberg H, 1982, The Historical Development of Quantum Theory vol 1 (New York: Springer) p 515

[8] Chadwick J and Bieler E S, 1921, The collisions of a particles with hydrogen nuclei, Phil. Mag. 42 923-940

[9] Rutherford E, Chadwick J and Ellis C D, 1930, Radiations from Radioactive Substances (Cambridge: Cambridge University Press)

Gamow G, 1931, Constitution of Atomic Nuclei and Radioactivity (Oxford: Clarendon)

[10] Xu Q and Brown L M, 1987, The early history of cosmic ray research, Am.J. Phys. 55 23-33

[11] Eve A S, 1905, On the radioactive matter present in the atmosphere, Phil. Mag. 10 98-112

[12] Wilson C T R, 1901, On the ionization of atmospheric air, Proc. R. Soc. A 68 151-61

[13] Hess V F, 1912, Über Beobachtung der durchdringenden Strahlung bei seiben Freiballonfahrten, Phys. Z. 13 1084-1091

[14] Millikan R A and Cameron H G, 1926, High frequency rays of cosmic origin. III. Measurements in snow-fed lakes at high altitudes, Phys. Rev. 28 851–868

[15] 详见 Skobeltzyn D, 1983, The early stage of cosmic ray particle research, The Birth of Particle Physics ed L M Brown and L Hoddeson (Cambridge: Cambridge University Press) pp 111-119. 该文也印在下书中: Sekido Y and Elliot H (ed), 1985, Early History of Cosmic Ray Studies (Dordrecht: Reidel)

[16] Heisenberg W, 1932, Theoretische Überlegungen zur Hohenstrahlung, Ann. Phys. 13 430-452

[17] Weiner C, 1972, 1932–moving into the new physics, Phys. Today 25 40-49;
有关本章的许多方面, 又见 Brink D M, 1965, Nuclear Forces(Oxford: Pergamon);
Brown L M and Rechenberg H, 1988, Nuclear structure and beta decay, Am. J. Phys. 56 982-988

[18] Urey H C, Brickwedde F G and Murphy G M, 1932, A hydrogen isotope of mass 2, Phys. Rev. 39 164-165

[19] Rutherford E, 1920, Nuclear constitution of atoms, Proc. R. Soc. A 97 374-400;
Chadwick J, 1932, Possible existence of a neutron, Nature 12 319

[20] Iwanenko D, 1932, Sur la constitution des noyeaux atomiques, C. R. Acad. Sci., Paris 195 236-237

[21] 关于泡利中微子建议的更多信息, 见 Brown L M, 1978, The idea of the neutrino Phys. Today 31 23-28, 中微子直到 20 世纪 50 年代才探测到

[22] 关于这个发现的一个历史回顾, 见 Anderson C D and Anderson H L, 1983, Unraveling the particle content of cosmic rays, The Birth of Particle Physics ed L M Brown and L Hoddeson (Cambridge: Cambridge University Press) pp 131-154

[23] Blackett P M S and Occhialini G P S, 1933, Some photographs of the tracks of penetrating radiation, Proc. R. Soc. A 139 699-727

[24] 1932 年 6 月 20 日 Heisenberg 给 Bohr 的信 (Bohr Archives, Copenhagen)

[25] Heisenberg W, 1932, Über den Bau der Atomkerne, Z. Phys. 77 1-11; 1932 Z. Phys. 78 156-164; 1933 Z. Phys. 80 587-596

[26] 与宇宙线现象的联系是：高能电子和光子引起的次级粒子的大量产生意味着一种强烈的辐射作用，它要求质量小的带电粒子 (这样才容易加速) 即电子. 根据 Dirac 的 QED，光电荷实际上是出现在原子核的强电场中的虚正负电子对

[27] 为了说明轻核中中子数目和质子数目大致相等，必须假定 n-p 力占主导地位

[28] Majorana E, 1933, Über den Kerntheorie, Z. Phys. 82 137-145
Wigner E, 1933, On the mass defect of helium, Phys. Rev. 43 252-257

[29] Beck 的立场如下："曾有人建议，将 [失踪的力学] 性质归于一种未知的粒子，有人取名为 "中微子". 但是，目前没有必要假定中微子真正存在，而且中微子存在的假定甚至会使对 β 衰变过程的描述变得不必要地复杂. "— 摘自 Beck G, 1933, Conservation laws and β-emission, Nature 132 967

[30] 引文取自 Fermi 的助手之一 F Rasetti 在下书中的记述：Enrico Fermi: Collected Papers vol 1, ed E Segre (Chicago, IL: University of Chicago Press) p 540. 另一个历史记述见 Segre E, 1979, Nuclear Physics in Retrospect ed R Stuewer (University of Minnesota Press)

[31] Fermi E, 1934, Tentativo di una theoria dei raggi βs Nuovo Cimento 11 1-19; 1934, Versuch einer Theorie der β, Z. Phys. 88 161-177

[32] Beck G and Sitte K, 1933, Zur Theorie des β-Zerfalls, Z. Phys. 86 105-119; 1934, Bemerkung zur Arbeit von E Fermi, Z. Phys. 89 259-260;
伦敦会议文集为 1935 Int. Conf. Physics (London, 1934) (Cambridge: Cambridge University Press)

[33] Bethe H and Heitler W, 1934, On the stopping of fast particles and the creation of positive electrons, Proc. R. Soc. A 146 83-112

[34] Curie I and Joliot F, 1934, Une nouveau type de radioactivité, C. R. Acad. Sci., Paris, 198 254-256

[35] 1934 年 1 月 7 日 Pauli 致 Heisenberg 的信; 1934 年 1 月 12 日 Heisenberg 给 Pauli 的信; 两封信都收在下书中：von Meyenn K (ed), 1985, W Pauli, Scientific Correspondence vol.II (Berlin: Springer)

[36] Majorana E, 1933, Über die Kerntheorie ,Z. Phys., 82 137-145; 1933, Sulla teoria dei nuclei, Ric. Scientifica, 4 559-565

[37] Tamm Ig, 1934, Exchange forces between neutrons and protons and Fermi's theory, Nature, 133 981
Iwanenko D, 1934, Interaction of neutrons and protons, Nature, 133 981-982;
Nordsieck A, 1934, Neutron collisions and the beta-ray theory of Fermi, Phys. Rev., 46 234-235

[38] Frisch R and Stern O, 1933, Über die magnetische Ablenkung von Wasserstoffmolekulen und das magnetische Moment des Protons, Part I, Z. Phys., 85 4-16
Estermann I and Stern O, 1933, Über die magnetische Ablenkung von Wasserstoffmolekulen und das magnetische Moment des Protons, Part II, Z. Phys., 85 17-24

Wick G C, 1935, Teoria dei raggi β e momento magnetico del protone, Rend. Accad. Lincei, 21 170-173

[39] Wigner E P, Critchfield C L and Teller E, 1939, The electron-positron field theory of nuclear forces, Phys. Rev., 56 530-539

Critchfield C L,1939, Spin-dependence in the electron-positron theory of nuclear forces, Phys. Rev., 56 540-547

[40] Marshak R E, 1940, Heavy electron pair theory of nuclear forces, Phys. Rev., 57 1101-1106;

Gamow G and Teller E, 1937, Some generalizations of the β transformation theory, Phys. Rev., 51 289;

Marshak R E and Bethe H A, 1947 On the two-meson hypothesis, Phys. Rev., 72 506-509;

另一个给出正确自旋的二介子理论是早几年在日本做出来的：Sakata S and Inoue T, 1942, On the relation between the meson and the Yukawa particle, Bull. Phys.-Math. Soc. Japan,16 232-234 (日文) (英文译文见 1946 Prog. Theor. Phys., 1 143-150)

[41] Bethe H A and Bacher R F, 1936, Nuclear physics, A stationary states of nuclei, Rev. Mod. Phys., 8 82-229, 特别是 p 203

[42] 1934 年 11 月 1 日 Pauli 致 Heisenberg 的信 (着重字体是原来的) 见文献 [35] pp 357-358

[43] Konopinski E J and Uhlenbeck G E, 1935, On the Fermi theory of β-radioactivity, Phys. Rev., 48 7-12

[44] White M G, 1936, Scattering of high energy protons in hydrogen, Phys. Rev., 49 309-316;

Tuve M A, Heydenburg N P and Hafstad L R, 1936, The scattering of protons by protons, Phys. Rev., 49 806-825;

理论分析见 Breit G, Condon E U and Present R D,1936, Theory of scattering of protons by protons, Phys. Rev., 49 825-845

[45] Breit G and Feenberg E, 1936, The possibility of the same form of specific interaction for all nuclear particles, Phys. Rev., 49 850-856;

Cassen B and Condon E U, 1936, On nuclear forces, Phys. Rev., 49 846-849

[46] 在说到 Fermi 场相互作用中的 ‘流’ 时, 我们在用词上实际犯了时代性错误. 这类语言是直到 20 世纪 50 年代后期才通行起来的.

[47] 见文献 [45], 它没有规定核力的机制, 而用了一个任意指定的势. Kemmer 的工作是真正的量子场论. 见 Kemmer N, 1937, Field theory of nuclear interaction, Phys. Rev., 52 906-910

[48] Yukawa H, 1935, On the interaction of elementary particles. I, Proc. Phys.Math. Soc. Japan, 17 48-57

[49] 关于汤川和介子理论, 见以下诸文: Brown L M, 1981, Yukawa's prediction of the

meson, Centaurus, 25 pp 71-132;
Brown L M, 1989, Yukawa in the 1930s: a gentle revolutionary, Historia Scientiarum, 36 1-21;
Darrigol O, 1988, The quantum electrodynamic analogy in the early nuclear theory or the roots of Yukawa's theory, Rev. Histoire Sci., XLI 26-297;
Mukherji V, 1974, A history of the meson theory of nuclear forces from 1935 to 1952, Arch. History Exact Sci., 13 28-100

[50] 第二次世界大战后建立了重正化 QED 理论, 它给出了极其精确的结果. 朝永是这个理论的建立者之一, 他与汤川有密切联系, 并承认汤川对他的工作的影响. 但是汤川从来不相信这种解决方法是完全满意的.

[51] Yukawa H, 1933, Introduction to W Heisenberg, Über der Bau der Atomkerne, J. Phys.-Math. Soc. Japan, 7 195-205 (日文)

[52] 差不多所有汤川未发表的早期工作都存在京都大学汤川厅档案图书馆.

[53] 见 Brown L M, 1985, How Yukawa arrived at the meson theory, Prog. Theor. Phys. Suppl. 85 13-19, 特别是 p 16

[54] Brown L M et al (ed), 1991, Elementary Particle Theory in Japan, 1930-1960, Prog. Theor. Phys. Suppl.105 80

[55] 汤川秀树,《旅人》. 周林东译, 河北科学技术出版社, 2000 年, 第 224 页

[56] 这个问题引起了一场一直持续到 1930 年代的著名争论, 争论的一方以 Compton 为代表, 认为初级粒子是带电粒子, 而另一方的领军人物则是 Millikan, 他支持初级粒子是 γ 射线. 见 Kargon R H, 1982, The Rise of Robert Millikan (Ithaca, NY: Cornell University Press) pp 154-161

[57] 见文献 [22], Mukherji [49] 及以下文献:
Brown L M and Rechenberg H, 1991, Quantum field theories, nuclear forces, and the cosmic rays (1934-1938), Am. J. Phys., 59 595-605;
Rechenberg H and Brown L M, 1990, Yukawa's heavy quantum and the mesotron (1935-1937), Centaurus, 33 pp 214-252;
Cassidy D C, 1981, Cosmic ray showers, high energy physics, and quantum field theories, Hist. Stud. Phys. Sci., 12 1-39;
Galison P, 1983, The discovery of the muon and the failed revolution against quantum electrodynamics, Centaurus, 26 pp 262-316

[58] Bethe H and Heitler W, 1934, On the stopping of fast particles and the creation of positive electrons, Proc. R. Soc. A 146 83-112;
Heitler W, 1936 and 1944, The Quantum Theory of Radiation (Oxford: Oxford University Press)

[59] 1935, Int. Conf. Physics (London, 1934) vol I (Cambridge: Cambridge University Press) p 250

[60] Serber R, 1983, Particle physics in the 1930s: a view from Berkeley, The Birth of

Particle Physics ed L M Brown and L Hoddeson (Cambridge: Cambridge University Press) pp 206-221, 特别是 p 208

[61] von Weizsticker C F, 1934, Ausstrahlung bei Stossen sehr schneller Elektronen, Z. Phys., 88 612-645

Williams E J, 1935, Nature of high energy particles of penetrating radiation and status of ionization and radiation formulae, Phys. Rev., 48 49-54

[62] Bhabha H J and Heitler W, 1937, The passage of fast electrons and the theory of cosmic ray showers, Proc. R. Soc. A 159 432-458;

Carlson J F and Oppenheimer J R, 1937, On multiplicative showers, Phys. Rev., 51 220-231

[63] Heisenberg W, 1936, Zur Theorie der 'Schauer' in der Hohenstrahlung, Z. Phys., 101 533-540

[64] 一个动量为 p 的粒子的 de Broglie 波长为 h/p, 因此它与粒子的能量有关.

[65] 除了射线暴现象以外, 关于 QED 在高能量下是否成立还有一些别的疑点.

[66] Bhabha H J and Heitler W, 1937, The passage of fast electrons and the theory of cosmic ray showers, Proc. R. Soc.A 159 455

[67] Kunze P, 1933, Untersuchung der Ultrastrahlung in der Wilsonkammer, Z. Phys. 80 1-18

[68] 关于法国小组, 见 Leprince-Ringuet L, 1983, The scientific activities of Leprince-Ringuet and his group on cosmic rays, The Birth of Particle Physics ed L M Brown and L Hoddeson (Cambridge: Cambridge University Press) pp 177-82.; 关于英国小组, 见 Wilson J G, 1985, The new 'magnet house' and the muon, Early History of Cosmic Ray Studies ed Y Sekido and H Elliot, (Dordrecht: Reidel) pp 145-159

[69] Anderson C D and Neddermeyer S, 1936, Cloud chamber observations of cosmic rays at 4300 meters elevation and near sea-level, Phys. Rev., 50 263-271, 特别是 p 270.

[70] 用过的其他名字还有 heavy electron, barytron, Yukawa particle, Yukon, x-particle, 等等.

[71] Neddermeyer S H and Anderson C D, 1937, Note on the nature of cosmic ray particles, Phys. Rev., 51 884-886

[72] Street J C and Stevenson E C, 1937, Penetrating corpuscular component of the cosmic radiation, Phys. Rev., 51 1005

关于 Street 在 MIT 的工作的更多情况, 见 Galison P, 1983, The discovery of the muon and the failed revolution against quantum electrodynamics, Centaurus , 26 262-316

[73] Nishina Y, Takeuchi M and Ichimiya T, 1937, On the nature of cosmic ray particles, Phys. Rev.52 1198-1199

Street J C and Stevenson E C, 1937, New evidence for the existence of a particle of mass intermediate between the proton and the electron, Phys. Rev., 52 1003-1004

日本人的文章虽然刊出较晚, 但却是首先投稿的.

[74] Brown L M, Kawabe R, Konuma M and Maki Z (ed), 1991, Elementary Particle Theory in Japan, 1930-1960, Prog. Theor. Phys. (Supplement 105) 182-185

[75] Yukawa H, 1937, On a possible interpretation of the penetrating component of the cosmic ray, Proc. Phys.-Math. Soc. Japan, 20 712-713

[76] Oppenheimer J R and Serber R, 1937, Note on the nature of cosmic ray particles, Phys. Rev., 51 113. 对这篇文章的讨论又见文献 [60] 和 Brown and Hoddeson [14] pp 287-288.

[77] Stueckelberg E C G, 1937, On the existence of heavy electrons, Phys. Rev., 52 41-42

[78] Yukawa H and Sakata S, 1937, On the interaction of elementary particles II, Proc. Phys.-Math. Soc. Japan, 19 1084-1093

Yukawa H, Sakata S and Taketani M 1938 On the interaction of elementary particles III Proc. Phys.-Math. Soc. Japan 20 319-340

Yukawa H, Sakata S, Kobayasi M and Taketani M 1938 On the interaction of elementary particles Ⅳ Proc. Phys.-Math. Soc. Japan 20 720-745

[79] Pauli W and Weisskopf V, 1934, Uber der Quantisierung der skalaren relativistischen Wellengleichung, Helv. Phys. Acta, 7 709-731

[80] Yukawa H and Sakata S, 1937, On the interaction of elementary particles II, Proc. Phys.-Math. Soc. Japan, 19 1084-1093 (本文称为相互作用文 II)

[81] Yukawa H, Sakata S and Taketani M, 1938, On the interaction of elementary particles III, Proc. Phys.-Math. Soc. Japan, 20 319-340 (本文称为相互作用文 III)

[82] Brown L M and Rechenberg H, 1991, The development of the vector meson theory in Britain and Japan (1937-38), Br. J. Hist. Sci., 24 405-433

[83] 1938 年 3 月 5 日 Heitler 和 Fröhlich 致汤川的信, Yukawa Hall Archival Library at the University of Kyoto (见文献 [52]) Proca 的文献是 Proca A, 1936, Sur la theorie ondulatoire des électrons positifs et négatifs, J. Physique Rad., 7 347-353.

注意, 虽然这是一个关于自旋为 1 的粒子的理论, 但 Proca 是作为电子理论提出来的.

[84] 例如见:

Hoch P, 1990, Flight into self absorption and xenophobia. The plight of refugee theorists among British and American experimentalists in the 1930s, etc., Phys. World January 23-26

Stuewer R H, 1984, Nuclear physicists in a new world. The émigrés of the 1930s in America, Ber. Wiss., 7 23-40

[85] Fröhlich H and Heitler W, 1938, Magnetic moments of the proton and the neutron, Nature ,141 37-38. ‘虚态’ 是一种暂时的态, 按照测不准原理, 其寿命太短而成为不可观测量.

[86] Kemmer N, 1938, Nature of the nuclear field, Nature, 141 116-117

[87] Heitler W, 1937, On the analysis of cosmic rays, Proc. R. Soc. A 161 261–183;

Bhabha H J, 1938, On the penetrating component of cosmic rays, Proc. R. Soc. A

164 257-293

[88] Bhabha H J, Nuclear forces, heavy electrons, and the β-decay, Nature, 141 117-118; On the theory of heavy electrons and nuclear forces, Proc. R. Soc. A 166 501-527
这个时期其他重要的有关向量介子的文章为:
H Fröhlich, Heitler W and Kemmer M, 1938, On the nuclear forces and the magnetic moments of the neutron and the proton, Proc. R. Soc. A 166 154-171; Stueckelberg E C G, 1938, Die Wechselwirkungkrafte in der Elektrodynamik und in der Feldtheorie der Kernkräfte, Helv. Phys. Acta 11 225-244 and 299-328

[89] Bhabha H J, Nuclear forces, heavy electrons, and the β-decay, Nature, 141 118

[90] Heitler W, 1938, Showers produced by the penetrating cosmic radiation, Proc. R. Soc. A 166 529-543

[91] Kemmer N, 1971, Some recollections from the early days of particle physics, Hadronic Interactions of Leptons and Photons ed J Cumming and H Osborn, (London: Academic) pp 1-17

[92] Kemmer N, 1971, Some recollections from the early days of particle physics, Hadronic Interactions of Leptons and Photons ed J Cumming and H Osborn, (London: Academic) pp 16,17

[93] Heitler W, 1973, Errinerungen an die gemeinsame Arbeit mit Herbert Fröhlich, Cooperative Phenomena ed H Haken and M Wagner (Heidelberg: Springer), pp 421-424, 特别是 pp 422-423.

[94] 虽然 Anderson 曾更乐于使用 'mesoton' 一词, Millikan 却恣意独行地坚持其中得有字母 r. 别的一些建议的名称见文献 [70]

[95] 见文献 [73]. Peierls 在 1939 年的一篇综述文章给出来自 5 个不同来源的质量值, 从 $39m_e$ 到 $569m_e$, 并且说: "迄今还没有确切的证据表明所有的介子都有同样的质量, 虽然这是可能的. "Peierls R, 1939, The meson, Rep. Prog. Phys. 6 78-94

[96] 相互作用文 III (文献 [81]) p 337. Bhabha 的文献是文献 [88].

[97] 例如见, Wentzel G, 1938, Schwere Elektronen und Theorien der Kernvorgange, Naturwissenschaften 26 273-279, 特别是 p 276

[98] 1938 年 4 月 14 日 Heisenberg 致 Pauli 的信, 见 K von Meyenn (ed), 1985, Wolfgang Pauli, Scientific Correspondence, Vol. II: 1930-1939 (Berlin:Springer)

[99] Euler H, 1938, Über die durchdringende Komponente der Höhenstrahlung und die von ihr erzeugenten Hoffmannischen Stösse, Z. Phys. 110 692-716
Euler H and Heisenberg W, 1938, Theoretische Gesichtspunkte zur Deutung der kosmischen Strahlung, Ergeb. Exakt. Naturwiss. 17 1-69

[100] 文献 [98] p 692

[101] Heisenberg 1938 年 6 月 16 日致 Yukawa 的信 (Yukawa Hall Archival Library at the University of Kyoto).

[102] Yukawa1938 年 8 月 6 日致 Heisenberg 的信 (复本存于 Yukawa Hall Archival Library at the University of Kyoto).

[103] Blackett P M S, 1938, High altitude cosmic radiation, Nature 142 692-693

[104] 更详细的历史见 Brown L M and Rechenberg H, Decay of the meson—experiment versus theory (1937-1941), Preprint MPI-Ph/92 -47 of the Werner Heisenberg Institute for Physics, Munich, Germany

[105] Rossi B, 1939, The disintegration of mesons, Rev. Mod. Phys. 11 296-303, 特别是 p 296

[106] Rossi B, Hilbury N and Haag J B, 1940, The variation of the hard component of cosmic rays with height and the disintegration of mesotrons, Phys. Rev. 57 461-469

[107] Rasetti F, 1941, Disintegration of slow mesotrons, Phys. Rev. 60 198-204

[108] Nereson N and Rossi B, 1943, Further measurements of the disintegration curve of mesotrons, Phys. Rev. 64 199-201

[109] Nordheim L W, 1939, Lifetime of the Yukawa particle, Phys. Rev. 55 506

[110] Serber R, 1939, Beta-decay and mesotron lifetime, Phys. Rev. 56 1065

[111] Møller C, Rosenfeld L and Rozental S, 1939, Connexion between the lifetime of the meson and the beta-decay of light elements, Nature 144 609.

[112] Bethe H A and Nordheim L W, 1940, On the theory of meson decay, Phys.Rev. 57 998-1006

[113] Sakata S, 1940, Connection between the meson decay and the β decay, Phys. Rev. 58 576; 1940, On the theory of the meson decay, Proc. Phys.-Math. Soc. Japan 23 283-291

[114] 文献 [95]

[115] 自旋为 0 和自旋为 1 的 4 种类型的理论是在 Kemmer 的下述文章中讨论的：Kemmer N, 1938, Quantum theory of Bose-Einstein particles and nuclear interaction, Proc. R. Soc. A 166B 127-153. 自旋为 1 的理论在以下文献中讨论: 文献 [89], 文献 [78] 的第 III 部分和第 IV 部分; 及 H Frohlich, Heitler W and Kemmer N, 1938, On the nuclear forces and the magnetic moments of the neutron and the proton, Proc. R. Soc. A 166 154-171. 后来别的许多人也讨论了这些理论.

[116] 文献 [95], p 85

[117] 要得到一个电荷无关的理论, 需要有中性介子. 要么所有的核力介子都是中性的, 与两种核子同等地相互作用; 要么两个带电的介子和一个中性介子形成一个同位旋三重态, 它们能够以一种电荷无关的方式与核子的同位旋二重态耦合. 后一个理论在 Kemmer 的文章中给出：Kemmer N, 1938, The charge dependence of nuclear forces, Proc. Camb. Phil. Soc. 34 354-364

[118] Bethe H A, 1939, The meson theory of nuclear forces, Phys. Rev. 55 1261-1263, 特别是 p 1261

[119] Kellog J M, Rabi I I, Ramsey N F and Zacharias J R, 1939, An electrical quadrupole moment of the deuteron, Phys. Rev. 55 318-319

[120] Møller C and Rosenfeld L, 1939, The electric quadrupole moment of the deuteron and the field theory of nuclear forces, Nature 144 476-477

[121] 所说的工作是 Møller C and Rosenfeld L, 1939, Theory of mesons and nuclear forces Nature 143 241-242. 此文之后有一篇更详细的文章: Møller C and Rosenfeld L, 1940, On the field theory of nuclear forces, K. Danske Vidensk. Selskab (Math. fys. Meddelsen) 17 1-72

[122] Heisenberg W, 1938, Über die in der Theorie der Elementarteilchen auftretende universelle Lange, Ann. Phys. 32 20-23; 1938, Die Grenzen der Anwendbarkeit der bisherigen Quantentheorie, Z. Phys. 110 251-266

[123] Heisenberg W, 1939, Zur Theorie der explosionsartigen Schauer in der kosmischen Strahlung II, Z. Phys. 113 61-86. 又见 Bhabha H J, 1939, Classical theory of mesons, Proc. R. Soc. A 172 384-409

[124] Blau M and Wambacher H, 1937, Disintegration process by cosmic rays with the simultaneous emission of several heavy particles, Nature 140 585
在云室中也看到了同样的效应：Brode R B and Starr M A, 1938, Nuclear disintegrations produced by cosmic rays, Phys. Rev. 53 3-5

[125] 见文献 [40] 和以下文章：
Critchfield C L and Lamb W E Jr, 1940, Note on a field theory of nuclear forces, Phys. Rev. 48 46-49
Marshak R E and Weisskopf V F, 1941, On the scattering of mesons of spin 2 by atomic nuclei, Phys. Rev. 59 130-135

[126] 例如见 Nishina Y, Sekido Y, Miyazaki Y and Masuda T, 1941, Cosmic rays at a depth equivalent to 1400 meters of water, Phys. Rev. 59 401

[127] Shutt R P, 1942, On the electrical and anomalous scattering of mesotrons, Phys. Rev. 61 6-13

[128] 在电荷对称的理论中, 预期一个中性介子会衰变成 $e^+ + e^-$ 以及 $\nu + \bar{\nu}$ 二者, 既作为一个自由介子又作为 β 衰变中的一个中间产物. 但是, 前一种模式也可能是电磁的 (它将在弱衰变中占主导地位), 而后一种模式实际上是看不见的 (中性 π 子主要衰变为两个 γ)

[129] Weinberg S, 1992, Opening talk at the Third Int. Symp. History of Particle Physics (Stanford Linear Accelerator Center, June 24, 1992), to appear in Rise of the Standard Model 1995 (Cambridge: Cambridge University Press)

[130] Yukawa H and Okayama T, 1939, Note on the absorption of slow mesotrons in matter, Sci. Papers Inst. Phys. Chem. Res. 36 385-389.

[131] Yukawa H and Okayama T, 1939, Sci.Papers Inst. Phys. Chem. Res. 36 153.

[132] Tomonaga S and Araki G, 1940, Effect of the nuclear Coulomb field in the capture of slow mesons, Phys. Rev. 58 90-91

[133] Christy R F and Kusaka S, 1941, The interaction of γ-rays with mesotrons, Phys. Rev. 59 405-414; 1941, Burst production by mesotrons, Phys. Rev. 59 414-421

[134] Oppenheimer J R, 1941, Phys. Rev. 59 462

[135] 这些文章的第一篇是: Wentzel G, 1940, Zur Problem des statischen Mesonfeldes, Helv. Phys. Acta 13 269-308. 其他的是:
Oppenheimer J R and Schwinger J, 1941, On the interactions of mesotrons and nuclei, Phys. Rev. 60 1066-1067;
Pauli W and Dancoff S M, 1942, The pseudoscalar meson field with strong coupling, Phys. Rev. 62 85-107;
Serber R and Dancoff S M, 1943, Strong coupling meson theory of nuclear forces, Phys. Rev. 63 143-161;
Pauli W and Kusaka S, 1943, On the theory of a mixed pseudoscalar and a vector meson field, Phys. Rev. 63 400-416 及其他.

[136] Tomonaga S, 1941, Zur Theorie des Mesotrons, Sci. Papers Inst. Phys. Chem. Res. 39 247-266

[137] 见文献 [40]. 又见 Hayakawa S, 1983, The development of meson physics in Japan, The Birth of Particle Physics ed L M Brown and L Hoddeson (Cambridge: Cambridge University Press) pp 82-107, 特别是 pp 98-102

[138] Sakata S and Inoue T, 1946, On the correlations between mesons and Yukawa particles, Prog. Theor. Phys. 1 143-149. (注意文章中的'meson' 指的是我们曾称之为'mesotron' 的粒子, 现在叫做 μ 子.)

[139] Conversi M, Pancini E and Piccioni O, 1945, On the decay process of positive and negative mesons, Phys. Rev. 68 232; 1947, On the disintegration of negative mesons, Phys. Rev. 71 209-210. 对于这个重要实验是在什么情况下完成的说明分别由 Oreste Piccioni 和 Marcello Conversi 在下书的第 13 章和第 14 章中给出: The Birth of Particle Physics ed L M Brown and L Hoddeson (Cambridge: Cambridge University Press).

[140] Fermi E, Teller E and Weisskopf V F, 1947, The decay of negative mesotrons in matter, Phys. Rev. 71 314-315

[141] 见文献 [138]. 另一个二介子理论是在直接观察到以前不久提出的: Marshak R E and Bethe H A, 1947, On the two-meson hypothesis, Phys. Rev. 72 506-509. 这个独立于坂田–井上提出的理论把重电子和介子的自旋互换了.

[142] Powell C F and Fertel F, 1939, Energy of high velocity neutrons by the photographic method, Nature 144 115.

[143] Perkins D H, 1989, Cosmic ray work with emulsions in the 1940s and 1950s, Pions to Quarks ed L M Brown et al (Cambridge: Cambridge University Press) pp 89-123.
又见 Powell C F, Fowler H and Perkins D H, 1959, The Study of Elementary Particles

by the Photographic Method (New York: Pergamon)

[144] Perkins D H, 1947, Nuclear disintegration by meson capture, Nature 159 126-127; Occhialini G P S and Powell C F, 1947, Multiple disintegration processes produced by cosmic rays, Nature 159 93-94

[145] Lattes C M G, Muirhead H, Occhialini G P S and Powell C F, 1947, Processes involving charged mesons, Nature 160 694-697; Lattes C M G, Occhialini G P S and Powell C F, 1947, Observations on the tracks of slow mesons in photographic emulsions, Nature 159 453-456 and 486-492

[146] Rochester G D and Butler C C, 1947, Evidence for the existence of new unstable elementary particles, Nature 160 855-857.
又见 Rochester G D, Cosmic-ray cloud-chamber contributions to the discovery of the strange particles in the decade 1947-1957, in L M Brown et al, 文献 [143], pp 57-88.

[147] Gardner E and Lattes C M G, 1948, Production of mesons by the 184-inch Berkeley cyclotron, Science 107 270-271.

[148] Steinberger J, Panofsky W K H and Steller J, 1950, Evidence for the production of neutral mesons by photons, Phys. Rev. 78 802-805.

第 6 章　固体结构分析

William Cochran

6.1　1912 年以前的晶体学和 X 射线

晶体学最初是作为矿物学的一个分支，P. von Groth 编辑的杂志《晶体学与矿物学报》(*Zeitschrift für Kristallographie und Mineralogie*) 从 1877 年至 1920 年共出版了 55 卷，1906~1919 年他还编著《化学晶体学》(*Chemische Kristallographia*) 一书，该书共 5 卷，刊登了不少于 3342 幅晶体的素描或示意图. 它们记录了晶体 (不全部源于矿物) 的外形，制备以及物理性质，对新方法的发展有明显的影响. 本章将会提及这些方法.

研究晶体形态学最重要的仪器是光学测角仪，它可测量晶面法线间的夹角；偏光显微镜是研究和鉴别矿物样品的重要工具. 晶体形态的基本定律是有理数指数定律[1]. 由晶体外形选取三个晶面的法线，给出方向OA、OB、OC作为晶轴，如图 6.1 所示 (对很多晶体可以选取三个相互垂直的方向). 现在选取一个面，截三个晶轴，其相对长度分别为 OA、OB 和 OC，并定义为晶体学晶轴 a、b 和 c. 由于它们仅仅是相对的，可以取 $b=1$. 可以发现，晶体中任何一个晶面若平行于上述晶面，那它与三个晶轴截距分别为 a/h、b/k 和 c/l，其中 h、k、l 是小的整数，称为 Miller 指数，是以导出该系数的 W. H. Miller 教授的名字命名的. 如果晶体由一套通过 O 点的不同晶面法线来描述，可以发现，晶体具有一定数目的对称元素，如对称面、二次旋转对称轴、三次旋转对称轴、四次旋转对称轴和六次旋转对称轴. 例如，六次旋转对称轴是晶体 (理想为一套平面法线) 绕其每旋转 $2\pi/6$ 即自重合的轴. 尽管不能从晶体的面 (也就是法线) 对称性来决定其是否具有对称中心，但是，可以从其他的物理性质来决定，例如，具有压电效应的晶体 (如水晶) 不能具有对称中心. 对称元素群称为点群，晶体的点群共有 32 个，组成 7 个晶系，每个晶体分属于 32 个点群之一. 例如，属立方晶系的晶体具有理想立方体的点群对称性，即具有 3 个四次旋转对称轴，4 个三次旋转对称轴，6 个二次旋转对称轴，一个对称中心和分别垂直于四次旋转对称轴和二次旋转对称轴的对称面. 氯化钠就是一个例子. 另一些晶体虽属于立方晶系，如硫化铁 FeS_2，却缺少一些对称元素，如对称中心，甚至四次旋转对称轴.

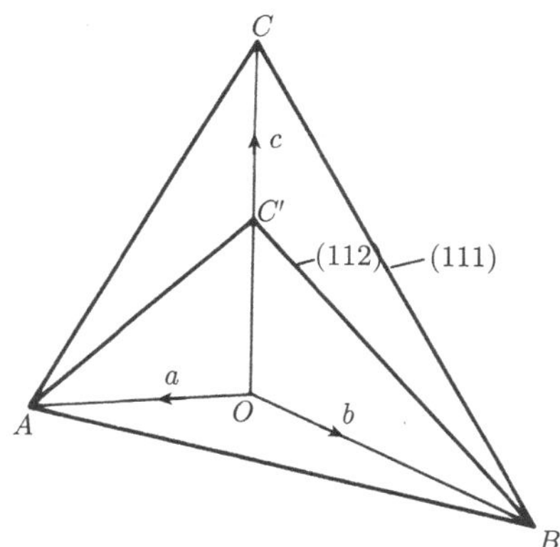

图 6.1 (111) 和 (112) 作为 (hkl) 面的例子. $OC' = \frac{1}{2}OC$、a、b 和 c 分别是晶体学的晶轴

具有五次或七次旋转对称轴的晶体在自然界不存在，这在 Haüy 撰写的晶体结构点阵理论[2](1784) 中得到解释. 晶体的阵点遵循这样的定律：如果其原点确定为这样一个点，那么等效的点将在

$$r_l = l_1a + l_2b + l_3c$$

处，式中 l_1、l_2 和 l_3 分别是整数，a、b 和 c 分别是基本点阵平移矢量或点阵轴 (也称晶轴). 轴 a、b 和 c 所围成的平行六面体称为单胞，Haüy 用它作为构建晶体的单元，单胞具有亚微观尺度，不同晶面按所构建单元 (即单胞) 的排列外延扩展，如图 6.2 所示.

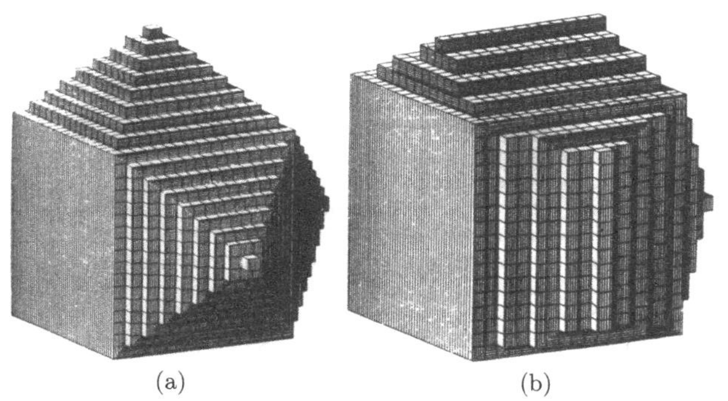

图 6.2 晶体外表面与 Haüy 构建单元的关系

A. Bravais(1848), L. Sohncke(1867), A. Schoenflies(1891) 和 E. von Federov(1891) 等人先后寻找、并解决了确定固体所有可能的对称类型的难题. Bravais 的贡献是证明有 14 种不同几何和对称性的点阵类型，而 Schoenflies 和 von Federov 独立地证明存在 230 个空间群 (空间群是自洽和与点阵平移对称性相洽的对称元素在空间的

排列). 一个原子或一个分子置放入这个阵列后将被对称元素所复制，直至它的全体等价质点充满整个晶体. 现在称为不对称单元的结构单元，它所包含的内容 (原子) 一般比单胞少，但对称元素使其倍增到填满一个单胞，而整个晶体可由点阵平移对称完成. 不对称单元的这个性质，或 Haüy 的分子集成 (molécule intégrante)，对于理解空间群的工作始终是个难点.

W.Barlow 用相同的和不相同的球的密堆积方法解决晶体结构问题 [3]，开创了一种与传统不同的、更直观的方法. 他的相同球密堆积方法后来被证实为两种确切的金属元素的真实结构. 后来发现，堆积两种数目相等但半径不相等的球给出 NaCl 和 CsCl 类型的结构. 在结构分析的早期，Barlow 提出的结构提供了一些想法，可以用其尝试解释 X 射线衍射图. 然而，那时他的想法没有被普遍接受，特别是对不含双原子分子的简单两组元化合物.

A. Cauchy 在晶格 (点阵) 理论的基础上发展了晶体弹性理论. 然而，对于低对称晶系 (如三斜晶系) 晶体的独立弹性系数数目，他的预言为 15 个，而不是从更一般的考虑预言的 21 个. 对于立方晶体，本应该由三个弹性系数 C_{11}、C_{12} 和 C_{44} 来表征. 而 Cauchy 理论要求 $C_{12}= C_{44}$，这个条件并未得到实验证实 [4]，理论和实验的不一致使得物理学家不能普遍接受晶格理论.

1895 年 W. Röntgen 发现了 X 射线. 但他没有得到其反射、折射及衍射和波的现象特性的证据. 另一方面，C. G. Barkla 所做的石蜡类物质的 X 射线散射实验比较确切地表明，辐射具有横向偏振. 他还识别了从同一个金属靶发出的、具有不同穿透能力的两种特征辐射，命名为 K 和 L 特征辐射，前者比后者具有更强的穿透力. X 射线管金属靶的原子重量越大，K 和 L 特征辐射的穿透力越强.

尽管有 Barkla 对 X 射线性质的证据，然而似乎也有强烈的反对证据，如即使一个弱的 X 射线源也能从气体分子中轰出电子. 经典物理不能解释一个波的能量怎样在空间中发散出去，又能聚会在一点以产生相对大的能量. W. H. Bragg 曾推断，X 射线是中性粒子，可能具有电偶极距[5].

6.2　晶体 X 射线衍射的发现

1912 年德国慕尼黑大学群贤会聚，良好的学术环境十分有利于重大发现的产生. 当时，世界晶体学权威 Groth 是矿物学和晶体学教授，W. Röntgen 是实验物理教授，A. Sommerfeld 是理论物理教授. M. von Laue 于 1909 年加入 Sommerfeld 研究组，他曾是 M. Planck 的学生，对辐射理论和波动光学感兴趣. Sommerfeld 给 P. P. Ewald① 提出的问题是研究入射电磁波对共振谐振子的作用，共振谐振子是在格

①P. P. Ewald(1888～1985)，X 射线衍射法的先驱，德国出生的美国晶体学家和物理学家，当时他正在 Sommerfeld 指导下写博士论文.—— 校者注

子上排列的可各向同性极化的原子或分子. 这样一个系统是否可以解释晶体的光学性质? Ewald 实际成功地证明了这一点. 在与 Laue 讨论一个具体问题时, Laue 询问如果这样的格子在晶体中存在, 那它的可能尺度有多大. 显而易见, 对他来说这是一个新思想. 然后, Laue 又问 "如果你假设波长非常短的波 (比普通光短) 通过晶体, 将会发生什么?" Ewald 回答说: 可以用他的博士论文中的方法精确的计算出来, Laue"漫不经心" 地听着. 之后, Ewald 继续完成他的博士论文, 而在此期间, Laue 与他的同事一直在讨论自己与 Ewald 谈话后所产生的想法, 晶体能否对 X 射线产生衍射? 总的来说, 他们不太有信心, 尤其是认为原子热振动将破坏衍射所需要的晶体有序. 不过他的两个同事, W. Friedrich 和 P. Knipping 仍然决定做实验. 用一束窄的 X 射线通过硫酸铜晶体, 打在照相底片上, 结果衍射光被纪录下来了, 图 6.3 就是第一张成功的 X 射线衍射照片. 当入射光沿着硫化锌晶体 (ZnS, 属于立方晶系) 的四次旋转对称轴时, 所得到的衍射对称性照片示于图 6.4, Ewald 对这个发现的细节作了详细的阐述[6].

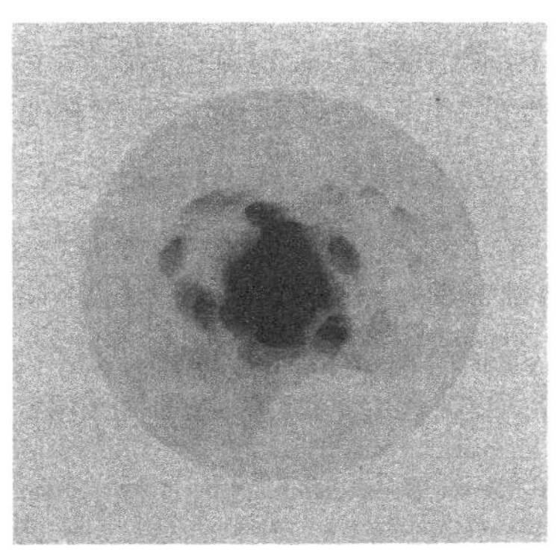

图 6.3 第一张成功的硫酸铜晶体 X 射线衍射照片

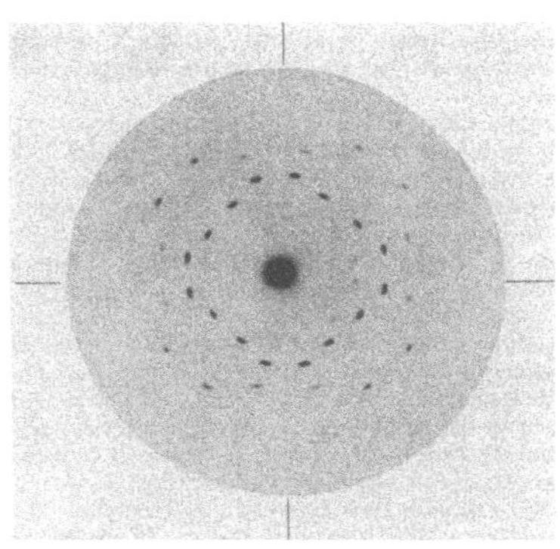

图 6.4 当 X 射线平行于立方硫化锌四次旋转对称轴入射所得到的衍射图

Laue 和他的两个同事所发表的第一篇文章[7] 给出了晶体对波长为 λ 的 X 射线产生衍射的条件 (插注 6A).

Laue 发现，对图 6.4 中衍射斑点的位置可以用三个小整数 h_1、h_2 和 h_3 以及五个不相连的 λ/a 值 (其范围在 0.038~0.143) 来描述. 然而，符合的并不完美，而且不能解释为何衍射对一些 h_1、h_2 和 h_3 能出现，但对另一些却不出现的现象.

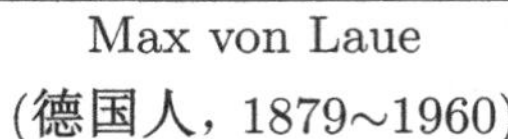

Max von Laue

(德国人，1879~1960)

Laue 出生于德国科布林茨市附近，先后就读于斯特拉斯堡大学、哥廷根大学和慕尼黑大学. 在慕尼黑大学作 Sommerfeld 的助手时，他产生了晶体可能会衍射 X 射线的想法，并于 1912 年与他的同事 W. Friedrich 和 P.Knipping 一起用实验证实了这一想法，获得了第一张硫酸铜晶体的 X 射线衍射照片. Laue 对衍射照片的解释和后来的结果被 W. L. Bragg 改善并简化. 这是 Laue 对理论物理学的最广为人知的贡献. 同时，他对包括相对论在内的物理学其他领域也有重要的贡献，1914 年荣获诺贝尔物理奖. 他先后任苏黎世大学 (1912~1914)、法兰克福大学 (1914~1919) 物理学教授，最后担任柏林大学理论物理研究所所长，直至 1943 年退休. 第二次世界大战后，积极参与战后科学界的和解工作，并帮助创立了国际晶体学联合会 (IUCr).

插注 6A　X 射线衍射的 Laue 方程

基于相互垂直的 a、b、c 轴 (如 ZnS) 的晶体 X 射线衍射 Laue 方程为:

$$(\alpha - \alpha_0)a = h_1\lambda$$

$$(\beta - \beta_0)b = h_2\lambda$$

$$(\gamma - \gamma_0)c = h_3\lambda$$

式中 α_0、β_0、γ_0 和 α、β、γ 分别是入射束和衍射束的方向余弦，h_1、h_2 和 h_3 是整数.

第一个方程与用于间距为 a 的直线光栅对可见光的衍射公式一样；它和第二个方程应用于两组刻线间距分别为 a 和 b，并相互垂直的“十字型” 光栅. 从这

点出发，Laue 只需要增加第三个方程以保证晶体内所有晶胞同相位地散射 X 射线而产生衍射束. 当入射束平行于 c 轴且对于立方晶体 $a=b=c$，方程简化为 $\alpha=h_1\lambda/a, \beta=h_2\lambda/a, \gamma=h_3\lambda/a$

现在，话题转到英格兰. 当时，W. H. Bragg 是利兹大学的物理教授，他的儿子 W. L. Bragg 是剑桥大学卡文迪什实验室的研究生. 慕尼黑新发现的消息很快传到 Bragg 父子耳中，开始 W. L. Bragg 受到父亲思想的影响，试图用晶体中粒子运动通道或管道来解释 Laue 的照片，但没有成功. 从研究 Laue 照片中他得到两点启示：第一，当底片从晶体后移，其衍射斑点的锐度发生变化；第二，当晶体绕垂直轴转 3°，处于过入射束截线的水平线上的衍射斑点移动 6°，并且强度明显变化. W. L. Bragg 认为，辐射是从晶体一组平行的晶面反射的. 这种想法被解理的云母片在一定角度范围内反射的 X 射线所证实[8]. 这时，他发现，假设 X 射线束是由包含一定范围的连续波长的“白色”辐射组成，ZnS 照片即可以解释为从晶体的不同 (hkl) 面反射的 X 射线，此处的指数 (hkl) 与 Laue 的 $h_1h_2h_3$ 相同. 现在知道，一组晶面以等相位散射的条件就是 Bragg 定律，

$$n\lambda = 2d\sin\theta$$

式中 θ 是掠射角，d 是面指数为 (hkl) 的晶面之间的间距. 例如从晶面 (100) 的二级衍射，$n=2$，即等价于从晶面 (200) 的一级衍射，$n=1$. 换句话说，n 可以合并到 d 里面，这样，Bragg 定律变为

$$\lambda = 2d\sin\theta \tag{6.1}$$

这个表达等效于 Laue 方程，但重要的差别是，W. L. Bragg 发现，如果假设 ZnS 为面心立方晶格，而不是简单立方晶格，其预言的反射将是 (hkl) 全为偶数 (如 200，222) 或全为奇数 (如 111，135)，而不会有别的[9]. Laue 解释的不足之处得到修正，但在此阶段还未能使 W. L. Bragg 发现晶体中原子的排列.

根据剑桥大学化学教授 W. J. Pope 的建议，W. L. Bragg 拍摄了 NaCl、KCl 和 KI 的 Laue 照片[10]，碱卤化物似乎有 Barlow 所预言的结构. 这些照片有相似的斑点，也有差异的斑点. 最简单的是 KCl，其原子 K 和 Cl 的散射如此相近，以致原子构建成一个晶格常数为 $a/2$(两个最近邻原子的距离) 的简单立方格子. 在 KI 晶体中，碘原子占主要地位，其衍射图的解释可以从碘原子在面心立方晶格排列得到，它的晶格常数比 KCl 稍大. 对 NaCl，由于没有一种原子有大的优势，衍射图比较复杂，但解出的结构是一样的 (图 6.5). 这些结论为 W. H. Bragg 刚建成的晶体谱仪 (图 6.6) 的测量而证实. 当 NaCl 的晶格常数 $a=5.60\times10^{-8}$cm 时，可以推算出铂的 L 特征辐射波长 $\lambda=1.10\times10^{-8}$cm. 这是第一个可靠的测定[11].

值得注意的另一个研究者，俄国的 G. Wulff，也得到类似的结论，并独立推出 Bragg 定律. Ewald 应用倒易空间概念对 X 射线与晶体相互作用给出了漂亮的解释，不过，后来才找到它的用途.

W. H. Bragg 最早应用他的晶体谱仪分析从 X 射线源出射的辐射. 他发现，一个特定的晶面能够在一定角度范围反射“白色”辐射，它是单色 X 射线锐峰的叠加. H. J. Moseley 出色的系统测量大大地扩展了 W. H. Bragg 的工作，创立了 X 射线谱学，并引进了原子序数的概念[12]. **[又见 2.6.4 节]**

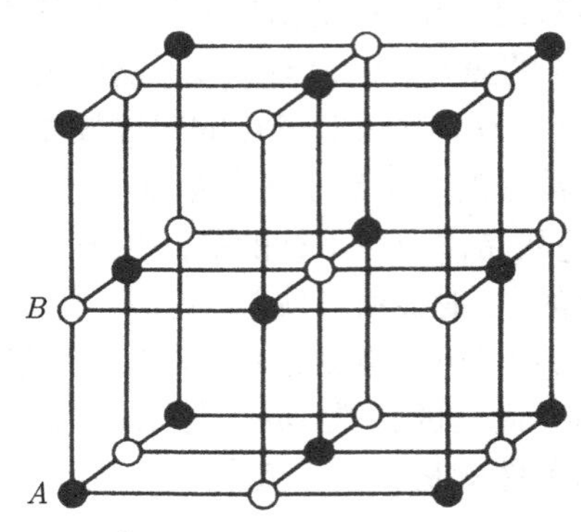

对 NaCl $AB=2.8\times10^{-8}$厘米

图 6.5 氯化钠结构

图 6.6 W. H. Bragg 的晶体谱仪. 入射束由光栏 A 和 B 限制，安在 C 上的晶体能沿垂直轴旋转. 反射束用管状电离室探测，电流由位于 E 的验电器测量

后来 Bragg 父子联合起来，应用晶体谱仪测定晶体结构，他们取得的第一个成功是金刚石结构[13]. 1915 年 1 月当他们的《X 射线和晶体结构》一书送去出版

社时，已经记载了 9 种结构：氯化钠、金刚石、闪锌矿 (ZnS)、纤锌矿 (ZnO)、氯化铯、铜、萤石 (CaF_2)、黄铁矿 (FeS_2) 和方解石 ($CaCO_3$). 它们中的大多数原子的位置由对称性决定，但是，对 FeS_2 晶体单靠对称性不能决定硫原子之间的距离，因为它们位于三次旋转对称轴上. 这些参数是用使得测量的 X 射线反射强度与计算的强度相一致的尝试法测定[14] 的. 在邮寄给 Ewald 的明信片中，W. L. Bragg 称这个结构 “令人恐惧地复杂”. 在早期的工作中，一个原子的散射本领 (现在称为原子散射因子 f) 正比于原子重量. 结构因子 $F(hkl)$ 的概念出现在 Laue 早期的文章中，但是，第一个给其以明确定义的显然是 Sommerfeld[15]. 我们暂时且用这个量作为由任意一个晶胞内电子的散射振幅的量度，它由晶胞内原子的坐标和原子散射因子以及标定反射面的指数 (hkl) 来确定.

William Lawrence Bragg 爵士
(英国人，1890~1971)

W. L. Bragg 生于澳大利亚南部的阿德雷德市，他是 W. H. Bragg 爵士的儿子. 通过与其父亲一定程度上的合作，他用衍射晶体晶面反射 X 射线的概念重新解释了 Laue 的衍射图，奠定了 X 射线晶体学. 他完成了第一个晶体结构 (岩盐 (NaCl)) 的测定. 他和父亲共享了 1915 年诺贝尔物理奖. 1919~1937 年他是曼彻斯特市维多利亚大学物理教授，1938~1953 年为剑桥大学卡文迪什实验室教授. 与他父亲类似，他于 1954~1965 年任伦敦皇家研究所所长，在那里他做了大量的科普工作，特别是为中小学生作报告. 作为卡文迪什教授，他支持并参与了 M. F. Perutz 和 J. C. Kendrew 的蛋白质晶体结构研究工作，同时对 F. H. C. Crick 和 J. D. Watson 对 DNA 结构的研究也有很大兴趣. 从而推进了分子生物学的建立.

W. L. Bragg 和他的同事发现[16]，从一个特定晶面产生的反射强度对于晶体完美程度依赖性极强，例如，这个面是否是解理的还是轻微研磨过的；反射范围可从零点几度到 2~3 度. 在这之前，C. G. Darwin 也证明[17]，从完美晶体产生的反射强度是一定角度范围的总和，正比于结构因子 $|F(hkl)|$，其值的范围不大于几弧度秒. 然而，对 “嵌镶” 晶体，即晶体内某部分与另一部分存在小的结晶取向差 (如现在所知道的由位错引起的晶向差)，其积分强度正比于 $|F(hkl)|^2$，而反射范围取决于 “嵌镶” 结构或者相对的取向差. 这个问题的积分强度和实验将在 6.3 节讨论.

另一个重要问题，原子热振动对反射强度的影响已由 P. Debye[18] 做了前期的基础工作. 他发现，对给定的原子，其原子散射因子 f (它是 $\sin\theta/\lambda$ 的函数) 将由

有效散射因子代替

$$f(T) = f\exp(-B\sin^2\theta/\lambda^2) \tag{6.2}$$

式中“温度因子”中的 B 等于 $8\pi^2u^2$，u^2 为热振动引起的原子在任意方向的方均位移. 当温度与特征温度 θ_D(它出现在晶体比热的 Debye 理论中) 可比拟时，B 正比于温度 T，而反比于 θ_D^2. Debye 的工作被 I. Waller 推广和修正[19]，他从量子力学的观点来处理问题，使其更为严格. 他证明了 Bragg 反射的辐射是弹性散射 (也就是说，没有能量和波长的改变)，但是，在不满足 Bragg 定律的方向 X 射线会有非弹性散射，它伴随着很小的能量改变，其能量耗费于晶体内的热激发波. 这就将 X 射线散射与晶格动力学联系了起来，如将在第 12 章讨论的那样.

Laue 和 Bragg 父子分别获 1914 年和 1915 年诺贝尔物理奖，Debye 获 1936 年诺贝尔化学奖.

6.3 实验技术

现在我们必须更小心地定义原子散射因子 $f(\sin\theta/\lambda)$，我们把一个单电子的散射振幅作为单位. 考虑了原子不同部分散射的子波之间干涉的一个原子的散射振幅为[20]

$$f(S) = \int 4\pi r^2\rho(r)\frac{\sin 2\pi rS}{2\pi rS}\mathrm{d}r$$

假设原子的电子密度 $\rho(r)$ 是球对称的，从而在 r 至 $r+\mathrm{d}r$ 的薄球壳里有 $4\pi r^2\rho(r)$ 个电子，$S=2\sin\theta/\lambda$. 电子在原子内分布越紧凑，f 随 S 下降的就越慢 (数学上，$f(\mathrm{S})$ 是 $\rho(r)$ 的 Fourier 变换). 起初原子分布 $\rho(r)$ 是由 D. R. Hartree 的自洽场方法[21]求得，后来由于快速计算机出现，使得对 $\rho(r)$ 的计算以及 f 曲线可以达到更高的精度.**[又见 13.2.3.2 节]**

处理完一个原子内的干涉效应之后，我们现在必须考虑不同原子的散射波之间是如何干涉的. 结构因子就是由此而来的. 一个单胞内所有原子的散射 (复数) 振幅可表达为

$$F(hkl) = \sum_{j=1}^{N} f_j\exp[2\pi i(hx_j + ky_j + lz_j)] \tag{6.3}$$

式中 f_j 是第 j 个原子的原子散射因子 (它们标记为 j=1, 2, $\cdots$, N)，它在晶胞的位置由矢量 $\boldsymbol{r}_j$ 决定，表示为

$$\boldsymbol{r}_j = x_j\boldsymbol{a} + y_j\boldsymbol{b} + z_j\boldsymbol{c}$$

式中 (xyz) 显然是分数坐标. 令矢量 $\boldsymbol{H}$ 垂直于反射面 (hkl)，其值为 $H=1/d(hkl)$，其中，$d(hkl)$ 为面间距 (由 Bragg 定律可得 $H=2\sin\theta/\lambda$)，这样，$F(hkl)$ 可表示得

更简明

$$F(\boldsymbol{H})=\sum_{j=1}^{N} f_j(H)\exp(2\pi\mathrm{i}\boldsymbol{H}\cdot\boldsymbol{r}_j) \tag{6.4}$$

在此一阶段，$\boldsymbol{H}$ 的其他性质并不重要，读者可把 $\boldsymbol{H}$ 看作是 hkl 的缩写，而 $\boldsymbol{H}\cdot\boldsymbol{r}$ 是 $hx+ky+zl$ 的缩写. 当晶体为中心对称时，其原点在对称中心，对 $\boldsymbol{r}_j$ 上每个原子，在 $-\boldsymbol{r}_j$ 上也有一个等效的原子，这样

$$F(hkl)=\sum_{j=1}^{N} f_j\cos[2\pi(hx_j+ky_j+lz_j)]\equiv F(\boldsymbol{H})=\sum_{j=1}^{N} f_j(H)\cos(2\pi\boldsymbol{H}\cdot\boldsymbol{r}_j)$$

通过下面的考虑，结构因子表达式也许不再那么神秘. (hkl) 面的定义为与三个轴截距分别为 a/h、b/k、c/l 的平面 (6.1 节)，其方程为

$$hx+ky+lz=1$$

通过原点的平行晶面有 $hx+ky+lz=0$，在另一边的平行晶面为 $hx+ky+lz=2$，等等. 其中心精确地落在上述平面的原子 j 的散射位相 φ_j=0(或者等效为 $\pm2\pi$，$\pm4\pi$ 等). 位于上述两晶面中间的晶面散射位相为 π，沿着这一思路可以得出，位相 φ_j 正比于从晶面到原子的垂直距离 $\boldsymbol{H}\cdot\boldsymbol{r}$. 利用振幅—位相图方法，综合 N 个原子的贡献即可给出结构因子的公式.

应用晶体谱仪能够在绝对标度上测量 X 射线的反射强度，正如 6.2 节所述，2θ 反射范围取决于晶体的完美性. 但是，积分强度与其无关，正比于 $|F(hkl)|^2$.

R. W. James 等[22] 在一直低到液氮的温度下测定了氯化钠晶体，通过用一个有效值代替 μ，修正了 “二次消光”(6.5 节). 结果发现，如按照 Debye 理论那样计及离子的热运动和零点运动，他们由测量结果所得到的 Na^+ 和 Cl^- 的 f 曲线与 Hartree 得到的理论曲线[21] 符合得很好. 在绝对标度上量度 X 射线的强度仅对这种基础性的结果才是本质的. 对于晶体结构分析，得到 $|F(hkl)|^2$ 的相对值一般来说已经足够，而且这个值可用比较简单的方法得到.

晶体谱仪很快被照相法所更换. 例如，当晶体被安放得使 c 轴在垂直方向并绕着该轴旋转时，将产生 $(hk0)$ 反射并被记录在柱形照相盒内底片的赤道线上，柱轴也在垂直方向. 这些反射线被称为 “零层反射”，上一层线为 l=1 反射 (第一层)，如此类推. 由于多个反射可能被记录在同一层的线上，而这些反射本身并不同但碰巧具有相同的 $\sin\theta$ 值，通常是这几个斑点在底片上重叠. 不过如果将晶体在一定角度范围内摇摆，上述重叠现象就可以避免，或至少是最小化. 这种方法最早被 M. de Broglie 应用，后来被 J. D. Bernal[23] 大大地发展. 他把照相机做了标准化设计，并构建了便于将反射线指标化的图表. 1924 年 K. Weissenberg[24] 引入了底片运动

法，在 Weissenberg 相机内装有带狭缝的金属挡板，使得一次只允许仅属于一个倒易层的反射落到底片上. 当晶体摆动 (典型的是转 180°) 时，底片同步地平行于转动轴运动. 从而使反射线很好地分开，不会重叠，而且容易指标化. M. J. Buerger 发明的进动相机[25] 可一次得到更简洁明了的一个倒易层的照片.

插注 6B “积分强度” 的 Darwin 公式

当 X 射线束被嵌镶晶体的一个晶面反射时，Darwin 推导出反射的积分强度由

$$\frac{E\omega}{I}=\frac{Q}{2\mu}$$

给出，其中

$$Q=\left(\frac{e^2}{mc^2}\right)^2\left(\frac{F(hkl)}{v}\right)^2\lambda^3\frac{1+\cos^2 2\theta}{2\sin 2\theta}$$

式中，E 是当晶体以角速度 ω 转动通过反射点时进入探测器的能量，I 是入射束每秒的能量，μ 是吸收系数，而 v 是单胞的体积. e^2/mc^2 有长度量纲，近似值约 10^{-12}cm，通常称为经典电子半径，当入射束非偏振时，出现因子 $\frac{1}{2}(1+\cos^2 2\theta)$.

这些方法的共同点是需要尺度为几分之一毫米的单晶体. P. Debye 和 P. Scherrer[26] 以及 A. W. Hull[27] 从结晶粉末样品的 X 射线照片能够得到相当多的信息. 图 6.7 是实验布置示意图，三种实验布置的不同仅仅在细长纪录底片的安放位置不同，图 6.8 是 KCl 和 NaCl 的粉末照片. 因为反射重叠，信息难以提取，这样的照片比单晶照片得到的信息少. 然而，这种方法已被广泛应用，特别是 Hull 测定了一些还未被用单晶方法研究过的金属元素. 由于诸如 J. Westgren, G. Phragmen 和 A. W. Bradley 等专家的大量工作和高超技艺，在 20 世纪 20 年代和 30 年代粉末方法可以测定几乎与后来用单晶方法测定的同样复杂的合金结构.

照相法技术[28] 的共同点是，入射光束覆盖照射样品 (入射光束也可通过晶体反射变得单色化). 虽然许多实验可得到比较大的强度，但掺杂有白光辐射，这种白光色辐射是通过适当的滤波片滤波后留下的. 与强度标度比较，眼睛能分辨的精度大约为 10%，更精确就要用光度计，直到仪器自动化之前，它一直是一种乏味的过程.

衍射仪[29] 的操作与 Bragg 的谱仪相似，但是入射光被滤波，或是经常被单色化；样品很小，完全被入射束照射；探测器是光子计数器，样品的取向可被更大程度地控制. 更重要的是，探测器的位置和样品取向以及表示积分强度计数的纪录全由计算机控制. 单晶和粉末测量仪器的商业化开发应分别归功于 T. C. Furnas 和 W. Parrish.

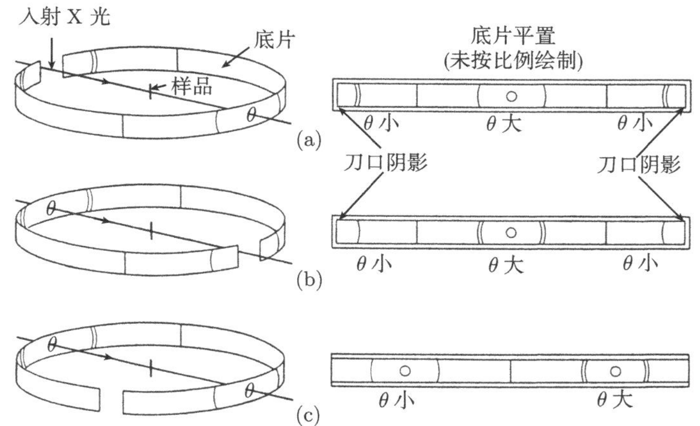

图 6.7 细长底片拍摄粉末照片实验布置示意图

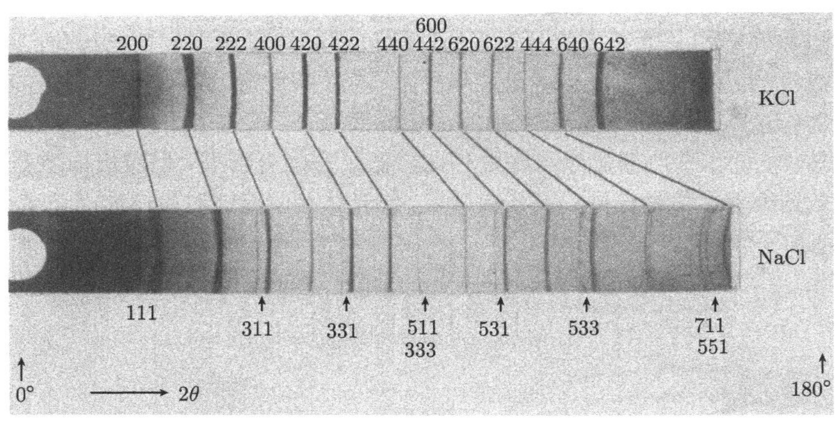

图 6.8 KCl 和 NaCl 的粉末照片

通过扣除本底背景等，这些仪器典型的能力为每小时测量 100 条反射. 旋转阳极靶[30] 可以得到 5 到 10 倍更大的能量沉积，或者更小的聚焦斑点. 可拆式 X 射线管的优点是，不管有无旋转阳极，均可以卸换阳极以选择波长，烧坏的阳极可以换新. 不过它们的操作比封闭管麻烦. 同步辐射光源的发展达到实用使 X 射线强度大大增强[31]. 汉堡的同步辐射装置 DESY[32] 产生的辐射波长范围与由典型操作条件下 X 射线管产生的辐射波长范围大约一样，对于 5GeV 的电子其中心波长为 1.0Å. 辐射光在电子轨道面内偏振并以很窄的角孔径沿切线发射. 对于 1.54Å波长，这种特殊光源的谱亮度 (在 1974 年) 大约为带 Cu 靶的旋转阳极 X 射线发生器发出辐射谱亮度的 100 多倍，预期这个比率还会进一步增加大约 30 倍. 实际上发现用同步辐射源测定蛋白质晶体结构比用旋转阳极管快 50 倍[33]，应用改进聚焦几何的单色器，其比率已增加到大约 125 倍.

用照相法或衍射仪技术的许多方法记录单晶或多晶在低温和高温下的衍射数据已有所报道. 最简单的使其接近液氮温度的冷却方法，是用冷的气流不间断地直接吹样品，而外部有一个暖空气帘以防止冷凝. 对更低的温度，已发展了氦低温恒温器[34]. P. Debrenne 等人[35] 设计的恒温器，可允许温度高达 2500°C，样品处压强保持在 10^{-8}Torr.

由于所需容器对中子的吸收不太严重，因此，中子源高压下所用设备的设计不太困难. J. C. Jamieson 等人[36] 最先把金刚石高压对顶砧用于 X 射线衍射. 自从压强为 300kb(1kb=108Pa)，温度为 450°C 的单晶研究取得成功[37] 后，I. L. Spain[38] 报道了压强为 100GPa(1000kb) 下硅体积的变化，图 6.9 给出随压强增加硅发生的五个主要相变，从立方结构 (金刚石)，到四方，简六方，六方密堆到面心立方. S. Block 和 G. Piermarini 已对高压衍射技术的历史作了综述[39].

U. W. Arndt 等人[40] 描述了用于 75~250Å大单胞晶体研究的单晶回摆相机，照片拍摄在同步扫描的平板底片上，由计算机控制的显微黑度计指标化. 图 6.10 是结晶病毒的回摆照片，每小时记录和测定 1800 个反射. Arndt[41] 综述了应用位敏探测器纪录 X 射线衍射，而 D. Bilderback 等人[42] 报道了用柯达 (Kodak) 磷光体存储技术，面积探测器虽然与底片相比降低了空间分辨率，但对蛋白质晶体，所收集的数据改善了信噪比并提高了灵敏度. 磷光体存储能够对蛋白质晶体减小辐照损伤，增加采集数据.

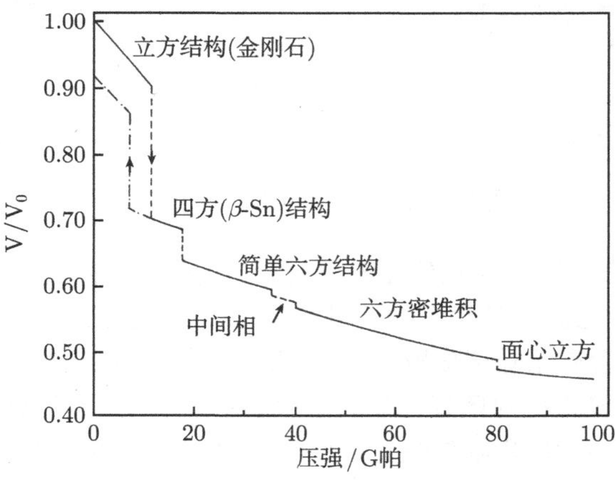

图 6.9　硅相对体积 V/V_0 在宽压强范围内的变化

近来人们重新恢复了对 Laue 技术的兴趣[43]. 很多大分子在结晶状态仍保持实质的化学活性. 应用同步辐射源和照相方法或面探测器，拍摄 X 射线 Laue 衍射图只需 100ps，甚至更短，开辟了时间分辨晶体学的可能性[44]. 时间分辨实验有三个关键要素：反应开始，通过测量 X 射线强度的变化监控反应过程，以及数据分析. 在一些情况下反应开始可用光脉冲激发，另一个简单方法是温度跳跃. K. Moffat 等人对溶菌酶蛋白的去折叠进行了初步研究[45].

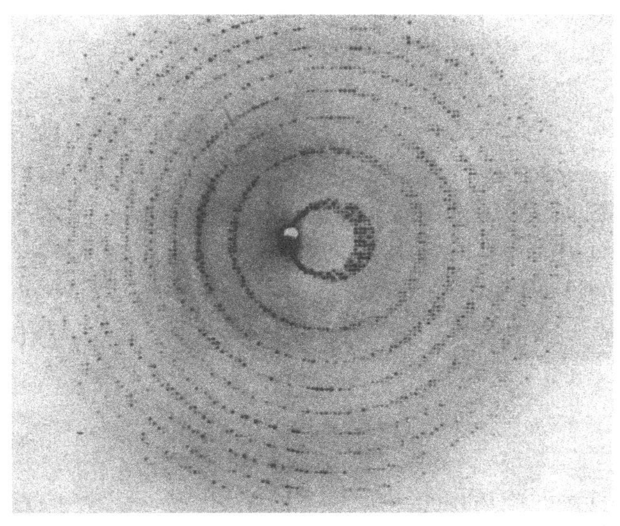

图 6.10　结晶状病毒的回摆照片

6.4　结构测定的方法

在结构因子的公式中，每个原子的原子散射因子是已知的，至少有很好的近似，$|F(\boldsymbol{H})|$ 可在 $\boldsymbol{H}$ 数值的某一范围内测定. “相位问题” 是晶体结构分析的中心问题，它是由于测定的是 $|F(\boldsymbol{H})|$，而不是 $F(\boldsymbol{H})$ 所引起. 如果将 $F(\boldsymbol{H})$ 写为

$$F(\boldsymbol{H}) = |F(\boldsymbol{H})| \exp(\mathrm{i}\alpha(\boldsymbol{H}))$$

的形式，相位角 $\alpha(\boldsymbol{H})$ 不能直接从实验得到. 但是，如果相位角是已知的，原子的坐标即可在电子密度图

$$\rho(\boldsymbol{r}) = \frac{1}{v}\sum_{\boldsymbol{H}} |F(\boldsymbol{H})| \cos(2\pi\boldsymbol{H}\cdot\boldsymbol{r} - \alpha(\boldsymbol{H}))$$

的极大值处找到. 首先认识到结构因子是电子密度的 Fourier 系数的是 W. H. Bragg[46]. R. W. James 对这个问题发展的简要历史作了综述[47].

在 6.2 节所提及的早期晶体结构测定中，相位问题的存在几乎没有得到应有的注意，而且在包含多个参量的结构被开始研究之前，对空间群理论的结果也没有太多需求. P. Niggli 揭示了空间群和 X 射线衍射的联系，W. T. Astbury 和 K. Yardley 对此作了详述[48]. 他们的工作被扩充并收入《国际 X 射线晶体学表》(*International Tables for X-ray Crystallograpgy*)，该书于 1935 年首次出版，随后不断地修改和扩充. 作为如何用 X 射线数据去决定晶体空间群的一个例证，假设空间群对称用 Hermann-Mauguin 符号表示是 $P2_1$. 这表明它属于单斜晶系，有一个平行于 b 的二次旋转轴，也就是说，对位于 x_j，y_j，z_j 的每个原子，在同一单胞坐标为 $-x_j$，$y_j+1/2$，$-z_j$ 处有一个等效原子. 这样，从结构因子表达式容易看到，当 k 为奇数时，$F(0k0)$ 为零. 另一方面，如果空间群为 $P2$，有等效点 x_j，y_j，z_j 和 $-x_j$，y_j，$-z_j$，这时，没有系统消光. 这个论题在《结晶态》(*The Crystalline State*)[1] 一书的第一卷中有更为详尽的论述.

并非所有空间群都可以用晶体对称性和结构因子的系统消光来识别，但是，A. J. C. Wilson 和他的合作者们在这个方向上取得了显著的进展[49]. 首先，从公式 (6.4) 注意到

$$\overline{|F(\boldsymbol{H})|^2}=\sum_{j=1}^{N}f_j^2(H)$$

式中的平均值取自接近 H 的范围内足够多的结构因子. 由于 $f_j(\boldsymbol{H})$ 是已知的，此一结果允许 $|F(\boldsymbol{H})|$ 的相对值用其绝对值代替，这称为 “Wilson 标度法”. 当晶体有对称中心，即有

$$F(\boldsymbol{H})=\sum_{j=1}^{N}f_j(H)\cos(2\pi\boldsymbol{H}\cdot\boldsymbol{r}_j)$$

这时 $\overline{|F(\boldsymbol{H})|^2}$ 的值是一样的，但 $|F(\boldsymbol{H})|$ 值的统计分布改变了. 这一事实成为实际检测对称中心存在的基础. 当然，其他对称元素也会影响 X 射线强度的统计分布，因此，用系统消光可以测定出 49 个空间群，而统计方法将这个数目扩展到 215 个.

然而，假如每个不对称单元至少一个原子存在 “异常” 散射，就没有必要求助于统计方法. 当入射 X 射线光子能量正好小于特定元素的吸收边能量时，相应原子的散射因子为复数

$$f_a=f+i\Delta f''$$

$\Delta f''$(大约为 f 的百分之几) 只有对相对重的原子才需要考虑. 假设晶体有对称中心时，当原子异常散射时 Friedel 定律 $|F(\boldsymbol{H})|=|F(-\boldsymbol{H})|$) 仍然有效，但无对称中心时，除了一些特殊情况，此定律不成立. 与前面一样，230 个空间群中 215 个可辨别[50].

直至 1930 年，结构测定还是用尝试法，它假设结构满足空间群对称和立体化学的合理性，然后，检验计算的与实验测定的结构因子的一致性. 这个方法令人注目的成功例子是 W. L. Bragg 和 J. West[51] 测定的绿柱石 ($Be_3AlSi_6O_{18}$) 结构 (图

6.11). 其空间群由系统消光定出. Bragg 对结构测定的说明使得测定看起来似乎很容易，但实际上它反映了技巧和经验的胜利，测定中应用了原胞尺寸，空间群对称性和密堆积等方面的知识.

1929 年 W. L. Bragg[52] 演示了应用 Fourier 级数方法测定结构的可能性. 图 6.12(a) 是透辉石 ($CaMgSi_2O_6$) 的结构图. 其结构在 (010) 面的投影中是中心对称的，投影的电子密度由下式给出

$$\rho(xz) \equiv \int_0^b \rho(xyz)\mathrm{d}y = \frac{1}{A}\sum_{hl} F(h0l)\cos(2\pi(hx+lz))$$

二维 Fourier 级数含有相对有限的项数，使求值难度减小，每个 $F(h0l)$ 或者是正或者是负. 但是，在这个例子中，Ca 和 Mg 原子在原点重叠，这使得所有 F 值为正. 图 6.12(b) 是电子密度的等值线图，其中硅和氧原子显示的很清楚. 1934 年 C. A. Beevers 和 H. S. Lipson[53] 首先应用二维 Fourier 级数完成 $CuSO_4 \cdot 5H_2O$ 的结构测定. 结构因子符号的选取是铜原子和硫原子 (它们的位置是已知的) 的共同贡献，这样，氧原子在电子密度投影图中清楚地显示出来.

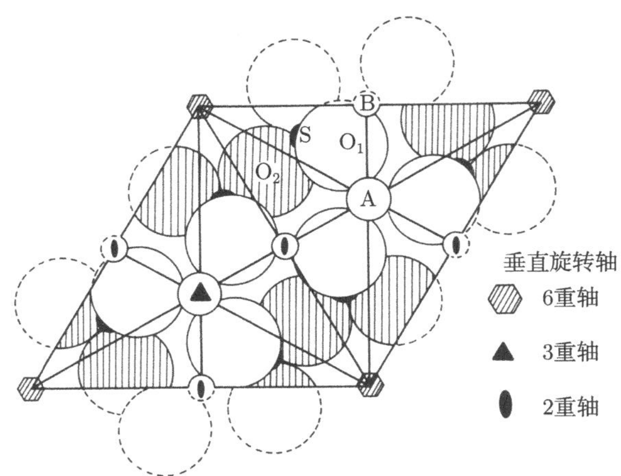

图 6.11 绿柱石 ($Be_3AlSi_6O_{18}$) 的结构. 在每个六次轴周围有 6 个氧原子 (阴影) 组成的紧凑环. 剩余的 12 个氧原子用无阴影的圆表示，它们每个表示一个氧原子在水平的镜面上重叠一个像原子，铍原子在 B 位置，铝原子在 A 位置，而以小的黑扇形表示的硅原子在 S 位置

1934 年 A. L. Patterson[54] 取得一项重要进展，他发展了 F. Zernik 和 J. Prins[55] 认为液体中在一个给定的原子周围的原子径向分布能够从液体 X 射线衍射花样测定的思想. Patterson 认识到，在晶体里必然有一个联系原子间距离与 $|F(\boldsymbol{H})|^2$ 的相应关系，他定义了现在众所周知的 Patterson 函数

$$P(\boldsymbol{r}) = \frac{1}{v}\sum_{\boldsymbol{H}} |F(\boldsymbol{H})|^2 \cos(2\pi \boldsymbol{H}\cdot \boldsymbol{r}) \tag{6.5}$$

式中不包含相位角 $\alpha(H)$，表示对位于 $\boldsymbol{r}_1$ 和 $\boldsymbol{r}_2$ 的每一对原子，$P(\boldsymbol{r})$ 在 $\boldsymbol{r}_2-\boldsymbol{r}_1$ 处有一个峰. 这样，$P(\boldsymbol{r})$ 就成了原子间矢量的图. 如果单胞里有 N 个原子，在 $P(\boldsymbol{r})$ 里就有 N^2 个峰，其中 N 个在 Patterson 图的原点重合. 包含原子序数为 Z_1 和 Z_2 的原子的峰的权重为 Z_1Z_2，它也是这个峰高的近似量度. 当 N 大时，N^2-N 个峰中能被区分开的不多，这一事实减弱了它的实用价值.

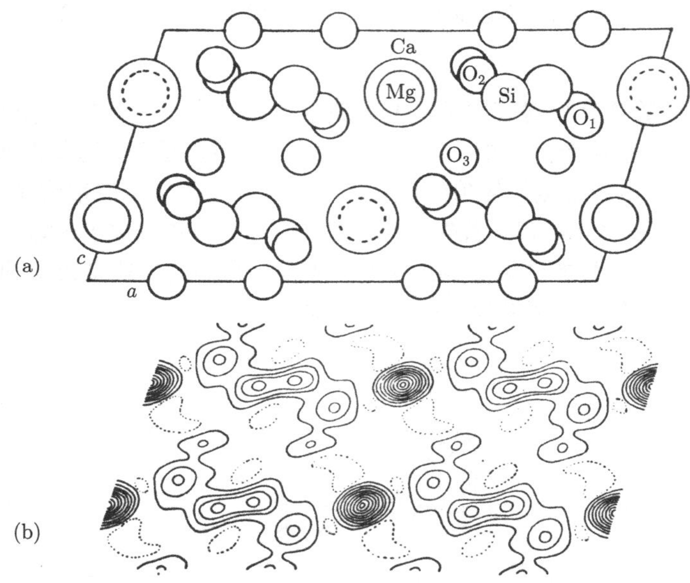

图 6.12　(a) 透辉石 ($CaMgSi_2O_6$) 沿 b 轴的结构投影图；(b) 由 Fourier 级数计算得到的电子密度投影图

水杨酸晶体结构测定是 Patterson 函数在投影图中[56] 比较直接的应用实例. 图 6.13(a) 示出了一个分子以及近邻原子间的原子间矢量，这些矢量将在 Patterson 函数原点附近产生峰. 图 6.13(b) 是这个区域到相对较短的 c 轴方向的投影. 分子出现在投影图中垂直于图所在平面的一个镜面所联系的两个方向上. 图 6.13(b) 示出了两组原子间矢量相对排列符合 Patterson 函数的唯一途径. 若已经找到投影图中分子的取向，就不难找到它在投影单胞里的位置. 一个分子的投影电子密度也示于图 6.13.

D. Harker[57] 指出对一些确定的空间群，三维 Patterson 函数的截面能直接给出原子坐标. 然而，实际上 Patterson-Harker 截面主要应用是测定晶体结构中少量重原子，也就是具有相对大的原子序数的原子的坐标.

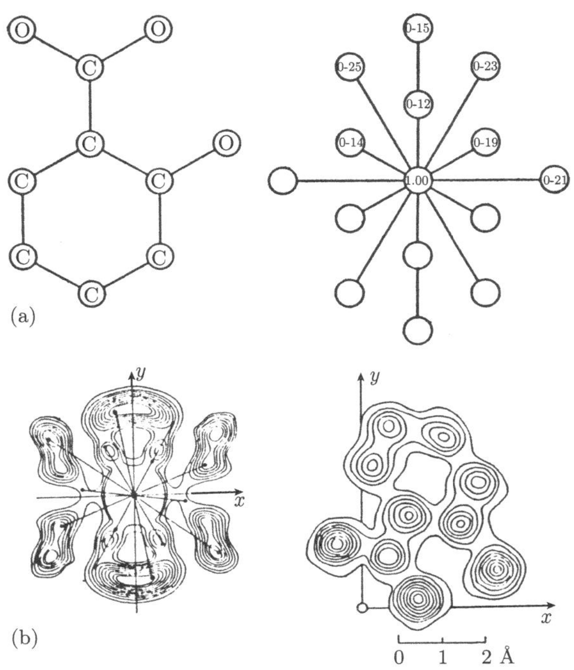

图 6.13 (a) 水杨酸分子以及 Patterson 函数原点附近峰的相对位置和权重；(b) 水杨酸实验的 Patterson 函数原点附近的峰到 c 轴方向的投影以及用于比较的一个分子的投影电子密度

对于“至少在原理上，能否从 Patterson 函数恢复晶体结构”的问题，D. M. Wrinch[58] 的回答是肯定的. 她的文章在当时没有引起太多的注意，但十多年后其他作者得到相同的结论. 例如，考虑位于 $\pm(\boldsymbol{r}_1, \boldsymbol{r}_2, \cdots, \boldsymbol{r}_N)$ 的一组点，它们在原点有一个对称中心，对应的矢量组为 $\pm(2\boldsymbol{r}_1, 2\boldsymbol{r}_2, \cdots, 2\boldsymbol{r}_N)$ 具有单位权重，而所有其他矢量 (除了原点) 具有两倍权重. 这样，单位权重的点马上给出原始集合的点. 试图把这一论点应用于 Patterson 函数将会遇到两个困难. 首先，组成该函数的峰通常是难以区分，或者相互重叠的，因此，很难辨认单独的峰. 更根本的是，困难产生于在 x_j, y_j, z_j 和 $x_j+1/2, y_j, z_j$ 等位置的点引起的峰在 Patterson 函数中处于同一点. 这一困难阻止了对上面讨论的 Patterson-Harker 截面的直接解释. 然而，随着解决方法的发展[59]，事实上，当少量组份原子的位置被找到时，就能够从 Patterson 函数重新复原该结构. 假设已知 n 个原子的位置 $\boldsymbol{r}_1, \boldsymbol{r}_2, \cdots, \boldsymbol{r}_N$，结构可以没有对称中心，现在依次将 Patterson 函数的原点置于这 n 个点的每个点，n 个峰重合的地方将是另一个原子的位置. 有点意想不到的是，成功的 n 次重叠的最佳的量度是取一个单独的 Patterson 函数在该重叠点上的最小值. M. J. Buerger[60]

证明，这种多次叠合的过程可以尽量地排除一些假的原子位置.

有一种应用 Patterson 函数的方法，称为重原子法，可在有利的环境下直接导出结构. 碘化胆甾基是一个例子[61]，一个单胞含有两个分子，其中两个碘原子的坐标是固定的，投影 Patterson 函数由碘峰所决定. 每个 $|F(h0l)|$ 符号的选取取决于碘原子的主导性贡献，图 6.14 示出了相应的电子密度投影 $\rho(xz)$ 以及两个分子的轮廓.

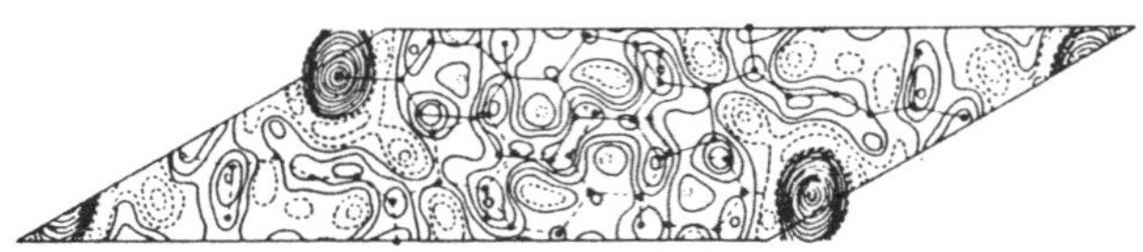

图 6.14　碘化胆甾基投影电子密度图，每 Fourier 系数的符号选取取决于碘的贡献. 这张图也表示出了其他原子的位置

另一种相关的方法称为同晶置换法，它从两个晶体结构取数据，这两个晶体除了一个原子 (或相关的对称性等效原子) 被另外一个不同的原子序数的原子置换外，是相同的. 将这两组数据用 Wilson 标度法代入相同的绝对标度，如本节前面所述. 首先考虑晶体结构或投影有中心对称的情况，如果两者的结构因子分别为 $F_1(hkl)$ 和 $F_2(hkl)$，那么，有

$$F_2(hkl) - F_1(hkl) = 2(f_2 - f_1)\cos[2\pi(hx_R + ky_R + lz_R)]$$

当置换原子的坐标 $x_R y_R z_R$ 已通过 Patterson 函数求出，或者通过比较两个 Patterson 函数 (如果没有一个置换原子是特别重时) 求出，上式右边可对每个 (hkl) 求值. 然后，对于几乎所有的情况，从已知的每个 (hkl) 的 $F_2 - F_1$，$|F_1|$ 和 $|F_2|$，即可得到 F_2 和 F_1 的正确符号. 同晶置换法已被广泛用于生物分子结构的测定，如没有对称中心的蛋白质的测定. 在这种情况，需要得到从原始的晶体和重原子两个不同置换位置的晶体的三套数据. 幸运的是，这些严格的条件在生物分子结构中通常能够得到满足. 实际上，因为实际误差和缺乏真正的同晶，三重 (或更多) 同晶置换是很有帮助的. 该方法首先是由 J. M. Bijvoet 和他的合作者[62] 提出的，后来，着眼于在解析蛋白质结构中的应用，D. Harker 对其作了进一步发展[63]. 当置换原子以足够大的 $\Delta f''$ 值作反常散射时，一个同晶置换就足以从 $|F(\boldsymbol{H})|$，$|F_1(\boldsymbol{H})|$ 和 $|-F_1(\boldsymbol{H})|$ 的实验值得到 $\alpha(\boldsymbol{H})$[50].

在生物分子结构中，特别是蛋白质或者病毒的结构中，一个分子或病毒可能由几个小的单元组成，这些小单元虽然完全相同或非常近似，但却与空间群对称性无关. 在 6.11 节中将会遇到有关事例. 而且特别是在蛋白质晶体学中，相同的或很接近的分子可能以不同单胞和空间群对称性在晶体中出现. 例如，四个肌红蛋白

(myoglobin) 分子组成一个集合，它非常类似血红蛋白单胞的组成. 在这中情况下，由 M. G. Rossman 和 D. M. Blow 的文章发展出的的分子置换法[64] 既可用于从头开始的 (ab initio) 结构测定，也可以从低分辨率测定出的结构出发，进行相位角改善和扩展. 这种方法因过于精细，我们不在此详述，P. Argos 和 M. G. Rossman[65] 以及 M. G. Rossman[66] 对该方法的不同侧面作了综述.[**又见 6.11 节**]

三维 Fourier 级数数值计算的计算量之巨大，使得电子计算机出现之前常不敢尝试进行此种计算，电子计算机的发明使其成为了简单的事情. 即便对二维 Fourier 级数进行计算并画出等值线图来也要要花费几个小时. Beevers-Lipson 纸条 (Beevers-Lipson strips) 的出现使得计算工作变得实际可行[67] (图 6.15)，很多年来它被大量生产，并且不仅在晶体学方面，在其他方面也得到广泛应用.

76	C 7	76	56	8	$\bar{45}$	$\bar{74}$	$\bar{66}$	$\bar{23}$	31	69	72	38	$\bar{16}$	$\bar{61}$	$\bar{76}$	$\bar{51}$	0
19	S 6	0	11	18	18	11	0	$\bar{11}$	$\bar{18}$	$\bar{18}$	$\bar{11}$	0	11	18	18	11	0

图 6.15 Beevers-Lipson 纸条的两个例子，纸条列出了 n =0, 1, ···, 15 的 $76\cos 7n6^0$(上一行) 和 $19\sin 6n6^0$(下一行) 的值. 纸条使 Fourier 综合的计算更为便利 (译者注：角度的值由 7 或 6, n, 6 连乘得出)

曾发展过几种特殊用途的模拟计算机，但在 20 世纪 50 年代初，由于通用电子计算机的优越，它们被淘汰了. 这些模拟机中最有用的是 R. Pepinsky[68] 设计的 XRAC 机①. 图 6.16 是用 XRAC 机作出的酞菁分子电子密度投影图. 在 20 世纪 40 年代后期到 50 年代初，XRAC 机使 Pepinsky 实验室成为晶体学家的 “麦加圣地” 以及 X 射线晶体学多方面学术思想的交流中心.

“直接法” 是试图从 $F(\boldsymbol{H})$ 值和其他结构因子直接导出其符号或相位角 $\alpha(\boldsymbol{H})$ 的方法. 借助计算机革命的帮助，在过去 20 年这一方法得到引人注目的发展，现在用于大多数的结构测定. (请读者注意，后面几页有比较多的数学，再往后文章又会是描述性的.)

先作一些必要定义. 首先，结构函数 $F(\boldsymbol{H})$ 重新标度为 “单位 (unitary)” 结构因子 $U(\boldsymbol{H})$，它对应于点原子的散射，根据定义，当结构是中心对称时

$$U(\boldsymbol{H}) = F(\boldsymbol{H})/\sum_{j=1}^{N} f_j(\boldsymbol{H}) \equiv \sum_{j=1}^{N} f_j \cos(2\pi\boldsymbol{H}\cdot\boldsymbol{r})/\sum_{j=1}^{N} f_j(\boldsymbol{H})$$

单位结构因子的平均值不随 $\boldsymbol{H}$ 的增加而减小，$U(\boldsymbol{H})$ 可能的最大值 (当所有 N 个原子散射同相位时) 为 1，注意到当所有 N 个原子相同时，$\overline{U^2}(\boldsymbol{H}) = \dfrac{1}{N}$ 给出了 U 的标度的概念. 最后，把 $U(\boldsymbol{H})$ 的符号写为 $s(\boldsymbol{H})$，当然，这也适用于 $F(\boldsymbol{H})$.

①XRAC 是美国宾夕法尼亚州立学院的 R. Pepinsky 教授设计建造的用于晶体 X 射线衍射分析的模拟计算机 X-Ray Analogue computer 的简称.—— 校者注

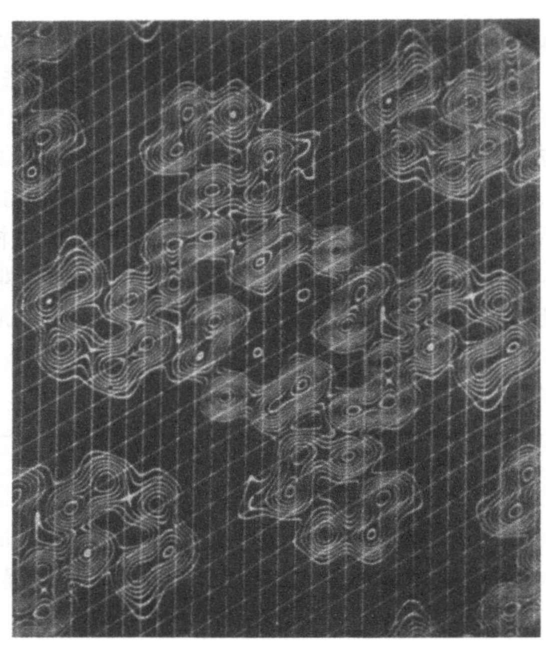

图 6.16　用 Pepinsky 的 XRAC 作出的酞菁分子电子密度投影轮廓图

D. Harker 和 J. S. Kasper 最先发现了具有实用价值的直接法[69]，并采用了单位结构因子之间不等式关系的形式. 它们的物理基础是所有原子以相同的符号散射 X 射线，并 (近似) 是球对称的，在此我们不给出任何推导. 最简单的 Harker-Kasper 不等式为

$$U^2(\boldsymbol{H}) \leqslant \frac{1}{2}(1 + U(2\boldsymbol{H})) \tag{6.6}$$

式中，当 $|U(\boldsymbol{H})|$ 和 $|U(2\boldsymbol{H})|$ 足够大时，要求 $U(2\boldsymbol{H})$ 为正. 同样，当 $|U(\boldsymbol{H})|$, $|U(\boldsymbol{H}')|$ 和 $|U(\boldsymbol{H}+\boldsymbol{H}')|$ 足够大时，可用另一个不等式证明 $s(\boldsymbol{H}) = s(\boldsymbol{H}')s(\boldsymbol{H}+\boldsymbol{H}')$，也就是说 $s(\boldsymbol{H})s(\boldsymbol{H}')s(\boldsymbol{H}+\boldsymbol{H}')$ 必须为正.

Kasper 等人[70] 测定了癸硼烷 ($B_{10}H_{14}$) 的晶体结构，它的单胞包含四个分子，应用不等式关系找出较大的结构因子的符号. 用本节前面所述的 Wilson 标度法，$|U(\boldsymbol{H})|$ 值由 $|F(\boldsymbol{H})|$(没有在绝对标度上测定) 值导出. Harker-Kasper 不等式的实用局限是，除非 N 很小，否则 $|U|$ 达不到关系式所限制的足够大.

J. Karle 和 H. Hauptman[71] 首先设定了电子密度为正的条件本身所要求的某

些条件. 它们具有行列式不等式的形式，$D \geqslant 0$，其中

$$D = \begin{vmatrix} F(0) & F(-\boldsymbol{H}_1) & F(-\boldsymbol{H}_2) & .... & F(-\boldsymbol{H}_n) \\ H(\boldsymbol{H}_1) & F(0) & F(\boldsymbol{H}_1 - \boldsymbol{H}_2) & .... & F(\boldsymbol{H}_1 - \boldsymbol{H}_n) \\ \cdots & \cdots & \cdots & \cdots & \cdots \\ F(\boldsymbol{H}_n) & F(\boldsymbol{H}_n - \boldsymbol{H}_1) & \cdots & \cdots & F(0) \end{vmatrix}$$

指标 $\boldsymbol{H}$ 相互之间不同，但又是任意的. 加上原子价的附加条件后，F 被 U 所代替.

当结构为中心对称时，$U(\boldsymbol{H}) = U(-\boldsymbol{H})$，一具有非负子行列式的 3×3 行列式可导出式 (6.6)，即最简单的 Harker-Kasper 不等式. 正如 M. M. Woolfson[72] 所评论的那样，“直接法理论的多数后续发展均与测定行列式不等式所含内容相关，尽管联系不总是显而易见的. ”

从电子密度平方后在其原位置上仍由正峰组成，若各个原子相同峰高也具有相同权重这一事实出发，D. Sayre[73] 作出了重要的进展. 当写成单胞结构因子时，Sayre 的方程有最简单形式，也就是

$$U(\boldsymbol{H}) = N\overline{U(\boldsymbol{H}')U(\boldsymbol{H} - \boldsymbol{H}')} \tag{6.7}$$

式中横杠表示在 $\boldsymbol{H}'$ 的取值范围内取平均. 当晶体结构有中心对称时，上式可改写成

$$U(\boldsymbol{H}) = N\overline{U(\boldsymbol{H}')U(\boldsymbol{H} + \boldsymbol{H}')}$$

为了得到精确的结果，$\boldsymbol{H}'$ 值取平均必须包含足够大的范围，以便在电子密度图上产生相应的可辨别的峰，或者说，包含这些单位结构因子有代表性的项.

虽然对一个有机结构的投影 Sayre 成功地测定了一些较大 U 值的符号，但因为方程右边包含很多项，实际应用的前景看来不太光明. 然而，W Cochran[74] 与 Sayre 讨论之后注意到，对一定数目的已知结构的 $U(\boldsymbol{H})$ 和任意一个 $U(\boldsymbol{H}')U(\boldsymbol{H}+\boldsymbol{H}')$ 乘积，当包含三个较大的 $|U|$ 时，几乎总具有相同的符号. 换句话说，关系式 $s(\boldsymbol{H}) = s(\boldsymbol{H}')s(\boldsymbol{H} + \boldsymbol{H}')$ 成立，尽管 Harker-Kasper 不等式并不强制如此，也不依赖于出现的原子是等同的. Cochran 虽然对自己的这个观察给不出定量的解释，但是证明了从十来个最大的 U 出发，应用三重乘积符号关系式测定谷氨酰胺的结构 (投影) 的可能性. W. H. Zachariasen[75] 应用了更广泛的类似的程序，用三维数据测定了偏硼酸 (metaboric acid)(H_3BO_3) 的结构. 事实上，这一结构的测定是相当困难的，这是由于不对称单元由三个分子组成.

1953 年 H.Hauptman 和 J.Karle 出版了书名为《相位问题的解.I. 中心对称晶体》(*The Solution of the Phase Problem. I.The Centrosymmetric Crystal*) 的专著[76]. 这个书名过于乐观，他们给出的一些关系式不完全正确，但这部著作理所当然是有

影响的. 他们建立了结构因子之间概率关系的概念，并且给出了 $s(\boldsymbol{H})s(\boldsymbol{H}')s(\boldsymbol{H}+\boldsymbol{H}')$ 为正的一个概率近似公式. M. M. Woolfson[77] 得到了更为精确的结果，也就是当每个单胞中有 N 个等同的原子时，

$$P_+ = \frac{1}{2} + \frac{1}{2}\tanh(N\left|U(\boldsymbol{H})U(\boldsymbol{H}')U(\boldsymbol{H}+\boldsymbol{H}')\right|)$$

给出 $s(\boldsymbol{H})s(\boldsymbol{H}')s(\boldsymbol{H}+\boldsymbol{H}')$ 为正的的概率. 该式很容易推广应用到原子不同的情况. A. Klug 和其他作者后来得到原则上更精确的结果[78]，而对实用的目的，双曲线正切公式已足够精确. 在 20 世纪 50 年代和 60 年代初，应用符号关系式解析了相当多的中心对称结构.

当晶体结构或者它的投影没有中心对称时，Sayre 方程仍有公式 (6.7) 的形式. Cochran[79] 使用 Woolfson 首创的近似方法证明，当对一个 $\boldsymbol{H}'$ 值 $U(\boldsymbol{H}')$ 和 $U(\boldsymbol{H}-\boldsymbol{H}')$ 已知时，$\alpha(\boldsymbol{H})$ 的期待值表示为

$$\langle\alpha(\boldsymbol{H})\rangle = \alpha(\boldsymbol{H}') + \alpha(\boldsymbol{H}-\boldsymbol{H}')$$

而且得到了 $\alpha(\boldsymbol{H})$ 围绕 $\langle\alpha(\boldsymbol{H})\rangle$ 的概率分布表达式. 当对 $\alpha(\boldsymbol{H})$ 值有一系列离散的数表示时，结果为

$$\langle\alpha(\boldsymbol{H})\rangle = \sum_{\boldsymbol{H}'}\left\{U(\boldsymbol{H}')U(\boldsymbol{H}-\boldsymbol{H}')\right\} \text{的相位}$$

J. Karle 与 H.Hauptman[80] 从不同的途径导出了特别有价值的 $\tan\langle\alpha(\boldsymbol{H})\rangle$ 公式 (正切公式). 在讨论以上结果时，Cochran 对位相关系用于从头开始的结构测定的可能性曾表示了明显的悲观. 然而，十年后 I. L. Karle 和 J. Karle[81] 仅用了位相关系式就成功测定了精氨酸二水化合物结构. 这是一个令人注目和有影响的进展，测定中他们并没有太多使用计算机. G. Germain 和 M. M. Woolfson[82] 最先推进了结构测定过程的全自动化，并且特别是经过 Woolfson 与他的合作者们的持续努力，取得很大的成功. Woolfson 的综述文章[72] 的发表恰好选在祝贺 J.Karle 与 H.Hauptman 获得诺贝尔奖之时. Woolfson 及合作者设计计算机程序的理念是使程序的使用者参与其结构解析过程的程度减少到最小，最理想是一点都不参与，如 MULTAN(multiple tangent formula method) 程序. 从一套初始相位开始，推导出多套可能的相位，每一套附上其相应的品质因子. 计算出相应的电子密度图并将此图以标记有最高峰位置的方式打印出来，并用合理的分子构型对其加以检验. 详细可参阅 Woolfson 和其他人的综述文章[83].

尽管相位角 $\alpha(\boldsymbol{H})$ 不能直接从实验测量得到，但诸如 $\alpha(\boldsymbol{H})-\alpha(\boldsymbol{H}')-\alpha(\boldsymbol{H}-\boldsymbol{H}')$ 这样的 “结构不变量” 的信息，如 B. Post 以及 K. Hümmer 和 H. Billy 所证明的那样，能够使用 Renninger 效应获得. 现在还不清楚这种技术在实际中有多大用途.

实验条件现正在精确化，同步辐射光源的应用将极佳地满足实验需求. 然而，任何对初始值相位所加的限制都是有价值的.

6.5 精确结构分析

生物分子晶体结构测定通常分辨率比较低，给出的原子位置标准偏差不比 0.2Å 更好. 然而，这对一些研究如对蛋白质的氨基酸序列的解释已足够了. 对于解决立体化学的其他问题，如某些键长的相等和不相等问题，就要求更小的标准偏差，此时要求精确的电子密度图来确定氢原子的位置或成键电子分布信息时. 从一个已被测定结构的轮廓到能获得大信息量的结构细节的过程被称为结构精修.

经验表明，当 R 因子或符合指数 (agreement index) 小于 0.4 时，结构可能精确测定. 其中

$$R=\sum \left||F_0|-|F_c|\right| \Big/ \sum |F_0|$$

F_0 和 F_c 分别为观察的和计算的结构因子. 直至 1960 年代，仍很难精修一个结构使之达到 R=0.1. 但是，从那时起，实验和计算技术的改进使得这因子减小了三分之二以上. 由于不是所有测量都是等效可靠的，最好使用

$$R_1=\left(\sum w(|F_0|-|F_c|)^2 \Big/ \sum w\,|F_0|^2\right)^{\frac{1}{2}}$$

式中 $w=1/\sigma^2$，σ 是某一特定 $|F_0|$ 的方差. 测量的结构因子也许需要作多个修正，其中只有少数需要在这里讨论，其他的只有熟练的专业人员感兴趣. 消光是值得重视的数学难题，它对有经验的晶体学家也是头痛的事情[47,84]. 这个名称起源于 1922 年 C. G. Darwin 的文章[85]，W. H. Zachariasen[86] 对消光修正在理论和修正方法两个方面都作出了显著的贡献. 一个体积为 V，线性尺度不大于单胞尺度几千倍的完美晶体给出的积分强度为 QV(插注 6B). 现在假设晶体的厚度沿垂直于反射面方向增加，上层晶面的将反射掉入射束的绝大部分，其结果是下面的晶面完全被屏蔽. 强度将不再正比于 V，由于 Q 正比于 $|F(\boldsymbol{H})|^2$，这对强反射可能完全屏蔽，而对弱反射也许仍然不重要. Darwin 称这种效应为 “初级消光”(primary extinction). 下面考虑嵌镶晶体，其中单个晶块的特征线度太小以致不引起初级消光. 这些小晶块存在一定范围的取向差，杂乱的排列使各不同晶块间反射的 X 射线束没有相位相干，总强度将是它们的强度相加，而不是振幅相加. 在这样的情况下，当上层的晶块位于合适的方向反射足够能量的入射束时，入射束将被衰减，就好像是吸收系数增加了一样，于是下层晶块仍然存在屏蔽. Darwin 把这种效应称为 “次级消光”(secondary extinction). Zachariasen 对其作了推广，导出了一个修正测量结构因子的有用的公式.

在硼铍石 ($(Be_2BO_3(OH))$) 结构的精修中，这种方法使 R 因子降低到 0.041，最大的结构因子可以修正到两倍. Zachariasen 程序的弱点是修正只能在精修中进行，而不能在测量过程进行. 很明显，对消光的修正应该保持最小. 这一点可以用尽可能小的样品和短波长 X 射线达到.

如公式 (6.2) 所示，热振动对 Bragg 峰强度的影响不仅是 Debye 晶格动力学近似理论得到的结果，而且也可从 M. Born 和 T. von Kármán 推导的更为精确的理论得到，只要简谐波近似是有效的，也就是说，晶格波服从叠加原理. 到此，我们的讨论假设每个原子的热振动是各向同性的，事实上，它可能是各向异性的. 对这种效应，在精修时要求每个原子引入至多不超过五个附加参数.

当温度与德拜特征温度 θ_D 可比拟时，晶格振动不能作为简谐振动处理，其理论必须扩展，并变得相当复杂. 晶体学家发现，如 Einstein 模型那样假设每个原子振动相互独立，但在势能中包含原子位移的三次方、四次方等项，一般情况下是合适的. B. Dawson[87] 对温度因子效应作了比较详细的讨论. 他的综述文章包含了结构精修和电子密度精确测量的许多方面，遗憾的是，作者的早逝使工作未及完成. M. J. Cooper 等人[88] 应用中子衍射研究了 BaF_2 的非简谐性，发现与近似理论符合很好.

当由电子密度图导出精修的结构参数时，Fourier 级数的截断会引起原子密度产生波动，从而导致比 $|F_0|$ 中随机误差效应更大的系统误差[89]. 通过使用导出观察值与计算值电子密度之间的差而不是电子密度本身的数据，几乎可以完全消除这些误差. C. W. Bunn[90] 是这个“差值合成”应用的第一个提倡者，在一些原子还处于不完全正确位置情况下，它可作为结构测定的辅助办法. W. Cochran[91] 则把它作为消除级数截断误差和氢原子定位的工具. 在有机分子中差值电子密度也广泛用于测定成键电子密度.

如 E. W. Hughes 最先倡导的那样[56]，级数截断误差可以在精修时用最小二乘法修正. 现在它是精修的标准方法并包含了系统地改变原子参数以使原先定义的 R 值降到最小.

在测量如草酸 ($((COOH)_2 2H_2O)$) 那样的有机化合物的电子分布中达到了令人印象深刻的精度[92]. 在不同的实验室收集了四组 X 射线和五组中子衍射数据. 每种情况下实验样品的温度大约为 100K，用于研究的 X 射线为 MoKα 辐射，而所用中子的波长为 0.525 到 1.07Å. 测出的原子位置符合得好于 0.001Å，但是，各向异性温度因子符合的不如由数据质量所预测的那样好，这可能是因为没对声学模散射做修正以及在不同的 X 射线数据组中采用了不同的原子散射因子. 电子密度差值图中的温度因子仅从中子数据推出，这是由于成键电子的分布能影响各向异性振动. 图 6.17(a) 示出了 3 组不同的 X 射线数据得到的 $(\rho_0 - \rho_c)$，总的来说，它们之间相互符合得好，图中标示出了被抽去原子的位置. 图 6.17(b) 是理论计算的电子密度差值图，它们是由基于自洽场方法的分子轨道波函数推出的. 图 6.17(b) 中的三个图分别对应于不同的理论参数. 如不从绝对定量上考虑，理论和实验的符合相当惊人.

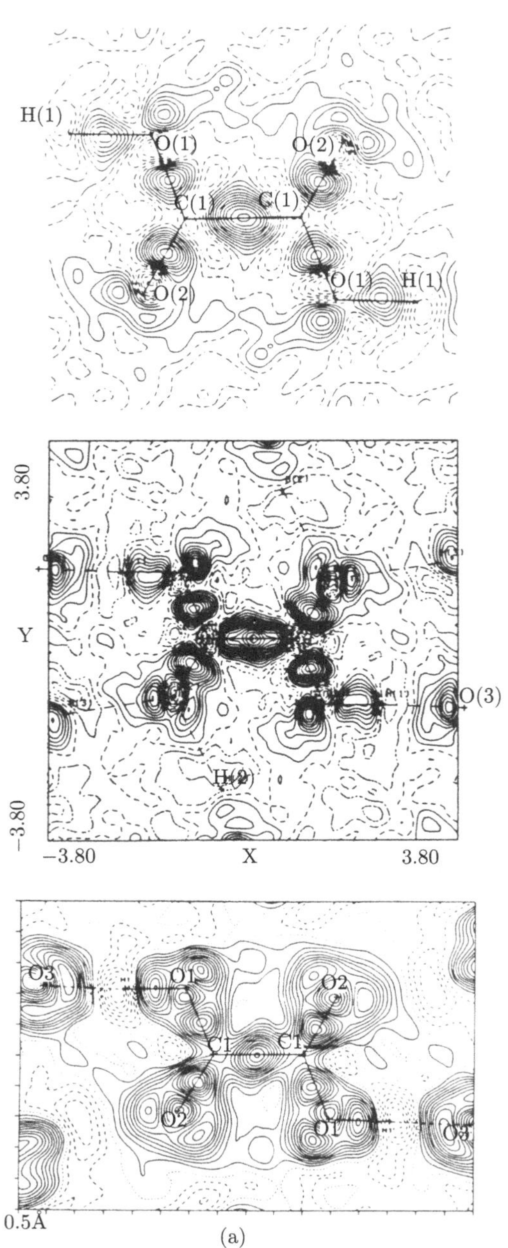

(a)

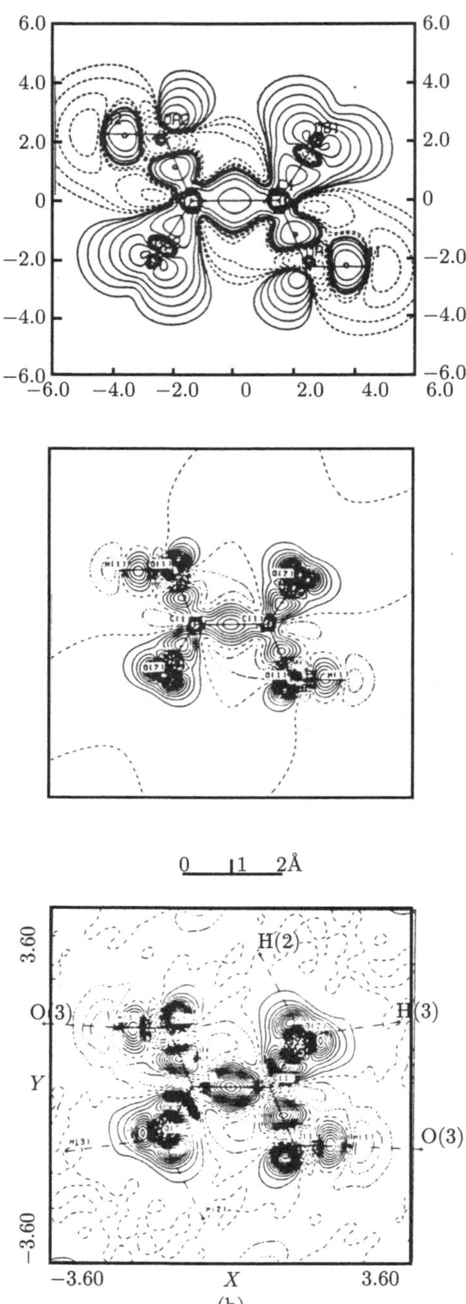

图 6.17　(a) 从三组相互独立的实验数据得到的草酸电子密度差值图；(b) 对应不同的理论参数的同一电子密度差值的三个理论计算图

6.6 中 子 衍 射[84,93]

晶体可以衍射中子的事实至少是从 1936 年起被认识到的，当时 W. M. Elsasser[94] 讨论了这个论题. 图 6.18 是 D. P. Mitchell 和 P. N. Powers[95] 用于演示中子衍射的实验装置示意图. 从镭 — 铍源发出的快中子经硬石蜡慢化，成为热中子，其波长分布的最大值约 1.6Å. 如图所示，几块 MgO 大晶体的放置使其 (100) 面形成适当的角度，当它们由这个位置转动时，记录到的强度显著减小.

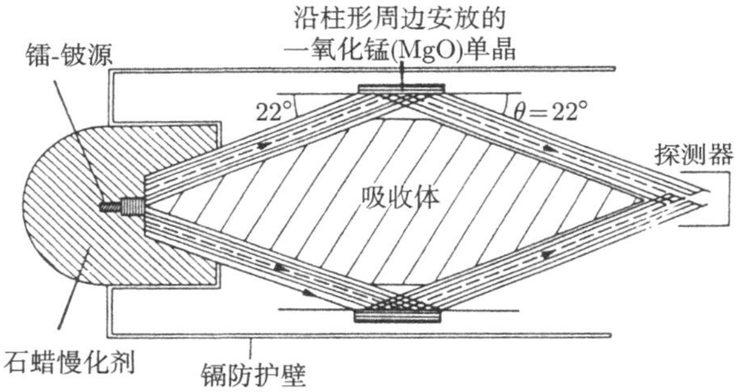

图 6.18 第一个用于演示 MgO 晶体中子衍射的装置示意图 (详见正文)

直到反应堆作为热中子源之后，中子衍射方法的潜力才得到足够的认识. 1942 年 E. Fermi 设计的位于芝加哥的第一个核反应堆开始运行. 1944 年 W. H. Zinn[96] 在阿贡实验室工作，他研究了中子从 LiF 的反射，并测量了从反应堆发出的中子能量谱. 他所用的仪器现已成为当地博物馆的一件文物. 1946 年 E. O. Wollan 和 C. G. Shull 在橡树岭实验室的工作极为出色，他们定量测量了 NaCl 的粉末衍射，并获得液体的衍射图样. 验证 F. Bloch 和 L. Nèel 预言 (我们将在后面讨论) 的实验工作是由 C. G. Shull 和 J. S. Smart[97] 在磁性材料上开始的，这开辟了 X 射线不可能进入的新的领域.

简单地回顾早期工作后，我们现在转而比较 X 射线和中子散射理论，二者其实相当类似. 两者的重要的区别来源于以下事实：X 射线散射是由占据了尺度可与 X 光波长相比区域的原子中的电子产生的；而中子散射则主要是由微小尺度的原子核产生的. 其结果是，公式 (6.2) 中原子对中子的散射因子 f 没有角度变化，只有温度因子使中子散射各向异性. 在公式中 $f(T)$ 的地方，出现了 $-b(T)$，即原子核的束缚散射长度，其定义为对原子核不可自由反弹的长度. 这个结果仅适用于自旋为零的原子核. 当原子核有自旋时，它将实际上具有两个很不一样的散射长度 b_+ 和 b_-，它们起源于中子自旋相对于原子核自旋的两个方向. 用这两个值的加权平均值取代 b，可给出相干散射辐射的振幅，但同时还有非相干散射. 另一种非相

干散射来源于元素的同位素，同位素一般有不同的散射长度，相干散射的有效 b 值也取加权平均值 $\bar{b}$. 在晶体中子衍射中，非相干散射产生一个缓慢变化的本底，相干散射产生的布拉格峰在其上重叠. 对大多数元素 b 为正数，它随着原子核半径增加而缓慢增加. 但是，当中子能量接近原子核共振能量时，它因受到相反符号的进一步贡献而可能成为为负数. 结果，诸如氢，锰和钛的 $\bar{b}$ 为负数，而钒的 $\bar{b}$ 几乎等于零. 中子被质子强烈散射使得中子衍射成为探测氢原子位置的有力工具. 对 X 射线和中子来说，原子的散射振幅差别不大，但中子衍射的 Q 值 (插注 6B) 大约比 X 射线衍射的 Q 值小一个数量级. 由于大多数材料对热中子的吸收很小，允许应用比较大的样品，因此，消光对中子衍射很重要. 的确，E. Fermi 和 L. Marshall[98] 早期的测量给出的结果是，尽管有嵌镶特征，由几个晶体得到的积分强度近似正比于 $|F|$ 而不是 $|F|^2$. G. E. Bacon 和 R. Lowde[99] 指出，这是使用大样品所预期的.

在早期的反应堆中热中子的各向同性通量不超过 $10^{12}\text{cm}^{-2}\cdot\text{s}^{-1}$，准直单色束的通量为 $10^{8}\text{cm}^{-2}\cdot\text{s}^{-1}$，大大低于一些 X 射线管的光束中的光子通量. 因此，需要用厘米尺度的样品来测量，以补偿通量不足. 从为凝聚态物质实验而设计的高通量反应堆 (如美国布鲁克海文实验室或法国 Laue-Langevin 研究所的反应堆) 发出的中子强度大约高 10^3 倍，采用导管可进一步增强准直束的强度. 这样，样品不必要比 X 射线的样品大就可使用，而且消光也不再是问题.

尽管中子衍射的实验技术与 X 射线衍射所用的实验技术多数相似，但由于屏蔽的需要，其设备规模远为庞大，使得相应的投资和运行费用都相当巨大. 虽然脉冲反应堆可以产生峰值通量大约为 $10^{16}\text{cm}^{-2}\cdot\text{s}^{-1}$ 的热中子，但是布鲁克海文和格林诺布反应堆的热中子通量的极限不大可能被突破. 电子轰击靶 (如钨靶) 产生 γ 射线，然后 γ 射线通过 γ−n 反应产生快中子；高能质子轰击类似的靶，可以由散裂反应产生中子. 位于英格兰 Rutherford 实验室的散裂中子源 ISIS 于 1985 年起开始运行.

中子束的波长 λ 通过 de Broglie 关系 $\lambda = h/m_n u$ 与中子动量$m_n u$ 相联系，对处于温度为 T 的慢化剂中的平衡态中子有：$\frac{1}{2}m_n\bar{u}^2 = \frac{3}{2}kT$. T=0°C 和 100°C 相对应的方均根速度的波长分别为 1.55Å和 1.33Å；而速度 $u = 2\text{km}\cdot\text{s}^{-1}$ 的中子的 $\lambda=$ 2.0Å和 $E = 0.02\text{eV}$. 当中子被晶体非弹性散射时，中子将与晶体交换的能量 (它以声子能量 $h\nu_i(\boldsymbol{q})$ 为单位) 一般可与入射中子的能量相比拟，因此，被散射中子的能量 (或者波长) 将显著地改变. 在中子谱实验中，如第 12 章所述，测量波长的变化能够确定声子频率和波长之间的关系 $\nu_i(\boldsymbol{q})$. 使用中子衍射一词意味着不包含中子谱学，采用这个限制条件，X 射线衍射与中子衍射十分相似. 然而，中子束的单色化可用斩波器选择特定速度的中子，其速度可利用飞行时间技术来测定. 例如，图 6.19 给出粉末样品衍射实验安排示意图，它固定 2θ，记录满足 Bragg 方程的不同

λ 和 d，而不是像通常那样固定 λ，记录 2θ 和 d[100]. 当样品被封闭在例如一个加压容器内时，上述安排有特别的优点，因为只需要固定入射和出射窗口即可，其缺点是必须知道入射束的能谱.

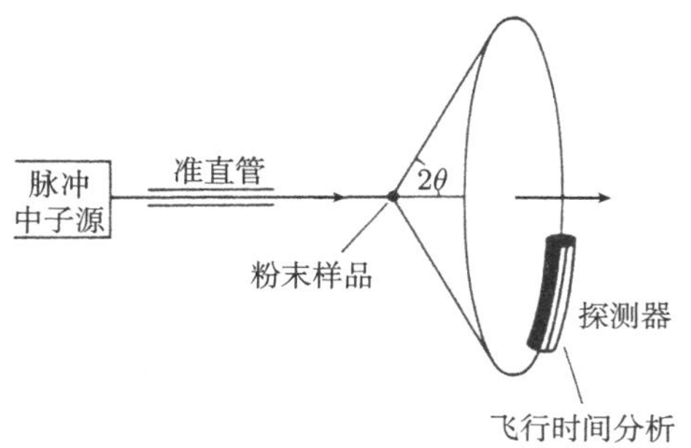

图 6.19 用飞行时间法纪录粉末样品衍射花样的装置示意图

慢化剂的温度通常在 300~400K，对应的波长谱的峰在 1.0~1.5Å，超出 0.7~2.8Å的中子相对极少. 可以在反应堆内装一个冷源来增加长波中子或“冷”中子的数目. 例如，一个体积约 300cm^3 装有 T =20K 液氢的容器可使 5~10Å的中子数目增加一个数量级. 相反，热源将增加在波谱短波端中子的数目.

中子导管[101] 依赖于慢中子在金属管内的全反射，它可用于增加准直中子束的强度，同时开辟了低本底的途径. 格林诺布高通量反应堆有 10 个这样的导管.

尽管照相技术已用于纪录 Laue 照片[102]，但是热中子常用的探测器则是一个充满 $^{10}BF_3$ 气的柱体，其作用与正比计数器相同. 实验中不再采用单个计数器在 2θ 范围内扫描来记录粉末的衍射图，而是采用一组线性排列的探测器来同时计数. 从此出发发展了位置灵敏探测器，可以将其当作是一个多单元 BF_3 计数器. 例如这种探测器的一个设计中含 400 个计数单元，围绕样品放置的每个单元宽 1cm，对样品所张的角大约 0.2^0. 计数单元也可排成两维阵列. 在格林诺布反应堆小角散射装置的探测器为 64×64 单元的阵列，每个单元的大小为 1cm×1cm. 其他的设计采用掺锂玻璃制造的闪烁屏与沟道平面电子倍增器耦合.

现在我们回顾几个探索中子衍射特色的实验研究. R. M. Bozorth[103] 应用 X 射线对 KHF_2 的研究曾表明，F-H-F 离子可能是以氢原子位于中心的直线. 然而，在该工作和以后的 X 射线工作中都没有检测到这种情况. S. W. Peterson 和 H. A. Levy[104] 应用单晶中子衍射数据计算了原子核密度在 (001) 面上的投影. 在图 6.20 中氢原子以负峰的方式出现在两个相距 2.26Å的正的氟峰中间 (两个氢原子在投影图中重合在一起). 这是 Fourier 方法在中子晶体学中第一次应用. G. E. Bacon 和 R. S. Pease[105] 研究了 KH_2PO_4 的结构. 图 6.21(a) 给出了在 (001) 面投影的原子核密度，氢原子由负峰表示，它的分布以两个氧原子之间氢键为中心，并沿着氢键拉长. 在图 6.21(b) 中，当晶体的温度为 20°C 时，差值 Fourier 级数合成仅显示氢原子. 当温度为 −180°C 时，晶体为铁电体，其自发极化沿 c 轴，垂直于图平面. 从图 6.21(b) 和图 6.21(c) 可清楚地看到，每个氢原子靠近一个氧原子而离开另一个氧原子. 当极化反转时，每个氢原子移动到另一个交替的位置. 这是对铁电转变中发生原子移动的一个直接而漂亮的证实，也是众多类似研究的首例.

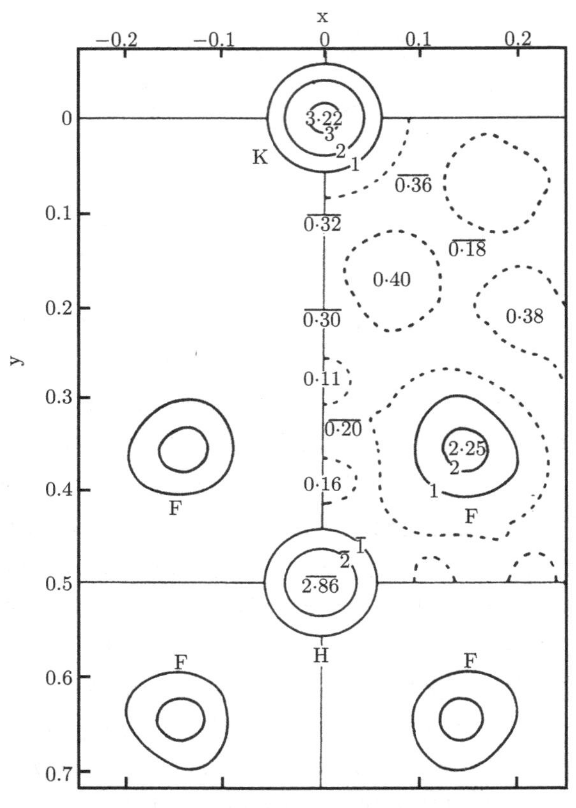

图 6.20　KHF_2 原子核密度沿 c 轴的投影 (详见正文)

有 “重” 原子存在的情况下中子用于定位 “轻” 原子的例子，包括定位金属中碳和氮 (X 射线测量对碳的位置不敏感)，特别是稀土二碳化合物. 中子衍射对识别原子序数很接近的金属，如黄铜 (Cu-Zn) 和不锈钢 (Fe-Mn-Cr 等) 以及研究金属有序 — 无序转变十分有价值[106].

中子与原子核的相互作用，虽然通常是最强的，但它并非唯一的中子散射机制. 对某些材料，中子磁矩与原子里的电子自旋或轨道磁矩相互作用会产生一个附加的散射源. 在反应堆的发明使得实验工作成为可能以前，许多有关磁性材料中子散射理论的工作已经发表. W. C. Koehler[107] 曾指出，O. Halpern 和 M. H. Johnson[108]

的经典文章包含的一些预言直到 30 年后才被证实. 1940 年发表的一篇出色的实验工作，报道了 L. W. Alvarez 和 F. Bloch[109] 从铁样品的磁散射产生弱极化中子束，并通过核共振实验获得中子磁矩的值. 此后，人们假设原子磁矩仅从未配对电子的自旋产生，如同在结晶环境中的第一过渡元素系的原子一样.

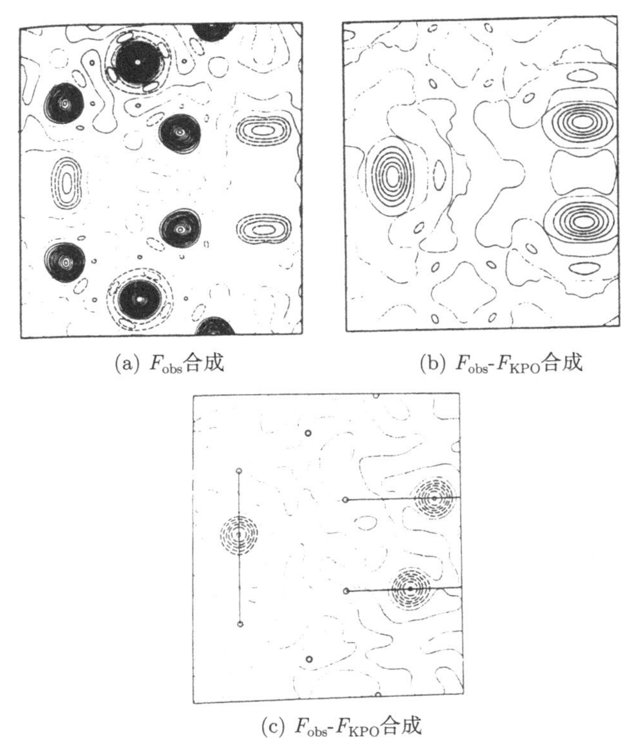

(a) F_{obs}合成　　(b) F_{obs}-F_{KPO}合成

(c) F_{obs}-F_{KPO}合成

图 6.21 (a)KH_2PO_4 原子核密度沿 c 轴的投影；(b)20°C 时氢原子的投影密度；(c)−180°C 时氢原子的投影密度 (见正文)

在理想的顺磁材料中，单个原子的磁矩是杂乱取向和互不关联的，因此，只有非相干磁散射发生. 这样，散射中子的角分布给出原子内未配对电子分布的信息[110].

C. G. Shull 和 J. S. Smart[97] 研究了温度为 80K 时 MnO 粉末的中子衍射花样后指出，“磁” 单胞的尺度是 X 射线衍射测定的立方单胞的两倍. 这是反铁磁结构造成的，如 L Néel 所预言的那样，其磁矩具有反平行排列. 两年多以后，C. G. Shull 等人[111] 证实了 Fe_3O_4 顺磁材料 Neél 模型的正确性，这个工作奠定了产生极化束的基础. 一束非极化束可以看作具有自旋平行于和反平行于它所入射的铁磁 (或亚铁磁) 晶体的磁化方向的两个组分，它们分别具有散射长度 $b+p$ 和 b–p，

其中 p 为磁散射长度. 如果对一个特定反射碰巧有 $b=p$，这时只有一个组分就像完全极化束那样被反射. Fe_3O_4(磁铁矿) 的 (220) 面接近于满足这个条件，因此可以作为极化单色仪.[**又见 14.7.8 节和 14.4.3 节**]

图 6.22 给出极化中子装置的示意图[112]. 磁准直的目的是保持极化方向，将急掷圈 (flipping coil) 中的射频调节到中子在磁场中的 Larmor 旋进频率，通过急掷圈时中子完成了 180° 旋进. 这样急掷圈能够用作极化方向的开关. 对通常的测量，将样品和探测器安排在位于一布拉格反射的最大值处，纪录两个极化方向的计数比率，从二者之差可将取向自旋的散射与其他散射分离出来[106]. 用这种方法，C.G.Shull[113] 获得了铁 (001) 面的自旋密度.

Au_2Mn 合金具有反铁磁结构，归属为 “螺旋磁性” 结构，如图 6.23 所示. 原子的铁磁面垂直于 Oy 方向，从一个铁磁面到下一个铁磁面磁化方向旋转 51°. 这也提供了一个非公度结构的例子，也就是对应的旋转的空间周期和相应的单胞维度是非公度的. 这样，在适当的温度范围，中子衍射花样包含了伴随核反射的磁起源的伴随反射对.

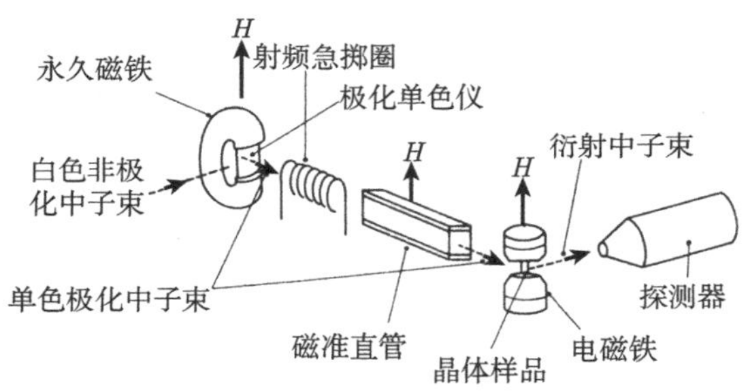

图 6.22 产生极化中子束装置的示意图

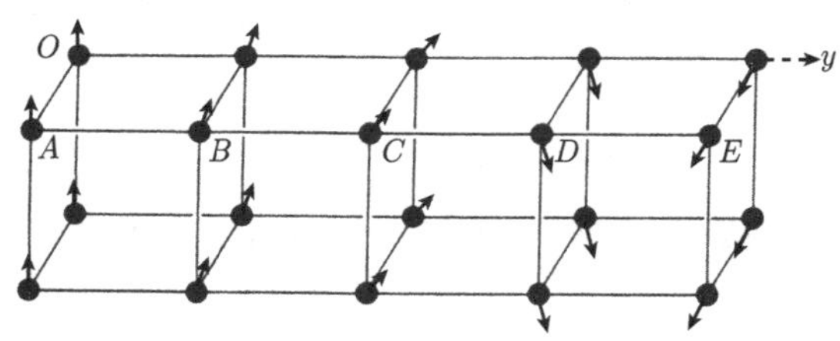

图 6.23 Au_2Mn 中磁矩的 “螺旋磁性” 排列

把空间群理论扩展到包括磁结构的工作主要是由俄罗斯晶体学家做出的[114]. 新的对称元素 (如反平移和反映射) 使 Bravais 格子的数目从 14 个增加到 36 个，而空间群的数目从 230 个增加到 1651 个，称为 Shubnikov 群. 顺便说一下，这个对称性处理没有包括非公度结构.

已经发现稀土金属的磁结构既变化多端又复杂，它们之中的一些吸附中子，有碍于实验，W. C. Koehler 和他的同事在橡树岭实验室对此做了大量的研究. 在不同的温度范围 (通常低于 200K)，大多数元素表现出两种或更多的有序磁结构，而晶体结构均保持为六角结构. Koehler[115] 给出了磁结构的图解，包括磁矩在垂直于 c 轴平面的铁磁结构，螺旋反铁磁结构，圆锥螺旋结构和正弦调制的平行 c 轴的反铁磁结构.

6.7 电子衍射[116]

1927 年发现的电子衍射，就其基本意义和应用重要性而言，完全可以与 1912 年发现的 X 射线衍射相提并论. 第 3 章已叙述了它的早期历史，这里，我们从 1926 年夏天 G. P. Thomson 在英国科学促进会会议上[117] 听到 Davisson 的工作后讲起. Thomson 那时是阿伯丁大学的自然哲学教授，在返回阿伯丁的路上，他鼓励他的学生 A. Reid 改善已有的设备，使具有千电子伏范围能量的电子束得以穿透赛珞璐薄膜，并被纪录在照相板上. 他们为漫散射环的发现所鼓舞，再次建造了改进后的设备，并用很薄的铝膜和金膜作靶进行了拍摄. 得到的图样 (图 6.24 所示) 非常类似 X 射线粉末衍射图，定量地符合电子波长 $\lambda = h/\sqrt{2mE}$. 1937 年 Davisson 和 G. P. Thomson 分享了诺贝尔物理奖. 这件事后来流传为趣谈：老 Thomson(J. J. Thomson) 因证明电子是粒子而获奖，而他的儿子却因证明电子不是粒子而获奖.**[又见 3.2.3.3 节]**

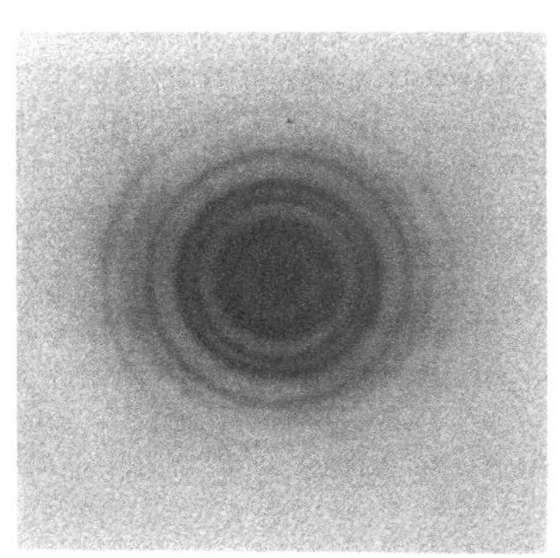

图 6.24 溅射金膜得到的电子衍射图，它很类似 X 射线粉末衍射图

1928 年西川 (S. Nishikawa) 和菊池 (S. Kikuchi)[118] 用 34kev 的电子透射过云母片获得了照片，这标志着应用电子衍射研究晶体结构的开始. 随后，研究的领域扩展到包括表面研究，气体分子电子衍射和电子显微术等方面. 不过，本节余下的内容将仅限于应用透射技术研究晶体结构.

当电子束打在原子上时，电子散射因子 f_e 即单位距离散射束的振幅正比于原子中静电势 $\Phi(r)$ 的 Fourier 变换. f_e 与原子的 X 射线散射因子 f 的关系由

$$f_e(S) = \frac{2me^2}{h^2}\frac{(Z - f(S))}{S^2}$$

表示，其中 Z 是原子序数. 用 Thomas-Fermi 方法所得电子分布给出的 $f_e(S)$ 随 Z 的增加大约为 $Z^{\frac{1}{3}}$. 因此，靠近原子中心的势能随 Z 的增加比电子密度随 Z 的增加慢得多，这样，轻原子在 $\Phi(r)$ 图中比在电子密度 $\rho(r)$ 图中相对更加醒目. 事实上，电子衍射与 X 射线或中子衍射的最大不同是前者有相当大的散射因子 f_e，它约为后两者的散射因子的 10^4 倍. 与迄今为止我们遇到的处理 X 射线衍射、中子衍射和忽略多重散射的理论相对应的电子衍射运动学理论，只对合适的样品尺度才有效，对含有轻原子的材料尺度必须小于 1000Å，而含有重原子时必须小于约 100Å[119].

三维数据可以通过改变薄的单晶样品的衍射方向或者采用 Zvyagin 的“倾斜织构法”获得，前者与粉末样品法有相当多的重叠. 图 6.25 所示为哌酮二酮三维势能分布 $\Phi(r)$，它是 Vainshtein 工作的一个实例①. 不含氢的键长的标准偏差估计为 0.012Å，然而后来与 X 射线的结果比较时发现这个偏差要更大些. P. Goodman[120] 给出了其他结构研究的例子. 对相应于空间群缺失，从而 Friedel 定律不成立的反射，多重散射能得到强度不为零的结果[121]. 此时 X 射线技术或中子晶体学技术为何能给出更精确的结果显然存在若干原因.

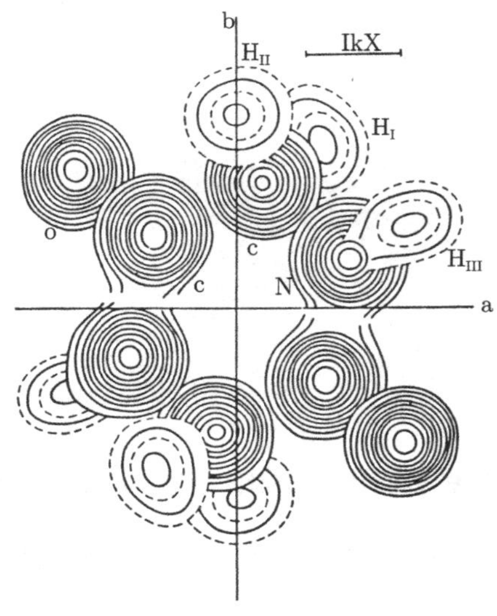

图 6.25　电子衍射确定的二酮哌嗪三维势能分布 $\Phi(r)$ 图

①Vainshtein 等获得了在 3.5 Å低等真核细胞中的过氧化氢酶的第一个电子云图.—— 译者注

随着现在计算设备的发展和使用，使得基于包括几百个电子束相互作用的动力学理论计算成为可能，从而多重散射效应不再成为问题. 事实上，通过类似 X 射线 Renninger 效应 (6.4 节) 的相互作用，多重散射相互作用效应显出一定优越性，对于某些反射，它允许将相位角 $\alpha(\boldsymbol{H})$ 之间的结构不变关系确定到好于 1°. 研究薄晶体样品的实验技术也得到令人注目的改进，对定量会聚束电子衍射，使用聚焦的电子束可以只探及样品的很小的部分，因此可以研究样品中的包裹体和畴区. 从电子密度 $\rho(r)$ 和静电势 $\Phi(r)$ 之间的关系，可由电子衍射结构因子推导出精确的 X 射线结构因子 $|F(\boldsymbol{H})|$ 来，这已经成为研究诸如 Ge 和 GaAs 等具有小单胞的无机材料中成键电子分布的精确方法[122].

6.8 表面晶体学

晶体暴露表面结构的知识对理解晶体生长、电子热离子发射、催化和金属 — 半导体接触的形成十分重要. 这些引起了人们从六十年代初期起对表面晶体学越来越多的兴趣. D. P. Woodruff 和 T. A. Delchar[123] 已列出了二十多种研究晶体表面的技术 (和它们的词首字母缩略词)，此后又发展出其他技术. 本节主要讨论用于研究表面结构最重要的技术，如低能电子衍射 (LEED)、反射高能电子衍射 (RHEED) 和面内 X 射线衍射. 1982 年 G. Binning 等人 [124] 发明的隧道电子显微镜给出了表面原子结构特别直观和漂亮的结果.

通常只有没有受到污染的表面才值得研究. 这只有在气压非常低的情况下才能实现，否则表面几乎瞬间即会被污染. 即使在气压为 1.333×10^{-4}Pa(1mm 水银柱高) 的情况下，大约只需一秒就能在金属表面形成一个氮单层. 只有在应用超高真空技术保持压强为 1.333×10^{-8}Pa 或更好情况下，才能保证有足够长的时间对一个没有污染的表面进行实验. 大约从 1960 年起，这种技术才成为可能[125]. 应用 LEED 技术时，理论和实验的详细比较需要大量计算，这种计算也是在此时才成为可能.

在二维空间，有 5 种 Bravais 格子，17 个空间群[123]. 表面的结构可能与体材料的结构是一样的，可能只是表面或靠近表面处存在一些原子向外或向内的位移，或者外原子层发生重构. 最终，不同种类的原子或分子可能在表面被吸附，形成新的二维晶格结构，它的单胞 (或者是二维网状结构) 与衬底单胞有关.

LEED 实验的电子能量为 20~1000eV，典型的束流为 1μA，束斑在样品上的聚焦直径约为 1mm. 图 6.26 所示的栅极为球面形，与荧光记录屏同心并在二者之间保持一个使非弹性散射的电子不能到达荧光屏的电势. 这类的仪器是从 W Ehrenberg[126] 设计的仪器演化而来的. LEED 能量范围的电子不能穿透最上面的三层或四层原子，这是因为弹性散射截面很大，而且，非弹性散射也使电子束衰减很快. 分辨率降低意味着 Bragg 定律放宽，对给定晶体位置和入射束方向，几个衍射束能够同时产生. 图 6.27 给出的表面结构为边长为 a 的二维方形格子 (或者网)，入射束与垂直线的夹角为 φ. 三束衍射束 $\mathbf{k}_5'$，$\mathbf{k}_6'$ 和 $\mathbf{k}_7'$ 指向样品 (因此，记录屏接收不到)，而衍射束 $\mathbf{k}_1'$ 到 $\mathbf{k}_4'$ 将到达纪录屏，有足够的信息确定出网状结构的对称性和尺度.

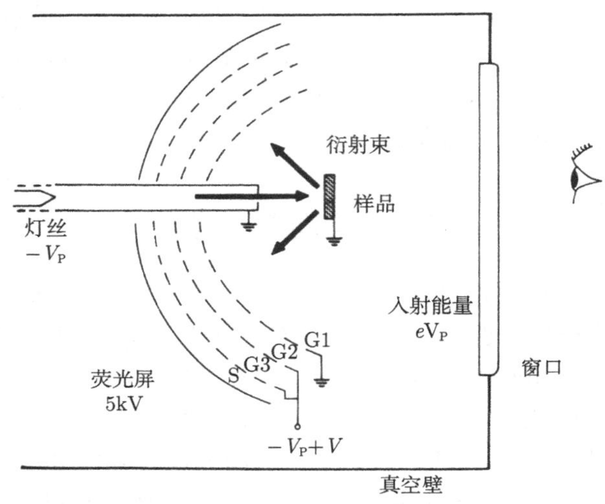

图 6.26　LEED 实验装置示意图 (详见正文)

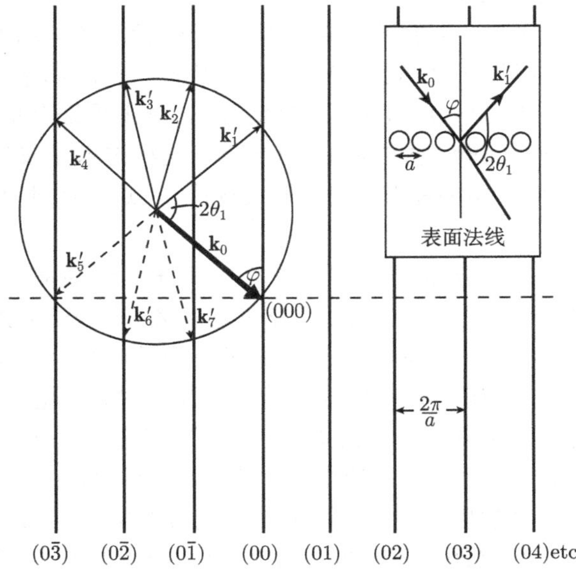

图 6.27　由具有方形网格的表面衍射的电子束几何 (详见正文)

当表面清洁且未被重构时，其网格的对称性和尺度能够从衍射图推演出来. 否则，需要测定作为电子能量函数的多个衍射束的强度. 图 6.28 给出入射角 φ 从 7° 到 21° 变化的电子束测量 Cu(100) 表面得到的 $I(V)$ 图. 由于入射束穿透晶体内几层，可以预料当三维结构满足 Bragg 条件时 $I(V)$ 有极大值，不过因为在一个方向上样品的有效延展较短，得到的峰较宽. 在图 6.28 中用箭头示出了三个这类峰的预想位置 ($\varphi = 0$). 当衍射峰出现在这些位置附近时，其他峰有时会比较大. 这些差异来自于三层或四层原子层的多重散射，而这种效应对 X 射线散射或中子散射通常可以忽略. 假设顶层原子层有不同的弛豫，图 6.29 给出如何与计算的 $I(V)$ 曲线比较来分析数据. 可以看到，在没有弛豫时实验曲线与计算结果符合得最好. 值得注意的是，虽然 H. A. Bethe[127] 1928 年已经开始应用这种方法，但是如果没有精心编写的计算机程序，这种计算实际上是不可能的.

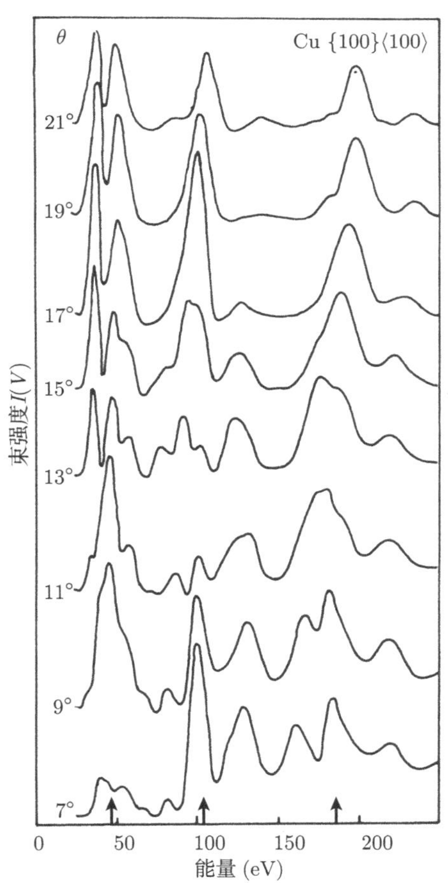

图 6.28 Cu(100) 表面的束强度–能量曲线 $I(V)$，箭头指出的是预言的 Bragg 峰位置

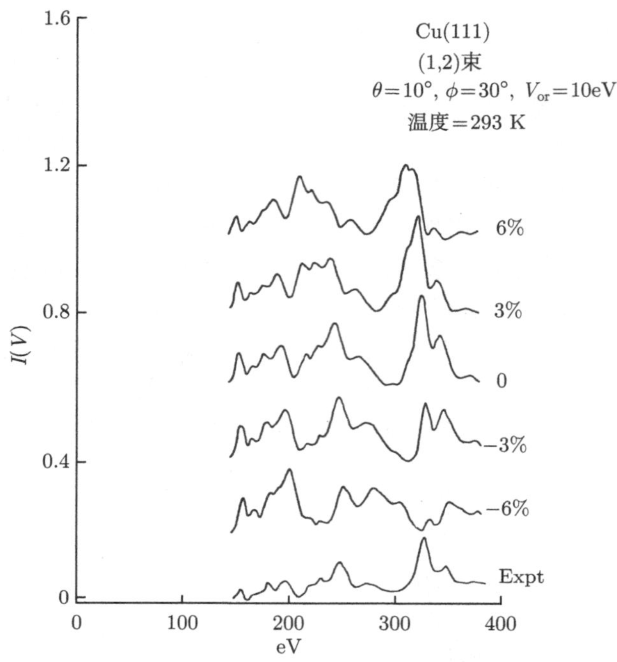

图 6.29　Cu(111) 表面的实验 $I(V)$ 曲线与对表面原子层不同弛豫程度计算出的 $I(V)$ 曲线的比较

对 RHEED 实验，典型的电子能量为 100keV，对应的 λ= 0.037Å. 由于电子束是掠入射，故垂直穿透表面的深度很小. λ 和入射角的发散使衍射花样为一组条纹 (图 6.30)，沿条纹的强度分布和它们随 φ 和 λ 的变化是很难计算的，且不常有人去做.

中子束很少用于表面物理，但是，J. W. White[128] 成功地研究了 N_2 和 Ar 单层在金属表面和在石墨上的形成. 早在 1911 年，L. Dunoyer[129] 就研究了单能分子束在晶体表面的反射. 动能不超过 0.1eV 的原子或分子最适于用作表面探针，因为它们仅对最外层的结构敏感. 其他的早期工作，如 I. Estermann 和 O. Stern[130] 工作只局限于碱卤化物，而近期的研究已经涉及金属和半导体表面[123].

大约从 1980 年起，应用 X 射线研究表面结构的技术开始发展，此类工作的第一个是应用 X 射线掠入射研究 Ge(100) 表面[131]，其衍射几何类似 RHEED 技术所采用的方式，称为 "面内"X 射线衍射. 其 X 射线波长 $\lambda\approx$1.0Å，入射束和衍射束与晶体表面夹角很小，约为 1°，探测器位于记录衍射束的位置. 由于 X 射线束掠入射，在晶体内穿透深度很小，使得分辨率降低，造成布拉格定律放宽，这样，探测器在这个方向就能全部接收到衍射束. I. K. Robinson 和 D. J. Tweet[132] 用很多实例给出了这种技术的各种变型的综合评述.

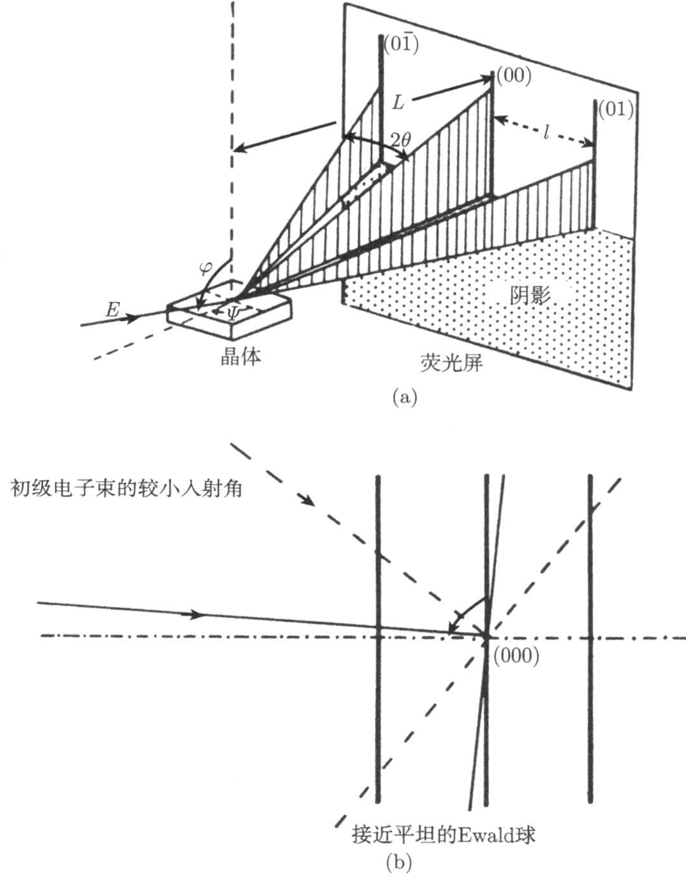

图 6.30 RHEED 技术得到的电子衍射图. 方形网格的尺度为 $a=(h^2+k^2)^{1/2}\lambda L/t$，其中 L 和 t 如图中所示

J. Bohr 等人[133] 给出了 Fourier 技术的二维 X 射线晶体学的例子，他们研究了重构的 InSb(111) 表面，图 6.31 给出了原始结构和重构的 2×2 表面单胞的视图.

半导体 Si 和 Ge 具有其共价键的拓扑性质，这种性质导致表面重构的多样性. 特别是 Si(111) 面的 7×7 结构已被多种技术研究，这些足以保证 D. Haneman[134] 的综述文章内容充实. LEED 的先驱者 R. J. Schlier 和 H. G. Farnsworth[135] 发表了这方面研究的第一个报告. 现在，隧道电子显微术和面内 X 射线衍射技术的联合使用是测定表面结构的最有效的工具. 同步辐射 X 射线源的应用具有明显的优点，因为这种光源的高分辨率能使衍射束从热漫散射本底中突显出来.

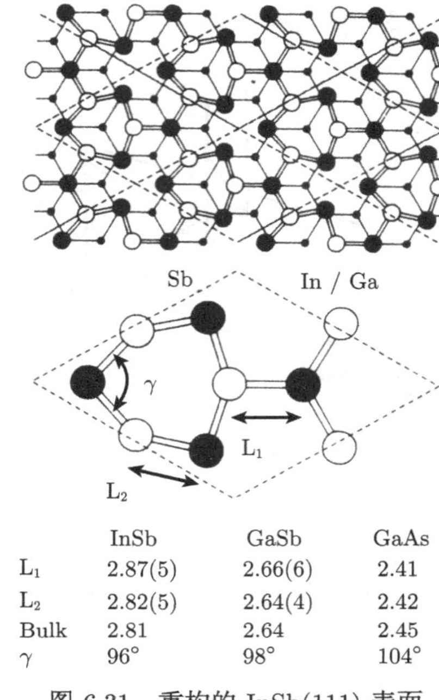

	InSb	GaSb	GaAs
L_1	2.87(5)	2.66(6)	2.41
L_2	2.82(5)	2.64(4)	2.42
Bulk	2.81	2.64	2.45
γ	96°	98°	104°

图 6.31　重构的 InSb(111) 表面

6.9　不完美晶体和非晶固体[136]

6.9.1　谱线加宽

不完美晶体之所以不完善，在于它的表面即使没有重构也会对实验得到的衍射花样产生可以测量的效应. 考虑 X 射线从厚度为 t 的薄晶体的平行于表面的晶面反射，因 t 不远大于 λ 引起的分辨率损失导致散射角 2θ 扩展一个小角度 β，$\beta = \lambda/t\cos\theta$，如果样品是直径为 D 的球，则扩展角为 $4\lambda/3D\cos\theta$. 图 6.32 给出金箔和胶体金颗粒粉末衍射照片的比较，从图可以看到，后者的衍射线明显加宽.

1940 年代初曾就被锤击或其他冷加工后严重变形的金属的 X 射线衍射照片中衍射线加宽的起源产生过争论. 两个主要学派的观点是：①金属被碎裂为线性尺度约 10^{-5} 到 10^{-6}cm 的晶粒，因而使衍射线增宽；②小晶体的线性尺度为 10^{-4}cm 或者更大，但是发生了弹性形变，因而使衍射线增宽. A. J. C. Wilson[136] 指出实验证据有利于第二种观点. 这得到 J. N. Kellar 等人[137] 所作实验的证实，他们用直径为 10^{-4}cm 的 X 射线束入射冷处理后的铝，得到的粉末衍射图不是圆环而是点，他们推导出颗粒尺寸大约为 2×10^{-4}cm.

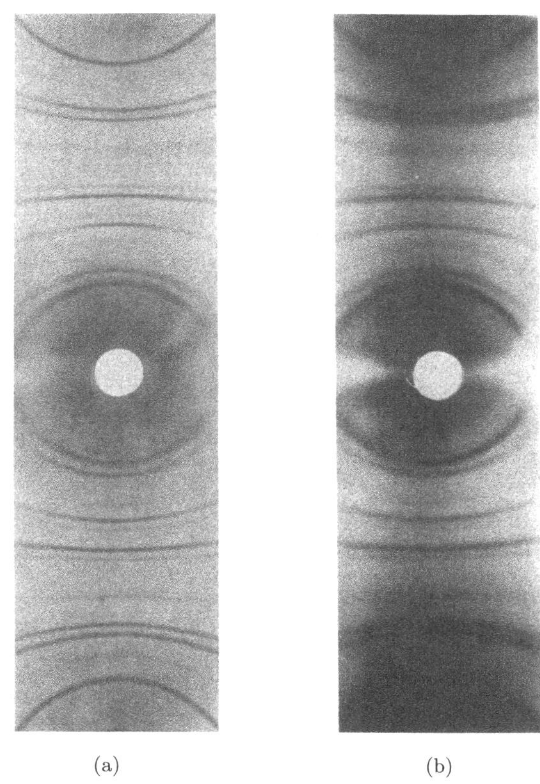

(a) (b)

图 6.32 粉末衍射照片 (a) 金箔；(b) 胶体金颗粒

6.9.2 层状结构的错排

在晶体生长过程中特别容易出现错排的是层状结构，如石墨或钴. 钴具有六角结构，密堆原子层处于基面 (见图 6.33). 第一层标示为 A，第二层 B 中每个原子刚好放在 A 层三个相邻原子的间隙位置，而第三层的原子垂直地位于第一层原子之上，序列 $ABAB\cdots$ 无限延续形成完美晶体. 然而，还存在另一个可能的标示为 C 的加层的位置，这个加层保持密堆积，每一个加层都可能使原子排列出现错排，给出 $\cdots ABABCBCB\cdots$ 或者 $\cdots ABABACAC\cdots$ 的次序. Wilson 指出，这些缺陷可能不影响某些 X 射线反射，但会造成其他一些反射强度的弥散，其弥散程度取决于缺陷出现的概率. 对一个特别的钴样品，O. S. Edwards 和 H. S. Lipson[138] 推算出每十层约有一层错排.

6.9.3 有序—无序相变

有序 — 无序相变是用 X 射线研究合金时首先发现的具有更广泛意义的现象.

例如，β- 黄铜中相同数目的铜和锌原子在高温时无选择地占据晶格位置，但是，当冷却时分凝为铜和锌原子的规则交替占位. W. L. Bragg 和 E. J. Williams[139] 最先给出了此一现象的系统理论，他们的文章包含了实验研究起源的参考资料. 在第 7 章中将会对这个专题进行详细论述.[**又见 7.5.5 节**]

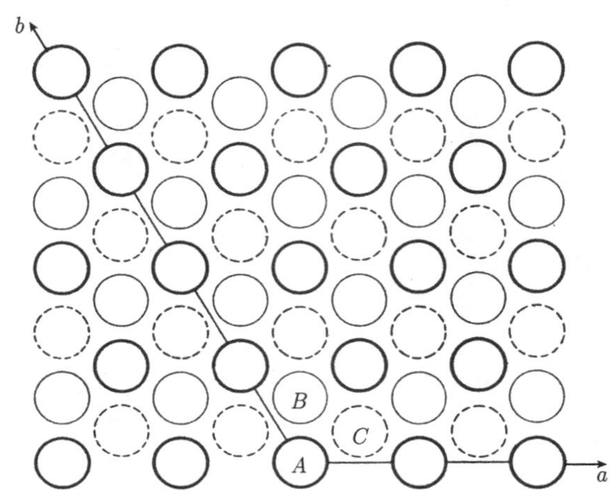

图 6.33　正文称为 A, B 和 C 的密堆积层中的相对原子位置

6.9.4　冰的结构

除了成份上的无序外，晶体还可能有涉及原子位移或者分子取向的无序. 在众多的例子中，特别值得提到的是冰的结构. W. H. Barnes[140] 已对早期的研究作了综述，他应用 X 射线研究冰单晶得出的结构示于图 6.34，其中破折线画出六角单胞. 水分子的折迭层垂直于 c 轴，每个水分子通过氢键与四个近邻的分子作四面体型键接. 该研究及后来的 X 射线研究只给出了氧原子的位置，对氢原子的位置有几种假设. 多数人的观点认为其结构是每个氧原子有两个共价键的氢原子，每一键指向近邻的氧原子，次近邻的另两个氧原子的氢键指向它. 然而，氢在氢键上的排列是随机的. 这个结构与冰的红外谱实验结果相符，冰的红外谱显示了与蒸汽相的频率几乎相同的谱带. J. D. Bernal 和 R. H. Fowler[141] 总结了冰结构的实验证据，指出 "冰只有其分子的位置处于结晶态、而分子的的取向类似玻璃体". E. O. Wollan 等人 [142] 最先应用中子衍射研究 163K 下 D_2O 冰粉末，他们比较了四个不同结构的实验衍射强度和计算衍射强度，发现，符合的最好的结构是氘的位置无序的结构. 这个结果被后来的单晶研究 [143] 所证实，它表明在 77K 下氢的位置仍然是无序的. 无序一直保持到零度的结论性证据事实上是 L. Pauling[144] 提供的，他计算了 N 个分子的晶体可能构型的剩余熵为 $S_o = Nk\log(3/2) = 0.4055Nk$，它可与观察值 $(0.41\pm0.03)Nk$ 相比.

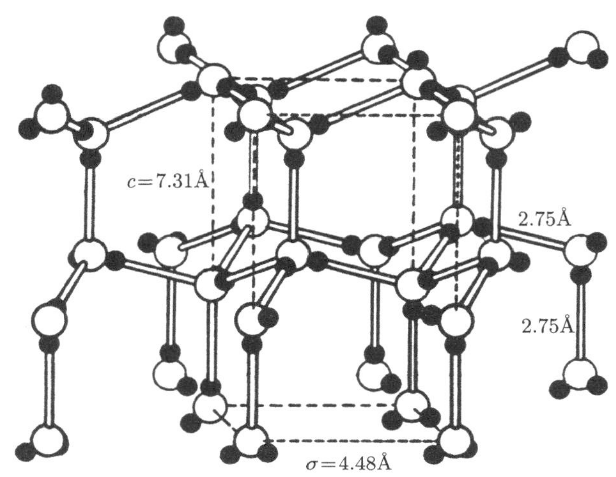

图 6.34 冰的结构：单胞由破折线所示

6.9.5 晶体位错

现在讨论晶体另外一种不同的不完美性，即晶体位错，它对材料的力学性质特别重要，在第 19 章对此有较全面的介绍. 图 6.35 是简单立方晶体中一个刃型位错的示意图，从图中可看到，有一额外的晶面插入晶体的上半部，离开该晶面的下端的晶体结构几乎与完美晶体无区别. 沿着插入晶面边缘周围走一圈，原本在完美晶体中应该封闭的环现在封闭不了，差了数值为 Burgers 矢量的一段 (在本例中为水平晶格平移 a)①. E. Orowan，M. Polanyi 和 G. I. Taylor[145] 分别独立地引入刃型位错的概念. 图 6.36 给出了螺型位错的两个视图，它的 Burgers 矢量平行于位错线. 位错线在晶体内不能终止，它必须攀移到一个边界上，除非它已在晶体内形成一个封闭环. W. G. Burgers 和 F. R. N. Nabarro 对位错理论的发展作了历史性的贡献，而 A. K. Seeger 则提请大家注意那些预言了位错理论的文章 (其中一些发表于 20 世纪初期)[146].[**又见 19.5 节**]

位错在晶体表面上的终结点表现为表面上的小蚀坑[147]. 对一些材料，杂质原子扩散到刃型位错的端头的沟道，被杂质缀饰了的位错在可见光显微镜下能被观察到. 1956 年 P. B. Hirsch[146] 和合作者首先得到了更为令人注目的结果，包括电子显微镜观察金属薄膜中的位错运动. 如果将铝膜以一定取向置于电子束照射下以产生衍射束，利用直射束 (明场) 或衍射束 (暗场) 的强度变化可以在显微镜内成像. 对完美晶体，两种图像没有任何有意义的特征. 然而，如果存在一个刃型位错，其局部的取向变化足以增强衍射束而减弱透射束，这样，位错在明场像中将显示为

①更准确的说法是：在绕位错线的任意环路上绕行一圈后，弹性位移矢量将获得一个确定的有限增量，这个增量称为 Burgers 矢量，在本例中它为水平晶格周期 $\boldsymbol{a}$.—— 校者注

暗线[147]. 随着温度增加，晶体内的应力可以驱使位错穿过视场运动. 位错 (以及其他类型的缺陷) 产生的详细的衬比度理论是电子光学的一个相当困难的分支，其中许多进展是由 P. B. Hirsch 和合作者做出的.

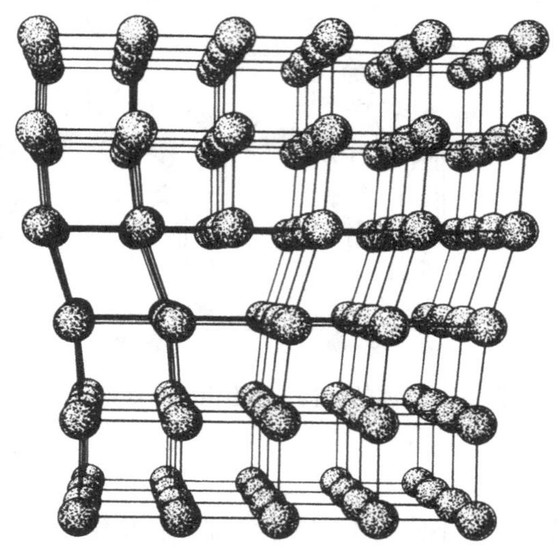

图 6.35　简单立方结构晶体内的刃型位错

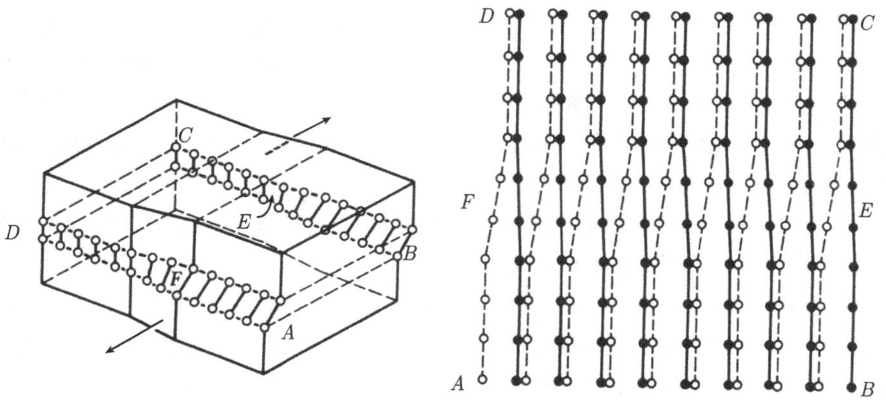

图 6.36　螺型位错的两个视图

J. M. Menter[148] 与该小组有合作，1955 年他认识到他新购置的 Siemens 电子显微镜的分辨本领足以分辨具有相对大晶胞的晶体的晶格面，于是在晶面间距为 12Å的铂酞菁中获得了直接显示刃型位错的电子显微像 (如图 6.37 所示).

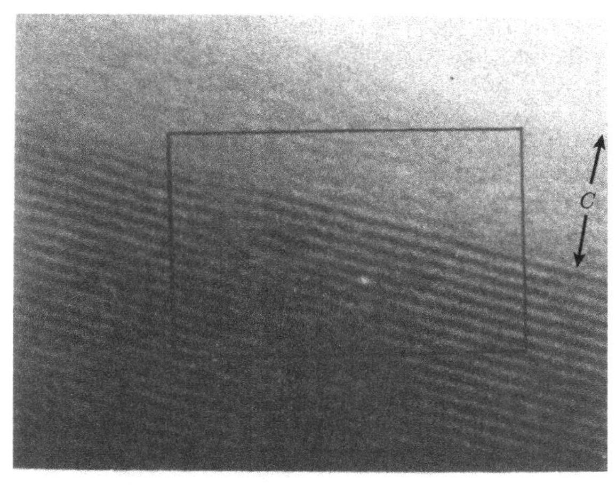

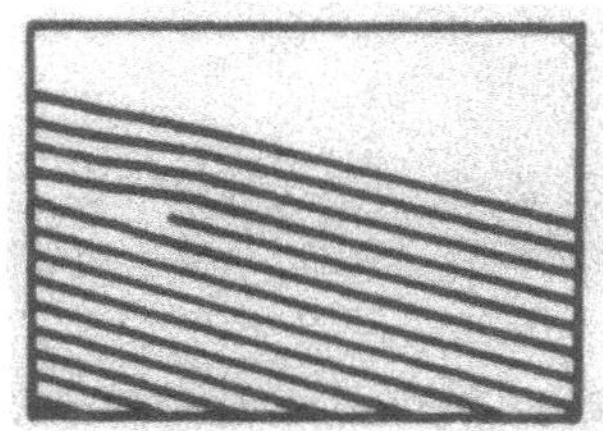

图 6.37 可观察到晶面边缘和一个位错的电子显微照片

6.9.6 非晶态结构

"非晶态" 一词没有非常精确的定义，或者说没有一致认可的解释，D. Weaire[149] 建议将之定义为 "在任何有效尺度都没有结晶"，并引用 G. E. Morey 关于玻璃的定义[150]："玻璃是无机物质，它是连续的和类似液体状态的物质. 但是，从熔融状态冷却的结果使它具有高度黏滞性，成为实际上的刚体". 米泽 (F. Yonezawa)[151] 把玻璃区分为由熔体淬火而制成的特殊的一组非晶固体. 制备过程涉及到在空气中以 1~10K/s 的冷却速率冷却熔体 (例如，制备硅玻璃)，在液体中以 10^2~10^5K/s 的冷却速率冷却熔体 (例如，制备合金线)，或者以 10^6~10^8K/s 的冷却速率与冷的固体接触 (如制备合金带). 在制备中也应用了电沉积，溅射和辐照技术.

W. H. Zachariasen[155] 提出了共价键材料非晶结构的一个成功的模型，即连续无规网络模型. 共价键网状物是无规的，长程无序，没有断键和悬挂键. 每个原子成键的数目和键的近似的相对方向必须与相应的晶体相同. D. E. Polk[156] 构建了包含 500 个原子的非晶 Ge 的棍球演示模型. 图 6.38 是 R. J. Bell 和 P. Dean[157] 的非晶 SiO_2 模型. 图 6.39 是 Temkin 等人[154] 测定的非晶 Ge 的 $g(r)$，与两种无规网络模型比较[149]，可以看到，它们符合很好.

插注 6C　非晶固体的 X 射线衍射

用 X 射线、中子和电子的衍射测量可给出以径向分布函数表示的信息，P. Debye 和 H. Mencke[152] 最先采用这种方法研究了液态汞中的原子分布. 下面我们讨论单质元素材料的径向分布函数. 包括对化合物和合金材料在内的必要的推广，例如，已由 B. E. Warren[153] 给出. 令 $I(S)$ 为从非晶样品散射强度得到的函数，其测量方法与粉末样品的测量方法极为相似. 径向分布函数 $g(r)$ 用与特定原子距离为 r 处的原子密度 $n(r)$ 定义，对该原子所有实际位置平均，结果得到 $g(r)=4\pi r^2n(r)$，离中心原子距离为 r 范围内的原子数为 $\int_o^r g(r)\mathrm{d}r$. $n(r)$ 与 $I(s)$ 的关系为

$$n(r)-n_0=\int 4\pi S^2I(S)\frac{\sin(2\pi rS)}{2\pi rS}\mathrm{d}S$$

式中 n_0 为平均原子密度. 由于 $I(S)$ 是球对称的，可认为积分是 $I(S)$ 的傅里叶变换. 有时人们使用函数 $\mathrm{G}(r)=4\pi r(n(r)-n_0)$ 而不用 $g(r)$，称为约化径向分布函数. 最后我们注意到，通常定义 $I(S)=(I_m(S)-f^2)/f^2$，其中 $I_m(S)$ 是在当 S 很大时 $I_m(S)$ 趋于 f^2 的标度下测出的强度. 从 $I_m(S)$ 减去 f^2 的效果是消去位于 $g(r)$ 原点的峰，而除以 f^2 将使 $g(r)$ 中的峰变锐. 实际上，上式必须针对样品吸收、Compton 散射等予以修正，以及考虑傅里叶积分在 S 的有限值处截断的影响. R. J. Temkin 等人[154] 给出了这样做的有关细节，他们应用 Mo 的 K_αX 射线非常细致地研究了非晶 Ge. 通过重复测量和由粉末晶态 Ge 数据所作的计算，他们得以检验此一工作的精确度，其中 $g(r)$ 必须满足已知的条件，如测到峰的面积及位置等.

硬球随机密堆积可以用避免周期排列的方式混合小球而构建，这个概念是 J. D. Bernal[158] 提出并由他的同事 J. L. Finney[159] 精心实现的，J. L. Finney 测定了由几千个小球组成的模型的密度和坐标. 这个模型给出的结果和金属合金玻璃所得结果[160] 的符合比其他模型都好. 图 6.40 给出了实验推出的 $\mathrm{Ni}_{26}\mathrm{P}_{24}$ 玻璃的约化径向分布函数 $G(r)$ 与由米泽推导的 Finney 结构相应函数的比较，二者符合的很好. 而且，只有这个模型能够计算第二个峰的劈裂. (上述材料不是单质材料，但是，Ni 和 P 的原子半径差别不大.)

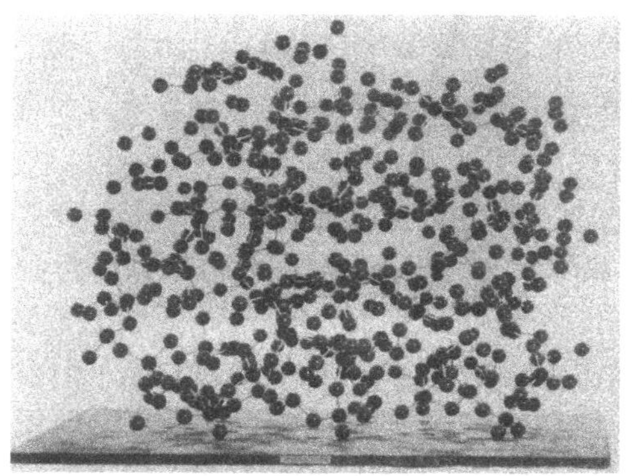

图 6.38 非晶 SiO_2 的棍球模型

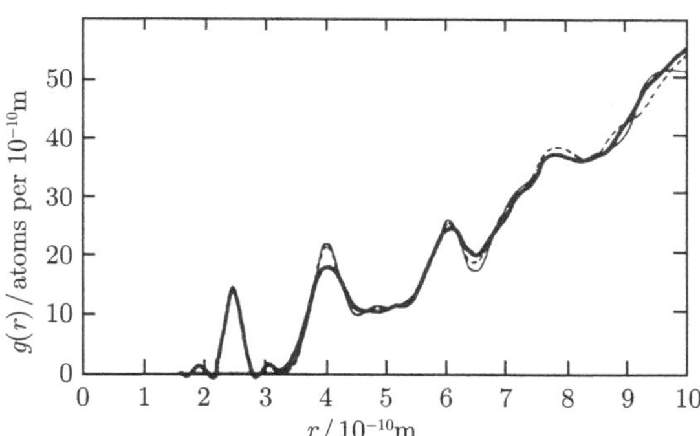

图 6.39 实验测定的非晶 Ge 径向分布函数 $g(r)$(粗线)，图中同时给出了两种不同随机网络模型的计算曲线

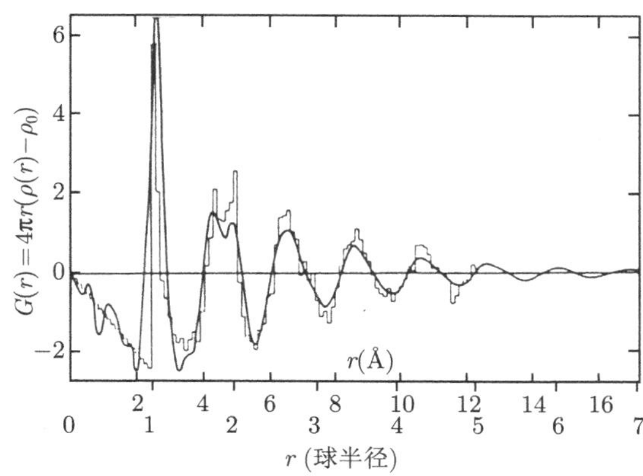

图 6.40 实验得到的非晶 $Ni_{76}P_{24}$ 约化径向分布函数 $G(r)$(实线) 与随机密堆模型计算结果的比较

6.9.7　准晶

正如 D. Gratias[161] 在综述中指出，“当观察到认为不可能的事实时就不可避免地需要对传统理论进行修正.” 这样的事情发生在 1984 年，当时，D. Schechtman[162] 等人公布了一种金属合金具有非常特异的性质的实验证据. Mn 原子含量为 7%的 Al 和 Mn 合金可从熔融体快速冷却得到，人们本来预料得到的这种合金的形状为厚度约为 10^{-5} 厘米的非晶态薄带. 然而，在富 Al 区域电子显微镜观察到合金的五边形 “花瓣”(图 6.41). 在 “花瓣” 区域内任何地方的电子衍射图都明显地显示出它具有十次旋转对称性，这是晶体学所不允许有的. 然而，明锐的衍射图样表明合金不是非晶，它具有长程序. 进一步的研究表明，其结构具有包含五次旋转对称轴的完整的二十面体对称性. 这样就产生了一个佯谬，物体具有长程序，同时具有晶体特有的平移周期性所不相容的对称性. 准晶这个词的引入就是用来描述这类新的物质的. 毫不足怪，这个名称没有被学术界立即接受，L. Pauling[163] 认为，表观的二十面体对称性是立方结晶体多重孪生的结果. Pauling 提出的模型要求一个单胞包含 2000 多个原子，这本身并非不可能，但是 Pauling 模型既不能完全解释所得到的电子衍射图也不能完全解释高分辨电子显微图[161].

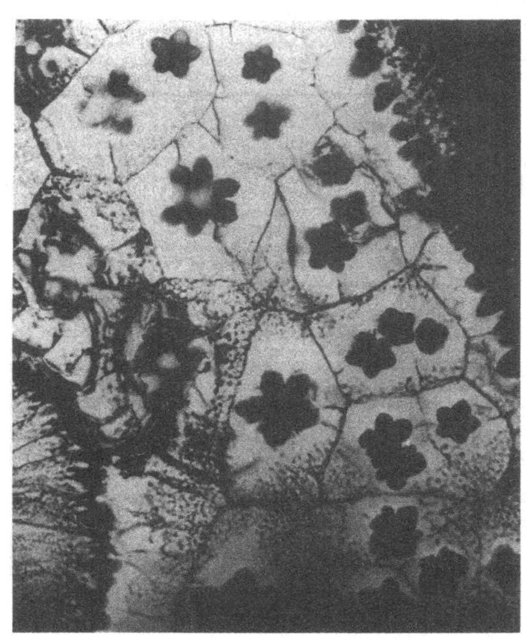

图 6.41　Al 和 Mn 合金电子显微图，样品黑色区域的衍射花样显示出一种 “不可能” 的对称性

当时的晶体学家不知道数学家 H. Bohr[164] 和 A. S. Besicovich 很早以前就已

经证明，严格的周期性并不是获得明锐反射的相干衍射的必要的条件. 虽然用规则的五边形或者 6.8 节所述的五个二维单胞中除一个之外的任意一个的重复排列都不能填满二维空间，R. Penrose[165] 指出，如图 6.42 所示的内角分别为 36° 和 72° 的两种菱形的不规则地排列，能够搭造出 Al 和 Mn 三维准晶的二维等效体来. 图 6.43 给出了更加简单的 Penrose 拼图[161]，它由三组简单的平行四边形组成①，具有准周期性，无平移周期序. 不过它可以被认为是三维空间严格周期堆砌的立方体的透视图. 以与这堆立方体的三个相互垂直的方向成无理数斜率的角度作一切片，则顶面为切片所包含的所有立方体即将其轮廓投影到垂直于切片平面的方向上. 用这种方法我们可以从一个三维周期堆砌得到平面中的准周期拼图. 其实原始的 Penrose 拼图也是通过简单立方网格作切片得到的平面投影，但是，这次是在五维空间! 同样的道理，维度大于三的 Euclide 空间可以用来描绘非公度相，因此处理非公度相可以和处理准晶一样采用同一原理[166].

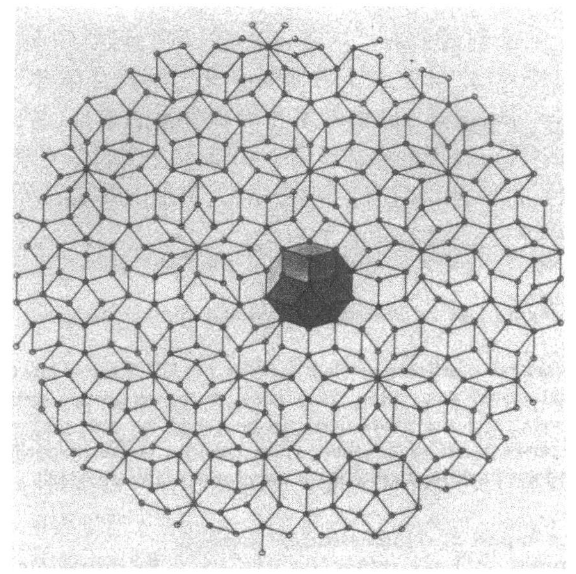

图 6.42 由两种菱形不规则排列填满平面的 Penrose 拼图

现在已知另外三种类型的准晶，它们分别具有 8 次、10 次和 12 次旋转轴. 到 1991 年底总计发现了 40 多种准晶合金，发表了一千多篇文章[167]. 然而，对于准晶的实际原子结构所知甚少. 当然，准晶没有唯一的结构，能够探讨的最多也就是它们的原子排列模型，类似非晶材料的随机网状模型或者是随机密堆模型[168].

①内角为 36° 的菱形水平放置、另两组 72° 内角的菱形拼接后垂直放置.—— 译者注

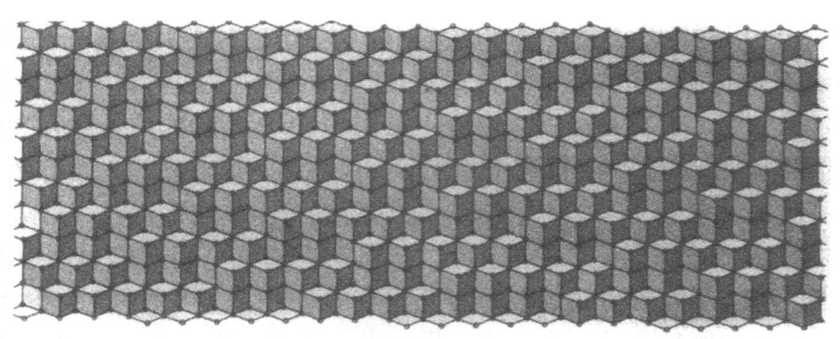

图 6.43 包含三组平行四边形的 Penrose 拼图

6.10 晶体结构分析的影响

物理学家发现了 X 射线衍射，并推动了在主流物理学中萌发出新的领域，如 X 射线谱学和 X 射线光学. 最初主要由 Bragg 父子及其合作者开拓的 X 射线结构测定的潜力，很快得到化学家、矿物学家和冶金学家的重视. 在若干程度上，X 射线晶体学已成为一个具有自己的杂志、学会和学术会议的分支学科. 当然，它将继续影响那些与其相关的学科，吸引这些学科的人员加入研究，在物理学领域，晶体学研究尤其对铁电性和超导性有重要的贡献.

6.10.1 内聚能和弹性

晶格动力学理论和晶体比热理论已由 1907 年 Einstein 的文章以及 1912 年 M. Born 和 T. von Kármán 以及 P. Debye 分别发表的文章建立，这些文章至少如同其对晶体的原子动力学的建立一样支撑了量子理论的涌现. 卤化碱晶体结构的知识使 Born 及合作者发展了这类晶体的内聚能理论和弹性常数理论. 这一理论澄清了它与 6.1 节提到的 Cauchy 理论的不一致的原因，这一理论表明，对于如卤化碱那样的立方晶体，Cauchy 条件 $C_{44}=C_{12}$ 依赖于位于对称中心以及以中心力相互作用的离子. 即使这些条件都满足，由于它还取决于简谐近似的有效性，仍不能期待其结果是精确的. 这个问题在第 12 章有详细讨论.[**又见 12.1.1 节**]

6.10.2 光学和介电性质

晶体的折射率可以从结构的角度理解为是由单胞内每个原子或离子的极化率 α 引起的. 在外电场 E 中，电偶极矩为 $p_j = \alpha_j(E + E_{lj})$，其中 E_{lj} 是由其他偶极子在 j 处产生的局部电场. 像碱卤化物这样的简单结构，E_{lj} 与 j 无关，并等于 $4\pi P/3$(cgs 单位)，其中 P 是极化强度，为单位体积偶极矩之和. 从而得到

$$\frac{\varepsilon(\infty)-1}{\varepsilon(\infty)+2}=\frac{4\pi}{3}\sum_j\frac{\alpha_j}{v}$$

这就是熟知的 Clausius-Mossotti 关系式. 这里 $\varepsilon(\infty)$ 是光波频率的介电常量，它等于光折射率的平方. α_j 的值由碱卤化物中正、负离子给出，约为这些晶体的 $\varepsilon(\infty)$ 值的百分之几[169].

方解石 ($CaCO_3$) 是典型的双折射晶体，基于其晶体结构并假设原子极化率的数值，W. L. Bragg[170] 成功地计算了 $CaCO_3$(和同形的 $NaNO_3$) 的主折射系数. 离子晶体的静态或低频介电常量 $\varepsilon(0)$ 比 $\varepsilon(\infty)$ 大，这是因为在低频场引起离子位移，从而产生一个附加的极化强度. 假设碱卤化物中离子带电荷为 $\pm e$，虽然 Born 发现其对内聚能和弹性常数的计算是令人满意的，但导不出与实验相符的 $\varepsilon(0)$ 值. 更糟糕的是，当 R. H. Lyddane 和 K. F. Herzfeld[171] 应用上述方法计算碱卤化物振动的简正模频率时，一些频率成了虚数，意味着该结构是不稳定的. B Szigeti[172] 追溯了产生这些差异的原因，发现问题出在一个离子的电偶极矩只与离子所受到的电场有关这个假设上. 实际上，它还依赖于近邻的离子特别是最近邻离子的构形. B. J. Dick 和 A. W. Overhauser[173] 提出了壳层模型，该模型能对介电性质作出令人满意的解释. 在这个模型中，最外层电子不随原子实作刚性运动，它们的相对位移产生了既依赖于电场也依赖于相邻离子作用力叠加的电子偶极矩. 正是在这种情况下，B. N. Brockhouse 及其合作者 [174] 应用中子谱技术第一次测定了 NaI 和 KBr 中某些振动模式的频率. 他们发现，壳层模型能令人满意地解释所得结果，也证实了 Lyddane-Sachs-Teller 公式，$\upsilon_L^2/\upsilon_T^2=\varepsilon(0)/\varepsilon(\infty)$，这个公式给出了振动的长波光学模中介电常数 $\varepsilon(0)$ 和 $\varepsilon(\infty)$ 与频率 ν_{L} 和 ν_{T} 的关系.

该公式可推广应用到包含两种以上离子的情况. 对于像 $BaTiO_3$ 这样的晶体，当温度等于 T_{C}(120°C) 时会产生晶体结构从立方变成四方的铁电相变，其在立方相时 $\varepsilon(0)\propto(T-T_{\mathrm{C}})^{-1}$，从 Lyddane-Sachs-Teller 公式我们可预期 $\nu_T^2\propto(T-T_{\mathrm{C}})$. 从这一观点看，温度 T_{C} 下的相变是当与一个横光学模振动 (通常称为软模) 相关的回复力等于零时出现的结构不稳定性. 尽管处理铁电理论的这一方法已有很长的历史[175]，但直至中子测量阐明其动力学性质和介电性质的关联以后，它才得以发展.

6.10.3 铁电性

需要区分两种主要类型的铁电相转变，亦即位移型转变和有序 — 无序型转变. 在前者中，仅在铁电相中原子从更为对称的位置移开、并有一个软模；而在后者中，原子在高温相中已经发生位移，形成短程有序的畴区 (参见 6.9 节). 随着温度自上而下趋向 T_{C}，畴区尺度增大. 对于 $BaTiO_3$ 和其他钙钛矿结构的材料属于何种类型存在若干争议. 传统上人们相信 $BaTiO_3$ 会经历位移相变，但是，R. Comes 等人[176] 发现，$BaTiO_3$ 和 $KNbO_3$ 显示出了强度星芒这种只有无序位移晶体才有的特征 (图 6.44). 最近得出结论是[177]，这些材料具有上述两类相变的特征，至于哪一种特征更明显则依赖于温度以及探测晶体动力学的方法.

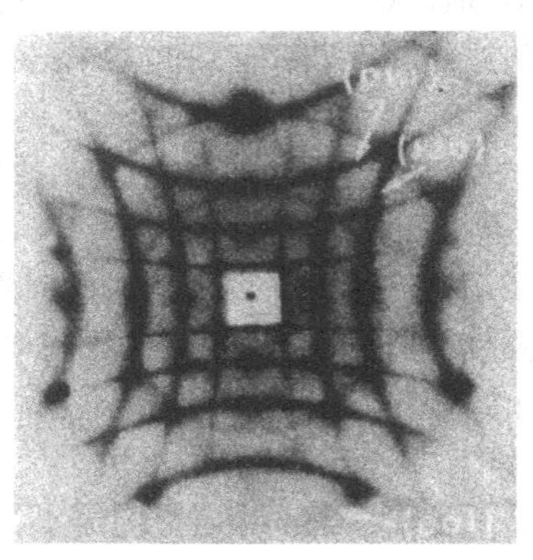

图 6.44　$KNbO_3$X 射线照片，在立方相的晶面上衍射星芒表明结构是无序位移的

铁电体结构晶体学是多种教科书的内容[178]，1943 年前后在陶瓷样品中发现了 $BaTiO_3$ 异常介电性质，A. von Hippel 等人以及 B. Wul 和 I. M. Goldman[179] 对此作了详细的研究. 当温度高于 120°C 时，$BaTiO_3$ 具有立方钙钛矿结构，如图 6.45 所示，在 120°C 时，它转变为铁电四方相，其单胞尺寸随温度而改变，如图 6.46 所示[180]. 在 5°C 时，它转变为正交相 (这时，$a \neq b \neq c$)，而在 −90°C 时，最后转变为三角晶系 ($a = b = c$，$\alpha = \beta = \gamma \neq 90°$). 这三个晶相中晶体结构是图 6.45 所示结构的畸变类型. 自发极化 P_s 方向的相继改变方式相当复杂，对四方相，自发极化方向平行于 c 轴，它是立方结构三个基矢 [100] 方向之一，对正交相，它变为平行于立方的 [110] 方向，而对三角相，它平行于立方的 [111] 方向. 这意味着，铁电相中的实验因畴区的存在而出现困难. 在介电常数的测量中，W. Merz[181] 只得到四方相单畴晶体的数据.

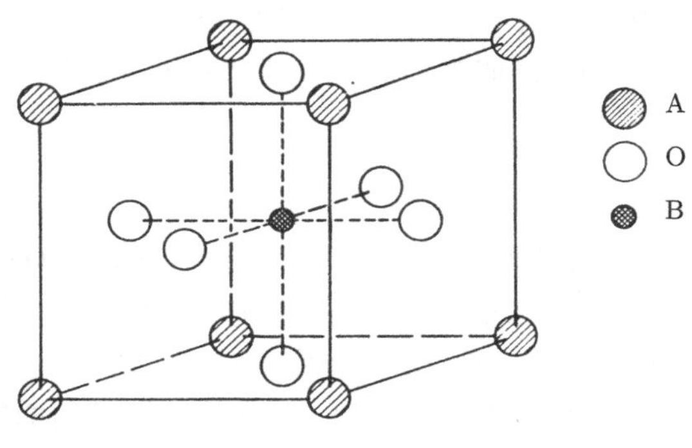

图 6.45　理想的钙钛矿结构

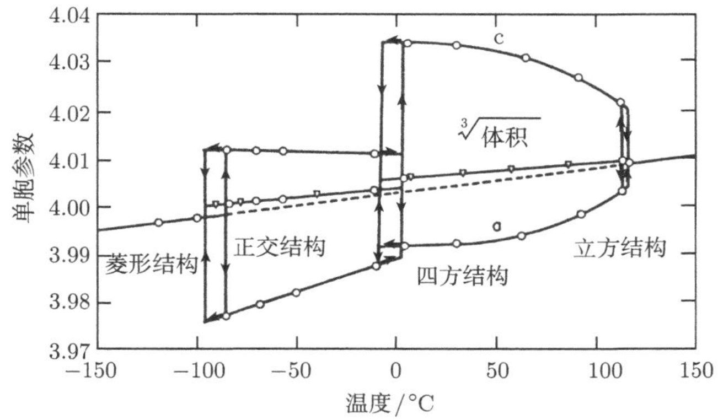

图 6.46 $BaTiO_3$ 单胞结构随温度的变化 (参见正文)

尽管经过多次尝试，四方相的结构还是不能用 X 射线精确测定，这主要是因为钡原子的散射很强. 中子衍射的研究表明[182]，氧原子的八面体框架只有轻微的畸变，而钛原子和氧原子在 c 轴方向相对运动了 0.12Å. 自发极化总是沿着 Ti 离子位移的方向[183].

钙钛矿结构材料中 $NaNbO_3$ 的介电性质和晶体学性质特别复杂，但是，离子离开其理想结构 (图 6.43) 的对称位置的位移永远不超过 0.1Å. 从温度高于 640°C 的立方相到 −200°C 以下的单斜相的中间存在五个具有不同对称性的晶相. 室温下，正交相中 Nb 离子依次反平行位移，这样，结构呈反铁电性. 除了 −200°C 以下的单斜相属铁电性外，其他相都是非极化的. Jona 和 Shirane[178] 给出了许多其他钙钛矿结构材料的研究结果.

磷酸二氢钾 (KH_2PO_4) 在室温下结晶为四方晶系. 1935 年 G. Busch 和 P. Scherrer[184] 报道了该晶体具有铁电性，此后，这一材料及其相关的晶体材料 (如 $NH_4H_2PO_4$) 的物理性质得到了广泛的研究，后者是反铁电相. 我们已经在 6.6 节叙述了在 123K 发生相变并伴随着氢原子有序化的结构研究. R. J. Nelmes 及其合作者应用中子衍射在很宽的温度和压强范围精确测定了一系列晶体结构. 当时的学术界曾一致认为，氘置换氢所带来的 T_c 的大提高应归结于同位素质量的改变以及由此产生的两个位置间隧穿概率的交替. 但是，Nelmes 及其同事的工作表明，这种看法是不对的.

1921 年 J. Valasek[185] 首先发现罗谢尔盐 ($NaKC_4H_4O_6{\cdot}4H_2O$) 是具有铁电性的物质，C. A. Beevers 和 W. Hughes[186] 应用 X 射线最先研究了它的结构. 在论及动力学与介电性质关系时，本节的引言立即提到的是钙钛矿型的铁电性，较少涉及两氢磷酸化合物，完全没有涉及罗谢尔盐和其他分子晶体的铁电理论. 这是我们按逆年代顺序来讨论这些内容的原因.

6.10.4　超导性

H. K. Onnes 发现汞的超导性以后，晶体结构研究对寻找新的超导体没有发挥重要作用. 大多数元素单质超导体属于结构已知的立方或者六方晶系. 诸如 NbC, Nb_3Ge 和 $CeCu_2Si_2$ 等化合物超导体的结构并不复杂[187]. 可以从 B. T. Mattias 及其同事的实验工作得到的结论已被总结为 “Matthias 定则”[188]. 特别是结构相变频繁地发生在温度高于超导性临界温度 T_c 不多时. 这是强电子 — 声子相互作用的一种迹象，它也有利于超导性，但是二者倾向于同时出现并没有明确的因果关系.

BCS 理论能很好地解释了现在称为 “传统” 超导体的超导性，其中 Nb_3Ge 具有 23.2K 的最高临界温度 Tc. 几种钙钛矿类型的材料也许不应该包括在这一类型的超导体内，如缺氧的 $SrTiO_3$(T_c <1K) 和 $(K_{0.4}Ba_{0.6})BiO_3$(T_c <30K)[189]. 尽管有这两种材料以及另外几个材料 (例如包裹有 K，Rb 或 Cs 的球壳形分子 C_{60} 的晶体 ($T_c \leqslant$ 30K)) 存在，但高温超导体这个词一直留给 1986 年以来发现的那类材料. 我们现在就把注意力集中到这类材料上，在这类材料的研究中 X 射线和中子衍射起着必不可少的作用.[**又见 12.2.4 节**]

J. G. Bednorz 和 K. A. Müller[190] 在一类铜氧化合物 La_2CuO_4(其 La 可被 Ba 或 Sr 替代) 中发现超导性，开辟了一个新的研究领域，这个领域现已有数千篇论文发表并比核裂变发现以来的任何物理学中的新发现更吸引人们的注意力. 他们最初的样品包含不止一个相，后来超导材料被测定为 $(La_{2-x}Ba_x)CuO_{4-\delta}$，其 T_c 取决于 x，当 $x = 0.15$ 时，T_c 达到最大值 35K. 用中子衍射测定出了这一成分的详细结构[191](图 6.47). 理想的结构 (δ=0，即所有氧的位置都被占满) 可以认为是钙钛矿型的 $LaCuO_3$ 和 LaO 层的交错堆叠. 然而，精细的结构及其性质敏感地依赖于制备过程，特别是取决于对化学计量成份的任何偏离.[**又见 11.3.3 节**]

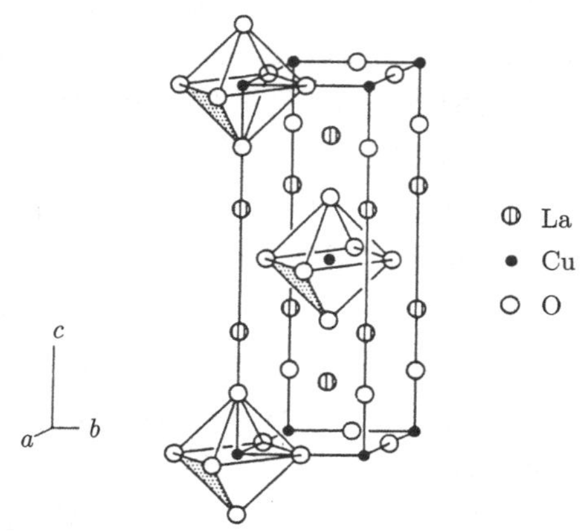

图 6.47　高温超导体 La_2CuO_4 的理想结构

Burns[189] 强调指出，在这种超导体中，如同在其他高 T_c 超导体中一样，可用另外一种方法来对结构加以描述和归类. 图 6.48(a) 给出了突出表现正方平面 $Cu\text{-}O_2$ 键的平面. 在图 6.48(b) 所示的 La_2CuO_4 结构中，用实线示出的这种平面在 c 轴方向被两个以虚线表示的用于 “隔离” 的 La-O 面分隔开. 它们使最近邻的 Cu-O 面隔开约 6.6Å. 用于标记这个结构的记号 $n = 1$ 可以扩充，下面马上就会讲到.

$YBa_2Cu_3O_{7-\delta}$[192] 的 T_c=94K，它的发现表明 La 材料并非独一无二的高温超导材料. 其结构也可用图 6.48(c) 表示[193]，两个相邻的 Cu-O 面 (图中用粗的实线表示) 被一个 Y 原子稀疏排布的平面 (图中用细的破折线表示) 隔开，而粗的虚线表示三个用于隔离的金属-O 面，它隔离开两对 Cu-O 面. 因此，按上面的表示法，它是 n =2 结构.

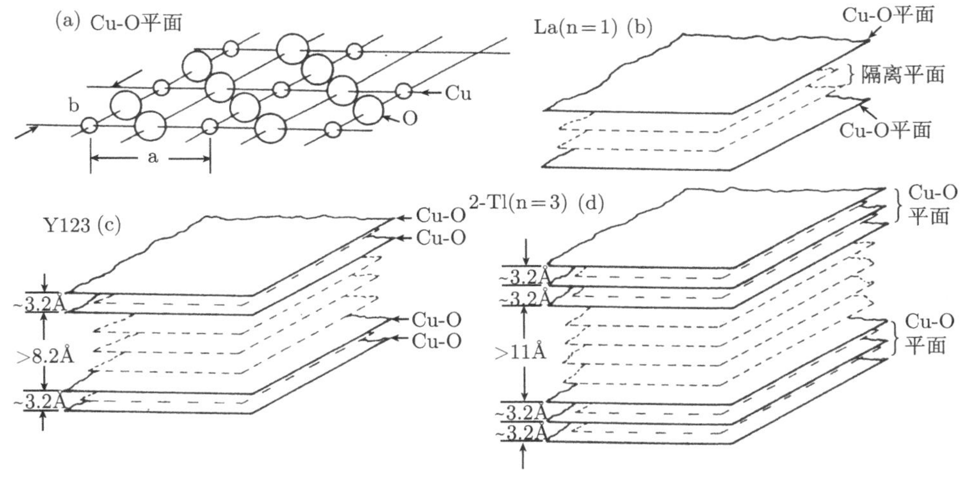

图 6.48 高温超导体的结构特征

目前报道的 $Tl_2Sr_2Cu_3O_{10}$ 的临界温度 T_c 为 125K，是 T_c 最高的超导材料. 如图 6.48(d) 所示，这类材料在四层金属-O 面两侧各有三层相邻的 Cu—O 层，因此，它是 $n = 3$ 结构. 这个专题将在第 11 章作进一步介绍.

6.10.5 无机化学

长期以来，矿物学和晶体学基本上是同一学科，引用 W. L. Bragg 的话，“我们曾不得不求助于矿物学家教给我们晶体学知识，而且，他们为我们提供了研究所需要的大量晶体材料”. 多少年来，晶体学界的受益可能大于自己对矿物学界的回报，作出回报的应该特别包括 Bragg 学派的工作. 矿物包含数量巨大的不同元素和化合物，展现出各种类型的化学键. 这里我们集中阐述特别由硅酸盐结构具体演示的若干普遍原理.

无机化合物结构分析显示，固态中组分原子或原子团是电离的. 当两个离子接近时，它们之间的排斥力急剧产生，充分证明 “离子半径” 概念的正确，原子间的距离与两个适当的离子半径和之差通常在 0.1Å以内. 第一个离子半径表是 W. L. Bragg[194] 列出的，随后主要由 V. M. Goldschmidt[195] 作了修订和补充. L. Pauling[196] 给出了决定无机晶体结构的几条定则. 矿物学家提供了 Pauling 定则的很多证据. 用力线表述 Pauling 第一定则最为简单，力线始于正离子 (其数目正比于它的化合价)，终于邻近的负离子. 而对每一个负离子，其最近邻的正离子贡献的力线总和等于其化合价. 这个简单的定律对晶体结构的几何构形加上了严格的条件. 例如，W. L. Bragg[197] 将硅酸盐的结构考虑为 “每个硅原子被四个氧原子围绕，这些氧原子以其一半的价满足硅的价而另一半以一个价度量单位值的静电荷留下 (也就是它等于 -e). 在六个氧原子的八面体里的铝原子对每个氧原子贡献半个价，而镁或二价铁离子的贡献为三分之一价. 这样，可以把一个硅四面体的角连接到另一个硅四面体，或者两个铝八面体，或三个镁八面体. 按照这个方法，可以发现，对已知成份的矿物其遵循 Pauling 定则的选择只剩下极少的几种，结果发现这些选择中任一个总会与一种真实的矿物结构对应”. Pauling 第二定则阐明，围绕在较小和电荷较高的阳离子周围的原子团趋向于占据结构的角落，而较弱的阳离子周围的大原子团则分享结构的边甚至面，其结果是在结构中电荷高的阳离子倾向于分开得尽可能远.

硅酸盐难以用化学方法研究. 它们大多数以固态存在，一个特定种类的硅酸盐的成份往往是变化的，以至于给不出其标准的分子式，这就造成了在其结构没弄清楚以前对其分类的问题. 图 6.49 给出了所找到的硅—氧基团类型，其中包括 (a) 封闭基团，(b) 链和带型基团，(c) 片型基团，以及 (d) 三维网型基团. 橄榄石 ((Mg，Fe)$_2$SiO$_4$) 是含有 SiO_4 结构的例子，而绿柱石 ($Be_3Al_2Si_6O_{18}$) 的结构包含由六个分享氧原子的四面体组成的环，虽然这在图 6.11 中显示得不明显. 在扼要地阐述了特定硅酸盐晶体的复杂性并给出获知其可能结构的简要方法后，我们转到对更广泛的领域的讨论.

第一批被测定的晶体结构全是无机晶体，从结构分析或者进一步的无机化合物分类中都没有出现新原理或对 Pauling 定则的补充，不过与此有关的是，关于一组异乎寻常的化合物 — 氢化硼的工作值得注意，它们的各种晶体和分子结构几乎是由 W. N. Lipscomb 独自定出的，这使他获得 1976 年诺贝尔奖. 在话题转到有机物之前，我们稍微歇下来说一件值得注意的往事. 这就是 X 射线分析提供的新的信息绝非受到所有无机化学家的热情欢迎. 直至 1927 年，H. E. Armstrong[198] 依然在《自然》杂志上写道：“Burns 说，一些书从头到尾都在撒谎. 科学 (愿上帝宽恕我用了这个词！) 推测意味着能很好地达到上述境界！W. L. Bragg 教授居然断言，氯化钠中似乎不存在表示为 NaCl 的分子. 钠原子和氯原子的数目相等竟然是通过这些原子在国际象棋棋盘的图样达到的，它是几何而不是原子配对的结果. 这种解释与常识相悖，荒谬透顶，对化学极不不公平 ……”. 当然，我不认为，这种观点会被广泛接受!

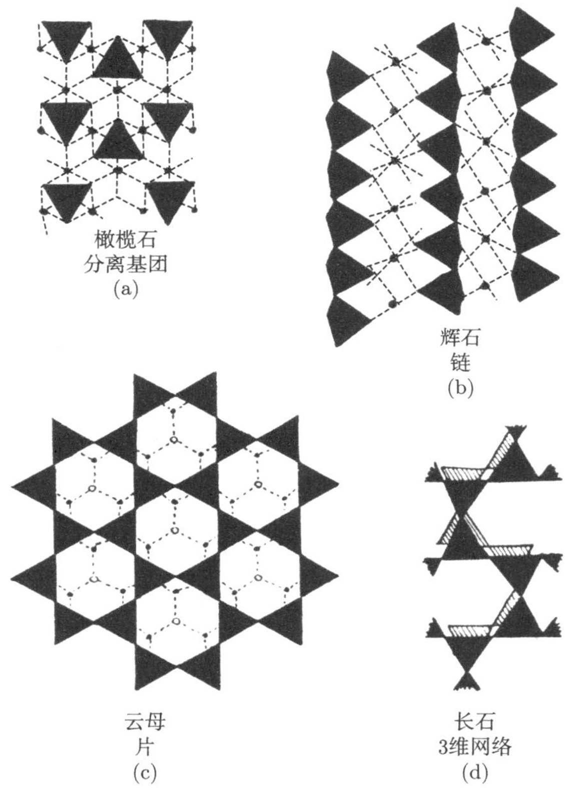

图 6.49　不同硅酸盐矿物的硅—氧团的种类

6.10.6　有机化学

多数有机分子属于低对称的空间群，原子处于一般的位置，需要众多参数来确定其结构. 然而，原子是由共价键相连，分子的外形常能由其已知的键长和键角的数据来推断. 这些是在 X 射线分析能给出比证实立体化学的预言更多的信息之前几十年的情况，尽管在此过程中键长和键角被更精确地测定和分类. W. H. Bragg[199] 测定了双环萘 $C_{10}H_8$ 和三环蒽 $C_{14}H_{10}$ 的单胞尺寸. 他得出的结论是，在这两种晶体中分子的最长轴均在 c 轴方向，两种单胞在 c 轴方向相差的 2.49Å，刚好足以容纳蒽多出的一个环. 这个结论十年以后被证实 [200]. 然而，“…… 当尝试进一步深入，要求在单胞尺度和只观察到少量衍射强度的基础上得到详细的原子结构时，结果一般是令人失望的，甚至将人引入岐途 ……1932 年以前发表的几乎所有关于有机晶体结构的工作，在试图描述详细的原子排列方面都是相当不可靠的.”[201]. 一个引人注目的例外是 R. G. Dickinson 和 A. L. Raymond[202] 测定环己烷四胺 $C_6H_{12}N_4$ 结构的工作，这是第一个被正确且精准地测定的有机晶体结构. 它的单胞是体心立方，每个单胞含有两个分子，仅涉及碳和氮位置的两个参量. K. Lonsdale[203] 测定了重要的六甲基苯结构，给出了完整的空间群对称性. 其单胞属三斜晶系，每个单胞含一个分子. X 射线衍射强度分析证实，每个分子位于 (100) 面上，苯环的中心位于晶体的对称中心上. 这些约束条件与衍射强度的测量结合在一起使得精确测定结构成为可能. 在没有做完全的结构测定的情况下，1932 年 J. D. Bernal[204] 解决了给出甾醇的正确立体化学公式这一难题.

20 世纪 30 年代 Fourier 方法 (通常局限于二维系统) 的发展以及 Patterson 函数的发现开辟了有机结构测定的新纪元. J. M. Robertson[205] 最先应用同形置换法和重原子法测定酞菁结构. J. M. Bijvoet 及其同事 [206] 通过研究同形硫酸盐和硒酸盐得以测定了番木鳖碱的结构.

Bijvoet[207] 最先建立了右旋 (d) 和左旋 (l) 化合物的绝对构型，二者互为镜像，一种构形化合物的溶液使光的偏振面向一个方向旋转，而另一种构型化合物的溶液则使光偏振面向相反方向的旋转. 有机化合物是以这样的方式相互关联的，即如果为任一个化合物选择了一套约定，这套约定将决定对剩余下来的其他化合物约定的形式，但是无法辨别究竟是配属于一特定不对称分子的左旋构型还是它的镜像是真实的分子. 正如 6.4 节所指出的，当入射 X 射线的能量刚刚小于样品的吸收边时，Friedel 定律 $|F(\boldsymbol{H})| = |F(-\boldsymbol{H})|$ 失效，样品异常散射. 在研究酒石酸钠铷时，Bijvoet 采用锆 Kα 辐射产生强的异常散射. 通过注意 $|F(\boldsymbol{H})|$ 或 $|F(-\boldsymbol{H})|$ 中哪一个对于一些反射比较大，他得以证明左旋酒石酸的绝对构型幸运地与 Fischer 的化学惯例相一致[56].

有充分的理由认为，1957 年测定的维生素 $B_{12}(C_{62}H_{88}N_{14}O_{14}PCo)$ 的结构[208] 是当时被成功地攻克了的最为复杂的结构. 结合早期测定的青霉素结构[209]，D. C. Hodgkin 获得了诺贝尔化学奖. B_{12} 结构测定最杰出之处，在于测定过程仅从由三维 Patterson 函数得到的钴原子位置以及从同期的化学研究得知的钴原子位于“大平面基团”中心这两点初始知识出发.

如我们在 6.4 节中对直接法作的简要介绍所述，测定包含 100 多个非氢原子 (但不含重原子) 的分子的晶体结构现在已是常规操作. 它已成为立体化学未知的或者部分已知的“小的”有机分子结构测定的标准方法. L. Pauling[210] 和 J. M. Robertson[201] 分别就 X 射线分析对无机化学和有机化学的影响所写的综述以及 W. L. Bragg[211] 对两者所作的综述，指导了这方面的探索.

6.11 生物分子结构

“分子生物学” 这个词第一次出现在 1938 年 Rockefeller 基金会主席 W. Weaver 给理事会的报告中，J. Witkowski[212] 在庆祝分子生物学 50 周年的一篇文章中逐年列举了该学科取得的杰出成果①，正如所期望的，在该一览表中列出了由 X 射线晶体学家撰写的多篇文章.

应用 X 射线研究自然界存在的纤维通常被其结晶性差所限制，但是，从纤维素中得到了有用的信息，它是 β- 葡萄糖酐的聚合物；而橡胶是异戊二烯的聚合物. R. W. G. Wyckoff 和 M. Polanyi[213] 已从历史的观点对这些开拓性的研究作了综述.

构成生命体中发现的基本分子基团之一的蛋白质，是氨基酸连接在一起形成多肽链的聚合物. 一个氨基酸的分子式为 $NH_2CHR{\cdot}COOH$，其中 R 表示区别不同的氨基酸的原子团，它从甘氨酸中的 H 变化到酪氨酸、色氨酸等中的环状基团. 自然界存在 20 多种普通的氨基酸. 一旦多肽链形成，氨基酸就相互连接，同时消去一分子水，这样氨基酸残基的分子式如图 6.50 所示. 所有的氨基酸 (除了甘氨酸外) 都是旋光性的，在自然界中只发现了左旋构型. 存在两类蛋白质，纤维状蛋白质和球状蛋白质. 前者中多肽链相互平行，或近似平行；而在后者中肽链是折叠的，以形成紧凑的分子.

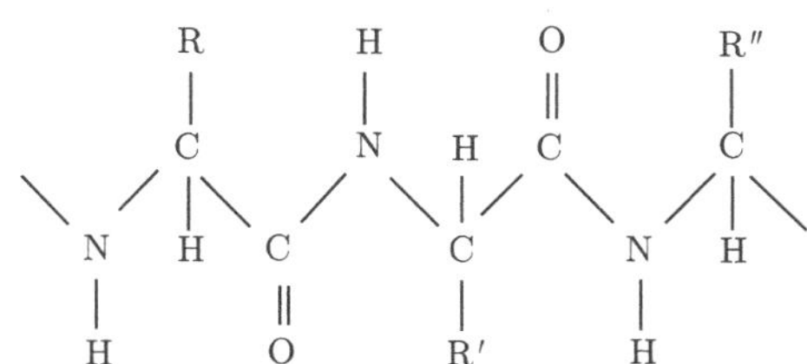

图 6.50 三个氨基酸残基组成一个短的多酞链

R. O. Herzog 和 W. Jancke[214] 首先应用 X 射线研究纤维蛋白，他们研究了肌肉，头发和蚕丝. R. Brill[215] 对头发和蚕丝做了更详细的研究，而 K. H. Meyer 和 H Mark[216] 对 Brill 的结果和结论作了扩充. 他们认为，平行于纤维轴放置的延展的多肽链的重复长度为 7.0Å，这是一条带实质性的正确结论. W. T. Astbury[217] 及其合作者做出了重要的贡献，他们发现，从 X 射线衍射图，纤维蛋白能够分为两类，角蛋白类 (包括肌球蛋白，表皮纤维和血纤维蛋白原) 和胶原类. 前者的一些成员具有所谓 α-构象，而其他的则以 β-构象的形式存在. Astbury 认为，β-构象中延

①感谢 H. R. Wilson 提示我注意该文.

伸的多肽链键合成片状结构，这种想法被后来的工作所证实. 顺便说一句，Astbury 对 “分子生物学” 术语的传播做出了很大的贡献.

很多球状蛋白能够纯化并结晶. 1939 年 J. D. Bernal 和 D. M. Crowfoot[218] (后来还有 D. C. Hodgkin) 首先获得球状蛋白–胃蛋白酶的单晶的 X 射线衍射图，随后，D. M. Crowfoot[219] 和 J. D. Bernal[220] 等人分别获得胰岛素和血红蛋白的 X 射线衍射图. 当时球状蛋白的结构测定进展非常缓慢，直到 20 世纪 50 年代自动化 X 射线衍射仪和电子计算机出现，以及 M. F. Perutz 及其合作者 [221] 发现同形置换法能够解决相位问题后，蛋白质结构测定才获得转机.

L. Pauling 和 R. B. Corey[222] 的理论工作也具有同等重要性，他们提出了多肽链结构的新模型. 虽然，M. L. Huggins[223] 和 W. L. Bragg 等人 [224] 已经讨论了立体化学对链的构形的限制，但 L. Pauling 和 R. B. Corey 使用了从他们的同事对氨基酸和缩氨酸结构的工作推导出的对氨基酸和肽结构的进一步限制条件. 特别是如图 6.51 所示，每个酰胺基团应该在一个平面上，每个与氮原子相连的氢原子与另一个多肽链的氧原子形成氢键，螺旋结构每转的基团数不需要为整数. 符合这些条件的最令人满意的模型是 α-螺旋 (见图 6.52). 它的螺距为 5.4Å，每一转包含 3.6 个氨基酸残基，两个氨基酸残基的垂直距离为 1.5Å，而氢键在图中以破折线表示. L. Pauling 和 R. B. Corey 提出的其他结构包括平行链皱褶片和在链之间形成氢键的反平行链皱褶片 (图 6.53)，它们具有延展或者 β-构象，很像 Astbury 所建议的那样.

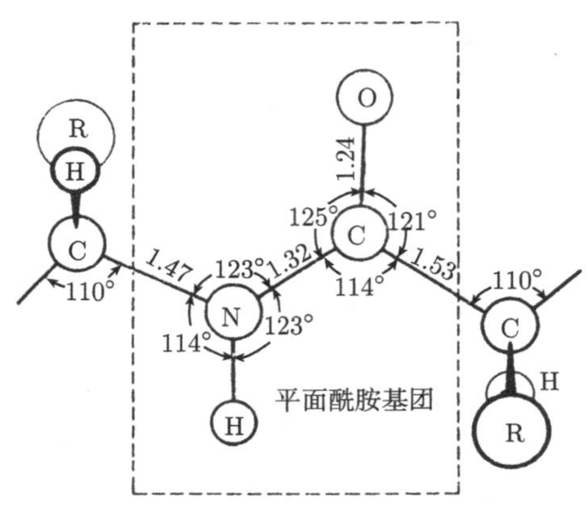

图 6.51　多肽链的键长和键角

V. Vand 给出了连续螺旋的 X 射线衍射理论，随后，W. Cochran 和 F. H. C. Crick 独立地将此理论推广应用到在螺旋结构中规则重复的原子或原子团研究中，这一工作由他们二人共同发表[225]. Cochran 和 Crick[226] 应用该理论解释了合成的多肽链和聚 γ-甲基 -l-谷氨酸的 X 射线衍射照片，发现多肽链的确是 α-螺旋构象. 也发现几种其他合成多肽物具有这种结构，不过螺旋线每转一圈，它们的氨基酸残基数目会有轻微变化.

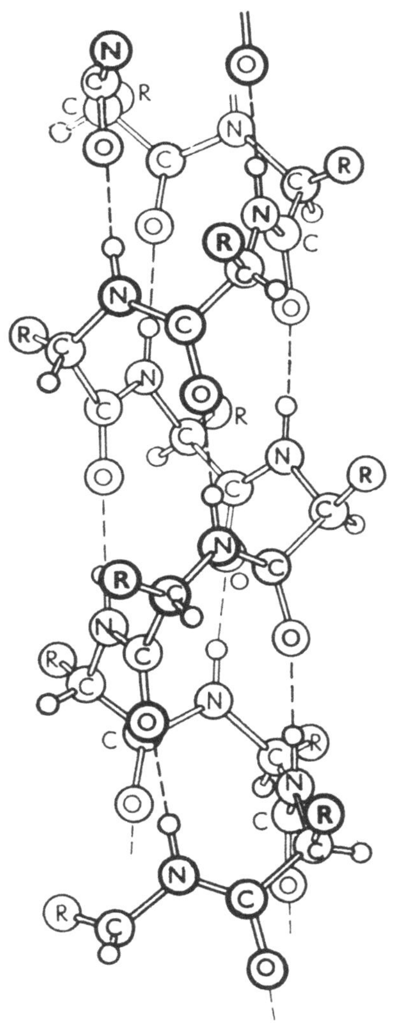

图 6.52 L. Pauling 和 R. B. Corey 建议的 α-螺旋

天然存在的和人工合成的 α-多肽链的 X 射线衍射花样之间的某些差别，在假定前者具有复式螺旋结构 (双螺旋或三螺旋) 的基础上由 F. H. C. Crick[227] 给出了圆满解释，图 6.54 示意地给出了两个例子. 这类结构明显地使一个螺旋的侧基 R 更容易地配置于其近邻的侧基之间. H. R. Wilson[228] 简练地给出了螺旋结构和其变种的 X 射线衍射理论. 下面很快就会看到，在球状蛋白中也发现了 α-螺旋结构.

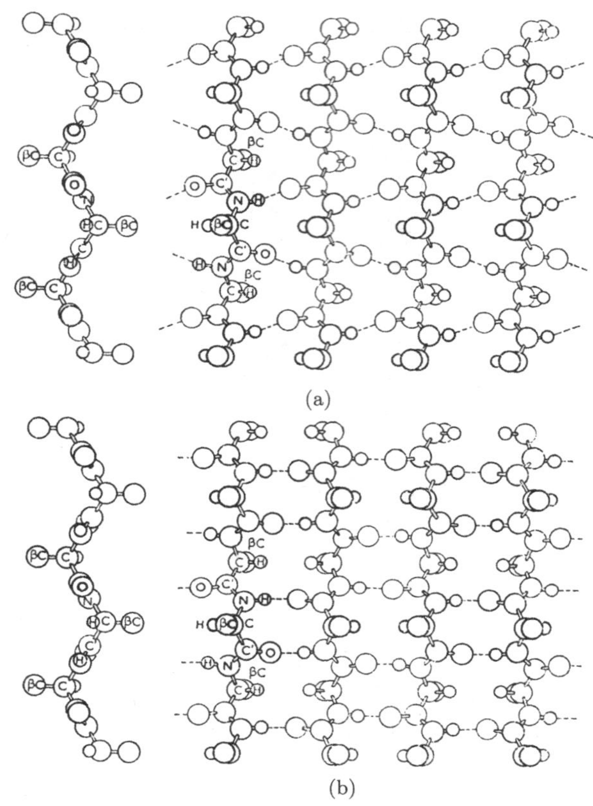

图 6.53　折叠结构：(a) 平行链和 (b) 反平行链

存在伸展多肽链的结构被称为 β-结构. Astbury 关于 β-角蛋白的链键合成折叠结构的建议，在 Pauling 和 Corey 提出图 6.53 所示的结构时被作了某些修改. 蚕丝的纤维是由 β-蛋白即丝心蛋白组成的，它的两种变种被证明具有反平行皱褶片结构[229].

人们对胶原蛋白的结构有很大的兴趣，这种纤维状蛋白主要是在结缔组织和腱中发现的. 它具有异常的氨基酸组份，而且不能形成出现在 α-螺旋和 β-片中的氢键. 目前大家对三链复绕模型达成一致，R. S. Bear[230] 考虑并比较了它的变种.

球蛋白中顺多肽链的氨基酸序列被称为初级结构，氨基酸残基之间的空间关系被称为二级结构 (例如 α-螺旋)，链折叠的方式是三级结构，如果一定数目的折叠单元联结在一起组成一个大的结构，这就是分子的四级结构. M. F. Perutz 及其合作者[221] 对血红蛋白的长期研究导致同形置换法得到成功的应用. J. C. Kendrew 和他的合作者[231] 也应用该方法首次测定了一种球蛋白 (肌红蛋白) 的结构，它与血红蛋白有关但分子较小. 1962 年 M. F. Perutz 和 J. C. Kendrew 分享了诺贝尔奖. 这里，只稍为详细地介绍肌红蛋白的结构测定，但自 M. F. Perutz 和 J. C. Kendrew 的工作以来，已有 400 多个球蛋白被测定，分辨率达到原子量级，它们中间大多数是用同形置换法或这一方法变种来测定的.

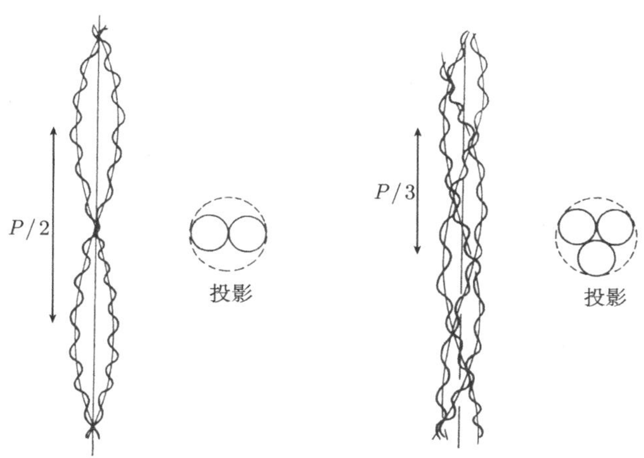

图 6.54 双股和三股螺旋

肌红蛋白分子由一个含 153 个氨基酸残基的多肽链和一个血红素基团构成. 溶剂占据了晶体大约一半的空间，一些水分子与蛋白质成键，但大多数水分子处于分子的无序阵列中. 血红素基团 (肌肉组织的氧储存器) 由处于一个平面的四个五单元环组成，铁原子在其中心. 几种重原子衍生物是通过含 HgI_4 离子，$AuCl_4$ 离子或 Ag 离子的溶液的结晶制备的. 由 Patterson 函数或它的投影得到重原子的坐标，这些坐标如 6.4 节所描述的那样用于测定天然蛋白质的位相 $\alpha(\boldsymbol{H})$. 分析过程分几个步骤：第一步，对 400 个反射测定其位相角，分辨率为 6Å. 相应的 Fourier 合成显示出多肽键的走向 (图 6.55(a))；第二步，涉及 10000 个反射，分辨率达到 2 Å，更清楚地显示链的走向和血红素基团的位置 (图 6.55(b). 图中未能将单个的原子分辨出来，但是，已显示出链的大部分二级结构以及大多数侧基 R 的形状. 链的直杆形区域具有高电子密度，这些区域沿着一条螺距为 5.4Å的螺旋形路径，而 α-螺旋期望的螺距正是 5.4Å. 然后，从分子的 1260 个非氢原子中找出 825 个原子的位置用来作相位角重算. 如 Kendrew[231] 所描述的那样，相位角以及电子密度图的持续计算将精修推进到 1.4Å的分辨率. 链的三分二以上处于 α-螺旋构形，剩余的非螺旋状部分形成链的拐弯. 发现极性的侧链基团主要处于分子的外部，而非极性的侧基团则处于分子内部. 图 6.56 给出了三维电子密度图的一部分以及对其的解释：螺旋区域通过组氨酸基团结合到血红素基团. 当肌红蛋白被氧化时，原来在血红素基团另一侧可见的水分子被氧分子替代了.

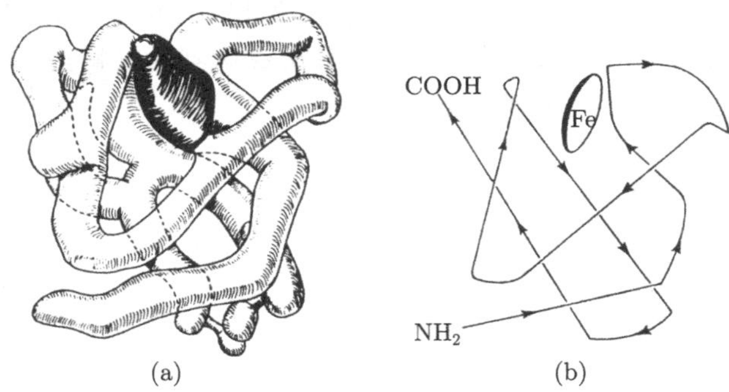

图 6.55 图中表示: (a) 肌红蛋白分子和 (b) 多肽链走向

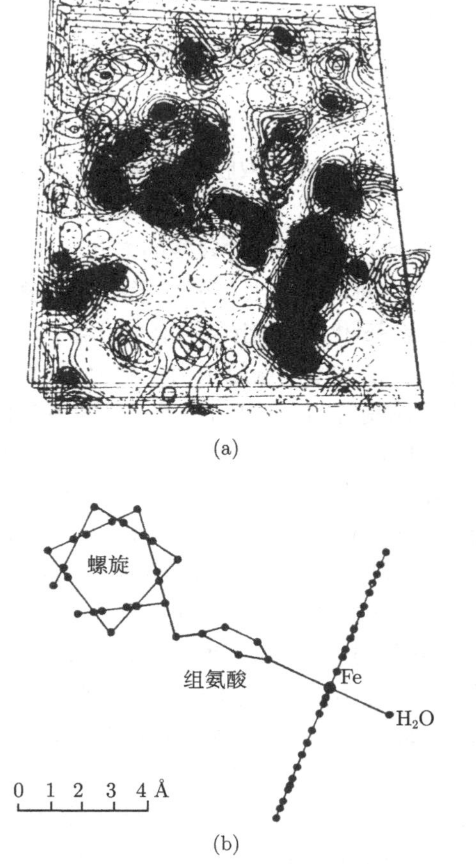

图 6.56 (a) 分辨率为 2Å的肌红蛋白三维电子密度图的截面和 (b) 对图 (a) 的解释

从漫长的蛋白质晶体学历史中[232]，我谨简单地指出由血红蛋白序列和结构测定的可能性所开辟的两个研究课题. M. F. Perutz 和 H. Lehmann[233] 研究了人类血红蛋白的“分子病理学”. 已经知道了近 100 个不同变异的血红蛋白，它们的结构分析开辟了研究氨基酸残基替换或缺失所起的作用的可能性. 这最先是由 V. Ingram 做的[234]，他指出，镰形血球贫血症是由于单残基从缬氨酸变为谷氨酰胺引起的. 大多数有害的替换都会影响所有哺乳动物共有的已知序列的血红蛋白的残基. 这些血红蛋白具有由位点组成的阵列，每一位点始终被同样的残基占据，阵列包括几乎所有造成血红素接触或者能够破坏多肽链相邻部分间某些关键接触的残基. 在这些位点上的变异使分子的稳定性减弱，从而影响呼吸功能，导致红血细胞里血红蛋白沉淀. M. F. Perutz 也综述了调节血红蛋白氧亲和性的工作，它是通过位阻效应将包裹的分子球蛋白部分的结构束缚在血红素基团的铁原子上实现的[235].

核酸是核苷酸的长聚合物，在活细胞内出现的过程中起着十分重要的作用. 每个核苷酸包括三种组分，即碱基、糖和磷酸基团. 核酸根据糖组分的种类分为两类，包含 D-核糖的核糖核酸 (RNA) 和包含脱氧 D-核糖的脱氧核糖核酸 (DNA). 通常出现的碱基有五种. 对 RNA 它们是腺嘌呤 (A)，鸟嘌呤 (G)，胞嘧啶 (C) 和尿嘧啶 (U)，而对 DNA 有两个与 RNA 相同的嘌呤，但是两个嘧啶是胞嘧啶和胸腺嘧啶 (T)，它们的分子式如图 6.57 所示，而糖通过磷酸基团连接得到聚合物的途径示于图 6.58. 图 6.58 所示的构建初级结构的化学工作多数是由 A. R. Todd 及其合作者[236] 进行的. 1944 年 O. T. Avery 等人[237] 指出，遗传特性能够由 DNA 从一个细胞传送到另一个细胞，强烈地建议其对分子遗传学的重要性. 在细胞内，DNA 与蛋白质结合形成染色体，当细胞分裂时，染色体被复制. 现在已经知道，DNA 是通过确定合成何种蛋白质控制细胞的功能的，而且蛋白质中的氨基酸序列是由 DNA 聚合物内碱基的序列依次确定的[228].

DNA 的分子量有几百万，能够从细胞中以盐的形式提取出来. 1938 年 W. T. Astbury 和 F. O. Bell[238] 做出了先驱性的研究，但当时对可从他们的纤维 X 射线照片推断出来的大部分 DNA 的化学性质没有充分理解. DNA 的 X 射线研究的快速发展时期是由 M. H. F. Wilkins 所领导的小组和 R. E. Franklin 的实验工作开始的，积累到 1953 年 J. D. Watson 和 F. Crick[239] 提出 DNA 的双螺旋结构，标志这一时期到达了顶峰. Watson 叙述这一发现过程及其背景的著作理所当然地成为畅销书[240]，1962 年 F. Crick、J. D. Watson 与 M. H. F. Wilkins 分享了诺贝尔奖. 按理，这个奖也应该考虑授予 R. Franklin，可惜她英年早逝. Watson 关于他们是在“与 Pauling 竞争诺贝尔奖”的看法是错误的，Pauling 早就取得获奖资格了，他因在分子理论和生物分子理论方面的贡献早在 1954 年就获得了诺贝尔化学奖.

由图 6.59 连同其创立者一起示出的 Watson-Crick 模型，是从 X 射线实验的一般知识加上立体化学的限制 (特别是在一个链内的腺嘌呤必须与双螺旋的第二个链的胸腺嘧啶形成氢键，而鸟嘌呤和胞嘧啶间也有类似的氢键横跨双螺旋的轴) 而达到的. 现在称为 Watson-Crick 碱基对的这种 A-T 和 G-C 键合满足 Chargaff 定律[241]，即在所有的 DNA 样品中，不管其碱基序列如何，A 对 T 和 G 对 C 的克分子比都非常接近 1. “这个杰出的提议被证实是生物学史上最富有成果的想法之一”[228]. 不过，下面我们就不接着讲如何发现 DNA 中碱基序列为蛋白质中氨基酸序列编码的故事了.

天然存在的双螺旋有两种形式，即图 6.59 所示的 B 结构和 A 结构 (其碱基倾斜且其氢键更不近似垂直于螺旋轴). 这种情况的出现不是取决于化学组分，而是取决于水合的程度.

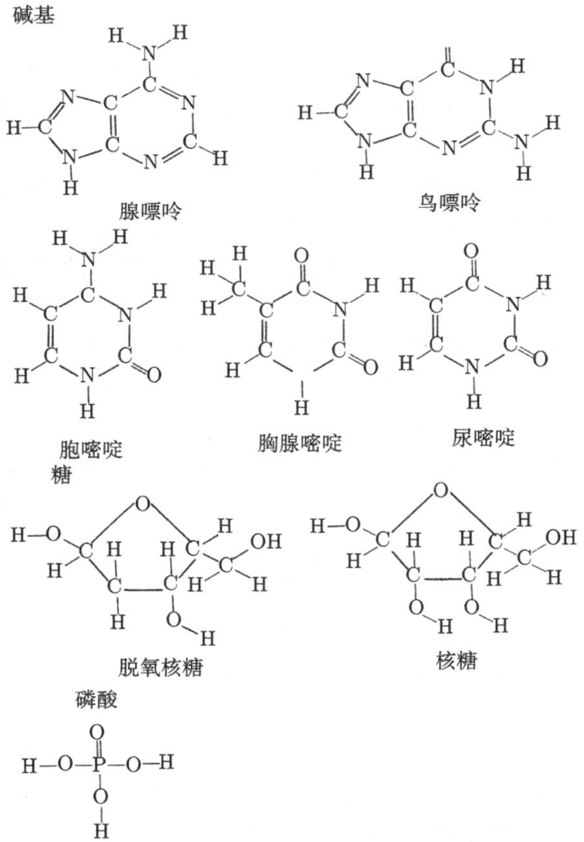

碱基

腺嘌呤　　鸟嘌呤

胞嘧啶　　胸腺嘧啶　　尿嘧啶

糖

脱氧核糖　　核糖

磷酸

$H{-}O{-}P(=O)(OH){-}O{-}H$

图 6.57　碱基分子式，(A) 腺嘌呤，(G) 鸟嘌呤，(C) 胞嘧啶，(T) 胸腺嘧啶和 (U) 尿嘧啶，它们是核酸的组分. 糖和磷酸组分也示于图中

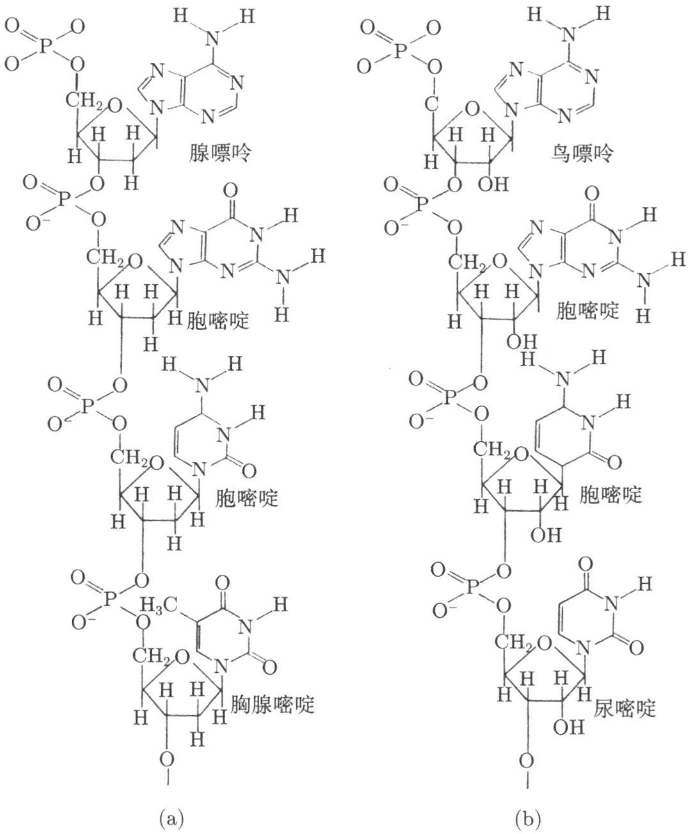

腺嘌呤 鸟嘌呤

胞嘧啶 胞嘧啶

胞嘧啶 胞嘧啶

胸腺嘧啶 尿嘧啶

(a) (b)

图 6.58 (a)DNA 链和 (b)RNA 链的部分化学结构

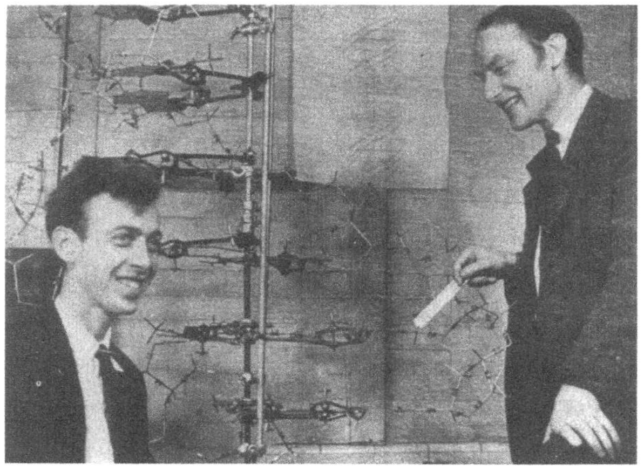

图 6.59 J. D. Watson，F. Crick 与他们的 DNA 模型

由 4 个到 12 个独立的核苷酸组成的核苷酸链归类为寡核苷酸. 大约从 1980 年起确定序列的人工合成寡核苷酸可以利用，这为详细的单晶结构分析铺平了道路[242]. 采用与对球蛋白大致同样的分子置换法、同形置换法及异常散射法，位相问题得以解决. X 射线数据的分辨率通常不允许比 2Å更好，而且晶体含有约 50%体积的溶液，其中一些氢与磷酸酯团键合. 寡核苷酸的结构归入三类双螺旋结构：右旋 A 形结构和 B 形结构，它们是自然界中存在的 DNA，以及左旋 Z 形结构. 实例是 $(GGGGCCCC)_2$，$(CGCGAATTCGCG)_2$ 和 $(CGCGCG)_2$，他们分别具有 A 形结构，B 形结构和 Z 形结构，各自具有归于 Watson-Crick 类型的碱基对 (图 6.60).

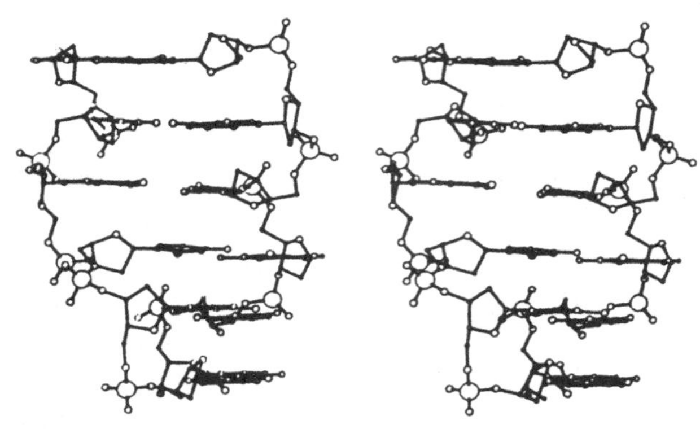

图 6.60　六聚物寡核苷酸 $(CGCGCG)_2$ 的立体视图，它具有 Z 形的双螺旋结构

遗传密码包括在序列里，DNA 的结构受到环境的攻击，包含着许多错误的生物合成的脱氧寡核苷酸提供了基于这些致误本质的结构信息，以及对错误识别和活体处理的暗示[243]. 在双螺旋中包含非 Watson-Crick 碱基对是复制中最常见的错误，尽管在自然界中得以进化的检测系统仅允许在 10^9 次复制中发生一次错误.

最简单的病毒由核酸和蛋白组成，蛋白的作用是作核酸的外壳，它是病毒颗粒的活跃部分. 当病毒进入生命细胞后，由细胞繁衍更多病毒的过程就开始了. 有两种主要的病毒结构类型：杆状和球状. 杆状烟草花叶病毒 (TMT) 包含大约 95%的蛋白质和 5%的 RNA，自 1937 年 J. D. Bernal 和 I. Fankuchen[244] 最先对它进行了研究以来，它成为了多个 X 射线研究课题的对象. 对 TMV 进行的所有研究不使用其晶体材料，而是在定向凝胶上进行的. 其病毒颗粒大约长 3000Å，直径 150Å. 它们的长轴方向相互平行，这是它仅有的有序成分，其衍射花样是一个病毒颗粒的柱平均衍射花样. 随着螺旋结构衍射理论的发展，Watson[245] 得以证明，TMV 的衍射图能够在亚单元螺旋排列的原则下进行分析，螺距为 23Å，在三圈螺旋里也就是 69Å，亚单元数为整数 $3n+1$. 当时 n 无法测定. 但后来 R. E. Fanklin 和 K. C. Holmes[246] 研究汞置换的 TMV 时，给出 n=16. 图 6.61 是 A. Klug 和 D. L. D.

Caspar[247] 推导出的 TMV 四级结构的一部分的示意图. 亚单元的初级结构可从序列分析得到，同时这里存在多肽链的一部分具有 α 螺旋构型的证据. 裸露出来的 RNA 链的一部分示于图的上部，已知每个蛋白亚单元包含有三个核苷酸.

图 6.61 TMV 的部分结构. 所示 RNA 链部分未绘出其周围的蛋白质亚单元

尽管实验只获得 TMV 颗粒的 Fourier 变换平方的柱形平均，但数据收集技术的改进和重原子衍生物中定位置换原子新方法的发展使得亚单元结构可被测定，初期的分辨率为 10Å，后来提高到 4Å[248]. 在单元的蛋白质部分和亚单元的 RNA 部分的糖以及磷酸酯电子密度峰处，能看到可识别的 α 螺旋. RNA 带着明显的折迭沿着半径为 40Å的病毒螺旋旋转，可追踪的蛋白质链大约是其长度的 70%.

现在转而讨论得到更有效研究的球形病毒. 它们能形成真正的单晶，1945 年 D. M. Crowfoot 和 G. N. J. Schmidt[249] 首次获得番茄丛矮病毒 (TBSV) 的 X 射线衍射照片. 他们证明病毒的单胞为 $a = 386$Å的立方体. 为了得到好的 X 射线衍射照片，晶体必须与某些溶剂一起放在毛细管里. 反射数目过大和晶体对辐射损伤的敏感性造成了相当大的问题，近来同步辐射光源部分地克服了这个困难.

Crick 和 Watson[250] 曾考虑蛋白质亚单元如何在杆状和球状病毒里排列这个问题. 在前者中，螺旋排列使得所有亚单元等价并能与邻近的亚单元形成相似的键.

而对于后者，要求围绕一个点的等价排列，也就是说，每个亚单元具有处于一个球面的同样环境. 这一条件允许的对称操作只有旋转，于是可以得出结论：通过一点的旋转轴的最可能的安排是三个立方点群中的一个，这三个群分别具有四面体，八面体和二十面体对称性. Caspar[251] 证明，TBSV 的单胞的确是立方体的，每个病毒颗粒具有二十面体对称性. 这个非晶体学对称性的存在要求每个病毒颗粒至少包含 60 个亚单元，如果这些亚单元全同且等价排列，其数目必须是60；如果它们全同但排列得并不太等价，亚单元可以是60的倍数. A. Klug等人[252]研究芜菁黄花叶病毒(TYMV)以及Finch和Klug[253]研究脊髓灰质炎病毒时，也得出了类似的结论.

进一步追溯这段故事将进入电子显微镜研究球状病毒领域. R. W. Horne 等人[254] 研究腺病毒后指出，在病毒表面有 252 个 “形态单元”，随后的 TYMV 研究观察到 32 个形态单元. 而对其他病毒，其数目为 12，42，72、90 和 92· · · . 但是，没有 60 或 60 倍数的例子. 很清楚，形态单元与亚单元不能等同. Caspar 和 Klug[255] 成功地提出二者之间关系的理论，他们取亚单元的结构全同，但仅准等价，并提出形态单元与亚单元的关系是亚单元的团簇形成形态单元，电镜所观察到的是形态单元. TYMV 和 TBSV 二者都有 180 个亚单元，但 TYMV 因形成六聚物和五聚物团簇只有 32 个形态单元；TBSV 由于形成二聚物团簇而有 90 个形态单元. 其他病毒也符合 Caspar-Klug 的病毒构建理论，这个理论得到测定到接近原子分辨率的若干病毒结构的充分证实. 1982 年 Klug 获得诺贝尔化学奖以表彰他对 X 射线晶体学和电子显微学方面的贡献.

TBSV 结构测定的最初分辨率为 30Å，后来 S. C. Harrison 等人[256] 将之实际提高到 3Å. 他们取天然的病毒，以含 U 和 Hg 的衍生物作为重原子置换，回摆照片回摆范围为 0.5°，记录了 200,000 多个反射. 相位测定用下列方法精修和延伸：将电子密度图对所有等价亚单元取平均并在用修正的电子密度重算相位角之前对溶剂占据区的密度进行平滑，如此循环多次. 普度大学 M. G. Rossman 研究组[257] 对病毒结构的测定中也包括了通常的冷病毒的结构测定，发现它们具有 $a = 445$Å的立方单胞. 对亚单元中四个不同的多酞链的跟踪可达到 3.5Å的分辨率；在 3Å分辨率下能够识别很多水分子而且可与氨基酸序列匹配. 在一个模型中，四个多酞链里的 6320 个原子构建成 811 个氨基酸残基.

从氯化钠结构到病毒结构的测定，这段历程整整经历了 20 世纪中的 70 多年.

6.12 国际晶体学联合会及相关机构

X 射线晶体学传统上形成了某种国际性团体，第一次非正式会议是 1925 年在德国阿默湖畔 P. Ewald 的母亲家里举行的，参加者除了 P. Ewald 外，还有 M. von

Laue，W. L. Bragg)，C. G. Darwin 和 P. J. W. Debye. 在 1929 年 Faraday 学会于伦敦组织的会议之后，成立了委员会，以鼓励创立论文摘要服务机构、从事空间群表整理和标记符号标准化的国际合作. 这一组织的成果是 1935 年《国际晶体结构测定表》(*International Tables for the Determination of Crystal Structures*) 第一版的出版，它是 19 位科学家合作的结果，C. Hermann 负责编辑.

从 1929 年起，德国 X 射线技术学会每年召开年会，在美国，1941 年成立美国 X 射线和电子衍射学会，而在英国，1943 年成立了物理学会 X 射线分析组. 虽然当时关于成立国际组织时有讨论，但是由于第二次世界大战，这个提议一直没有进展，直至 1946 年才在伦敦召开国际会议时决定成立国际晶体学联合会 (IUCr)[258].

在 P. Ewald 提议下，国际晶体学联合会负责出版国际杂志 (1944 年《德国晶体学杂志》(*Zeitschrift für Kristallographie*) 停刊)，1948 年《晶体学学报》(*Acta Crystallographica*) 创刊，现在已分成 A，B，C, D 四个分册出版①. 继而《应用晶体学杂志》(*Journal of Applied Crystallography*) 于 1968 年问世. 另一个定期的出版物《结构报告》(*Structure Reports*) 代替了 *Strukturbericht*(它从 1928 年到 1941 年一直作为 *Zeitschrift für Kristallographie* 的增刊) 并刊载晶体结构研究的摘要. 前已提及的国际表 (*International Tables*) 也由 IUCr 负责，随着后继版本的出现，它已经从空间群和原子散射因子等等的数据表发展成包括结构晶体学很多学科权威章节的丛书.《世界晶体学家名录》(*World Directory of Crystallographers*) 已相继出了几个版本，每一版都比前一版篇幅更多. 最近一版是第 8 版，列举了 70 个国家 9589 位晶体学家的名字②. 联合会的第一期《新闻通信》(*Newsletter*) 出版于 1993 年初，现在每期都分送给每位世界晶体学家名录入选者.

除了定期刊物外，IUCr 已发起出版了多种书籍，其中著名的有：本章各节中频繁引用的 P. Ewald 编辑的《X 射线衍射 50 年》(*Fifty Years of X-ray Diffraction*)[4] 和 J. L. de Faria[259] 与其他 6 位撰稿人编辑的《晶体学的历史图表集》(*Historical Atlas of Crystallography*)，它勾画出从 17 世纪到 20 世纪 70 年代晶体学历史的轨迹并包括了突出的晶体学家的肖像. 然而，它却没有包括任何妇女的肖像，甚至没有包括 K. Lonsdale 女爵士③和诺贝尔奖获得者 D. Hodgkin 的肖像! 其他还有 1983 年出版的《北美洲的晶体学》(*Crystallography in North America*)[260] 和 1992 年出版的《走出晶体迷宫》(*Out of the Crystal Maze*)[261]，后一本书记载固体物理的历

①2005 年起已分成 A, B, C, D, E, F 六个分册出版.—— 译者注

②1997 年出版的第 10 版列举了 74 个国家 8000 多名晶体学家的名字.—— 译者注

③Kathleen Lonsdale 女爵士 (1903~1971)，著名英国晶体结构学家，1929 年首先用 X 射线衍射法证明了苯环具有平坦结构，1931 年在测定 6 氯代苯结构时率先使用 Fourier 谱方法，1956 年获大英帝国女爵士称号. 她保持了多个女科学家的“第一”，即第一次被选为英国皇家学会的两位女科学家之一 (1945)，伦敦大学学院的第一位女教授 (1949)，国际晶体学联盟的第一位女主席 (1966)，英国科学促进会的第一位女会长 (1967).—— 校者注

史，与本章讨论的主题没有太大关系.

1948 年在 Harvard 大学召开了第 1 届晶体学联合会大会和代表会议，当时有 300 人参加. 之后，每三年在适宜的地方召开类似的大会. 1993 年第 16 届晶体学联合会大会在北京召开. 第 15 届是在法国波尔多召开的，大约有 1750 篇文章投稿，分 16 个专题，覆盖了从仪器设备直到晶体学教学及历史的广阔范围，大多数作者的文章是在安排的时间内以张贴大字报形式提供的. 两个最大的主题是生物大分子和与结构相关的物理和化学性质. 1991 年 IUCr 组织了 6 个较小的会议，包括第 13 届欧洲晶体学会议和 6 个专题课程或夏季学校.

目前，IUCr 有 14 个专业委员会，它们的职能没有明确的规定，一般是举办专题会议，夏季学校，出版不定期出版物和进行合作实验，如 6.5 节中提到的有机分子中电子分布的实验.

《结构报告》(*Structure Reports*) 的未来正在审核中①，因为它与四个独立的晶体学数据中心的工作有重合，这四个中心是设在美国布鲁海文的蛋白质数据库、英国的剑桥结构数据库、德国波恩的无机晶体结构数据库和加拿大渥太华的金属晶体学数据库，到 1989 年它们分别拥有 427、73893、28406 和 11000 条数据. F. H. Allen 等人[262] 已对剑桥结构数据库的工作做了评述. 国际衍射数据中心 (International Centre for Diffraction Data) 是一个独立的机构，它的数据库拥有用以鉴别粉末晶体结构的 170000 条数据，它们以书籍或可检索的计算机软件出版. 设在美国俄亥俄州的 Polycrystal Book Service of Dayton 是独立的、与美国晶体学会 (它的前身是上面提及的美国 X 射线和电子衍射学会) 联合的书刊销售商，其经营范围是晶体学的书籍和期刊，以及相关领域书刊，它们 1992 年的书目列有 2200 多种书名.

致谢

下列人员对本章的撰写给予了有益的建议或提供了参考文献和抽印本，在此谨对他们表示感谢：F. H. Allen，U. W. Arndt, T. Brown, D. W. J. Cruickshank, P. D. Hatton, J. R. Helliwell, O. Kennard, A. Klug, K. Moffat, R. J. Nelmes, G. S. Pawley, M. F. Perutz, I. K. Robinson, M. G. Rossman, D. Sayre, A. J. C. Wilson, H. R. Wilson, B. T. Willis 和 M. M. Woolfson.

(麦振洪译, 吴自勤、刘寄星校)

参考文献

[1] Bragg W L 1933 The Crystalline State vol 1, ed W H Bragg and W L Bragg (London:

①这个刊物 2001 年起并入 *Acta Crystallographica* 作为该刊的 E 分册出版.—— 校者注

Bell)p 6

[2] Hauy R J 1794 Essai d'une Théorie sur la Structure des Cristaux (Paris)

[3] Barlow W 1897 Proc. R. Dublin Soc. 又见 reference [1] p 270

[4] Ewald P P 1962 Fifty Years of X-ray Diffraction ed P P Ewald (Utrecht: Oosthoek) ch3

[5] Bragg W L 1939 (reprint) 文献 [1] p 272

[6] Ewald P P 1962 文献 [4] ch 4

[7] Friedrich W, Knipping P and M von Laue 1912 Sitz. Math. Phys. Kgl. Bayer. Akad. Wiss. München 303

[8] Bragg W L 1912 Nature 90 410

[9] Bragg W L 1913 Proc. Camb. Phil. Soc. 17 43

[10] Bragg W L 1913 Proc. R. Soc. A 89 248

[11] Bragg W H and Bragg W L 1913 Proc. R. Soc. A 88 428

[12] Moseley H J 1913 Phil. Mag. 26 1024; 1914 Phil, Mag. 27 703
Siegbahn M 1962 Fifty Years of X-ray Diffraction ed P P Ewald (Utrecht: Oosthoek) p 265

[13] Bragg W H and Bragg W L 1913 Nature 91 557

[14] Bragg W L 1939 The Crystalline State vol 1, ed W H Bragg and W L Bragg (London: Bell) p 59

[15] Sommerfeld A 1913 Solvay Conf. 又见文献 [4] p 78

[16] Bragg W L, James R W and Bosanquet C H 1921 Phil. Mag. 41 309

[17] Darwin C G 1914 Phil. Mag. 27 315, 675

[18] Debye P 1913 Verh. Deutsch. Phys. Ges. 15 678

[19] Waller I 1923 Z. Phys. 17 398

[20] Kittel C 1986 Introduction to Solid State Physics 6th edn (New York: Wiley)

[21] Hartree D R 1928 Proc. R. Soc. A 121 166

[22] James R W, Wallet J, Hartree D. R 1928 Proc. R. Soc A 118 334

[23] Bernal J D 1926 Proc. R. Soc. A 113 118

[24] Weissenberg K 1924 Z. Phys. 23 229

[25] Buerger M J 1944 The Photography of the Reciprocal Lattice (New York: ASXRED)

[26] Debye P and Scherrer P 1916 Nach. Gött. Ges, 1 16

[27] Hull A W 1917 Phys. Rev. 10 661

[28] Henry N F, Lipson H S and Wooster W A 1961 The Interpretation of X-ray Diffraction Photographs (London: MacMillan)

[29] Arndt U W and Willis B T 1966 Single Crystal Diffactometry (Cambridge: Cambridge University Press)

[30] Muller A 1931 Proc. R. Soc. A 132 646

[31] Coppens P 1992 Synchrotron Radiation Crystallography (New York: Academic)

[32] Leigh J B and Rosenbaum G 1974 J. Appl. Crystallogr. 7 117
[33] Wilson K S et al 1983 J. Appl. Crystallogr. 16 28
[34] Rudman R 1976 Low Temperature X-ray Diffraction (New York: Plenum)
[35] Debrenne P, Laughier J and Chaudet M 1970 J. Appl. Crystallogr. 3 493
[36] Jamieson J C, Lawson A W and Nachtrieb N D 1959 Rev. Sci. Instrum. 30 1016
[37] Jayaraman A 1983 Rev. Mod. Phys, 55 65
[38] Spain I L 1987 Comtemp. Phys. 28 523
[39] Block S and Piermarini G 1983 Crystallography in North America ed D MacLachan and J P Glusker (New York: American Crystallography Association) p 265
[40] Arndt U W, Champness J N, Phizackerley R P and A J Wonacott 1973 J. Appl. Crystallogr. 6 457
[41] Arndt U W, 1986 J. Appl Crgstallogr. 19 145
[42] Bilderback P et al 1988 Nucl, Instrum. Methods Phys. Res. A 266 636
[43] Cruickshank D W J, Hellwell J R and Moffat K 1987 Acta Crystallogr. A 43 656
[44] Moffat K and Helliwell J R 1989 Topics in Current Chem. 151 61
[45] Moffat K, Bilderback D, Schildkamp W and Volz K 1986 Nucl. Instrum. Methods A 246 627
[46] Bragg W H 1915 Phil. Trans. R. Soc. A 215 253
[47] James R W 1948 The Crystalline State vol 2, ed W L Bragg (London: Bell) ch 7
[48] Astbury W T and Yardley K 1924 Phil. Trans. R. Soc. A 224 221
[49] Wilson A J C 1962 Fifty Years of X-ray Diffraction ed P P Ewald (Utrecht: Oosthoek) p 677
[50] Srinivasan R 1972 Adv. Struct. Res. Diffraction Methods 4 105
[51] Bragg W L and West J, 1926 Proc. R. Soc. A 111 691
[52] Bragg W L 1929 Z. Krist. 70 488
[53] Beevers C A and Lipson H S 1934 Proc. R. Soc. A 146 570
[54] Patterson A L 1934 Phys. Rev. 46 372
[55] Zernike F and Prins J 1927 Z. Phys. 41 184
[56] Lipson H S and Cochran W 1966 The Crystalline State vol 3, ed W L Bragg (London: Bell)
[57] Harker D 1936 J. Chem. Phys. 4 381
[58] Wrinch D M 1939 Phill. Mag. 27 98
[59] 文献 [56] ch 7
[60] Buerger M J 1950 Proc. Natl Acad. Sci. 36 376 and 738
[61] Carlisle C H and Crowfoot D M 1945 Proc. R. Soc. A 184 64
[62] Bokhoven C, Schoone J C and Bijvoet J M 1951 Acta Crystallogr. 4 275
[63] Harker D 1956 Acta Crystallogr. 9 1
[64] Rossman M G and Blow D M 1962 Acta Crystallogr. 15 24

[65] Argos P and Rossman M G 1980 Theory and Practice of Direct Methods in Crystallography ed M Ladd and R Palmer (New York: Plenum)

[66] Rossman M G 1990 Acta Crystallogr. A 46 73

[67] Lipson H S and Beevers C A 1936 Proc. R. Soc. A 48 702

[68] Pepinsky R 1947 J. Appl. Phys. 18 601

[69] Harker D and Kasper J S 1948 Acta Crystallogr. 1 70

[70] Kasper J S, Lucht C M and Harker D 1950 Acta Crystallogr. 3 436

[71] Karle J and Hauptman H 1950 Acta Crystallogr. 3 181

[72] Woolfson M M 1987 Acta Crystallogr. A 43 593

[73] Sayre D 1952 Acta Crystallogr. 5 60

[74] Cochran W 1952 Acta Crystallogr. 5 65

[75] Zachariasen W H 1952 Acta Crytallogr. 5 68

[76] Hauptman H and Karle J 1953 Solution of the Phase Problem. I. The Centrosymmetric Crystal (New York: Polycrystal Book Service)

[77] Woolfson M M 1954 Acta Crystallogr. 7 61

[78] Klug A 1958 Acta Crystallogr. 11 515

[79] Cochran W 1955 Acta Crystallogr. 8 473

[80] Karle J and Hauptman H 1956 Acta Crystallogr. 9 635

[81] Karle I L and Karle J 1964 Acta Crystallogr. 17 835

[82] Germain G and Woolfson M M 1968 Acta Crystallogr. B 24 91

[83] Karle J 1989 Acta Crystallogr. A 45 765

Giacovazzo C 1980 Direct Methods in Crystallography (London: Academ)

[84] Bacon G E 1975 Neutron Diffraction 3rd edn (Oxford: Clarendon)

[85] Darwin C G 1922 Phil. Mag. 43 800

[86] Zachariasen W H 1963 Acta Crystallogr. 16 1139

Zachariasen W H 1967 Acta Crystallogr. 23 558

[87] Dawson B 1975 Adv. Struct. Res. Diffraction Methods 6 1

[88] Cooper M J, Rouse K D and Willis B T 1968 Acta Crystallogr. A 24 484

[89] Cruickshank D W J 1949 Acta Crystallogr. 2 65

[90] Bunn C W 1949 The X-ray Crystallographic Investigation of the Structurt Penicillin ed D Crowfoot et al (Oxford: Oxford University Press)

[91] Cochran W 1951 Acta Crystallogr. 4 81, 408

[92] Coppens P et al 1984 Acta Crystallogr. A 40 184

[93] Marshall W and Lovesey S W 1971 Theory of Thermal Neutron Scattering (Oxford: Oxford University Press)

Lovesey S W 1985 Theory of Neutron Scattering from Condensed Matter in 2 volumes (Oxford: Oxford University Press)

Bacon G E (ed) 1986 Fifty Years of Neutron Diffraction (Bristol: Hilger)

[94] Elsasser W M 1936 C. R. Hebd. Séanc. Acad. Sci. 202 1029

[95] Mitchell D P and Powers P N 1936 Phys. Rev. 50 486

[96] Zinn W H 1947 Phys. Rev. 71 752

[97] Shull C G and Smart J S 1949 Phys. Rev. 76 1256

[98] Fermi E and Marshall L 1947 Phys. Rev. 71 666

[99] Bacon G E and Lowde R 1948 Acta Crystallogr. 1 303

[100] Buras B and Leciejewicz J 1963 Nukleonika 8 75

[101] Christ J and Springer T 1962 Nukleonika 4 23

[102] Wollan E O and Shull C G 1948 Phys. Rev. 73 830
Wang S P and Shull C G 1962 J. Phys. Soc. Japan 17 (Supplement B3) 340

[103] Bozorth R M 1923 J. Am. Chem. Soc. 48 2128

[104] Peterson S W and Levy H A 1952 J. Chem. Phys. 20 704

[105] Bacon G E and Pease R S 1955 Proc. R. Soc. A 230 359

[106] Brown P J 1979 Neutron scattering ed G Kostorz (London: Academic) p 69

[107] Koehler W C 1986 Fifty Years of Neutron Diffraction ed G E Bacon (Bristol: Hilger) p 169

[108] Halpern O and Johnson M H 1939 Phys. Rev. 55 898

[109] Alvarez L W and Bloch F 1940 Phys. Rev. 57 111

[110] Shull C G, Strauser W A and Wollan E O 1951 Phys. Rev. 83 333

[111] Shull C G, Wollan E O and Koehler W C 1951 Phys. Rev. 84 912

[112] Nathans R, Shull C G, Shirane G and Andresen A 1959 J. Phys. Chem. Solids 10 138

[113] Shull C G 1963 Electronic Structure and Alloy Chemistry of the Transition Elements ed P A Bock (New York: Wiley) p 69

[114] Belov N V, Neronova N N and Smirnova T S 1957 Sov. Phys. Crystallogr. 2 311

[115] Koehler W C 1965 J. Appl, Phys. 36 1078

[116] Thomson G P and Cochrane W 1939 Theory and practice of Electron Diffraction (London: MacMillan)
Pinsker Z G 1949 Diffraktsia Elektonov (英译本: 1953 Electron Diffraction (London: Butterworth))
Vainshtein B K 1956 Strukturnaya Elektronografiya (英译本: Structure Analysis by Electron Diffraction (Oxford: Pergamon))
Zvyagin B B 1967 Electron Diffraction Analysis of Clay Minerals (New York: Plenum)

[117] Thomson G P 1965 Contemp. Phys. 9 1

[118] Nishikawa S and Kikuchi S 1928 Nature 121 1019

[119] Blackman M 1939 Proc. R. Soc. A 173 68

[120] Goodman P 1981 (ed) Fifty Years of Electron Diffraction (Dordrecht: Reidel)

[121] Miyaka S and Ueda R 1950 Acta Crystallogr. 3 314

[122] Cowley J M 1992 Techniques of Transmission Electron Diffraction (Oxford: Oxford University Press)
Spence J C H and Zuo J M 1992 Electron Microdiffraction (New York: Plenum)
[123] Woodruff D P and Delchar T A 1986 Modern Techniques of Surface Science (London: Cambridge University Press)
[124] Binnig G, Rohrer H, Gerber C and Weibel E 1982 Appl. Phys. Lett. 40 178
[125] Prutton M 1983 Surface Physics (Oxford: Oxford University Press)
[126] Ehrenberg W 1934 Phil. Mag. 18 878
[127] Bethe H A 1928 Ann. Phys. 87 55
[128] White J W 1977 Dynamics of Liquids by Neutron Scattering (Heidelberg: Springer)
[129] Dunoyer L 1911 Radium 8 142
[130] Estermann I and Stern O 1930 Z. Phys. 61 95
[131] Eisenberger P and Marra W C 1981 Phys. Rev. Lett. 46 1081
[132] Robinson I K and Tweet D J 1992 Rep. Prog. Phys. 55 599
[133] Dohr J, Reidenhansl R, Nielsen M, Toney M, Johnson R L and Robinson I K 1985 Phys. Rev. Lett. 54 1275
[134] Haneman D 1987 Rep. Prog. Phys. 50 1045
[135] Schlier R J and Farnsworth H E 1957 Adv. Catalysis 9 434
[136] Wilson A J C 1949 X-ray Optics; the Diffraction of X-rays by Finite and imperfect Crystals (London: Methuen)
[137] Kellar J N, Hirsch P B and Thorp J S 1950 Nature 165 554
[138] Edwards O S and Lipson H S 1940 Proc. R. Soc. A 180 268
[139] Bragg W L and Williams E J 1934 Proc. R. soc. A 145 699
[140] Barnes W H 1929 Proc. R. Soc. A 125 670
[141] Bernal J D and Fowler R H 1933 J. Chem. Phys. 1 515
[142] Wollan E O, Davidson W L and Shull C G 1949 Phys. Rev. 75 1348
[143] Chamberlain J S 1971 Thesis University of New England
[144] Pauling L 1935 J. Am. Chem. Soc. 57 2680
[145] Orowan E 1934 Z. Phys. 89 605
Polanyi M 1934 Z. Phys. 89 660
Taylor G I 1934 Proc. R. Soc. A 145 388
[146] Burgers W G 1980 Proc. R. Soc. A 371 125
Nabarro F R N 1980 Proc. R. Soc. A 371 131
Seeger A K 1980 Proc. R. Soc. A 371 173
Hirsch P B 1980 Proc. R. Soc. A 371 160
[147] Amelinckx S 1964 The direct observation of dislocations, Supplement to Solid State Physics ed F Seitz and d Turnbull (New York: Academic)
[148] Menter J M 1956 Proc. R. Soc. A 236 119

[149] Weaire D 1976 Contemp. Phys. 17 173

[150] Morey G E 1938 the Properties of Glass (New York: Reinhold)

[151] Yonezawa F 1991 Solid State Phys. 45 179

[152] Debye P and Mencke H 1931 Ergebn. Tech. Röntgenk. 2 1

[153] Warren B E 1969 X-ray Diffraction (Reading, MA: Addison Wesley)

[154] Temkin R J, Paul W and Connell G A N 1973 Adv. Phys. 22 581

[155] Zachariasen W H 1932 J. Am. Chem. Soc. 54 3841

[156] Polk D E 1971 J. Non-Cryst. Solids 5 365

[157] Bell R J and Dean P 1972 Phil. Mag. 25 1381

[158] Bernal J D 1959 Nature 183 141

[159] Finney J L 1970 Proc. R. Soc. A 319 479

[160] Cargill C S 1975 Solid State Phys. 30 227

[161] Gratias D 1987 Contemp. Phys. 28 219

[162] Schechtman D, Black I, Gratias D and Cahn J W 1984 Phys. Rev. Lett. 53 1951

[163] Pauling L 1985 Nature 317 471

[164] Bohr H 1924 Acta Math 45 29
Besicovich A S 1932 Almost Periodic Functions (Cambridge: Cambridge University Press)

[165] Penrose R 1979 Math. Intell. 2 32

[166] de Wolff P M 1977 Acta Crystallogr. A 33 493

[167] Guyot P, Kramer P and de Boissieu M 1991 Rep. Prog. Phys. 54 1373

[168] Guyot P and Audier M 1985 Phil. Mag. B 52 215

[169] Tessman J, Kahn A and Shockley W 1953 Phys. Rev. 92 890

[170] Bragg W L 1933 the Crystalline state vol 1, ed W H Bragg and W L Bragg (London: Bell) p 180

[171] Lyddane R H and Herzfeld K F 1938 Phys. Rev. 54 846

[172] Szigeti B 1950 Proc. R. Soc. A 204 51

[173] Dick B J and Overhauser A W 1958 Phys. Rev. 112 80

[174] Woods A D B, Brockhouse B N and Cochran W 1960 Phys. Rev. 119 980
Woods A D B, Brockhouse B N and Cowley R A 1963 Phys. Rev. 131 1025

[175] Cochran W 1981 Ferroelectrics 35 3

[176] Comes R, Lambert M and Guinier A 1970 Acta Crystallogr. A 26 244

[177] Müller K A 1982 Nonlinear Phenomena at Phase Transitions and Instabilities ed T Riste (New York: Plenum) p 1

[178] Megaw H D 1957 Ferroelectricity in Crystals (London: Methuen)
Jona F and Shirane G 1962 Ferroelectric Crystals (Oxford: Pergamon)
Lines M E and Glass A M 1977 Principles and Applications of Ferroelectrics and Related Materials (Oxford: Oxford University Press)

[179] von Hippel A, Breckenridge R G, Chesley F C and Tisza L 1946 Ind. Eng. Chem. 38 1097

Wul B and Goldman I M 1945 C. R. Acad. Sci. USSR 46 139

[180] Kay H F and Wousden P 1949 Phill. Mag. 40 1019

[181] Merz W 1949 Phys. Rev. 76 1221

[182] Frazer B C, Danner H R and Pepinsky R 1955 Phys. Rev. 100 745

Harada J, Pedersen T and Barnea Z 1970 Acta Crystallogr. A 26 336

[183] Okaya Y and Pepinsky R 1961 Computing Methods and the Phase Problem in X-ray Crystal Analysis ed D W J Cruickshand (Oxford: Pergamon)

[184] Busch G and Scherrer P 1935 Naturwissenschaften 23 737

[185] Valasek J 1921 Phys. Rev. 17 475

[186] Beevers C A and Hughes W 1941 Proc. R. Soc. A 177 251

[187] Matthias B T, Geballe T H and Compton V B 1963 Rev. Mod. Phys. 35 1

[188] Hulm J K and Blaugher R D 1972 Superconductivity in d- and f-band Metals ed D H Douglas (New York: AIP)

[189] Burns G 1992 High Temperature Superconductivity, An Introduction (New York: Academic)

[190] Bednorz J G and K A Müller 1986 Z. Phys. B 64 189

[191] Jorgensen J G, Schuttler H B, Hinks D G, Capone D W, Zhang K and Brodsky M B 1987 Phys. Rev. Lett. 58 1024

[192] Cava R J, Batlogg B, van Dover R B, Murphy D W, Sunshine S, Siegrist T, Remeika J P, Rieman E A, Zakurak S and Espinosa G P 1987 Phys. Rev. Lett. 58 1676

[193] Beech F, Miraglia S, Santoro A and Roth R S 1987 Phys. Rev. B 35 8778

[194] Bragg W L 1920 Phil. Mag. 40 169

[195] Goldschmidt V M 1929 Trans. Farad. Soc. 25 253

[196] Pauling L 1929 J. Am. Chem. Soc. 51 1010

[197] Bragg W L 1937 the Atomic Structure of Minerals (New York: Cornell University Press)

[198] Armstrong H E 1927 Nature 120 478

[199] Bragg W h 1921 Proc. Phys. Soc. 34 33

[200] Robertson J M 1933 Proc. R. Soc. A 140 79

[201] Robertson J M 1962 Fifty Years of X-ray Diffraction ed P P Ewald (Utrecht: Oosthoek) p 147

[202] Dickinson R G and Raymond A L 1923 J. Am. Chem. Soc. 45 22

[203] Lonsdale K 1928 Nature 128 810

[204] Bernal J D 1932 Nature 129 2177 and 721

[205] Robertson J M 1935 J. Chem. Soc. 615; 1936 J. Chem. Soc. 1195

[206] Bokhoven C, Schoone J C and Bijvoet J M 1951 Acta Crystallogr. 4 275

[207] Bijvoet J M 1949 Koninkl Nederland Akad. Wetenschap. 52 313

[208] Hodgkin D C, Kamper J, Lindsey J, MacKay M, Pickworth J, Robertson J H, Shoemaker C B, White J G, Prosen R J and Trueblood K N 1957 Proc. R. Soc. A 242 228

[209] Hodgkin D C, Bunn C W, Rogers-Low B W and Turner-Jones A 1949 The Chemistry of Penicillin (Princeton, NJ: Princeton University Press)

[210] Pauling L 1962 Fifty Years of X-ray Diffraction ed P P Ewald (Utrecht: Oosthoek) p 136

[211] Bragg W L 1975 The Development of X-ray Analysis (London: Bell)

[212] Witkowski J 1988 Trends Bicochem. Tech. 6 234

[213] Wyckoff R W G Fifty Years of X-ray Diffraction ed P P Ewald (Utrecht: Oosthoek) p 212

Polyani M Fifty Years of X-ray Diffraction ed P P Ewald (Utecht: Oosthoek) p 629

[214] Herzog R O and Jancke W 1920 Ber. Deutsch. Chem. Ges. 53 2162

[215] Brill R 1923 Liebigs Ann. 434 204

[216] Meyer K H and Mark H 1928 Ber. Deutsch. Chem. Ges. 361 192

[217] Astbury W T and Street A 1931 Phil. Trans. R. Soc. A 230 75

Astbury W T 1938 Trans. Farad. Soc. 34 378

[218] Bernal D and Crowfoot D M 1934 Nature 133 794

[219] Crowfoot D M 1935 Nature 135 591

[220] Bernal J D, Fankuchen I and Riley D P 1938 Nature 142 1075

[221] Green D W, Ingram V M and Perutz M F 1954 Proc. R. Soc. A 225 287

[222] Pauling L and Corey R B 1951 Proc. Natl Acad. Sci. USA 37 235-282

[223] Huggins M 1943 Chem. Rev. 32 195

[224] Bragg W L, Kedrew J C and Perutz M F 1950 Proc. R. Soc. A 203 321

[225] Cochran W, Crick F H C and Vand V 1952 Acta Crystallogr. 5 581

[226] Cochran W and Crick F H C 1952 Nature 168 684

[227] Crick F H C 1952 Nature 270 882; 1953 Acta Crystallogr. 6 685

[228] Wilson H R 1966 Diffraction of X-ray by Proteins, Nucleic Acids and Viruses (London: Arnold)

[229] Marsh R E, Corey R B and Pauling L 1955 Acta Crystallogr. 8 710

[230] Bear R S 1956 J. Biophys. Biochem. Cytol. 2 363

[231] Kendrew J C, Bodo G, Dinzig H M, Parrish R G, Wyckoff H and Phillips D C 1958 Nature 181 662

Kendrew J C 1963 Science 139 1259

[232] Blundell T and Johnson L N 1976 Protein Crystallography (New York: Academic)

[233] Perutz M F and Lehmann H 1968 Nature 219 902

[234] Ingram V 1957 Nature 180 326

[235] Perutz M F 1979 Ann. Rev. Biochem. 48 327

[236] Brown D M and Todd A R 1955 The Nucleic Acids vol 1, ed E Chargaff and J N Davidson (New York: Academic)

[237] Avery O T, Macleod C and McCarty M 1944 J. Exp. Med. 79 137

[238] Astbury W T and Bell F O 1938 Cold Spring Harbor Symp. Quant. Biol. 6 109

[239] Watson J D and Crick F H C 1953 Nature 171 737 and 964

[240] Watson J D 1968 The Double Helix (London: Wiedenfeld and Nicolson)

[241] Chargaff E 1950 Experimentia 6 201

[242] Kennard O and Hunter W N 1991 Angew. Chem. Int. Ed. Engl. 30 1254

[243] Hunter W N, Leonard G A and Brown T 1993 Chem. Britain 29 484

[244] Bernal J D and Fankuchen I 1937 Nature 139 923

[245] Watson J D 1954 Biochim. Biophys, Acta 13 10

[246] Frankiln R E and Holmes K C 1958 Acta Crystallogr. 11 213

[247] Klug A and Caspar D L D 1960 Adv. Virus Res. 7 225

[248] Barrett A N et al 1972 Cold Spring Harbor Symp. Quant. Biol. 36 433
Stubbs G, Warren S and Holmes K 1977 Nature 267 216

[249] Crowfoot D M and Schmidt G M J 1945 Nature 155 504

[250] Circk F H C and Watson J D 1956 Nature 177 473

[251] Caspar D L D 1956 Nature 177 475

[252] Klug A, Finch J T and Franklin R E 1957 Biochim. Biophys. Acta 25 242

[253] Finch J T and Klug A 1959 Nature 183 1709

[254] Horne R W, Brenner S, Waterson A P and Wiedy P 1959 J. Mol Biol 1 84

[255] Caspar D L D and Klug A 1962 Cold Spring Harbor Symp. Quant. Biol. 27 1

[256] Harrison S C 1971 Cold Spring Harbor Symp. Quant. Biol. 36 495
Harrison S C, Olson A J, Shutt C E, Winkler F K and Brcogine G 1978 Nature 276 368

[257] Arnold E, Vriend G, Luo M, Griffith J P, Kamer G, Erickson J W, Johnson J E and Rossman M G 1987 Acta Crystallogr. A 43 346

[258] Kamminga H 1989 Acta Crystallogr. A 45 58

[259] Lima de Faria J (ed) 1990 Historical Atlas of Crystallography (Dordrecht: Kluwer)

[260] McLachlan D and Glusker J P (ed) 1983 Crystallography in North America (New York: American Crystallographic Association)

[261] Hoddesdon L, Braun E, Teichmann J and Weart S 1992 Out of the Crystal Maze: Chapters from the History of Solid State Physics (Oxford: Oxford University Press)

[262] Allen F H, Davies J E, Galloy J J, Johnson O, Kennard O, Macrae C F, Mitchell E M, Mitchell G F, Smith J M and Watson D G 1991 J. Chem. Inf. Comput. Sci. 31 187

第 7 章　热力学与平衡统计力学

Cyril Domb

7.1　引言 ——19 世纪背景[1]

热力学的前两个定律是 19 世纪科学的辉煌. J. P. Joule[2] 发现, 一定量的功无论如何消散, 总是转化成等量的热. 于是, 他得出结论, 热是能量的一种形式, 表述这个结果的热力学第一定律是普遍的能量守恒一般原理的一部分.

热力学第二定律处理当试图将热变为功时遇到的限制, 它可以追溯到 Sadi Carnot 著名论文集[3], 虽然当时关于热的本质的理论全然不对, 但是他导出的结果意义深远. R. Clausius 和 W. Thomson 大约于 1850 年也独立给出第二定律的表述 (详见 Brush[1]14.3 节). Clausius 引入熵的概念[4], 但熵的本质直至有了统计力学解释后, 才不再模糊不清.

稍后, 热力学 (尤其是在 J. W. Gibbs 的手中) 确立为一门基础坚实、定义明晰且界限分明的学科[5]. Gibbs[6] 将热力学用于五花八门的基础问题, 其学术论文集堪称是已刊行的最为广博的文集之一.

G. Kirchhoff 于 1859 年提出将腔壁保持在温度 T 的空腔辐射性质[7], 这个新问题引起讨论. 这个提议的宏伟结果, 最终导致 M. Planck 于 1900 年提出量子假说, 这已在本书第 1 章概叙. [**又见 1.5 节**]

热力学关心的是建立可观察量间的必要关系而不问任何详细解释, 就此而言, 气体动理学在主要由 Maxwell 和 Boltzmann 发展以追问热力学第二定律的分子根源之前, 还是单独的研究领域. 通常, 大家认为是 Clausius 的两篇论文奠定了现代气体分子动理论的基础[8], 尤其是其中第二篇, 涉及分子碰撞和平均自由程的新参量, 平均自由程刻画分子在相继的碰撞之间移动的平均距离.

奇怪的是, Clausius 假定所有的分子有相等的速度. 这个缺陷被 Maxwell 出色地矫正了, 随后他强调[9], 概率和统计的概念是适于对分子碰撞建模的概念. 虽然 Gibbs 最先用统计力学的叫法, 但是基于这个原因, 有理由将从气体动理学理论到统计力学的过渡归功于 Maxwell, Maxwell 导出了后来以能量均分定理为人所知的基本结果. 该定理称, 在由质量和形状不同的分子组成的气体处于平衡态时, 每一个平动和转动自由度的平均动能均相同.

Josiah Willard Gibbs
(美国人, 1839~1903)

Gibbs, 与美国人相比他更受欧洲人推崇, 尤其是 Maxwell. 作为耶鲁大学的不领薪数学物理教授, 他系统地将热力学应用于物理学和化学中范围广泛的问题. 他的难读的长论文在他去世不久的数年后问世, 被指定为美国热力学学生的必读文章. 作为由他的多相系理论导出的简单基本推论相律, 是以他的名字命名的, 并在化学反应和合金相图的研究中扮演中心角色. 然而, 这只不过是他对化学的诸多贡献之一.

如同他所做的其他每一件事一样, 他的最后一项工作迟迟才为世人赏识. 由 Boltzmann 的概念出发, 他构建了统计力学的一般理论, 这个理论已被看作是 20 世纪该领域中一切工作的基础. 因而, 将他看作现代物理学的一个伟大先驱是恰当的.

他继承了足够他和他的姐姐们度日的金钱, 他和她们寂静地共同生活, 并终生未娶. 1901 年英国皇家学会将学会的最高奖项 Copley 奖章授给了他.

L. Boltzmann 进入该领域比 Maxwell 晚几年, 从 1868 年起他探讨由很大数目的 N 个分子组成的理想气体的统计力学. 这里分子的相互作用可以忽略, 但仍可以处于重力场或其他势场中[10]. 系统的总能量 E 为常数, 可以按众多的不同方式在 N 个分子间分配. 气体的微观态由指定各个分子的能量予以定义. Boltzmann 提出一个重要的基本新假设: 所有微观态 (他称之为组态“组态” (complexions)) 有相同的先验概率. (这些术语及以下论点的某些细节将在 7.2.3 节中说明.) 一个特定分子具有能量 ε_{r} 的状态可以称为一个宏观态. 于是, 该宏观态的概率 P_{r} 正比于将剩余能量 $E-\varepsilon_{\mathrm{r}}$ 在其他 $(N-1)$ 个分子间分配所得到微观态的数目. 这是一个很大的数, Boltzmann 能够给出它的形式

$$P_r \propto \exp(-\varepsilon_{\mathrm{r}}/kT) \tag{7.1}$$

这就是以他命名的关系式. 他对平衡统计力学的其他贡献是, 由力学原理推导热力学第二定律, 阐明第二定律的统计本质 (这里 Maxwell 妖提供了概念上的帮助[11], 见 7.6 节), 以及熵的统计认定即著名关系式

$$S = k\ln W \tag{7.2}$$

式中, S 为熵; W 为宏观态的组态数. 虽然关系式 (7.2) 刻在 Boltzmann 的墓碑上, 实际上首先写下它的是 Planck[12](的确所有相关的基本信息是 Boltzmann 提供的).

Planck 称 k 为 Boltzmann 常数; 在 k 另有其他用处时这个常数记作 k_{B}. **[又见 7.6 节]**

正是这个背景造就了 Planck 在 20 世纪破晓之时作出黑体辐射理论的关键性贡献. 他深受 Clausius 的影响, 在 21 世纪他的大部分研究专注于热力学的不同方面. 在 1889 年, 他移居柏林, 如第 1 章所述, 柏林当时是黑体辐射理论和实验研究活动的中心. 至于 Planck 是如何一步步试探性地走向革命性的量子假说的, 这在 Kuhn 的详细记述[13] 中给出了说明.

最后我们来看对于 Boltzmann 由力学原理推导热力学第二定律的挑战, 它发生在 19 世纪的最后十年, 构成了阻滞统计力学进展的威胁. 牛顿力学的微分方程是时间可逆的, Poincaré 证明[14], 如果一个力学系统曾处于某一个给定的状态, 他将无限多次返回无限接近该状态的某点. 据此, Zermelo[15] 得出结论, 在纯粹的力学系统中像第二定律这样的时间不可逆过程是不可能的. Boltzmann 回应[16] 说, 如果能够等待足够长, Poincaré的结果的确是正确的, 但是, 复归时间是如此之长以至于最终观察到返回的可能性不存在. 论争持续了一段时间, 最终证明 Boltzmann 是正确的. Gibbs 为统计力学现代发展奠定基础的方式是明确的[17] (见 7.3.1 节).**[又见 8.1.2 节]**

7.2　量子理论的影响

统计力学的许多进展, 尤其是将量子理论加入其框架, 是出于破解具体困惑的企图, 而非对其概念的扩充. 因而, 除非是别处恰巧未提或只是草率提到的材料, 这些进展都会在本书的适当章节中找到, 这里只给出个梗概.

7.2.1　黑体辐射

起初, 触动 Planck 思考的是黑体辐射中能量 U 和熵 S 的关系, 他提出简单的微分方程 $\partial^2 S/\partial U^2 = -\alpha/U$, 此处 α 为常数[18]. 他得出这个方程以便与 Wien 定律

$$U(\lambda,T) = b\lambda^{-5}\exp(-a/\lambda T)$$

一致, Wien 定律描写波长 λ 处能量密度的温度依赖关系. 然而, 改进的测量显示出 Wien 定律的不足, 于是 Planck 建议[19] $\partial^2 S/\partial U^2 = -\alpha/U(\beta+U)$ 及其推论

$$U(\lambda,T) = d\lambda^{-5} \Bigg/ \left[\exp\left(\frac{D}{\lambda T}\right) - 1\right]$$

这个结果与实验数据符合得非常好, 他马上用频率 ν 而非波长将之重写[20] 成传统形式

$$U(\nu,T) = \frac{8\pi\nu^2}{c^3}\frac{h\nu}{[\exp(h\nu/kT) - 1]}$$

得出这个关系式的推理过程比较繁复, 通常采用 Einstein 的表述形式. Einstein 明确指出推理证明依赖于振子能量只能取 $h\nu$ 的整数倍这一假定, 然而 Jeans 认为这种想法是人为的数学假设而拒绝接受. 这个问题在第 3 章中有更详尽的讨论. [**又见 3.2.1.1 节**]

7.2.2 固体的振动比热

这是第 12 章的中心论题, 这一章从 Einstein 引入量子观念开始, 到 Debye 如何将枚举实际晶体的可能振动模式这一极其复杂的问题奇妙地化简, 再到 Born 和 von Kármán 及其后继者更为详细的分析, 追述了一个理论的发展过程. 量子统计学的本质部分, 是延伸 Planck-Einstein 的原始观念, 即振子只能拥有 $h\nu$ 整数倍的能量 (确切地说, 还有 $\frac{1}{2}h\nu$ 的零点能, 它对比热无实质性影响).

7.2.3 经典和量子统计

经典系统的动力学, 无论如何复杂, 都可以用每个组元的位置 (q_i) 和动量 (p_i) 描述. 如果组元的总数为 r, 则有 $2r$ 个分别的坐标, 可以将能量定义为 $2r$ 个变量的一个函数. 从几何学观点看, 纯粹作为抽象概念, $2r$ 维相空间的单独一点, 可用作定义整个系统的动力学行为. 系统演化时, 代表系统的点在相空间移动. 作为处理问题的基础, Boltzmann[21] 应用了稍早前 Liouville 提出的一个定理, 即由一群代表点占有的相空间任何区域其体积不随系统演化而变. 于是, 在相空间中的运动与不可压流体的运动相当. 如果这个流体在任何一刻均匀分布在整个相空间中, 此后它将永远维持这个分布. 如果系统的总能量固定在某个值 E 上, 则可能访问到的相空间部分只是与其坐标相应的总能量为正确的那些部分. Boltzmann 假定在可达到的整个相空间 (各态历经表面) 上分布是均匀的, 系统的平均性质按等体积有等权重的方式得到.

至此, 我们考虑了 $2r$ 维相空间, 但是还存在更有限的相空间, 它只描绘系统所有组元中的一个. 如果处理单个粒子, 它的相空间有 6 维 (3 个位置, 3 个动量). Boltzmann 设想他能将这个原子相空间划分成大小为 ω_r 的代表性小区, 每个粒子在其中有能量 ε_r. 那么, 如果占据第 r 个体积的粒子数为 n_r, 系统作为整体在系统相空间中将占有 $\omega_1^{n_1}\omega_2^{n_2}\cdots\omega_r^{n_r}$ 的体积, 这个乘积度量系统处于这个确定条件中的时间份额.

现在考虑一个宏观态有 n_1 个系统在胞 1, n_2 个系统在胞 2, $\cdots$, n_r 个系统在胞 r 的情况. Boltzmann 定义组态数为能产生这个宏观态的原子系统的不同排布方式数. 基本组合分析给出这个数为

$$\frac{N!}{n_1!n_2!\cdots n_r!} \tag{7.3}$$

依照 Boltzmann 和 Gibbs[22], 赋予这个宏观态的概率权重为

$$W = \frac{N!}{n_1!n_2!\cdots n_r!}\omega_1^{n_1}, \omega_2^{n_2}, \cdots, \omega_r^{n_r} \tag{7.4}$$

此处, n_i 满足以下条件:

$$n_1 + n_2 + \cdots + n_r = N \tag{7.5}$$

$$n_1\varepsilon_1 + n_2\varepsilon_2 + \cdots + n_r\varepsilon_r = E \tag{7.6}$$

为了导出在平衡态即 Boltzmann 认定为最可几的状态中 $n_1, n_2, \cdots, n_r$ 之值, 在限制条件 (7.5) 和 (7.6) 下最大化 W, 得

$$\langle n_i \rangle \propto \omega_i \mathrm{exp}(-\varepsilon_i/kT) \tag{7.7}$$

式中, $\langle\ \rangle$ 为最可几值. 最后一步中胞的尺寸可以趋于零, 分析中的任何级数都将替代为积分.

量子理论假定分立的能级 ε_r, 上述整个分析可用, 而不必牵扯连续相空间, 也不必用积分取代求和. 此外, ω_i 现在有自然的对应物即第 i 能级的简并度 g_i. 实际上 g_i 的值很小, 但暂时将 ε_i 附近的可观数量的能级比较方便地归成一组, 于是 g_i 为大数, 对它可用渐近公式. 在 7.3.1 节引入 Gibbs 正则系综后就不再需要这个操作了.

为了由式 (7.7) 推导热力学行为, 引入如下**配分函数**:

$$Z = \sum_{i=1}^{r} g_i \mathrm{exp}\left(-\frac{\varepsilon_i}{kT}\right) \tag{7.8}$$

它直接关系到 Helmholtz 自由能 F

$$F = -NkT\ln Z \tag{7.9}$$

原子气体系统的所有性质都可以由式 (7.9) 导出. 和式 (7.8) 由 Planck[23] 参照 Gibbs 在其经典处理[17] 中用到的相应积分于 1924 年引入. Planck 因为状态和的德语词为 Zustandsumme 而用字母 Z, 随后它成为标准记号. 以上处理称作**经典统计的量子理论**; 它与可分辨系统有关, 系统交换将产生独立的状态; 另一种叫法是 Maxwell-Boltzmann 统计.

1924 年 6 月 Einstein 收到孟加拉青年人 Bose 的来信, 他的关于 Planck 定律的推导被拒稿了. Einstein 深为 Bose 的论文所动, 亲自将之翻译成德文, 并写了很强的正面推荐意见投出. 该论文的发表[24] 改变了 Bose 的生涯. 他推导 Planck 定律基于粒子的图像, 其中粒子数不守恒. Bose 得到了 Planck 定律, 但他似乎并不知晓他用的手段与 Boltzmann 统计有任何不同[25]. **[又见 3.2.3.2 节]**

Bose 文章之后跟着有 Einstein 的两篇文章[26] 发表, 这两篇文章将 Bose 的处理推广到粒子数守恒的物质粒子. 他点明了统计法用于**全同粒子**这一本质, 指出 Boltzmann 组合因子 (7.4)(以 g_i 记 ω_i) 被替代为

$$W=\prod_{i=1}^{r}\frac{(g_i+n_t-1)!}{n_i!(g_i-1)!} \tag{7.10}$$

于是, 对守恒的物质系统得

$$\langle n_i\rangle=\frac{g_i}{\lambda\exp(\varepsilon_i/kT)-1} \tag{7.11}$$

取 $\lambda=1$ 时, 对应不守恒的光粒子系统. Bose 用一个简单直接的推理估算了 g_i, 得出式 (7.11) 等同于 Planck 定律的结论.

组合公式 (7.10) 适用于任何能级的占有数不受限制的全同粒子, 我们称这样的粒子满足 Bose-Einstein 统计. 1925 年 Pauli[27] 引入不相容原理, 认为没有两个电子可以占有同一量子能级. Fermi[28] 和 Dirac[29] 独立地意识到, 这个假说会导致电子的不同统计, 组合公式 (7.10) 将被替代为

$$W=\prod_{i=1}^{r}\frac{g_i!}{n_i!(g_i-n_i)!} \tag{7.12}$$

据此, 式 (7.11) 换作

$$\langle n_i\rangle=\frac{g_i}{\lambda\exp(\varepsilon_i/kT)+1} \tag{7.13}$$

式 (7.12) 适用于任何两个不可占有同一能级的全同粒子, 我们称这样的粒子满足 Fermi-Dirac 统计.

十分值得注意的是, Gibbs 已经预见到对全同粒子组成的气体有必要作如下区分: “如果两个相的不同仅在于某些完全类似的粒子彼此交换了位置, 它们应该看作相同的相或不同的相? 如果粒子看作是不可分辨的, 依据统计方法的精神, 这两个相似乎应视为等同. ”[17] 他继续指出, 如果两个等同的流体块位于相邻的两个小室中, 隔板移开时熵应该不变, 而如果流体是不同的就会有熵变. 区分这两种情形的必要性被叫作 Gibbs 佯谬, 由引入量子统计而得以澄清. Boltzmann 所用的经典力学定理当假定粒子为等同时仍然不变. 然而, 无论后者彼此间是如何地相似, 在量子力学中等同和非等同的粒子具有绝对的差别, 如果用的是经典统计式 (7.3), 的确有熵变; 如果用的是量子统计式 (7.10) 和式 (7.12), 则没有熵变.

7.2.4 气体比热

作为一个很好的近似, 气体分子的能级 ε 可以分解成对应于平动、振动、转动和电子的模式的独立贡献. 配分函数 Z 将退化为每个自由度独立贡献的乘积, 自由能则为每个自由度独立贡献之和.

经典理论 (Maxwell 和 Boltzmann) 的能量均分定理, 赋予平动模式对能量的贡献为 $\frac{3}{2}NkT$, 每个振动模式为 NkT, 每个转动自由度为 $\frac{1}{2}NkT$. 单原子分子气体的等容比热 C_v 应为 $\frac{3}{2}Nk$, 对于双原子分子应为 $\frac{7}{2}Nk$, 多原子分子气体之值应高得多. 因为 $C_p - C_v = Nk$, 由此得相应的比值 $\gamma = C_p/C_v$ 应分别为 5/3=1.67, 9/7=1.29, 以及接近于 1.

只有第一个结果与实验一致; 对双原子及线型多原子分子实验结果约为 1.40, 对非线型多原子分子实验结果约为 1.33. Maxwell 对这个矛盾极为关切, 将之称为分子理论终究要考虑的最严重困难[30].

量子理论通过允许冻结那些对比热没有实质性贡献的模式, 排除了这个矛盾. 例如, 频率为 ν 的振动模式的能级为 $\frac{1}{2}h\nu, \frac{3}{2}h\nu\cdots$, 只有当所有能级能被热激发时, 才能达到每个振子的经典平均能量为 kT.

对于多数分子系统, $h\nu$ 是如此之大, 以至于在通常温度下多数振子仍处于基态而对比热不作贡献. 只有在高温下, 振动模式才开始对比热有贡献. 与之相反, 转动能级的间隔通常很小, 以至于经典均分定理仍然成立. 平动模式的能级更密, 经典理论总是成立, 但是电子能级的特征温度通常较高, 因而其贡献很小. 量子理论不仅排除了一般性矛盾, 而且, 它也提供一种机制, 如果采用适当的数值物理常数, 就可以计算各种气体比热随温度的变化.

然而, 气体氢的比热关系式出现反常, 其转动能级分得很开, 以至于在气体仍未凝聚的温度下转动严重受限制; 可以料想, 加热时比热将如图 7.1(曲线 1) 那样显示出一步一步逼近经典值的形式, 而并非如实验所示 (曲线 3).

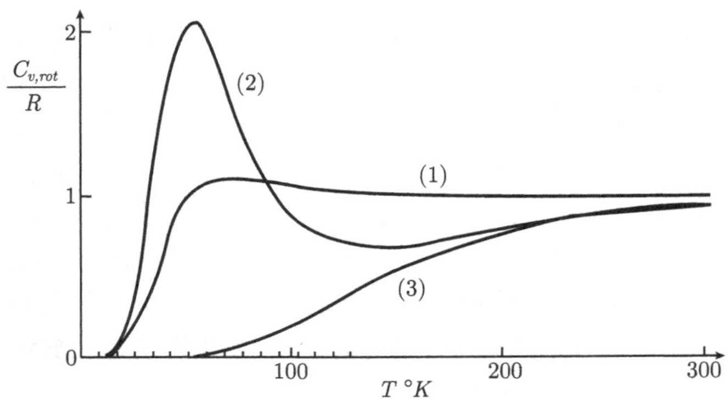

图 7.1　气态氢的亚稳平衡 (1) 假定平衡且不考虑核对称性时的 C_v; (2) 假定平衡且考虑核对称性时的 C_v; (3) 实验曲线. 考虑核对称性但假定独立气体混合物, 该曲线可被很好拟合

分子光谱学明确地提示, 必须考虑核对称性[31], 对称 (S) 波函数态 (仲氢) 和反称 (A) 波函数态 (正氢) 之间有差别. S 态和 A 态相互转变, 后者数量上为前者

的三倍. 如果对这个效应做修正计算, 与实验的分歧比先前更严重 (曲线 2)!

正确解释由 Dennison[32] 给出. 谱学证据表明, S 和 A 态波函数间实际上并无跃迁; 因而气态氢应作为两种独立气体的混合物处理, 正氢和仲氢的比例为 3:1, 系统并非处于热平衡. **[又见 13.2.5.2 节]**

于是, 比热与实验曲线 3 达到绝妙的一致, 该系统提供了一个亚稳平衡的例子. 要达到热平衡及曲线 2, 所要求耗费的时间比实验上可实现的要大得多.

气体比热方面, 理论和实验间不存在显著的不一致.

7.2.5 Bose-Einstein 凝聚

对于守恒的物质粒子, Einstein 已推得式 (7.11); 参数 λ 由系统中的粒子数决定, 但不能小于 1. Einstein 观察到, 如果对假想的状态连续分布积分而并非对实际状态求和, 求得总粒子数, 则存在可被接纳的最大粒子数 N_c. 如果 N 大于 N_c, 会发生什么? 答案是积分过程是不允许的.

这在物理上意味着什么? Einstein 的回答[33] 是:

我认为, 在这种情况下, 随密度增大而持续增长的粒子数, 将进入动能为零的第一量子态, 而其余分子按参数 $\lambda=1$ 分布 …… 分离是有效的; 一部分凝聚, 而其余维持为饱和理想气体.

这个由严格统计推导得出的相变, 现在称作 Bose-Einstein 凝聚. 曾有人对 Einstein 推导的合法性提出质疑[34], 但最终被证明是合理的[35], 如在第 11 章中所看到的, London 建议用该凝聚解释液氦 2.2K 下的超流相变①. **[又见 11.1.5 节]**

7.2.6 Fermi-Dirac 统计的应用

在绝对零度下, 服从 Fermi-Dirac 统计的系统取可能的最低态; 而 Bose-Einstein 系统中所有粒子占有单一的最低粒子态, 对 Fermi-Dirac 系统, 这是不可能的, 因为此时每个态只能为一个粒子所占有. 于是, 它们填满所有的最低能态, 总数为 N, 能量最高的粒子可具有相当大的能量. 结果是, 在 kT 达到被占有的最高能级的能量之前, 几乎没有热激发发生. 低温分布称作是**简并**的.

就在发现 Fermi-Dirac 统计后不久, R. Fowler[36] 发表了他最有创意的文章, 提出白矮星的物质由简并气体组成. 这个提议的重大天文后果, 在第 23 章中将有详细的讨论. **[又见 23.3.5 节]**

Fowler 曾对 Milne 说过[37], 他理应对没有同时看到在金属电子中的应用感到遗憾, 这个应用由 Sommerfeld 在大约两年后指出, 将在第 17 章中讨论. 这是标志性的时刻, 金属物理的早期问题开始被解决, 现代量子导电理论开始了. **[又见 17.4 节]**

---

①第一个 Bose-Einstein 凝聚实验由 Cronell 和 Wienman 于 1995 年在美国卡罗拉多大学用铷原子气体实现. —— 译者注

7.3 理论形式的发展

7.3.1 Gibbs 系综

上述的 Boltzmann 方法可用于近独立系统的系综. 1902 年 Gibbs 引入了系综的概念[17], 即满足某种统计分布的物理实体的集合, 选这个分布来描绘特定的热力学状况. 物体的性质由选取系综的统计平均来计算, 在这个平均值之上的涨落可用标准的统计方法计算. 可以预料, 如果实体组元数 N 很大, 涨落将减小, 平均值便可等同于热力学平衡性质.

Gibbs 首先选取了宏观体系的系综, 其中能量 E_n 的数目正比于 $\exp(-\beta E_n)$, β 与温度 T 的关系如前所述. 他指出, 这个系综有如下的重要性质, 如果联结 β 相等的两个系综, 则它们的平衡状态不因联结而改变. 因而, 这个系综模拟恒定温度下的物体. Gibbs 采用取积分平均的经典理论, 但他的想法可以直接用于量子理论, 平均能量可写作

$$\langle E_n\rangle = \frac{\sum\limits_n E_n \exp(-\beta E_n)}{\sum\limits_n \exp(-\beta E_n)} = -\frac{\partial}{\partial\beta}(\ln Z_N) \tag{7.14}$$

式中, Z_N 为配分函数 (partition function, PF)

$$Z_N = \sum_n \exp(-\beta E_n) \tag{7.15}$$

于是, $\langle E_n\rangle$ 可认定为热力学内能 U.

类似地, 压强可定义为如下平均:

$$\langle P\rangle = \frac{-\sum\limits_n (\partial E_n/\partial V)\exp(-\beta E_n)}{\sum\limits_n \exp(-\beta E_n)} = \frac{1}{\beta}\frac{\partial}{\partial V}(\ln Z) \tag{7.16}$$

其他力也可类似地定义.

Gibbs 指出, 通过将 $-kT\ln Z_N$ 认定为 Helmholz 自由能 $F(T,V,N)$, 可以得到与热力学一致的结果. 他将之取名为正则系综, 原则上它提供了一种机制, 由组成宏观物体如固体、液体、气体、等离子体的分子的性质出发, 可以计算其平衡热力学行为. 必要条件是知道对应于其组成分子所有不同的可能排布的宏观体的各种可能能量 E_n.

Boltzmann 的处理对应于能量恒定的系综, Gibbs 注意到他的结果可以由正则系综导出, 只要将概率分布在 $(E_n, E_n + \mathrm{d}E_n)$ 范围之外取为零 (今天我们会用 δ 函

数描写这种情况). 他称之为**微正则系综**; 统计平均稍难对付, 考虑取能量而非温度作为独立变量时应用热力学的困难, 这也许是可以料到的.

在处理多组分物质的热力学时, Gibbs 发现对每个组分 i 引入化学势 μ_i 很有用, 如同温度控制热平衡, 它起控制化学平衡的作用. 采用给定组分的化学势而非浓度作为独立热力学变量, 可类比于采用温度而非能量作为变量. Gibbs 引入巨正则系综来描写化学势恒定的热力学体系, 组分 1 分子有 ν_1 个, 组分 2 分子有 ν_2 个, $\cdots$, 组分 r 分子有 ν_r 个的体系的数目正比于 $\exp(\mu_1\nu_1+\mu_2\nu_2+\cdots+\mu_r-\beta E_n)$. 类似于式 (7.15), Gibbs 引入巨配分函数 (grand partion function, GPF)

$$\xi=\prod_{\nu_1,\nu_2,\cdots,\nu_r,n}\exp(\mu_1\nu_1+\mu_2\nu_2+\cdots+\mu_r\nu_r-\beta E_n) \tag{7.17}$$

ξ 可以直接当作一个合适的热力学函数. 采用巨配分函数大大简化了多元系的统计力学. 例如, Bose-Einstein 和 Fermi-Dirac 统计的式 (7.11) 和式 (7.13), 可用 GPF 直接导出.

人们花费了数十年才体会到 Gibbs 方法的范围和威力. Foweler 的统计力学专著[38] 多年来是这个领域的权威参考书, 但却只在引论中一带而过提到正则系综, 在该书的余下篇幅里全然不用它. Schrödinger[39]1944 年在都柏林所作的明晰的系列讲演, 可能有意让大家注意 Gibbs 的思想, 将这个思想置于统计力学的中心, 一旦实现这一点, Gibbs 系综概念及由它自然导出的配分函数和巨配分函数的实际后果, 便形成了后半世纪统计力学计算的基础.

7.3.2 Einstein 的涨落处理

Einstein 不曾知道 Boltzmann 的熵与统计权重的关系式 (7.2), 他独立地得到同一结果, 但 Einstein 得到该式的方法极不同于 Boltzmann, 实与后者互补.

Boltzmann 的目的是基于概率和统计建立物质的理论, 式 (7.2) 充当桥梁, 借此他得以回到热力学. Einstein 研究 Brown 运动, 关心涨落及其实验观测. 重写式 (7.2) 形如 $W=\exp(S/k)$, 运用表示熵为状态函数的热力学公式, 他能计算偏离平衡值的概率. 他依此计算了有限系统的温度、密度、压强等的涨落. [**又见 8.2.1.2 节**]

设一个大容器的温度 T_0 和压强 P_0 为恒定 (下标 0 总是指容器), 考虑其中一个小区; 为方便起见, 我们固定小区中的粒子数 N, 但允许其体积涨落. 如果总系统即容器加小区是孤立的, 能量和体积恒定, 则小区的温度涨落 (ΔT)、体积涨落 (ΔV)、熵涨落 (ΔS) 和内能涨落 (ΔU) 有概率 ω, 由 $\exp(\Delta S+\Delta S_0)/k$ 给出. 于是, $\Delta U+\Delta U_0=0, \Delta V+\Delta V_0=0$. 但是

$$\Delta S_0=\left(\frac{\Delta Q}{T_0}\right)_{\text{容器}}=\frac{\Delta U_0+P_0\Delta V_0}{T_0}=\frac{\Delta U+P_0\Delta V}{T_0} \tag{7.18}$$

因而

$$\omega \propto \exp[-\beta(\Delta U - T_0\Delta S + P_0\Delta V)] \tag{7.19}$$

为了确定涨落, 须将式 (7.19) 中的指数展至二阶项. (因为该区处于平衡态, 一阶项为零.) 对于变量 ΔT 和 ΔV, Einstein 推导得关系式

$$\omega \propto \exp\left[-\frac{C_v}{2kT^2}(\Delta T)^2 + \frac{1}{2kT}\left(\frac{\partial P}{\partial V}\right)_T (\Delta V)^2\right] \tag{7.20}$$

由此得出结论, 涨落是 Guass 型的, 有 $\langle\Delta T^2\rangle = kT^2/C_v$ 和 $\langle\Delta V^2\rangle = kTVK_T$, 式中 K_T 为等温压缩率, 并且温度和体积涨落不相关.

如果 $(\partial P/\partial V)_T$ 为零, 如在临界点, 体积涨落会很大. 此行为的细节将在 7.5 节讨论.

7.3.3 第二定律的数学背景: Carathéodory 方法

引言 (7.1 节) 的首段简要地提到热力学第二定律在 19 世纪中叶的发展. 这个推导遵从一个极富逻辑性的方式, 这个过程的关键一步是演示有可能找到这样的函数 T, 其性质使得 dQ/T 为全微分, 即 $\oint dQ/T$ 绕可逆循环为零.

Clausius 和 Thomson 的论证利用了理想热机的性质, 指出没有热机能比 Carnot 热机更有效. 一些数学物理学者对引用热机不以为然, 觉得另外的途径应该可能, 其中关于 dQ 存在积分因子的条件会扮演中心角色. 这导致 Carathéodory[40] 发展了基于如下一个替代假设的处理: 在任何平衡态的附近存在不可能通过绝热过程到达的状态. 由这个假设出发, 有可能演示 dQ 存在积分因子, 并将热力学作为一门数学学科加以发展.

Carathéodory 还提供了温度概念的数学基础如下. 如果两个物体处于热平衡, 它们的热力学参数间必定存在关系, 这是实验事实; 此外, 如果物体 1 和 2 处于热平衡, 物体 2 和 3 处于热平衡, 则物体 1 和 3 也处于热平衡. 这些事实足以建立经验温度的存在性, 它对于平衡中的三个物体相同. 这被称为热力学第零定律. 同样的结果, 可用 Boltzmann 处理统计力学的方法从第一原理得到.

7.3.4 统计力学中的平均值方法(Darwin-Fowler 方法)

Boltzmann 专注于最可几状态, 并假定平衡时所有其他状态的贡献可忽略. 这个假定是基于概率和统计的一般性经验. 1922 年, Darwin 和 Fowler[41] 用了另外的方法, 此方法所有有意义量的计算中准确地考虑了所有状态, 这些平均值被证明等同于平衡热力学性质. 平均值附近的涨落也可准确计算, 数学上更令人满意. 但是, 那里的数学用几句话很难说清, 这里给出专门教科书文献[38], 当能满足读者要求.

7.4 热力学第三定律[42]

7.4.1 历史回顾

1906 年, 在 Nernst 由哥廷根转去柏林后不久, 他发表了一篇论文[43], “论由热学测量计算化学平衡”, 他十分重视这篇文章, 以至于预定了 300 份抽印本, 这在当时是个不小的数字. 他关心的是气体反应, 因其工业和军事上的重要应用, 这在当时很受重视. 平衡态中生成气体的浓度由质量作用定律中的常数 K 控制, vańt Hoff[44] 在他的反应等容线方程中计算了 K 随温度的变化. 但是, 他的式子里还有一个积分常数, 它的作用很重要, 却无从下手计算.

Nernst 感到问题的关键在于评估绝对零度下的行为. 对于气相很难说出任何有意义的看法, 他转而考虑凝聚相, 当时别的化学家还不太注意凝聚相. 各种推理令他提出, 系统 (由反应方程两边表示的) 不同状态间的熵差①随 $T \to 0$ 而趋于零. 应当指出, 这里不涉及量子力学, Nernst 假定所有比热具有依据均分定理而来的经典值.

然后, 他着手测量低温下固体的比热, 1909 年他确信 Einstein 关于比热应随 $T \to 0$ 而趋于零的预言是正确的. 这导致他的定理的新表述[45], 即绝对零度不可及性定律. 容易说明, 如果在 $T = 0$ 系统状态间有熵差, 则可建立 Carnot 循环使得绝对零度可以达到.

Walther Hermann Nernst
(德国人, 1864~1940)

出生于一个显赫的普鲁士家庭, Nernst 跟随德国领头的物理学家学习, 然后被派往莱比锡跟随 W. Ostwald 工作. 他在电化学方面的实验和理论工作为自己赢得作为物理化学家和热力学家的声誉. 移居哥廷根后, 他建立了一个活跃的大学派, 通过将 Boltzmann 原子理论纳入他的广泛被采用的教科书《理论化学》, 他远离了 Ostwald 的不用原子概念讨论化学的哲学偏向.

他的新的热定理 (热力学第三定律) 使得化学反应热力学可被实验接受, 尤其是通过低温下的比热测量. 许多学生参与将这个想法发扬光大并解决问题, 其中包括天才的 F. E. Simon. Simon 在牛津加入 Nernst 的早期学生之一 F. A. Lindemann (后来的 Cherwell 勋爵) 的研究工作并接替他成为教授. Nernst 学派被纳粹反犹措施

①Nernst 并没有用熵思考问题, 而以能量和自由能的导数表述命题.

可悲地摧残, 却在放逐中繁荣. Nernst 本人留在德国, 但反对纳粹政策. 1911 年 Nernst 说服 E. Solvey 邀请物理学领袖们参加以 Lorentz 为主席的会议讨论由 Planck 量子理论引出的转折. 此后, Solvey 会议定期召开讨论物理和化学中的一些关键性问题, 召集一些顶尖的科学家来交换观点.

Nernst 认为他的定理是第二定律的结果. 在温度 T_1 和 T_2 之间的 Carnot 循环的效率为 $(1-T_1/T_2)$. 他指出, 如果 T_1 可以为零, 就有可能以 100%的效率将热转化为功, 导致与第二定律矛盾. Nernst 的这个假想的循环, 围绕绝对零度下热力学平衡的本质[46], 引起不少争论和批评. 虽然问题仍未解决, 今天只当作是语义学上的争论; 当然, 统计力学只表明 $\mathrm{d}Q/T$ 为全微分, 并不包括第三定律.

量子理论的出现使得有可能对气体熵作统计力学计算. 量子统计中的气体简并现象、Bose-Einstein 凝聚及电子对比热的零贡献, 都对第三定律提供了支持. 早在 1914 年 Nernst 就预见到这样的发展[47], 但是他的提议遇到怀疑.

用统计力学术语来说, 第三定律指出, 绝对零度下所有系统都处于完全有序的状态, 但是还有像玻璃和溶液那样的物质, 它们显然仍是无序的. 第三定律如何与它们有关? 这是 F. Simon (后来的 Francis 爵士) 的工作, 包括实验上的和理论上的, 状况均得以大大澄清. Simon 重新表述第三定律如下: *在绝对零度下, 系统的至少原则上存在可逆转换所有状态之间熵差消失*[48]. 在 1930 年他以稍稍不同的形式表达了这个想法: 处于内部热力学平衡的系统所有状态间的熵差消失[49]. Simon 强调, 不能期望热力学定律可用于玻璃那样的系统, 它的状态并非是平衡态而是不稳定的冻结态. 尽管有 Simon 的解释, 疑惑仍然持续好几年, 但他最终成功地战胜了对他的批评, Fowler 和 Guggenheim 的标准教科书《统计热力学》(*Statistical Thermodnamics*)[50] 对第三定律有相当赞同的讨论.

Simon 的重新表述后来得到广泛的接受, 没有发现有实验结果与之冲突. 然而, 有必要指出, 没有出现过第三定律的理论证明, 还应当视之为经验性的. 容易找到与第三定律不一致的理论模型[51]; 但结论必定是, 这样的模型是理想化的, 并不代表现实.

本节余下部分简要讨论第三定律的主要应用.

7.4.2 $T \to 0$ 时的相平衡

依据第三定律, 在 $T \to 0$ 时任何相变的熵变 ΔS 趋于零. 液氦到固氦的相变提供了一个惊人的例子. 大气压下绝对零度的氦是液体, 但施加 25 个大气压可使之固化. 液氦称作 He II, 因它并非无序而不同于所有其他液体. 熔化机制及固体性质都由零点涨落支配[52]. 由 Clausius-Clapeyron 方程 $\mathrm{d}P/\mathrm{d}T = \Delta S/\Delta V$, 我们看到因 ΔV 有限 $\mathrm{d}P/\mathrm{d}T$ 必须趋于零. 图 7.2 示出 Simon 和 Swenson 的 $\mathrm{d}P/\mathrm{d}T$ 测量[53],

表明 ΔS 依 T^7 趋于零.

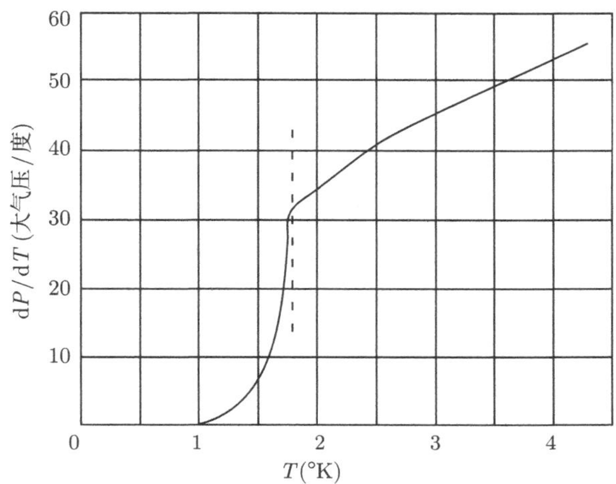

图 7.2 氦的熔化曲线: $\mathrm{d}P/\mathrm{d}T$ 作为 T 的函数

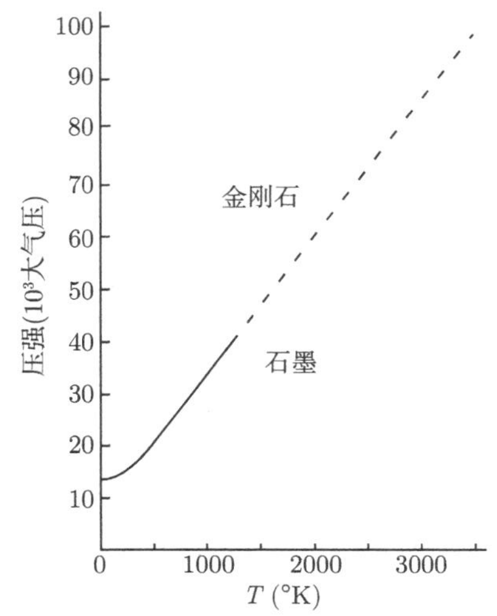

图 7.3 金刚石–石墨平衡相图

实线: 直至 1200K 的测量; 虚线: 线性外推

第三定律应用的第二个例子是决定金刚石和石墨间的平衡曲线. 在正常温度下这个反应极其缓慢, 在正常压强下金刚石处于不稳定形态, 因为这个反应极为缓慢而得以存在. 由第三定律假定在 $T=0$ 时两相没有熵差, 自由能相图可由测量比热至最低温度及用标准量热法确定转变热而得到. Berman 和 Simon[54] 得到的曲线如图 7.3 所示. 它与用石墨加压生产人造金刚石[55] 有关而具有特殊的意义. 为了核实推断的有效性, Berman 和 Simon 一直测到 0.4K 以确保不存在可能导致熵变的比热反常; 这些测量通过第三定律与 3000K 下的反应直接有关.

7.4.3 熵的量热估计和统计估计

不同温度下物质两个状态间的熵差, 可由量热测量用第二定律得出. 因而, 沸点下的气相和能达到的最低温度下的固相之间的熵差, 可以通过测量气相和固相的比热、熔化和气化的潜热及任何可能发生的相变的潜热而算出. 这记作 S_{cal}.

沸点下气相的熵可直接由统计力学计算 (对气体非理想性可作小修正). 计算所需的关于振动和转动能级的分子数据, 可由光谱学以高精度得到; 因而记作 S_{stat} 的这个统计估计有时称为光谱学估计, 并记作 S_{spec}. 如果这两个独立的熵估计几乎相等, 我们可以下结论说, 固体在所测的最低温度下没什么无序. 借助于标准的 Debye 近似可合理地对固体外推至 $T = 0$. 典型例子如氧[56] O_2, $S_{\text{cal}} = 30.85, S_{\text{stat}} = 30.87$; 如甲烷[57] CH_4, $S_{\text{cal}} = 36.53, S_{\text{stat}} = 36.61$(测量值取熵单位).

然而, 如果发现这两个估计显著不同, 我们可以下结论, 在所测的最低温度下系统仍有可观的无序. 进一步降温时存在两种不同的可能性. 系统可能被冻结在非平衡无序态上, 或者, 系统保留在平衡态上, 且出现比热反常或相变, 移去盈余熵.

作为第一型行为的例子[58] 可举冰 $H_2O(S_{\text{cal}} = 44.29, S_{\text{stat}} = 45.10)$ 和一氧化碳 $CO(S_{\text{cal}} = 37.2, S_{\text{stat}} = 38.32)$. 对于冰, 剩余熵来源于水分子取向的冻结 (在 7.5.12 节中将会讨论一个详细的模型). 对于一氧化碳, 分子冻结在几乎随机的平行–反平行排布中[59]. [**又见 7.5.12 节**]

第二型行为的一个显著例子, 可举不同正–仲浓度 (7.2.4 节) 的固态氢. 纯仲氢[60] 没有剩余熵 ($S_{\text{cal}} = 14.83, S_{\text{stat}} = 14.76$). 这是因为纯仲氢没有净核自旋, 没有自旋熵; 它只含一种核组分, 没有混合熵. 然而, 正氢有核自旋, 最低能态三重简并. 因而, 3:1 的正常正–仲氢混合物, 其统计熵高过纯仲氢达 4.29 并不奇怪, 在 2K 处仍有可观的剩余熵. 测量延伸到低温段时对不同的正–仲浓度得到的比热反常, 如图 7.4 所示. 事实上, 这个反常消除了由转动而非核磁矩引起的三重简并.

7.4.4 甚低温的获得

能被绝热地去除的任何无序来源, 都可以用来冷却系统至更低温度. 某些顺磁盐的磁化率甚至在低至 1K 的温度下仍遵从 Curie 定律, 这个事实表明存在一个电子自旋系统, 它仍然是无序的, 具有熵与可被磁离子占有的位置数目对应. 通过施加足够强的磁场排齐磁离子然后退磁, 温度可以达到 10^{-2}K 的量级. 一般而言, 如果自旋间或自旋和晶格间的最终消除简并的相互作用有能量 ε, 则可以达到的温度大致为 $\sim \varepsilon/k$. [**又见 14.4.1 节**]

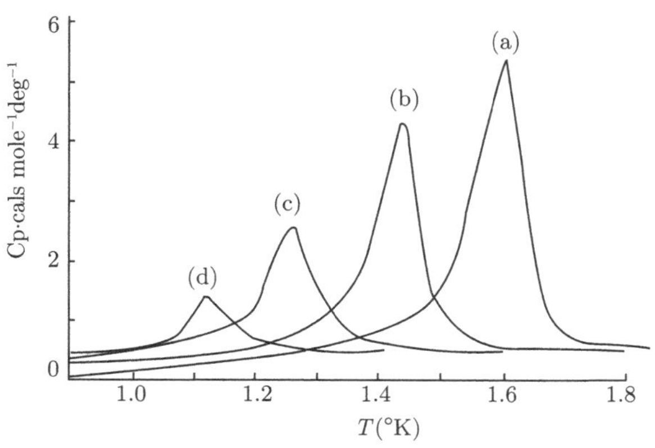

图 7.4 固态氢比热的 λ 反常

(a)72.9%; (b)69.0%; (c)65.0%; (d)62.7%正氢

核自旋系统的相互作用能远小于顺磁自旋系统, 量级范围只有 $10^{-3} \sim 10^{-6}$K. 需要用高得多的磁场来排齐它们, 在这样的温度下热导很差, 也带来不小的实际困难. 然而, 这些困难已被克服[61], 现在已经实现 0.3×10^{-3}K 这样的低温[62]. [**又见 14.10.2 节**]

图 7.5 显示其核具有磁矩的顺磁盐的熵如何随温度变化. 该图也说明, 绝对熵的概念用处不大, 最好分别处理每一种特定的无序机制引起的熵. 对于磁离子占熵相当份额的温度, 不必太在意核自旋无序. 我们可以通过选择熵的零点, 略去无序的这个晶格来源.

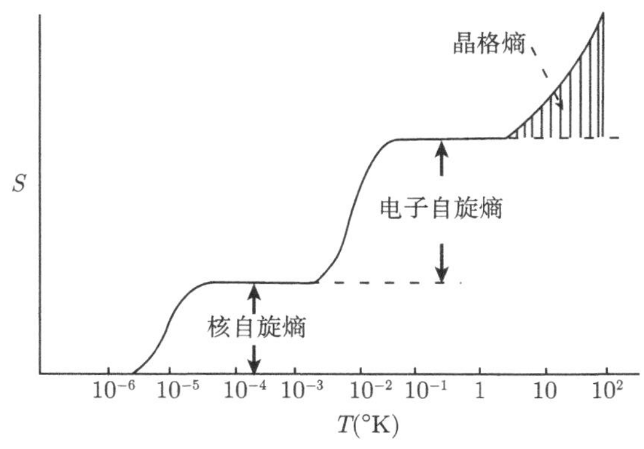

图 7.5 典型顺磁盐的熵

7.4.5 负温度

某些固体的核磁共振实验显示, 有时有可能导致系统进入这样的状态, 它们在统计上及热力学上都表现为似乎是处在负温度下. 锂的核自旋为 3/2, 如果将氟化锂晶体置于磁场中, 其基态将分裂成 4 个自旋态, 它们的集居数遵从 Boltzmann 分布 $n_i \propto \exp(-\beta\varepsilon_i)$, 高能态较少被占有. 然而, 核自旋与晶格达到热平衡所要花的时间异乎寻常地长. Pound、Ramsey 和 Purcell[63] 考查了这个性质, 他们在足够短的时间内翻转磁场, 让自旋不能跟上磁场. 自旋仍然保持原先的取向, 但因为状态的能量变号, 现在高能态较多地被占有; 系统遵从一个 β 对应于负温度的 Boltzmann 分布.

Simon 指出[64], 这样的系统不违背第三定律. 达到负温度是变得比无限更热, 而并非比零更冷, $T = 0$ 从负侧还是同样达不到. 事实上统计力学表明, 用 $\beta = 1/kT$ 刻画温度更为自然; $\beta = 0$ 无任何不寻常, 但 $\beta = \pm\infty$ 达不到.

7.5 相变和临界现象

7.5.1 引言

物质的平衡热力学性质可以考虑分为两组: 一组变化光滑, 另一组有突然的间断. 作为第一组的例子, 有理想或近理想气体的性质 (能量、熵、比热、状态方程), 理想或近理想固体的性质, 理想或近理想混合物气体或固体的性质, 顺磁性和抗磁性, 正常金属中的电子、声子性质. 第二组通常与各类相变有关: 液–气平衡和临界点、固体熔化、液固混合物或溶液中的相变、合金的有序–无序相变、铁磁性、反铁磁性、超导性, 以及 λ 点反常 (如液氦).

标准统计力学可以相对容易地处理第一组. 例如, 略去气体分子间或声子间的相互作用处理理想系统. 一级相变中的平衡、晶体相和蒸汽相间的平衡及蒸汽压曲线的形状, 可以由热力学决定.

对于弱非理想气体, 分子间的相互作用可用微扰论处理. 选定的热力学性质可用一个参数的递升幂级数表示, 这个参数度量相互作用的强度. 只要仅考虑有限项, 热力学性质的连续性就不会破坏. 不连续行为只能通过取微扰级数至无限而引入. 实际上, 处理相变时应付的问题是**强相互作用**问题, 此时相互作用不能再当作小扰动处理, 而是在计算及最终的热力学性质中起着支配的作用.

我们将主要关注液体、磁体和溶液在临界点附近的行为及各种类型的 λ–点相变. 在从理论上理解此一行为是如何依赖于分子间相互作用的本质 (如对称性和力程) 方面, 20 世纪后半叶经历了伟大的进步. 这里所涉及的某些数学既专且深, 但我尝试转述结果而避开数学细节.

7.5.2 液–气临界点

气体和液体间的关系, 是 19 世纪前半叶十分注意的论题. 人们很早就意识到,高于某个温度时液相就不再存在. 但是, 一般假定液相化成了气相. 因而, Faraday 称之为止液化点, 而 Mendeleev 则用术语绝对沸腾温度指气化潜热为零的点. 正是 Andrews[65] 在他的 1869 年贝克讲座中建立了液相和气相间的正确关系. **临界点**一词第一次在他的讲座中使用, 除了着手仔细而精确的实验, 他专注于在物质的气体态和液体态间存在的紧密关系; 这两个相在临界点合并成一个流体相, 但是如果任何人问现在是处于气态还是液态, 我想这个问题不会有正面的回答. 他用讲座标题"论物质气态和液态的连续性"强调了这个特点, 指出如何通过适当选择路径不间断地由液相走到气相.

只过了四年, van der Waals[66] 采用新发展的关于气体动理论的想法, 对 Andrews 实验数据提出了可能的理论解释. 他假定构成气体的分子具有硬心和相互吸引力, 后者的力程与平均自由程相比很长. 吸引力产生一个负的内部压强, 他采用几年前 Clausius 刚引入的位力定理[67], 计算了内压为 $-a/V^2$. 对于硬心, 他做了最简单的假定, 即可利用的体积由 V 减为 $V-b$. 于是, 提出的方程为

$$P = P_{\text{int}} + \frac{RT}{V-b} = -\frac{a}{V^2} + \frac{RT}{V-b} \tag{7.21}$$

Maxwell 和 Boltzmann 都对 van der Waals 的工作印象深刻. 他们可以接受吸引项 $-a/V^2$, 但意识到排斥项代表粗糙的近似. 1875 年, 在给化学学会做的一次讲演中Maxwell[68] 引入了著名的等面积构造, 借助它可以保证与 Andrews 的实验测量基本一致 (图 7.6).

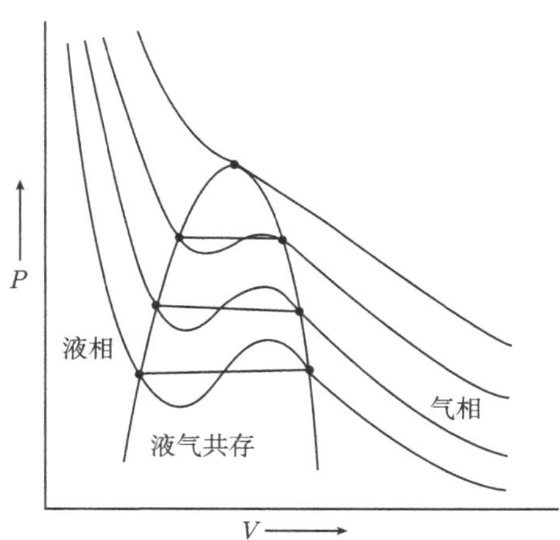

图 7.6 Maxwell 等面积构造补充了 van der Waals 方程, 能定出平衡态 (水平线)

临界等温线的代数形式代表我们后面将称为**经典临界指数**的第一个例子. 曾经普遍认为它准确地反映了实验的临界行为, 20 世纪 30 年代之前 van der Waals 理论没有遇到严重挑战. 1900 年 Verschaeffelt[69] 分析了实验数据, 声称发现与实验

矛盾, 但却被忽视, 又过了 45 年才证明他是正确的.

van der Waals 提出的内压新概念, 30 年后在完全不同的物理领域取得成果.

7.5.3 铁磁的 Curie 点

磁铁在高温下丧失磁力, 1600 年 Gilbert[70] 在他著名的专著《论磁性》(De Magnete) 中就注意到这个事实. 19 世纪较为详细的定量研究, 令 Hopkinson[71] 在 1889 年提出**临界温度**一词, 用来指磁性消失的温度. 但是, 能与 Andrews 关于液体的论文相比的关于磁性的决定性论文, 是 Curie[72] 在 1895 年写的, 那时他还没有开始他更为人知的放射性研究. 这篇论文提出的最有意义的新看法之一, 是磁和流体的类比. 将压强 P 当作磁场, 密度 ρ 当作磁化强度, Curie 指出等温线 $P-\rho$ 和 $M-H$ 之间高度相似. 高温顺磁态相当于气相, 而低温铁磁态相当于液相. Curie 提出, 对于类比于流体的铁磁是否存在一个可精确定义的临界点及连带的临界常数?

正是这个类比引导 Pierre Weiss[73] 于 1907 年提出分子场假说, 用正比于磁化强度 M 且方向相同的均匀场 nM 模仿分子间的相互作用. 他说, 可以给 nM 起名字叫内场, 以标示它类比于 van der Waals 的内压. **[又见 14.2.3 节]**

对于气体磁化率 Curie 已经发现倒温度关系 $\chi \propto 1/T$, Langevin[74] 用 Boltzmann 关系理论上解释了这个结果. 对于每个分子有磁矩 m 的理想气体, Langevin 推得磁状态方程 (类比于理性气体的 $PV=RT$) 为

$$M = L\left(\frac{mH}{kT}\right) \tag{7.22}$$

式中, $L(x)$ 为 Langevin 函数 $\coth x - 1/x$.

对于铁磁体 Pierre Weiss 提出简单修正

$$M = L\left(\frac{m(H+H_{\text{int}})}{kT}\right), \quad (H_{\text{int}} = nM) \tag{7.23}$$

这引出深刻的结论. 的确存在可明确定义的类比于液体的临界点; Weiss 和 Kamerlingh Onnes[75] 稍后称之为 Curie 点以纪念已在 1906 年死于车祸的 Curie. 在 Curie 温度以下, 存在非零自发磁化; 对于高于 Curie 温度 T_c 的顺磁态, Curie 的磁化率倒温度关系修正为 $x \propto 1/(T-T_c)$, 它通常称作 Curie–Weiss 定律.

在 Curie 温度附近, 自发磁化依抛物线律趋于零, T_c 处的临界等温线 M-H 遵从立方律, 完全类比于 van der Waals. 磁和液体的类比被证明富有成效, 但它似乎被遗忘了不下 30 年. 之后. 被 Cernuschi 和 Eyring[76] 在格子气模型中再度发现. 在始于 1944 年的后续发展中, 它再度辉煌.

7.5.4 流体的微观临界行为: 临界乳光

在 1869 年的贝克讲座的开场白中, Andrews 引述了早先写的一段:“如果只

通过施压部分地液化碳酸, 然后同时逐渐地升温至华氏 88°, 这时区分液体和气体的边界变得模糊, 曲面看不到, 最终消失. 之后, 空间被均匀流体所占据, 当压强突然减小或温度稍稍降低时, 流体显现出奇特的外观, 移动的或是闪烁的条纹贯穿整体."

这个现象后来称作临界乳光, 在 19 世纪后期及 20 世纪早期引起不少实验学家注意. Avenarius[77] 极为详尽地描述了实验结果, 注意到在二硫化碳、乙醚、二氯化碳和丙酮中颜色惊人地变化且发生浑浊. 其他人[78] 更精细地研究了这个现象, 但没有提到 Andrews 或 Avenarius 的观测. 观察到无色透明的流体在 T_c 附近的窄段温度区突然变得不透明且变色, 的确令人惊奇. 温度下降时, 流体分成无色的液体和气体, 有分开它们的界面. 这个现象在太多的流体中观察到, 以至于可以合理地认为它是普遍的. 疑点在于, 简单的 van der Waals 理论是否能够说明观测结果.

Smoluchowski[79] 和 Einstein[80] 最早确认了乳光条带的起因. 流体密度涨落导致折射率涨落, 再引起光散射. 我们已经看到 Einstein 如何用 Boltzmann 关系计算平衡热力学量的统计涨落. 对于密度, 他推得公式 $\langle(\Delta\rho)^2\rangle = \rho^2 kTK_T/V$, 其中 K_T 为等温压缩率

$$K_T = \frac{1}{\rho}\left(\frac{\partial\rho}{\partial P}\right)_T = -\frac{1}{V}\left(\frac{\partial V}{\partial P}\right)_T \tag{7.24}$$

假定依 Clausius–Mossotti 定律 $(\varepsilon - 1)/(\varepsilon + 2) = A\rho$ 伴随密度变化有折射率变化, 并且散射随机发生, Einstein 得出结论, 波长 λ 的光散射应正比于 K_T/λ^4. 因为 van der Waals 方程导致 T_c 处的 K_T 为无限, 这似乎提供了临界乳光的满意解释.

Ornstein 和 Zernike[81] 相当有洞察力, 注意到上述处理中假定所有体元的涨落彼此独立会有问题, 指出不同体元间必定存在关联, 趋于临界点时它将无限地增长. 为了处理这种关联, 他们引入了一个新的基本函数, 后来称为**偶对分布函数**, 此后它在液体理论中一直扮演中心角色. 设 $\nu(\mathrm{d}\boldsymbol{r})$ 为表示在以 $\boldsymbol{r}$ 为中心的体积 $(\mathrm{d}\boldsymbol{r})$ 中粒子数的随机变量. 因为 $\mathrm{d}\boldsymbol{r}$ 很小, 占有多于一个粒子的概率为 $\mathrm{d}\boldsymbol{r}^2$ 量级, 可以忽略不计. 因而, 可写 $\langle\nu(\mathrm{d}\boldsymbol{r})\rangle = n_1(\boldsymbol{r})\mathrm{d}\boldsymbol{r}$, 其中 $n_1(\boldsymbol{r})$ 为密度, 他们将之取作常数 ρ. 类似地, 在点 $\boldsymbol{r}_1, \boldsymbol{r}_2$, 处粒子间的关联为

$$\langle\nu(\mathrm{d}\boldsymbol{r}_1)\nu(\mathrm{d}\boldsymbol{r}_2)\rangle = n_2(\boldsymbol{r}_1, \boldsymbol{r}_2)\mathrm{d}\boldsymbol{r}_1\mathrm{d}\boldsymbol{r}_2 \tag{7.25}$$

对于各向同性均匀流体 $n_2(\boldsymbol{r}_1, \boldsymbol{r}_2)$ 形为 $n_2(r)(r = |\boldsymbol{r}_1 - \boldsymbol{r}_2|)$.

Ornstein 和 Zernike 引入函数 $g(r) = n_2(r)/\rho^2$, 它在距离很大而关联可略时趋于 1. 他们采用上述涨落关系推导了 K_T 和 $g(r)$ 间的基本等式, 并且得到 $g(r)$ 的一个积分方程, 他们能够明确地求解这个方程.

Ornstein 和 Zernike 方法背后的基本物理思想是区分分子相互作用直接影响及密度关联, 前者应为短程的, 以 $f(r)$ 表示; 后者以上述 $g(r)$ 表示, 趋于临界温度时应为长程的. 积分方程则涉及 $g(r)$ 与 $f(r)$.

Ornstein 和 Zernike 的原始文章很难读懂, 处理的某些方面也不是很清晰 (整个主题已在 Fisher[82] 的评述文章中解释清楚). 尽管如此, 他们的贡献给出了对临界行为本质的深刻认识.

他们的计算表明, 关联渐近地衰减如 $\exp(-kr)/r$, 其中 k 的值可由 van der Waals 方程确定 ($k \sim (T-T_c)^{1/2}$). 他们关于光散射的详细结论不同于 Einstein: 在临界温度附近, 与天空呈蓝色有关的 Rayleigh 波长关系 ($\sim \lambda^{-4}$) 不再成立, 散射光变白; 在温度 T_c 附近, 波长依赖关系将形如 λ^{-2}.

7.5.5 二元合金的临界行为

20 世纪早期经历了 X 射线衍射的发展, 它成为研究晶体结构的有力工具, 像 NaCl 这样的化合物被发现具有规则的有序结构. 但是, Na 和 Cl 间的离子键太强, 以至于温度升高时没有显著的无序; 晶体在变得无序之前就熔化了.

1919 年 Tammann 提出, 类似的有序可能也出现在合金中. 数年之后, 通过铜–金合金 X 射线衍射光斑中的超晶格线的存在, 这个看法被实验证实[83] 了. 但是, 这样的系统很快出现迹象, 表明温度升高时有显著的无序发生, 并伴随比热反常.

无序化过程的数学描述, 往往与 W. Bragg 和 Williams 的名字联系在一起. 在 1934 年的第一篇文章[84] 中, 他们引入参数 S 刻画**有序度**, 采用 Boltzmann 原理即方程 (7.1), 计算它作为温度函数的行为. 他们发现, 形式上与 Weiss 铁磁理论极为相似, 在临界温度 T_c 处 S 快速降为零, 并对 $T > T_c$ 保持为零. 事实上, 对于等组分浓度的二元合金, 所得 S 的方程为

$$S = \tanh(ST_c/T) \tag{7.26}$$

它与式 (7.23) 形式相同, 只是 $H = 0$ 并且 $\tanh x$ 替代了 Langevin 函数 $L(x)$.

在第二篇文章[85] 中他们详细阐述了自己的想法. 因为与铁磁性相似, 他们称 T_c 为合金的 Curie 温度; S 现在称作长程序, 以区别于已由 Bethe[86] 引入的刻画**短程序**的另一参数, 后者在 T_c 以上还有. 他们还对未被引述的想法相似的其他研究者[87] 致歉.

Lawrence Bragg 爵士在去世前不久告诉过我, 1933 年他在曼切斯特作报告, 定性描述了如何考虑合金中的有序化. E. J. Williams 在场, 他在报告会的结尾给 Lawrence 爵士看了一页纸的铅笔笔记, 他声称笔记上有充实定性想法的数值结果. Lawrence 爵士无疑受到触动, 但他说, 如果数学真是如此简单, 之前必定有人做过

了. 然而, 既然听众中没人知道文献中有这样的计算, Bragg 和 Williams 就写了一篇论文送皇家学会.

就在寄回文章校样后没几天, Lawrence 爵士清理书桌时大为震惊, 发现了 Borelius 的抽印本, 那里的想法非常类似于他刚送出的论文. 他告诉我, 后来几年里他对发现人们将发展归功于他和 Williams 深感不安; 如果对事情能有个正确介绍, 他会很高兴. 他补充说, 他们得到荣耀也许是因为 Bragg-Williams 论文的概念描述比任何别的研究者的论文更为明晰 (这点容易证实). 长程序这个新概念在第二篇论文中有清楚地描述; 在长程序和长程力之间也作了重要的区分. 文章明确指出, 短程力可以产生长程序, 这个结论与 Ornstein 和 Zernike 对液体的说法完全相应. 对于后者, Bragg 和 Williams 显然不知.

7.5.6 二级相变的Landau 理论: 普适性

1937 年 Landau[88] 企图对所有的二级相变给出统一的描述. 除了上述现象外, 关于液氦、氯化铵和其他一些物质的比热反常即 λ 点相变的实验证据正在累积; 超导相变也属于该范畴. Ehrenfest[89] 提出高级相变的分类, 但他的讨论[90] 中有些难点, 我们将避免用 λ 点相变描写二级相变, 虽然这个术语很常用.

Landau 将合金理论引入的概念推广到有 λ 点相变的所有无潜热系统, λ 点相变在这里指比热不连续性. 他指出, 对于每个这样的系统必须确定一个序参量, 它类似于合金中的长程序, 在相变的高温侧为零, 在低温侧非零. 他强调对称在相变中的作用, 他提出, 在 λ 点附近行为的重要特征, 可以通过将自由能作为序参量 η 的函数展成幂级数予以决定. 在铁磁相变中序参量为自发磁化强度, 在液体中它为液气间的密度差; Landau 认为, 出于对称性, Gibbs 函数的展开形式应为

$$\phi(P,T,\eta)=\phi_0(P,T)+A(P,T)\eta^2+B(P,T)\eta^4+\cdots \tag{7.27}$$

冷却经过 Curie 温度时, A 由正变负, 而 B 保持为正. 在 Curie 温度以上, 对应于 ϕ 最小值的解为 $\eta=0$; 这是高对称态. 例如, 对于有序–无序相变, 如果对给定温度下的所有构象取平均, 无序相具有原始晶格的对称; 而有序相具有较低的超晶格对称. 在 Curie 温度以下, ϕ 的最小值对应于非零的 η, 由 $\eta^2=-A/2B$ 给出, 这是低对称态.

Landau 理论让我们有可能理解为什么先前讨论过的所有系统都具有同样的临界行为本质特征; 虽然状态方程 (7.21) 和 (7.23) 看起来不一样, 它们都符合展开式 (7.27). 临界指数对所有 λ 点相变都相同, 用后来的术语说, 这些相变有普适描述.

这个理论预言铁磁体典型热力学量在 $T_c(\tau=T/T_c-1)$ 附近的行为如下:

自发磁化强度

$$M_0\sim(\tau)^{1/2}\quad(\tau<0)$$

初始磁化率

$$\chi_0 \sim \tau^{-1} \quad (\tau > 0)$$

临界等温线

$$H \sim M^3 \quad (\tau = 0) \tag{7.28}$$

磁化率的导数

$$\frac{\mathrm{d}\chi_0}{\mathrm{d}H} \sim \tau^{-4} \quad (\tau > 0)$$

比热由低温接近相变时趋于值 C_-, 而由高温接近时则趋于另一值 C_+. 不难将这些描述转换到其他系统的适当热力学量上.

我们即将看到, 上述讨论所依据的展开式 (7.27) 对于 Onsager 的结果不成立, 但 Landau 工作的一般性原则仍然适用, 并对后继的理论工作有重大的影响. 在 Landau 的经典文章[88] 的首段, 他强调, 足够高温度下液体和气体间的状态连续性得以存在, 只是因为液相和气相具有相同的对称. 对称不同的两个相之间的相变不可能是连续的, 对称元或者存在或者不存在, 没有中间的状态. 奇怪的是, 这个简单有力的推理至少 15 年没有被留意, 直至继续讨论固–液相变终止于临界点的可能性之时才被关注[91]. 关于 Landau 思想的总结曾以英文发表[92], 但未被注意或重视.

Landau 进一步详细分析了对称在 λ 点相变和 Curie 点相变中的作用, 在他与 Lifshitz 的书[93] 中有更为展开的讨论. 他具体考虑了晶格有序相和无序相的可能对称型, 设想了有不同分量的矢量序参量.

后续的 Ginzburg 和 Landau 的临界涨落处理, 为 Wilson 所接受并用于重正化群, 这将在后面叙述. **[又见 7.5.10 节]**

Lars Onsager

(挪威人, 1903~1976)

Onsager 在挪威出生并受教育, 通过批评 Debye 的强电解质理论, 向苏黎世的 Debye 自荐. 他同 Debye 工作数年后, 去了美国, 活跃的年代大部分是在耶鲁大学度过. 尽管他很想以可理解的方式解释他的想法、广博的知识和数学技巧, 他的统计力学课程仍被学生叫作“高等挪威语课”. 但是, 在讨论学术问题时, 他能耐心地尝试用浅显的语言和以不同的方式, 希望与洞察力稍逊于他的人进行思想交流.

1931 年他发表了两篇关于不可逆过程的论文, 一开始影响不大, 但是, 逐渐被看作是基础文献, 并于 37 年后为他赢得诺贝尔化学奖. 他的第二个成就是二维 Ising 晶格问题的完全解, 当时能懂的没几人, 都感到吃惊,

他为相变的现代研究奠定了基础. [**又见 8.2.1.5 节**]

这些是他最显著的成就, 他对液氦、磁、金属、冰和湍流的理论贡献都很有影响力, 其原创性足以使他被称为最伟大的现代科学家之一.

7.5.7 气体凝聚的统计力学: Mayer-Yvon 理论

我们已经提到, Boltzmann 和 Maxwell 对 van der Waals 的硬心排斥处理有所保留. 如果我们展开刚球状态方程如下式:

$$\frac{Pv}{RT} = 1 + \frac{B}{v} + \frac{C}{v^2} + \frac{D}{v^3} + \cdots \tag{7.29}$$

van der Waals 方程要求 $B = b, C = b^2, D = b^3$, 等等. Boltzmann 曾计算得 C 为 $\frac{5}{8}b^2$, 作为 1899 年 van Laar[94] 的关键积分的计算结果, D 也已知, 为 $0.2869b^3$[95]. 因而, Boltzmann(也许还有 van der Waals) 很清楚 van der Waals 方程只对稀薄气体是严格正确的.

由 Kamerlingh Onnes[96] 发起, 收集准确实验数据的时期开始了, 他表示状态方程形如

$$\frac{P}{RT} = \frac{1}{v} + \frac{B(T)}{v^2} + \frac{C(T)}{v^3} + \frac{D(T)}{v^4} + \cdots \tag{7.30}$$

式中, $B(T), C(T), D(T), \cdots$ 称作第二、第三、第四 $\cdots$ 位力系数. 然后这成为记录非理想气体数据的标准手段. 如何从理论上描述位力系数是向理论家们发出的一个严重的挑战.

然后, 在 1937 年似乎出现统计力学的一个巨大成功. Mayer[97] 发展了一个美妙的方法, 借助它可以将位力系数表示成分子间作用势的积分. 他导得的公式为

$$\frac{P}{k_{\mathrm{B}}T} = \rho - \sum_{k=1}^{\infty} \frac{k}{k+1}\beta_k \rho^{k+1} \tag{7.31}$$

式中, β_k, 他起名为不可约集团积分, 可以简单地用多重连通图的图形表示. 例如, 前三个 β_k 可表示如下:

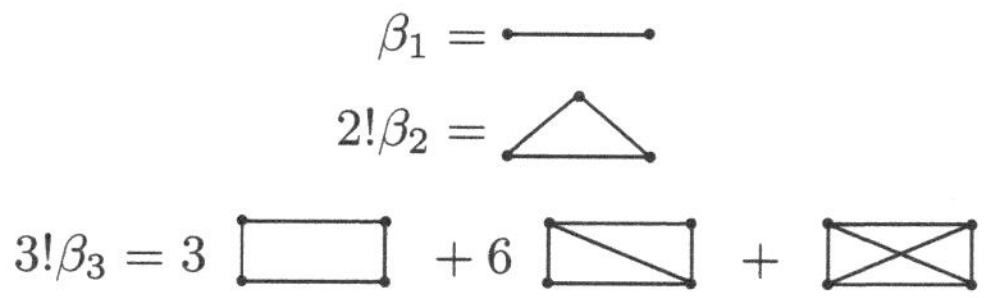

$$\beta_1 =$$

$$2!\beta_2 =$$

$$3!\beta_3 = 3 \quad + 6 \quad + \tag{7.32}$$

如果 $\phi(r_{ij})$ 为分子 i 和 j 间的分子作用势, 我们记 f_{ij} 为 $\exp[-\beta\phi(r_{ij})] - 1$, 联结 k 点的图形为 $3k$ 重积分, 图中有线联结的每一点对与适当的 f_{ij} 对应. 例如

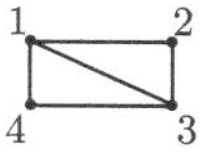

1 2 4 3

$$= \frac{1}{V}\int\int\int f_{12}f_{23}f_{34}f_{41}f_{13}\mathrm{d}\boldsymbol{r}_1\mathrm{d}\boldsymbol{r}_2\mathrm{d}\boldsymbol{r}_3\mathrm{d}\boldsymbol{r}_4 \tag{7.33}$$

基于流体中粒子间关联的一个等价处理, 是由 Yvon[98] 发展的.

M. H. L. Pryce 教授告诉我, 他参加了剑桥举办的首次介绍 Mayer 结果的讲演. 统计力学世界大师 Fowler 对 Mayer 的工作极为欣赏, 他说他简直不能相信在他有生之年有人能做出这样的成就. 似乎已可能在原子层次上详细解释液相和气相、临界点及状态方程中出现的不连续性. Uhlenbeck 已经留意到[99], 在 1937 年纪念 van der Waals 百年诞辰的国际大会上, van der Walls 方程只被提到一次, 所有注意力都集中在新提出的严格理论上.

Mayer 结合关于流体性质的知识及对 β_k 渐近行为的猜测, 尝试估计了级数 (7.31) 的有关解析性质. 他得到 Born 的强烈支持, Born 在一篇与 Fuchs 联名的文章[100] 里写到:"我们相信, 我们已经做到严格地证明 Mayer 的结果是完全正确的, 并且方法上比他本人简单一些".

后继的发展驱散了人们的乐观情绪. 从实验上看, 临界点附近的精确测量存在三大困难: ① 重力影响引起甚高压缩率区的密度不均匀; ② 达到平衡需要长时间且消除温度梯度也成问题; ③ 杂质影响. 早在 1892 年 Gouy[101] 就指出重力在临界区可能重要这个事实. 可是, 在 1930 年代一般认为, 在当时实验能实现的区域里重力影响可以忽略. Schneider 及其合作者[102] 第一次清楚地展示了重力的重要性, 他指出 Mayer 关于液气共存曲线本质的结论与实验不符.

几乎同时, 杨振宁和李政道[103] 对格气模型 (我们很快就会介绍这个模型) 推得几个严格结果, 并下结论说级数 (7.31) 只与气相有关, 不能说明气液平衡. 最后, Uhlenbeck 及其合作者[104] 将图论引入统计力学, 揭示了问题的真正实质在于对 β_k 的计算. 虽然最初对 β_k 有贡献的积分数不大, 但是它以 $2^{1/2k(k-1)}/k!$ 的方式增长, 极其迅速地变大. 每个 k 阶积分的积分空间是 $3k$ 维空间, 即使对于最简单的硬球势, 用最强的现代计算机也只算到 6 项. 在处理凝聚时, 计及分子间力的吸引部分很重要, 而此时所能算出的项数就更少. 尽管理论的形式美妙, 但对相变和临界点并不提供多少实用信息.

7.5.8　Ising 模型：Onsager 的革命

7.5.3 节所述的 Weiss 理论是经验性的, 不使用涉及基本相互作用的微观模型. 1925 年 W. Lenz 在寻找可用于解释铁磁性的简单模型, 他向其研究生 E. Ising 提出如下建议. 假定每个原子有自旋因而有磁矩 μ_0, 它相对于外磁场 H 的取向可以是平行或是反平行. 格点最近邻自旋间有相互作用, 平行自旋间的相互作用能为 $-J$, 反平行自旋间为 $+J(J>0)$. Lenz 希望这个模型可能出现非零的自发磁化, 即 $H\to 0$ 时, 比值

$$\frac{N_2-N_1}{N_2+N_1} \tag{7.34}$$

可能趋于非零值. 式中, N_1, N_2 为反平行及平行于磁场 H 的自旋数.

Ising 只能解一维问题[105], 这时统计问题很简单, 解在高于零的任何温度下不具有自发磁化. 但他错下结论, 认为该模型在高维也不给出自发磁化. 1936 年, Peierls[106] 首先令人信服地论证, 在足够低但非零的温度下二维 Ising 模型的比值 (7.34) 当 $H \to 0$ 时的确趋于非零值. Ising 在这个领域没有其他文章发表, 但是, 到今天已经有数千篇论文讨论了**Lenz–Ising 模型**的性质. (关于该模型的历史性综述, 请见 Brush[107].)

1928 年 Heisenberg[108] 提出, 形成铁磁性的大相互作用的根源在于量子力学交换力, 它可用自旋的矢量耦合表示为 $-J_{s_is_j} = -J(s_{xi}s_{xj} + s_{yi}s_{yj} + s_{zi}s_{zj})$. 式中 s_x, s_y, s_z 为表示自旋分量的量子力学非对易算符. 作用于给定格点一个原子的 Weiss 内场, 实际上是由它与近邻相互作用引起的涨落场. 容易说明, 如果这个涨落场用它的平均值替代, 则可以重新得到 Weiss 的结果. 因而, Weiss 理论是一种近似, 只有当相互作用的邻居数很大时, 它的适用性才有希望. 这一类近似后来称作**平均场近似**.

1944 年 Onsager[109] 获得成功, 他发表了零场二维简单正方晶格 Ising 模型配分函数的严格解. 这个结果对于经典理论是个毁灭性的打击. 比热 (图 7.7) 并非如式 (7.28) 要求的那样不连续, 而是对数无限 (这曾经为 Kramers 和 Wannier[110] 所猜想过). 更重要的是, 配分函数在 T_c 处是非解析的, 所以, Landau 所用的一类展开完全不再适用.

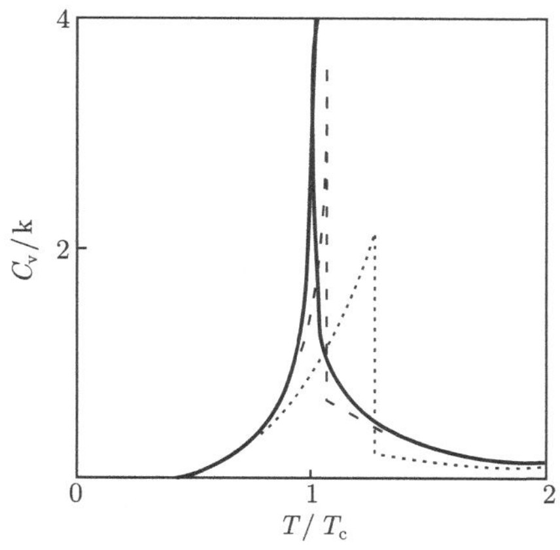

图 7.7 Onsager 关于简单正方晶格自旋 1/2 Ising 模型比热的经典计算 (1944)

实线表示真实比热呈对数无限, 点线表示 Bethe 闭合形式近似, 虚线为改良的 Kramers 和 Wannier 闭合形式近似

在下一篇与 B. Kaufman 联名的文章 [111] 中, Onsager 计算了关联函数, 它们与 Ornstein–Zernike 理论的结果不一致. 最后, 他得以确定自发磁化[112](稍后杨振宁也独立地算出[113]), 在临界区其形式为 $(-\tau)^{1/8}$, 非常不同于经典 Weiss 理论 (7.28)

的 $(-\tau)^{1/2}$(图 7.8). 临界行为的实验证据也开始积累, 也与经典预言不一致. 1945 年 Guggenheim[114] 对几种气体共存曲线的实验数据进行了鉴定分析. 根据 van der Waals 理论, 这些气体应遵从对应态定律. 就是说, 如果采用约化单位 $T/T_c, \rho/\rho_c$(此处 ρ_c, T_c 为临界点处的密度和温度), 不同气体的共存线应落在单一的普适曲线上. Guggen-heim 发现, 数据很好地支持这个对应态定律 (图 7.9), 但曲线形状为立方 $\Delta\rho \sim (-\tau)^{1/3}$, 而非如 van der Waals 理论要求的平方. 我们注意到, Verschaeffelt[69] 在 1900 年就有类似结论.

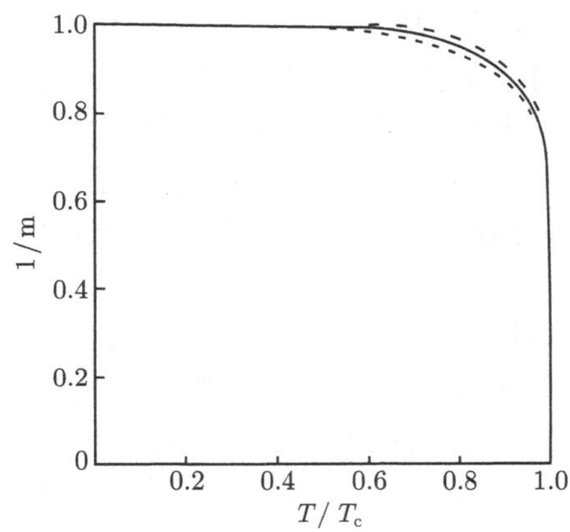

图 7.8　二维 Ising 模型的自发磁化 (实线为简单正方晶格, 虚线为蜂巢晶格, 点线为三角晶格). 在 T_c 处磁化陡降为零 ($\sim (T_c - T)^{1/8}$); 闭合形式近似给出 $(T_c - T)^{1/2}$

1954 年 Habgood 和 Schneider[115] 发表了临界点附近氙等温线的精细测量. 他们发现, 临界等温线比起 van der Waals 预言的立方曲线要平坦得多 (图 7.10). 他们提出, 临界点处 P 对 ρ 的三阶和四阶导数为零.

Onsager 的 Ising 模型计算既与经典计算不一致, 也与实验不一致. 这并非不合理, 因为只计算了二维; 所以得到三维系统的理论结果很重要. 然而, Onsager 的准确技巧是专门针对二维和零场的配分函数及其导数的.

Onsager 解发表后的 20 年里, 模型系统的临界性质不得不逐一地建立, 每个模型和每种性质都要求分别地计算. 最后证明最有用的工具是生成高温和低温下冗长的微扰级数展开. 生成展开级数并将展开系数与临界行为关联的想法, 首先由 Domb[116] 推动. 因 Onsager 解只适用于零场, 故第一个目标是探查模型在非零场中的性质.

为了阐明展开方法的基础, 有必要作些一般说明. 在常规的统计工作中, 企图从有限项外推渐近行为是危险的. 然而, 对于铁磁的情形, 基于物理考虑可以猜测待求的临界行为的样式, 可以用级数的系数, 以这些系数的假定渐近形式, 求得临界温度和临界指数等参数的最佳拟合. 此外, 分析和拟合的方法可以用 Onsager 准确解检验它们是否有效并估计可能误差的大小. 已经证实, 这个方法能够提供重要的可靠信息. 并且, 随着数值技术的改善, 它的用处更广. M. F. Sykes 在生成和解释这样的级数展开方面, 起了主要的作用.

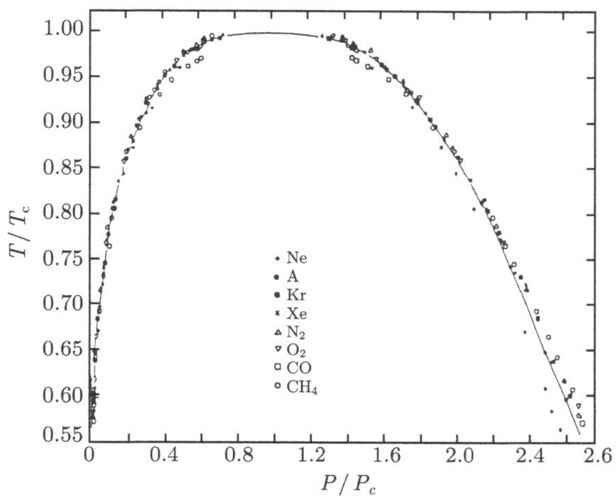

图 7.9 几种简单分子流体的液气共存相的约化密度[114] 试验点支持对应态定律, 但普适曲线是立方, 而非 van der Waals 理论要求的平方

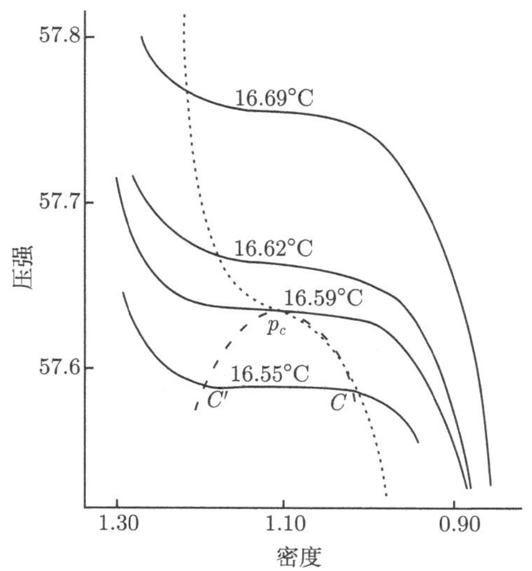

图 7.10 临界点附近氙的等温线[115], 虚线标记共存相区域; 点线为 van der Waals 方程给出的临界等温线, 与测得的 16.59°C 等温线相比较

作为典型例子, 我引证面心立方晶格简单 Ising 模型初始磁化率 χ_0 的高温展开

$$\begin{aligned}\frac{kT\chi_0}{\mu_0^2} =& 1 + 12\omega + 132\omega^2 + 1404\omega^3 + 14652\omega^4 + 151116\omega^5 \\ &+ 1546322\omega^6 + 15734460\omega^7 + 59425580\omega^8 + \cdots, \\ &(\omega = \tanh J/kT)\end{aligned} \tag{7.35}$$

如果我们能够从这些项估计渐近形式, 我们就估计了 χ_0 的渐近行为.

级数方法有些新特点[117]. 各项的具体推导, 要求相当熟悉图论及图枚举问题的高级计算机编程. 然后还有如何解释的问题, 此时 Onsager 解是一个有价值的向导. 通常假定分支点奇异性, 即比热、磁化率等的临界行为形如 $(1 - T_c/T)^{-\theta}$, 如果各项符号一致, 系数的渐近行为可以直接与临界点、临界指数和振幅关联. 但是, 在许多重要情形中, 特别是对于三维模型, 系数的符号并不一致, 虚假的非物理奇异性将掩盖真正的临界行为. G. A. Baker 动用了 19 世纪末以来一直处于休眠状态的 Padé 逼近式[118] 这一数学工具, 取得显著进展, 并激发了它在与微扰展开有关的许多不同领域中的类似应用[119].

关于不同理论模型临界性质的大量可靠资料被不断收集. 这些临界行为不同于经典理论, 但这个差异在三维远不如二维那样明显. 并且, 临界指数的理论预言比经典理论大大接近于实验的结果[120].

这些理论上的进展现在激励了新一波的精细实验测量, 采用新技术和新磁性材料实现的精度比先前所达到的高得多[121]. 1957 年 Fairbank、Buckingham 和 Kellers[122] 发表了液氦 He^4 的 λ 点本质的新研究结果. 借助改良的低温技术他们能够非常接近 λ 点, 并且, 液氦中限制比热增长的畴区和晶粒边界不再存在. 他们得出结论, 比热在 λ 点两侧呈对数无限, 许多方面类似于图 7.7 所示的 Onsager 比热. 当然, 他们并未给出任何基本理由解释三维量子流体和二维 Ising 铁磁间的相似性, 但至少他们显示了对数无限比热的现实性.

常规铁磁像铁、镍和钴, Curie 温度很高, 难以准确测量临界行为. 然而, 新铁磁如硫化铕 ($T_c \sim 16.50$K), 实现准确测量容易得多, 核磁共振可用于测量给定温度下特定方向上自旋的份额, 进而导出自发磁化. 图 7.11 展示一个例子, Heller 和 Benedek[123] 推断自发磁化的三次方接近线性. 他们先前曾得到反铁磁性二氟化锰 MnF_2 亚晶格磁化的相似结果[124].

虽然知道理论模型简单而粗糙, 并不充分反映真实的物理相互作用[125], 但是, 发现实验结果与理论计算相当好地符合, 还是令人满意. 看来临界行为对相互作用机制的细节不敏感.

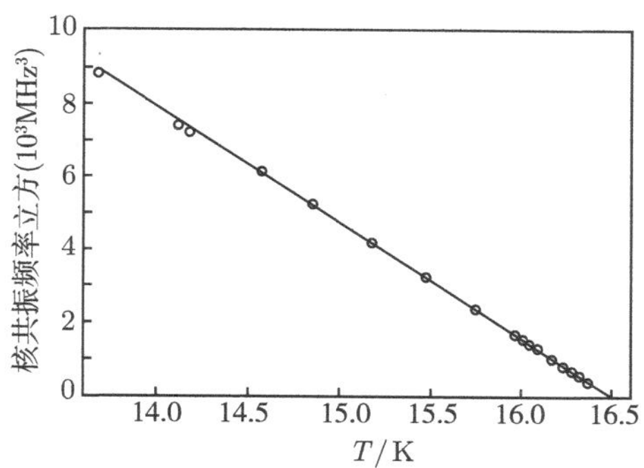

图 7.11 在 13.60~16.33 K 硫化铕中 Eu^{153} 核共振频率立方的温度依赖性. 此区域准确遵从 $M_0 \sim D(1-t)^{1/3}$ 定律[123]

随着收集到的理论数据的增加, 某些规律由经验得出. Domb[126] 注意到, 临界行为严重地依赖于维数, 但只稍微依赖于给定维数下的晶格结构. 这也为进一步的二维精确计算所证实. Onsager 工作推广到其他晶格得出, 临界指数结果等同, 而临界振幅的差异很小. Domb 和 Sykes[127] 注意到, 从 Ising 模型到 Heisenberg 模型临界指数有变化, 但似乎与给定模型的自旋值无关 (稍后 Jasnow 和 Wortis[128] 更一般地提出, 临界指数可能决定于有序态的对称性).

在 20 世纪 60 年代早期提出的一个重要问题, 问刻画不同热力学量临界行为的指数之间关系如何. 它们是彼此无关, 还是满足任何约束条件? 在研究 Fisher 小滴模型时, Essam 和 Fisher[129] 观察到, 刻画低温比热 ($C_H \sim (-\tau)^{-\alpha'}$) 的临界指数 α'、自发磁化 ($M_0 \sim (-\tau)^{\beta}$) 的 β 和初始高温磁化率 ($x_0 \sim \tau^{-\gamma}$) 的 γ 满足准确关系

$$\alpha' + 2\beta + \gamma' = 2 \tag{7.36}$$

这个关系也为二维 Ising 模型临界指数所满足.

这个工作激发 Rushbrooke[130] 探讨能不能纯粹从热力学说些什么 (要是那样, 则适用于一切模型). 他发现的确存在热力学关系

$$\alpha' + 2\beta + \gamma' \geqslant 2 \tag{7.37}$$

稍后, 几个别的热力学不等式也被发现了[131].

在此期间还能找到另外两个特殊模型系统配分函数的准确计算. 第一个考虑了弱长程力, 在大距离且 $\lambda \to 0$ 时对 d 维可方便地以 $J\lambda^d e^{-\lambda r}$ 描写. 对于连续体流体模型[132], 计算在一维①准确地再现了 van der Waals 的结果及连带的 Maxwell 构造. 晶格模型[133] 也准确地再现了 Weiss 铁磁结果及 Bragg 和 Williams 的合金结

① 方程 (7.21) 的排斥体积项 $V-b$ 只在一维时正确. 对于二维和三维, 必须使用适当的刚球配分函数.

果. 于是, 经典理论得以部分地正名, 不再只是随意的经验近似. 它是适用于非常长程的力的理论, 但与实验并不一致, 因为在自然界分子间力通常为短程.

第二个是涉及一种 Ising 模型的数学练习[134], 这时自旋可以取任意值, 但外加一个条件即它们的平方和仍然等于 N. 对于这个球模型, 可以得到准确解; 尽管其具有人为性, 这个模型也像其他假想模型一样, 对于正确理解临界行为作用重大.

7.5.9　调和：标度和普适性的经验推导

专为临界现象举办的第一次国际会议于 1965 年 4 月在华盛顿国家标准局召开. 这可以称作是临界现象的奠基会, 因为它第一次将这个课题的各条线索编织成一幅协调的图案, 并且清楚地阐明了前进的主要障碍. 这个会议立下了模式, 依此召开了临界现象方面的其他会议, 它们堪称是促进研究进展的重要催化剂.

Uhlenbeck 主题发言的结论性段落中有一段尤其迷人, 引述如下[135]：

如果存在普适但非经典的行为, 则必定有普遍的解释, 它应与力的本性几乎无关. 我想只有一点会是它的出发点, 即力为非长程这一事实. 我觉得, Onsager 解给了强烈的提示. 远离临界点时经典理论给出足够好的描述是相当可能的, 但接近临界点时失效了, 这时可以说是物质记住了 Onsager. 我认为, 做出大致如此的说明是关键的理论问题. 你可以称之为让 Onsager 与 van der Waals 调和[135].

Uhlenbeck 这是在寻找短程力的新型普适性, 它应取代只在力程很长时适用的经典理论的普适性.

调和要做的第一件事, 是像 van der Waals 理论描写经典行为那样有条理地描述非经典普适性. 几个月里, 以非经典状态方程的形式且在临界区适用的这样一种描述出现了. 三个不同的小组用完全不同的方法独立地提出：美国的 Widom[136] 寻求 van der Waals 方程的能给出非经典指数的推广; 英国的 Domb 和 Hunter[137] 分析了临界点处对磁场的高阶导数的级数展开性质; 苏联的 Patashinskii 和 Pokrovskii[138] 考虑了临界点附近多重关联的行为. Griffiths[139] 综合地整理了这些结果, 写下铁磁的状态方程形如

$$H = M^{\delta} h(\tau M^{-1/\beta})$$

或若顾及 M 的两个符号, 则如

$$H = M|M|^{\delta-1} h(\tau|M|^{-1/\beta}) \tag{7.38}$$

(对于流体, H 应代之以 $P-P_c$ 或 $\mu-\mu_c$, 此处 μ 为化学势, M 代之以 $v-v_c$ 或 $\rho-\rho_c$.) 式中, β 和δ 为决定所有临界指数的两个参数, 且 $h(x)$ 为解析函数. 经典理论对应于 $\delta=3, \beta=\dfrac{1}{2}$, 而 $h(x)$ 为线性函数. 非经典结果可以通过取不同的 δ, β 值及不同的函数 $h(x)$ 得到.

式 (7.38) 的两个特点在于, 像式 (7.36) 这样的指数间的临界关系的确准确地满足, 并且, 临界数据满足标度关系, 即如果 $HM^{-\delta}$相对于 $\tau M^{-1/\beta}$ 作图, 二维数据应全部落在单一曲线 $h(x)$ 上. 这两个预言用大量系统的实验数据检验过, 并且发现符合得很好 (图 7.12).

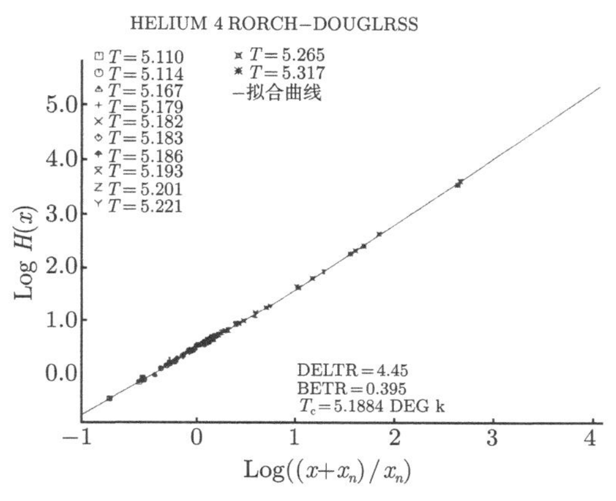

图 7.12 流体 He^4 的标度关系

然而, 式 (7.38)并不告诉该取什么样的 δ, β 值及 $h(x)$. 关于临界指数形式规律的经验资料, 收集在由 Kadanoff[140]提出的普适性假说中; Griffiths[141] 也独立地提出类似的光滑性假定. 这个非经典普适性比 Uhlenbeck 构想的更为精细; 不同的类由空间维数 d 和自旋维数 D (后来记为 n) 定义, 在一个给定的类中临界行为是普适的. 如果引入第三参数 σ 来说明分子间力的力程, 经典和非经典行为二者可以纳入一个更广的普适性形式. 一旦指定了 d, n 和 σ, 指数 σ, β 和函数 $h(x)$ 也确定了, 行为光滑且对该类普适. 临界指数的改变及伴随的不连续性, 在从一个普适类过渡到另一个普适类 (如由引入新相互作用从二维到三维) 时出现.

人们此时是探索两个高度理论性的议题, 虽然它们离物理现实很远, 后来还是有重要贡献. 作为自旋维数 n 的函数, Stanley[142] 研究了 Ising 模型的行为. 增大 n, 则自旋有更大的自由度, 对应于合作强度的减小. 他发现, $n \to \infty$ 时球模型解 [134] 重现. 因而, 这个模型具有一般框架的意义.

Joyce[143] 当时已考查过球模型在维数和力程变化时的行为. 他发现, 低空间维数下长程力可导致经典行为, 但在 $d > 4$ 时短程力也可导致 (也许有对数修正项). 因而, 可以合理地下结论说, 同样的结果在 n 有限时也成立, 因为这时合作更强. 这个结论令人信服地为图形学方法[144] 所证明, 这个方法在 $d > 4$ 时可给出精确的结果.

我们已经提到, 由模型计算确定的临界关联行为[120], 不同于 Ornstein 和 Zernike

的经典结果[81]. 但是, 非经典的关联临界指数和函数仍符合上述的普适类图像. 关联临界指数是否由式 (7.38) 的 δ 和 β 确定? 关于这个问题, Patashinskii 和 Pokrovskii 的处理[138] 比他人深刻, 提出了如下关系:

$$d\nu = \beta(\delta + 1) \tag{7.39}$$

式中, ν 为刻画关联范围 ($\kappa \sim \tau^{\nu}$[82]) 的非经典指数. 但是, Kadanoff[140] 在一篇关键论文中的推理更有说服力, 他在那里尝试给出已在临界行为中发现的标度性质的理论基础.

Kadanoff 注意到, T_c 附近关联长度 ξ 变得很大, 因而有可能找到一个长度 L, 比起晶格间距 a 很大, 比起 ξ 又很小. 于是, 他考虑以 L^d 自旋的团块的相互作用替代单自旋的相互作用. 也许会预料到, 每个团块中的自旋会近乎全体向上或全体向下, 原始的自旋 σ 及相互作用 J 的 Ising 模型现在可替代为有团块自旋 σ 及相互作用 J 的新模型. 如果新的团块自旋模型与原始模型实际上相同, 则它们的自由能相关联, 如

$$f(h, \tau) = L^{-d} f(\tilde{h}, \tilde{\tau}), \quad (h = \beta H) \tag{7.40}$$

但是, $\tilde{h}$ 和 $\tilde{\tau}$ 同 h 和 τ 有什么关系呢? Kadanoff 设

$$\tilde{h} = L^x h, \quad \tilde{\tau} = L^y \tau \tag{7.41}$$

于是, 容易看到所有指数 (包括 ν) 可以用 x 和 y 表示, 式 (7.38) 和式 (7.39) 也就得到了.

式 (7.39) 是二维 Ising 模型满足的关系, 数值计算表明三维模型有虽小却不可除去的偏差. 另外, Kadanoff 的推理中有几处经不起严格推敲, 不过, 他的想法激发了下一个重大理论进展, 完成了 Uhlenbeck 曾要寻求的调和.

Kenneth Geddes Wilson

(美国人, 生于 1936 年)

K. G. Wilson 家庭学术背景显赫, 其父为理论化学的早期先驱. 他跟随加州理工学院的 Gell-Mann 攻读博士学位, 这让他有机会熟悉量子场论和基本粒子物理学的各个方面. 这也让他知道 Gell-Mann 和 Low 在 1954 年提出的关于重正化群思想的特殊表述.

1963 年他接受康涅尔大学的助教职位. 1965 年他得到了永久副教授职位, 这个聘任反映了学校的充分信任, 因为即使在他从哈佛大学毕业的 12 年后即 1968 年, 在他名下的论文只有三篇. 选择康涅尔大学是幸运的, 因为临界现象的两个国际权威领袖 B. Widom 和 M. Fisher 在此联合举办讨论会, 这吸引了 Wilson. 不会再有比这更好的地方能够学到关于

临界现象令人兴奋新发展的第一手材料.

Wilson 将最初的努力投向如何精确地阐明量子场论和临界现象间的相似性. 他单枪匹马应对极端困难的挑战, 他对该问题的成功处理是他的成就的关键点. 这为已从经验上发现了的标度和普适性模式, 提供了理论解释. 如 Wilson 所承认的, Kadanoff 的团块思想曾提供有用的提示. Wilson 关于重正化群既深且广的表述远远超越场论科学家所能看到的一切. 他的文章被证明是极富影响力, 引发出了短期内大量重要文章的出现.

他于 1982 年被授予诺贝尔物理学奖.

7.5.10 至尊的重正化群(RG)

Uhlenbeck 70 寿辰时候 (1969) 的状况, 可概括如下: "*就实际计算 Curie 点附近的行为而言, 我们几乎能够满足实验家对大多数感兴趣模型的需要. 我们发现了统一的特征, 它提示各色各样理论模型的临界行为可以用一个简单类型的状态方程描述. 然而, 令上述发展造就成至尊的严格数学理论仍然欠缺.*"[145]

一两年后 Wilson 提出采用重正化群 (RG), 它虽然有效, 但以数学标准而言还不严格, 人们对他的想法继续寻找合适的数学描述. 然而, 他已经能够令人信服地说明上节所述引人注目的经验发现, 对大多数物理学家而言他的工作所达到的至尊性已是足够了.

在 1970 年的暑期学校[146] 上有人提出重正化群可能与临界现象有关, 但是再也没有关于如何使用的明确提示. 与场论有关的重正化群理论约在二十年前就提出来了[147], 但没有明显的实用结果, 也未被认真地考虑过. Wilson 看出, 该理论能给出对普适性的理解, 并提供详细计算临界指数的框架. 他感激 Kadanoff 让他能够沿正确方向思考, 他将 Kadanoff 含糊的团块自旋映射改造成了精细的计算工具.

重正化群并未给出 Onsager 型的准确解, 并且它的应用涉及很强的近似. 但是, 不像经典理论中的近似, 除少数的特殊情形, 它们不反映 T_c 附近的物理行为. 而重正化群在舍弃次要特征的同时, 力图保留 T_c 附近问题的本质性物理特征. 这要求持续的思考和关注, 用 Wilson 的形象语言来说, "对于重正化群写不出一本食谱书"[148], 在他的诺贝尔奖讲演中叙述了在最初阶段找出可供实际计算的近似有多难[149].

还未找到可靠的方法用于评估重正化群各步近似的误差大小; 同准确解结果和级数展开估计的比较, 对重正化群的成功应用起了关键的作用. 本章前几节描述的方法没有因为出现重正化群而成为多余, 相反, 它们的价值提高了.

在讨论重正化群方法之前, 先依照 Wilson 的综述文章[150] 概述一下临界行为所提出问题的本质, 然后定性讨论重正化群如何处理. 如果考虑像水这样的流体, 那么远离临界点以下存在原子尺度的微观密度涨落. 如果温度和压强增大趋近临界点, 那么长波长涨落变得重要. 足够接近于 T_c 和 P_c 时, 在 1000~10000Å的尺度上存在涨落, 可以散射普通光, 产生临界乳光, 使得水看起来呈乳白色. 然而, 微观涨落仍然存在. 紧靠临界点, 从 1Å直到在临界点趋于无限的关联长度 ξ, 在所有波长上存在涨落. 问题的本质在于如何对付这样一个多长度尺度的集合.

重正化群方法的目标, 在于以系统的方式约化这个集合的大量自由度和大量长度尺度. 在 Hamilton 量的参数空间建立如下变换:

$$\boldsymbol{H}' = \boldsymbol{R}(\boldsymbol{H}) \tag{7.42}$$

它保持集合的维数和对称性, 但以因子 $b > 1$ 减小关联长度, 并将自由度的数目由 N 减至 $N' = N/b^d$. 所选变换还保证配分函数不变, 即

$$Z_{N'}(\boldsymbol{H}') = Z_N(\boldsymbol{H}) \tag{7.43}$$

变换有很多可能的选择, 可以是实际空间的或是动量空间的. 在实际空间, 变换通常依照 Kadanoff 的想法引入团块自旋变量或由部分求和删去某些自旋 (舍众取一法) 进行. 然而, 团块的边与晶格间距相比应不太长, 但至少有一两个晶格间距; 另外, Kadanoff 的图像应该强化, 原始自旋和团块自旋间的关系必须描述精确. 在动量空间, 目的在于删去对应于小波长涨落的大动量变量.

变换反复进行

$$\boldsymbol{H}' = \boldsymbol{R}(\boldsymbol{H}), \quad \boldsymbol{H}'' = \boldsymbol{R}(\boldsymbol{H}'), \cdots \tag{7.44}$$

普适性行为由这样的迭代过程的极限行为得出. 形如下式的基本迭代过程:

$$x_{n+1} = f(x_n) \tag{7.45}$$

在数值分析中早为人知, 是如下方程近似求根的有用方法:

$$x = f(x) \tag{7.46}$$

迭代过程的优点在于, 最终解在很大的范围里与初始点无关. 式 (7.46) 的根 x^* 称为变换 (7.45) 的不动点. 如果 (7.46) 有多个根, 其中一些会对应于稳定不动点 (小扰动下仍回到不动点), 其余对应于不稳定不动点. 每一个稳定不动点都有特征的吸引域, 即初始点的一个范围, 从中出发会出现收敛而达到特定的根. 方程 (7.44) 涉及推广 (7.45) 到高维空间

$$\boldsymbol{K}_{n+1} = f(\boldsymbol{K}_n) \tag{7.47}$$

但是对应于 Hamilton 量的多个参数, 许多一般特征仍然相同, 包括收敛到不动点 K^* 的可能性. 稳定性模式更为复杂, 必须允许只在适当子空间稳定的部分稳定不动点.

我们现在可以定性地看到, 上述性质如何提供了解释普适类的基础. 每一个不动点 $\boldsymbol{K}^*$ 对应于一个普适类, 多种多样参数的 Hamilton 量收敛到相同的不动点.

临界行为由 $\boldsymbol{K}^*$ 附近 $f(\boldsymbol{K})$ 的行为决定, 如果在此点附近作线性展开, 可以得到一个线性算符, 其本征值与临界指数相联系. 类似于 (7.38) 的标度化性态方程可以马上得到. 非解析的临界行为, 作为迭代次数趋于无限时的极限过程的结果, 由解析函数产生.

虽然 Kadanoff 的想法自然地导致实空间重正化群, 实际计算的主要过程由应用微扰论而实现, 微扰论在量子场论中已发展成动量空间重正化群. 为了实现这个应用, Wilson 回到 Landau 的想法, 但并非是原先的宏观形式即方程 (7.27), 而是稍后的微观 Ginzburg–Landau 形式[151]. 这个处理关注局域自由能, 它因涨落而逐点变化, 对于磁系统可以展开如下式:

$$\Delta a(m,t) = B(\nabla m)^2 + C(\delta m)^2 + D(\delta m)^4 \tag{7.48}$$

Wilson 采用自旋 s 可连续变化的模型, 与式 (7.48) 类比, 引入 Hamilton 量

$$H = (\nabla s)^2 + Rs^2 + Us^4 - Hs \tag{7.49}$$

式中, R 和 U 为 T 的解析函数. 对于一般的 n, 将 s^2 替代为 $\sum\limits_{i=1}^{n} s_i^2$, s^4 为 $\left(\sum\limits_{i=1}^{n} s_i^2\right)^2$, 此处 s_i 为 n 维矢量自旋的分量. 这后来被称为 Landau–Ginzburg–Wilson Hamilton 量. 还记得宏观 Landau 理论失效的少数人, 也许会相信形如 (7.49) 的展开不足以导出 Ising 模型类型的非经典结果. 不过, Wilson 有能力指出, 高阶项 s^6, s^8 等对临界行为无本质贡献 (系数为无关参量).

选来用作临界指数和标度函数展开的参数[152] 为 $\varepsilon = 4 - d$, 其中 d 为空间维数; 系数为自旋维数 n 的函数. $\varepsilon = 0$ 对应于 4 维, 此时经典理论成立.

ε 展开只有少数几项能够得到, 还是一个渐近展开, 对应于三维的值 $\varepsilon = 1$ 不能假定为小量. 然而幸运的是, 收敛很快且结果同级数展开充分地一致 (稍后的工作得到更多项, 并设计了改良的求和方法[153]). 上节结尾曾提到, 同级数展开结果相比有小偏差, 但现在已经差不多消除了[154].

实空间重正化群方法在二维十分有效, 能以很高精度重现 Onsager 解[155]. 稍后的可用于三维的方法提供了有用的数值资料[153].

Wilson 将自己的工作称为 Landau 理论的第二阶段, 明确地指出原始的 Landau 理论在何处失效[156]. 微观 Hamilton 量 (7.49) 是正确的. 但是, 因为忽略了 R 和 U

随区域尺寸 L 的变化, 由区域平均得到的自由能宏观形式 (7.27) 是不正确的, 它是非解析的 (已由 Kadanoff[140] 早先指出过).

重正化群理论并不止步于解释上节的经验结果. 如同一切优秀的科学理论一样, 它指引了新的研究方向, 并且能处理旧方法不能处理的问题. 最为突出的两例, 一是对于状态方程 (7.38) 的修正[157], 它顺便使我们能更精确地解释级数展开所得到的临界行为; 另一个是处理长程偶极相互作用系统[158], 推导其级数展开是极其艰巨的任务.

7.5.11　自回避行走及聚合物构象

聚合物分子的结构首次得以说明[159] 是在 20 世纪二三十年代, 它提出了不少有趣的问题. 聚合物由重复分子单元 N 次构成, 此处 N 可以上千上万. 稀薄溶液中聚合物的一个简单模型将每个单元用长度固定的键表示, 相继各键的取向随机. 有趣的特征可举均方首末端距 $\langle R_N^2\rangle$、均方回旋半径 $\langle S_N^2\rangle$ 及首末端距概率分布 $f(\boldsymbol{u})\mathrm{d}\boldsymbol{u}(\boldsymbol{u}=\boldsymbol{R}/\langle R_N^2\rangle^{1/2})$. **[又见 21.2 节]**

早期的研究者通过与无规行走类比得出结论, $\langle R_N^2\rangle$ 和 $\langle S_N^2\rangle$ 渐近地正比于 N, $f(\boldsymbol{u})$ 为 Gauss 分布 $\exp(-u^2)$. 这个结论对于相继单元之间角度恒定的变种模型仍然不变.

然而, 人们很快就意识到, 上述模型忽略了聚合物的重要物理特征, 即每个分子单元有体积, 并且一个空间区域不可能被链段占有不止一次. Flory[159] 用 7.5.8 节所述的平均场类型的近似, 研究了这个排斥体积的性质. 他得出结论, 排斥体积的效应在于将 $\langle R_N^2\rangle$ 和 $\langle S_N^2\rangle$ 的渐近行为改为 $N^{6/5}$.

在理论处理时, 对连续问题人为地引进晶格结构往往很方便, 对于弄清排斥体积效应本质有明显成效的晶格模型是自回避行走 (SAW). 晶格上的自回避行走, 是加了条件的无规行走, 限制任何格点在行走中被访问不得多于一次. 禁止格点的多重占有可简便地表示排斥体积效应. 自回避行走一词最早由 Hammersley 和 Morton[160] 采用, 虽然模型由谁引入并不清楚 [161]. 不必费力就可以相信, 对阐明无规行走有效的标准数学技巧, 对自回避行走不适用.

自回避行走中的构象问题与发展 Ising 模型高温级数展开时遇到的问题有相似性, 这早就被注意到[162]. 我们已经看到, 这个模型的磁化率临界行为, 取决于幂级数 (7.35) 中系数的 (作为 N 的函数的) 渐近行为. 对 $\langle R_N^2\rangle$ 和 $\langle S_N^2\rangle$ 可以作相应的处理.

自回避行走和磁模型间的明确关系由 de Gennes[163] 揭示, 他指出, 自回避行走构象对应于自旋维数 n 的铁磁模型, 此处 n 可以取零值. 于是, 临界指数的重正化群计算马上可以用于计算自回避行走的指数. 标度概念曾帮助澄清临界行为, 在聚合物中也有了相应的概念[164].

7.5.12 具有其他有趣特征的模型

我们已经看到, 准确解在临界现象理论中起了特别重要的作用. 在 Onsager 的工作之后约二十年里, 没有新解能描写现实相互作用而又与 Onsager 解显著地不同. 之后, 于 1967 年 Lieb[165] 得到了二维铁磁模型的多种新解, 它们遵从与 Ising 模型完全不同的模式. 提出这些模型的原因, 在于企图解释磷酸二氢钾 KH_2PO_4 这样的氢键晶体的铁磁和反铁磁相变. 这样的晶体结构是四角型的, 每个磷酸基团四角为 4 个别的磷酸基团所包围. 氢原子处于每对磷酸基团之间. 然而, 它们并非居中, 而是靠近这一端或那一端的磷酸基团: 晶体的状态由指定氢的位置来刻画. 如果用沿键指向顶点的箭头表示靠近顶点的氢原子, 而用背离顶点的箭头表示远隔顶点的氢原子, 则有 16 种可能的配置. Onsager[166] 提出, KH_2PO_4 的相变与这些顶点配置的排序相关, 每种配置有一个能量. 然而, 必须使配置与其沿晶格边的近邻相容, 必须考虑一切可能的配置并赋予正确的能量权重, 计算配分函数. [**又见 6.10.3 节**]

可以说明, 一般的 16-顶点问题等价于外场中的 2、3 和 4 自旋相互作用 Ising 模型. Lieb 准确解对应于 16 个顶点配置中 10 个被禁的特例 (六顶点模型). 这一简单特例可用于准确计算零度下冰的剩余熵, 后一问题先前曾受到 Bernal 和 Fowler 及 Pauling[167] 的注意.

Lieb 的工作由 Baxter 延续, 他得到更为复杂的铁磁模型 (八顶点模型) 的解[168], 其临界指数随相互作用强度连续变化. 这曾经是对普适性概念的重大挑战, Kadanoff 和 Wegner[169] 证明模型的特殊对称性可以导致指数的连续变化, 从而解决了这个问题, 但不会料到这个独特的特征会出现在通常的物理系统中.

n=2 的二维模型可发生有趣的新型相变. 对于这样的模型可以严格地证明[170], $T>0$ 时的自发磁化即序参量为零. 不过, 级数展开显示非零临界温度的证据[171]. 1973 年 Kosterlitz 和 Thouless[172] 提出他们称之为长程拓扑序的新型有序概念, 它与这个模型有关. 他们指出, 存在对应于涡旋的亚稳态, 在某个 Curie 温度以下, 涡旋成对紧密结合, 而在 Curie 温度以上则涡旋自由. 这个概念果真富有成果 [173], 大家现在认为该相变确定无疑.

有一个理论模型被遗忘近二十年后突然再成热点, 它是 Potts[174] 模型. 最早它作为 Ising 模型的推广而提出, 其中自旋有 q 个取向, 但只有两个不同的相互作用能; 其临界点可以准确地确定. 有几个物理系统已被认定可用 Potts 模型合理地代表, n 矢量铁磁模型和 q 分量 Potts 模型间的对称性差异可导致临界行为的重大差异. 虽然 Potts 模型不存在类似于 Onsager 解的准确解, 但仍有不少关于临界行为和临界指数的准确结果[175].

7.5.13 渗流过程[176]

渗流过程一词最早由 Broadbent 和 Hammersley[177] 用于描写流体通过无规介

质的流动而与扩散过程相对照, 后者的随机性来自流体粒子. 考虑一个网络, 为了方便, 设它为晶体晶格, 晶格的键看作联络通路; 每条通路可以有限概率 $(1-p)$ 被阻断. 流体被引入特定点, 我们想计算网络其他点是湿或干的概率 (图 7.13). 特别地, 我们对流体可无限散布的概率感兴趣. Broadbent 和 Hammersley 能够证明存在一个阻断概率, 超过它则流体不能由晶格的一点出发跑到无限远处.

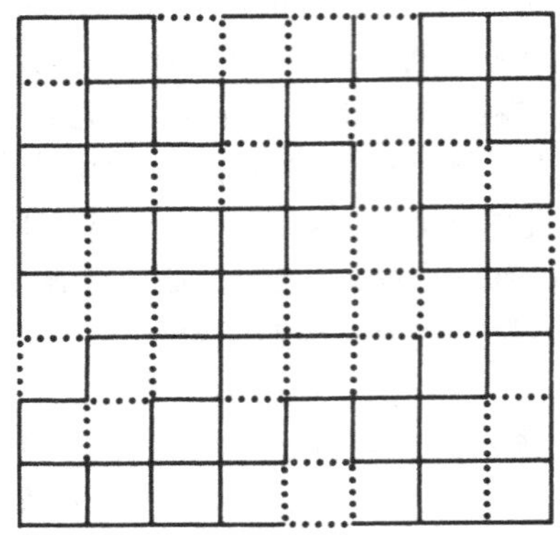

图 7.13　键渗流过程的典型构象. 实线: 自由通路; 虚线: 受阻通路

在上述模型中, 随机性来自晶格键. 另有模型[178] 由晶格座引入随机性. 考虑晶格由原子 A 和 B 的随机混合物占有其格点, 它们的浓度比为 $p:1-p$. 同类原子占有的近邻座当作是联结的, 我们对联结集团的分布感兴趣. 如果 p 很小, A 原子形成 B 原子海中的小岛 (图 7.14). 但是, 当浓度 p 增大达到临界值 p_c 时, 这时存在非零概率让小岛连片而形成跨越网络的无限集团. 如果 B 原子无磁性而 A 原子有磁性, 我们可以预料 p_c 应与铁磁的发生有关[179].

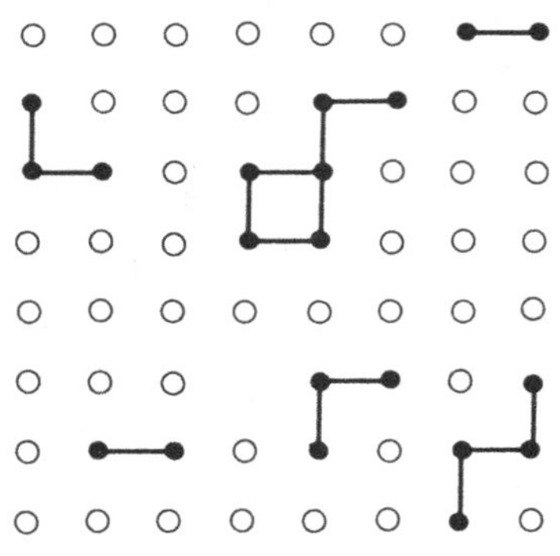

图 7.14　座渗流模型的典型构象

最近邻的黑原子有键联结

Hammersley[180] 及其合作者倡导用 Monte Carlo 法研究**键渗流**模型, 而 Domb 和 Sykes[178] 指出, 对**座渗流**模型级数展开可写成 p 的幂级数, 用于探知磁体临界行为的技巧也可用于渗流. Fisher[181] 阐明了键和座渗流过程间的关系, 他指出每个键过程等价于他称之为**覆盖晶格**的不同晶格上的座过程.

在 20 世纪 60 年代物理学界不太在意渗流现象, 仅有少数几个人发表文章. 渗流同本章前数节所述的磁临界现象有明确的相似性. 例如, 属于无限集团的座点数 $P(p)$ 的行为, 紧密地对应于自发磁化的临界行为[182], 而二座点属于单一集团的概率即偶对联结性与偶对关联函数对应[183]. Sykes 和 Essam[184] 猜测了几种二维晶格 p_c 的准确值, 复苏了 Kramers 和 Wannier 对 Ising 模型的猜测[110]. 平均场解可类比于树和仙人掌结构的闭合解[185], 这个可类比性的根源由 Kasteleyn 和 Fortuin[186] 揭开. 他们指出键渗流模型等同于 $q=1$ 的 q 分量 Potts 模型. 因而, 重正化群提供的一般理论描述适用于渗流, 但对称性有所不同, 并且合适的普适类不在 n 矢量框架中. Toulouse[187] 指出, 对于渗流只有空间维数 d 为 6 时有平均场解, 因而对于计算三维临界行为,ε 展开不是很有用的工具.

说几句有趣的闲话, Temperley 和 Lieb[188] 将渗流模型 (及晶格统计中的其他几个模型) 与 Whitney 在 1932 年描述的数学问题相联系. 他们指出, Sykes 和 Essam 对二维晶格 p_c 准确值的确定, 是 Whitney 所得结果的再发现.

渗流的文献在 20 世纪七八十年代大大增长, 大量的新思想注入该领域. 它们在统计力学中自然地应用 Mandelbrot 新奇而深刻的思想, 后者将在本节最后部分讨论.

7.5.14 自相似性与分形

我在剑桥当数学专业学生的第一年里, 老师教我们要区分连续性和可微性. 容易看到, 斜率在一点剧烈变化的函数是连续而不可微的. 但是, 老师还告诉过我们 Weierstrass 于 1870 年发现的一个函数, 它点点连续但处处不可微. 这个想法太精巧了, 即便是一个很不错的学生, 有能力想象这么一个函数, 也会认为它是一个天才数学家的病态发明而不会有可能的实际应用. Mandelbrot[189] 指出, 类似这类曲线的东西的确出现在自然中 (海岸线是显著的例子) 和统计力学中. 他关注这些曲线的自相似性特征: 不管尺度缩减多少, 同样的迂回曲折仍然保留. 没有明显实际应用的第二个数学想法, 由 Hausdorff 于 1929 年提出, 是由 Besicovitch 在 20 世纪 30 年代发展. 空间维数历来被考虑作分立的. 但是, 如果一个点集的维数 d 由关系式 $N(R)=AR^d$ 定义, 式中 $N(R)$ 为该集合在半径 R 中的点数, 则维数 d 可取分数值. 如图 7.15 布置的三角形称为 Sierpinski 垫, 显示出自相似性. 采用以上维数定义容易说明, 黑白之间的边界有维数 $\ln 3/\ln 2 = 1.5849$. Mandelbrot 引入分形一词描写这样的集合, 与之相应的非整数值 d, 称为**分形维数**.

图 7.15 自相似性一例：Sierpinski 垫
黑白边界有分形维数 ln 3/ln 2

他认定的分形中有曲线及统计力学有关的集合如无规行走、自避行走和渗流集团, 它们的维数也被决定 (或估计). 分形的文献在前几年里萌发增长, 在不同领域有应用.

7.6 其他论题

物理学在这一世纪里经历了指数增长, 因而不可能介绍已取得重大进展的热力学和统计力学的所有论题. 介绍必须有所挑选, 但有两个论题值得一提.

以下一段文字出现在 Maxwell 的《热的理论》(*Theory of Heat*) 末尾的标题“第二定律和热力学的局限性”的下面：

> 设想有个活物, 它本事高强, 能够全程跟踪每个分子, 这个活物也不过如同我们一样特质基本有限, 也许能做我们目前做不了的事. 我们已经看到, 在充满空气的温度均匀容器中, 分子以全然不均匀的速度运动, 虽然平均速度对于任意选出的大量分子而言几乎完全均匀. 现在假设这么个容器用带有小洞的隔板分成 A 和 B 两部分, 能看到一个个分子的活物开关这个小洞, 它只让快分子从 A 跑到 B, 而慢分子从 B 跑到 A. 这样, 它不用耗功而让 B 升温且 A 降温, 违反热力学第二定律.

Maxwell 妖[190] 成效非同一般, 它激起讨论, 导致熵概念的重要扩充. Maxwell 想突出第二定律的统计本质, 并且真地认为它可以违反. Kelvin(他给 Maxwell 妖起名) 同意 Maxwell 的看法, 但又强调这妖必须是赋予了自由意志的有智灵物, 不该是纯机械的. 1913 年 Smoluchowski 构想了使用这么个妖必备的装置. 他断言自动操控不可能, 但认为即使是有智灵物大概也不能违反第二定律.

1929 年 L. Szilard 迈出关键一步, 他提出这个妖应有的记忆同熵产生不可分割; 这打开了联系熵和信息的大门, 信息概念稍后由 Shannon、Wiener 和 Brillouin 发展并发扬. Szilard 在其论文中通过设计一个化热为功的循环过程 (Szilard 机) 说明, 记忆可导致持续的熵减少. 如果第二定律仍然成立, 测量过程本身必定意味着熵产生.

"Maxwell 妖无法操作"(Maxwell's Demon cannot operate) 是 Brillouin 发表于 1951 年的一篇文章的标题, 文中他推理如下[191]:

> 有智灵物用智之前必须感知它的对象, 这又要求物理感知手段. 视觉感知特别要求对象发光. 观看实质上是非平衡过程; 灵妖工作其间的汽缸是闭合黑体, 为了认定特定分子观察者须用灯, 它用不代表黑体辐射的波长发射光. 这个光的最终吸收增加了系统的熵.

Brillouin 进一步从数学上证明, 这个熵增加高于妖能影响的熵减小, 不只是相抵. 至此似乎妖怪已除, 但还不能高枕无忧. 20 世纪 60 年代初, R. Landauer 研究了信息加工的热力学, 并结论说, 不能清除存储记录而不产生热且增加环境熵. 他指出, 清除记忆是热力学不可逆操作. C. Bennet 提出, 这些想法提供 Szilard 论证的基础. 循环的最后一步涉及重置热机的存储器到空态, 但这做不到, 除非对环境增加至少一比特的熵. 正确的热力学解释是, 热机增加存储器的熵以便减小环境的熵.

未在 7.5 节中讨论的重要相变, 是一级熔化相变. 虽然与临界点理论相比没有惊人的突破, 但仍有有助于理解相变的本质的重要进展.

可以说明现状的最简单统计力学模型, 是刚球气体模型. 它有没有相变? 如有, 相变特征是什么? 尽管在世纪前半叶作过很多理论上的努力, 还是没有清楚的答案. 然后在 20 世纪 50 年代, Alder 和 Wainwright 倡导了一种新方法, 它给出了如下明确的回答: 一级相变存在, 相变的熵相当于重稀有气体流体熔化的熵. 他们[192]凭借计算设施的巨大进步, 对限制在盒中的几百个球求解牛顿方程, 给定初始态后跟踪球的进程, 进而计算所有热力学性质. 这个方法他们称为**分子动力学**. 一种较为经济的方法 (蒙特卡洛法) 采用代表性统计样本. 理论物理学家对于这些重实效的方法曾多少有些疑虑. 但是, 在过去几十年里它们的重要性与日俱增, 对于没有它们难以下手的问题能提供真知灼见和信息, 还可查验所用近似不可控制的理论工作.

对于 Alder 和 Wainwright 所发现的相变的本质及构成其基础的液态的本质, Bernal[193] 提出了深刻的认识. Bernal 研究体积平缓减小时一堆随机刚球出现的现象, 提出两个重要的新概念即无规松堆积 (random loose packing RLP) 和无规密堆

积 (random close packing, RCP). 如果对一堆球施压而不去调整或晃动它们, 所能达到的最大密度约为 0.60 (RLP); 如果现在还加以摇晃, 密度有可能达到 0.637(RCP, 但不可能达到晶体密堆积密度 0.74, 除非完全重新排布). **[又见 8.2.2.8 节]**

通过高压实验[194], 已经有了关于熔化的大量有趣实验数据, 因为密度增大了不少倍, 显然软排斥势起作用. 对于熔化温度和熔化压强, Simon[195] 建议了如下的经验公式:

$$\frac{P}{P_i} = \left(\frac{T}{T_0}\right)^c - 1 \tag{7.50}$$

式中, T_0 为正常熔化温度; P_i 为固体内压强; 而 c 为常数. 这个公式已证实可以拟合类型不同的多种固体, 从固化的惰性气体直到金属. Domb[196] 根据相当基本的考虑得出, 如果将熔化看作推广的有序–无序相变, 可以导得形如 (7.50) 的公式, 常数 c 应与分子间势的排斥幂次有关.

致谢

非常感谢 L. Muldawer 对二元合金早期历史、N. Kurti 对核冷却和核致冷及 M. E. Fisher 对重正化群早期历史的建议和帮助.

(郑伟谋译, 刘寄星校)

参 考 文 献

[1] 本节材料的基本文献是 Brush S G 1976 The Kind of Motion We Call Heat (Amsterdam: North–Holland)

[2] 例如, 参见 Dampier W C 1966 A History of Science (Cambridge: Cambridge University Press) p 226

[3] Sadi Carnot N L 1824 Reflexions sur la Puissance Motrice du Feu (Paris: Bachelier) (英译文 Mendoza E 1960 (New York: Dover))

[4] Clausius R 1865 Pogg. Ann. 125 400

[5] Maxwell J C 1878 Nature 17 257

[6] Gibbs J W 1928 1875–8 Transactions of the Connecticut Academy; The Collected Works of Willard Gibbs (New York: Longmans Green) (Dover edition, 1960)

[7] Kirchhoff G R 1859 Mon.–Ber. Akad. Wiss. Berlin 783; 1860 Ann. Phys. 109 275

[8] Clausius R 1857 Ann. Phys. 100 353; 1858 Ann. Phys. 105 259 (英译文 1870 Phil. Mag. 40 122)

[9] Maxwell J C 1860 Report of the 29th Meeting of the British Association (收入 Harman P M (ed) 1990 The Scientific Letters and Papers of James Clerk Maxwell vol 1 (Cambridge: Cambridge University Press) p 615); 1860 Phil. Mag. 19 19; 1860 Phil. Mag.

20 21, 33

[10] Boltzmann L 1868 Wien. Ber. 58 517; 1877 Wien. Ber. 76 373

[11] Maxwell J C 1872 Theory of Heat 3rd edn (London: Longmans Green) p 308 (1970 重印 (Connecticut: Greenwood))

[12] 见 Pais A 1982 Subtle is the Lord (Oxford: Oxford University Press) p 60–65 的讨论

[13] Kuhn T S 1978 Black-Body Theory and the Quantum Discontinuity 1894–1912 (Oxford: Clarendon)

[14] Poincaré H 1890 Acta Mathematica 13 1

[15] Zermelo E 1896 Ann. Phys., Lpz. 57 485

[16] Boltzmann L 1896 Ann. Phys., Lpz. 57 773

[17] Gibbs J W 1902 Elementary Principles in Statistical Mechanics (New York: Scribner)

[18] Planck M 1900 Ann. Phys., Lpz. 1 719

[19] Planck M 1900 Verh. D. Phys. Ges. 2 202

[20] Planck M 1900 Verh. D. Phys. Ges. 2 237; 1901 Ann. Phys. 4 564

[21] Boltzmann L 1964 Lectures on Gas Theory (英译本. Brush S G) (California: University of California Press)

[22] 详情见 [12] 及 Ehrenfest P and Ehrenfest T 1911 Enz. Math. Wiss. vol 4, part 2 (Leipzig: Teubner) (英译本. Moravcsik M J 1959 The Conceptual Foundations of the Statistical Approach in Mechanics (Ithaca, NY: Cornell University Press))

[23] Planck M 1924 Ann. Phys., Lpz. 75 673

[24] Bose S N 1924 Z. Phys. 26 178

[25] Pais A 1982 Subtle is the Lord (Oxford: Oxford University Press) p 246

[26] Einstein A 1924 Sitz. Preuss. Akad. Wiss. 3 261; 1925 Sitz. Preuss. Akad. Wiss. 3

[27] Pauli W 1925 Z. Phys. 31 765

[28] Fermi E 1926 Z. Phys. 36 902

[29] Dirac P A M 1926 Proc. R. Soc. A 112 661

[30] Niven W D (ed) 1890 The Scientific Papers of J C Maxwell vol 2 (Cambridge: Cambridge University Press) p 433 (1965 重印 (New York: Dover))

[31] Hund F 1927 Z. Phys. 42 93; Hori 1927 Z. Phys. 44 834

[32] Dennison D M 1927 Proc. R. Soc. A 115 483

[33] Pais A 1982 Subtle is the Lord (Oxford: Oxford University Press) p 430

[34] Uhlenbeck G E 1927 PhD Thesis (The Hague: Nyhoff)

[35] 例如见 Kahn B and Uhlenbeck G E 1938 Physica 4 399

[36] Fowler R H 1926 Mon. Not. R. Astron. Soc. 87 114

[37] Milne E A 1945 Obituary Notices of Fellows of the Royal Society 5 73

[38] Fowler R H 1936 Statistical Mechanics 2nd edn (Cambridge: Cambridge University Press)

[39] Schrödinger E 1946 Statistical Thermodynamics (Cambridge: Cambridge University Press)

[40] Carathéodory C 1909 Math. Ann. 67 355; 1925 S. B. Preuss Akad. Wiss. 39
又见 Born M 1921 Phys. Z. 22 218, 249, 282

[41] Darwin C G and Fowler R H 1922 Proc. Camb. Phil. Soc. 21 391

[42] 本节的基本文献为 Nernst W 1926 The New Heat Theorem (英译本 Barr G) (London: Methuen)
Simon F E 1956 Yearbook of the Physical Society (40th Guthrie Lecture) vol 1
Wilks J 1961 The Third Law of Thermodynamics (Oxford: Oxford University Press)

[43] Nernst W 1906 Kgl. Ges. Wiss. Gott. 1

[44] 例如见 Glasstone S 1948 Textbook of Physical Chemistry 2nd edn (London: Macmillan) p 828

[45] Nernst W 1912 Ber. Kon. Preuss. Acad. February

[46] 例如见 Einstein A 1913 Congrès Solvay (Paris 1921) 293

[47] Nernst W 1914 Z. Elektrochem. 20 397

[48] Simon F E 1927 Z. Phys. 41 806

[49] Simon F E 1930 Ergeb. Exakt. Naturw. 9 222

[50] Fowler R H and Guggenheim E A 1939 Statistical Thermodynamics (Cambridge: Cambridge University Press)

[51] 例如见 Fisher M E 1960 Proc. R. Soc. A 256 502

[52] Domb C and Dugdale J S 1957 Solid helium Progress in Low Temperature Physics vol 2, ed C J Gorter (Amsterdam: North-Holland) ch 11

[53] Simon F E and Swenson C A 1950 Nature 165 829

[54] Berman R and Simon F E 1955 Z. Elektrochem. 59 333

[55] Bundy F P, Hall H T, Strong H M and Wentorf R H 1955 Nature 176 51
又见 Davies G 1984 Diamond (Bristol: Hilger) ch 6

[56] Giauque W F and Johnston H L 1929 J. Am. Chem. Soc. 51 2300

[57] Frank A and Clusius K 1937 Z. Phys. Chemie B 36 291

[58] Giauque W F and Stout J W 1936 J. Am. Chem. Soc. 58 1144

[59] Clayton J O and Giauque W F 1932 J. Am. Chem. Soc. 54 2610

[60] Hill R W and Ricketson B W A 1954 Phil. Mag. 45 277

[61] Kurti N, Robinson F N H, Simon F E and Spohr D A 1957 Nature 178 450 Chapelier M, Goldman M, Chau V H and Abragam A 1969 C. R. Acad. Sci., Paris B 268 1530

[62] Ehnholm G J, Ekstrom J P, Jacquinot J F, Loponen M T, Lounasmaa O V and Soini J K 1979 Phys. Rev. Lett. 42 1702; 1980 J. Low Temp. Phys. 39 417
Hakonen P J, Vuorinen A T and Martikainen J E 1993 Phys. Rev. Lett. 70 2818
应当指出在以上情况下所称的核冷却, 只是核自旋系统达到了低温, 而其周围环境如金属中的传导电子等的温度可比其高千倍以上. 在核致冷中自旋系统冷却其环境, 但所能达到的最低温度要高得多. 有关核致冷的最新文献见 Enrico N P, Fisher S N, Guénault A M, Miller I E and Pickett G R 1994 Phys. Rev. B 49 6339

[63] Pound R V 1951 Phys. Rev. 81 156
Purcell E M and Pound R V 1951 Phys. Rev. 81 279
Ramsey N F and Pound R V 1961 Phys. Rev. 81 278

[64] Simon F E 1955 Temperature—Its Measurement and Control in Science and Industry vol 2 (New York: Reinhold) p 9

[65] Andrews T 1869 Phil. Trans. R. Soc. 159 575

[66] van der Waals J H 1873 Over de continuiteit van der gas en vloeisoftoestand Thesis Leiden

[67] Clausius R 1870 Ann. Phys. 141 124 (英译文. Phil. Mag. 40 122)

[68] Maxwell J C 1875 Nature 11 (Niven W D (ed) 1890 The Scientific Papers of J C Maxwell vol 2 (Cambridge: Cambridge University Press) p 418, 重印于 1965 (New York: Dover))

[69] Verschaeffelt J E 1900 Versl. Kon. Akad. Wetensch. Amsterdam 5 94 (Leiden Comm. 28)

[70] Gilbert W 1600 De Magnete (英译本 Mottelay P I 1893 (New York) and 1900 for the Gilbert Club (London)) p 66

[71] Hopkinson J 1889 Phil. Trans. R. Soc. A 180 443

[72] Curie P 1895 Ann. Chim. Phys. 5 289

[73] Weiss P 1907 J. Physique 6 661

[74] Langevin P 1905 J. Physique 4 678; 1905 Ann. Chim. Phys. 5 70

[75] Weiss P 1907 J. Physique 6 662
Weiss P and Kamerlingh Onnes H 1910 J. Physique 9 555

[76] Cernuschi F and Eyring H 1939 J. Chem. Phys. 7 547

[77] Avenarius M 1874 Ann. Phys. Chem. 151 306

[78] Altschul M 1893 Z. Phys. Chem. 11 578
von Wesendonck K 1894 Z. Phys. Chem. 15 262
Travers M W and Usher F L 1906 Proc. R. Soc. A 78 247
Young S 1906 Proc. R. Soc. A 78 262

[79] Smoluchowski M S 1908 Ann. Phys., Lpz 25 205; 1912 Phil. Mag. 23 165

[80] Einstein A 1910 Ann. Phys., Lpz 33 1275

[81] Ornstein L S and Zernike F 1914 Proc. Akad. Sci. Amsterdam 17 793; 1916 Proc. Akad. Sci. Amsterdam 18 1520

[82] Fisher M E 1964 J. Math. Phys. 5 944

[83] Bain E C 1923 Trans. Am. Inst. Min. (Metall.) Eng.
Johansson C H and Linde J O 1925 Ann. Phys., Lpz 78 439

[84] Bragg W L and Williams E J 1934 Proc. R. Soc. A 145 699

[85] Bragg W L and Williams E J 1935 Proc. R. Soc. A 151 540

[86] Bethe H A 1935 Proc. R. Soc. A 216 45

[87] Gorsky W 1929 Z. Phys. 50 84
Borelius G 1934 Ann. Phys., Lpz 20 57
Dehlinger U 1930 Z. Phys. 64 359; 1932 Z. Phys. 14 267; 1933 Z. Phys. 83 832

[88] Landau L D 1937 Phys. Z. Sovietunion 11 26, 545
Landau L D and Lifshitz E M 1938 Statistical Physics (Oxford: Oxford University Press)

[89] Ehrenfest P 1933 Proc. Kon Akad. Wetenschap Amsterdam 36 147

[90] Pippard A B 1957 Classical Thermodynamics (Cambridge: Cambridge University Press) ch 9

[91] Domb C 1951 Phil. Mag. 42 1316
Munster A 1952 Comptes Rendus de la deuxième Reunion Chimie Physique Paris p 21 (and discussion p 28)

[92] Landau L D 1936 Nature 138 840

[93] Landau L D and Lifshitz E M 1959 Statistical Physics (revised edition) (London: Pergamon)

[94] van Laar J J 1899 Proc. Acad. Sci. Amsterdam 1 273

[95] Boltzmann L 1899 Verlag. Gewone Vergardering Natuur K. Netherlands. Akad. Wetensch. 7 484

[96] Kamerlingh Onnes H 1901 Verslagen Kon. Akad. Wetensch. Amsterdam 10 136

[97] Mayer J E 1937 J. Chem. Phys. 5 67

[98] Yvon J 1937 Actualites Scientifiques et Industrielles (Paris: Herman) p 542

[99] Uhlenbeck G E 1966 Critical Phenomena (NBS Miscellaneous Publications 273) ed M S Green and J V Sengers (Washington, DC: NBS) p 5

[100] Born M and Fuchs K 1938 Proc. R. Soc. A 266 391

[101] Gouy A 1892 C. R. Acad. Sci., Paris 115 720

[102] Schneider W G 1952 Changements de Phases Comptes Rendus de la deuxième Reunion Annuelle, Société de Chimie Physique p 69
Weinberger M A and Schneider W G 1952 Canad. J. Chem. 30 422

[103] Yang C N and Lee T D 1952 Phys. Rev. 87 404 and 410.

[104] Uhlenbeck G E and Ford G W 1962 Studies in Statistical Mechanics vol 1, ed J deBoer and G E Uhlenbeck (Amsterdam: North-Holland) p 123

[105] Ising E 1925 Z. Phys. 31 253

[106] Peierls R E 1936 Proc. Camb. Phil. Soc. 32 477

[107] Brush S G 1967 Rev. Mod. Phys. 39 883

[108] Heisenberg W 1928 Z. Phys. 49 619

[109] Onsager L 1944 Phys. Rev. 65 317

[110] Kramers H A and Wannier G H 1941 Phys. Rev. 60 252, 263

[111] Kaufman B and Onsager L 1949 Phys. Rev. 76 1244

[112] Onsager L 1949 Proc. Florence Conf. on Statistical Mechanics Nuovo Cimento 6 261 只公布了结果而未给出计算细节

[113] Yang C N 1951 Phys. Rev. B 5 808

[114] Guggenheim E A 1945 J. Chem. Phys. 13 253

[115] Hapgood H W and Schneider W G 1954 Canad. J. Chem. 32 98

[116] Domb C 1949 Proc. R. Soc. A 196 36 and 199; 1974 Phase Transitions and Critical Phenomena vol 3, ed C Domb and M S Green (London: Academic) ch 6

[117] Domb C and Martin J L 1974 Phase Transitions and Critical Phenomena vol 3, ed C Domb and M S Green (London: Academic) ch 1 and 2

[118] Baker G A 1961 Phys. Rev. 124 768

[119] Baker G A and Gammel J L 1970 The Padé Approximant in Theoretical Physics (London: Academic)

[120] Fisher M E 1967 Rev. Prog. Phys. 30 615

[121] Heller P 1967 Rep. Prog. Phys. 30 731

[122] Fairbank W M, Buckingham M J and Kellers C F 1957 Proc. 5th Int. Conf. on Low Temperature Physics (Madison, WI: University of Wisconsin Press)

[123] Heller P and Benedek G 1965 Phys. Rev. Lett. 14 71

[124] Heller P and Benedek G 1962 Phys. Rev. Lett. 8 428

[125] Domb C and Miedema A R 1964 Progress in Low Temperature Physics vol 4, ed C J Gorter (Amsterdam: North-Holland) ch 4
de Jongh L J and Miedema A R 1974 Adv. Phys. 23 1

[126] Domb C 1960 Adv. Phys. 9 149, 245

[127] Domb C and Sykes M E 1962 Phys. Rev. 128 168

[128] Jasnow D and Wortis M 1968 Phys. Rev. 176 739

[129] Essam J W and Fisher M E 1963 J. Chem. Phys. 38 147

[130] Rushbrooke G S 1963 J. Chem. Phys. 39 842

[131] Stanley H E 1971 Introduction to Phase Transitions and Critical Phenomena (Oxford: Oxford University Press) ch 4

[132] Kac M, Uhlenbeck G E and Hemmer P C 1963 J. Math. Phys. 4 216

[133] 例如见 Hemmer P C and Lebowitz J L 1976 Phase Transitions and Critical Phenomena vol 5b, ed C Domb and M S Green (London: Academic) ch 2

[134] Berlin T H and Kac M 1952 Phys. Rev. 86 821

[135] Uhlenbeck G E 1965 Critical Phenomena (NBS Miscellaneous Publications 273) ed M S Green and J V Sengers (Washington, DC: NBS) p 3

[136] Widom B 1965 J. Chem. Phys. 43 3898

[137] Domb C and Hunter D L 1954 Proc. Phys. Soc. 86 1147

[138] Patashinskii A Z and Pokrovskii V L 1966 Zh. Eksp. Teor. Fiz. 50 439; Sov. Phys.–JETP 23 292

[139] Griffiths R B 1967 Phys. Rev. 158 176

[140] Kadanoff L P 1966 Physics 2 263

[141] Griffiths R B 1970 Phys. Rev. Lett. 24 1479

[142] Stanley H E 1968 Phys. Rev. 176 718

[143] Joyce G S 1966 Phys. Rev. 146 349

[144] Larkin A I and Khmelnitskii D E 1969 Sov. Phys.–JETP 29 1123

[145] Domb C 1971 Statistical Mechanics at the Turn of the Decade ed E G D Cohen (New York: Dekker)

[146] de Pasquale F, di Castro C and Jona-Lasinio G 1971 Proc. Enrico Fermi School on Critical Phenomena ed M S Green (London: Academic) p 113

[147] Stueckelberg E C G and Peterman A 1953 Helv. Phys. Acta 26 499
Gell-Mann M and Low F E 1954 Phys. Rev. 95 1300

[148] Wilson K G 1975 Adv. Math. 16 170

[149] Wilson K G 1983 Rev. Mod. Phys. 55 583

[150] Wilson K G 1975 Rev. Mod. Phys. 47 773

[151] Ginzburg V L and Landau L D 1950 Sov. Phys.–JETP 20 1064

[152] Wilson K G and Fisher M E 1972 Phys. Rev. Lett. 28 240

[153] Le Guillou J C and Zinn-Justin J 1977 Phys. Rev. Lett. 39 95; 1980 Phys. Rev. B 21 3976

[154] Nickel B 1981 Proc. 14th Int. Conf. on Statistical Mechanics, Edmonton Canada Physica A 106 40; 1991 Physica A 177 189

[155] Neimeijer T and Van Leeuwen J M J 1976 Phase Transitions and Critical Phenomena vol 6, ed C Domb and M S Green (London: Academic) ch 7

[156] Wilson K G 1974 Physica 73 119

[157] 例如见 Brezin E, Le Guillou J C and Zinn-Justin J 1976 Phase Transitions and Critical Phenomena vol 6, ed C Domb and M S Green (London: Academic) ch 3

[158] Aharony A 1976 Phase Transitions and Critical Phenomena vol 6, ed C Domb and M S Green (London: Academic) ch 6

[159] Flory P J 1953 Principles of Polymer Chemistry (Ithaca, NY: Cornell University Press)

[160] Hammersley J M and Morton K W 1954 J. R. Stat. Soc. B 16 23

[161] Domb C 1990 Disorder in Physical Systems ed G R Grimmett and D J A Welsh (Oxford: Oxford University Press) p 33

[162] Fisher M E and Sykes M F 1959 Phys. Rev. 114 45
Domb C and Sykes M F 1961 J. Math. Phys. 2 63

[163] de Gennes P G 1972 Phys. Lett. A 38 339

[164] de Gennes P G 1979 Scaling Concepts in Polymer Physics (Ithaca, NY: Cornell University Press)
将场论方法应用于聚合物问题的倡导者是 S F Edwards, 见 Edwards S F 1965 Proc. Phys. Soc. 85 1

[165] Lieb E H 1967 Phys. Rev. Lett. 18 692; 1967 Phys. Rev. Lett. 18 1046; 1967 Phys. Rev. Lett. 19 108; 1967 Phys. Rev. 162 162

[166] Onsager L 1939 Discussion at Conference on Dielectrics (New York: New York Academy of Sciences)

[167] Bernal J D and Fowler R H 1933 J. Chem. Phys. 1 515
Pauling L 1935 J. Am. Chem. Soc. 57 2680
又见 Giauque W F and Stout J W 1963 J. Am. Chem. Soc. 58 1144

[168] Baxter R J 1971 Phys. Rev. Lett. 26 832; Ann. Phys., NY 70 193

[169] Kadanoff L P and Wegner E J 1971 Phys. Rev. B 4 3989

[170] Mermin N D and Wagner H 1966 Phys. Rev. Lett. 17 1133

[171] Stanley H E and Kaplan T A 1966 Phys. Rev. Lett. 17 913
又见 Stanley H E 1974 Phase Transitions and Critical Phenomena vol 3, ed C Domb and M S Green (London: Academic) ch 7

[172] Kosterlitz J M and Thouless D J 1973 J. Phys. C: Solid State Phys. 6 1181

[173] Nelson D R 1983 Phase Transitions and Critical Phenomena vol 7, ed C Domb and J L Lebowitz (London: Academic) ch 1

[174] Potts R B 1952 Proc. Camb. Phil. Soc. 48 106
有关历史记述见 Domb C 1974 J. Phys. A: Math. Nucl. Gen. 7 1335

[175] 例如见 Nienhuis B 1987 Phase Transitions and Critical Phenomena vol 11, ed C Domb and J L Lebowitz (London: Academic) ch 1; reference [173] vol 11, ch 1

[176] Stauffer D 1985 Introduction to Percolation Theory (London: Taylor and Francis) (2nd edn with A Aharony 1991)

[177] Broadbent S R and Hammersley J M 1957 Proc. Camb. Phil. Soc. 53 629

[178] Domb C and Sykes M F 1961 Phys. Rev. 122 77

[179] Elliot R J, Heap B R, Morgan D J and Rushbrooke G S 1960 Phys. Rev. Lett. 5 366

[180] Frisch H L, Sonnenblick E, Vyssotsky V A and Hammersley J M 1961 Phys. Rev. 124 1020
Vyssotsky V A, Gordon S B, Frisch H L and Hammersley J M 1962 Phys. Rev. 123 1566

[181] Fisher M E 1961 J. Math. Phys. 2 620

[182] Sykes M F, Glen M and Gaunt D S 1974 J. Phys. A: Math. Nucl. Gen. 7 L105

[183] Essam J W 1972 Phase Transitions and Critical Phenomena vol 2, ed C Domb and M S Green (London: Academic) ch 6

[184] Sykes M F and Essam J W 1964 J. Math. Phys. 5 1117

[185] Fisher M E and Essam J W 1961 J. Math. Phys. 2 609

[186] Kasteleyn P W and Fortuin C 1969 J. Phys. Soc. Japan (Suppl.) 26 11

[187] Toulouse G 1974 Nuovo Cimento B 23 234

[188] Temperley H N V and Lieb E H 1971 Proc. R. Soc. A 322 251

[189] Mandelbrot B B 1977 Fractals Form Chance and Dimension; 1982 The Fractal Geometry of Nature (San Francisco: Freeman). 这些书籍中含有对有关数学背景和历史的生动及引人入胜的记录.

[190] 在 Leff H S and Rex A F (ed) 1990 Maxwell's Demon, Entropy, Information, Computing (Bristol: Hilger) 中, 提供了有关此一论题的详尽综述, 并附有详细的文献清单及重要文章的重印本.

[191] Ehrenberg W 1967 Sci. Am. 217 103

[192] Alder B J and Wainwright T E 1958 Transport Processes in Statistical Mechanics ed I Prigogine (New York: Interscience); 1960 J. Chem. Phys. 33 1439; 1962 Phys. Rev. 127 359

[193] 例如见 Collins R 1972 Melting and Statistical Geometry of Simple Liquids vol 2 of the series of reference [117]

[194] See Bridgman P W 1949 The Physics of High Pressure (Bell)

[195] Simon F E 1937 Trans. Farad. Soc. 33 65

[196] Domb C 1951 Phil. Mag. 42 1316; 1958 Nuovo Cimento (Suppl.) 9 9

第 8 章　非平衡统计力学：变幻莫测的时间演化

Max Dresden

8.1　变迁与巩固的阶段

8.1.1　不可思议的最初十年

20 世纪头一个十年的物理学, 与伟大的名字如 Rutherford、Curie 夫妇、Planck、Gibbs, 尤其是 Einstein 相联系. 虽然不像他的相对论和量子理论里程碑式贡献那么广为人知, 但是 Einstein 在一组文章[1] 中对统计力学做出了基础性的贡献. Einstein 成功地由力学及构象的概率得到包括不可逆性在内的热力学定律, 同样的统计考虑也让他得以研究物理系统的涨落. 于是, 热系统中能量偏离平均值的涨落为

$$(\Delta E)^2 \equiv (E - \langle (E) \rangle)^2 = kT^2 \frac{\mathrm{d}}{\mathrm{d}\tau} \langle E \rangle \tag{8.1}$$

式中, $\langle E \rangle$ 表示平均热能.

这个涨落关系, 尤其是经 Einstein 和 Lorentz 采用后, 对稍后的量子理论发展起了基础性作用. Einstein 的敏锐洞察力体现在如何寻找涨落重要的系统之中, 这是他研究稳恒介质中悬浮粒子运动[2] 的动机之一. 因而, 统计考虑在分析量子现象和 Brown 运动二者时都扮演了一个基本角色.

1902 年 Gibbs 的历史性统计力学著作问世[3]. 其系综说法, 稍后为 Einstein 采用, 也隐含在 Boltzmann 的早期工作中, 成为统计力学的中心概念. 系统的热力学行为通过适当构造的代表系综的平均行为来理解. 这是统计力学的一种表述, 与 Einstein 和 Boltzmann 的表述相当不同. 关系式 (8.1) 与随机过程的关系不是很直接, 但 Gibbs 曾得到与 Einstein 同样的涨落公式. 1911 年 Ehrenfests 夫妇 [4] 深刻且尖锐地讨论了 Boltzmann (和 Gibbs) 的统计力学及其成功和不足, 指出并明确了研究 Boltzmann 方法的未来方向.

在 1905 年, 无规行走模型以提问的形式引入, 这个问题启动了统计物理最为活跃的全新领域. 最初 Smoluchowski 和 Einstein 明确提问的只是, 无规行走是如何作为随机过程的子类, 以及如何与 Brown 运动发生紧密关系的? 只过了两年, Langevin 通过将涨落力引入运动方程, 设计了一种分析这个过程的新奇手段.

还是在这同一年代, Lorentz 和 Rayleigh 通过研究模型, 探索并分析了随机过程和统计力学间的密切关系, 得到尤其适用于传导率问题的微分方程. 所有这些

贡献当时就得到承认，并对后继的发展有实质性的影响. 然而，Poincaré 的一位学生 Bachelier 的工作却没有这样的好运. 他受 Poincaré 关于概率讲演的激励，于 1900 年 3 月 19 日答辩了其学位论文“投机的数学理论”(*The mathematical theory of speculation*). 他为股票市场中交易的商品价格建立了随机模型，基于概率函数 $P(x,t)$(货物在时间 t 有值 x 的概率)，独立地构造了随机过程理论. 由此他得到并预言了后来 Einstein 和 Smoluchowski 找到的许多结果，然而他的工作被忽视了，对物理学、经济学或是他的一生都没有产生影响.

股票市场的统计处理为 Poincaré 所知，但也许并不为 Einstein 所知或看重. 然而，其中的方法、思想、方程和概念同物理学、天文学和化学都有直接的关系，认识到这一点颇有讽刺意味. 广泛应用了差不多一个世纪后，人们惊讶地看到这些方法本身就可以直接用于股票市场和经济学问题. 然而，Einstein、Gibbs、Lorentz、Rayleigh、Boltzmann (经 Ehrenfest)、Planck、Langevin 和 Smoluchowski 等人的研究工作赋予统计力学的方向，形成并造就了它步入 20 世纪以后的未来. 很难找到一个创新和发现可与此相匹比的年代；当然，这些贡献者也绝不是平常之辈. 因而，他们的关注点、技巧和观察基本问题的方式将主导后续的发展，也就不足为奇了.

8.1.2　19 世纪的遗产

在 8.1.1 节中所述的研究，是气体动理论的延续，后者是 19 世纪物理学家特别是 Clausius、Maxwell 和 Boltzmann 的研究对象. 主要问题有两个：第一个是，将气体当作力学系统，它由质量为 m 的 N 个粒子组成，限制于体积 Ω_0 中，也许还知道分子间的相互作用势，那么如何得到气体的特定物理性质 (经常引入辅助量如平均自由程以便于讨论)；第二个问题是由这个同样的力学图像推导一般的热力学定律. 这两个问题中的基本要素是单粒子分布函数 $f(\boldsymbol{x},\boldsymbol{v},t)$，它表示在时间 t 在给定点 $\boldsymbol{x}$ 和给定速度 $\boldsymbol{v}$ 的给定范围内分子的数目为 $f(\boldsymbol{x},\boldsymbol{v},t)\mathrm{d}^3x\mathrm{d}^3v$.

Boltzmann 事实上偏好分立描述，将 6 维速度–位置空间 (依 Ehrenfest 称为 μ 空间) 劈分成有限尺寸 ω_i 的元胞. 元胞 i 指定了位置和速度二者，所以气体在时间 t 的状态可由一组数 n_i 描述. 此外，气体胞 i 也定义了分子的能量 ε_i. 我们总是假定 $n_i(t) \ll N$，即给定元胞的占有数总是远远小于总分子数. 混用分立和连续记号往往很方便 (Boltzmann 始终这么做). 例如，总分子数可用两种方式写作

$$N = \sum_i n_i(t) = \int\int \mathrm{d}^3v\mathrm{d}^3x f(\boldsymbol{x},\boldsymbol{v},t) \tag{8.2}$$

19 世纪重要遗产之一是 Boltzmann 于 1872 年推导的 $f(\boldsymbol{x},\boldsymbol{v},t)$ 的方程，它可以写成如下形式：

$$\frac{\partial f}{\partial t} + Sf = C(f,f) \tag{8.3}$$

流项即 Sf 项描写分子运动和外场作用引起的变化. Sf 直接遵从 Newton 定律

$$Sf \equiv \sum_{\alpha}\left(\frac{\partial f}{\partial \boldsymbol{x}_{\alpha}}\boldsymbol{v}_{\alpha}+\frac{\partial f}{\partial \boldsymbol{v}_{\alpha}}\frac{\boldsymbol{X}_{\alpha}}{m}\right) \tag{8.4}$$

式中, α 为 Descartes 指标, $\boldsymbol{X}_{\alpha}$ 为外力.

分子相互作用包含在碰撞项 $C(f,f)$ 中. 虽然原则上它由动力学决定, Boltzmann 需要另外的假定以得到 $C(f,f)$ 的显式. 采用分立记号, 他假定单位时间内元胞 i 和 j 中的分子碰撞散射到元胞 k 和 l 的次数由 $A_{ij\to kl}$ 给出如下:

$$A_{ij\to kl}=n_i n_j a_{ij\to kl} \tag{8.5}$$

式中, $a_{ij\to kl}$ 可依赖于动力学和碰撞位形, 但与 n_i, n_j, n_k 或 n_l 无关. 以连续记号综合 (8.3)、(8.4) 和 (8.5), 可得

$$\frac{\partial f}{\partial t}+\sum\left(\boldsymbol{v}_{\alpha}\frac{\partial f}{\partial \boldsymbol{x}_{\alpha}}+\frac{\boldsymbol{X}_{\alpha}}{m}\frac{\partial f}{\partial \boldsymbol{v}_{\alpha}}\right)=\int\int \mathrm{d}^3 v_1 \mathrm{d}\Omega g I(g,\theta)(f_1' f'-f_1 f) \tag{8.6}$$

此式描绘的碰撞如下: 速度为 $\boldsymbol{v}$ 和 $\boldsymbol{v}_1$ 的分子相碰, 生成速度为 $\boldsymbol{v}'$ 和 $\boldsymbol{v}_1'$ 的分子.

式 (8.6) 中, $g=|\boldsymbol{g}|=|\boldsymbol{v}-\boldsymbol{v}_1|, I(g,\theta)$ 为碰撞截面, θ 为相对速度因碰撞而偏转的角度, $\mathrm{d}\Omega$ 为立体角.

原则上, 系统主要物理性质应可由 Boltzmann 方程的一般含时解导出. 不可能得到这样的具有完全普遍性的解, 但仍可引出两条显著的结论. 在平衡状况即 $\partial f/\partial t=0$ 时, 由方程 (8.3) 得出 Sf 和 $C(f,f)$ 分别为零. 这并不显然, 而是先有存在递减函数 H 的事实引出的. 这里, H 定义为

$$H(\boldsymbol{x},t)\equiv\int \mathrm{d}^3 v f(\boldsymbol{x},\boldsymbol{v},t)\log f(\boldsymbol{x},\boldsymbol{v},t) \tag{8.7}$$

$$\frac{\mathrm{d}H}{\mathrm{d}t}\leqslant 0 \tag{8.7a}$$

方程 (8.7a) 同样不显然, 但可由使用式 (8.6) 对式 (8.7) 进行运算直接得到. 进一步可得, 如果 $\mathrm{d}H/\mathrm{d}t=0$, 则 $\partial f/\partial t=0$, 进而

$$Sf=0 \tag{8.8a}$$

$$C(f,f)=0 \tag{8.8b}$$

由此有平衡. 可以马上求解方程 (8.8a) 和 (8.8b) 得到平衡解, 以分立记号写出, 即

$$\bar{n}_i=A\omega_i\exp\left(-\frac{\varepsilon_i}{kT}\right) \tag{8.9a}$$

式中, A 正比于密度; k 为 Boltzmann 常数; T 为绝对温度. 采用连续记号时的平衡解为

$$f^{(0)} = \frac{n^{(0)}}{(2\pi mkT)^{3/2}} \exp\left(-\frac{1}{kT}(\frac{1}{2}mv^2 + U)\right) \tag{8.9b}$$

不仅气体所有平衡性质可以由 Maxwell–Boltzmann 分布得出, 而且, 看来似乎是奇迹, 公式 (8.7)~ 式 (8.9) 描述了通向热力学平衡的一般途径. 要做的只是将 H 与熵联系, 将平衡分布与热力学平衡态联系, 而做到这点并不必去解外表可怕的积分–微分方程 (8.6).

不久之后就明白了, H 依式 (8.7) 的单向减小, 与作为其基础的动力学的时间可逆性不相容. 仅有的假定式 (8.3)~ 式 (8.5) 本质上应该是力学的, 因而保持可逆性, 完全不可逆的结果不可能是由上述方案严格地引出的结论. 这个冲突及可逆力学与不可逆热力学内在矛盾特征的调和, 是 19 世纪的另一个主要遗产.

几乎对于所有情形, 这个调和是通过审慎地引入概率而实现的. 采用分立描述加以说明最为方便, 系统状态 (通常记为 Z) 由指定每个元胞的占有数、能量和体积来定义

$$Z \equiv \begin{matrix} \omega_1 & \omega_2\cdots & \omega_i\cdots \\ n_1 & n_2\cdots & n_i\cdots \\ \varepsilon_1 & \varepsilon_2\cdots & \varepsilon_i\cdots \end{matrix} \tag{8.10}$$

对一个状态赋予概率的最简单方式是, 想象一个随机过程如抽彩, 将 N 点以随机方式抛入体积为 Ω 的 6 维 μ 空间. 假定对空间的任一部分都没有先验的偏好, 式 (8.10) 描写的排列 Z 的概率为

$$W(Z) = \frac{N!}{n_1!n_2!\cdots}\left(\frac{\omega_1}{\Omega}\right)^{n_1}\cdots\left(\frac{\omega_i}{\Omega}\right)^{n_i}\cdots \tag{8.11}$$

最可几状态通过在以下约束下最大化 $W(Z)$ 获得:

$$\sum n_i = N$$

$$\sum n_i\varepsilon_i = E = \text{总能量} \tag{8.12}$$

Maxwell–Boltzmann 分布再次出现. 含时分布的时间无限极限等同于适当选择的随机过程的最可几分布, 这个事实将平衡分布因为具有特别简单的性质而挑出. 当然, 采用概率概念至此已将系统的动力学同其统计行为相脱离. 建立这样的某种联系 (19 世纪的最后一个遗产) 的方式之一, 是引入动力学系统相空间 (称为 Γ 空间). 在速度–位置空间 (μ 空间), 系统由 N 点的点云表示. 这些点随时间而移动, 而且, 因为碰撞, 两个元胞会成对地跳到另两个. 相空间是 $6N$ 维空间, 它的坐标是 $3N$ 个位置 $\boldsymbol{x}_1,\cdots,\boldsymbol{x}_N$ 及 $3N$ 个动量 $p_1,\cdots,p_N$.

一点现在表示给定时刻整个系统的详细状态. 随着时间推移, 这个相点描绘出一根轨道. 如果系统是保守的, 轨道将处于 $(6N-1)$ 维的等能量面上. 相点在等能量面上的运动是严格的, 既非近似, 也不涉及概率. 这点与前面的 Boltzmann 描述恰成对比, 知道的只是给定时刻在一个元胞里有多少分子, 即使能够知道一分子在特定的元胞里, 这样的了解仍不足以限定位置和动量, 因为元胞的尺寸为有限. 因而, 对应于一个 Boltzmann 状态的将是 $(6N-1)$ 维能量面的有限小片. 相点在运动中从一个体元移到另一个, 相应地 $n_i(t)$ 有变化. [**又见 7.2.3 节**]

这个可视化马上引起对能量面上轨道的研究. Boltzmann 和稍后的 Einstein 假定耗费在一个区域的时间与其体积成正比. Boltzmann 曾经还假定轨道实际上会经过能量面上的每一点 (各态历经假说) , 但稍后证明这是难以成立的. 所有轨道研究, 作为其主要目的之一, 是为了建立由几何方式定义的量与时间行为之间的联系, 如相空间平均和时间平均间的关系.

因而, 19 世纪贡献了包括分布函数概念、描写该函数的 Boltzmann 方程、平衡和非平衡态间的明确区分 (将平衡态作为最可几态的 Boltzmann 博彩式描述) , 以及关于从能量面上轨道集的研究中学习物理学的提议. 我们必须在这样的背景下考察 20 世纪.

8.1.3 正在形成中的学科定义

在统计力学 (或动理学理论) 的早期发展中, 未清晰区分平衡和非平衡现象, 处理它们的方式也没有太大区别.

然而, 特别是通过 Boltzmann 的研究, 平衡和非平衡领域在目标及方法上都开始分离. 显然, 含时分布函数要求不同于处理 Maxwell–Boltzmann 平衡分布的计算技巧. 正是对于含时的不可逆的行为, 概率解释的必要性首先变得明显. 各态历经问题及能量面相点的轨道, 都起因于理解和控制时间演化的种种努力. 许多这类问题没有平衡态的类比. 一般而言, 任何系统如果不由 (温度和密度不依赖于位置和时间的) Maxwell–Boltzmann 分布, 或者正则系综或仅依赖于能量的其他系综密度函数 (见 8.2.1 节) 描述, 则属于非平衡的范畴. 带有温度或密度梯度的系统, 是这类系统的最简单例子.

非平衡统计力学 (事实上整个学科) 中的最一般问题, 在于详细描述物理 (化学或天文学) 系统的时间演化. 这个陈述显然太过于一般, 这个陈述的措辞暗示似乎存在适用于处在一切状态下的所有系统的方法和手段, 几乎不可能期望出现这种情况. 从这个观点来看, Maxwell–Boltzmann 分布的存在且它具有不依赖于系统的普适性, 实在是不寻常. 似乎只有一个非平衡特征有可比拟的一般性, 即通往平衡的过程.

然而, 不可逆的通往平衡的过程, 已讨论的只有由 Boltzmann 方程描述的一种, 而且, 必须用概率语言描述. 因为 Boltzmann 方程本身是近似方程, 只适用于稀薄系统和两体碰撞, 这也带来一系列的问题. 是否存在任何推理至少能够在概率解释的意义下说明每一个物理系统会趋于热平衡? 如果真是存在, 能够对不同系统及不同观测量趋于平衡的速率有所说明吗? 趋向平衡的过程是单调的吗? 既然概率表述对建立不可逆性近乎至关重要, 不同时间不同地点引入概率表述是否会造成物理上的差异呢? 这里显然存在相容性问题, 即引入的概率必须与支配系统的动力学定律一致. 就此而言, 必须提到热力学不可逆性不仅与力学可逆性冲突, 而且也与由 Poincaré 指出的力学复归性质相悖. 因此, 还必须要求引入的概率能化解 Poincaré–Zermelo 复归性冲突.

除开这些原则性问题, 还有不少的各类问题要求非平衡处理. Brown 运动是涨落现象问题的早期例子之一, 这类问题需要控制时间行为. 在这些研究中, 概率假设的作用较为显而易见, 也的确可以看到不少类型的随机过程确实趋向平衡.

还有一类很不同的现象同样需要非平衡处理, 它们是输运现象、扩散、电磁效应、弛豫现象及外场响应. 已经很清楚, 非平衡统计力学并非是采用单一方法学和唯一普适方法的一体化领域. 它的研究范围可以从星体涨落力到热传导. 涉及时间演化的一切问题原则上都包括在内. 这样看来, 不能期望有普适性, 能够有普适而不依赖于特定系统的平衡描述就已经很不寻常. 猜测极端混沌的状况会再度出现相似的、普适的、不依赖于特定系统的行为, 更有吸引力. 不过, 本章只能讨论不能期望有多少普适性的中间情形.

8.2　三个时期的历史

从上述讨论可以看出, 非平衡统计力学已经发展成为自成一统的学科, 与其平衡背景充分脱离. 虽说是自成一统, 但绝非整齐划一, 而是由几个独特的几乎不关联的领域组成. 为了获得可理解的概览, 最好将这个世纪分成不同的三期. 每期的内容简要讨论七八个不同主题. 以这种方式陈述不均一而稍显支离的领域极为方便, 可以渐次地介绍成功、改造、转向及概念上和方法学上的转换. 通过这种方式我们得以全面理解不断变化着的多样性及与之关联的重点转换.

第一期始于 Gibbs、Planck 和 Einstein 在 20 世纪初的开创性研究. 讨论内容将延续至 1940 年, 正好第二次世界大战开始之前. 在这一时期, “主方程”的基本形式由 Uhlenbeck 提出. Boltzmann 方程也具有主方程的形式. 在这个第一期里, 大量的重要研究在分别进行, 但缺乏明确定义的中心议题, 突出了该学科几分支离的特征. 此外, 非平衡统计力学本身不在物理学的主流上. 例如, 这一阶段写的书 (除值得注意的例外, 如文献 [5] 和另外几本外), 几乎不处理非平衡过程.

第二期涵盖自 1940~1975 年的发展. 这一阶段的诸多进展是技术性的和形式

上的; 然而, 系统地采用 Liouville 方程作为非平衡研究的基础, 是主旋律. 最令人惊奇甚至目眩的发展在于, 逐渐认识到对黏滞性这样的输运系数不存在密度的系统展开. 在接近这一时期的末尾, 混沌概念在物理学尤其是统计力学中流行. 混沌将在第 24 章讨论, 但它的存在以直接的方式影响了 (并还在影响) 非平衡处理. 因此, 将第二期终止于混沌流行开始被看重之时, 是适当的.

第三期包括自 1975 年至今的一段时期. 最为重要的独一无二的创新, 是大型计算机广泛的甚至是无处不在的应用. 计算机在物理学的所有分支中是重要的, 但因它能生成关于模型系统的信息而在统计力学中尤为重要. 因此, 计算机数据时而先行时而补充实验数据和解析讨论. 这最后一个时期的特征还在于所处理的各类课题急速增长, 包括随机粒子加速、神经网络和星系的混合.

George Eugène Uhlenbeck
(荷兰人, 1900~1988)

Uhlenbeck 出生于印度尼西亚雅加达, 但在荷兰接受教育. 对 Lorentz 物理学讲座的兴趣让他着迷于 Boltzmann 的 *Vorlesungen über Gastheory*(气体理论讲义), 它伴随了他的一生. 他在莱顿跟随本身也是 Boltzmann 忠实门徒的 Ehrenfest 学习理论物理, 于 1927 年获得博士学位, 论文题目是如何以量子语言组织和系统化统计表述.

他对物理学的诸多贡献中最为伟大的, 是与 Goudsmit 一起于 1925 年发现电子自旋, 当时他们都还没有获得博士学位. 但是, 统计力学始终是他的主要兴趣. 他在两篇经典论文中建立了随机过程和 Brown 运动的理论. 他给出了平稳 Gauss–Markov 过程 (现在称为 Uhlenbeck–Ornstein 过程) 的权威性表述, 与 Uehling 一起构造了 Boltzmann 方程的量子形式.

第二次世界大战之后, 他运用 Bogoliubov 的想法实现了一生的科学抱负：推广 Boltzmann 方程到稠密气体. Boltzmann 方案的这个巅峰, 结合 Sinai 关于刚球各态历经性的结果, 这时似乎证明了 Boltzmann 和 Ehrenfest 方法的正当性.

因为 Uhlenbeck 始终坚持简明性和逻辑, 强烈厌恶自负和浮夸, 他被推崇为仲裁者. 看到输运系数的发散阻碍了 Boltzmann 方案的完成, 这对他是强烈的震撼. 他从未接受这种不可能性, 也许事实上并不相信这种不可能性.

他对物理学的许多其他贡献以简明性和对细节的把握为特征. 给予统计力学沉静且有创见的影响, 在这个支离的领域最终能具有结构上, 他作出很大的贡献.

8.2.1 第一期：从Boltzmann 方程到主方程

1. 主题 1：从 Boltzmann 到 Gibbs

Gibbs 1902 年的不朽论著[3] 提供了推导物理系统 (宏观) 统计性质的有力新方法. 基本创新点在于使用具有不同动力学构象的一群等同系统代表单一系统. 系综用相空间 (Γ 空间) 点的密度描述, $\rho(p,q,t)\mathrm{d}\Gamma$ 为相空间体元 $\mathrm{d}\Gamma$ 内系综体系数目的分数. 依 Liouville 力学方程, $\rho(p,q,t)$ 满足

$$\frac{\partial\rho}{\partial t}+\sum_i\left(\frac{\partial\rho}{\partial q_i}\frac{\partial H}{\partial P_i}-\frac{\partial\rho}{\partial p_i}\frac{\partial H}{\partial q_i}\right)=0 \tag{8.13}$$

式中, p_i 和 q_i 为动量和坐标; H 为系统 Hamilton 量. 任意量 Q 的宏观观测值为

$$\langle Q\rangle\equiv\frac{\displaystyle\int\rho Q\mathrm{d}\Gamma}{\displaystyle\int\rho\mathrm{d}\Gamma},\quad \mathrm{d}\Gamma\equiv\mathrm{d}p_1\cdots\mathrm{d}q_N \tag{8.14}$$

初始系综 $\rho(p,q,0)$ 必须如此选择以至于体现关于系统的知识, 但除此之外必须是随机的. 平衡时 $\partial\rho/\partial t=0$. 方程 (8.2.2) 表明这时 ρ 为 H 的任意函数. Gibbs 在一次精巧的分析中指出, 如果时间无关系综选定为正则系综

$$\rho(p,q)=A\exp\left(-\frac{H}{\theta}\right) \tag{8.15}$$

则得到的系综平均形式上再现所有的热力学关系. Gibbs 没有真正地推导热力学定律; 他构造了热力学类比. 通过认定系综密度函数中的参数, 物理的热力学被重建, 并通过式 (8.15) 和式 (8.14) 与 Hamilton 量相联系. **[又见 7.3.1 节]**

同样地, Gibbs 方法对于平衡态比非平衡情况要有效的多, 对于后者合适初始系综的构建及式 (8.13) 的求解都是严重障碍. 系综手段最终成为平衡过程的首选方法. 很明显, 在 Gibbs 框架里, 趋向平衡和各态历经问题只起次要作用. 平衡和非平衡方法间的分离, 在 Gibbs 工作之后变得突出得多. Planck 喜欢 Gibbs 方法, Einstein、Lorentz 和稍后的 Bohr 也深受影响, 但是, 对于 Boltzmann 尤其还有 Ehrenfest 而言, 似乎 Gibbs 只是在用廉价的手法绕开有关时间行为的所有难题.

2. 主题 2：Brown 运动、随机过程、**Fokker–Planck** 方程和**Langevin** 方程

Einstein 在他的关于 Brown 运动的基本论文中得到了胶体粒子位置涨落与时间的关系

$$\langle x^2\rangle=\frac{RT}{3\pi Na\eta}t \tag{8.16}$$

式中, R 为气体常数; N 为 Avogadro 数, η 为黏滞性; a 为粒子半径. 这个式子将涨落与耗散机制 (黏滞性) 相联系. 这大概是第一个涨落–耗散关系. 在推导这个结果时, Einstein 也强调了扩散和随机过程即 Brown 运动间的关系.

随机过程由数个概率函数描述, 它们一个比一个更为详细地描述过程. 如果 y 为涨落变量, $W_1(y,t)$ 为在时刻 t 变量取值 y 的概率, $W_2(y_1t_1, y_2t_2)$ 为时刻 t_1 变量取值 y_1, 且时刻 t_2 变量取值 y_2 的联合概率. 另一个重要的函数为条件概率 $P_2(y_1t_1|y_2t_2)$, 它是如果 t_1 时刻 y 有值 y_1, 而它在 t_2 有值 y_2 的概率. 随机过程的分类在这一时期形成. 如果 W_3 和 P_3 及所有更高阶的 W_s 和 P_s 不包含新信息, 则过程是 Markov 过程. 如果所有信息已经包含在 W_1 中, 则过程为纯随机过程.

对于 Markov 过程, P_2 满足 Chapman–Kolmogoroff 方程

$$P_2(y_1t_1|y_3t_3) = \int P_2(y_1t_1|y_2t_2)P_2(y_2t_2|y_3t_3)\mathrm{d}y_2 \tag{8.17}$$

(这个方程实际上已包含在 Bachelier 的学位论文中). 对于物理应用, 某些特殊化和近似很有用. 对于许多目的, W_1 所含的信息 (当然少于 W_2 和 P_2 的信息) 已经足够. 这些方程有如下一般形式:

$$\frac{\partial W_1(y,t)}{\partial t} = -\frac{\partial}{\partial y}(A(y)W_1(y,t)) + \frac{1}{2}\frac{\partial^2}{\partial y^2}(B(y)W_1(y,t)) \tag{8.18}$$

系数 A 和 B 决定于所研究的系统; 它们反过来又决定随机过程的本质. 这一类方程被称为 Fokker–Planck 方程[6,7]. 它们在 1914~1917 年被发现, 虽然 Smoluchowski 已在 10 年前获得同样类型的方程[8].

分析随机过程的十分不同的一个方法是由 Langevin 发展的[9]. Langevin 方法的基本思想是采用通常的 (如 Brown 运动粒子的) 运动方程处理, 但在运动方程中添加一个含时涨落力. 这样的涨落力在物理上代表模拟随机环境. 如果粒子还受到摩擦力 ηv 和外力 $\boldsymbol{X}$, 则 Langevin 方程为

$$m\frac{\mathrm{d}\boldsymbol{v}}{\mathrm{d}t} = -\eta\boldsymbol{v} + \boldsymbol{X} + \boldsymbol{F}(t) \tag{8.19}$$

式中, $\boldsymbol{F}(t)$ 为涨落力, 虽未以显式给出, 但假定其平均性质已知. 例如, $\boldsymbol{F}(t)$ 可与 $\boldsymbol{v}$ 无关, 有零平均值; 此外, 它的变化可以在很短的时间尺度里发生, 以至于不同时刻的 $\boldsymbol{F}$ 无显著关联. 因为 $\boldsymbol{F}(t)$ 只是统计地给定, 不能得出 $\boldsymbol{v}$ 的确定值, 但对于 $W_1(\boldsymbol{v},t)$ 等可以得到概率分布函数. Langevin 方法同 Fokker–Planck 方法是否等价, 依赖于对 $\boldsymbol{F}(t)$ 所作的具体假设.

在这个第一期里, Langevin 方程、Fokker–Planck 方程和 Markov 过程的许多例子被研究, 但它们倾向于是孤立的例子. 它们提供了有用的例证, 但更系统的方法有待于第二期的到来.

3. **主题 3: 输运系数和Chapman–Enskog 方法**

非平衡统计力学中也许是最重要的而肯定是最典型的问题, 是如何由 Boltzmann 方程计算输运系数. 有关的系数总是由经验宏观定律定义. 例如, 扩散系数从 Fick 定律得到, 它联系 x 方向上的粒子流 i_x 与密度梯度的 x 分量

$$i_x = -D\frac{\partial n}{\partial x} \tag{8.20}$$

式中, i_x 和 $\partial n/\partial x$ 可由分布函数直接得到, 如

$$\int \mathrm{d}^3\boldsymbol{v} f(\boldsymbol{x},\boldsymbol{v},t) = n(x,t) \tag{8.21a}$$

$$\int \mathrm{d}^3\boldsymbol{v} v_x f(\boldsymbol{x},\boldsymbol{v},t) = i_x(x,t) \tag{8.21b}$$

对于严格的平衡, f 为 $\boldsymbol{v}$ 的偶函数, 所以 $i_x = 0$ 即无粒子流. 对于均匀系统, n 不依赖于 x, 所以 $\partial n/\partial x = 0$. 对于不处于平衡的系统, i_x 和 $\partial n/\partial x$ 二者均不为零; 因而, 由 f 的知识结合宏观定律, 允许计算 D. 所有的输运系数计算遵从这个模式, 因而, 中心点是计算 f. 设计出的所有方案实际上都是近似, 因为严格的 Boltzmann 方程过于复杂. 基本物理思想是研究在平衡附近的构象. 这意味着 f 可以展开为

$$f = f^{(0)} + f^{(1)} + f(2) + \cdots \tag{8.22}$$

式中, $f^{(0)}$ 为平衡解, 但 $f^{(1)}$ 不是; 然而, 假定 $f^{(1)}$ 比 $f^{(0)}$ 很小, 以至于 $(f^{(1)})^2$ 这样的项可以略去. 将式 (8.22) 代入 Boltzmann 方程, 得

$$C((f^{(0)}), f^{(0)}) = 0 \tag{8.23}$$

此式与 (8.8b) 为同一方程, 它只得到分布函数的速度依赖性. 系数一般依赖于 x 和 t, 且必须选择以使得 $Sf^{(0)} = 0$. 得到的解有如下形式:

$$f^{(0)} = n\left(\frac{m}{2\pi kT}\right)^{3/2} \exp\left(-\frac{m}{2\pi kT}(\boldsymbol{v}-\boldsymbol{u})^2\right) \tag{8.24}$$

至此, 式 (8.24) 中的 n, T 和 $\boldsymbol{u}$ 为 $\boldsymbol{x}$ 和 t 的未定函数. 方程 (8.24) 为局域 Maxwell–Boltzmann 分布. 延续这个步骤给出 $f^{(1)}$ 的线性积分方程. 解应该存在的要求提供了决定那一阶 n, T 和 $\boldsymbol{u}$ 的必要方程. $\boldsymbol{u}$ 的物理意义为局域质量速度, 而并非分子速度. 这个手续由 Chapman[10] 和 Enskog[11] 提出并且极为详尽地解决. 它是一种要求解出积分方程的神秘而复杂的方法, 它促使非平衡统计力学同物理学的其余部分分离. 由这些近似解可以确定, 在第一阶近似下热传导和黏滞系数二者都与压强无关 (Maxwell 早就发现的一个结果) . 从这种形式的分析中涌现出一个未曾料到

的引人注目的物理特征. 当应用于二元气体的混合物时 (形式上更为繁复), 可以发现在 z 方向上的温度梯度可产生任一种类的粒子流

$$i_z = kD\frac{1}{T}\frac{\mathrm{d}T}{\mathrm{d}z} \tag{8.25}$$

式中, k 为热导率; D 为通常的扩散系数. 这种热扩散的存在只能靠完全的形式推导来推断; 平均自由程推理不能解释这个现象. 值得注意的是, 在 1938 年当分离不同的铀同位素成为需求时, 热扩散这个动理论得出的还较为模糊的特性在工业上变得极其重要[12].

Chapman 和 Enskog 初始研究之后的进一步发展, 主要在于对特殊分子相互作用如刚球、粗糙球或 Maxwell 分子 (具有 $1/r^5$ 排斥相互作用) 的详细数值计算. 一般与实验的一致性还好 (5%~10%). Burnett[13] 通过 Sonine 多项式展开计算了 $f^{(2)}$ 近似, 公式变得非常复杂, 但他的确证明了级数展开实际上收敛, 这是 Chapman 和 Enskog 从未做过的. Enskog 曾经非常努力企图改动 Boltzmann 碰撞项, 以使得计算的黏滞性能再现观察到的压强依赖性, 但方法过于人为, 结果也不太理想.

4. **主题 4: 各态历经定理、数学和概念问题、十字路口**

1911 年 Ehrenfest's 夫妇[4] 深刻分析了 Boltzmann 基于力学解释热力学和不可逆性的成就在概念上和逻辑上的问题. 为此, 他们充分利用力学系统的相空间表示, 由轨道在能量面上特定区域所耗费的时间描写系统的行为. 他们还阐明了如何将关于这个行为的猜测翻译成物理表述: 原始的各态历经定理保证 Boltzmann 手续合法, 然而准各态历经定理 (轨道可接近任何点任意近的命题) 对于作到这点并不充分.

有例证[14,15] 指出各态历经定理对于任何保守力学体系都不成立, 此外, 这样描述系统行为会使数学复杂程度激增, 另外还要求改造或重新解释 Boltzmann 方法. Ehrenfest 的分析完全清楚地表明, 引入合适的概率观念对于连贯地实现 Boltzmann 手续至关重要.

在 1931 年和 1932 年, Birkhoff[16] 和 von Neumann[17] 对于Boltzmann和Einstein在用能量面上的轨道描述物理行为时遇到的几何问题, 重新给予数学定位. 基本手段是用映射描写相点沿轨道从初始点 P 到稍后某时刻的点P_t 的运动. 他们得到重要的数学结果. 例如, 由如下极限(8.26)定义的函数$\phi(p,q,t)$的时间平均存在:

$$\bar{\varphi}_t = \lim_{T\to\infty}\frac{1}{2T}\int_{t-T}^{t+T}\varphi(p_\tau)\mathrm{d}t \tag{8.26}$$

存在极限的例证通常不是让物理学家激动的结果. 这个结果的重大意义在于, 它指出一类特殊系统即度量可递系统的时间平均 (现在它存在) 等同于 Gibbs 系综平均 (见式 (8.4))

$$\langle \varphi \rangle = \bar{\varphi}_t \tag{8.27}$$

一个系统是度量可递的, 则其能量面不能分成两个有限区域而使得的起始于一区的轨道将永远停留在该区. 它可以说成是“轨道单配性”. 不过, 很难确定一个系统是否为度量可递的, 实例也难以得到. 这是令人遗憾的, 因为度量可递系统恰恰具有 Einstein 和 Boltzmann 构想的时间演化. 由这些研究开始, 各态历经考虑成为数学的一部分. 在五六十年里, 大多数物理学家认为这些研究和结果与己无关. 现在这些或类似的研究已面目一新, 并且与物理有关.

5. **主题 5: Wiener–Khintchine 定理、Onsager 关系**

在许多随机过程中, 观测到的信息包含在涨落着的变量的时间记录中. 如果长时间观测是对 Brown 粒子的位置进行 (或是涨落电压或是脑电图) , 大量的信息包含在通常不规则的变量 y 对 t 的图中. 基本问题是从观测数据中提取信息. 最方便的手段是依下式对随机变量的时间依赖性作 Fourier 分解

$$y(t) = \int_{-\infty}^{+\infty} \mathrm{d}\nu A(\nu)\mathrm{e}^{2\pi i\nu t} \tag{8.28}$$

为了避开细节最好假定长而有限的 $-T\sim+T$ 的观测时段. 时间平均以通常方式定义为

$$\langle y^2(t)\rangle_t = \lim_{T\to\infty} \frac{1}{2T}\int_{-T}^{+T} y^2(t)\mathrm{d}t \tag{8.29}$$

直接计算得

$$\langle y^2(t)\rangle_t = \int_0^{\infty} \mathrm{d}G(v) \tag{8.30}$$

式中, $G(v)$ 为由下式定义的随机过程谱密度:

$$G(\nu) \equiv \lim_{T\to\infty} \frac{2}{T}|A(\nu)|^2 \tag{8.31}$$

谱密度度量随机变量 ν 次谐波的强度. 基本定理为如下的 Wiener–Khintchine 定理[18,19], 它将自相关函数与谱密度相联系

$$\begin{aligned}\langle y(t)y(t+\tau)\rangle_t &\equiv \lim_{T\to\infty} \frac{1}{T}\int_{-\infty}^{+\infty} y(t)y(t+\tau)\mathrm{d}t \\ &= \int_0^{\infty} \mathrm{d}\nu G(\nu)\cos 2\pi\nu\tau\end{aligned} \tag{8.32}$$

重要且有趣的是, 关联函数描述过程的两个时刻, 却可以通过式 (8.31) 和式 (8.28) 由单时刻观测量获得. 应用这一类分析于 LC 电路中的涨落电压 (记住涨落由电阻的热涨落引起), 可得到式 (8.30) 的特别简单的简化式

$$\langle v_R^2\rangle = 4RkT\Delta\nu \tag{8.33}$$

式中, $\Delta\nu$ 为线路带宽; R 为电阻. 这个式子通常称为 Johnson 噪声涨落, 与实验符合极佳. 涨落首先由 Johnson[20] 观测到; 式 (8.33) 的推导由 Nyquist[21] 给出.

这是显示物理量 (电压) 涨落与耗散机制 (电阻) 间的紧密关系的又一个例子. 存在这样一类一般的涨落耗散定理. 宏观定律如 Fick 扩散定律和 Fourier 热传导定律, 必定与涨落有关, 涨落的存在是底层原子结构的必然结果. 如果宏观系统不处于平衡, 而有热密度梯度或外场, 则热的或电的或物质的流将发生. 对于不太远离平衡的一类现象, 流应依下式线性地依赖于梯度 (往往称作力或通量):

$$J_i = \sum L_{ij} X_j \tag{8.34}$$

式中, L_{ij} 为经验参数如磁阻或热导, J_i 为流, 如上所述它将有涨落.

在一篇开创性文章中, Onsager[22] 推导了如式 (8.34) 的关系, 他假定在平衡态附近熵 (在平衡态为最大) 可写作

$$S = S_0 - \frac{1}{2} \sum S_{ij} \alpha_i \alpha_j \tag{8.35}$$

式中, α_i 为变量 i 偏离其平衡值的偏差. S_{ij} 取决于用宏观变量写出的系统的熵. 物理上, 宏观变量的涨落驱动系统趋向平衡. Onsager 不仅得到形如式 (8.34) 的方程, 而且得到意外收获

$$L_{ij} = L_{ji} \tag{8.36}$$

(这一结果让他获得诺贝尔奖). 这些 Onsager 关系在非常不同的似乎无关的过程之间建立了数值关系. 存在大量的物理情形, Onsager 关系提供了惊人的关系式. 例如, 在功–热效应中穿越隔板小洞的气体的质量流和能量流, 通过 L 型系数相联系. 在化学反应中热流和扩散间存在耦合. 在转动系统和受磁场作用的系统中, Onsager 关系的推广形式给出附加的联系. 也许最简单的例子是, 热梯度对电流的影响等同于电场对热流的影响. 液氦超流描述中的种种黏滞性因 Onsager 对称而彼此等价. 在第二个时期, 分析和寻找新的 Onsager 型关系成为了一大行业.

6. 主题 6: 量子推广

量子力学对平衡统计力学的影响是巨大的, 它确认了存在两种可能的平衡分布即 Einstein–Bose 及 Fermi–Dirac 分布, 而非对所有对象成立的单一分布. 然而, 量子统计力学的形式结构实际上可与 Gibbs 形式一一对应. 密度矩阵取代了满足 Liouville 方程的相空间密度函数 $\rho(p,q,t)$, 它也满足相应的方程. 宏观量由对矩阵乘积求迹而并非求相空间积分而获得[23,24]. 形式上, 每个系综成员, 用 α 标记, 有波函数 $\psi^\alpha(q,t)$. 每个这样的波函数可以用确定的正交集 $\phi_n(q)$ 展开

$$\psi^\alpha(q,t) = \sum_n a_n^\alpha(t) \phi_n(q) \tag{8.37}$$

式中，$|a_n^\alpha\langle t\rangle|^2$ 为系综成员 α 在时刻 t 处于状态 n 的概率. 如果系综有 N_e 个成员，密度矩阵 (相对于基 ϕ) 定义为

$$\rho_{mn}(t) = \frac{1}{N_e}\sum_{\alpha} a_m^\alpha (a_n^\alpha)^* \tag{8.38}$$

式中，ρ_{mn} 为用基 ϕ_n 写出的密度矩阵. 由式 (8.38) 和 Schrödinger 方程可得，矩阵 ρ 满足所谓的 Neumann 方程

$$\mathrm{i}h\frac{\mathrm{d}\rho}{\mathrm{d}t} = [H,\rho] \tag{8.39}$$

它替代了 Liouville 方程. 基本的解释性假定是，可观测量的观测到的宏观值为量子力学期望值的系综平均，由此得

$$Q_{\mathrm{obs}} = \mathrm{Tr}(\rho Q) \tag{8.40}$$

应该强调，因式 (8.40) 取迹，Q_{obs} 不依赖于集 ϕ_n. 量子统计力学的这个形式在这个时期没有被充分讨论，还得等待. 以较为实用的方式，Uhlenbeck 和 Uehling[25] 于 1933 年改造了 Boltzmann 方程的碰撞项，以保证碰撞项能适当顾及 Einstein–Bose 或 Fermi–Dirac 统计. 他们进一步将 Boltzmann 元胞 i 以量子能级 i 取代，将元胞体积 ω_i 以能级 i 的统计权重 g_i 取代. 原始的 Boltzmann 碰撞数假定

$$A_{ij\to kl} = n_i n_j a_{ij\to kl} \tag{8.41}$$

对 Fermi 粒子被取代为

$$A_{ij\to kl} = n_i n_j (1-n_k)(1-n_l) a_{ij\to kl} \tag{8.42}$$

如此式所示，$n_i n_j$ 只能有值 0 或 1. 方程 (8.42) 明确地包含了 Pauli 原理，如果 n_k 或 n_l 为 1，则碰撞不会发生. 有了这个改动的碰撞数假定后，Chapman–Enskog 的绝大部分推导都可以重复. 结果对传导率研究尤为重要.

7. 主题 7：模型

统计力学中的模型恰如音乐中的练习曲. 它们如同指法练习一样用以改善技巧，或者能像肖邦的练习曲一样获得自身的生命力和重要性 (和魅力).

正是 Ehrenfest 在其基本研究中运用模型以指出不一致性，或澄清解释中的敏感点. 模型中的第一个是风–树模型，设计来检验 Boltzmann 碰撞数假定的适用性和一致性，该假定认为在每一时间间隔里 $(i,j)(k,l)$ 碰撞数精确地由下式给出：

$$A_{ij\to kl}\Delta t = n_i n_j a_{ij\to kl}\Delta t \tag{8.43}$$

在风–树模型中，分子以恒定速度 c 运动，只能取 4 个方向 1, 2, 3, 4.

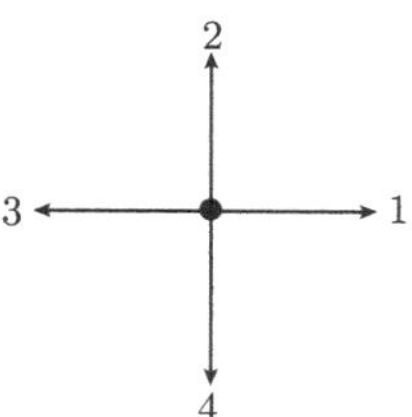

唯一的动力学在于, 分子可被固定障碍物即边长为 a 的方形散射而改向, 即唯一可能的影响是改向.

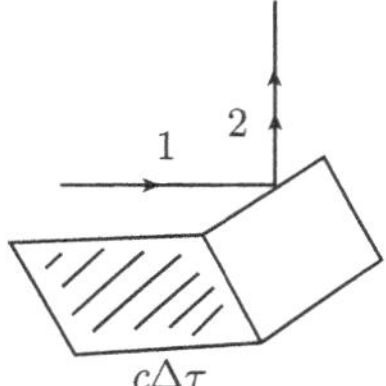

如果方形的平均暴露面积为 B, 则式 (8.43) 的严格类比为

$$A_{i\to j}\Delta t = n_i S_{ij} B \tag{8.44}$$

式中, S_{ij} 为边长为 a 和 $c\Delta\tau$ 的平行四边形的面积. 由式 (8.44) 式, 可直接得到 $\mathrm{d}n_i/\mathrm{d}t$ 的方程, 而平衡态 (正如所想) 应由下式给出:

$$n_1 = n_2 = n_3 = n_4 = N/4 \tag{8.45}$$

然而, 由含时解可直接看出, 式 (8.44) 不可能对正碰撞 (1 和 2) 及逆碰撞 (3 和 4) 二者成立, 后者所有速度反向. 这个例子是构造性的, 用以说明碰撞数假定必须在概率意义下解释. H 定理佯谬问题由 Ehrenfest 的另一个模型即"狗–蚤模型"[4] 大大澄清. 考虑两只盒子 A 和 B 及 $2N$ 个球的集合 (或者两只狗及一个标了号的跳蚤的集合). 挑出一个数, 相应标号的球或跳蚤, 不论它在哪只狗身上必须跳到另一只狗身上. 将该数放回去, 搅混后再挑, 如此继续不已. 现在问, $\Delta(t) = |n_B(t) - n_A(t)|$ 即"跳蚤盈余"的时间行为如何? 你也许会认为 (期望) $\lim\limits_{t\to\infty} \Delta t = 0$. 在一次抽数中 n_A 由 l 变到 m 的跃迁概率记作 $Q(l|m)$, 即

$$Q(l|m) = \frac{1}{2N}\delta(l-1,m) + \frac{2N-1}{2N}\delta(l+1,m) \tag{8.46}$$

抽数 t 次后的状态由 Chapman–Kolmogoroff–Smoluchowski–Bachelier 方程描写, 对于条件概率函数 $P(n|m,t)$(以下略去 n), 方程为

$$P(m|s) = \frac{m+1}{2N}P(m+1,s-1) + \frac{2N-m+1}{2N}P(m-1,s-1) \tag{8.47}$$

尽管看起来很简单, 这个方程 50 年里未能被详细讨论过. $\Delta(t)$ 的平均可以计算[26], 在 $t \to \infty$ 时也的确趋于零.

1926 年 Kohlrausch 和 Schrödinger(他还想着别的问题) 真地试了 N=40 的 Ehrenfest 博彩. 他们的确观察到 Δ 平均而言减小, 在平均值附近涨落, 还看到初态 Δ=10 的一个罕见的复归事例.

8.2.2 第二期: 从主方程到混沌肇端 (1940~1975)

1940 年 Nordsieck, Lamb 和 Uhlenbeck[27] 发表了一篇文章论宇宙射线簇射的发展, 他们对各种可能过程以直接方式引入概率. 这一类型的方程, 动力学一开始就以随机方式定义, 最终被称为主方程型. 应该将之与另一类方程明确区分, 后者本质上是严格确定论的, 但后续的解释也许用到概率或平均.

Liouville 方程是严格确定论的方程, 而 Fokker–Planck 方程属于主方程一类. Boltzmann 方程明确地依赖于要求概率解释的碰撞数假定, 因而也属于主方程一类. 像 1940 年宇宙线文章用的一般概率函数, 允许计算一切概率、一切平均、一切关联. 简而言之, 所有物理上感兴趣的结果均可由这样的函数得到, 主方程因此而得名. (只因主方程的英文是 Master Equation, 几年后曾有一位年轻而有抱负的物理学家查找也许有点名气的物理学家 Sam Masters 的有关文献, 结果徒劳无功).

1. *主题 1:* **BBKGY** *层级和主方程 –***Liouville** *方程的双歧性*

气体的主方程描述最早由 Siegert[28] 在一篇重要文章中提出. 采用分立的语言, 气体的状态由概率主函数即 n_i 分子处于元胞 i (或态 i) 的联合概率 $W(n_1 n_2, \cdots, n_i, \cdots, t)$ 描述. 这个概率函数的时间演化由碰撞数假定决定, 后者又由概率给出: 碰撞 $(i,j) \to (k,l)$ 的概率为 $n_i n_j a_{ij\to kl}$.

得到的 W 的方程有点复杂, 但是由 W 可以获得所有平均如 $\bar{n}_i$ 和 $\overline{n_l(t) n_j(t)}$

$$\bar{n}_i(t) = \sum_{n_1} \cdots \sum_{n_i} \cdots n_i W(n_1 \cdots n_i \cdots t) \tag{8.48a}$$

$$\overline{n_i(t) n_j(t)} = \sum_{n_1} \cdots \sum_{n_i} \cdots n_i n_j W(n_1 \cdots n_i \cdots t) \tag{8.48b}$$

单粒子和多粒子分布函数也可由 W 得出

$$F_1(n_1, t) \equiv \sum_{n_2} \cdots \sum_{n_i} \cdots W(n_1 n_2 \cdots n_i \cdots t) \tag{8.49}$$

由主方程可以导出 $\mathrm{d}\bar{n}_i/\mathrm{d}t$, $\partial F_1/\partial t$ 等的方程. 主方程型的基本重要性在于, 像 W 或 F 这样的概率函数全都趋于平衡. 主方程型方程描述不可逆行为. 事实上 Siegert 由他的方程证明, 当 $t \to \infty$ 时 W 准确地变为 Boltzmann 博彩的概率 (8.11). 在主函数 W, F_1, F_2 的层级中, 动力学隐含在 $a_{ij\to kl}$ 的表达式里.

在统计力学的 Gibbs 表述中, 动力学行为以 Liouville 方程 (8.13) 显式表示, 具体形式如下式:

$$\frac{\partial f_N}{\partial t}+\sum_i \frac{p_i}{m}\frac{\partial f_N}{\partial q_i}-\sum_i \frac{\partial V}{\partial q_i}\frac{\partial f_N}{\partial p_i}=0 \tag{8.50}$$

式中, f_N 为系综密度函数, 以前记作 ρ. 由主函数 W 通过求和可以得到分布函数层级 $F_1, F_2, \cdots$, 完全类似地, 函数层级 $f_1, f_2, \cdots$ 可由如下的 f_N 的积分得到:

$$f_s(\boldsymbol{p}_1\cdots\boldsymbol{p}_s,\boldsymbol{q}_1\cdots\boldsymbol{q}_s,t)=\Omega_0^s\int\cdots\int \mathrm{d}^3p_{s+1}\cdots\mathrm{d}^3q_N f_N \tag{8.51}$$

式中, Ω_0 为体积. 对于可加势

$$V(\boldsymbol{q}_1\cdots\boldsymbol{q}_N)=\sum_{ij}V(\boldsymbol{q}_i-\boldsymbol{q}_j) \tag{8.52}$$

Liouville 方程的积分在 $\Omega_0\to\infty, N\to\infty, n=N/\Omega$ 的极限下给出 f_1, 即

$$\frac{\partial f_1}{\partial t}+\frac{p_\alpha}{m}\frac{\partial f_1}{\partial \boldsymbol{q}_\alpha}+\boldsymbol{X}_\alpha\frac{\partial f}{\partial \boldsymbol{p}_\alpha}=n\int\int \mathrm{d}^3p_1\mathrm{d}^3q_1\frac{\partial V(\boldsymbol{q}-\boldsymbol{q}_1)}{\partial \boldsymbol{q}_\alpha}\frac{\partial f_2}{\partial \boldsymbol{p}_\alpha} \tag{8.53}$$

这是著名的 BBKGY[29] 层级中的第一个方程. 这个层级以 Bogoliubov, Born、Kirkwood、Guen 和 Yvon 命名. 这个专门名称由 Uhlenbeck 首次在他 1954 年于普林斯顿的 Higgins 讲座 (未发表) 中使用. 虽然发现者的名单很长, 但它仍然不完全. 这个层级也曾由 J. de Boer 和 M. Dresden 独立发现.

显然, 式 (8.53) 显示出它与 Boltzmann 方程 (8.6) 诱人的相似性. 但必须强调, 无论 Liouville 方程或者类似于 Boltzmann 方程的式 (8.53), 都不含丝毫的概率. Liouville 层级精确等价于力学, 因而是可逆的, 而主方程层级有趋向平衡的不可逆性. 如果用 δ 函数初条件解 Liouville 方程, 随后的系综密度仍然是 δ 函数, 沿经典轨道运动. 如果用 δ 函数初条件的 W 解主方程, 稍后时刻的解散布, 而不保持 δ 函数. 因而出现现实问题: 为了得到不可逆的主方程描述, 如果应该对相关的 Liouville 可逆表述附加任何条件, 应该加什么? 不同建议种类繁多 (因为最终结果事先已知, 它们全都有效), 包括: ①用乘积 f_1f_1 近似式 (8.53) 中的 f_2(叠加近似); ②由因子化初条件出发看因子化是否维持; ③施行附加的时间或空间积分; ④ 构造无限系统量子微扰到任意阶. van Kampen[30] 特别强调了由 Liouville 层级推导主方程时的任意性. 他倾向于在形式处理中完全明确地且尽早地引入必要的附加假定. “不可能以任何数学花招逃脱这个现实 (可逆–不可逆双歧性 (dichotomy)).” 这种不寻常的措辞似乎为 van Kampen 所独有, 这个说法在物理学中仅见于文献 [30]. 然而, 就是这个双歧性支配了此一时期.

2. **主题 2: Brown 运动和 Kramers 方程**

尽管在第二期里没有主导各个分支的单一研究方向, 但还是有不少意义重大的一个个成就. 1940 年 Kramers[31] 估计了俘获于势阱中的粒子因环境涨落而发生逃逸的概率. 势阱的具体形状没有指定, 但假定至少有一个最大值和一个最小值. 这个问题是通过由 Langevin 方程出发推导分布 $f(x,v,t)$ 满足的 Fokker–Planck 型方程处理的. 所得的 f 的方程 (假定粒子有单位质量) 为

$$\frac{\partial f}{\partial t}+v\frac{\partial f}{\partial x}+X\frac{\partial f}{\partial v}=\gamma\left(\frac{\partial}{\partial v}(vf)+kT\frac{\partial^2 f}{\partial v^2}\right) \tag{8.54}$$

式中, γ 为介质的摩擦系数 (往往称为黏滞性), X 为外力, 其余符号有通常的意义. 这个 Kramers 方程结构上类似于 Boltzmann 方程, 有流项 (左边) 和碰撞项 (右边). 可以看出, 一般情况下当 $t\gg\gamma^{-1}$ 时, f 取如下形式:

$$f\simeq\sigma(s,t)\exp\left(-\frac{v^2}{2kT}\right) \tag{8.55a}$$

$$\frac{\partial\sigma}{\partial t}=-\frac{\partial}{\partial x}\left(\frac{X}{\gamma}-\frac{kT}{\gamma}\frac{\partial\sigma}{\partial x}\right) \tag{8.55b}$$

于是, 大黏滞性时平衡分两步达到: 快速趋于 Maxwell 速度分布, 随后缓慢地扩散 (8.55b). 主要问题是, 对于大黏滞和小黏滞性二者找到较好的逃逸概率表达式. 这篇论文被遗忘了约十五年[32]. 因而, 相当值得注意的是, 1990 年以来关于 Kramers 问题的论文、大小会议和综述文章 (所列文献至少有二百篇) 数目激增. 很多现象可以描述为单粒子 (或多粒子) 在环境涨落的影响下从势阱或亚稳态逃逸. 例如, 在化学动力学、半导体中的电子输运、Josephson 结和驱动系统中噪声激发的逃逸中均可以找到这种例子. Kramers 问题也有量子形式, 它为逃逸出势阱的粒子能量分布或双阱势中的集居数弛豫提供信息.

Kramers 对式 (8.55) 的推导简直是绝妙超凡, 他的 (不独机敏而更是系统化的) 方法已经成为快变量消去法, 对快变量先做平均之后将问题简化为一个扩散型问题.

其他现象看来要求非局域型的 Langevin 方程, 如

$$\ddot{x}(t)=X-\gamma\int_0^t F(\tau)x(t-\tau)\mathrm{d}\tau+F(t) \tag{8.56}$$

这些非局域修正可以解释异构化过程的时间行为中观测到的速度关联函数 $\langle v(0)v(t)\rangle$ 的时间衰减. 由式 (8.56) 描述的过程不再是 Markov 过程.

这个时期随机过程研究的整体状况总结在两篇著名文章中. Chandresekhar[33] 的文章讨论有边界或无边界的无规行走的许多细节; 将胶体统计实验同 Smoluchowski 的理论预言作了比较. 这篇文章是讨论涨落概念在天文学问题中应用的

仅有的几篇文章之一. 王明贞 (Wang Ming Chen) 和 Uhlenbeck[34] 完整而详尽地讨论了耦合谐振子的 Brown 运动. 这篇综述还包括了对随机过程最为系统完全的分类, 这已成为所有后续讨论的标准.

3. 主题 3: 新的改良 Boltzmann 方程, 通向动理学方程之路

BBKGY 方法除开赋予统计力学以形式结构之外, 关键的物理问题是, 像式 (8.53) 这样的方程能否产生不包含在 Boltzmann 方程中的物理结果. 一类具体问题在于能否超出 Boltzmann 方程水平由这个框架得到稠密系统的输运系数表达式. 对平衡态, 稠密非理想气体总是用密度展开如压强的位力展开来处理. 不少人或者说事实上一般人都相信, 超出 Boltzmann 方程的讨论将有对于黏滞性、热导等的类似展开.

Bogoliubov[29] 提出一个新观点, 使 Boltzmann 方程被系统地且真正地延伸了. 基本观察是时间演化有三个不同的进程, 分别由三个特征时间支配. 最短特征时间 t_{D} 为碰撞持续时间 $t_{\mathrm{D}}=r_0/\langle v\rangle$, 式中 r_0 为分子间力的力程; $\langle v\rangle$ 为速度的某种热平均; t_{D} 值为 $10^{-12}\sim 10^{-13}$s. 第二个特征时间 t_c 为碰撞间的时间. 如果 l 为平均自由程, 对不太稠密的系统它的量级为 10^{-4}cm, 则 $t_c\simeq 10^{-8}\sim 10^{-9}$s. 最后, 最长特征时间即宏观时间 $t_m\simeq L/v_s$, 或等价地有 $t_m=L/\langle v\rangle$, 式中 L 为宏观线度; v_s 为声速. 显然

$$t_D \ll t_c \ll t_m \tag{8.57a}$$

$$r_o \ll l \ll L \tag{8.57b}$$

Bogoliubov 的洞察力在于利用这些充分分离的时间尺度的存在, 并对每一个进程写出不同方程. 对于时间 $t\ll t_{\mathrm{D}}$, 分子动力学细节显然是本质的, 而对于时间 $t\gg t_m$, 系统行为应与分子的详细结构关系不大. 这提出了分步的场景.

对于 $t\ll t_D$, 系统不能以纯概率方式描述, 因为这将要求所有的分布函数, 而它们全都在急速变化. 对于 $t\gtrsim t_{\mathrm{D}}$, 单粒子分布函数 f_1 将缓慢变化 (f_1 通过碰撞项而依赖于分子内的势, 对不太大的 n, 与 f_2, f_3 相比碰撞项不大). 基于这个原因, 提出泛函假定认为在 $t\gtrsim t_{\mathrm{D}}$ 时分布函数 f_2, f_3 通过 f_1 而依赖于时间. 在这个动理学进程 ($t_{\mathrm{D}}<t<t_c$)

$$f_s(x_1\cdots x_s,t)\to \Phi(x_1\cdots x_s,f_1(t)) \tag{8.58}$$

将这个方程代入 BBKGY 层级的第一个方程, 可得 f_1 的泛函方程

$$\frac{\partial f_1}{\partial t}=A(x_1|f_1) \tag{8.59}$$

这就是 Bogoliubov 动理学方程, 式 (8.59) 中 x_1 表示 p_1, q_1.

当然, Φ 和 A 都事先未知. 为了往下继续, Bogoliubov 假定 A 及分布函数 f_s 有密度展开. 例如

$$A_1(x|f_1) = A_1^{(0)}(x|f_1) + nA_1^{(1)}(x|f_1) + n^2 A_1^{(2)} + \cdots \tag{8.59a}$$

Nikolai Nikolaevich Bogoliubov

(俄国人, 1909~1992)

N. N. Bogoliubov 1909 年生于俄国下诺弗哥罗德, 但在 N. M. Krylov 指导下开始在基辅学习数学. 他写于 1924 年的一篇科学论文是他科学生涯的起点①, 他一生赢得许多国际奖项. 他建立了基辅的非线性力学学派, 协助组建了莫斯科的一个理论物理研究机构②.

他的研究活动均衡分布在数学、理论物理学和非线性研究之中. 他延续了由 Liapunov 和 Krylov 开创的关于稳定性和非线性系统的重大研究, 然后转向有关变分计算、准周期函数和微分方程的纯数学问题.

他的主要创新之一是对非线性振动进行与众不同的且有力度的研究, 并最终导致非线性力学的新领域, 以给出抽象动力系统的一般表述而达到顶峰.

他的理论物理学工作, 至少在初期与他关于微分方程渐近性质的数学研究有关. 对统计力学特别重要的是, 他对描述一般统计体系的一组分布函数所作的结论性研究. 他是 BBKGY 层级名字中的第一人. 他对于由这个体系得到的动理学方程所作的深刻分析, 属于统计力学的最重要的结果. Bogoliubov 关于通过不同阶段趋向平衡过程的见识深深地影响了后续的研究.

非常不同但也许同样重要的是 Bogoliubov 对超导 (和超流) 理论的贡献. 他构造的变换极其有助于 Fröhlich、Bardeen、Cooper 和 Schrieffer 的理论观念的发展.

将这些展开代入 BBKGY 层级可得到极其复杂但 (靠耐心和技巧) 仍可应对的方程组. f_1 的直至二阶的方程为

$$\begin{aligned}&\frac{\partial f_1}{\partial t} + \frac{p_{1\alpha}}{m}\frac{\partial f_1}{\partial q_{1\alpha}}\\ =&n\int\int \mathrm{d}y_1\mathrm{d}y_2 D_2(q_1|y_1y_2)f_1(y_1,t)f_1(y_2,t)\end{aligned}$$

①原文对 Bogoliubov 的出生及第一篇论文发表年代均有误, 译文根据俄罗斯科学院有关介绍作了更正. —— 译者注

②实际上, Bogoliubov 协助组建过苏联科学院 Steklov 数学研究所的理论物理部 (1947) 和位于杜布纳的联合核子研究所的理论物理部 (1956) 并长期任部主任. —— 校者注

$$+n^2\int\int\int \mathrm{d}y_1\mathrm{d}y_2\mathrm{d}y_3 D_3(q_1|y_1y_2y_3)f_1(y_1,t)f_1(y_2,t)f_1(y_3,t) \tag{8.60}$$

这个方程美妙之处在于, D_2, D_3 完全依赖于二体和三体动力学, 但其统计包含在 f_1 中. 当然, 式 (8.60) 基于依 n 的展开, 只适于 $t_D < t < t_c$, 但它是无可争议的进展, 即使方程并不简单.

4. **主题 3a: 不受欢迎的惊奇和受欢迎的新方法**

Bogoliubov 对 f_1 方程分析所得的结果可用符号写作

$$\frac{\partial f_1}{\partial t}+v_a\frac{\partial f_1}{\partial x_\alpha}=J(f_1,f_1)+K(f_1,f_1f_1)+L(f_1f_1f_1f_1) \tag{8.61}$$

式中, J 正比于 n 且依赖于两个孤立粒子的动力学; K 正比于 n^2 且依赖于一组三个孤立粒子的动力学等. 因而, 也许并不令人惊奇, 黏滞性 η 也可依相似方式展开, 如

$$\eta(n,T)=\eta_0(T)+n\eta_1(T)+n^2\eta_2(T)+\cdots \tag{8.62}$$

式中, η_0 包含二体碰撞贡献; η_1 来自三体碰撞等. 系数 η_1, η_2 等, 形式上可表示对三粒子碰撞所有构形的时间积分 (求 η_1), 对正好四粒子参与的所有构形的时间积分 (求 η_2) 等. 这些积分一般很难计算, 但 η_1 已对刚球进行了计算, 结果与实验的符合尚可. 于是, 正如早期研究所预料, 黏滞性因多体碰撞而依赖于密度. 然而, 即便对于刚球, η_2 即 n^2 的系数随 t 对数发散, 这实在令人震惊. 展开的高阶项如 η_3, 发散更为剧烈[35]. 正是主要通过 Cohen[36] 和 Green[37] 的研究, 最终理解了发散的起因 (这的确在 Bogoliubov 方案中不可避免). 这个发散的起因在于, η_2 的时间积分是对所有的碰撞构形进行积分, 积分必定包括看作孤立自治系统的四分子集合的所有碰撞可能性. 对于三刚球集合, 三分子间相继的二体碰撞有 4 种可能. 一个这样的碰撞链可以延续一段长时间, 最后一次碰撞可与第一次距离很远 (超过平均自由程). 在这种情况下, 将这三个看成孤立系统完全是非物理的; 链中最后一次碰撞将因与不属于原始集合的分子发生中间碰撞而受影响或者也许被消除. 因而, Bogoliubov 方法要点之一的自治集团展开不可能对一切时间成立. 这些 “病态的” 碰撞链引起时间积分中的发散, 即使是确定可能的碰撞链, 也极不一般. 例如, d 维空间中 n 个等同刚球的二体碰撞数至今仍未知. 不多的已知结果零星且相当粗糙. 但是, 有意义的是 (也许很侥幸), Bogoliubov 方法的确超出了 Boltzmann 描述 (式 (8.62) 中的 $\eta_1(T)$ 为有限).

1957 年久保亮五 [38] 发展了一种重要方法, 可以不必使用动理学方程而形式地计算许多输运系数. 假定一个系统由 Hamilton 量描写, 它的平衡热力学性质由平衡密度矩阵 $\rho^{(0)}$ 决定. 系统现在受外部影响 $AF(t)$, 式中 A 为任意算符, F 为时

间的任意 C 数函数. 系统的时间行为由密度矩阵 $\rho(t)$ 支配, 它满足 von Neumann 方程

$$\mathrm{i}\hbar\frac{\partial\rho}{\partial t}=[H_t,\rho] \tag{8.63}$$

式中

$$H_i\equiv H+AF(t) \tag{8.63a}$$

至此, 一切照惯例, 也是严格的. 基本近似是在解 (8.63) 计算 $\Delta\rho\equiv\rho(t)-\rho^{(0)}$ 时略去 $\Delta\rho$ 和 A 二者之一的平方项. 这使得 $\Delta\rho$ 的方程可以近似求解. 在这个新的时间有关态 $\rho_0+\Delta\rho$ 中物理量 B 的平均有很漂亮的形式

$$\langle B(t)\rangle=B_0+\mathrm{Tr}(B\Delta\rho)=B_0+\int_0^\infty \mathrm{d}t'\varphi_{BA}(t-t')F(t') \tag{8.64}$$

式中, B_0 为 B 的平衡值; ϕ_{BA} 为响应函数

$$\phi_{BA}(\tau)=\frac{1}{i\hbar}\mathrm{Tr}\rho^0[A,B(\tau)] \tag{8.65a}$$

久保亮五 (R. Kubo)

(日本人, 1920~1995)

久保主要在东京大学受教育, 作为这所名牌大学历届学生中最优秀者而很有名气. 1948~1981 年他在该所大学担任教授, 然后去了东京的研究所.

他的许多荣誉和奖项中有 Boltzmann 奖章, 这被认为是统计力学研究者所能得到的最高荣誉.

久保的主要贡献之一是线性响应理论. 因为他 1957 年的极有影响的文章, 有可能对许多输运参数给出简洁表达式而不必援引动理学方程. 这是一个重大进展, 因为后者要求另外的分析及说明合理性. 久保理论自然地导致几个有用函数的定义, 包括响应函数和展现耗散参数和时间关联函数间联系的形式非常一般的涨落–耗散定理. 后来的分析揭示了久保关系式同 Onsager 关系推广形式间的直接联系.

久保处理统计物理学的方法, 如同在他与户田 (Toda) 和桥爪 (Hashitsame) 合著的重要专著第二卷中所述, 用随机过程加强了对许多物理现象的描述, 引出有意义的惊人结果. 在量子统计力学方面的另一项研究中, 对描写物理系统的 Green 函数他引入了适当的边界条件. 这很不一般, 因为边界条件必须用虚时间构造, 便要求在复平面中限定边界条件. 这一同样的边界条件也为 Martin 和 Schwinger 在他们的量子统计力学场论表述中采用.

$$B(\tau)=\exp\left(\frac{\mathrm{i}}{\hbar}H\tau\right)B\exp\left(-\frac{\mathrm{i}}{\hbar}B\tau\right) \tag{8.65b}$$

这个公式具有线性响应的特征. 如果选 B 为由电场引起的电流, $F(t)$ 为 $\mathrm{e}^{\mathrm{i}\omega t}$, 经大量的运算后, 这些公式得出与频率有关的电导张量 $\sigma_{\mu\nu}$

$$\sigma_{\mu\nu}=\beta\int_0^\infty \mathrm{d}t\mathrm{e}^{\mathrm{i}\omega t}\langle j_\nu j_\mu(t)\rangle \tag{8.66}$$

式中, $\beta=1/kT$. 式 (8.66) 中已用到由流和场间的线性律给出的电导定义. 这个电导张量表达式代表了由久保方法得出的关系式. 输运系数作为关联函数的时间积分出现. 上面给出的这些公式的推导完全是形式上的. 基于 Langevin 方程的更为物理的推理之前已指出[39], 摩擦系数可以由 Langevin 方程中涨落项的关联函数的时间积分得出. 更为严格且一般的推导得出具有同样基本结构的结果: 输运系数 L 在线性响应近似下可以写作平均关联函数时间积分的热力学极限

$$L=\lim_{\varepsilon\to 0}\lim_{N,\Omega\to\infty}\int_0^\infty \mathrm{d}t\bar{\mathrm{e}}^{\varepsilon t}\langle J(0)J(t)\rangle \tag{8.67}$$

式 (8.67) 中对正则系综取平均. 由式 (8.67) 出发的输运系数计算, 比 Bogoliubov 分析更好对付, 虽然, 如 Resibois[40] 曾指出的, 二者的结果相同 (发散性相同且二者均为近似).

5. *主题 4: 严格结果及动力系统的分类*

1949 年 Khintchine 的专著《统计力学的数学基础》的英译本出现[41]. 这本书对 Boltzmann 的概率表述处理大为批评, 认为其处理过分幼稚而简单, Gibbs 也因未定义其概率表述而备受责难. Khintchine 不仅抱怨以上工作缺乏数学严格性 (他认为这总可以由数学家修补), 他也坚持认为以上工作物理表述太不严密以至于数学家对这个学科难有作为. 他写这本书的目的是唤起对严格极限定理和现成数学 (Birkhoff 定理) 的注意, 给这个学科一个坚实的基础. 大多数物理学家不在意 Khintchine 的意见; 对他们而言, 一个明确的可操作的算法远比严格性重要. 过分的严格被看作是昂贵的奢侈和不断的挑衅. 然而, 当 Sinai[42] 宣布他证明了封闭在盒中的刚球系统是度量可递的时, 当时还是引起了不小的骚动. 过去, 度量可递性只在很人为的物理系统中看到, 但是, Sinai 的结果是在第一个正统的物理系统中证明的. 这意味着, 最初的 Boltzmann 方案对刚球系统完成了. 于是引起轰动, 而它还有惊人的副产物. Sinai 的证明是真正的数学绝技, 可用于任意数目的刚球, 只要 $n\geqslant 2$. 通常习惯地假定, 遍历性 (或应该是可递性) 要求多体系统提供必要的不规则性以使统计处理适用. 因为两个或三个刚球的系统 (依 Sinai 结果) 是遍历的, 许多物理学家不将各态历经行为作为统计力学的充分的 (甚或重要的) 基础来接受[43]. 一些人更认为遍历性研究是徒劳的 (an exercise in sterility).

即使这样, Sinai 的结果迫使物理学家和数学家重新考虑并定义描述不同类型时间演化的合适表述是什么. 作为相空间点集的系综的每个成员, 在时间进程中描绘出复杂的轨道. 系综成员在时间进程中散布及重分布的样式是什么? 存在不同层次的行为, 某些极其规则, 而另一些则格外无规.

(1) 在非遍历或复归系统中, 轨道回到给定点附近无限多次而并不访问能量面的一切部分. 相空间体积在相空间中运动不发生累积形变.

(2) 在各态历经 (度量可递) 流中, 相空间体积形状光滑变化而体积保持不变. 时间趋于无限时相空间体积穿越每一区.

(3) 在混合流中, 相空间体积剧烈形变, 发展成类似分形的形状, (平均而言) 均匀地散布到相空间. Sinai 实际上证明了刚球气体是混合的.

(4) 所谓的 K 系统以 Kolmogoroff[42] 命名, 具有最复杂的轨道样式. 这样的系统有正的 Kolmogoroff–Sinai 熵, 邻近轨道随时间指数分离. Kolmogoroff–Sinai 熵度量平均指数分离系数.

这些观念和分类绝不是深奥或病态的表述, 它们对于描述和理解混沌及评价统计力学时间行为都是基本的.

6. **主题 5: Onsager 关系**

第一时期有 Onsager 关系及涨落–耗散定理的重大发现, 与之相反, 第二时期主要是分析、巩固和反思的阶段. 此外, 许多 Onsager 类型的关系及涨落–耗散定理, 被归入更为一般的久保关系中. 通过对 Onsager 关系的三种新推导[44~46] 取得了大量的深刻见解. Onsager 的早期推导基于假定宏观运动定律对于微观范畴的平均成立, 即使当它们有涨落时. 在所有推导中, 区分微观力学变量的普通相空间及用来以宏观变量 $Q_1, \cdots, Q_n (n \ll N)$ 描写宏观态的小 γ 相空间, 非常重要. 正是 Einstein 建议, 宏观量的涨落可描述为某种 Brown 运动. 借助于 γ 空间, 宏观相点在这个空间里做 Brown 运动或无规行走. 特定态和平衡态间的熵差 ΔS, 如前所述为二次型

$$\Delta S = -k \sum S_{\mathrm{i}k} Q_i Q_k \tag{8.68}$$

因而, 由熵和概率间的关系, γ 空间中特定构形的概率为

$$W(Q) = \frac{1}{2} \exp\left(-\sum S_{\mathrm{i}k} Q_i Q_k\right) \tag{8.69}$$

涨落的时间变化 (与 Brown 运动相协调) 可以用单位时间的跃迁概率 $A_{Q \to Q'}$ 描述. 如果进一步假定 [45] 这是 Gauss 过程, 就可导出 Onsager 倒易关系. 还可以假定形如下式的 Onsager 回归假设的一个变形

$$\int \mathrm{d}Q' Q'_i A_{Q' \to Q} = \sum L_{ij} Q_j \tag{8.70}$$

它意味着宏观量的平均值是初值的线性函数. Onsager 的最初假定是 (8.70) 的微分形式

$$\frac{\mathrm{d}}{\mathrm{dt}}\langle Q_i\rangle = \sum_j L_{ij}\langle Q_j\rangle \tag{8.71}$$

式 (8.70) 为 Onsager 假定的弱形式, 但足以导出 Onsager 关系. 不过, 应当记住, 得到倒易关系的两种方法都是近似的. Onsager 关系本身继续为高精度实验所证实.

7. **主题 6: 量子推广**

量子统计力学在第二时期经历了走向量子场论的决定性转折. 量子场论体系的各个方面都被应用于统计问题. 由巨正则系综开始, 通过开拓场论技巧、Green 函数、图形展开及时间的和温度的排序乘积, 以平衡为主的种种问题得以处理. 这个形式体系应用于许多不同的物理问题如超导及核和固态物理中的多体理论. 虽然大半应用是处理平衡情形, 场论方法也用在非平衡研究. 在一项基础研究中, Martin 和 Schwinger[47] 探讨了一般系统在外微扰作用下的时间行为 (这里微扰未必很小). 他们用场论方法构造了一系列耦合的含时格林函数方程. 一个典型的非平衡特征是选择适当的边界条件. 形式处理作得普遍且壮观; 格林函数方程至少原则上包含了场论的效应如自能和交换效应. 为了得到物理上明晰的方程, 必须做一些近似. 对这种一般性的系统有可能构造响应方程, 甚至还可能在足够多的近似下得到通常的 Boltzmann 方程. 这个形式体系虽然可以给出许多推论, 但因需要引入数个近似且留下可怕的分析困难, 它的用途受到限制. 况且在输运现象或其他非平衡过程中直接处理量子场论效应的例子, 就是有也很少.

在相当早的时候 Wigner[48] 就指出, 有可能构造一个动量和坐标的函数, 模仿经典 Boltzmann 分布函数 (或 Gibbs 相空间密度函数) 的许多性质. 借助于波函数, Wigner 函数的定义为

$$W(p,q) = \left(\frac{1}{2\pi\hbar}\right)^n \int\cdots\int \mathrm{d}^n q'\psi(q-q')\psi^*(q+q')\exp\left(-\frac{2\mathrm{i}}{\hbar}pq'\right) \tag{8.72}$$

事实上, W 最好用如下密度矩阵定义:

$$\rho(q'',q') = \sum_j p_j\psi_j(q'')\psi_j^*(q') \tag{8.73}$$

式中, p_j 为系综成员处于波函数 ψ_j 所描述的状态中的概率. 于是, Wigner 函数的定义为

$$W(p,q,t) = \left(\frac{1}{2\pi\hbar}\right)^n \int\cdots\int \mathrm{d}^n q'\rho(q-q',q+q')\exp\left(-\frac{2i}{\hbar}pq'\right) \tag{8.74}$$

除了以二次量子化的形式曾被重新推导外，Wigner 函数被普遍忽视了不下五十年. 近年人们意识到，Wigner 函数在探讨经典和量子力学间的确切关系时很有用. 因而，Wigner 函数成为研究量子混沌的主要工具. 一个长期被遗忘的旧想法，又再度出现被当作研究新领域的极少数有用方法之一，这很有趣，或许还有某种寓意.

8. **主题 7：模型**

可以料到，模型的数量和复杂程度在这一期里都急速增长. 值得注意的事件之一，是 Kac[49] 给出了 Ehrenfest 狗–蚤模型的完全解. 他的处理方法足够有效，可以引出几个有趣的附加结论. 例如，可以证明，每一个状态必然再现，这是 Poincaré复归定理的直接类比. 对于一条狗有比另一条多 $2n$ 个跳蚤的状态 (跳蚤总数为 $2N$)，还可以计算其平均复归时间 Θ_n

$$\Theta_n = \frac{(N+n)!(N-n)!}{(2N)!} 2^{2N} \tag{8.75}$$

如果每秒跳一次，$N = 10^4$ 和 $n = 10^4$ 时的平均复归时间为 10^{6000} 年. 还可能计算在这段复归时间里物理上重要的涨落，但即使对这个模型，这类计算也变得十分困难. **[又见 8.2.1.7 节]**

值得注意，即使模型有微小变化也会产生非常不同的行为. 1972 年，Ehrenfest 模型被修改为假定狗 A 身上有 n 只跳蚤时自狗 A 到狗 B 的跳跃概率为 p_n. 在时刻 t 狗 A 身上有 n 只跳蚤的概率 $P(n,t)$ 满足的主方程仍然很简单

$$P(n,t+1) = p_{n+1}P(n+1,t) + (1-p_{n-1})P(n-1,t) \tag{8.76}$$

但是，这个模型表现出极其丰富的行为. 对 p_n 的某些选择，形成亚稳态，此时两条狗的跳蚤分布恒定，只有弱涨落. 亚稳态不是平衡态，在 $t \to \infty$ 的极限下达到平衡态，但并不是以单调的方式达到的.

也许模型研究的后继发展中最为重要的研究是 Alder 和 Wainwright[50] 的数值工作. 运用计算机模拟，他们研究在平面上运动和碰撞的稠密刚碟气体. 计算的量为标记粒子的自相关函数平均 $\langle v(0)v(t)\rangle$，其中 $v(t)$ 为标记粒子在时刻 t 的速度. 这里的平均是对所有其他粒子动量和坐标做的正则平衡平均. 这个量也可以用许多不同理论计算，但都要假定某种分子混沌. 所有这些理论预言了随时间的指数衰减. 对于直径为 σ 的刚碟的 Enskog 理论，这个相关函数为

$$\langle \boldsymbol{v}(0)\boldsymbol{v}(t)\rangle \simeq \exp(-t/\tau_E) \tag{8.77}$$

$$\tau_E = \sqrt{\frac{m}{kT}}\frac{1}{n\sigma^2} \tag{8.77a}$$

式中, n 为碟的数密度; τ_E 为所谓的 Enskog 时间. Alder 和 Wainwright 的确在 $t < \tau_{\mathrm{E}}$ 时发现指数衰减. 然而, $t > \tau_E$ 时数据显示衰减缓慢的多. 在二维时数据可用慢衰减拟合如下:

$$\langle \boldsymbol{v}(0)\boldsymbol{v}(t)\rangle \sim \left(\frac{t}{\tau_{\mathrm{E}}}\right)^{-1} \tag{8.77b}$$

这个经验发现导致大量的新理论工作[51], 它们极好地重现数据并建议新的计算机实验. 这标志着, 实验、计算机模拟和理论研究彼此间广泛且成功地相互影响的开始.

9. **主题 8: Prigogine 和布鲁塞尔学派**

统计力学非常独特的一系列发展, 发生在以非平衡研究为主的两个主要中心: (由 Prigogine 领导) 在比利时的布鲁塞尔和美国得克萨斯州的奥斯丁. 尽管布鲁塞尔学派同别处一样讨论许多非平衡理论问题, 但他们的方法、术语和图形学手段如此不同, 以至于很难沟通. 布鲁塞尔学派也像其他科学派别一样经历了几个阶段.

第一阶段: 1956~1964

这第一段主要集中于对 Liouville 方程的不同分析, 得到一定程度的结论, 出版了 Prigogine 的专著[52]. 分析的第一步是系综分布函数的 Fourier 级数展开 (系统封闭在一个有限的盒内) .

$$f_N(1\cdots N,t) = \sum_{\bar{k}} a_{\bar{k}}(\boldsymbol{p}_1\cdots\boldsymbol{p}_N,t)u_{\bar{k}}(\boldsymbol{x}_1\cdots\boldsymbol{x}_N)\mathrm{e}^{-\mathrm{i}\omega_{\bar{k}}t} \tag{8.78}$$

式中, $\bar{k}$ 代表波数的总集合 $\boldsymbol{k}_1\cdots\boldsymbol{k}_N$.

$$u_{\bar{k}} = \left(\frac{1}{L}\right)^{3N/n} \exp\left(\mathrm{i}\sum_{i=1}^{N}\boldsymbol{k}_i\boldsymbol{x}_i\right), \quad k_i = \frac{2\pi}{L}n_i, \quad (n_i = 0,1,\cdots). \tag{8.78a}$$

现在对 f_N 作不同寻常的重新编组, 以允许将对 k 的求和分解为分别对单波数、二波数、三波数等的求和. 相应的系数为动量的函数, a_0 为 $p_1\cdots p_N$ 的函数, a_1 为 k 和 $p_1\cdots p_N$ 的函数, a_2 依赖于 k_1, k_2 和 $p_1\cdots p_N$ 等. 将这个展开代入 Liouville 方程, 可得到 Fourier 振幅间复杂的耦合微分方程组. 方程组的求解是用分子相互作用 λV_{int} 通过迭代过程进行的. 振幅 a 的耦合方程逐项有方便的图形表示. 在热力学极限及长 (无限) 时间下研究系统. 在这个过程中采纳附加的近似即略去表示时间上慢过程的图. 尽管形式体系、图表示、语言和近似不同, 所得的结果并不显得很不同. 像 Uhlenbeck 和 Bogoliubov 一样, Prigogine 也充分利用存在分得很开的时间尺度这一性质. 当运用于均匀等离子体时, Prigogine–Balescu 方程取 e^2 的最低阶及密度的所有各阶时, 得出与更为传统的方法相同的结果.

第二阶段: 1967~1975

通过引入和开发子动力学表述, 布鲁塞尔方法在 1967~1975 年得以显著地深化 (特别见 Balescu 书[53]). 其基本思想是守住 Liouville 方程, 但将函数 f_N 的空间分成两类. 一类函数描述平衡和输运性质, 其余则描述涨落、无规和混沌的行为. 每一类受单独的方程支配, 一个为 Markov 动理学方程, 另一个为完全 Liouville 方程. 宏观描述应该仅仅依赖于 (受 Markov 动理学方程支配的) 动理学子空间中的变量. 这个分割必须通过引入合适的投影算符完成. 虽然有意思且发人深思, 实行过程决不简单. 动理学子空间和混沌子空间仍是耦合的, 并非完全自洽. 此外, 涨落和光滑行为的区分依赖于所要求精度的尺度. 函数空间投影算符和算符空间投影算符 (Prigogine 称之为超算子, 虽然 Koopman 早在 1932 年就引入了) 之间存在重大的数学差异. 子动力学方法有坚定的拥护者[53], 也有强烈的批评者[54].

Ilia Prigogine

(俄国人, 1917~2003)

Prigogine 出生于莫斯科, 早期科学训练大部分在布鲁塞尔自由大学完成. 他修物理和化学两门, 1941 年在布鲁塞尔的大学获化学博士学位, 稍后成为该校的教授. 他有许多荣誉包括 1977 年的诺贝尔奖.

他最早的工作是在不可逆热力学方面沿着 Gibbs 和 de Donder 的方向, 然后转向 Onsager 关系的分析和推广及溶液的分子理论 (导致 1957 年的专著).

Prigogine 成为非平衡统计力学领域的主要贡献者之一, 他在布鲁塞尔和得克萨斯的奥斯丁有活跃且奇特的中心, 并发展了极其独特的方法, 由这两个中心的学生和合作者付诸实践. Prigogine 后来强调, 有必要引入某种表述以便刻画远离平衡的状态, 尤其是耗散结构的发生, 后者大概在生命过程中起重要作用. 在 Prigogine 看来, 涨落和不稳定性在时间演化中尤其重要.

在更新近的研究中, Prigogine 对不可逆性采纳了更加不寻常的观点, 涉及熵的适当表述. 这既大胆又有启发性, 极不同于传统的方法.

第三阶段: 20 世纪八九十年代

上述的某些观念, 现在成为了对统计力学基本观念作根本性修正的一部分[55]. 明显地转向更为冒险的考虑后, Liapunov 函数这个从非线性动力学来的概念开始起中心作用, 强烈提示极端非平衡的构型对于建立物理和化学及生物中的结构和有序有主要影响.

(1) 不再企图由力学和概率的考虑出发推导不可逆性, Prigogine 主张不可逆性的观念是基本而不可约化的, 必须不去推出而将之纳入自然规律.

(2) 熵必须看成是特殊类型的物理构形的 Liapunov 泛函 Θ, 它满足

$$\Theta \geqslant 0, \quad \frac{\mathrm{d}\Theta}{\mathrm{d}\tau} \leqslant 0 \tag{8.79}$$

(3) 存在或者说应该存在微观熵算符 M, 它满足

$$M \geqslant 0 \tag{8.80a}$$

$$\frac{\mathrm{d}M}{\mathrm{d}t} = \mathrm{i}LM \tag{8.80b}$$

式中, L 为 Liouville 算符, 且

$$-\mathrm{i}[L, M] = D \leqslant 0 \tag{8.80c}$$

式中 D 为微观熵产生算符.

(4) Prigogine 反对能量算符“一身二用”, 即它既决定时间演化又决定量子化能级. 他建议 L 决定时间演化而如下定义的 X 决定能级:

$$\begin{aligned} L\rho &= H\rho - \rho H \\ X\rho &= H\rho + \rho H \end{aligned} \tag{8.81}$$

这些观念的确非传统且发人深省, 物理学界观感丛生, 既有怀疑, 也有得意和关注, 成为推动未来进展的观念混合物.

8.2.3 第三期: 1975 年 ~20 世纪 90 年代

1. 巩固: 多样化和计算机

依时间顺序审视的好处之一, 是兴趣改变和热点变化将一目了然. 因为这最后一期与 20 世纪末重叠, 实在不可能给出一个均衡的审视. 某些主题从第二期到第三期的过渡十分平缓, 以至于仅仅指明题目和所取得的结果就足以对其成就有“近期”的看法.

2. 主题 1: BBKGY 层级

在这一时期, BBKGY 层级及相应动理学方程的一般领域的研究活跃性急剧降低. 大部分研究是形式的延伸, 时而也将形式体系应用于新系统. 例如, Bogoliubov 方法被用于二元混合物; 形式体系有效但新物理思想不多. 这是许多推广和细化工作的一般特点, 它们要求可观的努力和技术上的智巧. 遗憾的是, 物理结果与付出的努力不般配. 新的概念上的见解很少, 也没有建议什么新的物理现象.

Horwitz 等人的论文[56] 也许是一个例外. 他们构造了 BBKGY 层级的明显协变的形式. 以相对论的语言将因果性、时序和不可逆性一并考察有可能得到新见解.

3. **主题 2: Brown 运动**

令人惊讶的是, 为何在 1975～1994 年无规行走会成为兴趣中心? 并非夸张, 可以说这段时期出现了无规行走类型模型的真正爆发, 描绘物理的、化学的、天文学的和生态学的五花八门的情形. 这类模型的一般特征已经充分知道. 游动粒子限制在指定的固定晶格上运动. 它的时间行为由单位时间内自 l 跳到 l' 的概率 $M(l,l')$ 决定. 在 j 步后到达位置 l 的概率为 $P_j(l)$, 它满足如下方程:

$$P_{j+1}(l) = \sum_{l'} M(l,l')P_j(l') \tag{8.82}$$

如果跃迁概率依赖于 $l-l'$, 则式 (8.82) 可容易地用 Fourier 级数求解. 对于 s 维无限晶格, 解为

$$P_j(l) = \left(\frac{1}{2\pi}\right)^s \int \cdots \int_{-\pi}^{+\pi} (\tilde{M}(k))^s \mathrm{e}^{-\mathrm{i}lk} \mathrm{d}k \tag{8.83}$$

式中, k 表示 s 个变量; $\tilde{M}$ 为无规行走的结构函数, 是 M 的 Fourier 变换. 为了计算物理上感兴趣的量如首通时间和复归时间, 显式 (8.83) 往往并非最方便, 而最好使用生成函数 (常常称为晶格 Green 函数), 它定义为

$$G(l,z) \equiv \sum_{j=0}^{\infty} P_l(j) z^j = \left(\frac{1}{2\pi}\right)^s \int \cdots \int \mathrm{d}^s k \frac{\exp(-ilk)}{1 - z\tilde{M}(k)} \tag{8.84}$$

Green 函数满足如下方程:

$$G(l,z) - z\sum_{l'} M(l-l')G(l',z) = \delta_{l,0} \tag{8.85}$$

用这些方法研究了许多无规行走, 包括可俘陷住游走者的有阱无规行走及粒子 (正电子) 可被吸收的无规行走. 特殊晶格如 Bethe 晶格和分形晶格上的无规行走已被详细地分析. 有彼此友好或不友好的多个游客的无规行走可以用作流体混合物的模型. (料想不到的是尤其对于场论) 有特殊重要性的是自避行走. [**又见 7.5.11 节**]

形状问题作为被访问 (通常只一次) 点的几何特征, 对有边界条件的行走 (尤其是在二维和三维) 很重要. 奇怪的是, 直至 1992 年才有人认真讨论 (友好、不友好或无偏向的) 多游客的形状问题[57], 所得到的几何样式对于生态学的领地结构极其重要. 处理方法随问题而异, 但不外乎明智地结合解析方法和广泛彻底的计算机模拟.

1986 年 van Kampen[58] 研究流形上的无规行走时提出一个有趣的新问题. 令人惊奇的结果之一是, 这时无规行走、Brown 运动、Fokker–Planck 方程和 Langevin 方程之间的等价性不再成立. 然而对这个启发却缺乏强劲的后续研究, 这应该是一种遗憾, 因为这是为数不多的概念上的 (而非计算上的) 创新之一.

4. **主题 3: Boltzmann 方程**

似乎完全应该是, 有了 Bogoliubov 包含三体碰撞的对 Boltzmann 方程的推广之后, 对原始 Boltzmann 方程的兴趣会冷下来. 很奇怪, 事实并非如此. 在这一期里对老式的 Boltzmann 方程分析、讨论和求近似的研究工作, 事实上比对 BBKGY 层级的研究为多. 这个兴趣的延续和复苏, 部分是因它可用于等离子体物理学而受到激励. 当然, Boltzmann 方程的求近似或是 (以 Schwinger 的语言说)"截肢致残", 都是老话题.

一个被广泛采用的简化[59] 于 1954 年引入, 如下:

$$\frac{\partial f}{\partial t}+\boldsymbol{v}_\alpha\frac{\partial f}{\partial \boldsymbol{x}_\alpha}+\frac{\boldsymbol{X}_\alpha}{m}\frac{\partial f}{\partial \boldsymbol{v}_\alpha}=-\frac{1}{\tau}(f-nf^{(0)}) \tag{8.86}$$

式中, $f^{(0)}$ 为平衡分布; n 为粒子数密度; τ 为速度为 v 的分子的平均自由时间, 依赖于 v 和 n, 对于简单情形 $1/\tau=n/\sigma_0$, 式中 σ_0 为微分散射截面, 所以碰撞项是非线性的. 对于长时间和稀薄的系统, 式 (8.86) 是很好的近似, 同经常用于固态物理的碰撞项弛豫时间近似也不无关系. 在那里式 (8.86) 的右边被写成 $(f-f^{(0)})/\tau'$, τ' 与 τ 类似但不同, 它依赖于 v 而不依赖于 n, 这使得方程成为线性的, 比式 (8.86) 简单的多.

更早一些, Grad[60] 将依赖速度的分布函数用 Hermite 函数展开. 在这个展开中, Hermite 多项式的系数含有空间和时间的依赖性, 它们与分布函数的矩直接有关. 通过展开到一定阶, Grad 能得到依赖于有限 (但可以是任意多) 个矩的解. 由此, 他以一种更透明的方式再现了 Enskog、Chapman 和 Burnett 的早先结果. Grad 的《物理大全》(*Handbuch der Physik*) 文章[60] 之后的时间里, 有大量的对个别系统个别特征的讨论, 如构造多原子分子的 Boltzmann 方程. 许多极特殊的问题被研究, 如一维三体碰撞效应、Enskog 解的对称及渐近解的本质. Ernst[61] 及其合作者对此进行了较系统的研究. 这些研究全在于探讨非线性的数学和物理后果. 例如, 他们研究均匀系统的 Boltzmann 方程

$$\frac{\partial f(\boldsymbol{v},t)}{\partial t}=\int \mathrm{d}^3\omega\int g[\boldsymbol{I}(g,\theta)]\mathrm{d}\Omega(f(\boldsymbol{v}',t)f(\boldsymbol{\omega}',t)-f(\boldsymbol{v},t)f(\boldsymbol{\omega},t)) \tag{8.87}$$

对于 Maxwell 分子他们能得到严格的闭合解.

一般情况下有可能将式 (8.87) 约化成单标量函数的方程. 对于各向同性的速度依赖性 $f(\boldsymbol{v},t)=F(|\boldsymbol{v}|,t)$, 所得方程为

$$\frac{\partial F}{\partial t}=\int_0^\infty \mathrm{d}u\int_0^u \mathrm{d}y(K(xy|u)F(y,t)F(u-y,t)-K(yx|u)F(x,t)F(u-x,t)) \tag{8.88}$$

碰撞截面有关的分子相互作用包含在 K 中. 对于特殊的分子模型, 这个非线性方程可以准确求解. 更有意思的是一些非直觉的特征.

(1) 趋向平衡是非均匀的.

(2) 分布函数 F 围绕其平衡值振荡的初始构形存在.

(3) 如果初始分布为不同温度平衡分布的叠加, 则这个形式在所有时间仍然保持, 只是参数依赖于时间.

老式的 Boltzmann 方程并没有死亡, 它甚至没有老!

5. **主题 4: 严格结果**

对老式 Boltzmann 方程在解析和计算方面的兴趣在这一期也延伸到存在性和唯一性的证明. 1989 年的一本书[62] 完全讨论老式 Boltzmann 方程的数学. 其中不涉及任何处理上的不慎重和不严谨, 它也不是常规的数学问题练习. 相反, 书中的数学要求复杂而不寻常的技巧. 这当然将以严格性为业的研究者与注重实效的物理学家区分开. 因为很难以系统而严格的方式处理热力学极限, 一些物理学家和数学家发展了允许直接讨论无限系统的方法 (或采纳了现成的数学手段) . 这些所谓 C* 方法首先用于同场论相联系[63]. 与之相比, Birkhoff 和 Neumann 的各态历经定理成了应用物理学. 关于这些结果的重要性和实用性, 意见非常不统一, 这一方面有 Lanford[64] 的最佳评论. 他指出, 存在一个所谓的 Boltzmann–Grad 极限, 在此极限下 BBKGY 层级可收敛到 Boltzmann 方程. Lanford 在分析中考虑了由 N 个直径为 d 的球组成的系统. Boltzmann–Grad 极限为 $N \to \infty$ 且 $d \to 0$ 而 Nd^2 有限, 当然 $Nd^3 = 0$. 于是, Lanford 的结果只适于密度为零的系统. 此外, 证明只能保证在短时间 (约为碰撞间隔时间的 1/5) 内类似于 Boltzmann 的行为有高的 (甚至是压倒性的) 概率. 不是很清楚这个结果到底应该被解释成 C* 方法的成功还是局限.

6. **主题 5: Onsager 关系和线性响应**

这个方面的工作主要在于重新检查和批判性地分析线性响应理论、Onsager 关系和 Langevin 方程. 也有一些延伸和推广, 但主要推进在于重新思考基本观念. 事实上, 扩充响应理论使之超出线性范围十分直接. 然而, 下一步近似的一致性要求 Joule 加热必须包含在电导理论中. 这从根本上改变了物理图像, 似乎不存在基于第一性原理的完全令人满意的能兼顾加热和传导的描述. Lindhard[65] 在一篇论文中作出的与此密切相关的评论强调, 久保方法是可逆理论的近似, 因而其结果也应是可逆的. 然而, 电阻是不可逆性的明确显示, 是久保理论主导结果之一, 而下一步近似中的加热是完全不可逆的. van Kampen[66] 在一篇重要文章中对线性响应假定提出很大异议. 他着重指出, 相空间中的轨道极端复杂、不稳定且对扰动敏感. 于是, 微观动力学量微扰计算 (到第一阶) 适用范围很有限. 因此, van Kampen 声称, 某种平均或粗粒化隐含在这些结果的推导中. 他强调, 应在微观和宏观线性之间作明确区分. 这是在推导 Onsager 关系时也作的一个单独的假定, 要求单独认证其合理性.

对 van Kampen 异议的正统回答是, 线性响应并非用于单个不稳定轨道, 而是相当小心地选取的轨道系综或一类光滑的相空间函数. 这将意味着, 初始系综处于或者近于平衡, 且扰动不太大或寿命不长, 最终不大可能涨落到不稳定的构形, 或者说在形式体系的某处涨落被平均. 然而, 线性响应方法的合法性从未真正明确地显示过.

很有意思, 假定线性宏观定律的同样问题, 不仅出现在线性响应理论和 Onsager 关系中, 而且也出现在 Langevin 处理中. 由如下的 Langevin 方程:

$$\dot{y} = A(y) + F(t) \tag{8.89}$$

式中, $F(t)$ 为通常涨落力, 可得概率分布 $P(y,t)$, 它满足形如式 (8.18) 的 Fokker–Planck 方程

$$\frac{\partial P(y,t)}{\partial t} = -\frac{\partial}{\partial y}(A(y)P) = \frac{1}{2}\Gamma\frac{\partial^2 P}{\partial y^2} \tag{8.90}$$

关于这点争论不大, 但是, 对于非线性 Langevin 方程

$$\dot{y} = A(y) + C(y)F(t) \tag{8.91}$$

的类似结果, 却颇有争议, 实际上是个小论战. 困难在于如何合适地定义函数 $C(y)$ 和涨落函数 F(相关函数为 δ 函数) 的乘积.

7. **主题 6: 量子问题**

统计力学中侧重于量子力学的大部分研究继续运用场论方法. 除了少数工作讨论密度矩阵的形式性质外, 大多数应用仍然在于凝聚态物理和超导性. 量子 Brown 运动和量子 Langevin 方程得到复苏[67], 颇有点令人惊讶. 量子理论的单个谐振子的 Langevin 方程, 乍看具有简单的形式

$$\frac{\mathrm{d}^2x}{\mathrm{d}t^2} + \eta\frac{\mathrm{d}x}{\mathrm{d}t} + kx = F(t) \tag{8.92}$$

此处质量取为 1. 然而, $x(t)$ 为依赖于时间的位置算符, $F(t)$ 为取算符值的随机力, 所以 $F(t_1)$ 和 $F(t_2)$ 不对易.

$$[F(t_1), F(t_2)] = 2\mathrm{i}\hbar\eta\delta'(t_1t_2) \tag{8.92a}$$

这导致有趣的提供线性耦合振子系统 Brown 运动完全量子理论的表述形式. 对更一般系统的类似分析只能以近似的方式进行, 但本章正在写作时, 这个问题很受关注. 在一篇看来最为基本而未受足够重视的文章中, Ford 和 Lewis 企图对王明贞和

Uhlenbeck[34] 文章分类过的经典随机过程构造分类的量子版本. 值得注意, 当基本动力学是量子力学而不是经典力学时, 之前还没人尝试过这样的分类.

像经典层级一样, 量子层级通过无限的一组联合分布函数建立. 然而, 因为普遍存在的不可对易性, 量子理论必须求助于函数的时间排序. 不能再假定 $W_2(y_1t_1, y_2t_2) = W_2(y_2t_2, y_1t_1)$, 实际上这也不对. 仅这个单一的变更就剧烈地改变了理论形式. 就在笔者撰写本章之时, 量子随机过程在激光物理和飞秒化学有成为主要新热点之势. 然而, 重要的概念上的问题仍然存在, 此外, 现在已有几个精细的新实验, 也要求新解释[68].

8. **主题 7: 模型**

在这一时期里, 每个办公室都有计算机, 计算技能是物理学家的比量子力学更普通的工具, 模型研究不可避免地成为统计力学急速发展的子学科. 计算机模拟、计算机图形学和 Monte Carlo 方法能够提供过去时期里所没有的详细资料和可视化, 即使模型很老, 也永远不死. 有 Rayleigh–Lorentz 模型的几个变种被解析处理, 描述初态非局域化的不同方面[68].

将连续系统以分立模型替代的离散化过程非常重要. Boltzmann 方程、流体力学方程和量子场论全都可以在分立晶格上实现. 除了数学上的和有时概念上的方便之外, 计算机显然要求离散表述. 这样分立模型的典型方程有如下一般形式:

$$\boldsymbol{\eta}_p(t+1) = f\{\boldsymbol{\eta}_p(t)\} + \boldsymbol{X}_p + \boldsymbol{F}_p(t) \tag{8.93}$$

式中, $\boldsymbol{\eta}_p$ 为矢量, 描写时刻 t 和位置 p 的状态, p 描写分立结构, f 为 p 的一组近邻 (式中记作 $\boldsymbol{\eta}_p(t)$) 的泛函; $\boldsymbol{F}_p$ 为涨落力; $\boldsymbol{X}_p$ 为系统力. 除了式 (8.93) 描述的系统, 许多不同模型根据具体目的而被构造. Conway 发明的精巧的生命游戏, 由 Schulman[69] 给出了统计力学处理. 稍早有人指出, 这个游戏及更一般的一类游戏规则可以包容在 Dresden[70] 描述过的一类模型中. Lebowitz[71] 用随机动力学 (式 (8.93) 中的 F 不取零) 研究了弱非对称晶格气体, 得到非线性 Burgers 方程, 发现了意外的联系, 后者作为可显示湍流的方程在流体力学中很知名.

分立 Lorentz–Rayleigh 模型的各种特点同风–树模型的要素相结合, 产生一类非常有趣而重要的模型即 Lorentz 晶格气模型, 显示出极其丰富的行为. 粒子沿晶格上指定方向运动, 被障碍物散射, 障碍物的几何形状和排布方式使得随后的运动仍然沿晶格的允许方向之一进行. 乌得勒支学派[72] 数值兼解析地详尽研究了这样的模型. 一如既往, 速度关联函数和扩散参数为理论和实验的比较提供敏感的测试. 分析并不简单, 一个平均必须在固定的散射中心排布下对不同轨道进行, 然后对允许的散射中心排布再作第二次平均. 结果令人惊奇, 一般不存在扩散型机制, 自相关函数不可避免地显示长时间尾.

9. 主题 8: 新方向、元胞自动机, 以及无法给出的结论

一个新方向 (事实上不再是那么新的) 是元胞自动机领域, 这个模型中空间和时间坐标二者都是分立的. 动力学被作为运动方程分立形式的更新规则支配. 显然, 式 (8.93) 式代表一种这样的更新规则. 同样显然, 一旦给定这样的规则并指定晶格, 计算机便可着手追踪时间演化. 事实上, 系统的时间发展精确地反映在计算机程序的迭代性质中. 采用适当的规则, 元胞自动机可以用来模拟物理、化学和生态等的许多十分不同的系统. 为实施这样的方案, 有必要在元胞自动机的表述下, 定义某些量使之等同于适当的物理量如动量和能量[73]. 采用六角晶格[74] 可以模拟真实流体的许多性质, 包括 Navier–Stokes 方程[75]. 这是了不得的结果, 难怪元胞自动机模型被广泛采用. 尤其明显的是, Lorentz 气是元胞自动机, 因而习惯上称这一类系统为 Lorentz 气自动机 (Lorentz gas automata, LGA). 有整期 *Physica D*[76] 专门讨论 LGA, 宣称其为“统计力学的新领域”. Cohen[77] 研究了 Lorentz 气的扩散, 而 Ernst[78] 探讨了元胞自动机的流体力学和关联函数, 显示这些课题联系如何紧密.

在现在的 20 世纪 90 年代中段, 元胞自动机肯定是非平衡思考的兴趣中心. 但是, 在其周围还有不少有意思又有前途的课题. 已经提到过的量子随机过程, 大概会是有生命力的未来课题. 1989 年曾有一个会议[79] 讨论不寻常的论题“弯曲空间中的非平衡理论和量子动理学方程”. 1987 年在圣塔芭芭拉召开了一个会议讨论神经网络的暂态行为[80]. 随机粒子加速是 Khoklov[81] 论文的主题, 而 Khalatnikov[82] 研究了“相对论宇宙学中的随机性”.

天体物理学同样也用到统计表述. 黑洞熵、黑洞形成时的熵损失、黑洞蒸发和星系混合速度, 所有这些过程涉及系统时间行为的某些方面, 同样属于非平衡统计力学. 但是, 这个大杂烩也绝对未能穷举那些依赖于时间的统计过程起关键作用的领域. 1983 年 Percus 和 Yevick[83] 提出 4 维无规行走模型以研究临床试验的效果. Wiegel 研究了血液红细胞的统计力学[84].

分形及分形无规行走, 看来与多孔介质中的流动、絮凝问题和云朵形成的研究有关: 本章的主题正在扩展中.

在这个纷乱活动的背景中, 存在混沌现象无所不在而并未充分认识的作用. 现在不能给出结论, 即使没有别的理由, 这篇总结也已经说明, 从短时间行为对令人激动的长时间结果下结论有多么困难. 这曾是一个激动人心的世纪, 但是以统计力学的精神来看, 极有可能未来与现在所期待的会十分不同.

(郑伟谋译, 刘寄星校)

参考文献

[1] Einstein A 1902 Ann. Phys. 9 417–433; 1903 Ann. Phys. 11 170–187; 1904 Ann. Phys. 14 354–370

[2] Einstein A 1905 Ann. Phys. 17 549–567

[3] Willard Gibbs J 1902 Elementary Principles of Statistical Mechanics (New Haven: Yale University Press)

[4] Ehrenfest P and Ehrenfest T 1911 Begriffliche Grundlagen der statistishen Anfassing in der Mechanik, Encycl. Math. Wiss. 4 No. 32

[5] Chapman S and Cowling T G 1939 The Mathematical Theory of Non-uniform Gases (Cambridge: Cambridge University Press)

[6] Fokker A D 1914 Ann. Phys. 43 810–823

[7] Planck M 1917 Sitz. Berich. Preuss. Acad. Wiss. (collected in Planck M Physikalische Abhandlungen und Vorträge (PAV) II p 435)

[8] Smoluchowski M 1906 Ann. Phys. 21 756

[9] Langevin P 1908 C. R. Acad. Sci., Paris 146 530

[10] Chapman S 1916 Phil. Trans. R. Soc. A 216 279; 1917 Phil. Trans. R. Soc. A 217 115

[11] Enskog D 1921 Svenska Vetensch. Akad. Ark. Matem., Astron., Fys. 16 1

[12] Clusius K and Dickel G 1939 Z. Phys. Chem. B 44 397

[13] Burnett D 1935 Proc. London Math. Soc. 39 385; 1935 Proc. London Math. Soc. 40 383

[14] Plancherel M 1913 Ann. Phys. 42 1061

[15] Rosenthal A 1913 Ann. Phys., Lpz 42 796

[16] Birkhoff G D 1932 Proc. Natl Acad. Sci. 10 279

[17] von Neumann J 1932 Proc. Natl Acad. Sci. 10 70, 263

[18] Wiener N 1930 Acta Math. 55 117

[19] Khintchine A I 1934 Math. Ann. 109 604

[20] Johnson J B 1928 Phys. Rev. 32 97

[21] Nyquist H 1928 Phys. Rev. 32 110

[22] Onsager L 1931 Phys. Rev. 37 405; 1931 Phys. Rev. 38 2265

[23] Dirac P A M 1930 The Principles of Quantum Mechanics (Oxford: Clarendon)

[24] von Neumann J 1932 Mathematische Grundlagen der Quantum Mechanik (Berlin: Springer)

[25] Uhlenbeck G E and Uehling E A 1933 Phys. Rev. 43 552

[26] Uhlenbeck G E and Ornstein L S 1930 Phys. Rev. 36 823

[27] Nordsieck A, Land W E and G E Uhlenbeck 1940 Physica 7 344

[28] Siegert A J F 1940 Phys. Rev. 76 1708

[29] Born M and Guen H S 1949 A General Kinetic Theory of Liquids (Cambridge: Cambridge University Press)

Bogoliubov N N 1946 J. Phys. USSR 10 265

Kirkwood J 1940 J. Chem. Phys. 14 180; 1947 J. Chem. Phys. 15 73

Yvon J 1935 La Theorie Statistiques des Fluides et l'Equation d'Etat (Paris: Paris Actualités Scientifique et Industrielle)

[30] van Kampen N 1962 Statistical Mechanics of Irreversible Processes: Fundamental Problems in Statistical Mechanics (Amsterdam: North-Holland)

[31] Kramers H A 1940 Physica 7 284

[32] Brinkman H C 1956 Physica 22 29, 149

[33] Chandresekhar S 1942 Rev. Mod. Phys. 15 1

[34] Wang Ming Chen and Uhlenbeck G E 1945 Rev. Mod. Phys. 17 323

[35] Dorfman J R and Cohen E G D 1965 Phys. Lett. 16 24

Weinstock J 1965 Phys. Rev. A 140 460

Frieman E and Goldman R 1967 J. Math. Phys. 8 1410

Dorfman J R and Cohen E G D 1967 J. Math. Phys. 8 282

[36] Cohen E G D 1967 Lectures in Theoretical Physics IX, C (Boulder, CO) p 279

[37] Green M S 1958 Physica 24 393

[38] Kubo R 1957 J. Phys. Soc. Japan 12 570

[39] Kirkwood J 1946 J. Chem. Phys. 14 180; 1947 J. Chem. Phys. 15 72

[40] Resibois P 1964 J. Chem. Phys. 41 2919

[41] Khintchine A I 1943 Mathematical Formulations of Statistical Mechanics (英译本 Gamov 1949 (New York: Dover))

[42] Sinai Ja 1964 Am. Math. Soc. Transl. 39 83; 1968 Am. Math. Soc. Transl. 60 34; 1963 Sov. Mat. Dokl. 4 1818

Kolmogoroff A N 1959 Dokl. Akad. Nauk SSSR 124 754

[43] Balescu R 1963 Statistical Mechanics of Charged Particles (New York: Interscience) p 5

[44] Wigner E 1954 J. Chem. Phys. 22 1912

[45] Onsager L and Mechlup S 1953 Phys. Rev. 91 1505

[46] Casimir H B G 1945 Rev. Mod. Phys. 17 343

[47] Martin P and Schwinger J 1959 Phys. Rev. 115 1342

[48] Wigner E 1932 Phys. Rev. 40 749

[49] Kac M 1947 Am. Math. Mon. 54 369

[50] Alder B J and Wainwright T 1967 Phys. Rev. Lett. 10 988; 1968 Phys. Soc. Japan (Supplement 26) 267; 1970 Phys. Rev. A 1 18

[51] Dorfman J R and Cohen E D G 1970 Phys. Rev. Lett. 25 1257

Ernst M H, Hange E H and van Leeuwen J M 1971 Phys. Rev. A 2 2055

[52] Prigogine I 1962 Non-equilibrium Statistical Mechanics (New York: Wiley–Interscience)

[53] Balescu R 1975 Equilibrium and Non-equilibrium Statistical Mechanics (New York: Wiley–Interscience)

[54] Skarka V 1989 Physica A 162 210

[55] Prigogine I 1980 From Being to Becoming (San Francisco: Freeman)
Prigogine I 1981 Order and Fluctuations in Equilibrium and Non-equilibrium Statistical Mechanics (New York: Wiley) pp 35–77

[56] Horwitz L 1989 Physica 161 300

[57] Larralde H, Trunfio P, Havlin S, Stanley E and Weiss G H 1992 Phys. Rev. A 45 7128

[58] van Kampen N 1986 J. Stat. Phys. 44 1

[59] Bhatnagar P L, Gross E P and Krook M 1954 Phys. Rev. 94 511

[60] Grad H 1949 Commun. Pure Appl. Math. 2 331; 1958 Handbuch Phys. 12 205

[61] Ernst M 1979 Phys. Rep. 78

[62] Cercignani C 1988 The Boltzmann Equation and its Applications (New York: Springer)

[63] Haag R and Kastler D 1964 J. Math. Phys. 5 848

[64] Lanford O 1975 III ix Proc. 1974 Battelle Rencontu as Dynamical Systems (Lecture Notes in Physics 35) ed J Misor (Berlin: Springer) p 1

[65] Lindhard J 1993 J. Stat. Phys. 72 539

[66] van Kampen N 1981 Stochastic Processes in Physics and Chemistry (Amsterdam: North-Holland) pp 237, 241–244, 250

[67] Ford G W, Kac M and Mazur P 1965 J. Math. Phys. 6 504

[68] Ernst M H and van Velzen G A 1989 J. Stat. Phys. 57 255

[69] Schulman L S 1978 J. Stat. Phys. 19 273

[70] Dresden M 1975 Proc. Natl Acad. Sci. 72 956

[71] Lebowitz 1988 J. Stat. Phys. 50 841

[72] Ernst M 1987 J. Stat. Phys. 48 645; 1988 J. Stat. Phys. 51 312
van Velzen B 1990 PhD Thesis University of Utrecht

[73] Hardy J, de Pazzis O and Pomeau Y 1976 Phys. Rev. A 13 1949

[74] Pomeau Y, Frisch U, de Humières D, Hasslacher B, Lallemand P and Rivet J P 1987 Complex Systems 1 648

[75] Hasslacher B 1987 Los Alamos Science

[76] 1990 Lattice gas automata Physica D 45 November issue

[77] Cohen 1991 J. Stat. Phys. 62 73

[78] Ernst R R 1990 J. Stat. Phys. 50 57

[79] 1989 Physica 158 May issue

[80] 1987 Conference on neural nets, Santa Barbara J. Stat. Phys. 51 741

[81] Khoklov 1982 J. Stat. Phys. 28 793

[82] Khalatnikov 1985 J. Stat. Phys. 38 97

[83] Percus and Yevick 1983 J. Stat. Phys. 30 755

[84] F W Wiegel and A S Perelson 1982 J. Stat. Phys. 29 813

本卷图片来源确认与致谢

第 1 章

H. A. Lorentz—— 美国物理联合会 (AIP)Emilio Segré 视像档案馆, Lande 藏品

J. W. Strutt—— 美国物理联合会 Emilio Segré 视像档案馆, Physics Today 藏品

L. E. Boltzmann—— 维也纳大学, 承蒙美国物理联合会 Emilio Segré 视像档案馆惠赠

A. A. Michelson—— 美国物理联合会 Emilio Segré 视像档案馆, M. F. Meggers 藏品

图 1.2 承蒙慕尼黑德意志博物馆惠赠

第 2 章

E. Rutherford—— 新西兰尼尔森市 Gawthorn 研究所, 承蒙美国物理联合会 Emilio Segré 视像档案馆惠赠

N. Bohr—— 美国物理联合会 Niels Bohr 图书馆

图 2.1 伦敦科学图书馆

图 2.2 伦敦科学图书馆

图 2.3 美国物理联合会 Niels Bohr 图书馆, E. Scott Barr 藏品

图 2.5 经 W W Norton& Company Inc 允许, 复印自 *Physics*(second edition)by Hans C Ohanian,

图 2.7 美国物理联合会 Niels Bohr 图书馆, Goudsmit 藏品

图 2.8 A Scientific Autobiography by Otto Hahn, New York Ch.Scribners & Sons,1966

图 2.9 诺贝尔基金会. 承蒙美国物理联合会 Emilio Segré 视像档案馆惠赠

图 2.10 法国使馆信息部. 承蒙美国物理联合会 Emilio Segré 视像档案馆惠赠

第 3 章

M. Planck—— 美国物理联合会 Niels Bohr 图书馆, W. F. Meggers 藏品

E. Schrödinger—— 美国物理联合会 Niels Bohr 图书馆, 照片由 Francis Simon 提供

图 3.1 比利时布鲁塞尔国际物理和化学研究所

图 3.2 法国 Editions de Physique, Les Ulis

图 3.4 取自 *Verhandlungen der Deutschen Physikalischen Gesselschaft* (2)**16**, 467 页 (1914) 所刊 J. Frank 与 G. Hertz 的文章

图 3.5 哥本哈根 Niels Bohr 档案馆
图 3.6 美国物理联合会 Niels Bohr 图书馆
图 3.7 美国物理联合会 Meggers 诺贝尔奖金获得者画廊
图 3.8 上图：哥本哈根 Niels Bohr 档案馆; 下图：美国麻省理工学院 (MIT) 博物馆
图 3.9 德国慕尼黑 Heisenberg 档案馆, WH1
图 3.10 德国慕尼黑 Heisenberg 档案馆, WH1
图 3.11 德国慕尼黑 Heisenberg 档案馆, WH1
图 3.12 比利时布鲁塞尔国际物理和化学研究所
图 3.13 取自 C. Reid 所著 *David Hilbert,* 1970 年版权属于 Springer-Verlag GmbH & Co KG
图 3.14 日本东京仁科芳雄 (Nishina) 纪念基金会
图 3.15 E. Lea 与 G. Wiemers 所写的 *Werner Heisenberg in Lepzig*, Sächs. Acad. Wiss. 编辑, Academie Verlag, Berlin, 1993
图 3.16 (a) 德国慕尼黑 Heisenberg 档案馆; (b) 哥本哈根 Niels Bohr 档案馆
图 3.17 (a) 哥本哈根 Niels Bohr 档案馆;(b) 取自 P Schlipp 所著 *Albert Einstein, Philosopher- scientist*, Open Court Publishing, 1970

第 4 章

A. Einstein—— 经以色列耶路撒冷希伯来大学 Albert Einstein 档案馆许可使用
H. Minkowski——H A Lorentz, *H Minkowski, Das Relativitätsprinzip* 1915. 承蒙美国物理联合会 Emilio Segré 视像档案馆惠赠
图 4.3 英国布里斯托英国物理学会出版社 (IOP)
图 4.4 取自 W. G. V. Rosser, *Introductory Relativity*, 经位于 New York 的 Plenum Press 允许后复印
图 4.6 取自 Eugene Hecht, *Optics*, second edition, ©1987 属于 Addison-Wesley Publishing Company, Inc. 经出版社允许后复印
图 4.10 取自 Clifford M. Will 所著 *Was Einstein Right? Putting Relativity to the Test* 第二版, 1986, 1993 年版权属于 Clifford M. Will. 经 Harper Collins Publishing Inc. 的 Basic Books 分部允许后复印
图 4.11 取自 W. G. V. Rosser, *Introductory Relativity*, 经位于 New York 的 Plenum Press 允许后复印
图 4.12 取自 C. W. Misner, K. S. Thorne 与 J. A. Wheeler 合著 *Gravitation*, ©1987 属于 W. H. Freeman and Company. 经允许后使用
图 4.13 取自 C. W. Misner, K. S. Thorne 与 J. A. Wheeler 合著的 *Gravitation*, ©1987 属于 W. H. Freeman and Company. 经允许后使用

图 4.14 取自 P. C. W. Davies 编辑的 *The New Physics*, 经 Cambridge University Press 批准后复印

图 4.15 取自国际物理教育委员会出版的 A. P. French 所编 *Einstein: A Centenary Volume*

图 4.16 取自 Clifford M. Will 所著 *Was Einstein Right? Putting Relativity to the Test* 第二版, 1986, 1993 年版权属于 Clifford M Will. 经 Harper Collins Publishing Inc. 的 BasicBooks 分部允许后复印

图 4.17 取自 P. C. W. Davies 编辑的 The New Physics, 经 Cambridge University Press 允许后复印

图 4.18 取自国际物理教育委员会出版的 A. P. French 所编 *Einstein: A Centenary Volume*

图 4.19 取自 K. S. Thorne, *Black Hole and Time Warps*, W W Norton and Co, Inc., New York

图 4.20 取自 K. S. Thorne, *Black Hole and Time Warps*, W W Norton and Co, Inc., New York

图 4.21 取自 C. W. Misner, K. S. Thorne 与 J, A, Wheeler 合著 *Gravitation*, ©1987 属于 W H Freeman and Company. 经允许后使用

图 4.22 取自 P. C. W. Davies 编辑的 *The New Physics*, 经 Cambridge University Press 允许后复印

图 4.23 取自 P C W Davies 编辑的 *The New Physics*, 经 Cambridge University Press 允许后复印

图 4.25 取自 Prof. Dr.H Melcher, Relativitätstheorie elementarer Darstellung mit Aufgaben und Lüsungen, VEB Deutscher, Verlag der Wissenschaften

图 4.26 取自 Prof. Dr.H Melcher, Relativitätstheorie elementarer Darstellung mit Aufgaben und Lüsungen, VEB Deutscher, Verlag der Wissenschaften

图 4.27 承蒙 MIT 林肯实验室惠赠照片

第 5 章

W. K. Heisenberg—— 美国物理联合会 Emilio Segré 视像档案馆

C. D. Anderson—— 美国物理联合会 Emilio Segré 视像档案馆, E Scott Barr 藏品

汤川秀树 (H. Yukawa)—— 美国物理联合会 Emilio Segré 视像档案馆, W F Meggers 藏品

P. M. S. Blackett—— 美国物理联合会 Emilio Segré 视像档案馆, W F Meggers 藏品

图 5.1 经斯德哥尔摩诺贝尔基金会允许取自 *Nobel Lectures in Physics* 1942-1962

图 5.2 ©诺贝尔基金会 1965

图 5.3 ©诺贝尔基金会 1964

图 5.4 美国加州理工学院公共事务办公室

图 5.5 取自. L. M Brown, *Yukawa's Prediction of the Meson*, Centaurus 1981, Munksgaard International Publishers, Copenhagen, Denmark

图 5.6 经允许复印自 I. S. Brown, R. A. Milikan and H. V. Neher, 1938, *Phys. Rev.* **53** 856. 1938 年版权属于美国物理学会

图 5.7 经允许后复印自 *Nature* 159, 695, 图 1. 1947 年版权属于 Macmillan Magazines Ltd

图 5.8 美国加州理工学院公共事务办公室

第 6 章

M. von Laue—— 美国物理联合会 Emilio Segré 视像档案馆

W. L. Bragg—— 美国物理联合会 Emilio Segré 视像档案馆, W F Meggers 藏品

图 6.2 取自 C. Kittel, *Introduction to Solid State Physics*, (6th edition), John Wiley, 1986. 经 John Wiley & Sons Inc. 允许后复印

图 6.3 取自 P. Ewald ,*50 Years of X-Ray Diffraction*, International Union of Crystallography, 1962

图 6.4 取自 P. Ewald ,*50 Years of X-Ray Diffraction*, International Union of Crystallography, 1962

图 6.5 取自 W. L. Bragg, *The Development of X-Ray Analysis*, Harper Collins

图 6.6 取自 W. L. Bragg, *The Development of X-Ray Analysis*, Harper Collins

图 6.7 取自 N. Henry et al, *Interpretation of X-Ray Diffraction Photographs*, Macmillan Publishers Ltd, Lodon

图 6.8 取自 W. L. Bragg, *Crystalline State Volume 1*, Harper Collins

图 6.9 L. Spain, *Contemporary Physics*, 28, 523, 图 14, Taylor and Francis

图 6.10 V. W. Arndt, *Journal of Applied Crystallography*, **6**, 457 图 2, International Union of Crystallography

图 6.11 取自 W. L. Bragg, *The Development of X-Ray Analysis*, Harper Collins

图 6.12 取自 W. L. Bragg, *The Development of X-Ray Analysis*, Harper Collins

图 6.13 取自 Lipson and Cochran, *Crystalline State Volume 3*: *The Determination of Crystal Structures*, Harper Collins

图 6.14 取自 Lipson and Cochran, *Crystalline State Volume 3*: *The Determination of Crystal Structures*, Harper Collins

图 6.15 取自 Lipson and Cochran, *Crystalline State Volume 3: The Determination of Crystal Structures*, Harper Collins

图 6.16 取自 Lipson and Cochran, *Crystalline State Volume 3: The Determination of Crystal Structures*, Harper Collins

图 6.17 International Union of Crystallography

图 6.18 取自 G. Bacon, *Neutron Diffraction*, Clarendon Press, Oxford

图 6.19 取自 G. Bacon, *Neutron Diffraction*, Clarendon Press, Oxford

图 6.20 取自 G. Bacon, *Neutron Diffraction*, Clarendon Press, Oxford

图 6.21 取自 G. Bacon, *Neutron Diffraction*, Clarendon Press, Oxford

图 6.22 取自 G. Kostorz, *Neutron Scattering*. 经位于 Orlando 的 Academic Press 允许后复印

图 6.23 取自 G. Bacon, *Neutron Diffraction*, Clarendon Press, Oxford

图 6.24 取自 G. B. Thomson, *Contemporary Physics*, 9, 1, 图 1, Taylor and Francis

图 6.25 取自 Lipson and Cochran, *Crystalline State Volume 3: The Determination of Crystal Structures*, Harper Collins

图 6.26 取自 M. Prutton, *Surface Physics*, Oxford University Press, Oxford

图 6.27 取自 M. Prutton, *Surface Physics*, Oxford University Press, Oxford

图 6.28 取自 D. P. Woodruff and T. A. Delchar ,*Modern Techniques in Surface Sciences*. 经 Cambridge University Press 允许后复印

图 6.29 取自 M. Prutton, *Surface Physics*, Oxford University Press, Oxford

图 6.30 取自 M. Prutton, *Surface Physics*, Oxford University Press, Oxford

图 6.31 英国布里斯托英国物理学会出版社 (IOP)

图 6.32 取自 W. L. Bragg, *Crystalline State Volume 1*, Harper Collins

图 6.33 O. S. Edwards and H S Lipson, *Proc. Roy. Soc.* A180, (1940),268, 图 4, The Royal Society, London

图 6.35 取自 C. Kittel, *Introduction to Solid State Physics*, (6th edition), John Wiley, 1986. 经 John Wiley & Sons Inc. 允许后复印

图 6.36 取自 C. Kittel, *Introduction to Solid State Physics*, (6th edition), John Wiley, 1986. 经 John Wiley & Sons Inc. 允许后复印

图 6.37 J. M. Menter, *Proc. Roy. Soc.* A236, (1956),128, 图 7, The Royal Society, London

图 6.38 D. S. Weaire, *Contemporary Physics*, 17, 173, 图 8, Taylor and Francis

图 6.39 D. S. Weaire, *Contemporary Physics*, 17, 173, 图 2, Taylor and Francis

图 6.40 F. Yonezawa, Solid State Physics 45, 179, 图 6b. 经 Academic Press, Orlando 允许复印

图 6.41 D. Gratias, *Contemporary Physics*, 28, 219, 图 1, Taylor and Francis

图 6.42 D. Gratias, *Contemporary Physics*, 28, 219, 图 6, Taylor and Francis

图 6.43 D. Gratias, *Contemporary Physics*, 28, 219, 图 7, Taylor and Francis

图 6.44 R. A. Cowley Advances in Physics, 29,32, 图 1, Taylor and Francis

图 6.45 取自 Jona and Shirane, *Ferroelectric Crystals*, Pergamon Press, Oxford

图 6.46 取自 Jona and Shirane, *Ferroelectric Crystals*, Pergamon Press, Oxford

图 6.47 R. Beyers and G. Shaw, *Solid State Physics* 42, 135, 图 24. 经 Beyers 及 G Shaw 二位博士允许后复制

图 6.48 取自 G. Burns, *High Temperature Superconductors; An Introduction*, 第 4 页, 图 1.1a,b,c,d. 经位于 Orlando 的 Academic Press 允许后复印

图 6.49 取自 W. L. Bragg, *The Development of X-Ray Analysis*, Harper Collins

图 6.50 取自 H. R. Wilson, *Diffraction of X-Ray by Proteins, Nucleic Acids and Viruses*. 经位于伦敦的 Edward Arnold (Publishers) Ltd 允许后复制

图 6.51 取自 H. R. Wilson, *Diffraction of X-Ray by Proteins, Nucleic Acids and Viruses*. 经位于伦敦的 Edward Arnold (Publishers) Ltd 允许后复制

图 6.52 取自 H. R. Wilson, *Diffraction of X-Ray by Proteins, Nucleic Acids and Viruses*. 经位于伦敦的 Edward Arnold (Publishers) Ltd 允许后复制

图 6.53 取自 H. R. Wilson, *Diffraction of X-Ray by Proteins, Nucleic Acids and Viruses*. 经位于伦敦的 Edward Arnold (Publishers) Ltd 允许后复制

图 6.54 取自 H. R. Wilson, *Diffraction of X-Ray by Proteins, Nucleic Acids and Viruses*. 经位于伦敦的 Edward Arnold (Publishers) Ltd 允许后复制

图 6.55 取自 H. R. Wilson, *Diffraction of X-Ray by Proteins, Nucleic Acids and Viruses*. 经位于伦敦的 Edward Arnold (Publishers) Ltd 允许后复制

图 6.56 取自 H. R. Wilson, *Diffraction of X-Ray by Proteins, Nucleic Acids and Viruses*. 经位于伦敦的 Edward Arnold (Publishers) Ltd 允许后复制

图 6.57 取自 H. R. Wilson, *Diffraction of X-Ray by Proteins, Nucleic Acids and Viruses*. 经位于伦敦的 Edward Arnold (Publishers) Ltd 允许后复制

图 6.58 取自 H. R. Wilson, *Diffraction of X-Ray by Proteins, Nucleic Acids and Viruses*. 经位于伦敦的 Edward Arnold (Publishers) Ltd 允许后复制

图 6.59 取自 J. D. Watson, *The Double Helix*, Wiedenfeld & Nicholson, London

图 6.60 Kennard and Hunter, *Agn. Chem. Ed. Engl.* 30, 1254(1991), 图 3. VCH Verlags- gesellschaft mbH, Weinheim

图 6.61 取自 H. R. Wilson, *Diffraction of X-Ray by Proteins, Nucleic Acids and Viruses*. 经位于伦敦的 Edward Arnold (Publishers) Ltd 允许后复制

第 7 章

J. W. Gibbs——Burndy 图书馆. 承蒙美国物理联合会 Emilio Segré 视像档案馆惠赠

W. H. Nernst—— 荷兰莱顿自然科学史国家博物馆. 承蒙美国物理联合会 Emilio Segré 视像档案馆惠赠

L. Onsager—— 美国物理联合会 Emilio Segré 视像档案馆

K. G. Wilson—— 美国物理联合会 Meggers 诺贝尔奖获得者图书馆

图 7.1 取自 G. S. Rushbrooke, *Statistical Physics*, Oxford University Press, 1949

图 7.2 取自 F. E. Simon, Yearbook of the Physical Society, Physical Society,1956

图 7.3 取自 F. E. Simon, Yearbook of the Physical Society, Physical Society,1956

图 7.4 取自 F. E. Simon, Yearbook of the Physical Society, Physical Society,1956

图 7.5 取自 F. E. Simon, Yearbook of the Physical Society, Physical Society,1956

图 7.6 取自 F. E. Simon, Yearbook of the Physical Society, Physical Society,1956

图 7.7 C. Domb, *Contemporary Physics*, 26, 49, 图 4(1985), Taylor and Francis

图 7.8 C. Domb, *Contemporary Physics*, 26, 49, 图 5(1985), Taylor and Francis

图 7.9 C. Guggenheim, *J. Chem. Phys.* 13, 253(1945), American Institute of Physics

图 7.10 C. Domb, *Contemporary Physics*, 26, 49, 图 7(1985), Taylor and Francis

图 7.11 C. Domb, *Contemporary Physics*, 26, 49, 图 8(1985), Taylor and Francis

图 7.12 C. Domb, *Contemporary Physics*, 26, 49, 图 9(1985), Taylor and Francis

图 7.13 *Annals Is. Phys. Soc.* 5, 21, 图 1(1983)

图 7.14 *Annals Is. Phys. Soc.* 5, 21, 图 2(1983)

图 7.15 取自 B. B. Mandelbrot, *Fractals Form Chances & Dimension*, 1977 以及 B. B. Mandelbrot, *The Fractal Geometry of Nature*, 1982, W. H. Freeman, San Francisco

第 8 章

G. E. Uhlenbeck—— 美国物理联合会 Niels Bohr 图书馆

N. N. Bogoliubov—— 美国物理联合会 Niels Bohr 图书馆

久保亮五 (R. Kubo)—— 美国物理联合会 Niels Bohr 图书馆

I. Prigogine—— 美国物理联合会 Niels Bohr 图书馆